Malaxis hahajimensis

Epipactis thunbergii A. Gray var. *thunbergii*

Cleisostoma scolopendriflolius (Makino) Garay

Phaius flavus (Blume) Lindl.

Bletilla striata (Thunb.) Rchb . f.

Goodyera foliosa (Lindl.) Benth. var. *maximowitcziana* (Makino) F. Maek.

Calypso bulbosa (L.) Oakes

Bulbophyllum boninense (Schltr.) Makino

日本ラン科植物図譜

Illustrations of Japanese Orchids

中島睦子
Mutsuko Nakajima

監修●大場秀章
supervised by Hideaki Ohba

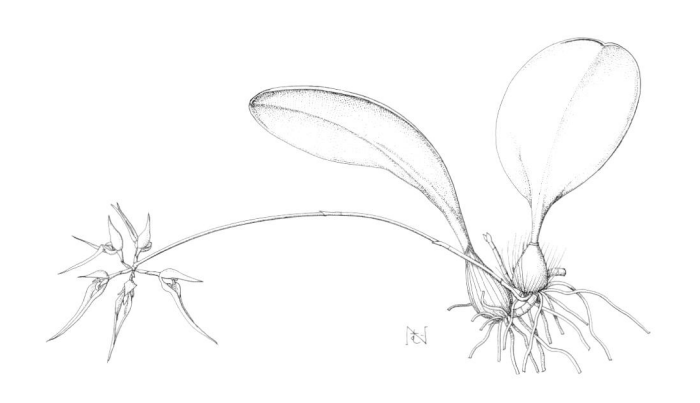

文一総合出版

口絵 (掲載順)

ハハジマホザキラン　75％縮小
カキラン　原寸
ムカデラン　原寸
ガンゼキラン　原寸
シラン　75％縮小
アケボノシュスラン　原寸
ホテイラン　原寸
オガサワラシコウラン　85％縮小

Foreword

"Illustrations of Japanese Orchids" aims to provide a working guide for the identification of Japanese orchids and to show in particularly meticulous detail the diversity of their forms and the structures of their flowers. The Orchidaceae, the largest, or second largest family of flowering plants after the Compositae, comprise from17,000 to 35,000 species. Since Carl Linnaeus described the first orchid from Japan, *Epidendrum moniliforme,* in his "Species Plantarum" in 1753, the taxonomy and knowledge of Japanese orchids has increased through the works of various authors, including K [C]. L. Blume, E. A. Finet, R. Schlechter, T. Makino, T. Tuyama, F. Maekawa, L. A. Garay, T. Yukawa and M. Yokota. Through their monographs and commentaries they have revealed the orchid flora of Japan to consist of 259 species in 83 genera.

Orchids have diversified to a surprising array of floral forms and structures in adapting to insect pollinators. They have evolved a number of complicated structures, such as the column (called a gynostemium) through fusion of the androecium and gynoecium, the pollinarium, and their characteristic zygomorphic flowers with the ventral petal modified into an often highly elaborated lip. Although details of these structures are mostly specific to each species, their exact form and posture are nearly impossible to convey though photographs. The most reliable method for illustrating the three-dimensional structure of these elaborate flowers is through traditional line drawings.

Mutsuko Nakajima, a free-lance botanical illustrator, has often cooperated with botanists in the Rijksherbarium, Leiden, the University of Tokyo, Kyoto University, Ryukyu University, Osaka Prefecture University and the National Museum of Tokyo Nature and Science, The Kochi Prefectural Makino Botanical Garden, Ewha Womans University Korea. Ms. Nakajima has prepared illustrations of Malaysian orchids in Leiden under the guidance of Eduard Ferdinand de Vogel, and here she presents the results of her devotion to Japanese orchids. She began illustrating Japanese orchids under the auspices of Mitsuru Hotta, then at Kyoto University. Ken Inoue of Shinshu University later collaborated with her in his studies of the orchids of Japan until his untimely and tragic death by accidenn during a botanical survey on Sakhalin in 2003. Masatsugu Yokota, Ryukyu University, succeeded Inoue in the study of Japanese orchids as work on the Illustrations progressed. Most recently, I have joined the collaboration with Ms. Nakajima and have laid out the format for the presentation of the illustrations.

Since no treatment showing the detailed structure of the flowers of all species of orchids native to Japan exists, this work will be the first to present in full detail their structure as well as their form and habit.

Hideaki Ohba Ph.D.
fellow of the Tokyo University

日本のラン科植物の研究に対する重要な寄与

――中島睦子描『日本ラン科植物図譜』の出版を喜ぶ――

堀田 満
（西南日本植物情報研究所・鹿児島大学／鹿児島県立短期大学名誉教授）

生まれでる苦しみ

　この『日本ラン科植物図譜』はとても長い歴史を引きずって出来上がりました。振り返ってみれば1970年代に平凡社の『国民百科事典』，続いて『世界大百科事典』が編纂されました。その時に美しい植物画を描ける人ということで，中島さんが植物関係の挿し絵画家に起用されました。35年以上前のことでした。そして1980年代はじめ，『世界大百科事典』の仕事もほぼ終わり，中島さんは本格的な植物画の勉強のためにオランダに留学する決心をされます。そこでイギリスのボタニカルアートとは少し違う，骨太なオランダの植物画の勉強をされ，ライデン植物標本館から刊行されている世界のラン科植物のモノグラフの絵も精力的に仕上げられました。向こうの研究者に「ムツコ，ムツコ」ととても信頼されておられました。

　1980年代末に日本に帰国され，「さてなにをするか」の相談を受けた時，その頃ちょうど日本の植物相についての大きな仕事，英語版の国際的な『Flora of Japan』の編集が始まっていました。この印刷物はもっぱら文字情報でまとめられ，解説のための植物は伴っていなかったので，わかりやすい図を付ける印刷物の同時刊行が考えられました。さっそくラン科の執筆者に予定されていた井上健先生と『Flora of Japan』の編集委員会に連絡して，計画を進める快諾を得て，中島さんの『日本ラン科植物図譜』の作業が開始されました。ちょうど誠文堂新光社で神田さんの『写真集　日本のラン』の出版が進められ，それに編集者の羽根井さんの協力があって，写真撮影と同時に集められた日本全国のラン科植物の多くの花の液浸標本がありました。その標本類もあって中島さんの作業は急速に進められ，10年もたたずに200種類ほどものスケッチが完成されました。

最初の挫折

　その出版は学術的にも高度な内容と形式をもち，しかもできるだけ安い価格で日本だけでなく世界のラン科植物の研究者や愛好家に提供できることが目標にされて，植物分類地理学会からの「日本産ラン科植物モノグラフシリーズ」が計画されました。分類地理学会の編集委員会でもこの計画は了承され，1996年（15年以上も前）から3巻本として印刷出版することで，宣伝の案内文原稿（宣伝のちらし）も作成されました。ところがこの計画は「大出版社からでないから研究業績として低く見られる」という著者の申し出で残念なことに中止されてしまいました。せっかく描かれたラン科植物の図がお蔵に入ってしまったのです。

不幸な第二の挫折と光明

　そしてラン科の執筆予定者であった井上先生が海外調査中の事故でお亡くなりになり，そのあとは琉球大学の横田先生が受け継がれるという不幸な出来事がおこりました。『Flora of Japan』のラン科を含む単子葉編はもう3年も前には出ていなければならなかったのですが，一部原稿が未完成で，まだ未出版です。2011年，中島さんは学術的な植物

画の貢献に対して「松下幸之助花博賞（奨励賞）」を受賞されました。その授賞式の時に「ラン科植物図譜はこのままでは印刷出版の可能性がないが，なんとかならないか」と相談を受けました。その場で東大博物館の大場先生とも相談して，そのうちに『Flora of Japan』のラン科の部分もまとまるだろうし，それと対応している図だから，図だけでも別途に印刷出版したらどうだろうかということになりました。やっと中島さんのラン科植物図譜の出版の目処がたったのです。

長い過程と中島さんの仕事の意義

最初に中島さんが『日本ラン科植物図譜』を計画されてから20年余り，植物分類地理学会での印刷出版の計画が作られてから15年以上が経過しています。そして今になっても日本列島からは新しいラン科植物記録が発見記録されています。

美しい日本のラン科植物の写真集は，神田さんを始め多くの人によって出版されています。しかし日本産の全種類が網羅されてはいませんし，写真ですので細かい花の構造はよく判りません。前川先生の『原色日本のラン――日本ラン科植物図譜』（誠文堂新光社，1971）は当時の日本の植物画家の第一人者であった太田洋愛さんが200枚近い見事な絵を生きた材料から描かれてはいますが，残念なことに抒情的な美しいラン科植物が表現されてはいるのですが花の細かい解剖図には不満が残ります。牧野図鑑を始めラン科植物が取り上げられている図鑑も多いのですが，残念なことに日本列島産の多様なラン科植物相の全体を纏めあげられてはいません。

日本産のラン科植物のなかには，奄美大島のサガリランやコゴメキノエラン，九州南部に固有のハツシマランのように集団数も個体数もごく少数でいつ絶滅しても不思議でない種類も多くありますし，そのような種類は，ランマニアによって垂涎の的になり，つけ狙われています。インターネットでも高い値段がつけられています。

中島さんの「ラン科植物図譜」は大学や博物館に所蔵されている多くのラン科植物の標本資料に基づいて，稀少なラン科植物の種類についても世界のトップレベルの図が描かれています。日本のラン科植物の全体をまとめあげた，たぐい稀な出版物になっています。何よりも井上／横田のラン科を専門とする両博士のまとめられた『Flora of Japan』のラン科植物の分類記述と密接なコンビを作り上げる歴史的な出版物になっています。この図譜は世界のランの愛好家だけでなく，ラン科植物研究者に対しても日本のラン科植物の多様さを明らかにした貴重な贈り物になっています。

日本ラン科植物図譜
Illustration of Japanese Orchids

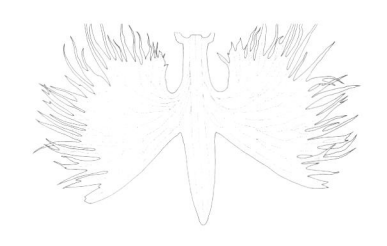

目　次

凡例 …………………… *8*

各部の名称 …………… *9*

PLATE
- 01. Apostasia …………… *13*
- 02. Cypripedium ………… *14*
- 03. Dactylorhiza ………… *23*
- 04. Ponerorchis ………… *24*
- 05. Amitostygma ………… *30*
- 06. Galearis ……………… *35*
- 07. Coeloglossum ………… *36*
- 08. Platantera …………… *38*
- 09. Neottianthe ………… *70*
- 10. Gymnadenia ………… *71*
- 11. Chondradenia ………… *73*
- 12. Habenaria …………… *74*
- 13. Perystylus …………… *82*
- 14. Herminium …………… *87*
- 15. Androcorys …………… *89*
- 16. Disperis ……………… *90*
- 17. Mycrotis ……………… *91*
- 18. Cryptostylis ………… *92*
- 19. Stigmatodactylus …… *93*
- 20. Spiranthes …………… *94*
- 21. Macodes ……………… *95*
- 22. Hetaeria ……………… *96*
- 23. Chamaegastrodia …… *98*
- 24. Myrmechis …………… *99*
- 25. Anoectochilus ……… *101*
- 26. Vexillabium ………… *105*
- 27. Erythrochis ………… *107*
- 28. Cyrtosia ……………… *108*

- 29. Goodyera …………… *109*
- 30. Vrydagzynea ………… *124*
- 31. Zeuxine ……………… *125*
- 32. Cheilostylis ………… *134*
- 33. Lecanorchis ………… *136*
- 34. Pogonia ……………… *145*
- 35. Listeria ……………… *147*
- 36. Neottia ……………… *152*
- 37. Cephalantera ………… *157*
- 38. Epipactis …………… *162*
- 39. Aphyllorchis ………… *165*
- 40. Tropidia ……………… *166*
- 41. Corymborchis ……… *169*
- 42. Epipogium …………… *170*
- 43. Sereosandra ………… *173*
- 44. Didymoplexiella …… *174*
- 45. Didymoplexis ……… *175*
- 46. Gastrodia …………… *176*
- 47. Nervilia ……………… *184*
- 48. Eleorchis …………… *186*
- 49. Arundia ……………… *187*
- 50. Bletilla ……………… *188*
- 51. Hancockia …………… *189*
- 52. Tainia ………………… *190*
- 53. Calanthe …………… *191*
- 54. Phaius ……………… *209*
- 55. Acanthephippium …… *212*
- 56. Cepharantheropsis … *215*
- 57. Spathoglottis ……… *216*
- 58. Eria …………………… *217*
- 59. Oberonia …………… *220*
- 60. Malaxis ……………… *221*
- 61. Liparis ……………… *229*

- 62. Cymbidium …………… *247*
- 63. Bulbophyllum ……… *256*
- 64. Dendrobium ………… *262*
- 65. Calypso ……………… *265*
- 66. Yoania ……………… *266*
- 67. Tipularia …………… *269*
- 68. Cremastra …………… *270*
- 69. Oreorchis …………… *273*
- 70. Dactylostalix ……… *275*
- 71. Ephippianthus ……… *276*
- 72. Geodorum …………… *278*
- 73. Eulophia …………… *279*
- 74. Taeniophyllum ……… *282*
- 75. Luisia ……………… *283*
- 76. Diploprora ………… *285*
- 77. Thrixspermum ……… *286*
- 78. Neofinetia ………… *289*
- 79. Gastrochilus ……… *290*
- 80. Sediera ……………… *294*
- 81. Cleisostoma ………… *295*
- 82. Staurochilus ……… *296*
- 83. Arachnis …………… *297*

標本情報 …………… *299*

おわりに …………… *385*

協力者 ……………… *387*

索引
- 和名索引 ………… *389*
- 学名索引 ………… *393*

凡　例

◆日本から記録のあるラン科植物83属259種（3亜種・59変種を含む）を収録した．
◆属内の種の配列は種小名のアルファベット順とした．
◆シノニム，和名は，既存の図鑑等に掲載されたものなど広く知られたもののみを収録した．
◆作図に使用した標本の収蔵先および登録番号は「標本情報」にまとめた．収蔵先の略称は以下の通り．
　　　KGH：鹿児島大学総合研究博物館（The Kagoshima University Museum）
　　　KPM：神奈川県立生命の星地球博物館（Kanagawa Prefectual Museum of Natural History）
　　　KYO：京都大学総合博物館（The Kyoto University Museum）
　　　RYU：琉球大学理学部（Ryukyu Univeristy）
　　　SHIN：信州大学理学部（Shinshu University）
　　　TBG：国立科学博物館附属筑波実験植物園（Tsukuba Botanical Garden）
　　　TI：東京大学植物標本室（The Herbarium of the Univesity of Tokyo）
　　　TNS：国立科学博物館植物研究部（Type Collection in the Herbarium of National Museum of Nature and Science）
　　　Tohoku Univ. B. Garden：東北大学植物園（Botanical Gardens, Tohoku University）
　　　YCM：横須賀市自然人文博物館（Yokosuka City Museum）
◆採集地，採集者等の表記は，不詳な点も含め原本の表記に従った．採集地が旧国名で表記されている場合は，特定可能な範囲で現在の都道府県名を付した（英文のみ）．
◆「標本情報」の（栽培）表示は，採集地は明らかであるが，図の作成時は栽培者の手元にあった材料を使用したことを示している．
◆「標本情報」の（不明）表示は，栽培後所在不明または消失した個体，所在が確認できない標本を示す。

図について

◆乾燥標本をもとに作図した植物体の図には，葉や花の角度が不自然な例もある．

ラン科植物の花の各部の名称

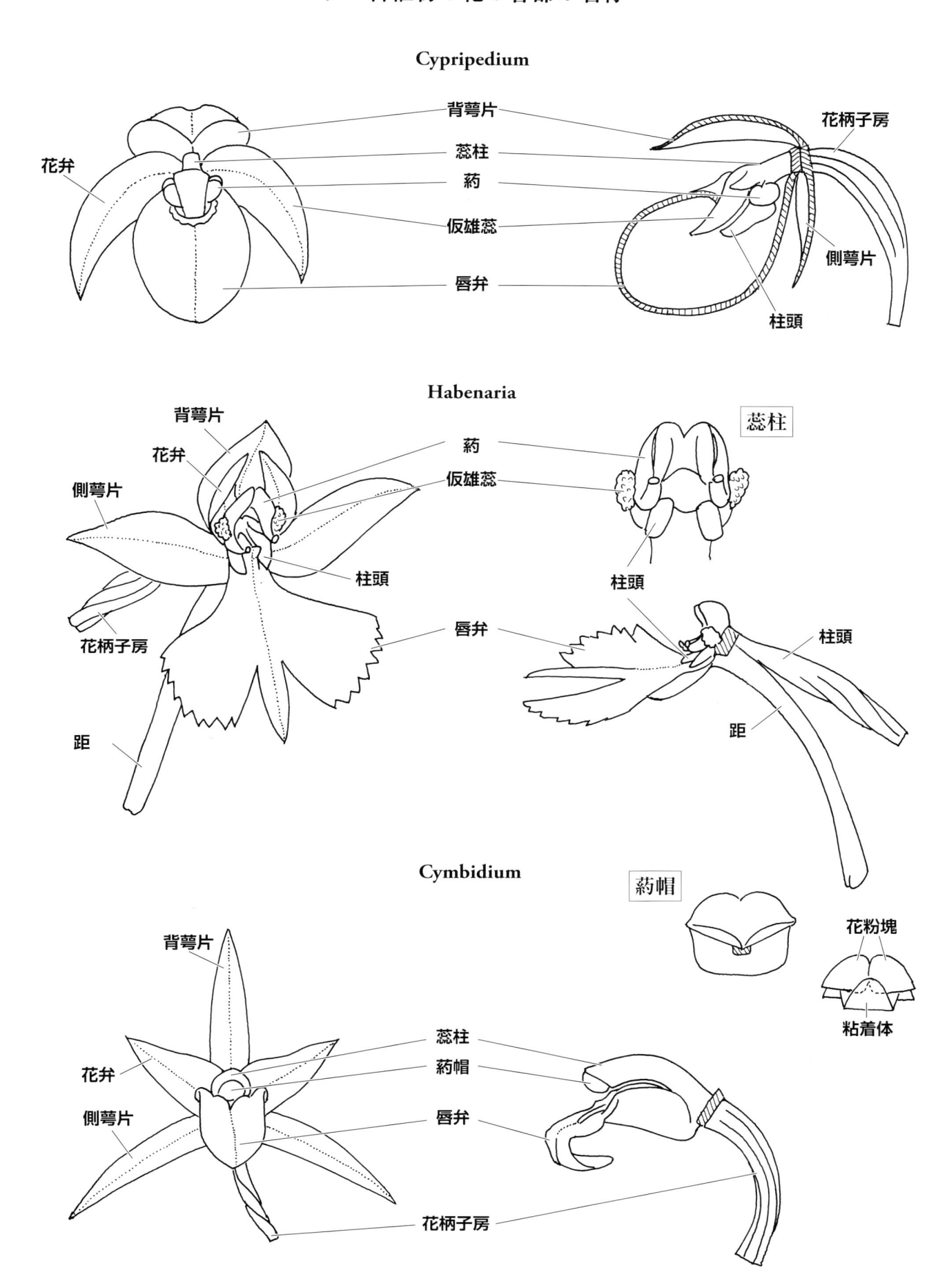

PLATE

01-01. ヤクシマラン **Apostasia nipponica** Masam.

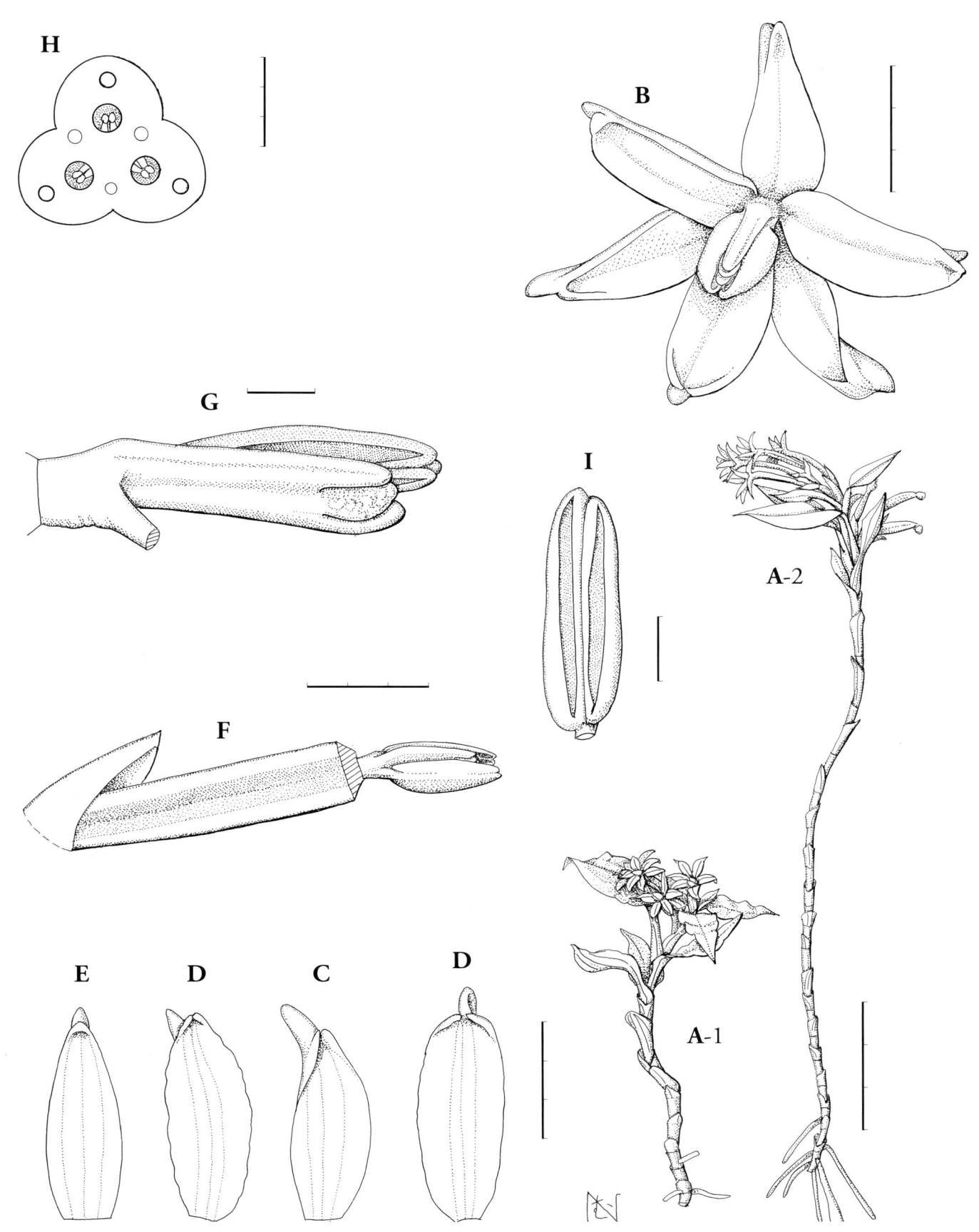

A- 植物体（1: 小林 ; 2: 矢原）; **B**- 花 ; **C**- 側萼片 ; **D**- 花弁 ; **E**- 背萼片 ; **F**- 蕊柱と子房 ; **G**- 蕊柱と葯 ; **H**- 子房の横断面 ; **I**- 葯帽.
A-plant.1-coll.: Kobayashi, **A**-2- coll.: Yahara; **B**-flower; **C**-lateral sepal; **D**-petal; **E**-dorsal sepal; **F**- column and ovary; **G**- column & anther; **H**- horizontal section of ovary; **I**- anther cap.
Scales: **A**: 3 cm, **B**, **C**, **D**, **E**, **F**: 3 mm, **H** & **I**: 1 mm.

02-01. オオキバナノアツモリ *Cypripedium calceolus* L.

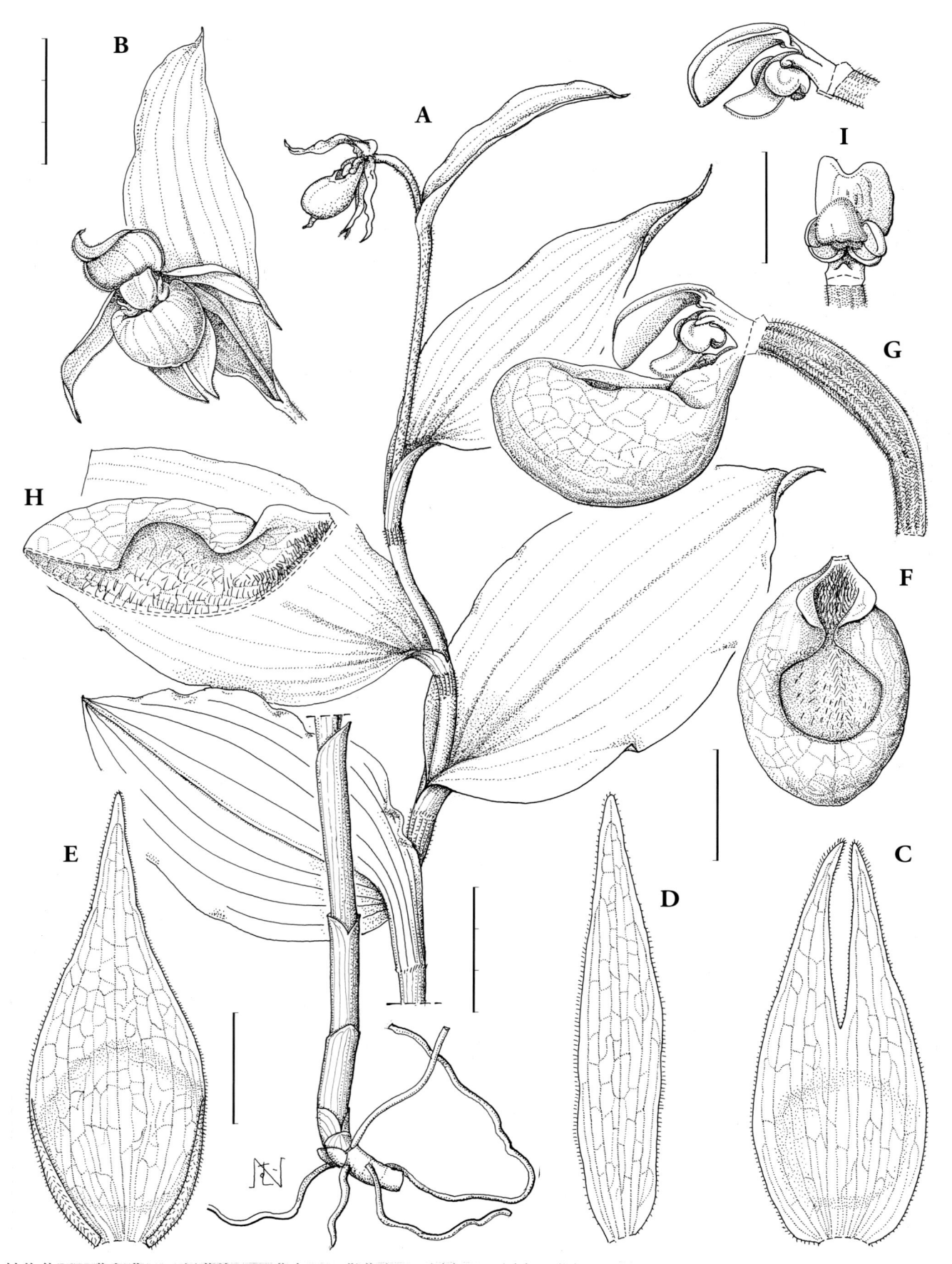

A- 植物体; B- 花と苞; C- 側萼片; D- 花弁; E- 背萼片; F- 唇弁; G- 唇弁，蕊柱、，子房; H- 唇弁の縦断面; I- 蕊柱.
A- plant; B- flower & bract; C- lateral sepals; D- petal; E- dorsal sepal; F- lip; G- lip, column & ovary; H- vertical section of lip; I- column.
Scales: A & B: 3 cm, C, D, E, F, G, H: 1 cm, I: 5 mm.

02-02. コアツモリソウ **Cypripedium debile** Rchb. f.

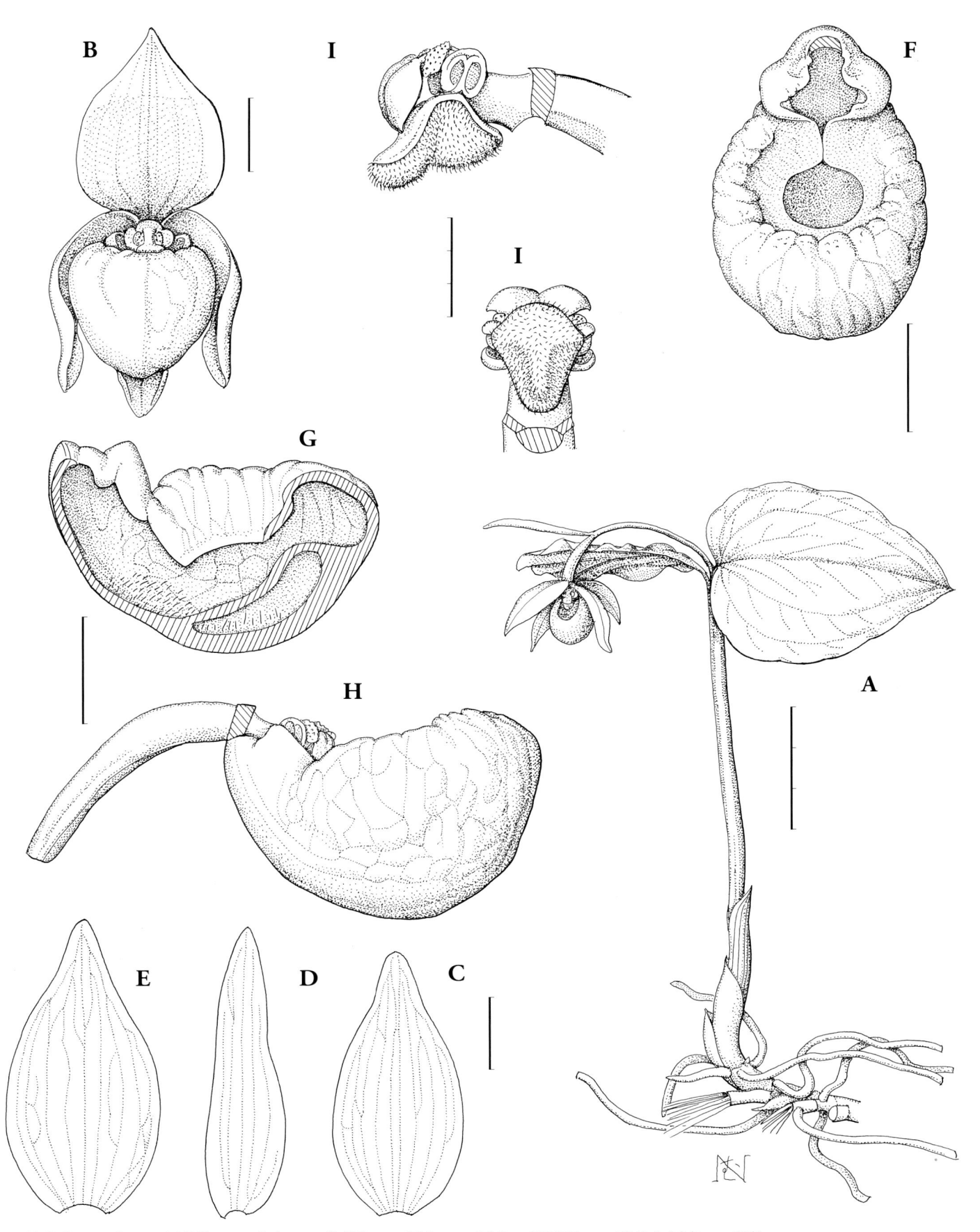

A- 植物体 ; B- 花 ; C- 側萼片 ; D- 花弁 ; E- 背萼片 ; F- 唇弁 ; G- 唇弁の縦断面 ; H- 蕊柱と唇弁 ; I- 蕊柱.
A-plant; B-flower; C-lateral sepals; D-petal; E-dorsal sepal; F-lip; G-vertical section of lip; H-lip, column & ovary; I-column.
Scales: A: 3 mm, B, C, D, E, F, G, H: 5 mm, I: 3 mm.

02-03. デワノアツモリソウ *Cypripedium guttatum* Sw.

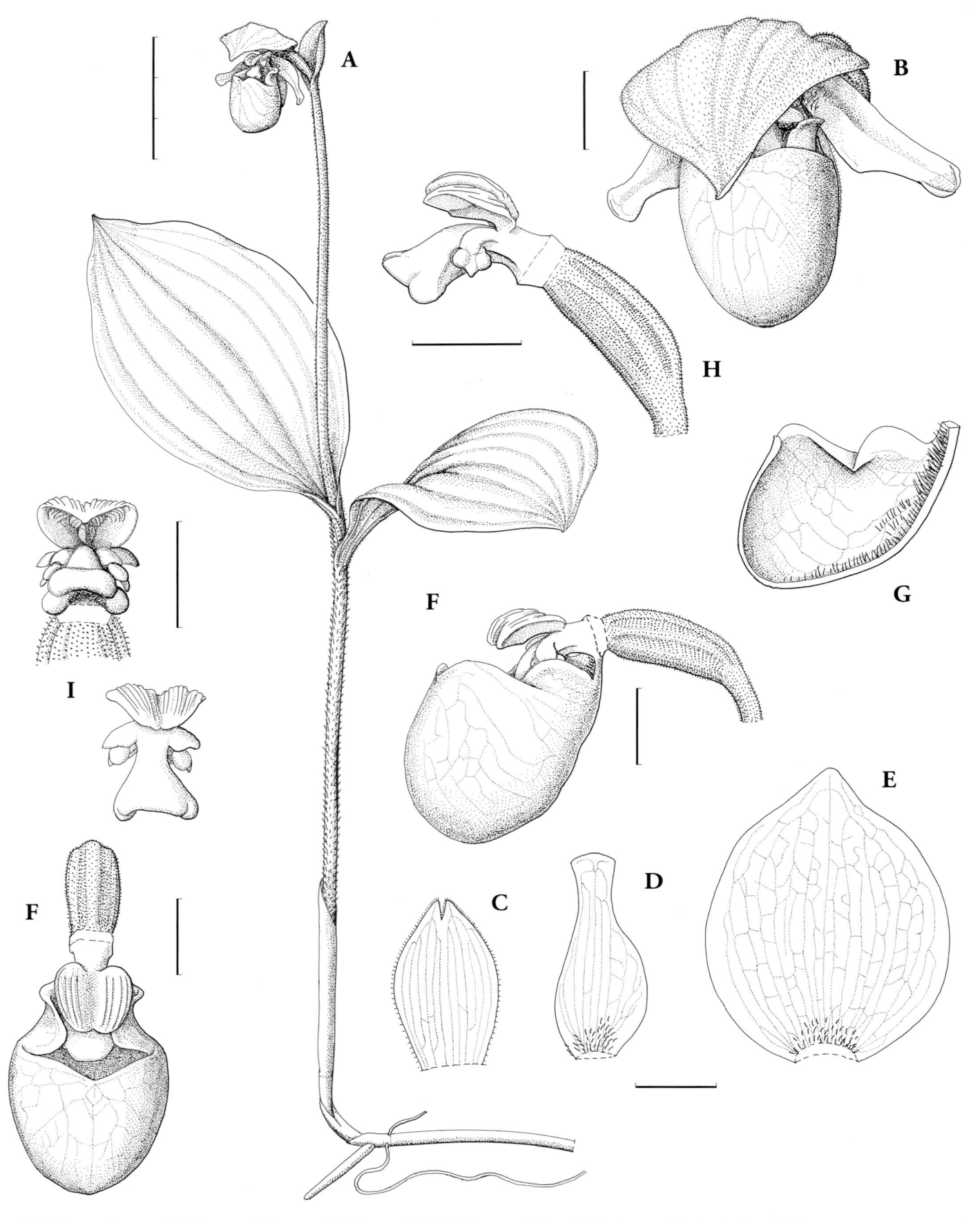

A- 植物体；B- 花；C- 側萼片；D- 花弁；E- 背萼片；F- 蕊柱と唇弁；G- 唇弁の縦断面；H- 蕊柱と子房；I- 蕊柱.
A- plant; B- flower; C-lateral sepals; D- petal; E- dorsal sepal; F- lip & Column; G- vertical section of lip; H- column & ovary; I- column.
Scales: A: 3 cm, B, C, D, E, F, G, H, I: 5 mm.

02-04. クマガイソウ Cypripedium japonicum Thunb.

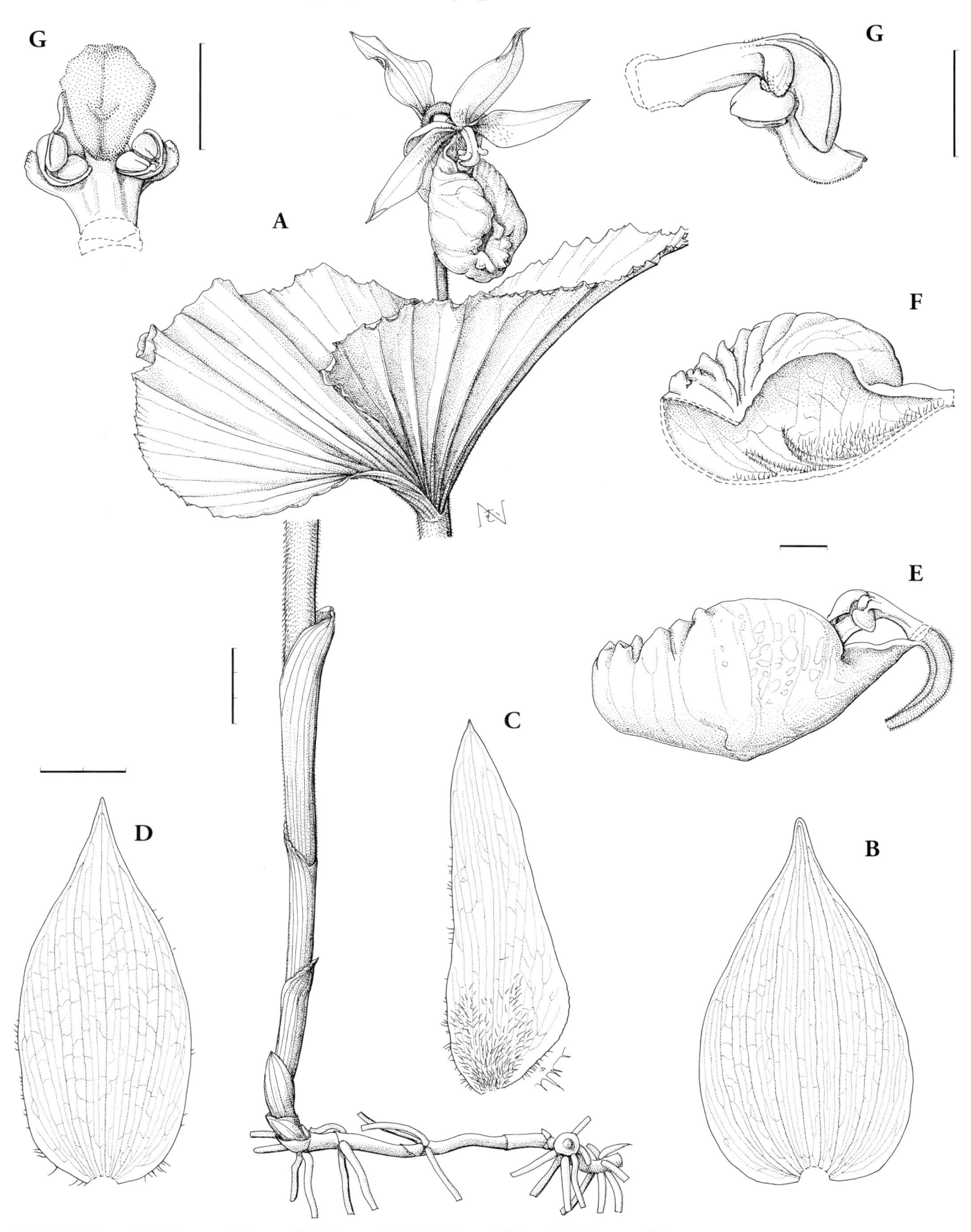

A- 植物体と花；B- 側萼片；C- 花弁；D- 背萼片；E- 唇弁と子房；F- 唇弁の縦断面；G-. 蕊柱.
A-plant with flower; B-lateral sepals; C-petal; D-dorsal sepal; E- lip and column; F-vertical section of lip; G-column.
Scales: A: 3 cm, B, C, D, E, F, G, I: 1 cm.

02-05. ホテイアツモリ Cypripedium macranthus Sw. var. **macranthus**

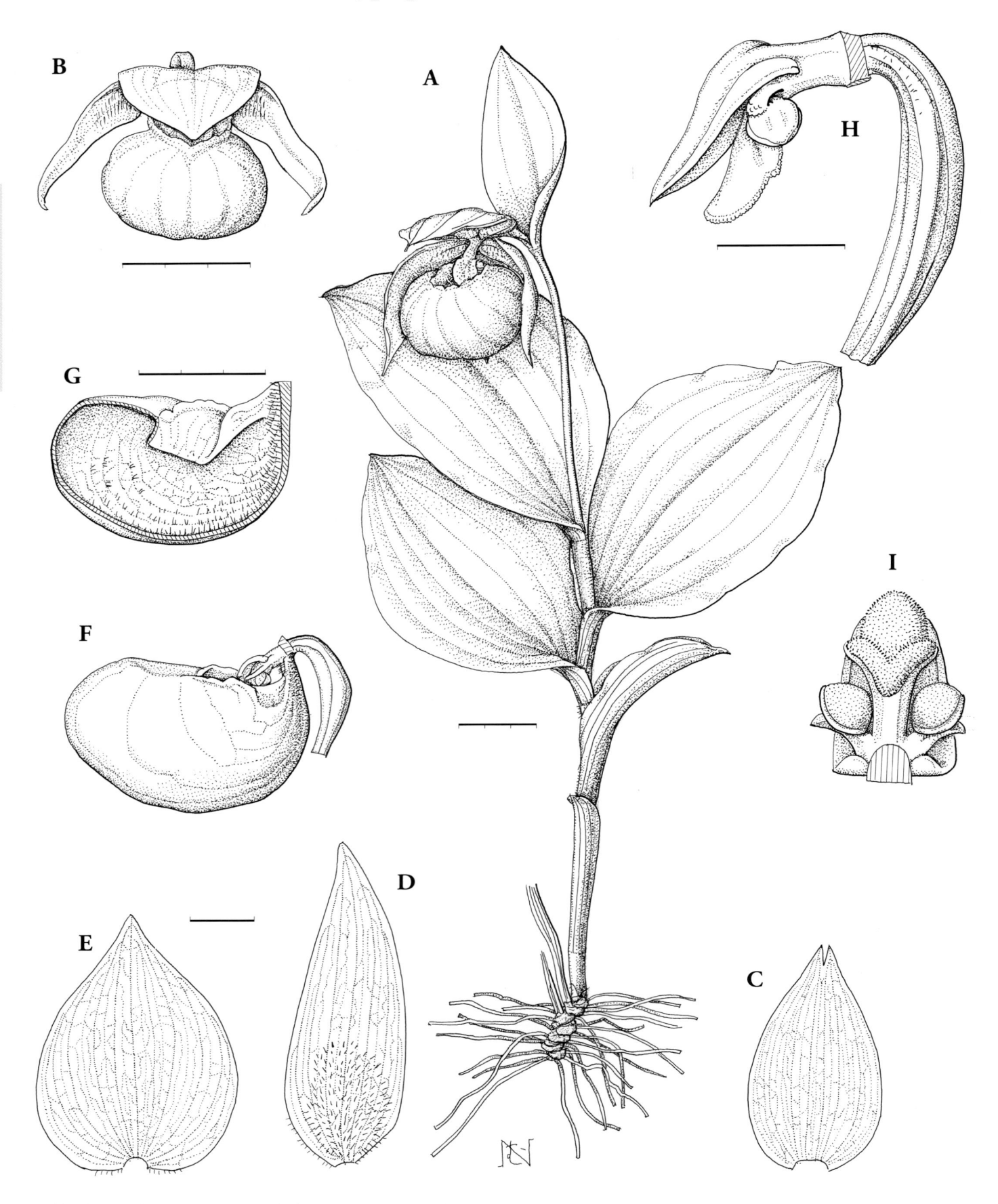

A- 植物体 ; B- 花 ; C- 側萼片 ; D- 花弁 ; E- 背萼片 ; F- 唇弁と蕊柱 ; G- 唇弁の縦断面 ; H- 蕊柱と子房 ; I- 蕊柱.
A-plant; B-flower; C-lateral sepals; D-petal; E-dorsal sepal; F-lip and ovary; G-vertical section of lip; H- column and ovary; I-column.
Scales: A, B, F, G: 3 cm, C, D, E, H, I: 1 cm.

02-06. レブンアツモリ Cypripedium macranthus Sw. var. rebunense (Kudo) Miyabe et Kudo

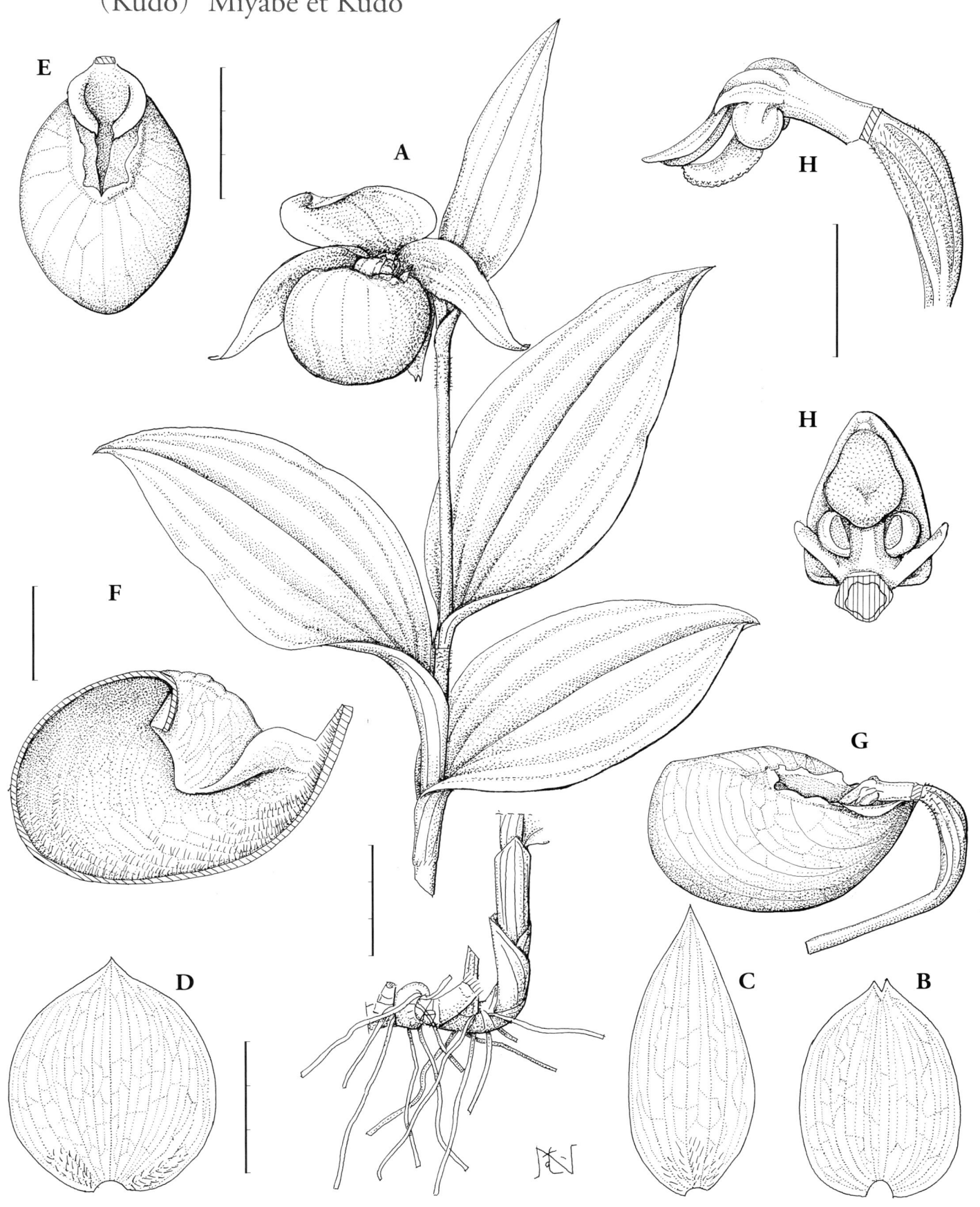

A- 植物体と花 ; B- 側萼片 ; C- 花弁 ; D- 背萼片 ; E- 唇弁 ; F- 唇弁の縦断面 ; G- 蕊柱と子房 ; H- 蕊柱.
A-plant with flower; B-lateral sepals; C-petals; D-dorsal sepal; E-lip; F- vertical section of lip; G-lip and ovary; H- column.
Scales: A, B, C, D, E, G: 3 cm, F & H: 1 cm.

02-07. アツモリソウ Cypripedium macranthus Sw. var. speciosum (Rolfe) Koidz.

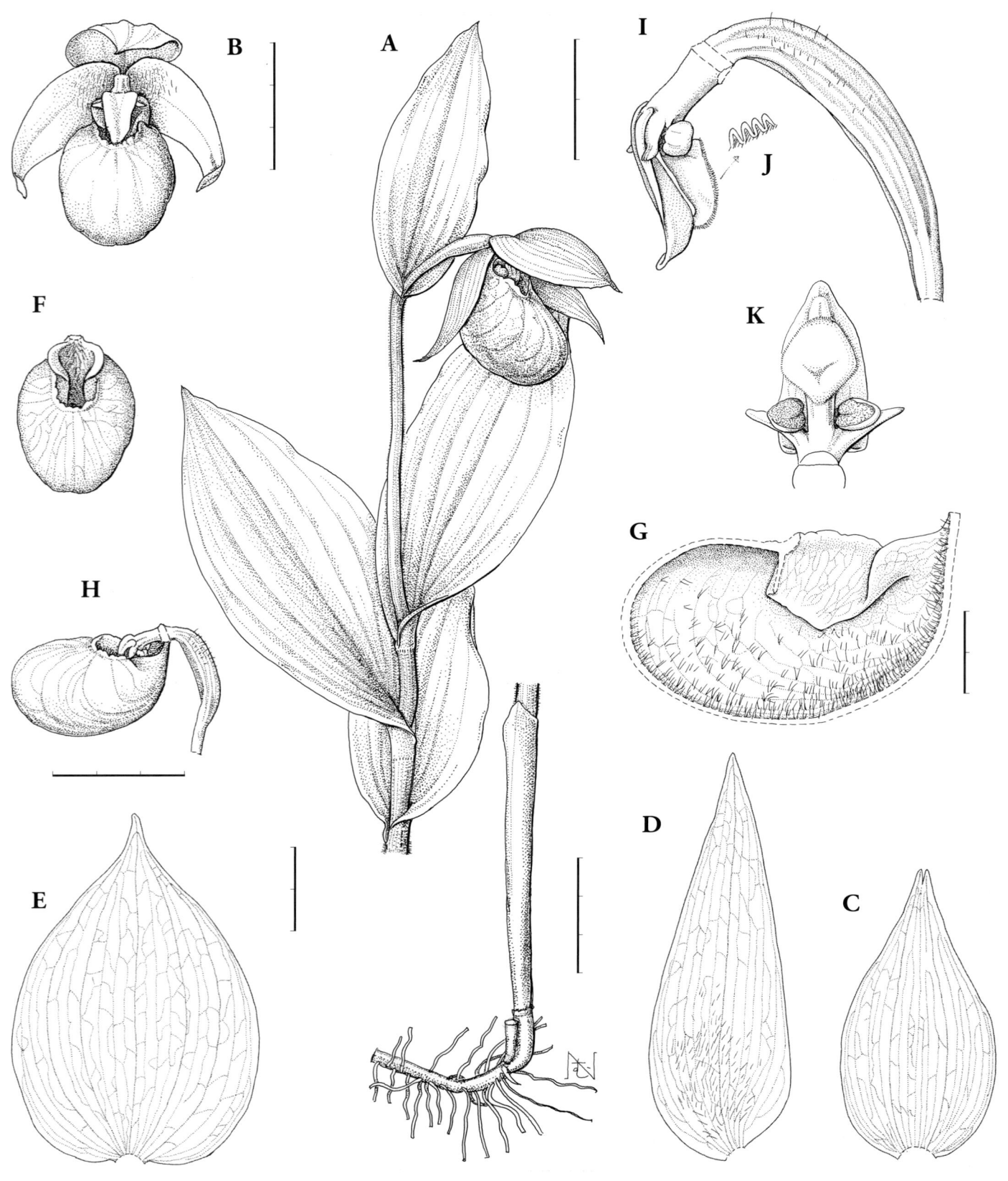

A- 植物体 ; B- 花 ; C- 側萼片 ; D- 花弁 ; E- 背萼片 ; F- 唇弁 ; G- 唇弁の縦断面 ; H- 唇弁, 蕊柱と子房 ; I- 蕊柱と子房 ; J- 雌蕊の細部 ; K- 蕊柱 .

A- plant; B- flower; C- lateral sepals; D- petal; E- dorsal sepal; F- lip; G-vertical section of lip; H-lip, column and ovary; I-column and ovary; J-detail of stigma; K-column.

Scales: A, B, F, H: 3 cm, C, D, E, G, I, K: 1 cm.

02-08. ドウトウアツモリソウ Cypripedium shanxiense S. C. Chen

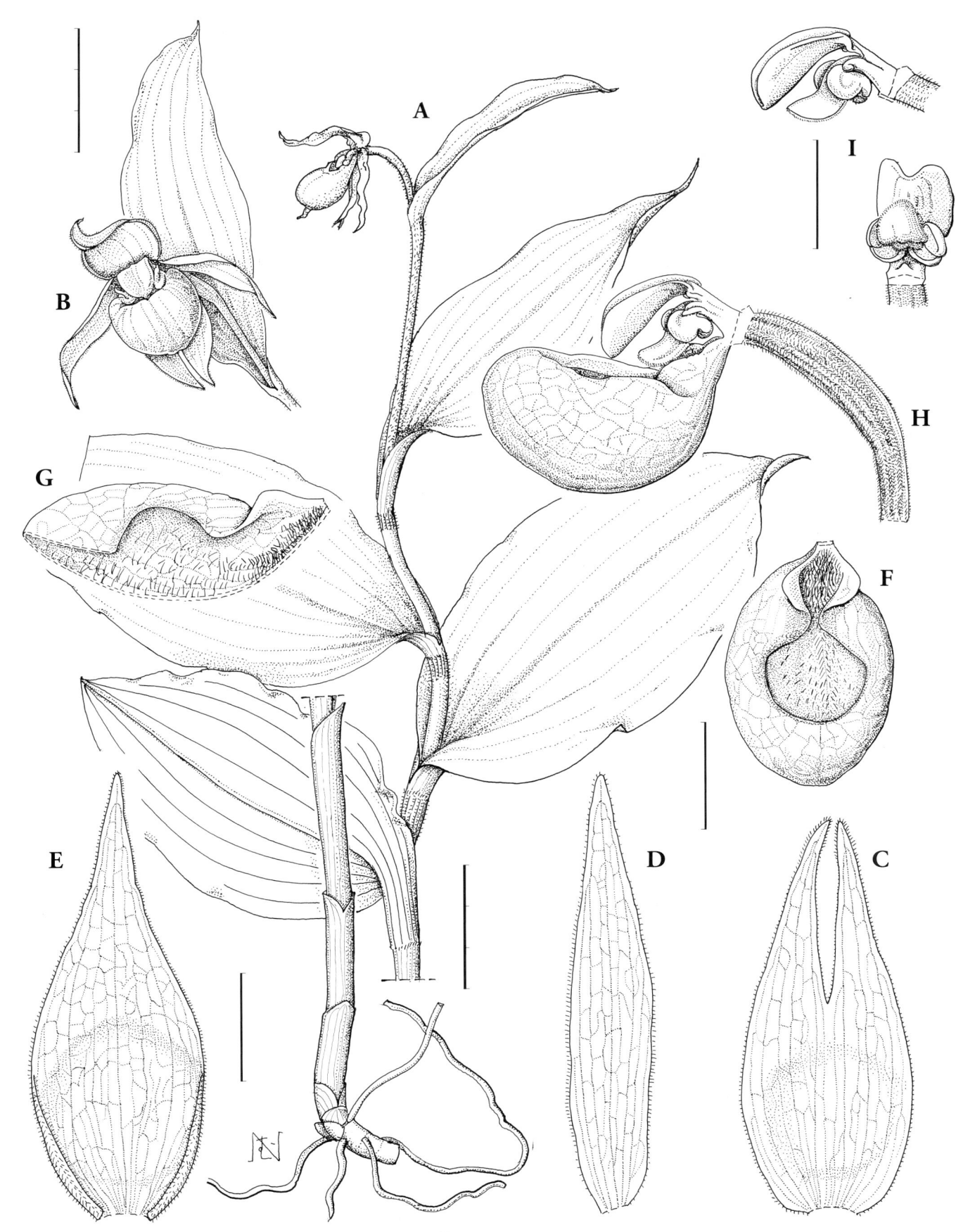

A- 植物体 ; B- 花 ; C- 側萼片 ; D- 花弁 ; E- 背萼片 ; F- 唇弁 ; G- 唇弁の縦断面 ; H- 蕊柱と唇弁 ; I- 蕊柱.
A-plant; B-flower; C-lateral sepals; D-petal; E-dorsal sepal; F-lip; G-vertical section of lip; H-lip, column and ovary; I-column.
Scales: A & B: 3 cm, C, D, E, F, G, H, I: 1cm.

02-09. キバナノアツモリソウ Cypripedium yatabeanum Makino

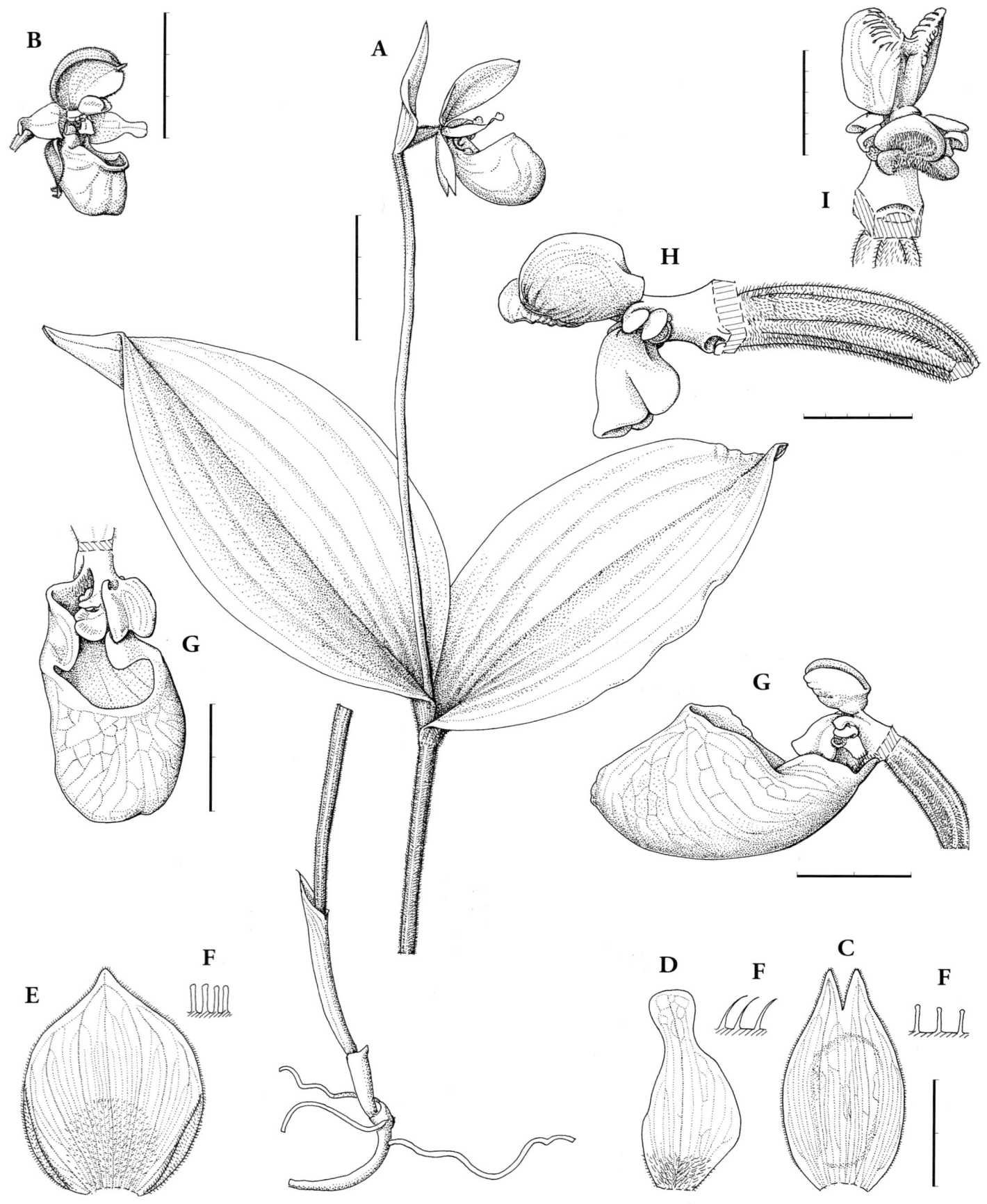

A- 植物体 ; B- 花 ; C- 側萼片 ; D- 花弁 ; E- 背萼片 ; F- 毛の形態 ; G- 唇弁と蕊柱 ; H- 蕊柱と子房 ; I- 蕊柱.
A-plant; B-flower, C-lateral sepals; D-petal; E-dorsal sepal; F-shape of hairs; G-lip and column; H-column and ovary; I-column.
Scales: A & B: 3 cm, C, D, E, G: 1 cm, H & I: 5 mm.

03-01. ハクサンチドリ **Dactylorhiza aristata** (Fisch. ex Lindl.) Soó

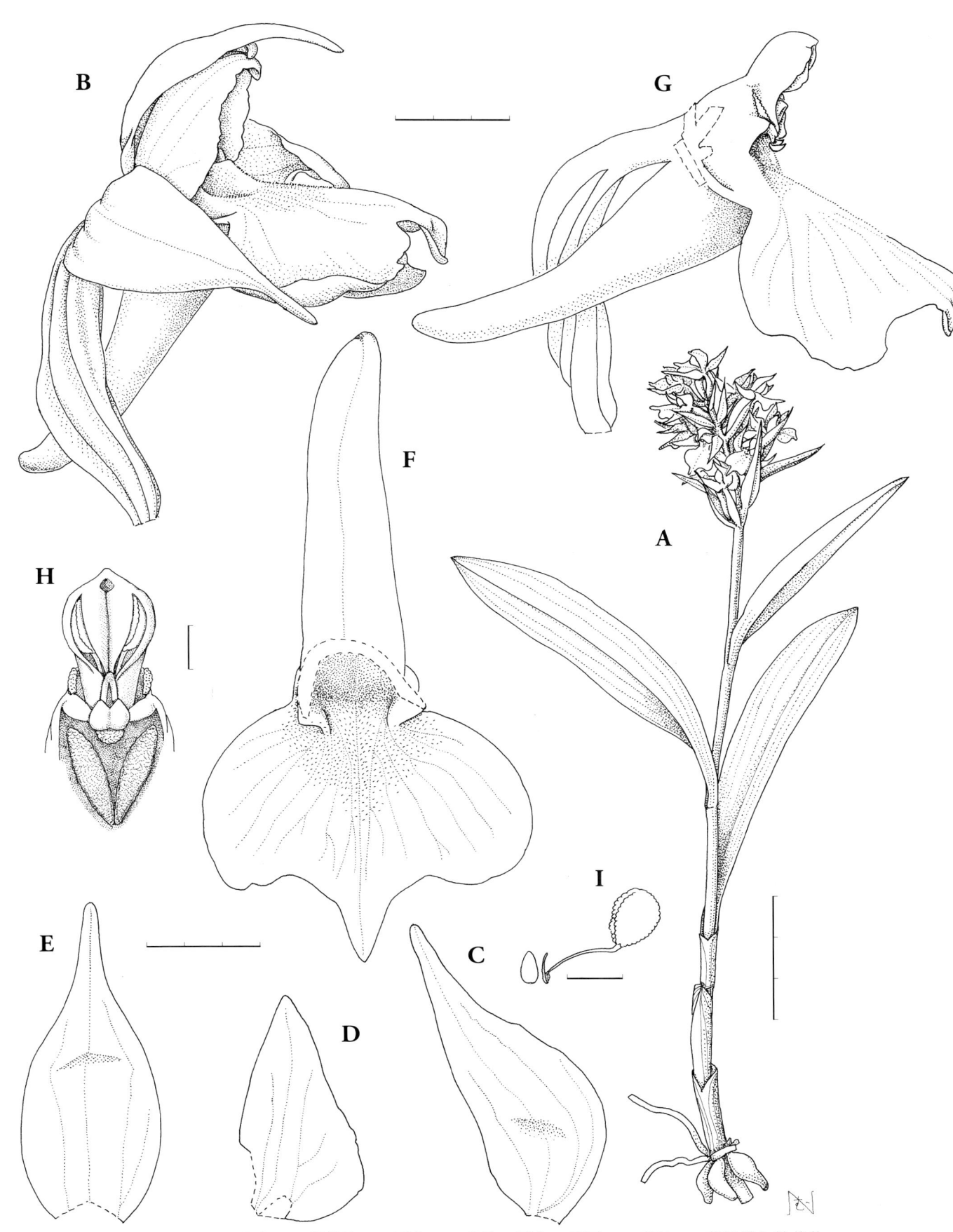

A- 植物体 ; B- 花 ; C- 側萼片 ; D- 花弁 ; E- 背萼片 ; F- 唇弁 ; G- 蕊柱，唇弁，子房 ; H- 蕊柱 ; I- 花粉塊と粘着体.
A-plant; B-flower; C-lateral sepal; D-petal; E-dorsal sepal; F-lip; G-column, lip & ovary; H-column, I-pollinia & viscidium.
Scales: A: 3 cm, B, C, D, E, F, G: 3 mm, H & I: 1 mm.

04-01. ヒナチドリ **Ponerorchis chidori** (Makino) Ohwi

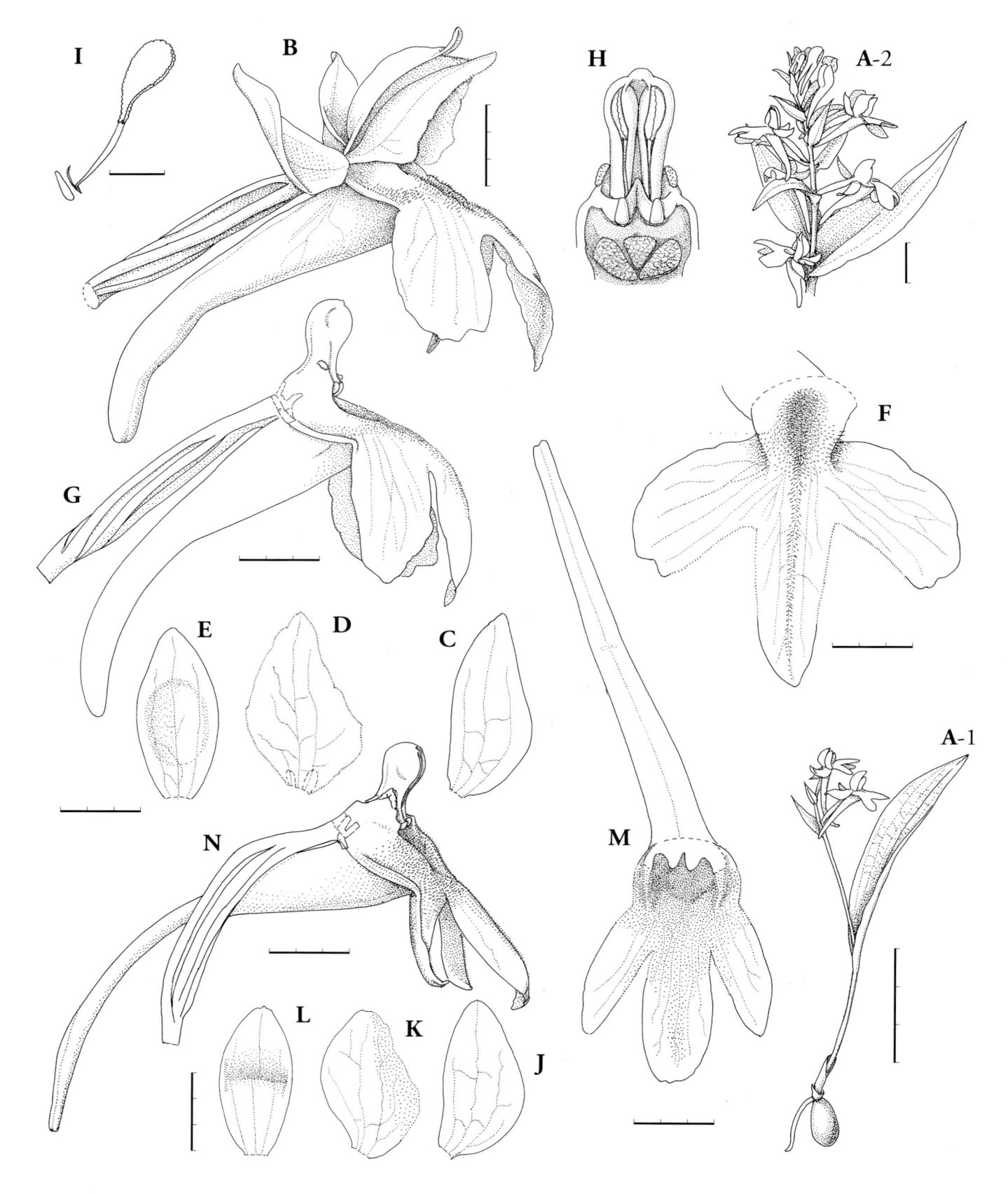

A- 植物体（1- 和歌山県，2- 青森県）；B- 花；C- 側萼片；D- 花弁；E- 背萼片；F- 唇弁；G- 唇弁，蕊柱，子房；H- 蕊柱；I- 花粉塊と粘着体；J- 側萼片；K- 花弁；L- 背萼片；M- 唇弁；N- 唇弁，蕊柱，子房（J〜N チャボチドリ）．
A-plant (1- Wakayama Pref.; 2- Aomori Pref.); B-flower; C-lateral sepal; D-petal; E-dorsal sepal; F-lip; G-lip, column & ovary; H-column; I-pollinia & viscidium; J-lateral sepal; K-petal; L-dorsal sepal; M-lip; N-lip, column & ovary, H-column (J - N: Chabo-chidori).
Scales: A-1: 3 cm, A-2: 1 cm, B, C, D, E, F, G, J, K, L, M, N: 3 mm, I: 1mm.

04-02. ウチョウラン **Ponerorchis graminifolia** Rchb. f. var. **graminifolia**

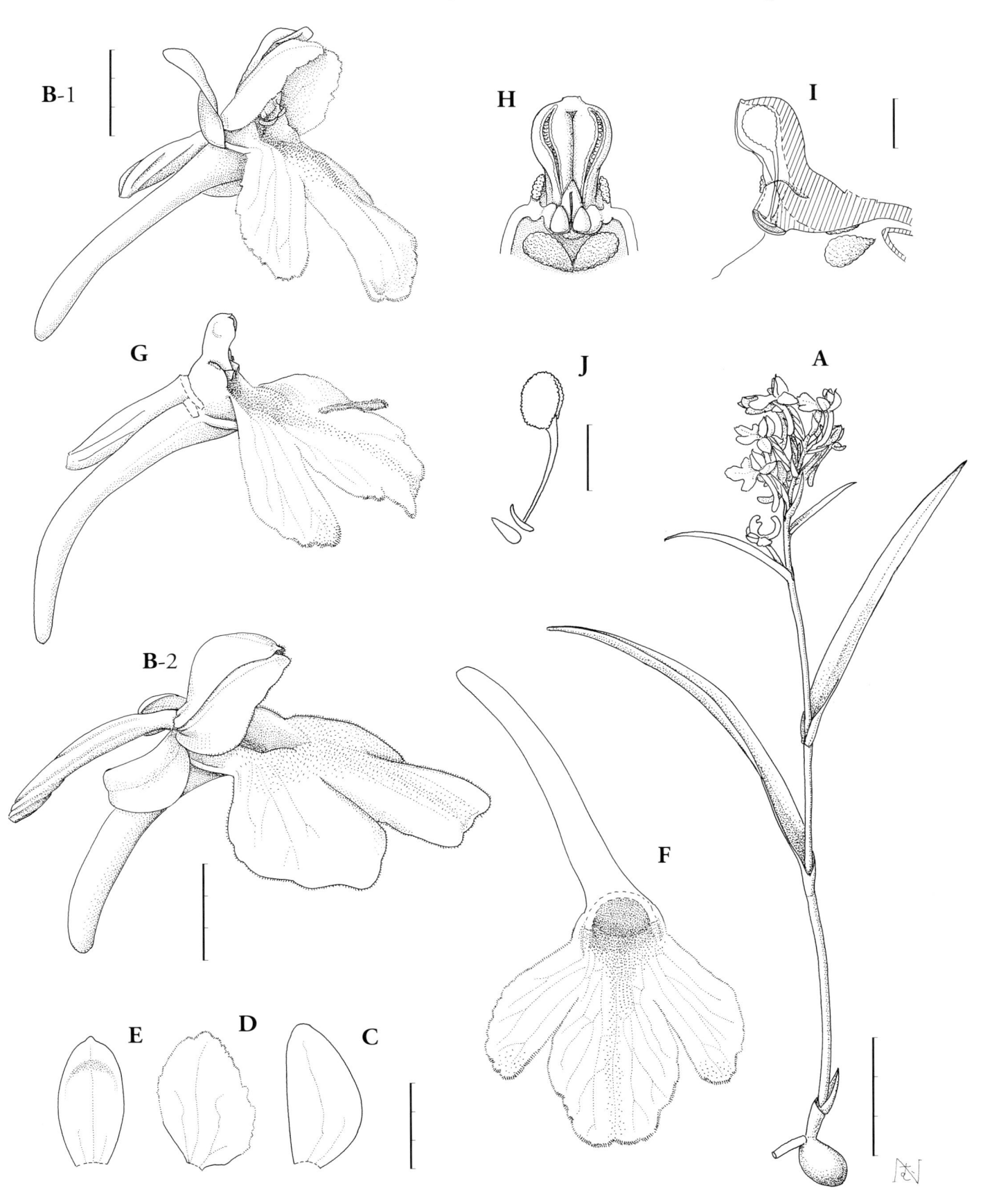

A- 植物体；B-1- 花（栃木県産）B-2- 白花（青森県産）；C- 側萼片；D- 花弁；E- 背萼片；F- 唇弁；G- 唇弁，蕊柱，子房；H- 蕊柱；I- 蕊柱の縦断面；J- 花粉塊と粘着体．

A- plant; **B-** flower; **C-** lateral sepal; **D-** petal; **E-** dorsal sepal; **F-** lip; **G-** lip, column and ovary; **H-** column; **I-** pollinia and viscidium.

Scales: **A**: 3 cm, **B**-1, **B**-2, **C**, **D**, **E**, **F**, **G**: 3 mm, **H**, **I**, **J**: 1 mm.

04-03. クロカミラン **Ponerorchis graminifolia** Rchb. f. var. **kurokamiana** (Ohwi et Hatus.) T. Hashimoto

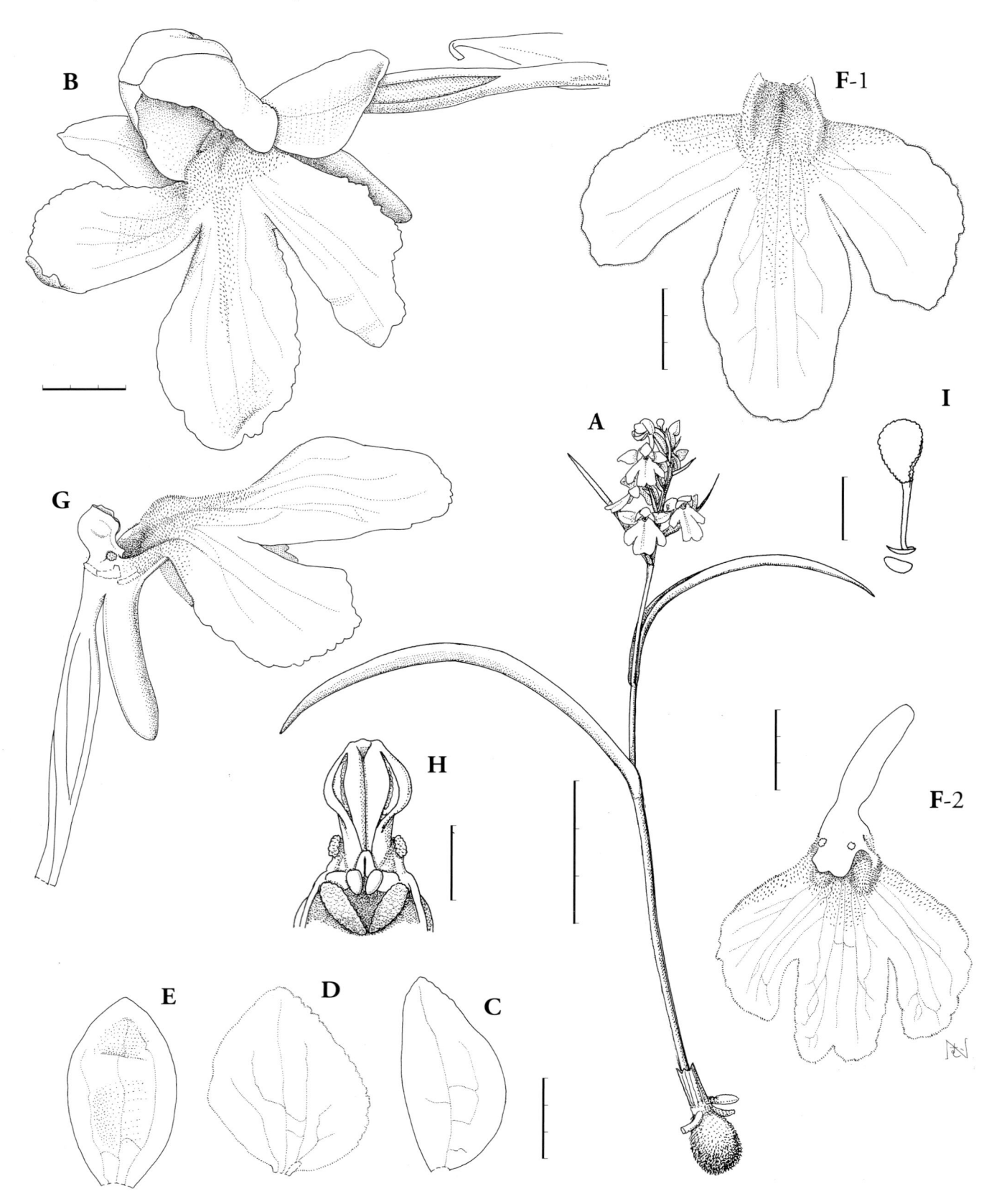

A- 植物体 ; B- 花 ; C- 側萼片 ; D- 花弁 ; E- 背萼片 ; F- 唇弁 ; G- 唇弁，蕊柱，子房 ; H- 蕊柱 ; I- 花粉塊と粘着体.
A-plant; B-flower; C-lateral sepal; D-petal; E-dorsal sepal; F-lip; G-lip, column & ovary; H-column; I-pollinia & viscidium.
Scales: A: 3 cm, B, C, D, E, F, G: 3 mm, H & I: 1 mm.

04-04. アワチドリ **Ponerorchis graminifolia** Rchb. f. var. **suzukiana** (Ohwi) Soó

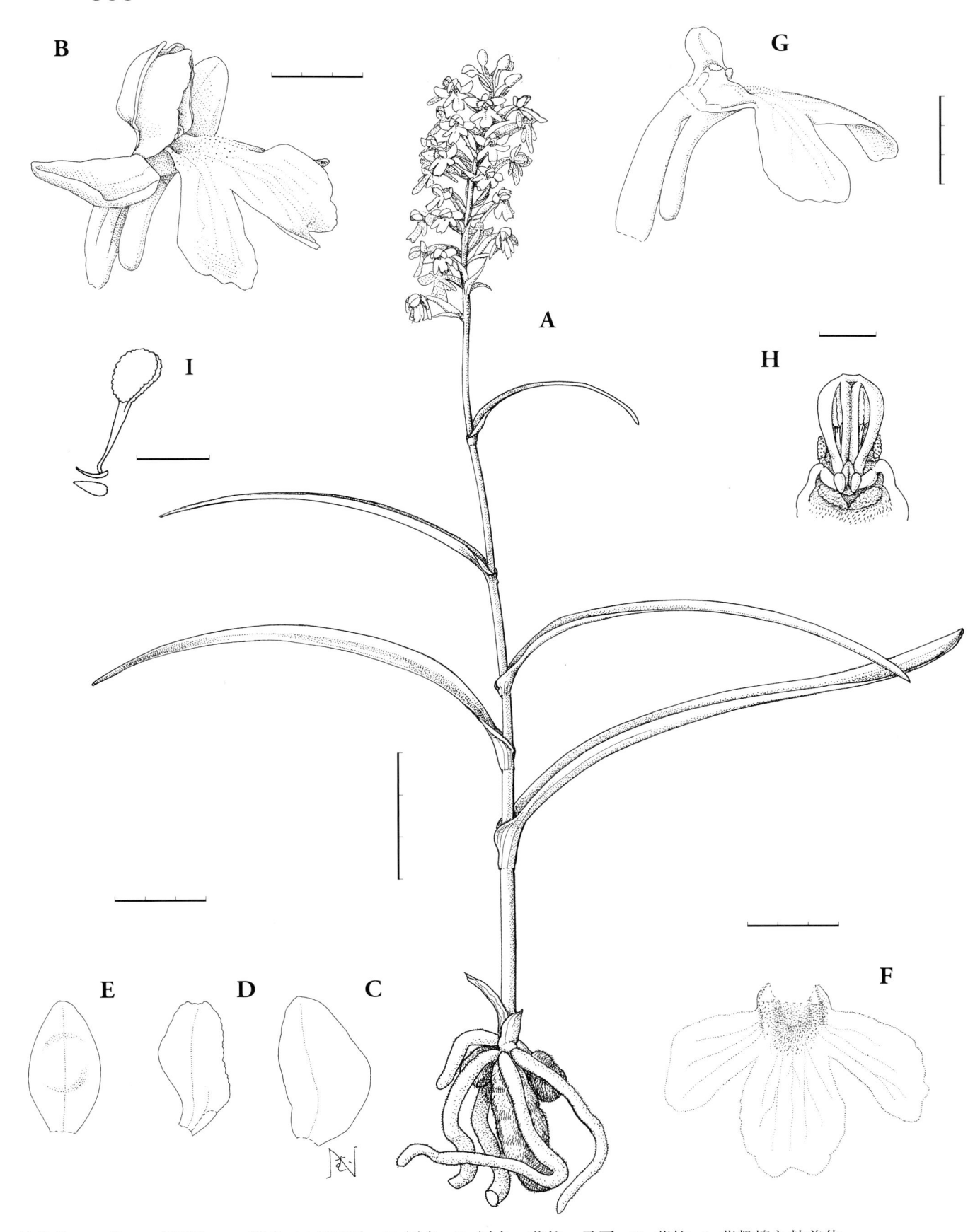

A- 植物体；**B**- 花；**C**- 側萼片；**D**- 花弁；**E**- 背萼片；**F**- 唇弁；**G**- 唇弁．蕊柱．子房；**H**- 蕊柱；**I**- 花粉塊と粘着体.
A- plant; **B**- flower; **C**- lateral sepal; **D**- petal; **E**- dorsal sepal; **F**- lip; **G**- lip, column and ovary; **H**- column; **I**- pollinia and viscidium.
Scales: **A**: 3 cm, **B, C, D, E, F, G**: 3 mm, **H & I**: 1 mm.

04-05. サツマチドリ **Ponerorchis graminifolia** var. **nigro-punctata** F. Maek. ex K. Inoue

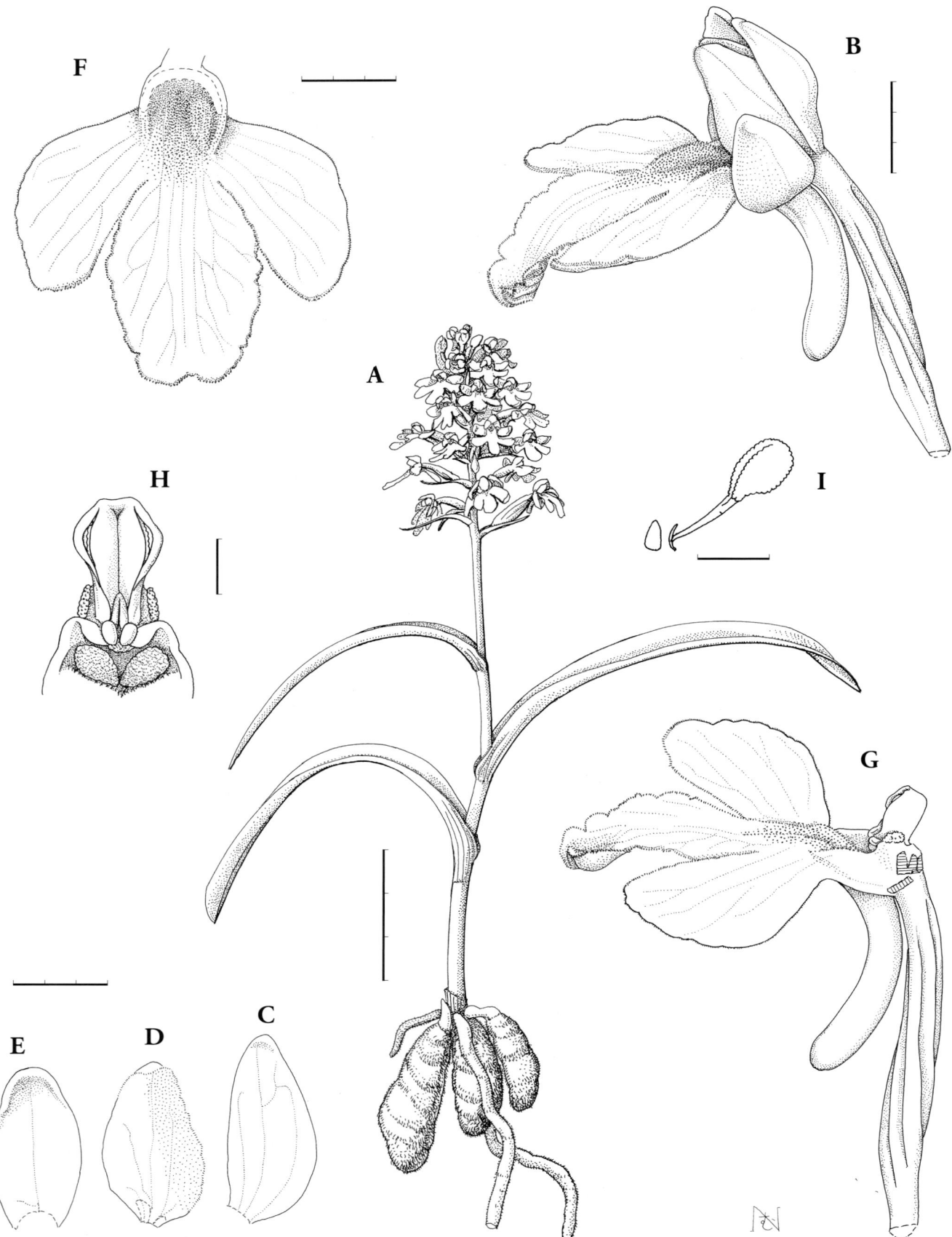

A- 植物体 ; **B**- 花 ; **C**- 側萼片 ; **D**- 花弁 ; **E**- 背萼片 ; **F**- 唇弁 ; **G**- 唇弁，蕊柱，粘着体 ; **H**- 蕊柱 ; **I**- 花粉塊と粘着体
A- plant; **B**- flower; **C**- lateral sepal; **D**- petal; **E**- dorsal sepal; **F**- lip; **G**- lip, column & ovary; **H**- column; **I**- pollinia and viscidium.
Scales: **A**: 3 cm, **B**, **C**, **D**, **E**, **F**: 3 mm, **H** & **I**: 1 mm.

04-06. ニョホウチドリ **Ponerorchis joo-iokiana** (Makino) Soó

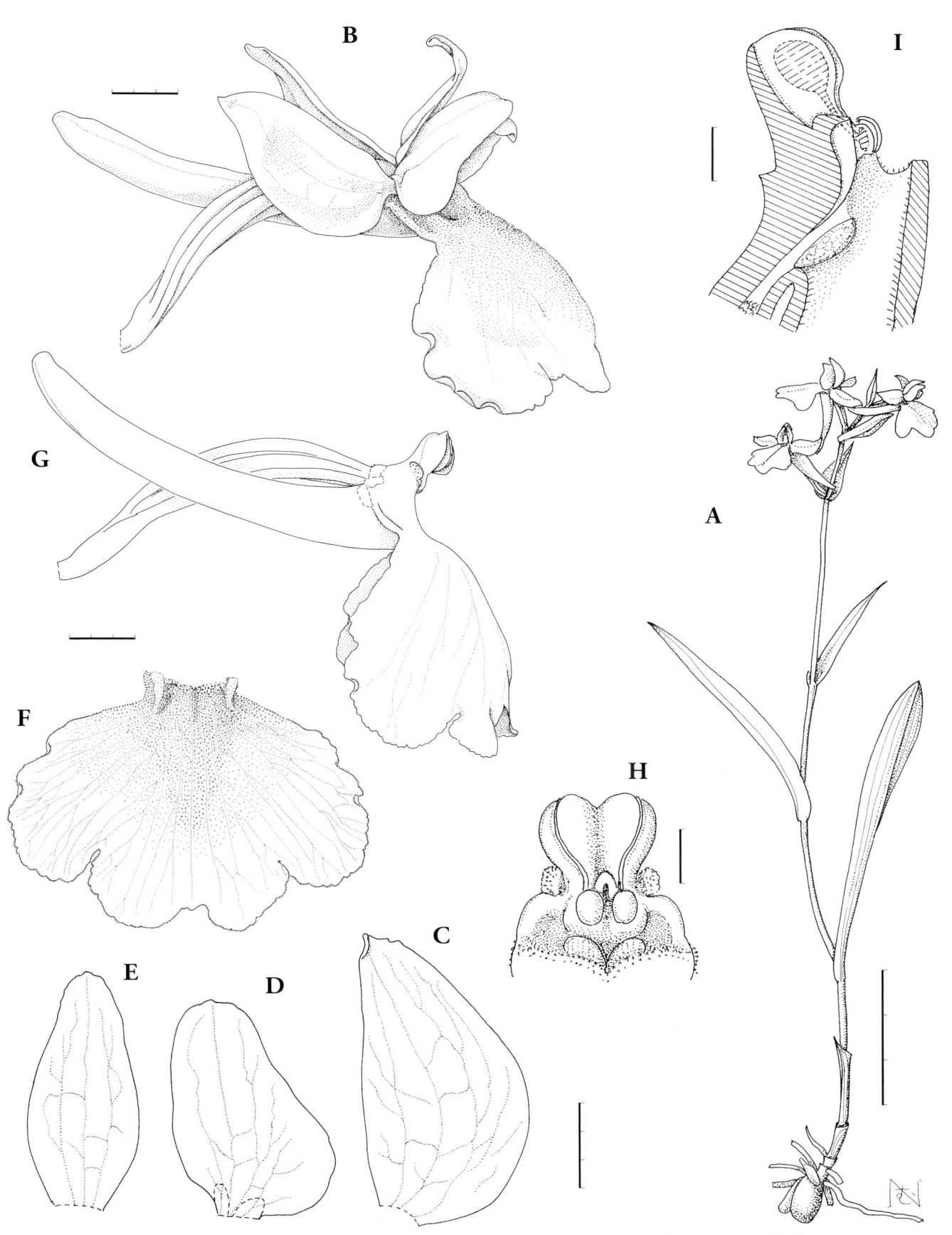

A- 植物体 ; B- 花 ; C- 側萼片 ; D- 花弁 ; E- 背萼片 ; F- 唇弁 ; G- 唇弁，蕊柱，子房 ; H- 蕊柱 ; I- 蕊柱の縦断面.
A- plant; B- flower; C- lateral sepal; D- petal; E- dorsal sepal; F- lip; G- lip, column and ovary; H- column; I- vertical section of column.
Scales: **A**: 3 cm, **B, C, D, E, F**: 3 mm, **H & I**: 1 mm.

05-01. フジチドリ **Amitostigma fujisanensis** (Sugim.) K.Inoue

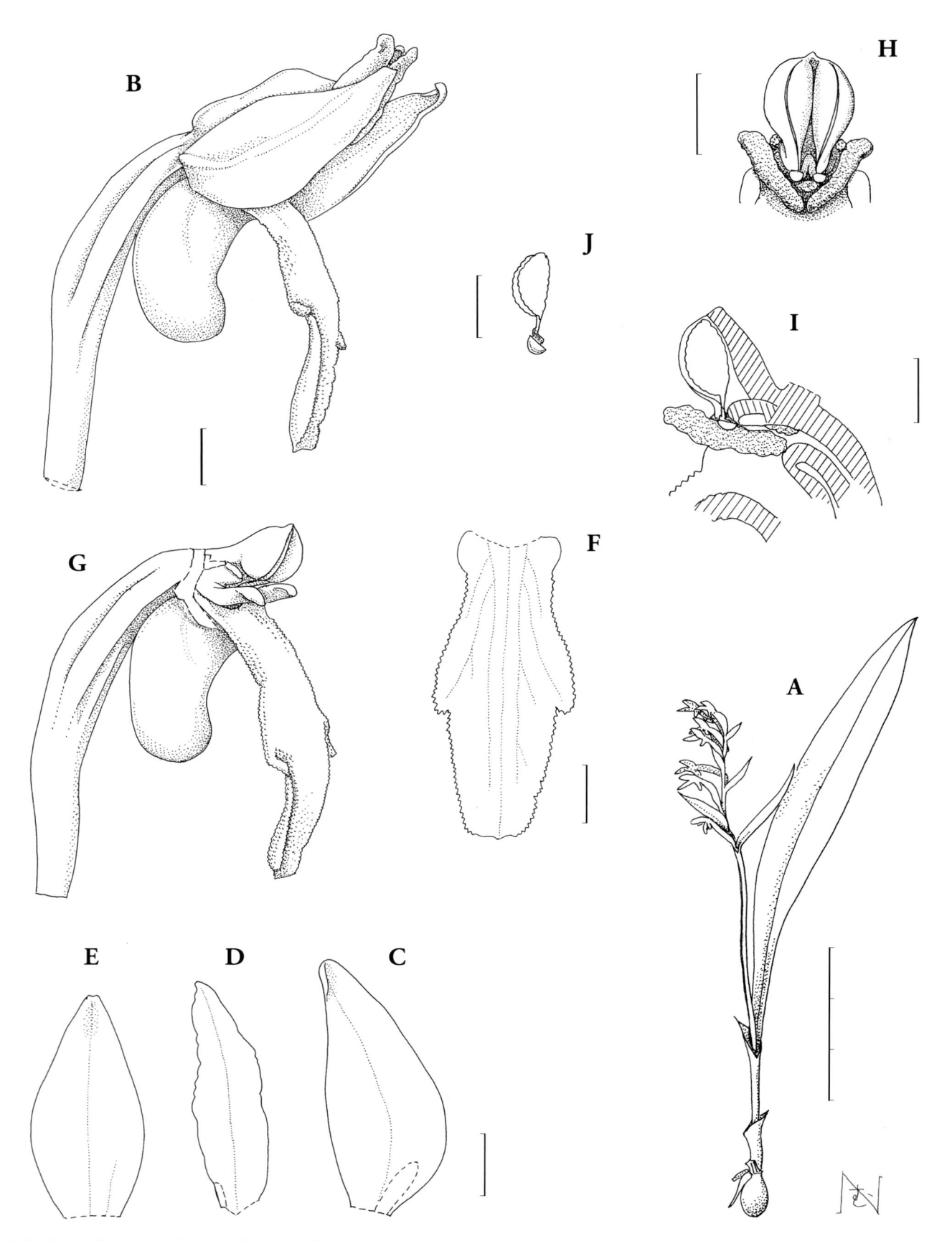

A- 植物体；B- 花；C- 側萼片；D- 花弁；E- 背萼片；F- 唇弁；G- 唇弁，蕊柱，子房；H- 蕊柱；I- 蕊柱の縦断面；J- 花粉塊と粘着体.
A- plant; B- flower; C- lateral sepal; D- petal; E- dorsal sepal; F- lip; G- lip, column and ovary; H- column; I- vertical section of column; J- pollinia & viscidium.
Scales: **A**: 3 cm, **B, C, D, E, F, G, H, I, J**: 1 mm.

05-02. ヒナラン **Amitostigma gracile** (Bl.) Schltr.

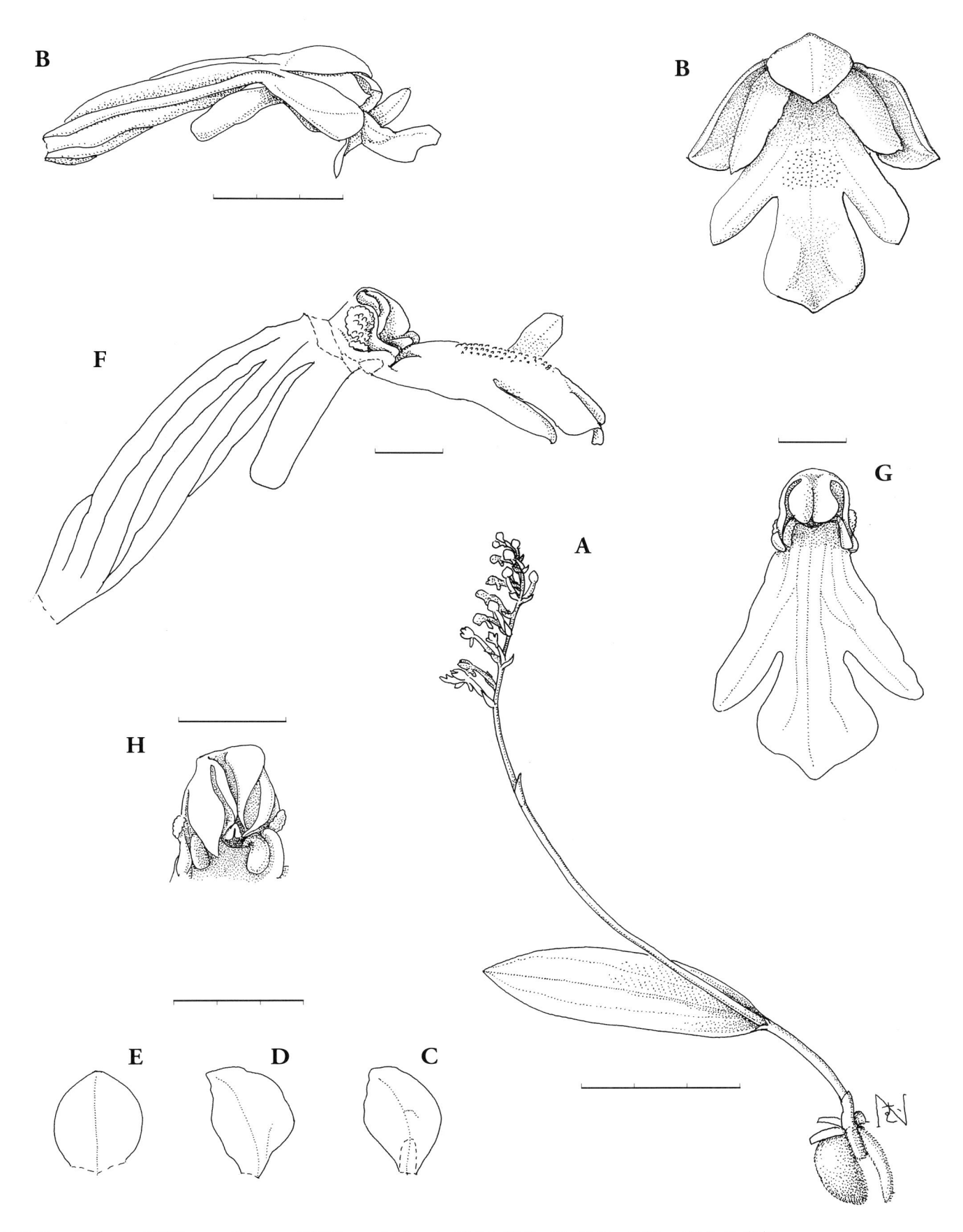

A- 植物体 ; B- 花 ; C- 側萼片 ; D- 花弁 ; E- 背萼片 ; F- 唇弁 ; G- 唇弁と蕊柱 ; H- 唇弁，蕊柱，子房 ; I- 蕊柱.
A- plant; B- flower; C- lateral sepal; D- petal; E- dorsal sepal; F- lip; G- lip & column; H- lip, column & ovary; I- column.
Scales: A: 3 cm, B, C, D, E, F, G: 3 mm, H: 1 mm.

05-03. イワチドリ **Amitostigma keisukei** (Maxim.) Schltr.

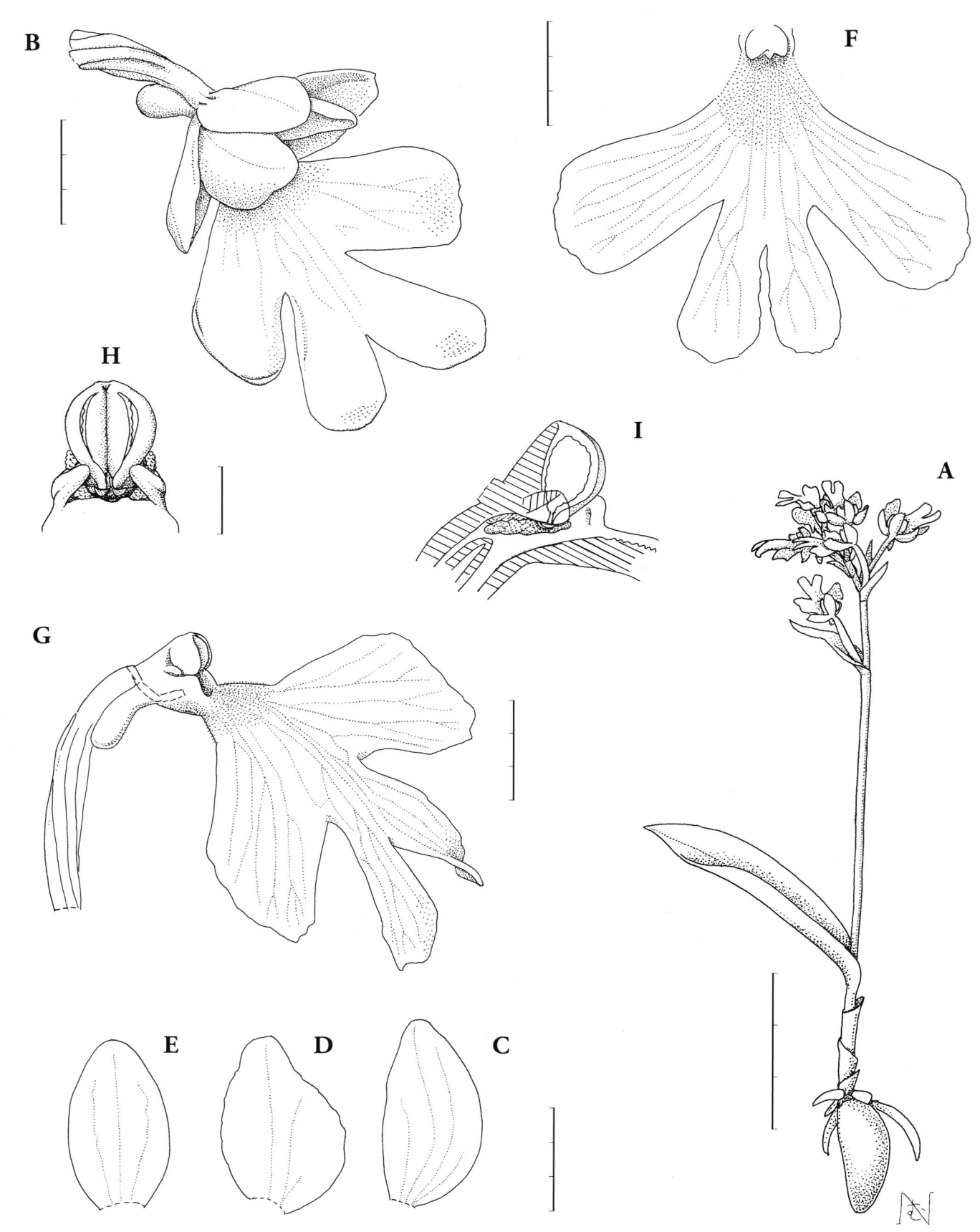

A- 植物体 ; B- 花 ; C- 側萼片 ; D- 花弁 ; E- 背萼片 ; F- 唇弁 ; G- 唇弁，蕊柱，子房 ; H- 蕊柱 ; I- 蕊柱の縦断面.
A- plant; B- flower; C- lateral sepal; D- petal; E- dorsal sepal; F- lip; G- lip, column & ovary; H- column; I- vertical section of column.
Scales: **A**: 3 cm, **B, C, D, E, F, G**: 3 mm, **H**: 1 mm.

05-04. コアニチドリ **Amitostigma kinoshitae** (Makino) Schltr.

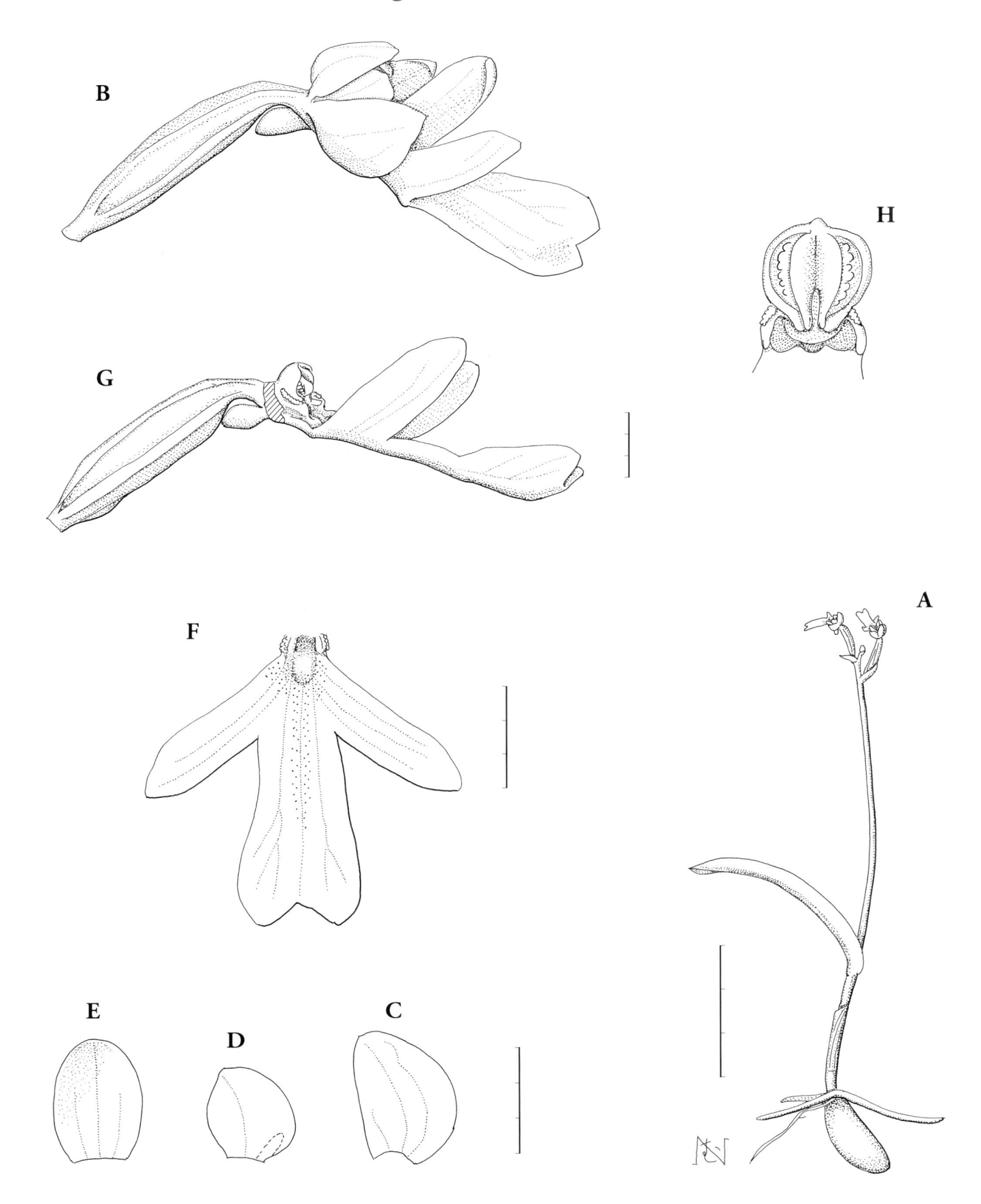

A- 植物体；**B**- 花；**C**- 側萼片；**D**- 花弁；**E**- 背萼片；**F**- 唇弁；**G**- 唇弁，蕊柱，子房；**H**- 蕊柱.
A- plant; **B**- flower; **C**- lateral sepal; **D**- petal; **E**- dorsal sepal; **F**- lip; **G**- lip, column & ovary; **H**- column.
Scales: **A**: 3 cm, **B, C, D, E, F, G**: 3 mm.

05-05. オキナワチドリ **Amitostigma lepidum** (Rchb.f) Schltr.

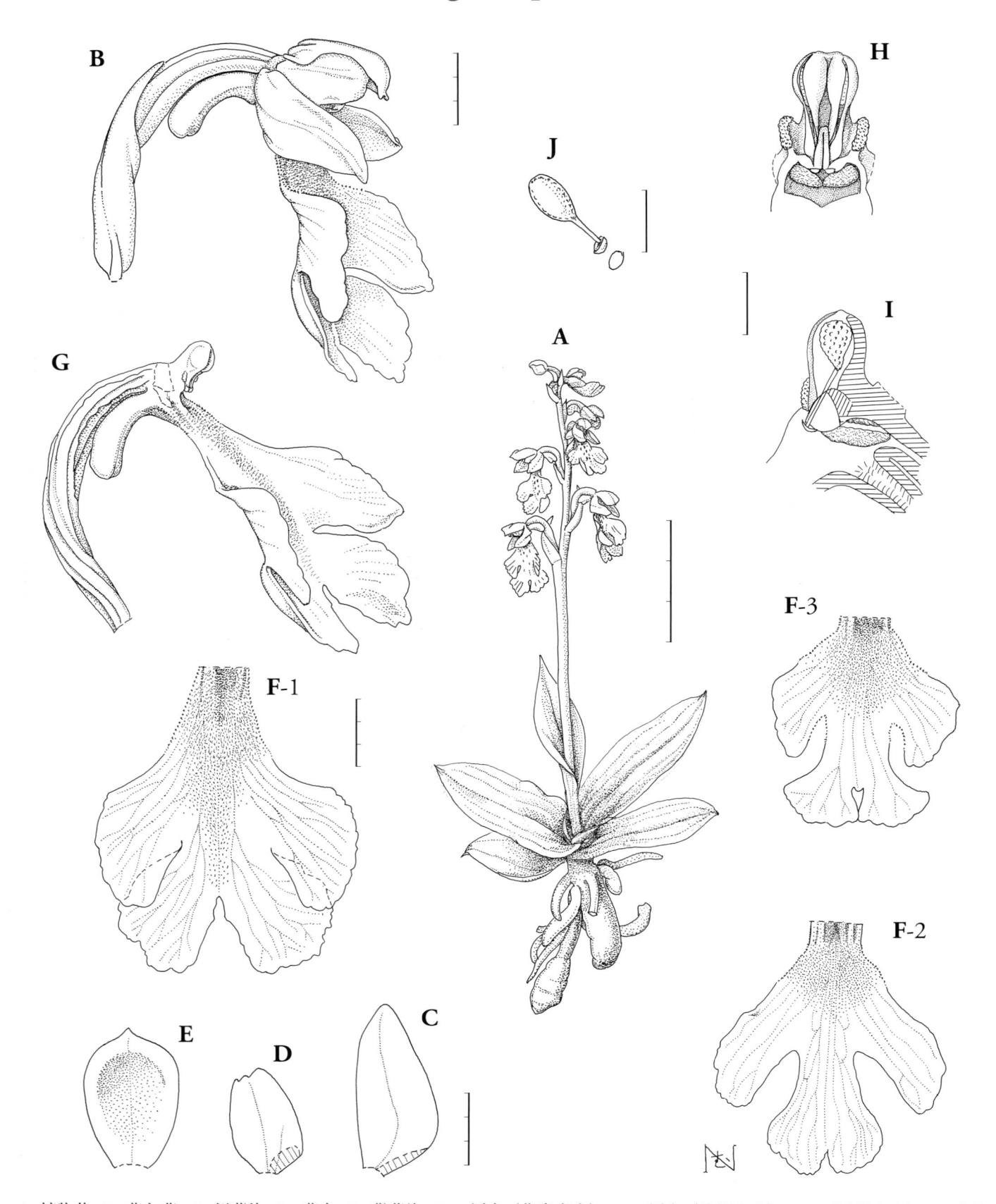

A- 植物体；B- 花と苞；C- 側萼片；D- 花弁；E- 背萼片；F-1- 唇弁（薩摩半島）；F-2- 唇弁（沖縄本島）；F-3- （沖縄本島）；G- 蕊柱, 唇弁，花柄子房；H- 蕊柱；I- 蕊柱の縦断面；J- 花粉塊と粘着体.
A- plant; B- flower with bract; C- lateral sepal; D- petal; E- dorsal sepal; F- lip (Satsuma Penin.); F-2- lip (Okinawa Isl.); F-3- lip (Okinawa Isl.); G- lip, column & pedicellate ovary; H- column; I- vertical section of column; J- pollinia & viscidium.
Scales: A: 3 cm, B, C, D, E, F, G: 3 mm, H, I, J: 1 mm.

06-01. カモメラン **Galearis cyclochila** (Franch.et Sav.) Soó

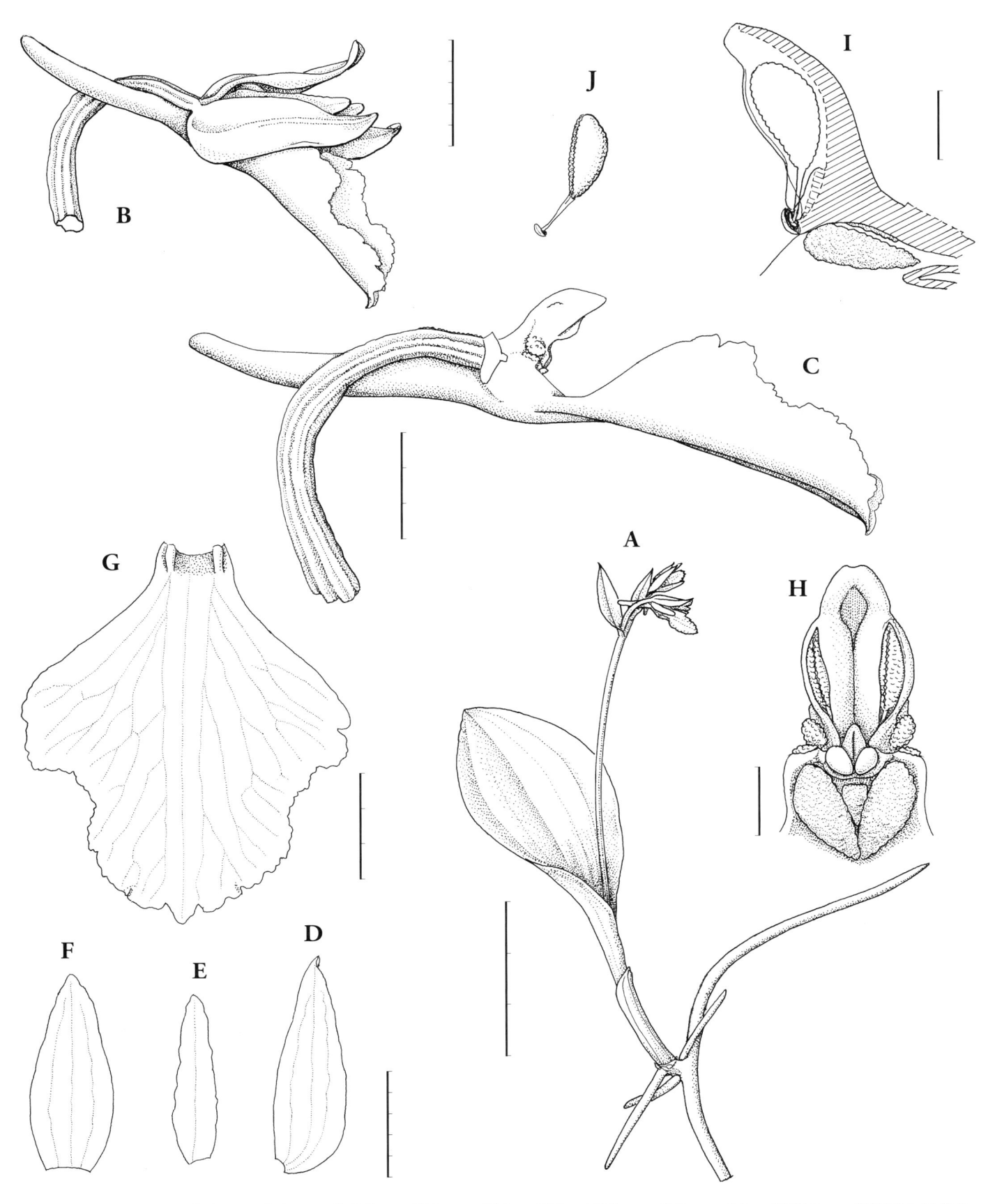

A- 植物体 ; B- 花 ; C- 側萼片 ; D- 花弁 ; E- 背萼片 ; F- 唇弁 ; G- 唇弁，蕊柱，子房 ; H- 蕊柱 ; I- 蕊柱の縦断面 ; J- 花粉塊と粘着体.
A- plant; B- flower; C- lateral sepal; D- petal; E- dorsal sepal; F- lip; G- lip, column and ovary; H- column; I- vertical section of column; J- pollinia.
Scales: A: 3 cm, B, D, E, F: 5 mm, C & G: 3 mm, H, I, J: 1 mm.

07-01. タカネアオチドリ **Coeloglossum viride** (L.) var. **akaishimontanum** Satomi

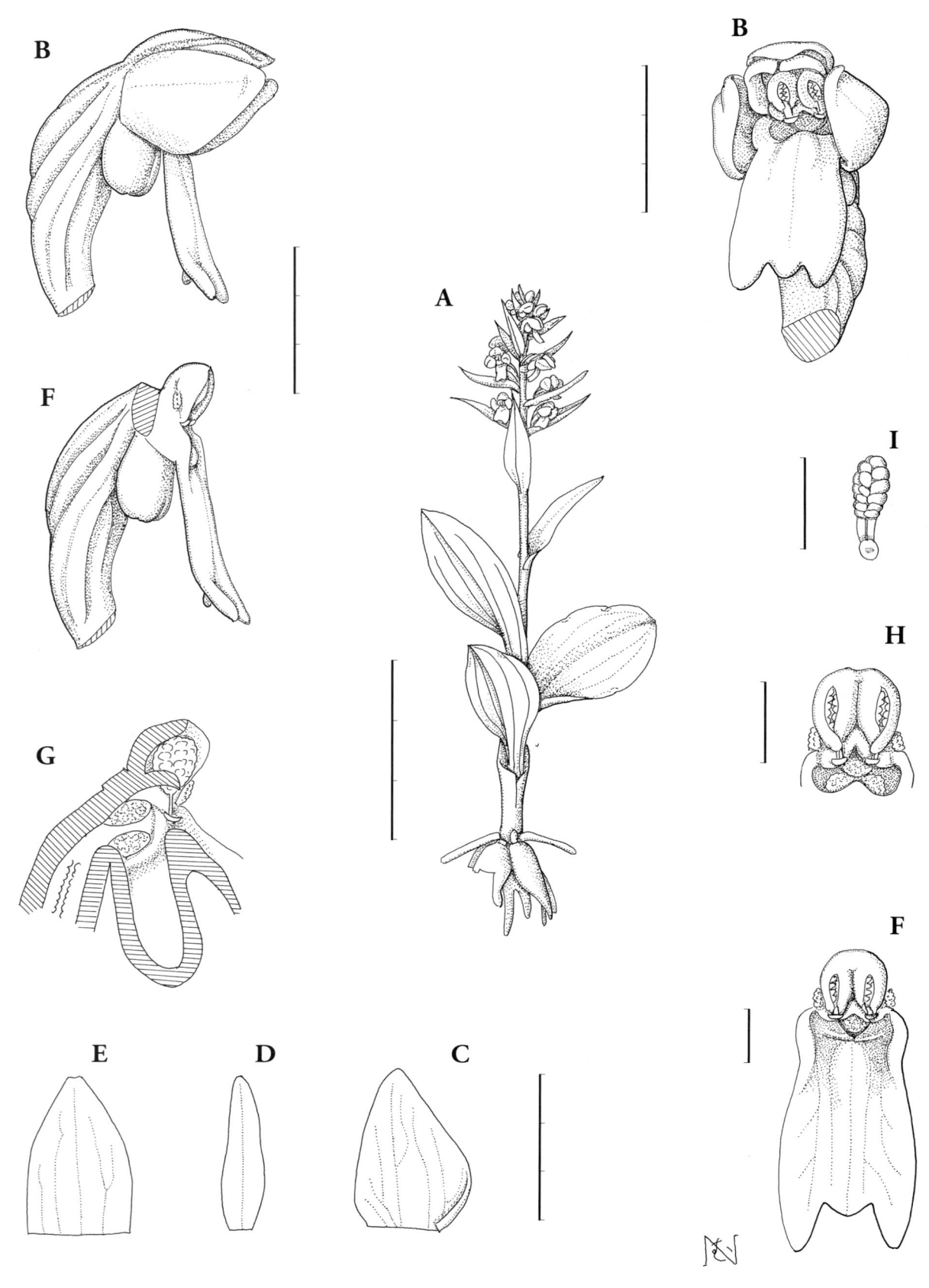

A- 植物体; B- 花; C- 側萼片; D- 花弁; E- 背萼片; F- 唇弁，蕊柱，花柄子房; G- 蕊柱と距の縦断面; H- 蕊柱; I- 花粉塊と粘着体.
A- plant; B- flower; C- lateral sepal; D- petal; E- dorsal sepal; F- lip & column; G- vertical section of column & spur: H- column; I- pollinia and viscidium.
Scales: **A**: 3 cm, **B, C, D, E**: 3 mm, **F, H, I**: 1 mm.

07-02. アオチドリ **Coeloglossum viride** (L.) Hartm. var. **bracteatum** (Willd.) K. Richter

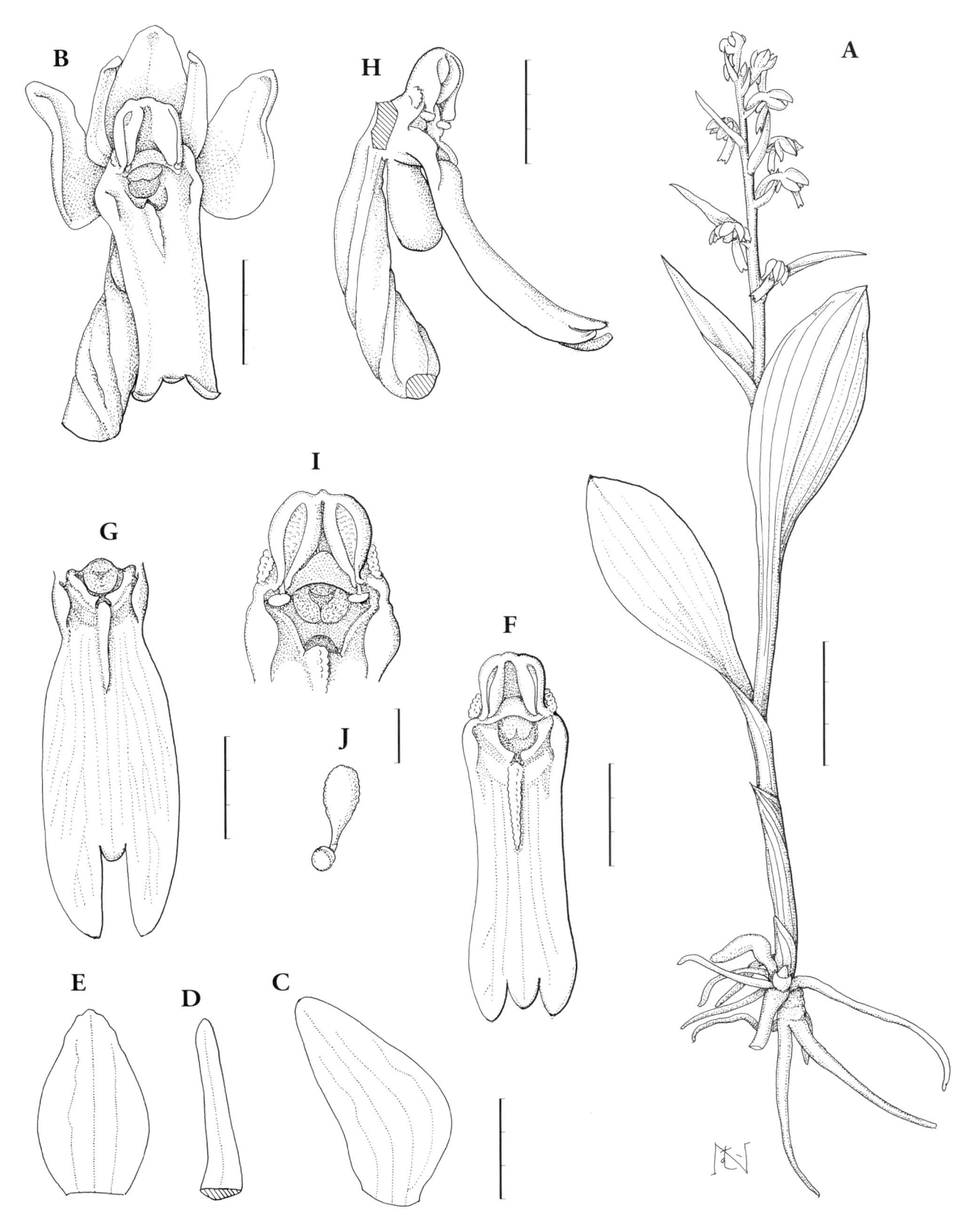

A- 植物体；B- 花；C- 側萼片；D- 花弁；E- 背萼片；F- 蕊柱と唇弁；G- 唇弁；H- 蕊柱，唇弁，花柄子房；I- 花粉塊；（G & H- 高知県産，他は毛無山産）.
A- plant; B- flower; C- lateral sepal; D- petal; E- dorsal sepal; F- lip & column; G- lip; H- column, lip & ovary; I- column, J-pollinia & viscidium.
Scales: A: 3 cm, B, C, D, E, F, G, H: 3 mm, I & J: 1 mm.

08-01. ヤクシマチドリ **Platanthera amabilis** Koidz.

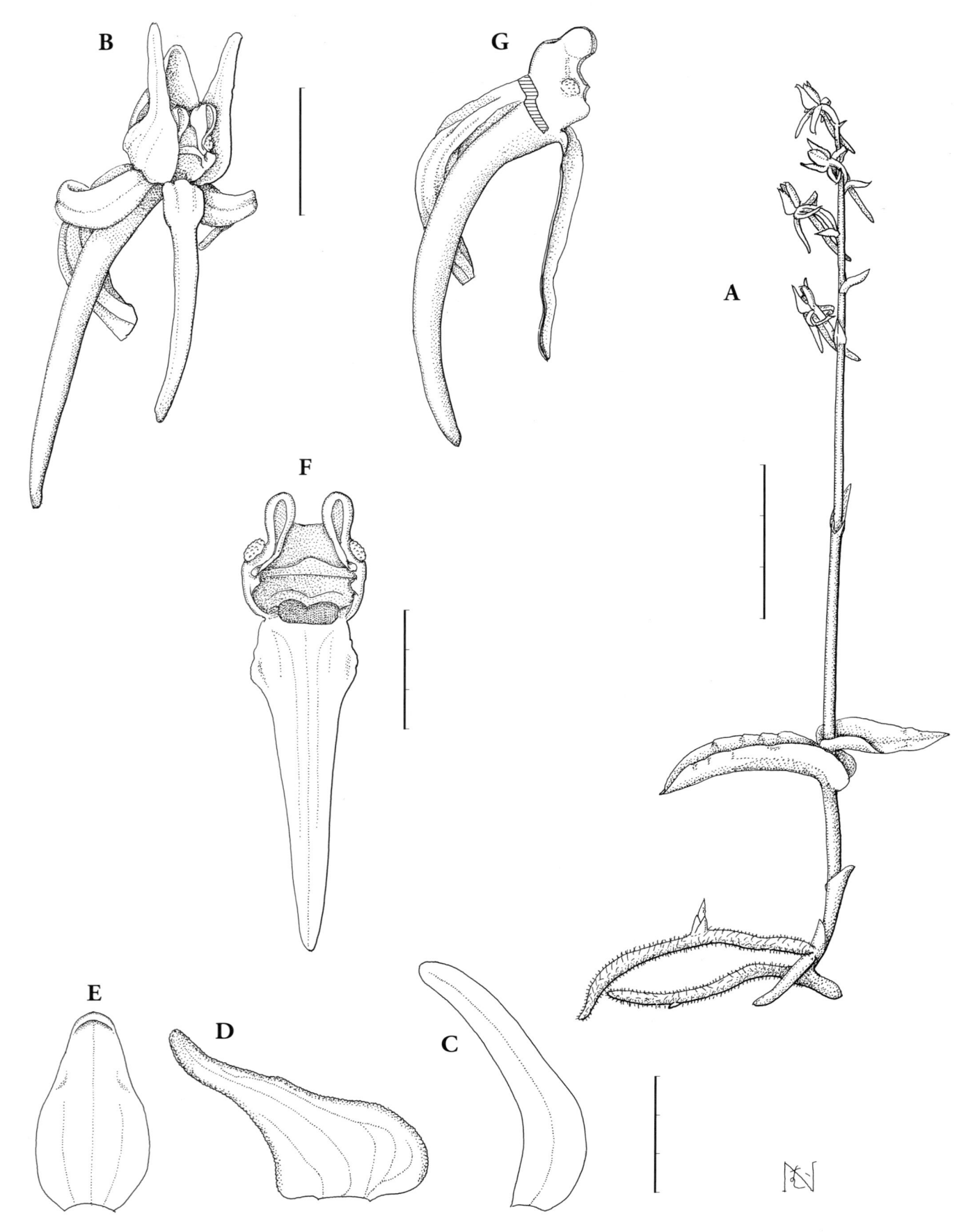

A- 植物体；B- 花；C- 側萼片；D- 花弁；E- 背萼片；F- 蕊柱と唇弁；G- 蕊柱，唇弁，子房．
A- plant; B- flower; C- lateral sepal; D- petal; E- dorsal sepal; F- lip & column; G- lip, column & ovary.
Scales: A: 3 cm, B & G: 5 mm, C, D, E, F: 3 mm.

08-02. ムニンツレサギ **Platanthera boninensis** Koidz.

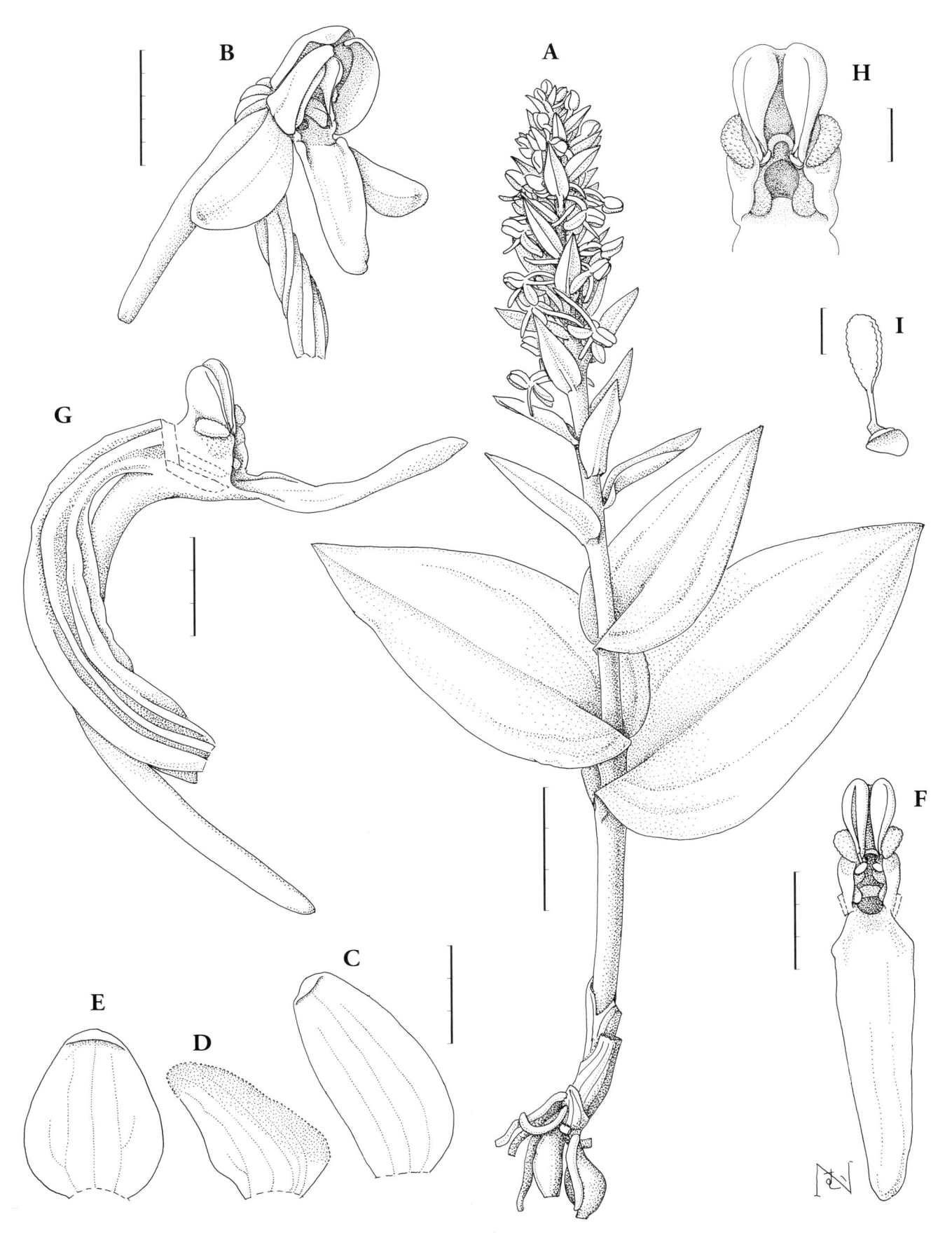

A- 植物体; B- 花; C- 側萼片; D- 花弁; E- 背萼片; F- 蕊柱と唇弁; G- 蕊柱と唇弁, 子房; H- 蕊柱; I- 花粉塊と粘着体.
A- plant; B- flower; C- lateral sepal; D- petal; E- dorsal sepal; F- lip & olumn; G- lip, column & ovary; H- column; I- pollinia & viscidium.
Scales: A: 3 cm, B: 5 mm, C, D, E, F, G: 3 mm, H & I: 1 mm.

08-03. ツクシチドリ **Platanthera brevicalcarata** Hayata subsp. **yakumontana** (Masam.) Masam.

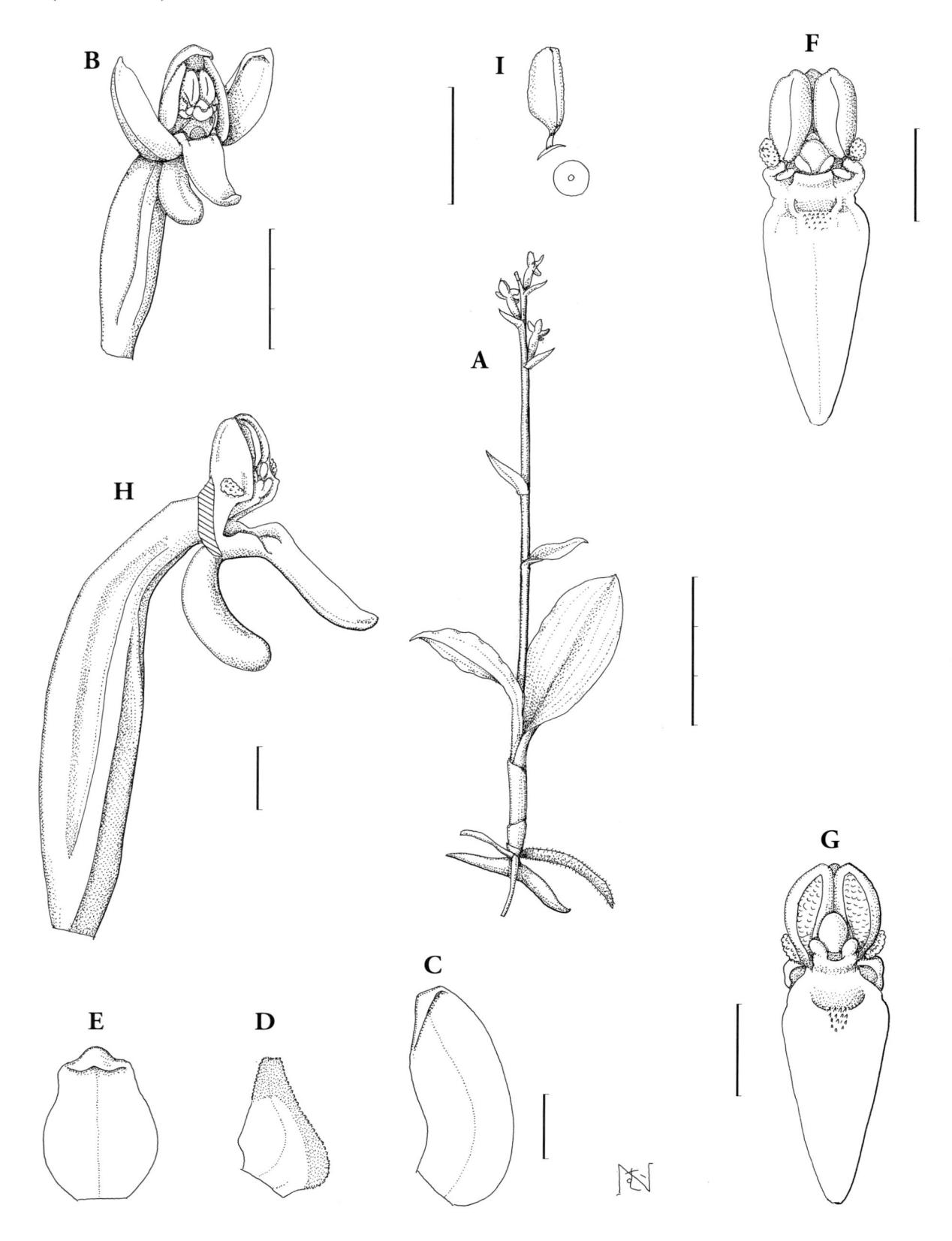

A- 植物体 ; B- 花 ; C- 側萼片 ; D- 花弁 ; E- 背萼片 ; F- 若い花の唇弁と蕊柱 ; G- 開花後の蕊柱と唇弁 ; H- 唇弁，蕊柱と子房 ; I- 花粉塊と粘着体.

A- plant; B- flower; C- lateral sepal; D- petal; E- dorsal sepal; F- lip & column of young flower; G- lip & column at anthesis; H- lip, column & ovary; I- pollinia & viscidium.

Scales: A: 3 cm, B: 3 mm, C, D, E, F, G, H, I: 1 mm.

08-04. タカネトンボ *Platanthera chorisiana* (Cham.) Rechb. f.

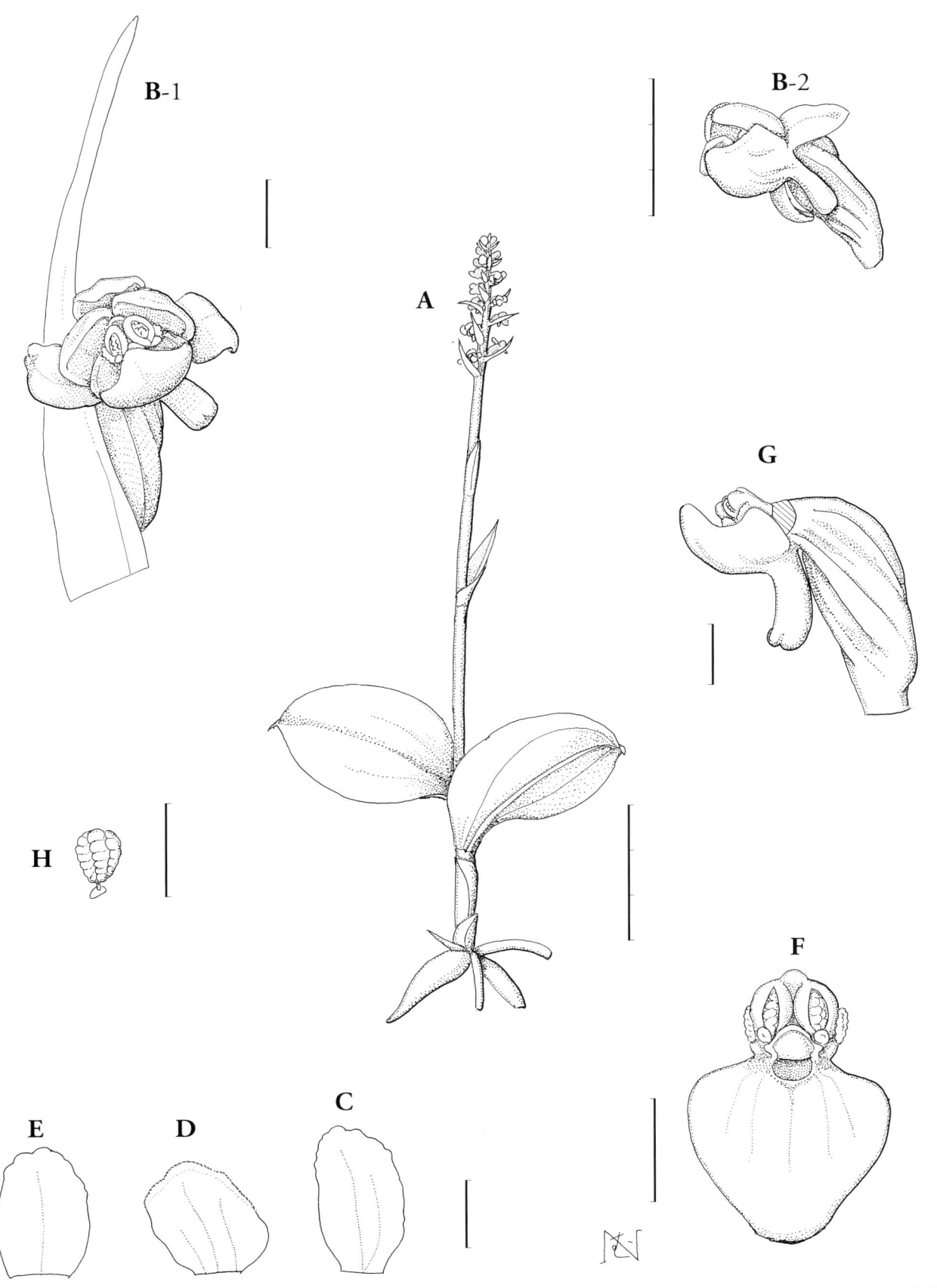

A- 植物体 ; B-1- 花と苞 ; B-2- 花 ; C- 側萼片 ; D- 花弁 ; E- 背萼片 ; F- 唇弁と蕊柱 ; G- 唇弁, 蕊柱, 子房 ; H- 花粉塊と粘着体.
A- plant; B-1, 2- flower & floral bract; C- lateral sepal; D- petal; E- dorsal sepal; F- lip & column; G- lip, column & ovary H- pollinia & viscidium.
Scales: **A**: 3 cm, **B-1, C, D, E, F, G, H**: 1 mm, **B-2**: 3 mm.

08-05. ジンバイソウ **Platanthera florentii** Franch. et Sav.

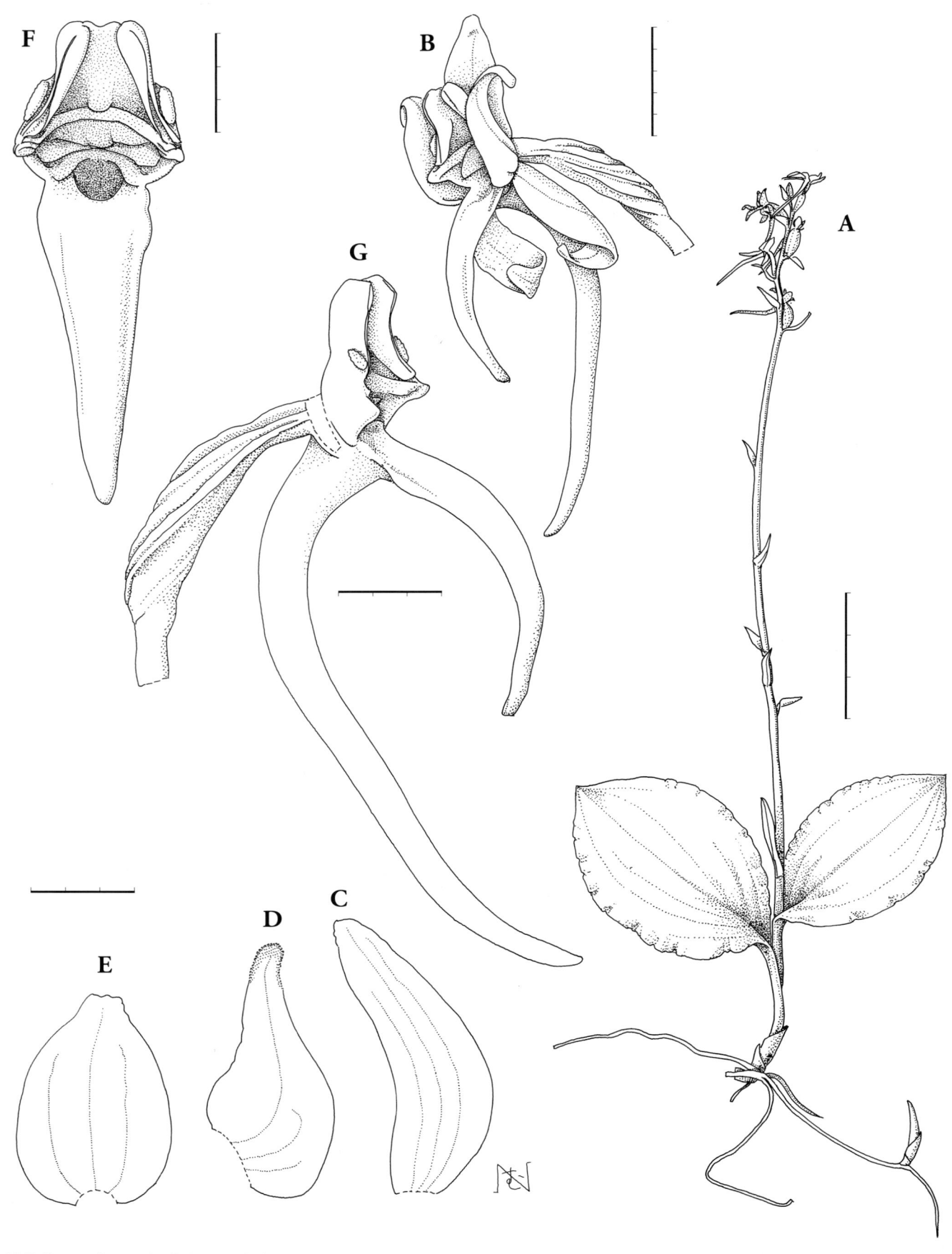

A- 植物体；**B**- 花；**C**- 側萼片；**D**- 花弁；**E**- 背萼片；**F**- 蕊柱と唇弁；**G**- 蕊柱，唇弁と子房．
A- plant; **B**- flower; **C**- lateral sepal; **D**- petal; **E**- dorsal sepal; **F**- lip & column; **G**- lip, column & ovary.
Scales: **A**: 3 cm, **B**: 5 mm, **C, D, E, F, G**: 3 mm.

08-06. ヒロハノトンボソウ **Platanthera fuscescens** (L.) Kraenzl.

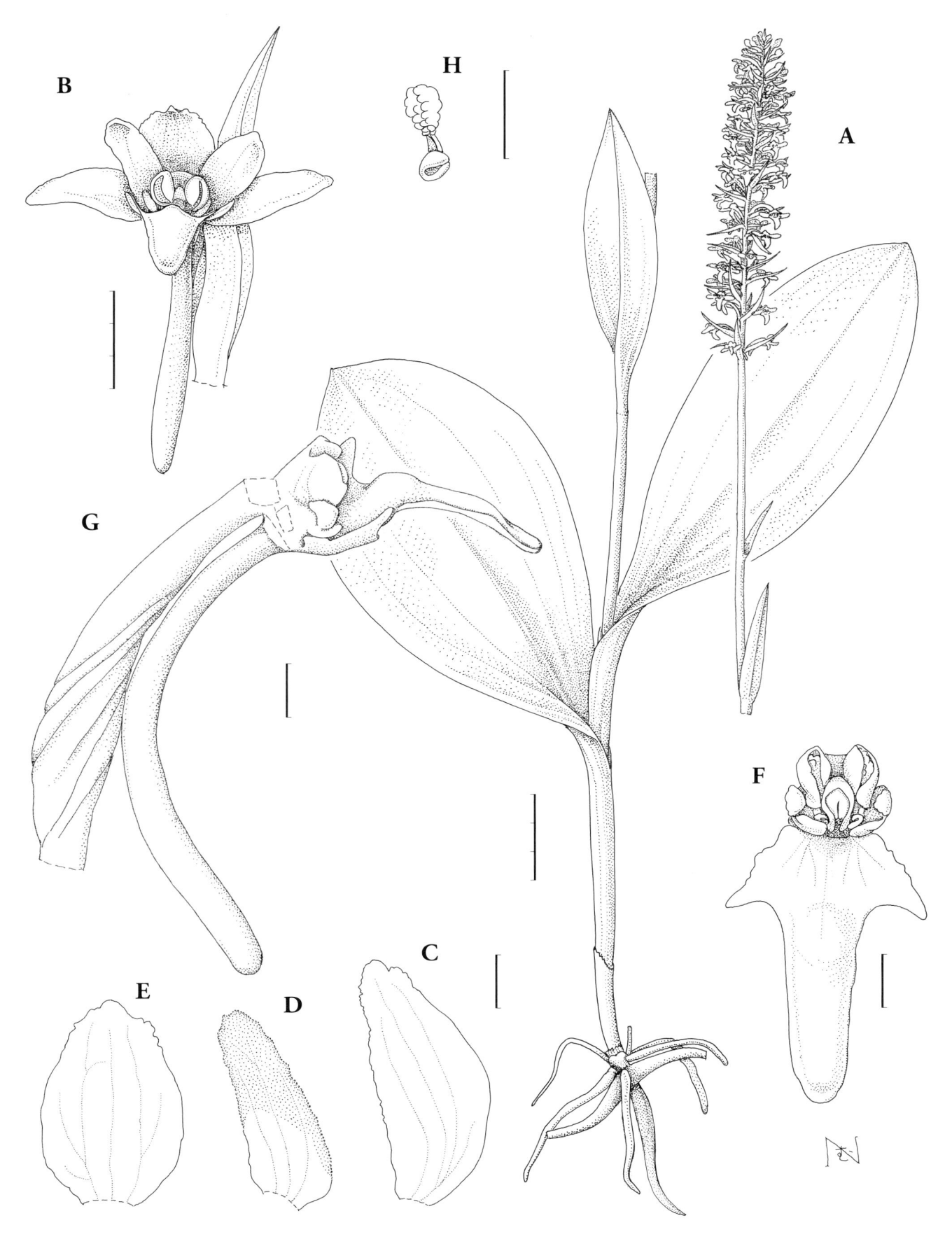

A- 植物体 ; B- 花 ; C- 側萼片 ; D- 花弁 ; E- 背萼片 ; F- 蕊柱と唇弁 ; G- 蕊柱，唇弁，子房 ; H- 花粉塊と粘着体.
A- plant; B- flower; C- lateral sepal; D- petal; E- dorsal sepal; F- lip & column; G- lip, column & ovary; H- pollinia & viscidium.
Scales: **A**: 3 cm, **B**: 3 mm, **C, D, E, F, G, H**: 1 mm.

08-07. ミズチドリ **Platanthera hologlottis** Maxim.

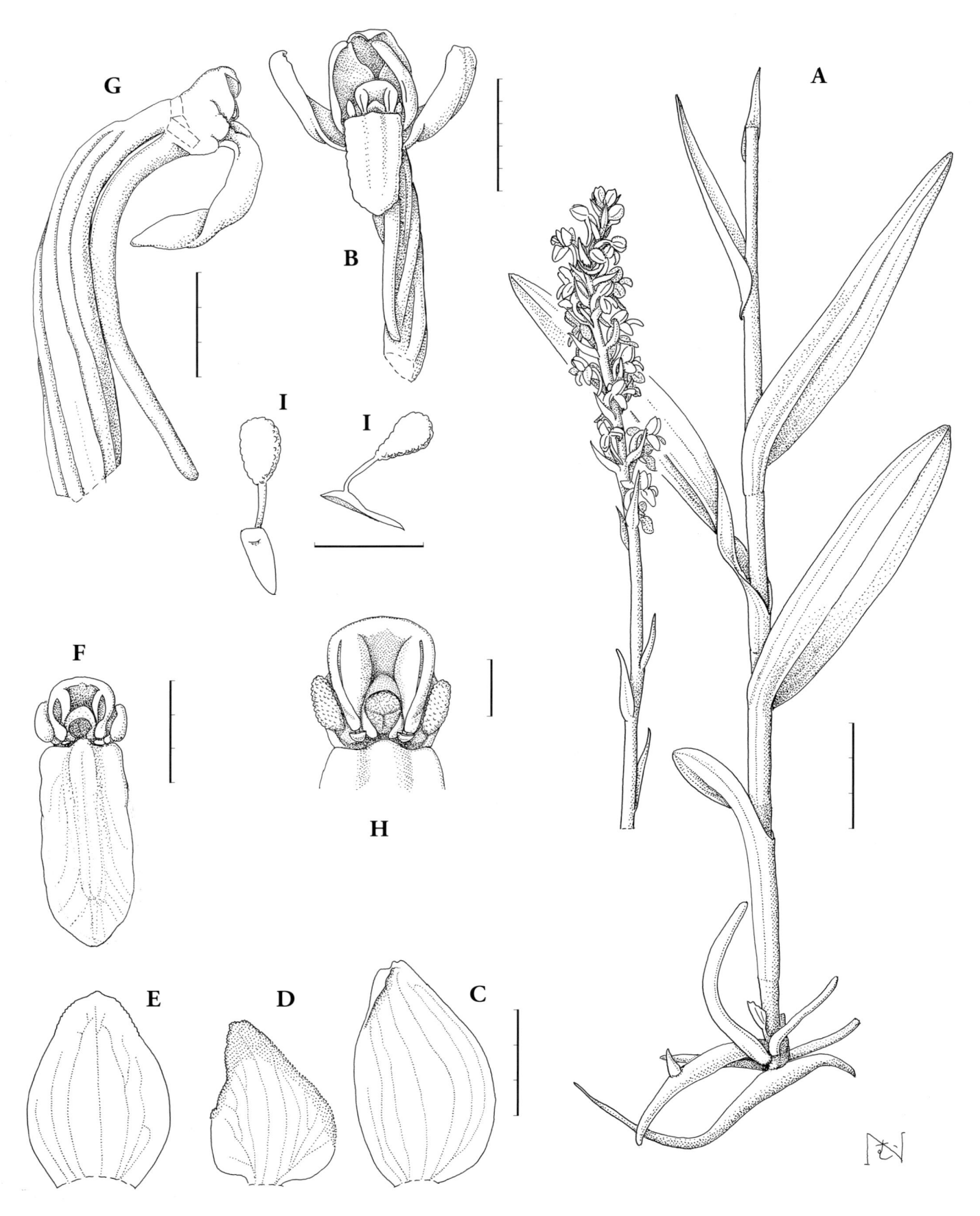

A- 植物体 ; **B**- 花 ; **C**- 側萼片 ; **D**- 花弁 ; **E**- 背萼片 ; **F**- 蕊柱と唇弁 ; **G**- 蕊柱，唇弁，子房 ; **H**- 蕊柱 ; **I**- 花粉塊と粘着体.
A- plant; **B**- flower; **C**- lateral sepal; **D**- petal; **E**- drsal sepal; **F**- lip & column; **G**- lip, column & ovary; **H**- column; **I**- pollinia & viscidium.
Scales: **A**: 3 cm, **B**: 5 mm, **C, D, E, F, G**: 3 mm, **H & I**: 1 mm.

08-08. オオバナオオヤマサギソウ **Platanthera hondoensis** (Ohwi) K. Inoue

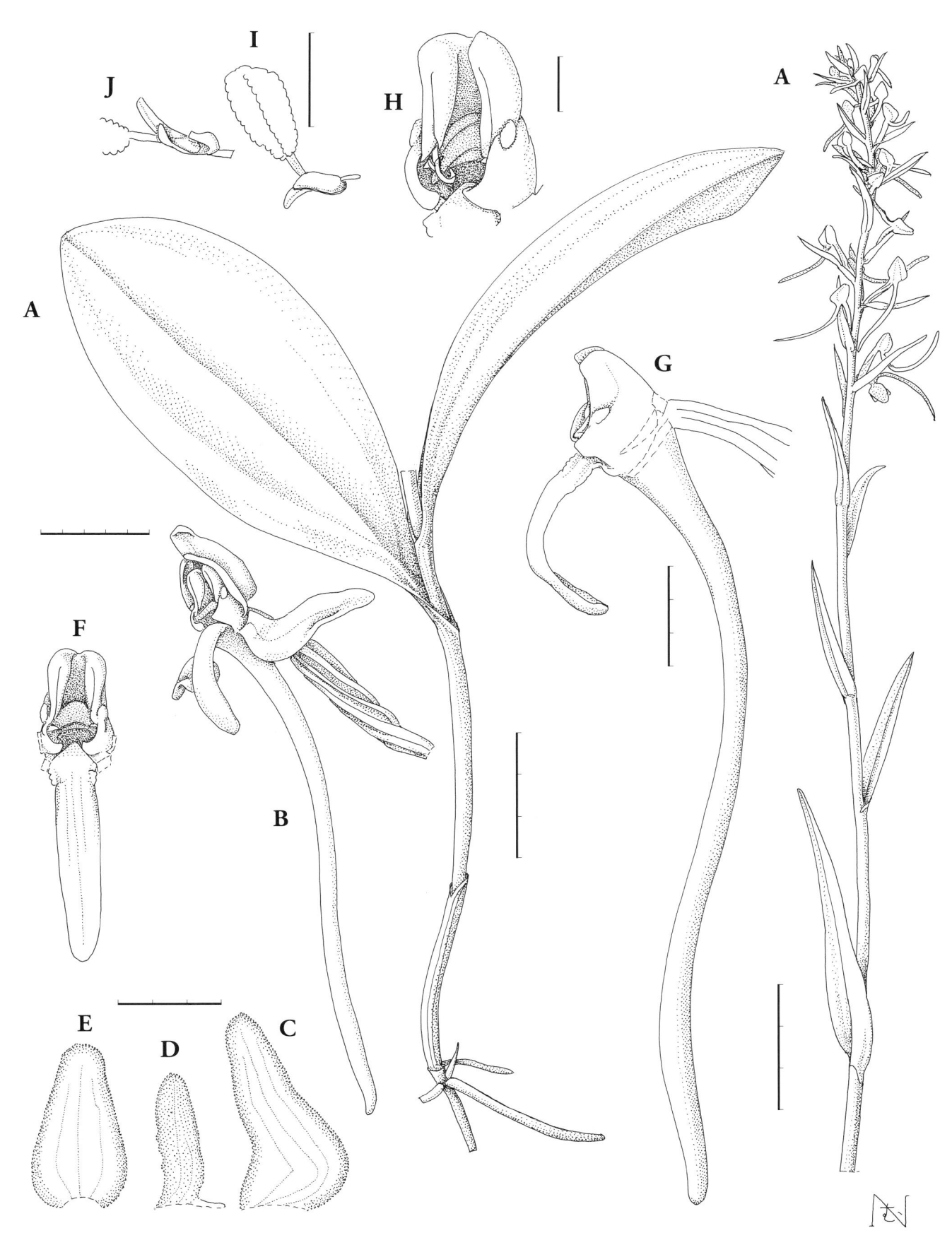

A- 植物体 ; **B**- 花 ; **C**- 側萼片 ; **D**- 花弁 ; **E**- 背萼片 ; **F** & **G**- 蕊柱と唇弁 ; **H**- 蕊柱 ; **I**- 花粉塊と粘着体 ; **J**- 粘着体.
A- plant; **B**- flower; **C**- lateral sepal; **D**- petal; **E**- dorsal sepal; **F, G**- lip & column; **H**- column; **I**- pollinia & viscidium; **J**- viscidium.
Scales: **A**: 3 cm, **B** & **F**: 5 mm, **C, D, E, G**: 3 mm, **H, I, J**: 1 mm.

08-09. シロウマチドリ **Platanthera hyperborea** (L.) var. **viridiflora** (Cham.) Kitam.

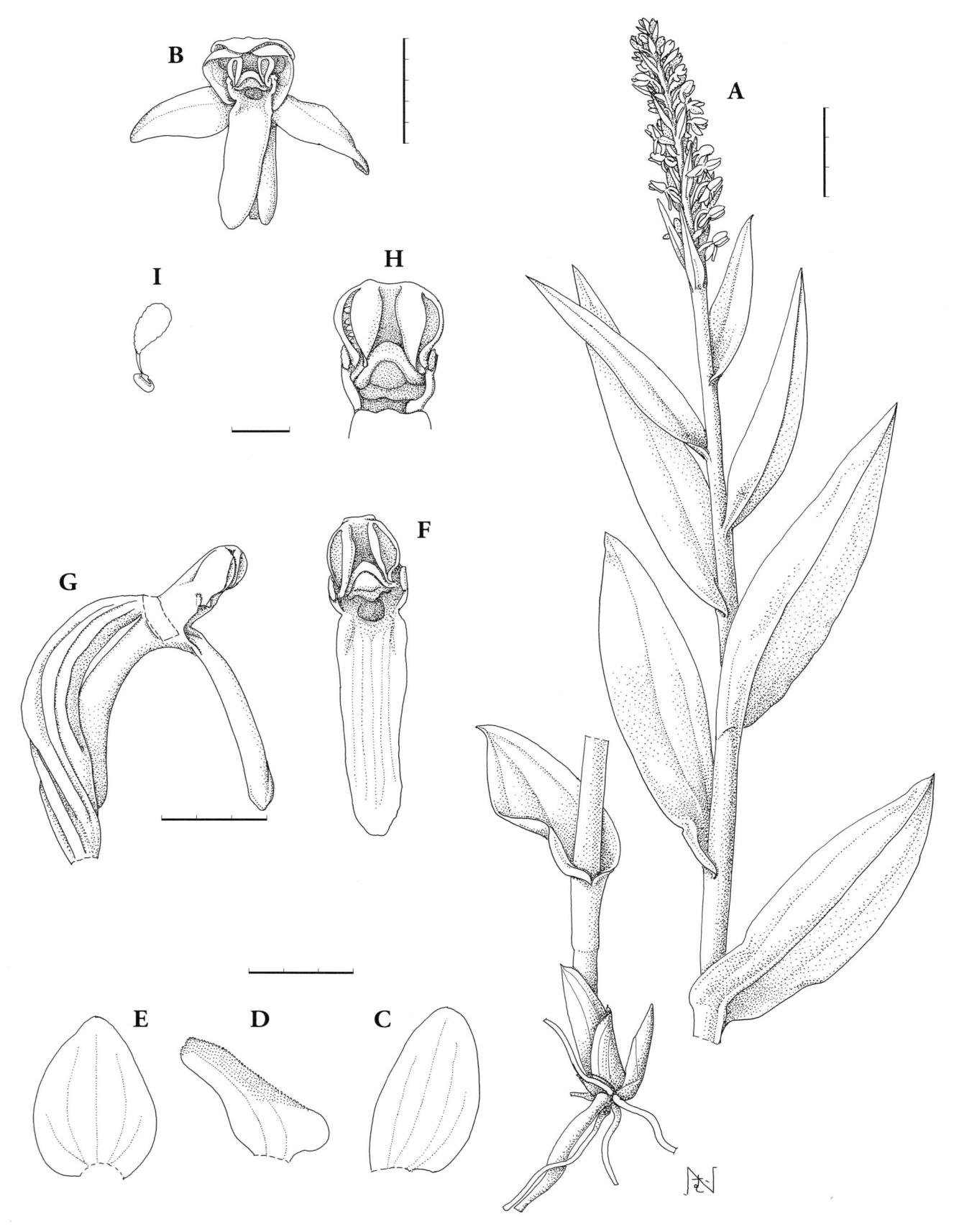

A- 植物体；B- 花；C- 側萼片；D- 花弁；E- 背萼片；F- 蕊柱と唇弁；G- 蕊柱，唇弁，子房；H- 蕊柱；I- 花粉塊と粘着体.
A- plant; B- flower; C- lateral sepal; D- petal; E- dorsal sepal; F- lip & column; G- lip, column & ovary; H- column; I- viscidium.
Scales: A: 3 cm, B: 5 mm, C, D, E, F, G: 3 mm, H & I: 1 mm.

08-10. イイヌマムカゴ **Platanthera iinumae** (Makino) Makino

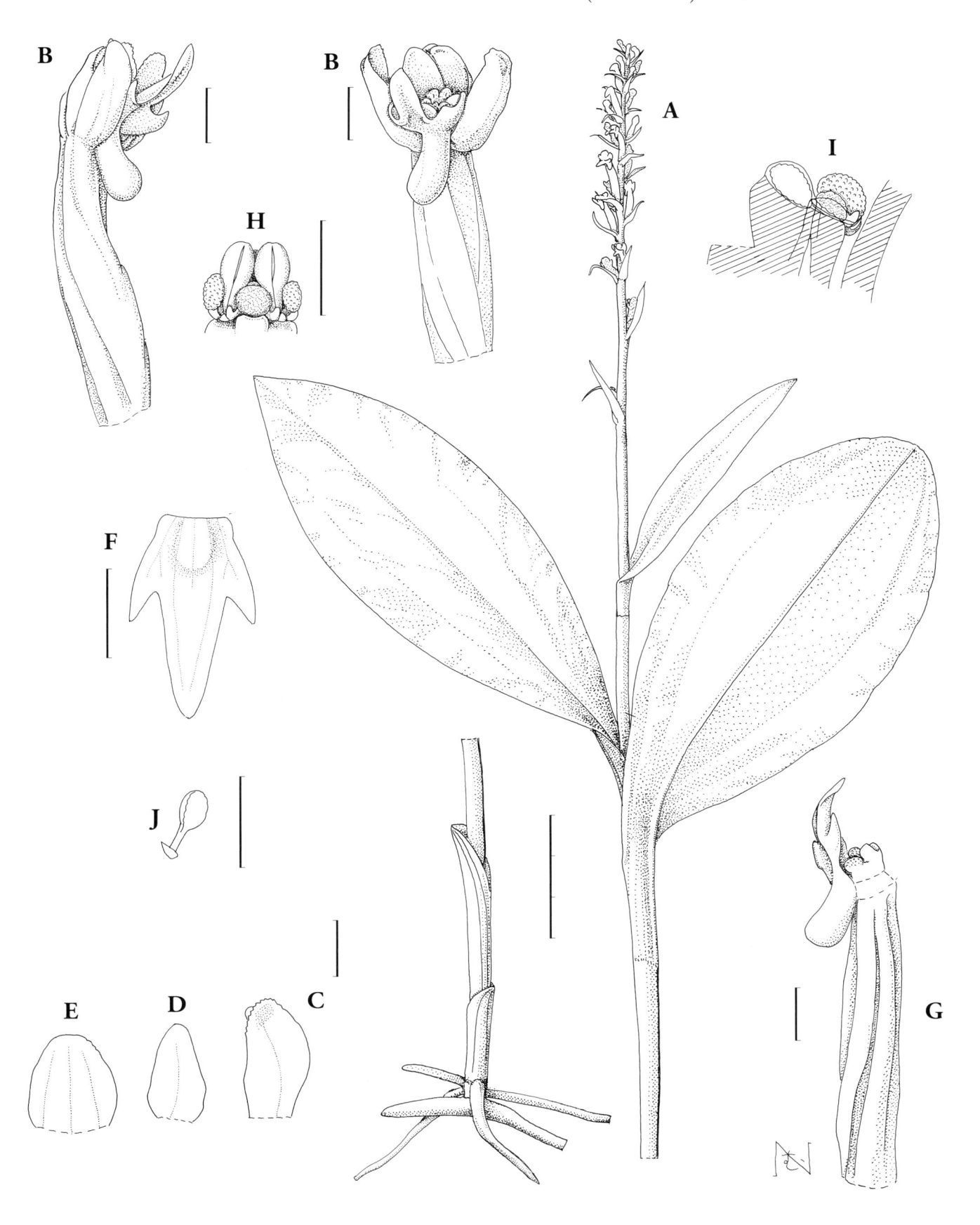

A- 植物体；B- 花；C- 側萼片；D- 花弁；E- 背萼片；F- 唇弁；G- 蕊柱，唇弁，子房；H- 蕊柱；I- 蕊柱の縦断面；J- 花粉塊と粘着体.
A- plant; B- flower; C- lateral sepal; D- petal; E- dorsal sepal; F- lip; G- lip, column & ovary; H- column; I- vertical section of column; J- pollinia & viscidium.
Scales: **A**: 3 cm, **B**, **C**, **D**, **E**, **F**, **G**, **H**, **J**: 1 mm.

08-11. ツレサギソウ **Platanthera japonica** (Thunb.) Lindl.

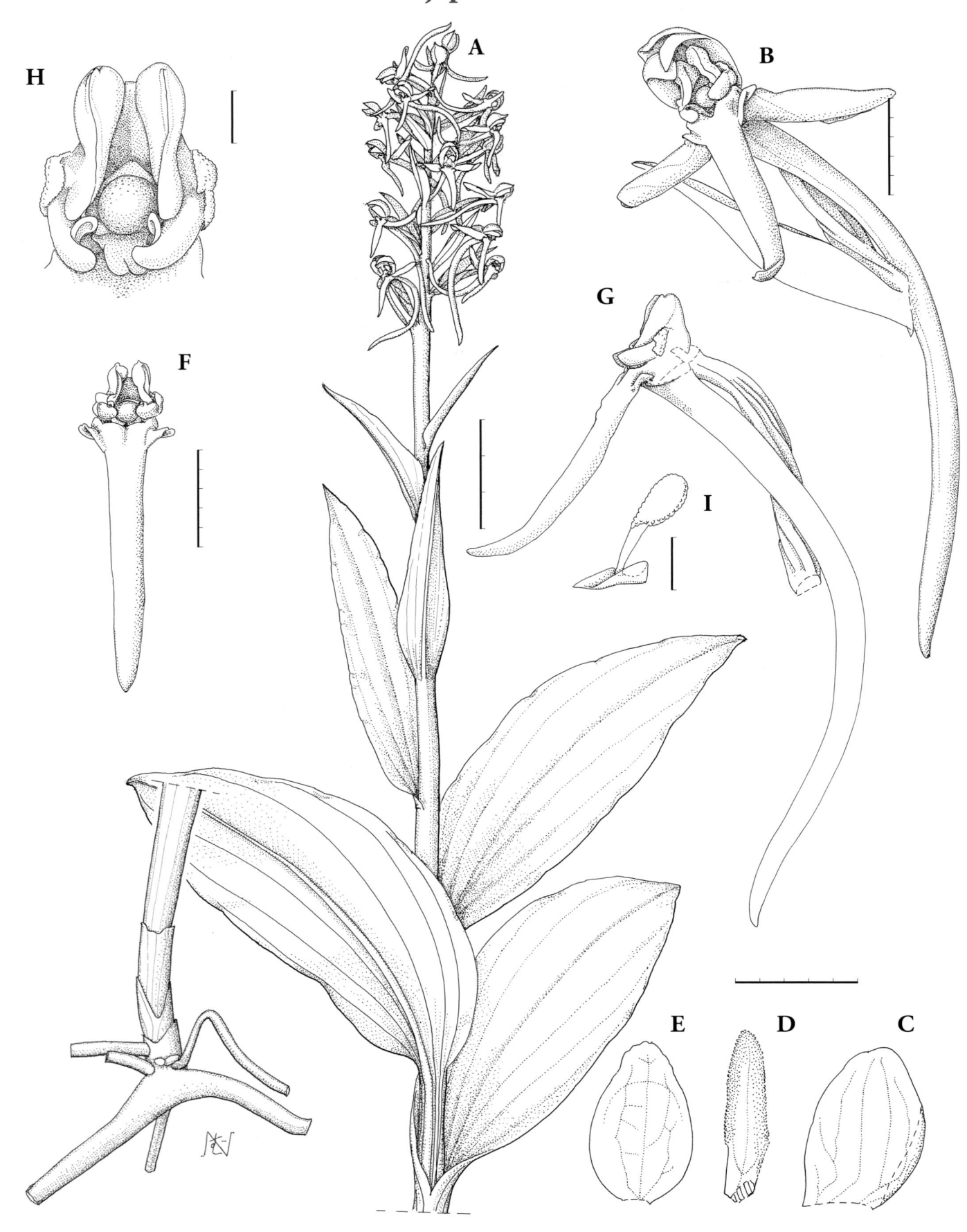

A- 植物体 ; **B**- 花 **C**- 側萼片 ; **D**- 花弁 ; **E**- 背萼片 ; **F**- 蕊柱と唇弁 ; **G**- 蕊柱，唇弁，子房 ; **H**- 蕊柱 ; **I**- 花粉塊と粘着体.
A- plant; **B**- flower; **C**- lateral sepal; **C**- petal; **D**- dorsal sepal; **F**- lip & column; **G**- lip, column & ovary; **H**- column; **I**- pollinia & viscidium.
Scales: **A**: 3 cm, **B**, **C**, **D**, **E**, **F**: 5 mm, **H** & **I**: 1 mm.

08-12. マンシュウヤマサギソウ **Platanthera mandarinorum** (Rchb.f) var. **cornu-bovis** (Nevski) K. Inoue

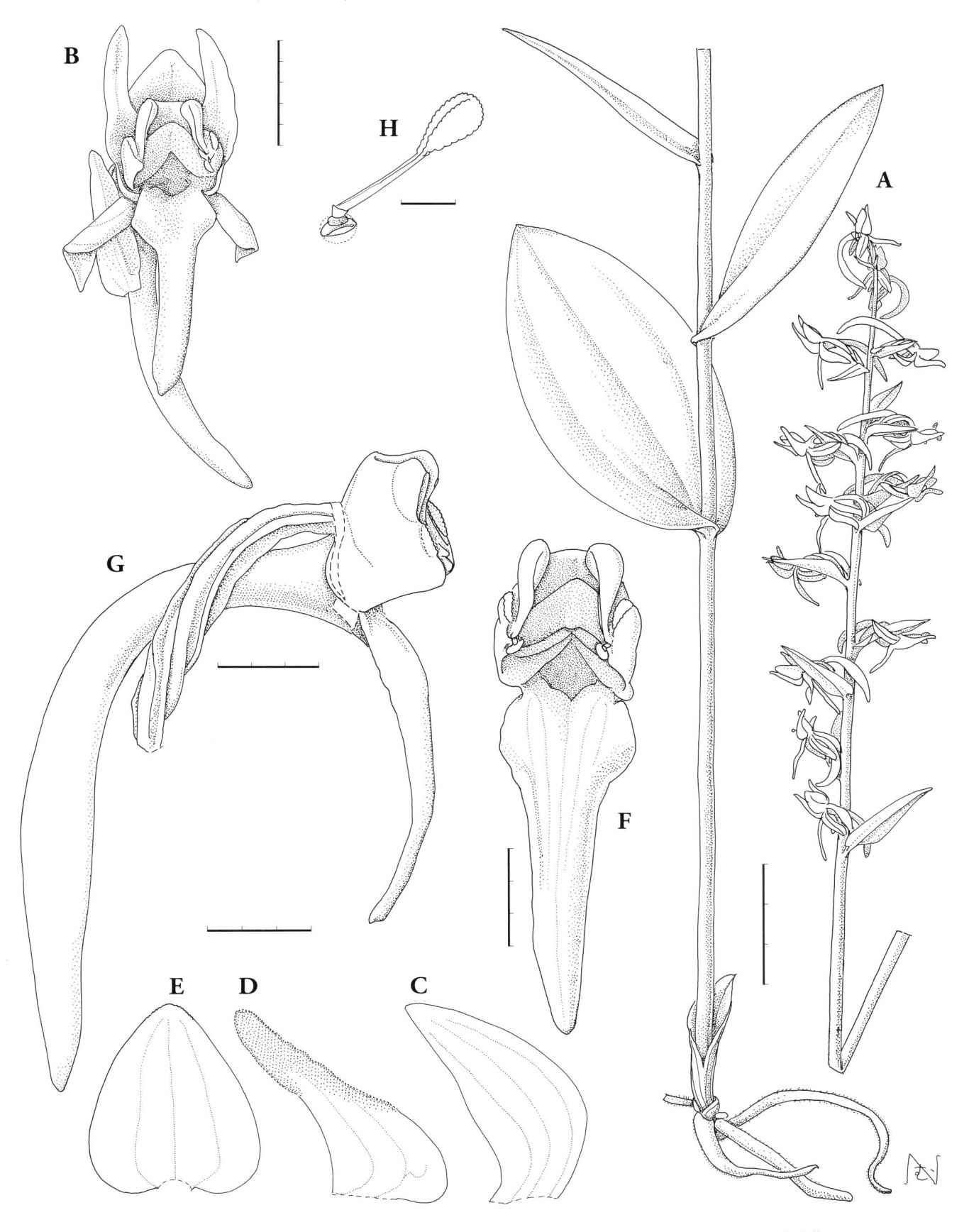

A- 植物体 ; B- 花 ; C- 側萼片 ; D- 花弁 ; E- 背萼片 ; F- 蕊柱と唇弁 ; G- 蕊柱, 唇弁, 子房 ; H- 花粉塊と粘着体.
A- plant; B- flower; C- lateral sepal; D- petal; E- dorsal sepal; F- lip & column; G- lip, column & ovary; H- pollinia.
Scales: **A**: 3 cm, **B**: 5 mm, **C, D, E, F, G**: 3 mm, **H**: 1 mm.

08-13. ハシナガヤマサギソウ **Platanthera mandarinorum** Rchb. f. var. *mandarinorum*

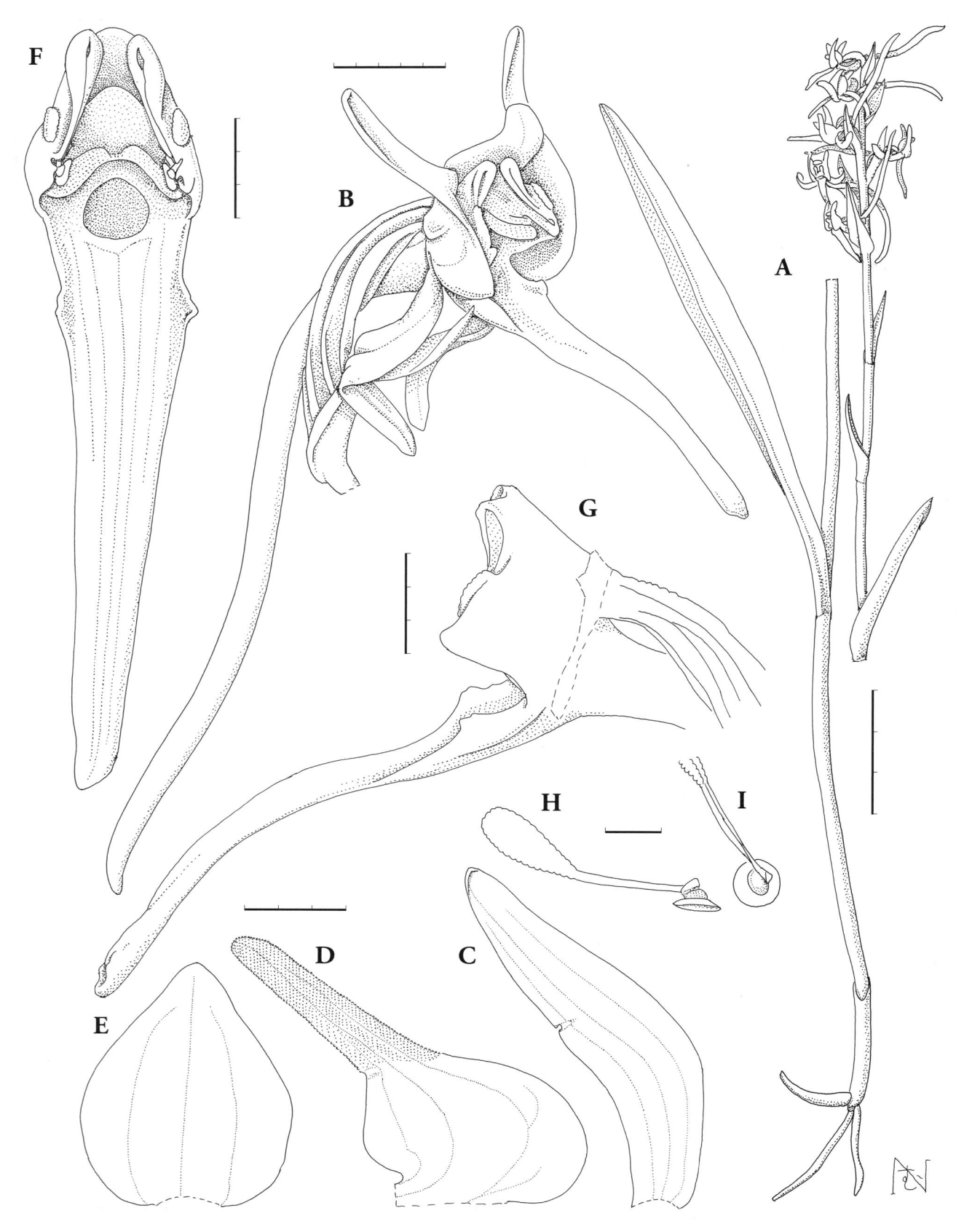

A- 植物体；B- 花；C- 側萼片；D- 花弁；E- 背萼片；F- 蕊柱と唇弁，正面；G- 蕊柱と唇弁，側面；H- 花粉塊と粘着体；I- 粘着体.
A- plant; B- flower; C- lateral sepal; D- petal; E- dorsal sepal; F- lip & column, front view; G- lip & column, side view; H- pollinia & viscidium; I- viscidium.
Scales: A: 3 cm, B: 5 mm, C, D, E, F, G: 3 mm, H & I: 1 mm.

08-14. タカネサギソウ **Platanthera mandarinorum** Rchb. f. var. **maximowicziana** (Schltr.) Ohwi

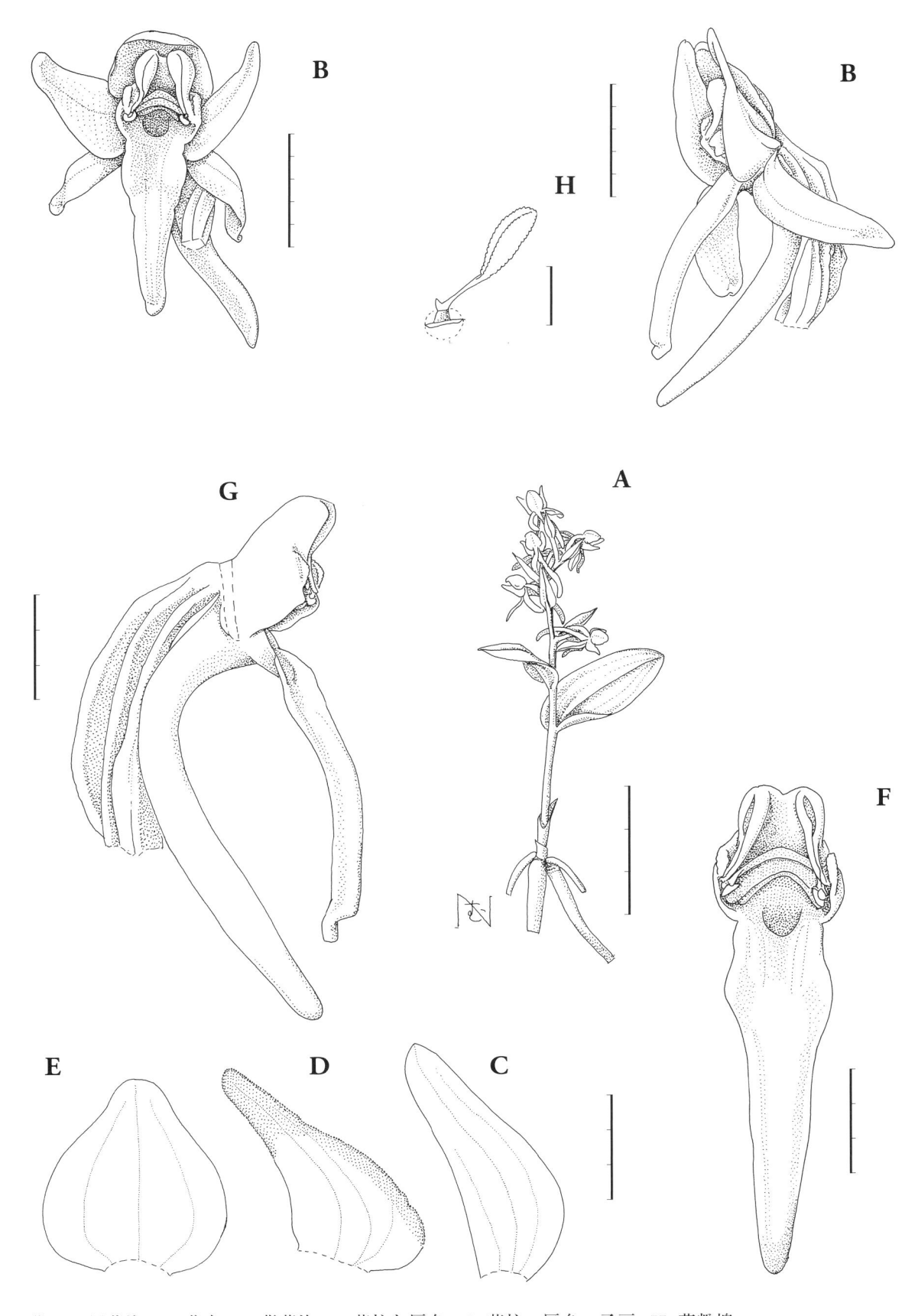

A- 植物体；B- 花；C- 側萼片；D- 花弁；E- 背萼片；F- 蕊柱と唇弁；G- 蕊柱，唇弁，子房；H- 花粉塊.
A- plant; B- flower; C- lateral sepal; D- petal; E- dorsal sepal; F- lip & column; G- lip, column & ovary; H- pollinia.
Scales: A: 3 cm, B: 5 mm, C, D, E, F, G: 3 mm, H: 1 mm.

08-15. マイサギソウ **Platanthera mandarinorum** Rchb. f. var. **neglecta** (Schltr.) F. Maek.

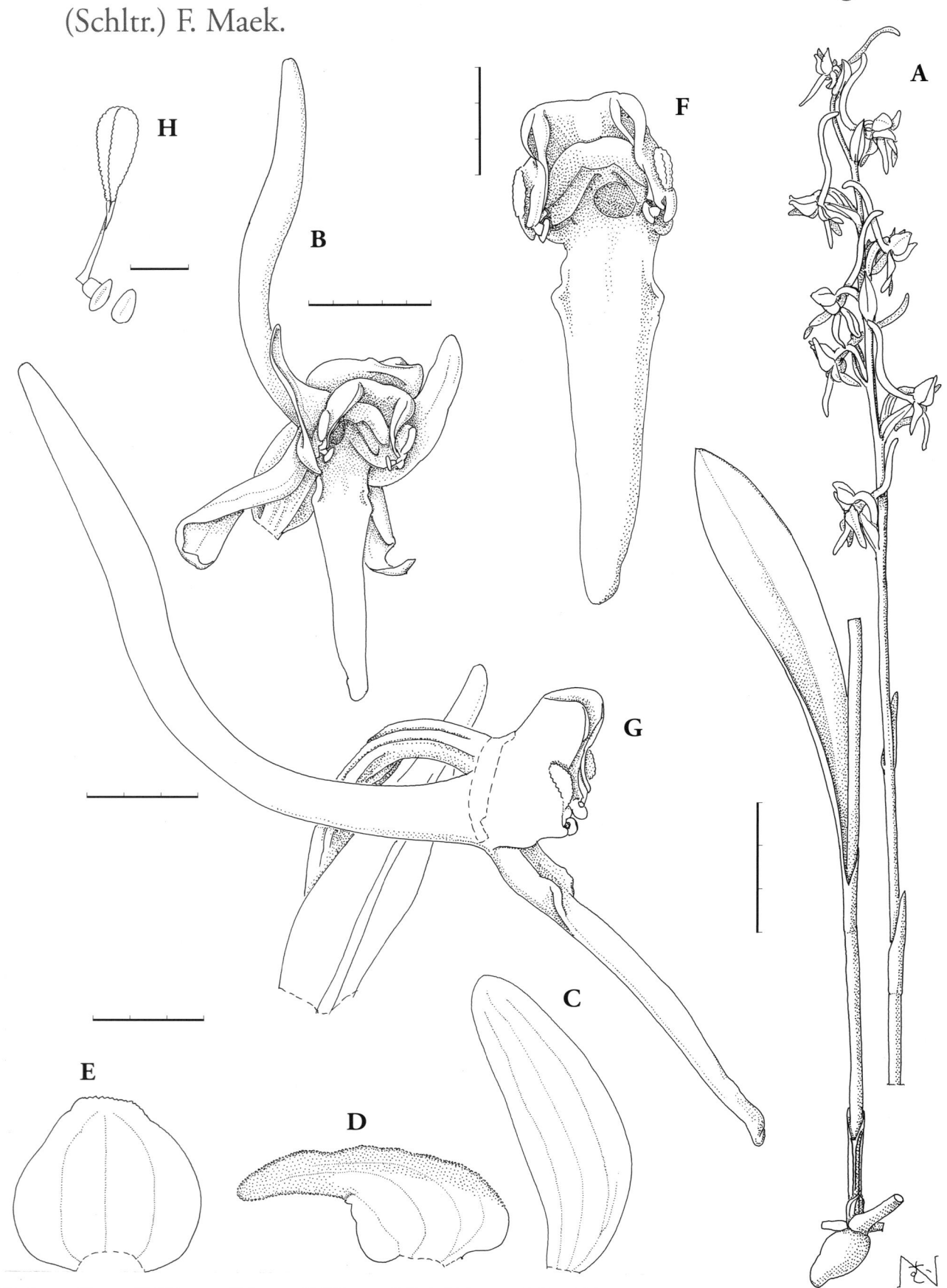

A- 植物体 ; B- 花 ; C- 側萼片 ; D- 花弁 ; E- 背萼片 ; F- 蕊柱と唇弁 ; G- 蕊柱，唇弁，子房と苞 ; H- 花粉塊と粘着体.
A- plant; B- flower; C- lateral sepal; D- petal; E- dorsal sepal; F- lip & column; G- lip, column, ovary & floral bract; H- pollinia & viscidium.
Scales: A: 3 cm, B: 5 mm, C, D, E, F, G: 3 mm, H: 1 mm.

08-16. ヤマサギソウ **Platanthera mandarinorum** Rchb. f. var. **oreades** (Franch. et Sav.) Koidz.

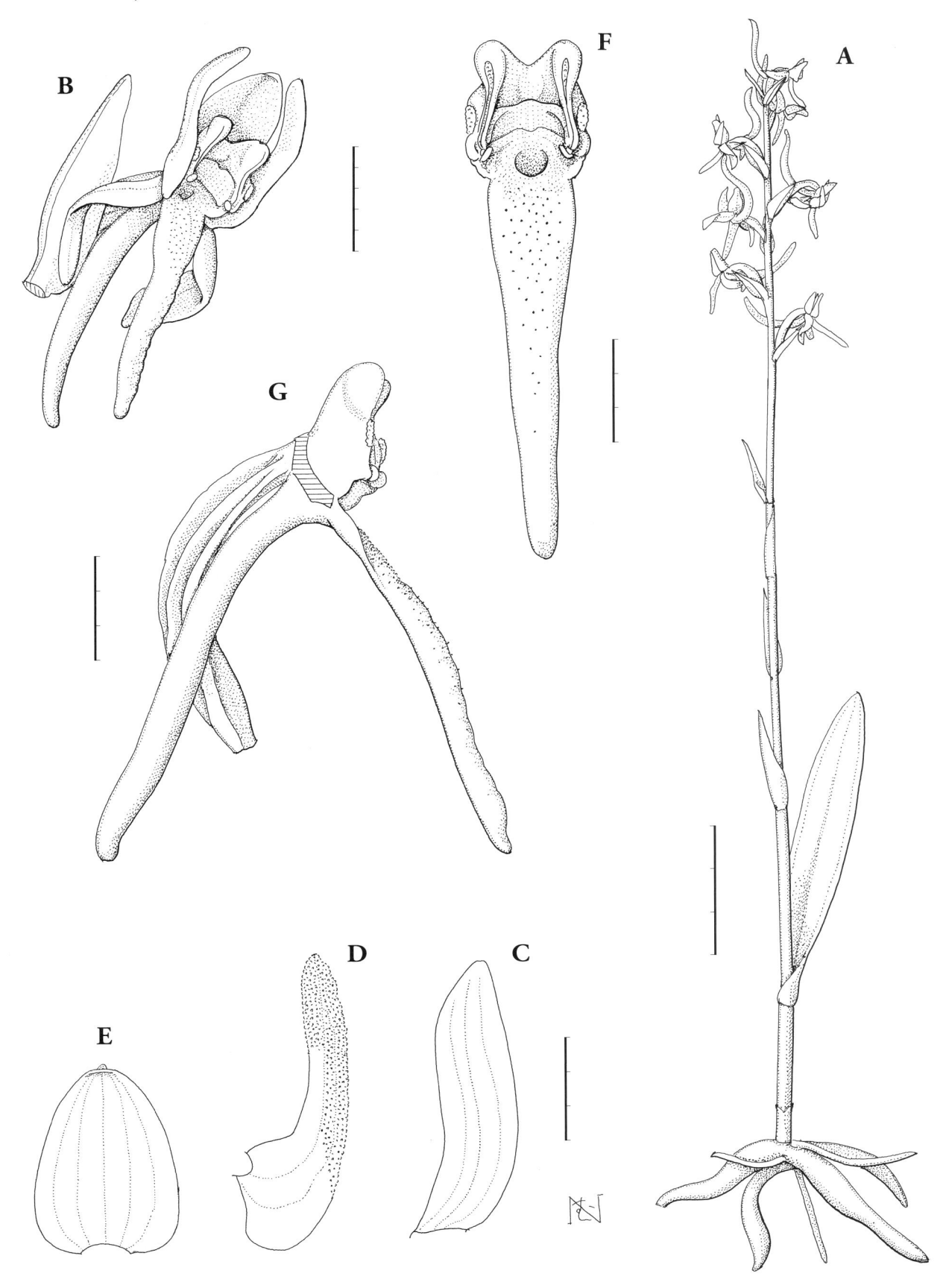

A- 植物体 ; B- 花と苞 ; C- 側萼片 ; D- 花弁 ; E- 背萼片 ; F- 蕊柱と唇弁 ; G- 蕊柱，唇弁，子房．
A- plant; B- flower & bract; C- lateral sepal; D- petal; E- dorsal sepal; F- lip & column; G- lip, column & ovary.
Scales: A: 3 cm, B: 5 mm, C, D, E, F, G: 3 mm.

08-17. エゾチドリ **Platanthera metabilifolia** F. Maek.

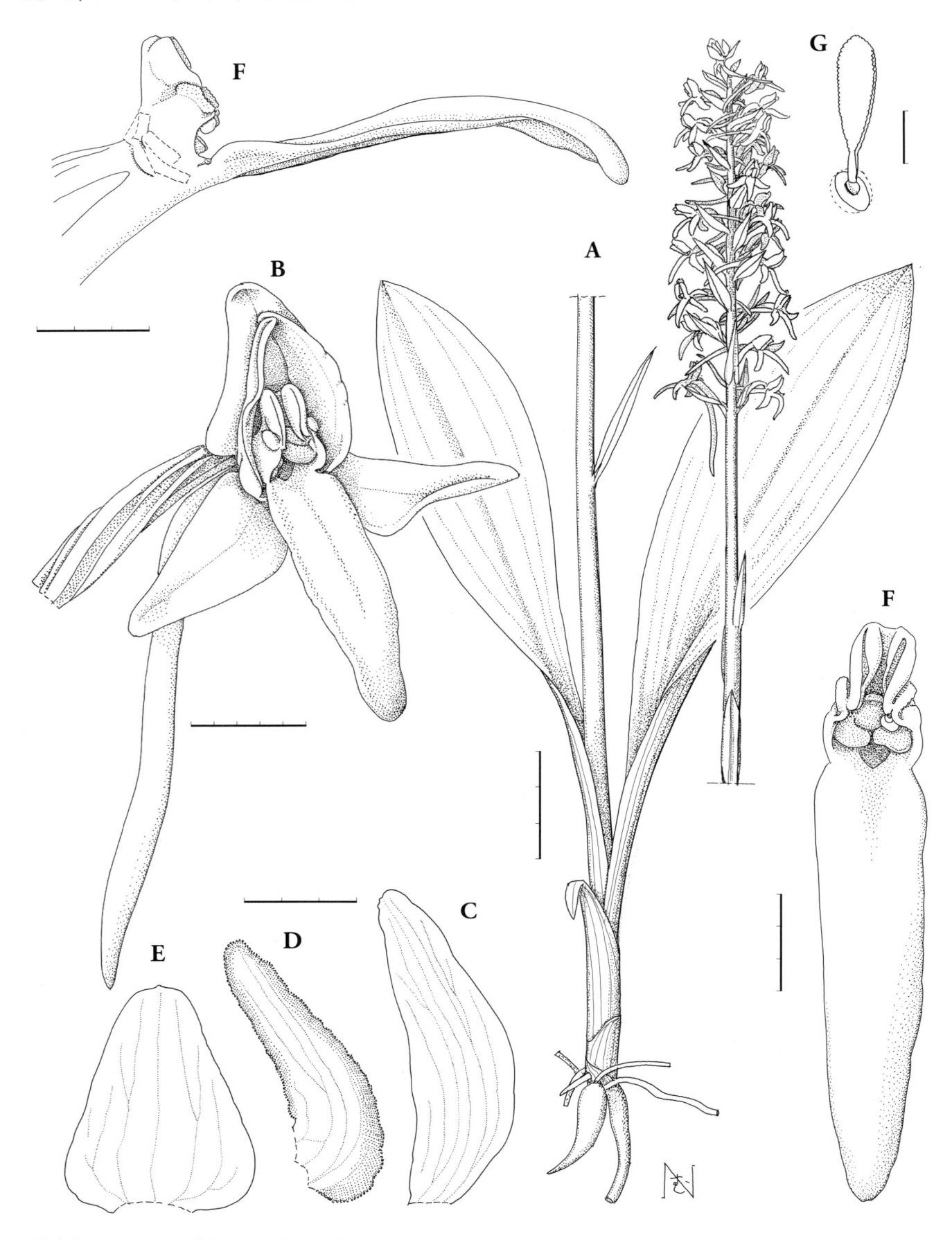

A- 植物体 ; B- 花 ; C- 側萼片 ; D- 花弁 ; E- 背萼片 ; F- 蕊柱と唇弁 ; G- 花粉塊と粘着体.
A- plant; B- flower; C- lateral sepal; D- petal; E- dorsal sepal; F- lip & column; G- pollinia & viscidium.
Scales: A: 3 cm, B: 5 mm, C, D, E, F: 3 mm, G: 1 mm.

08-18. オオバノトンボソウ **Platanthera minor** (Miq.) Rechb. f.

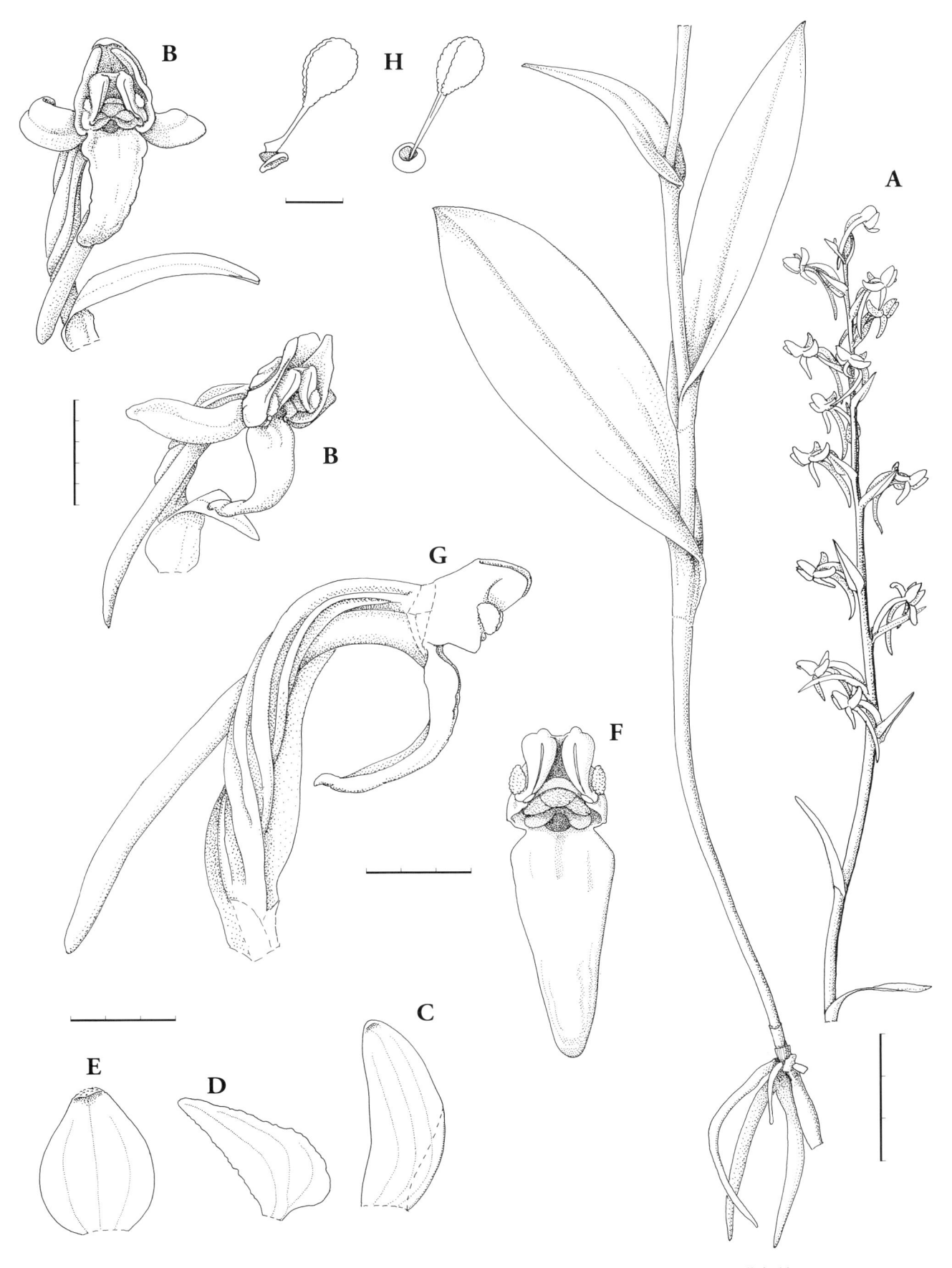

A- 植物体 ; B- 花と苞 ; C- 側萼片 ; D- 花弁 ; E- 背萼片 ; F- 蕊柱と唇弁 ; G- 蕊柱，唇弁，子房 ; H- 花粉塊.
A- plant; B- flower & bract; C- lateral sepal; D- petal; E- dorsal sepal; F- lip & column; G- lip, column & ovary; H- pollinia.
Scales: A: 3 cm, B: 5 mm, C, D, E, F, G: 3 mm, H: 1 mm.

08-19. ナガバノトンボソウ Platanthera nipponica Makino var. linearifolia (Ohwi) K. Inoue
08-20. コバノトンボソウ Platanthera nipponica Makino var. nipponica Makino

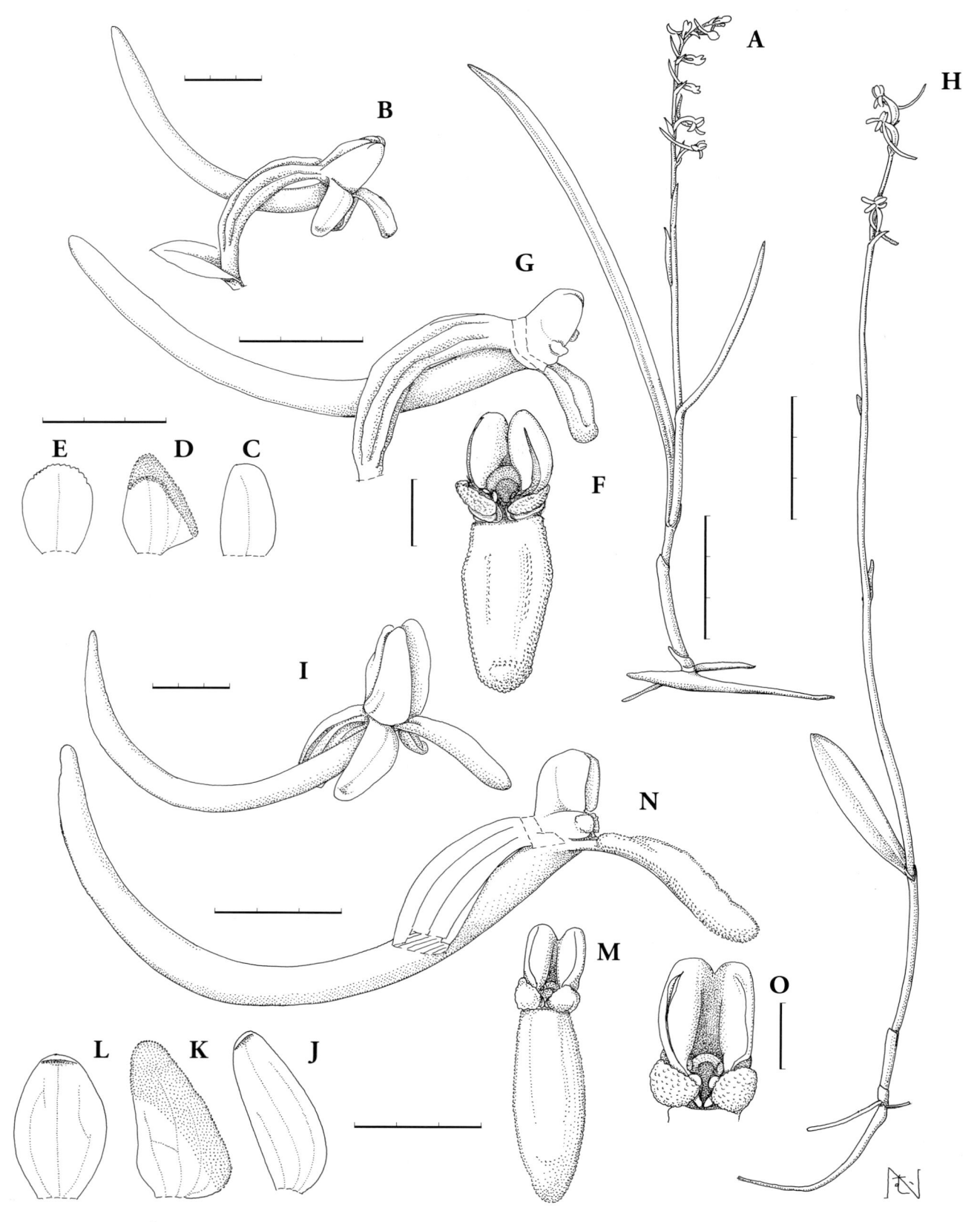

〔ナガバノトンボソウ〕**A**- 植物体；**B**- 花と苞；**C**- 側萼片；**D**- 花弁；**E**- 背萼片；**F**- 蕊柱と唇弁；**G**- 蕊柱，唇弁，子房．〔コバノトンボソウ〕**H**- 植物体；**I**- 花と苞；**J**- 側萼片；**K**- 花弁；**L**- 背萼片；**M**- 蕊柱と唇弁；**N**- 蕊柱，唇弁，子房；**O**- 蕊柱．
[**P. n. linarifolia**] **A**-plant; **B**- flower; **C**- lateral sepal; **D**- petal; **E**- dorsal sepal; **F**- lip & column; **G**- lip, column & pedicellate ovary. [**P. n. nipponica**] **H**- plant; **I**- flower; **J**- lateral sepal; **K**- petal; **L**- dorsal sepal; **M**- lip & column; **N**- lip, column & ovary; **O**- column.
Scales: **A** & **H**: 3 cm, **B, C, D, E, G, I, J, K, L, M**: 3 mm, **F** & **O**: 1 mm.

08-21. ハチジョウツレサギ **Platanthera okuboi** Makino

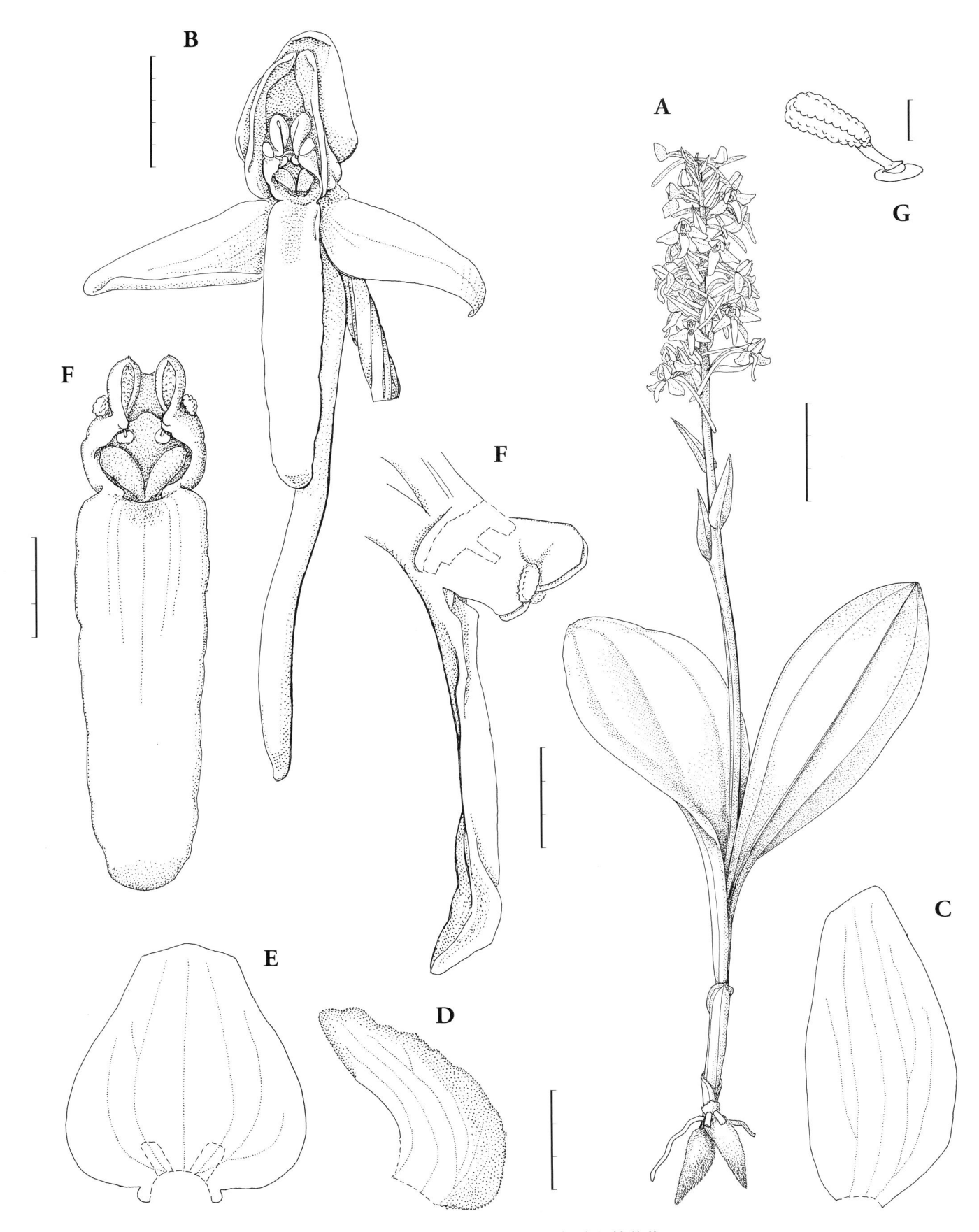

A- 植物体 ; B- 花 ; C- 側萼片 ; D- 花弁 ; E- 背萼片 ; F- 蕊柱と唇弁 ; G- 花粉塊と粘着体.
A- plant; B- flower; C- lateral sepal; D- petal; E- dorsal sepal; F- lip & column; G- pollinia & viscidium.
Scales: A: 3 cm, B: 5 mm, C, D, E, F: 3 mm, G: 1 mm.

08-22. キソチドリ **Platanthera ophrydioides** F. Schmidt var. **monophylla** Honda

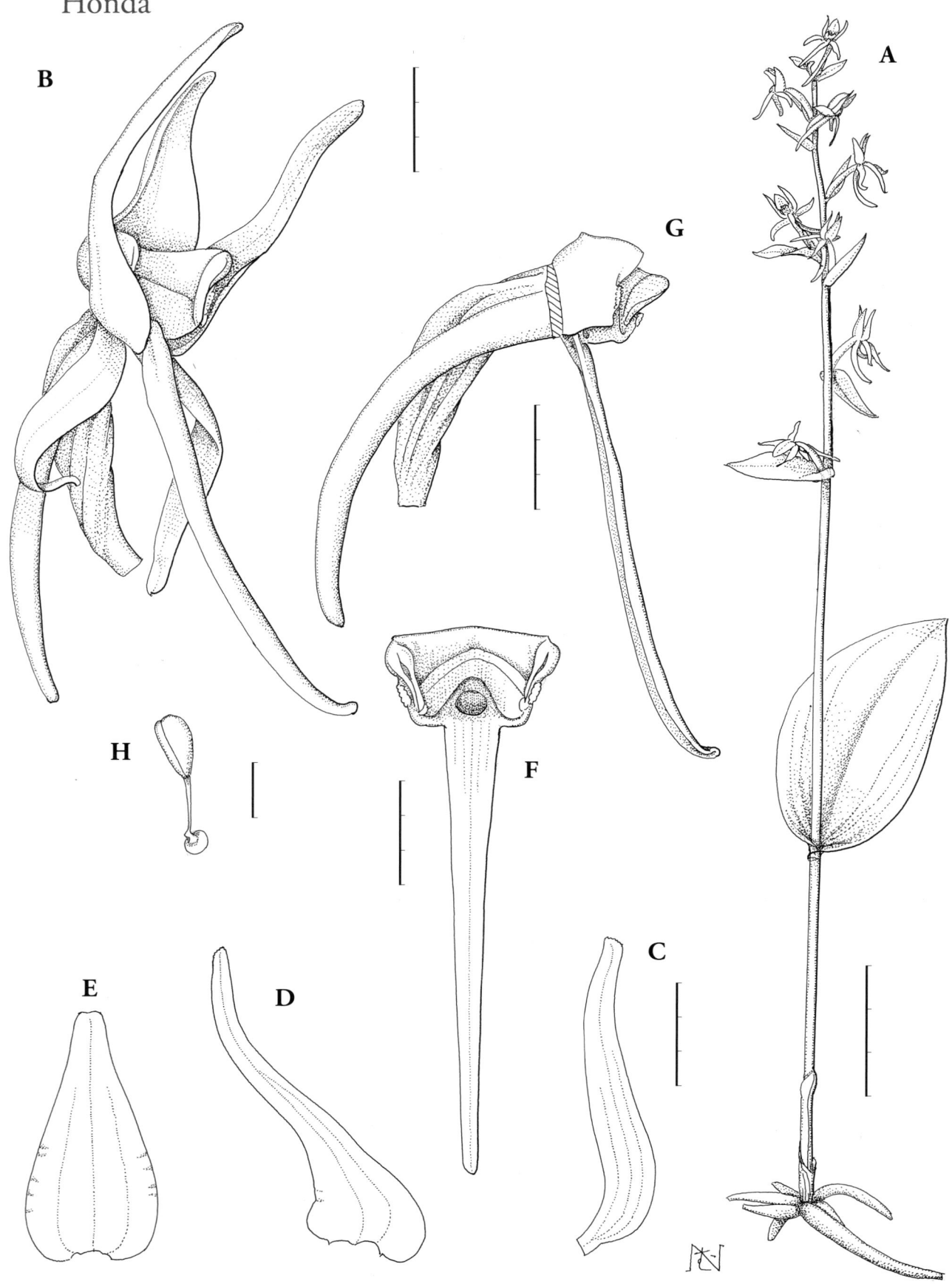

A- 植物体 ; B- 花 ; C- 側萼片 ; D- 花弁 ; E- 背萼片 ; F- 蕊柱と唇弁 ; G- 蕊柱，唇弁，子房 ; H- 花粉塊と粘着体.
A- plant; B- flower; C- lateral sepal; D- petal, E- dorsal sepal; F- lip & column; G- lip, column & ovary; H- pollinia & viscidium.
Scales: **A**: 3 cm, **B, C, D, E, F, G**: 3 mm, **H**: 1 mm.

08-23. オオキソチドリ **Platanthera ophrydioides** F. Schmidt var. **ophrydioides**

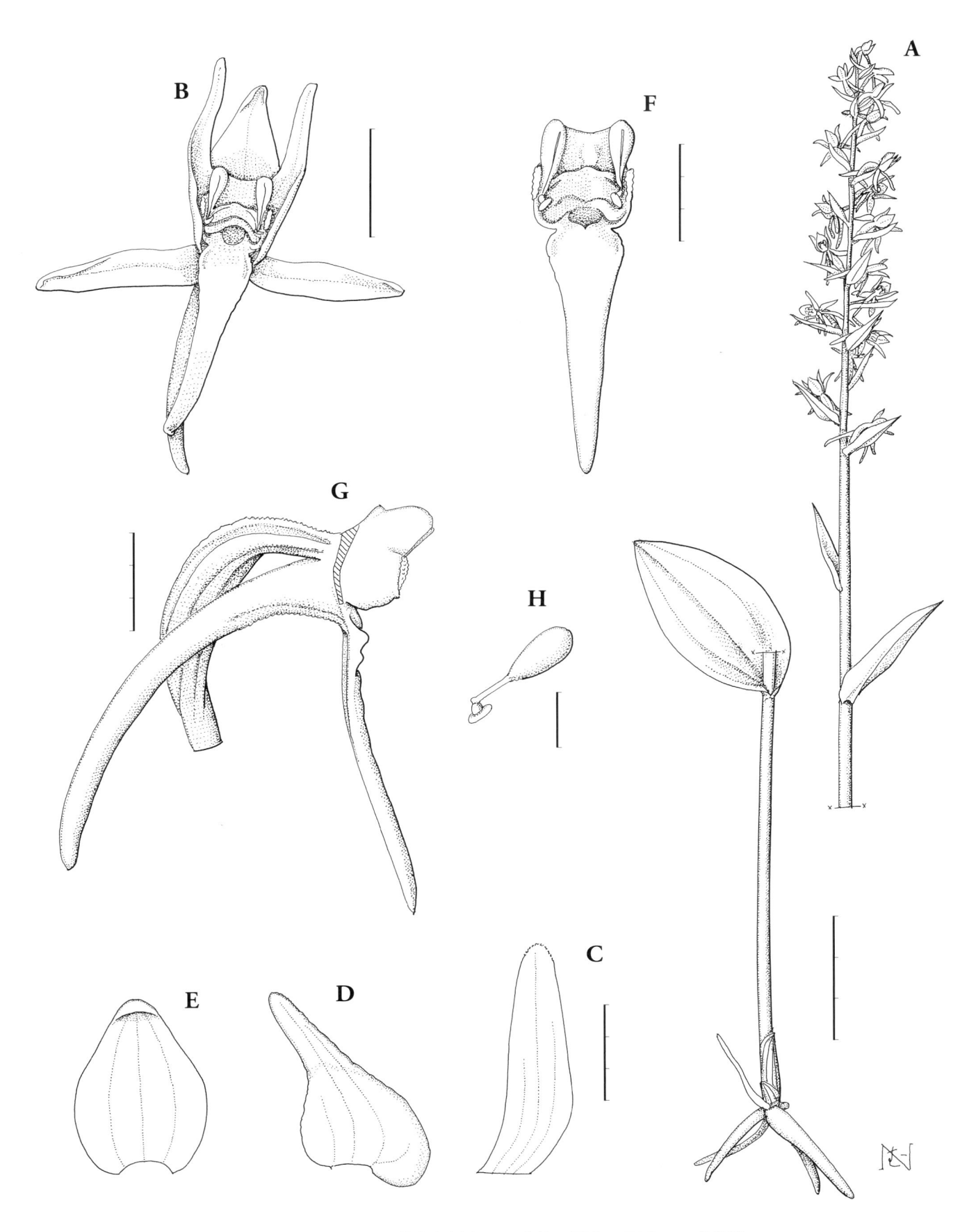

A- 植物体 ; B- 花 ; C- 側萼片 ; D- 花弁 ; E- 背萼片 ; F- 蕊柱と唇弁 ; G- 蕊柱，唇弁，子房 ; H- 花粉塊.
A- plant; B- flower; C- lateral sepal; D- petal; E- dorsal sepal; F- lip & olumn; G- lip, column & ovary; H- pollinia.
Scales: **A**: 3 cm, **B**: 5 mm, **C, D, E, F, G**: 3 mm, **H**: 1 mm.

08-24. アマミトンボ **Platanthera pachygllosa** Hayata var. **amamiana** (Ohwi) K. Inoue

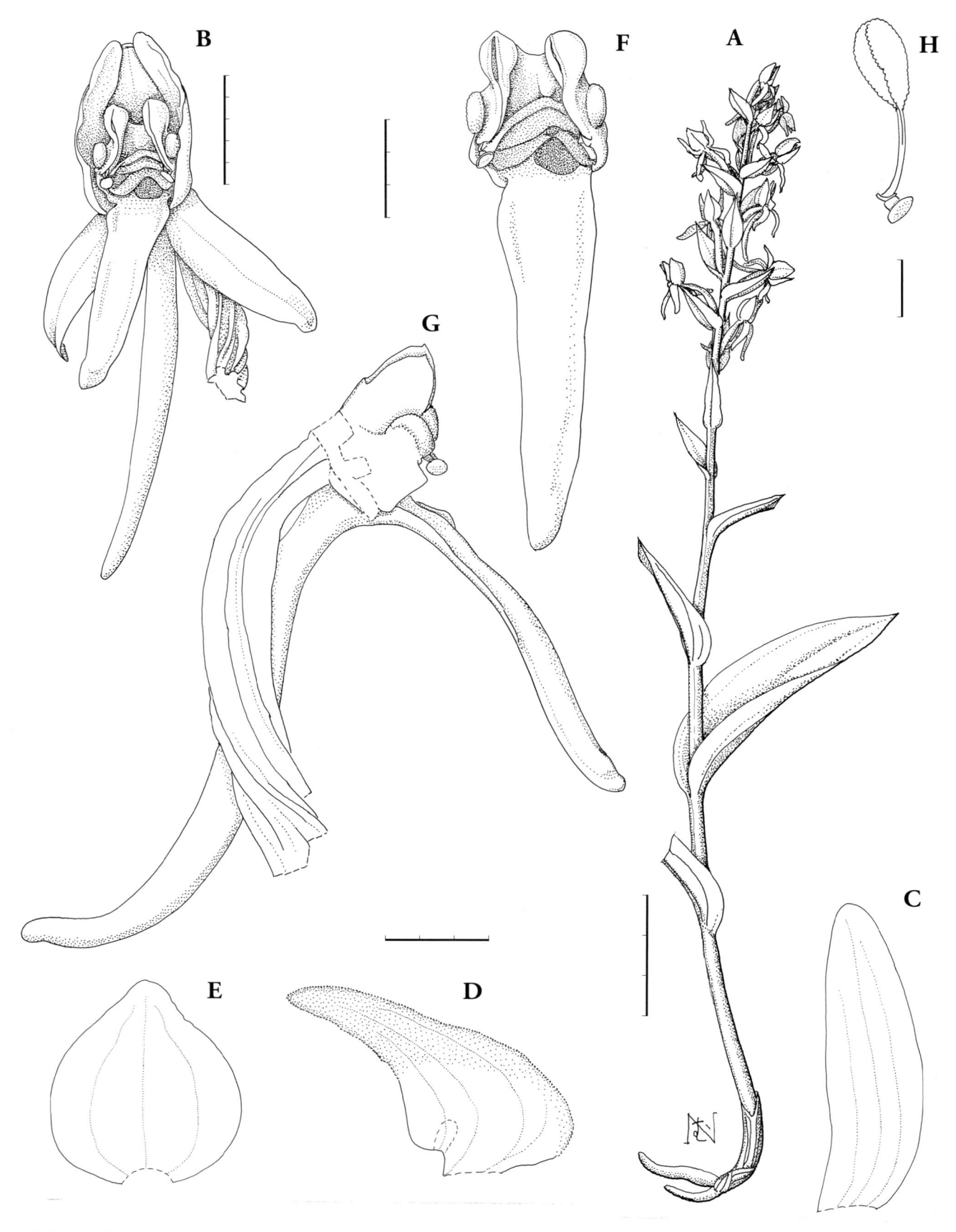

A- 植物体；B- 花；C- 側萼片；D- 花弁；E- 背萼片；F- 蕊柱と唇弁；G- 蕊柱，唇弁，子房；H- 花粉塊と粘着体.
A- plant; B- flower; C- lateral sepal; D- petal; E- dorsal sepal; F- lip & column; G- lip, column & ovary; H- pollinia & viscidium.
Scales: A: 3 cm, B: 5 mm, C, D, E, F, G: 3 mm, H: 1 mm.

08-25. ハチジョウチドリ **Platanthera pachygllosa** Hayata var. **hachijoensis** (Honda) K. Inoue

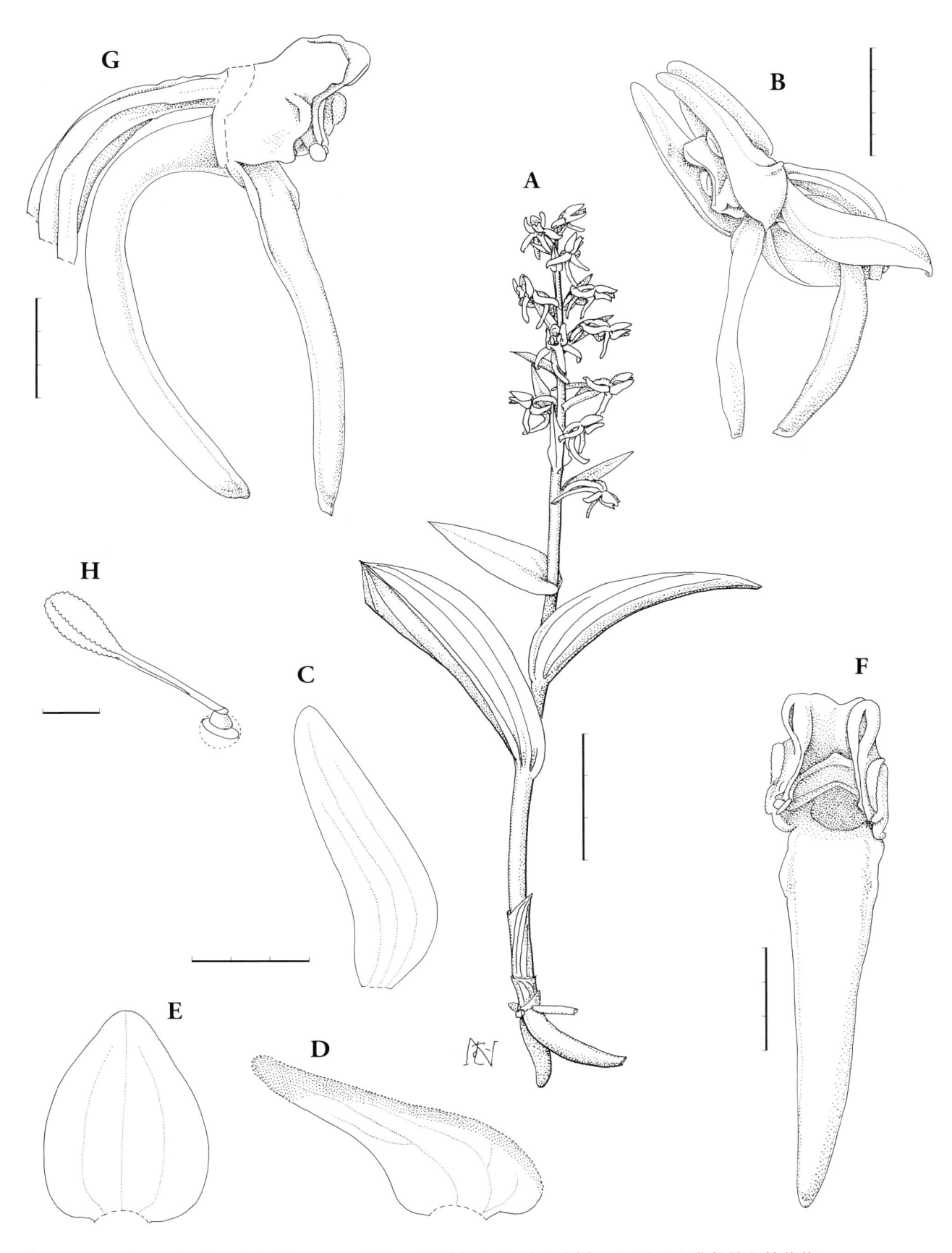

A- 植物体; B- 花; C- 側萼片; D- 花弁; E- 背萼片; F- 蕊柱と唇弁; G- 蕊柱，唇弁，子房; H- 花粉塊と粘着体.
A- plant; B- flower; C- lateral sepal; D- petal; E- dorsal sepal; F- lip & column; G- lip, column & ovary; H- pollinia & viscidium.
Scales: A: 3 cm, B: 5 mm, C, D, E, F, G: 3 mm, H: 1 mm.

08-26. オオヤマサギソウ Platanthera sachaliensis F. Schmidt

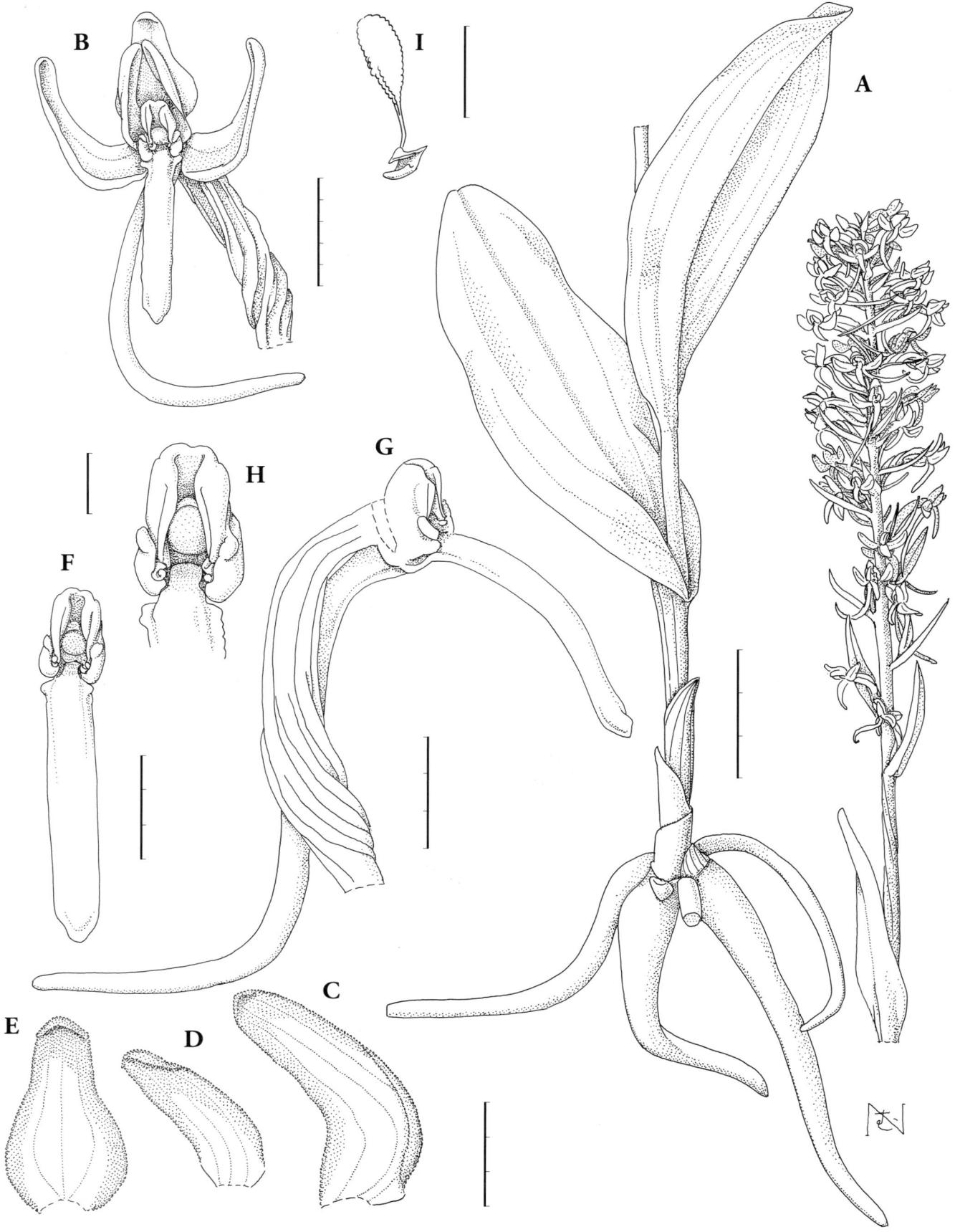

A- 植物体；**B**- 花；**C**- 側萼片；**D**- 花弁；**E**- 背萼片；**F**- 蕊柱と唇弁；**G**- 蕊柱，唇弁と子房；**H**- 蕊柱；**I**- 花粉塊と粘着体.
A- plant; **B**- flower; **C**- lateral sepal; **D**- petal; **E**- dorsal sepal; **F**- lip & column; **G**- lip, column & ovary; **H**- column; **I**- pollinia & viscidium.
Scales: **A**: 3 cm, **B**: 5 mm, **C, D, E, F, G**: 3 mm, **H & I**: 1 mm.

08-27. クニガミトンボ **Platanthera sonoharae** Masam.

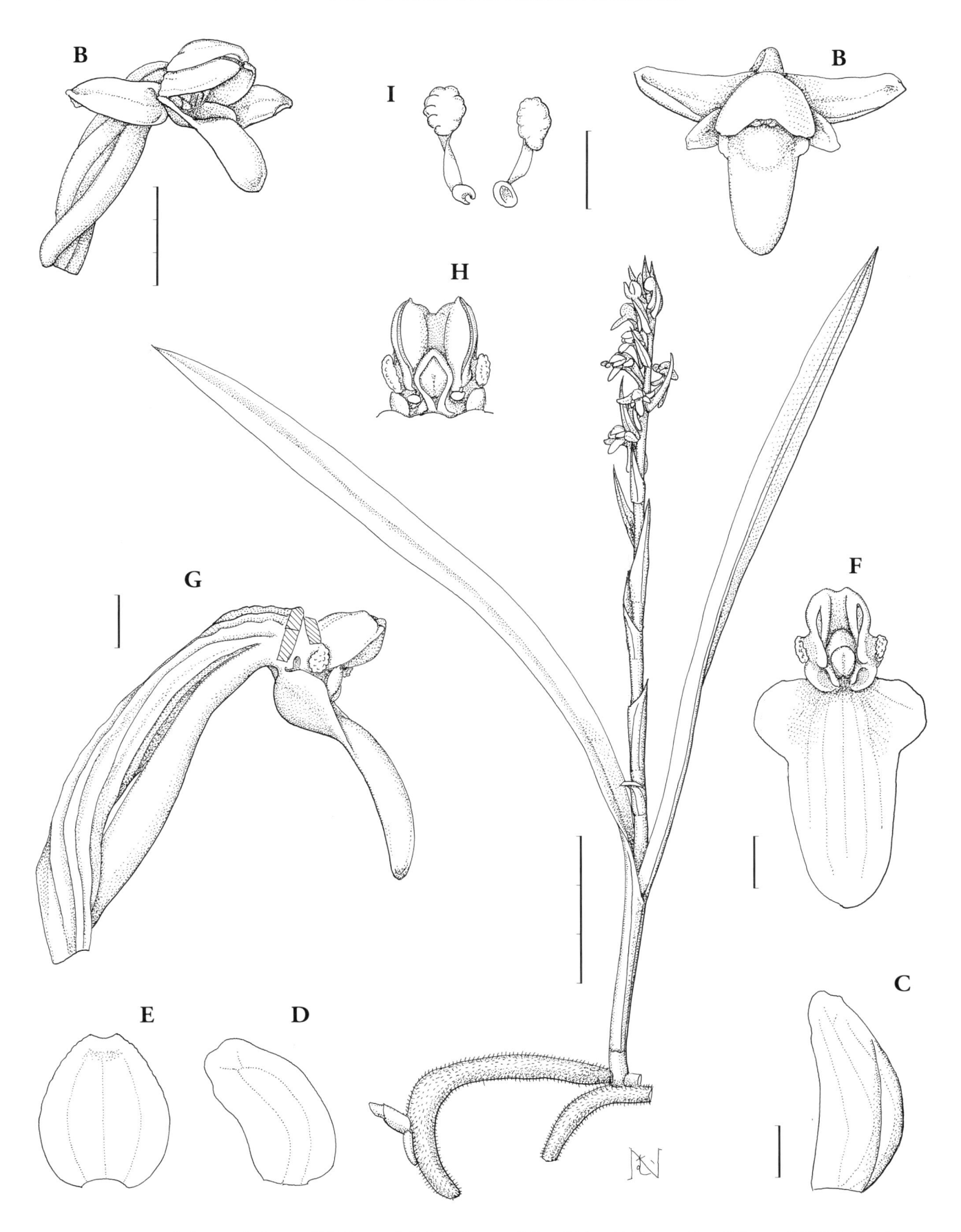

A- 植物体 ; B- 花 ; C- 側萼片 ; D- 花弁 ; E- 背萼片 ; F- 蕊柱と唇弁 ; G- 蕊柱，唇弁，子房 ; H- 若い蕊柱 ; I- 花粉塊と粘着体．
A- plant; B- flower; C- lateral sepal; D- petal; E- dorsal sepal; F- lip & column; G- lip, column & ovary; H- young column; I- pollinia & viscidium.
Scales: **A**: 3 cm, **B**: 3 mm, **C, D, E, F, G, I**: 1 mm.

08-28. イリオモテトンボソウ **Platanthera stenoglossa** Hayata var. **iriomotensis** (Masam.) K. Inoue

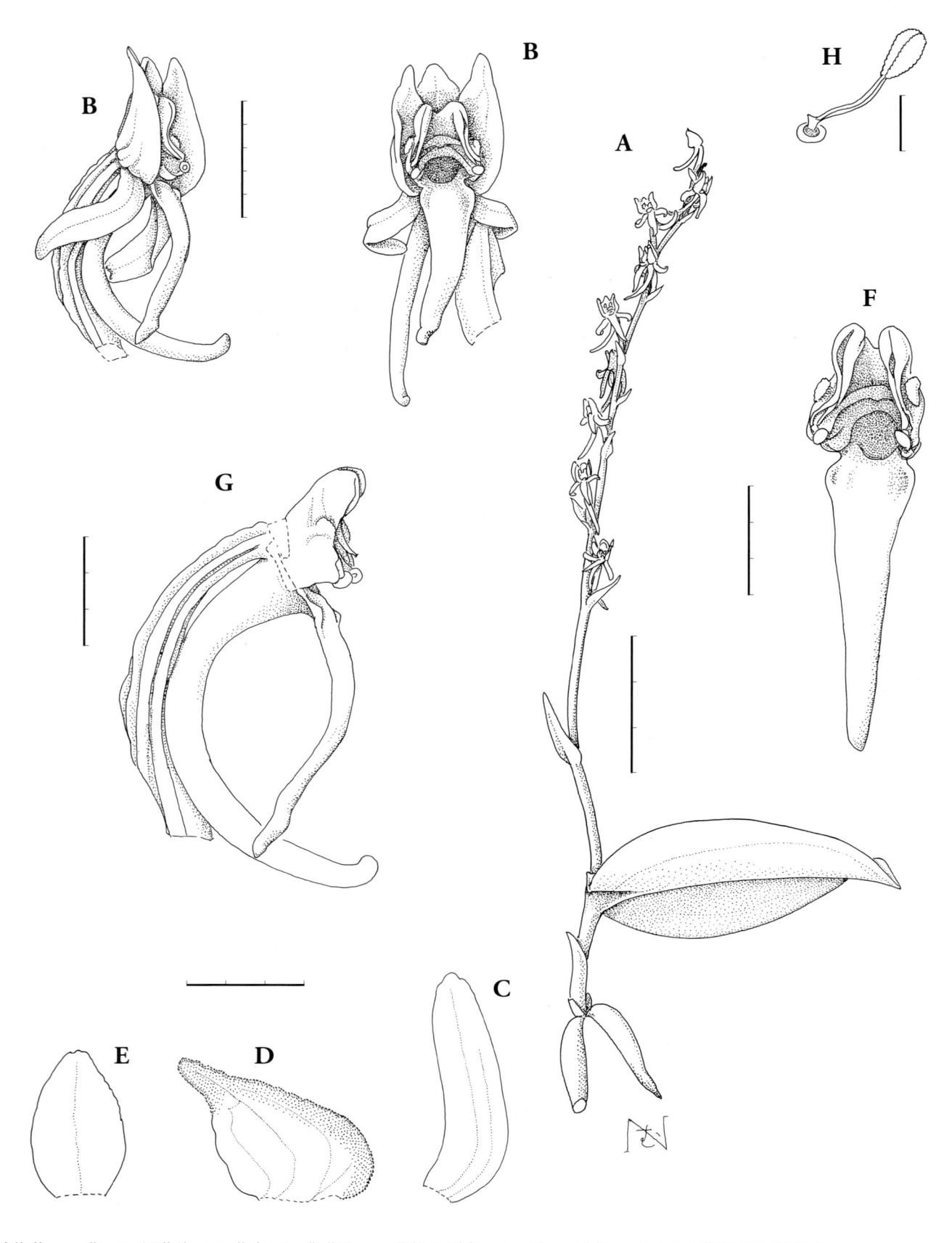

A- 植物体；B- 花；C- 側萼片；D- 花弁；E- 背萼片；F- 蕊柱と唇弁；G- 蕊柱，唇弁，子房；H- 花粉塊と粘着体.
A- plant; B- flower; C- lateral sepal; D- petal; E- dorsal sepal; F- lip & column; G- lip, column & ovary; H- pollinia & viscidium.
Scales: A: 3 cm, B: 5 mm, C, D, E, F, G: 3 mm, H: 1 mm.

08-29. ソハヤキトンボソウ **Platanthera stenoglossa** Hayata var. **hottae** K. Inoue

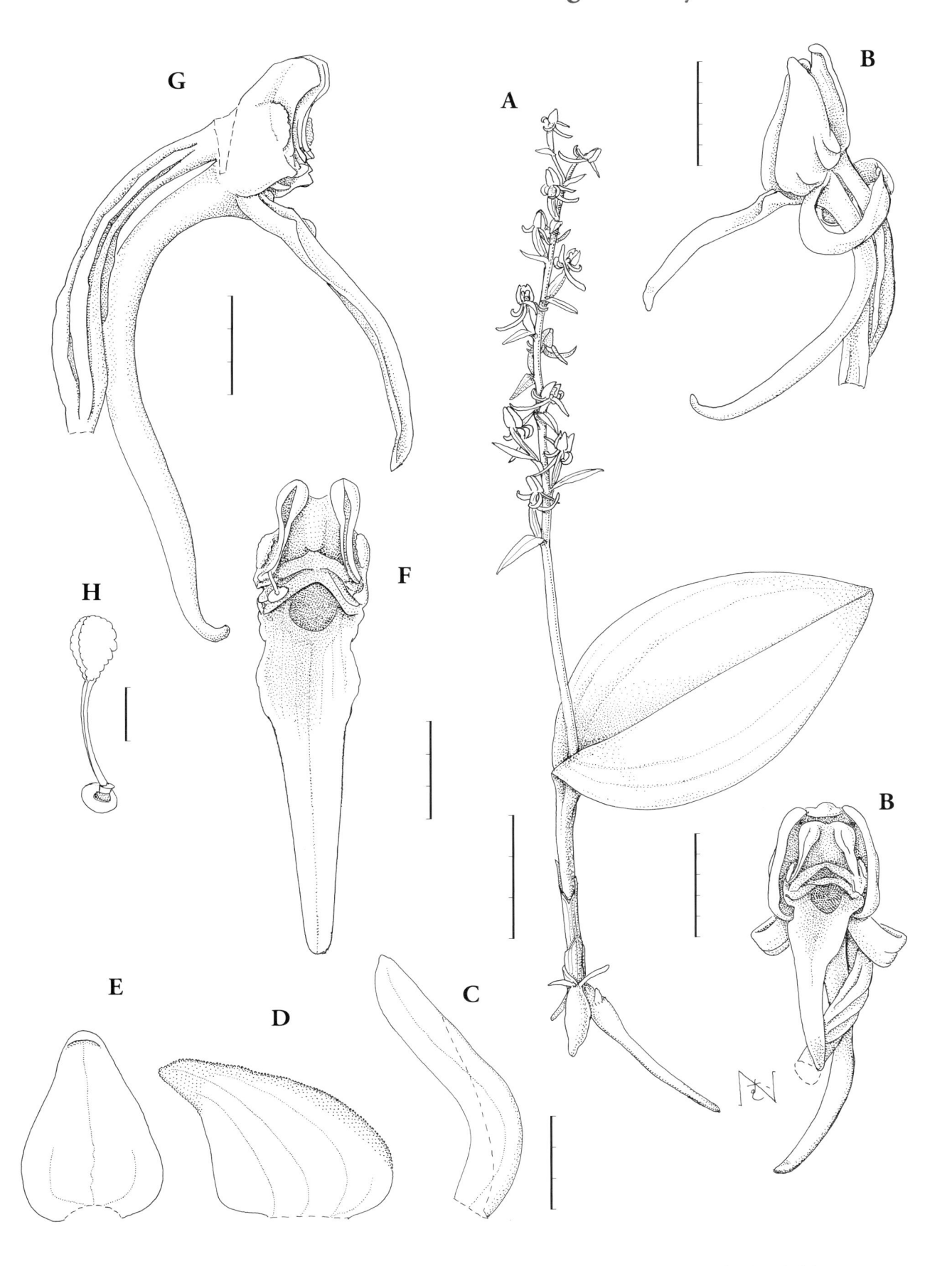

A- 植物体; B- 花; C- 側萼片; D- 花弁; E- 背萼片; F- 蕊柱と唇弁; G- 蕊柱, 唇弁, 子房; H- 花粉塊と粘着体.
A- plant; B- flower & bract; C- lateral sepal; D- petal; E- dorsal sepal; F- lip & column; G- lip, column & ovary; H- pollinia.
Scales: **A**: 3 cm, **B**: 5 mm, **C, D, E, F, G**: 3 mm, **H**: 1 mm.

08-30. ミヤマチドリ **Platanthera takedae** Makino

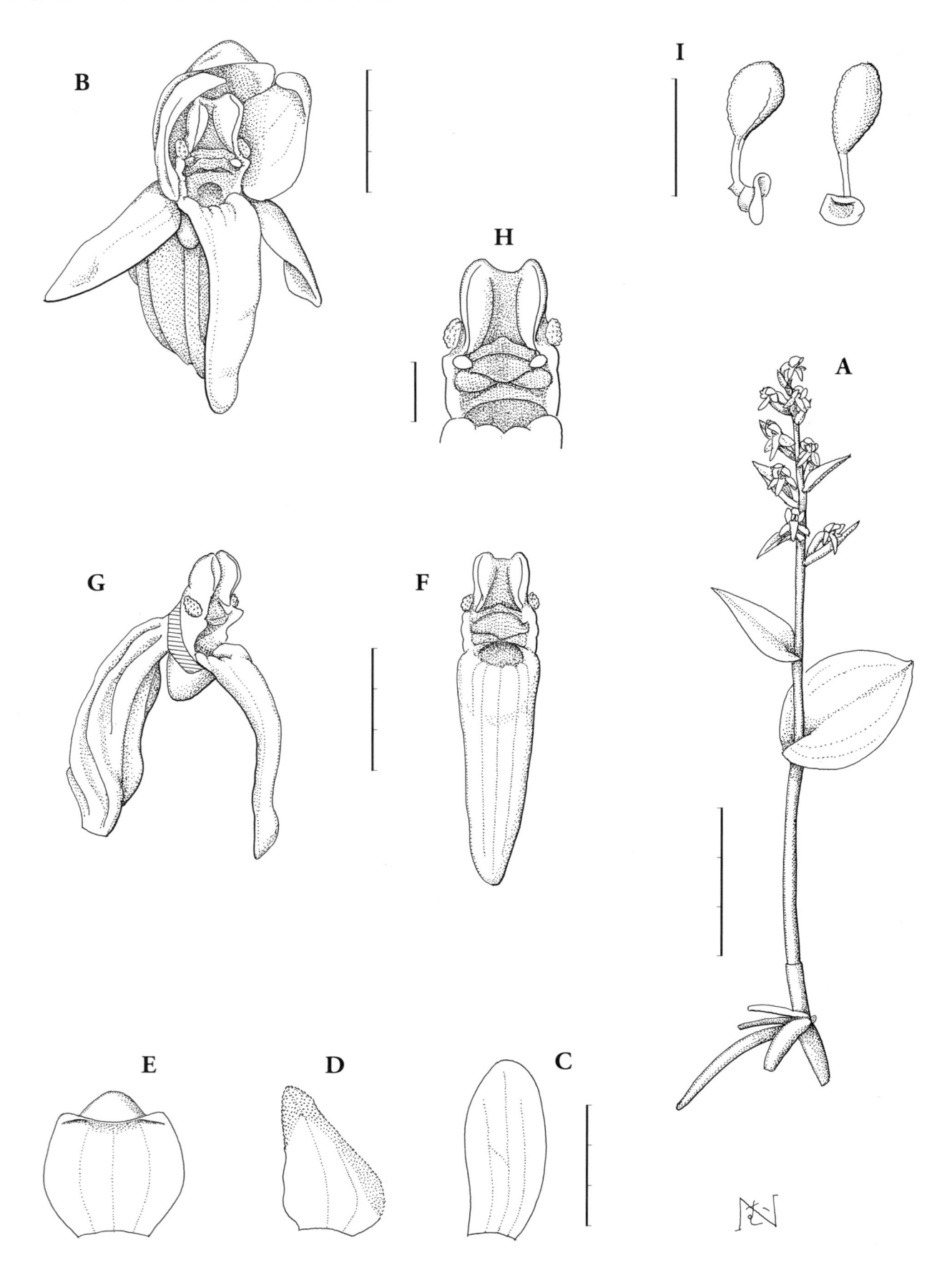

A- 植物体 ; B- 花 ; C- 側萼片 ; D- 花弁 ; E- 背萼片 ; F- 蕊柱と唇弁 ; G- 蕊柱，唇弁，子房 ; H- 蕊柱 ; I- 花粉塊と粘着体.
A- plant; B- flower; C- lateral sepal; D- petal; E- dorsal sepal; F- lip & column; G- lip, column & ovary; H- column; I- pollinia.
Scales: A: 3 cm, B, C, D, E, F, G: 3 mm, H & I: 1 mm.

08-31. ガッサンチドリ **Platanthera takedae** Makino subsp. **uzenensis** (Ohwi) F. Maekawa

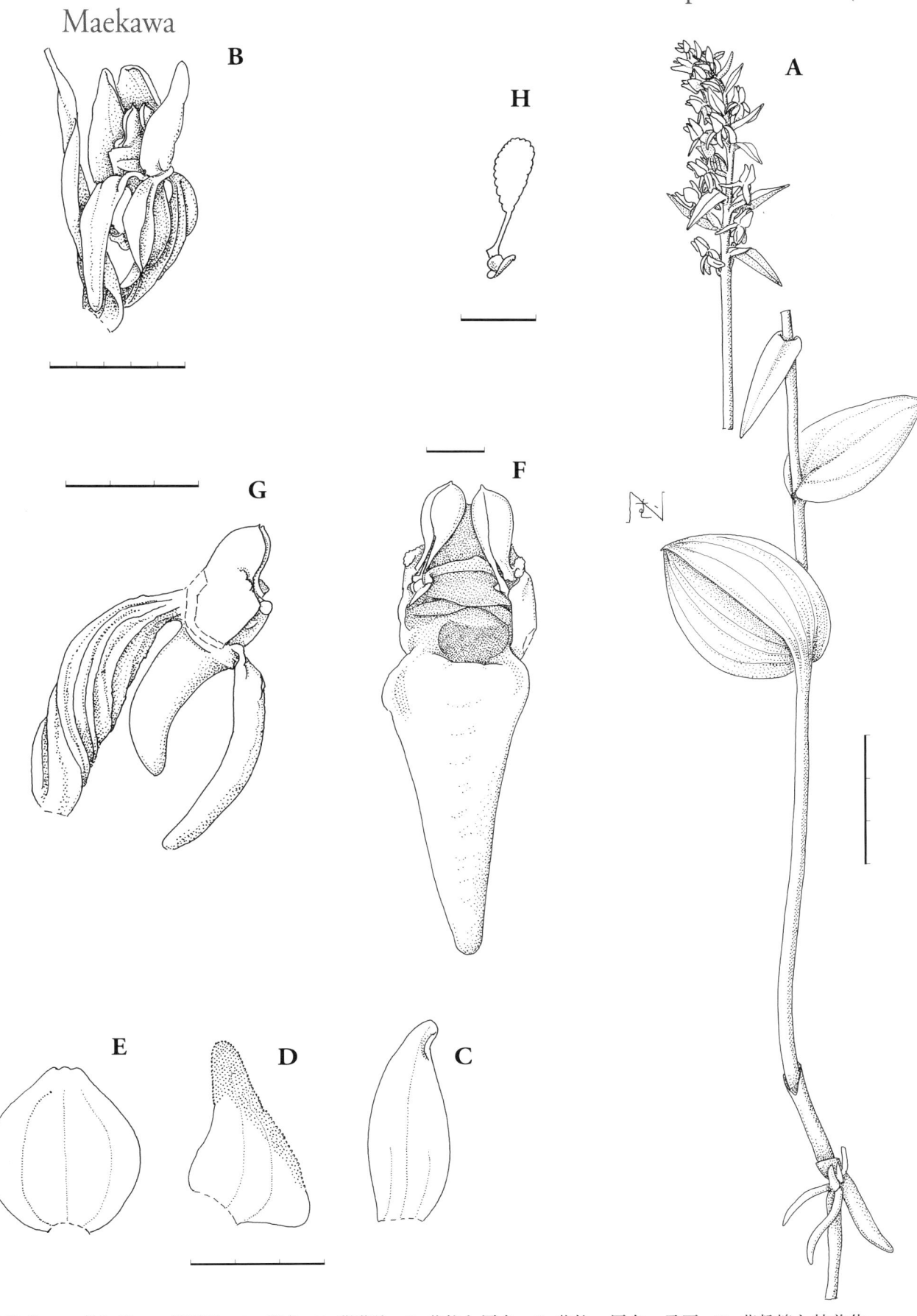

A- 植物体 ; B- 花と苞 ; C- 側萼片 ; D- 花弁 ; E- 背萼片 ; F- 蕊柱と唇弁 ; G- 蕊柱，唇弁，子房 ; H- 花粉塊と粘着体.
A- plant; B- flower & bract; C- lateral sepal; D- petal; E- dorsal sepal; F- lip & column; G- lip, column & ovary; H- pollinia.
Scales: A: 3 cm, B: 5 mm, C, D, E, G: 3 mm, F & H: 1 mm.

08-32. ホソバノキソチドリ Platanthera tipuloides (L. f.) var. sororia (Schltr.) Soó

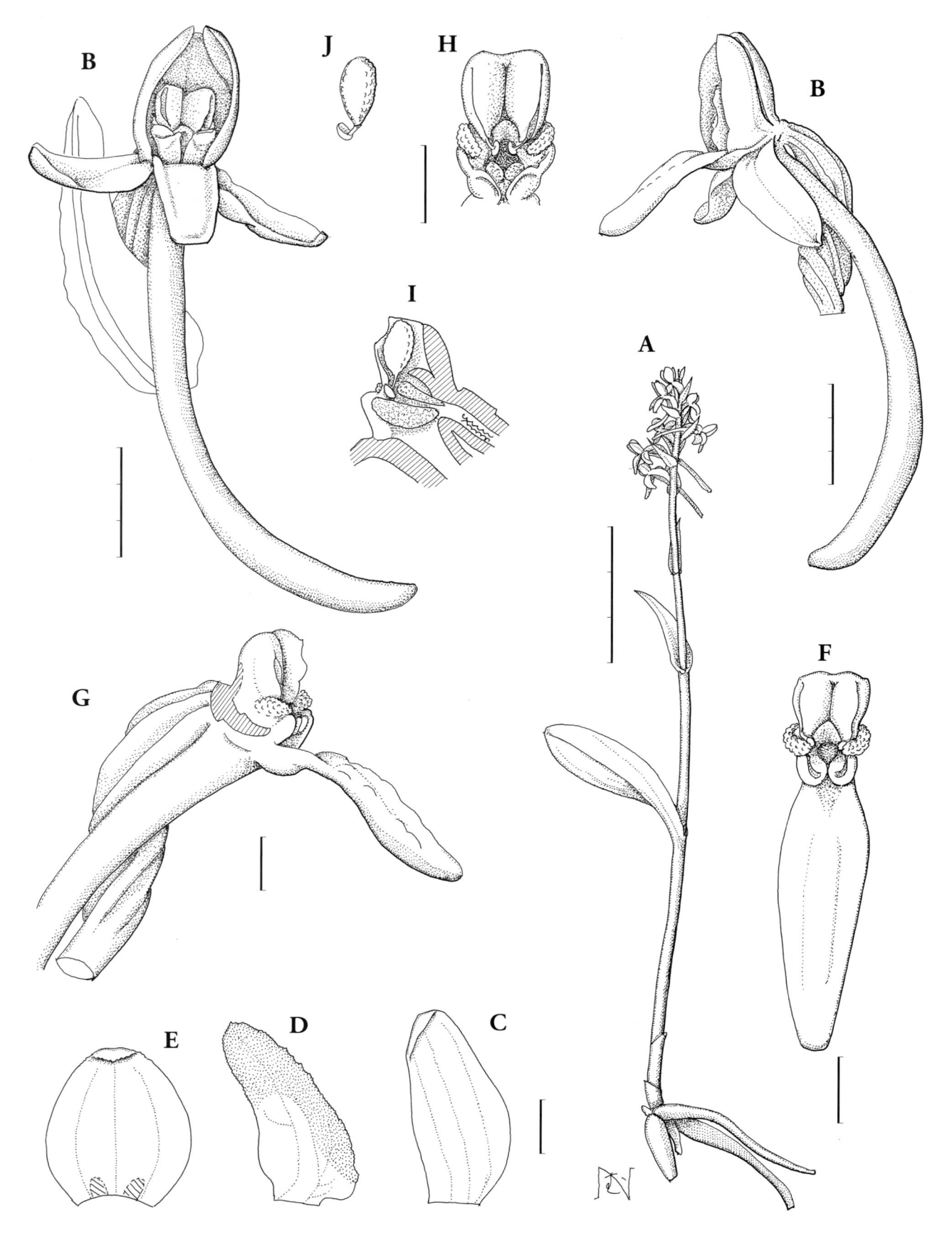

A- 植物体；B- 花と苞；C- 側萼片；D- 花弁；E- 背萼片；F- 蕊柱と唇弁；G- 蕊柱, 唇弁, 子房；H- 蕊柱；I- 蕊柱の縦断面；J- 花粉塊.
A- plant; B- flower & bract; C- lateral sepal; D- petal; E- dorsal sepal; F- lip & column; G- lip, column & ovary; H- column; I- vertical section of column; J- pollinia.
Scales: A: 3 cm, B: 3 mm, C, D, E, F, G, H, I, J: 1 mm.

08-33. トンボソウ **Platanthera ussuriensis** (Regel et Maack) Maxim.

A- 植物体 ; **B**- 花 ; **C**- 側萼片 ; **D**- 花弁 ; **E**- 背萼片 **F**- 蕊柱と唇弁 ; **G**- 蕊柱，唇弁，子房 ; **H**- 蕊柱 ; **I**- 花粉塊と粘着体.
A- plant; **B**- flower; **C**- lateral sepal; **D**- petal; **E**- dorsal sepal; **F**- lip & column; **G**- lip, column & ovary; **H**- column; **I**- pollinia .
Scales: **A**: 3 cm, **B**: 3 mm, **C, D, E, F, G, H**: 1 mm.

09-01. ミヤマモジズリ Neottianthe cuculata (L.) Schltr.

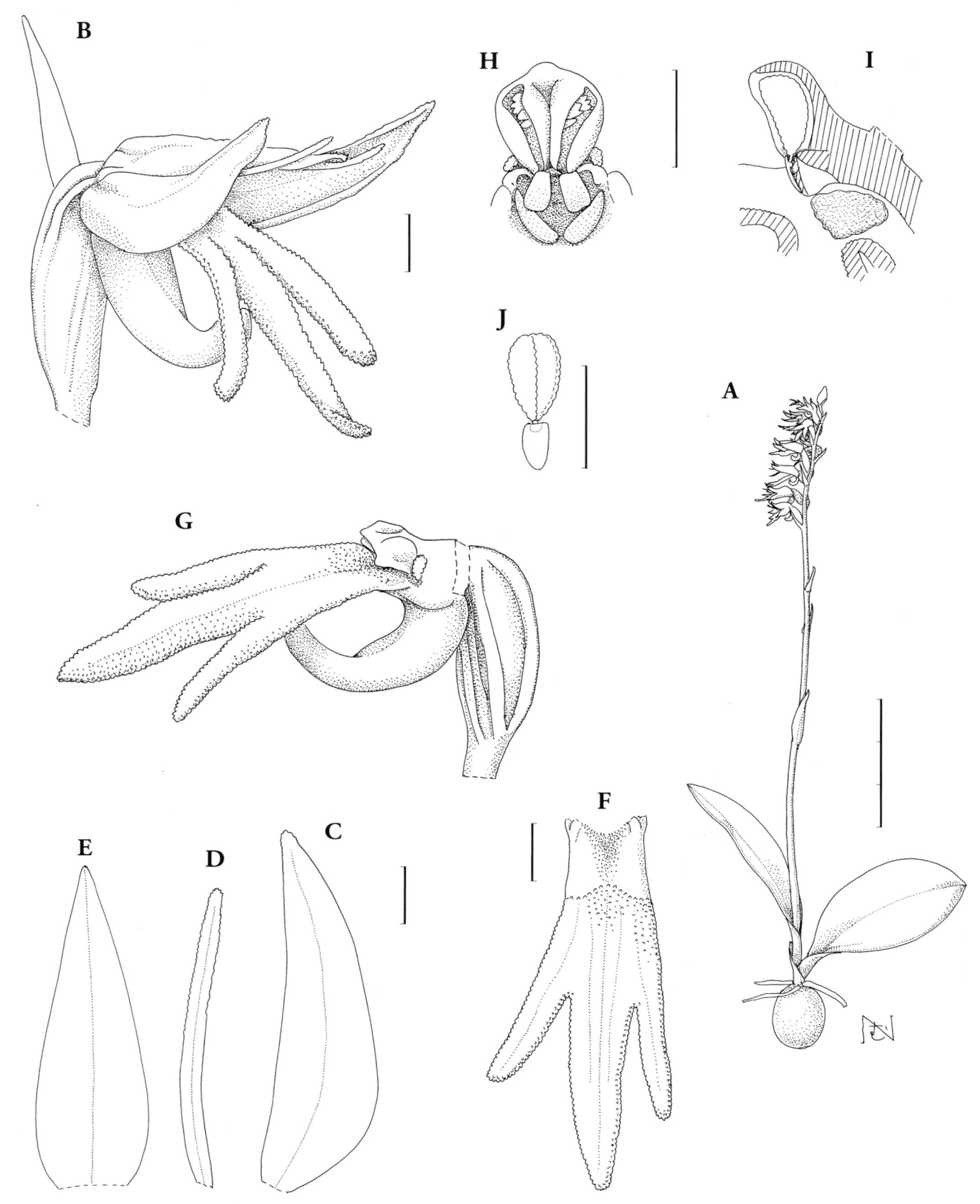

A- 植物体 ; B- 花と苞 ; C- 側萼片 ; D- 花弁 ; E- 背萼片 ; F- 唇弁 ; G- 蕊柱, 唇弁, 子房 ; H- 蕊柱 ; I- 蕊柱の縦断面 ; J- 花粉塊 .
A- plant; B- flower & bract; C- lateral sepal; D- petal; E- dorsal sepal; F- lip; G- lip, column & ovary; H- column; I- vertical section of column; J- pollinia.
A: 3 cm, B, C, D, E, F, G, H, J: 1 mm

10-01 ノビネチドリ **Gymnadenia camtchatica** (Cham.) Miyabe et Kudo

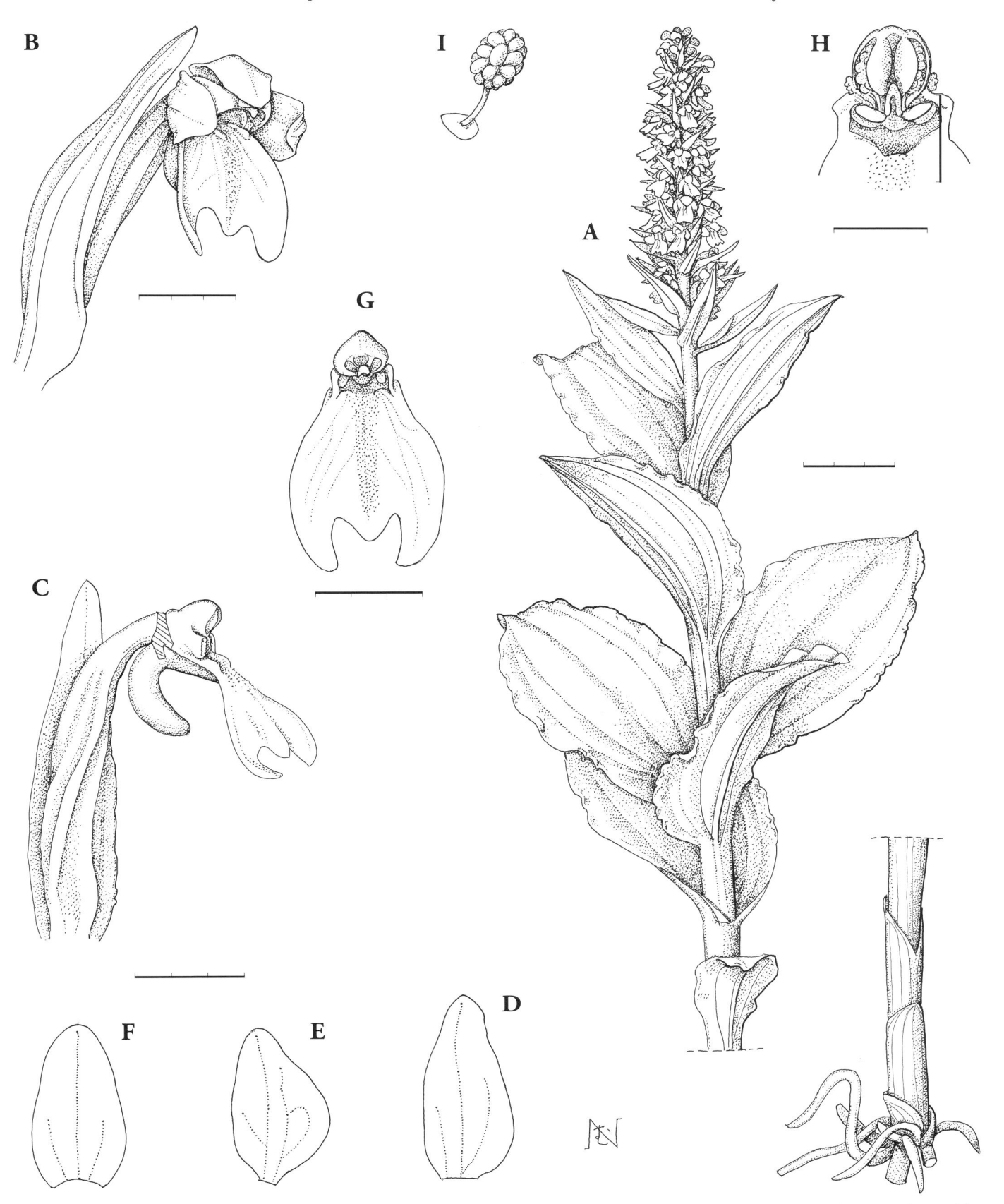

A- 植物体 ; B- 花と苞 ; C- 側萼片 ; D- 花弁 ; E- 背萼片 ; F-1 蕊柱と唇弁（金精峠産）; F-2 蕊柱と唇弁（羅臼産）; G- 蕊柱, 唇弁, 子房 ; H- 蕊柱 ; I- 花粉塊.

A- plant; B- flower & bract; C- lateral sepal; D- petal; E- dorsal sepal; F-1 lip&column(Konsei-touge); F-2 lip&column(Rausu); G- lip, column & ovary, bract; H- column; I- pollinia.

Scales: A: 3 cm, B, D, E, F, G: 3 mm, H, I, J: 1 mm.

10-02. テガタチドリ **Gymnadenia conopsea** (L.) R.Br.

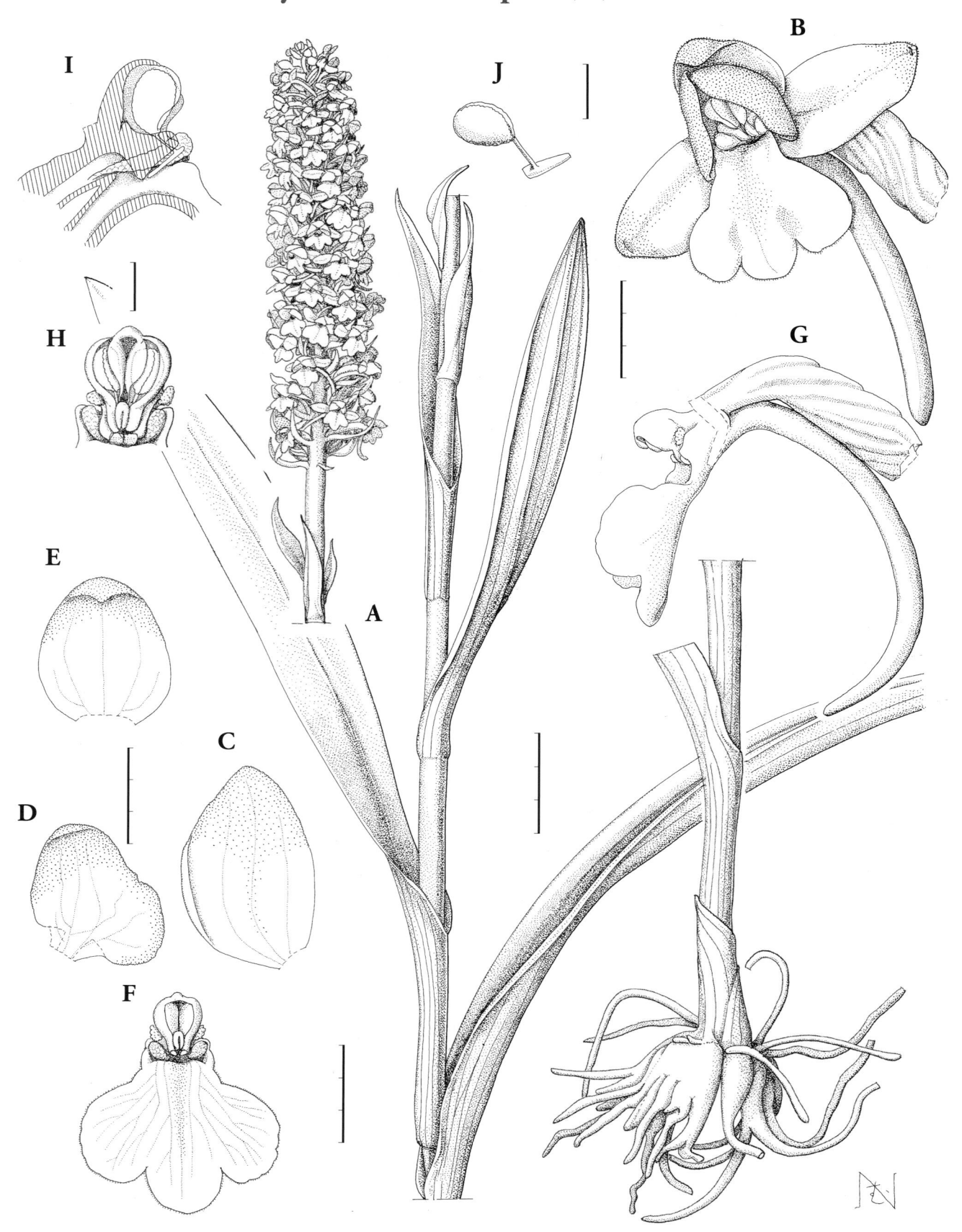

A- 植物体；**B**- 花；**C**- 側萼片；**D**- 花弁；**E**- 背萼片；**F**- 蕊柱と唇弁；**G**- 蕊柱，唇弁，子房；**H**- 蕊柱；**I**- 蕊柱の縦断面；**J**- 花粉塊と粘着体.

A- plant; **B**- flower; **C**- lateral sepal; **D**- petal; **E**- dorsal; **F**- lip & column; **G**- lip, column & ovary; **H**- column; **I**- vertical section of column; **J**- pollinia.

Scales: **A**: 3 cm, **B, C, D, E, F, G**: 3 mm, **H, I, J**: 1 mm.

11-01. オノエラン **Chondradenia fauriei** (Finet) Sawada ex F. Maek.

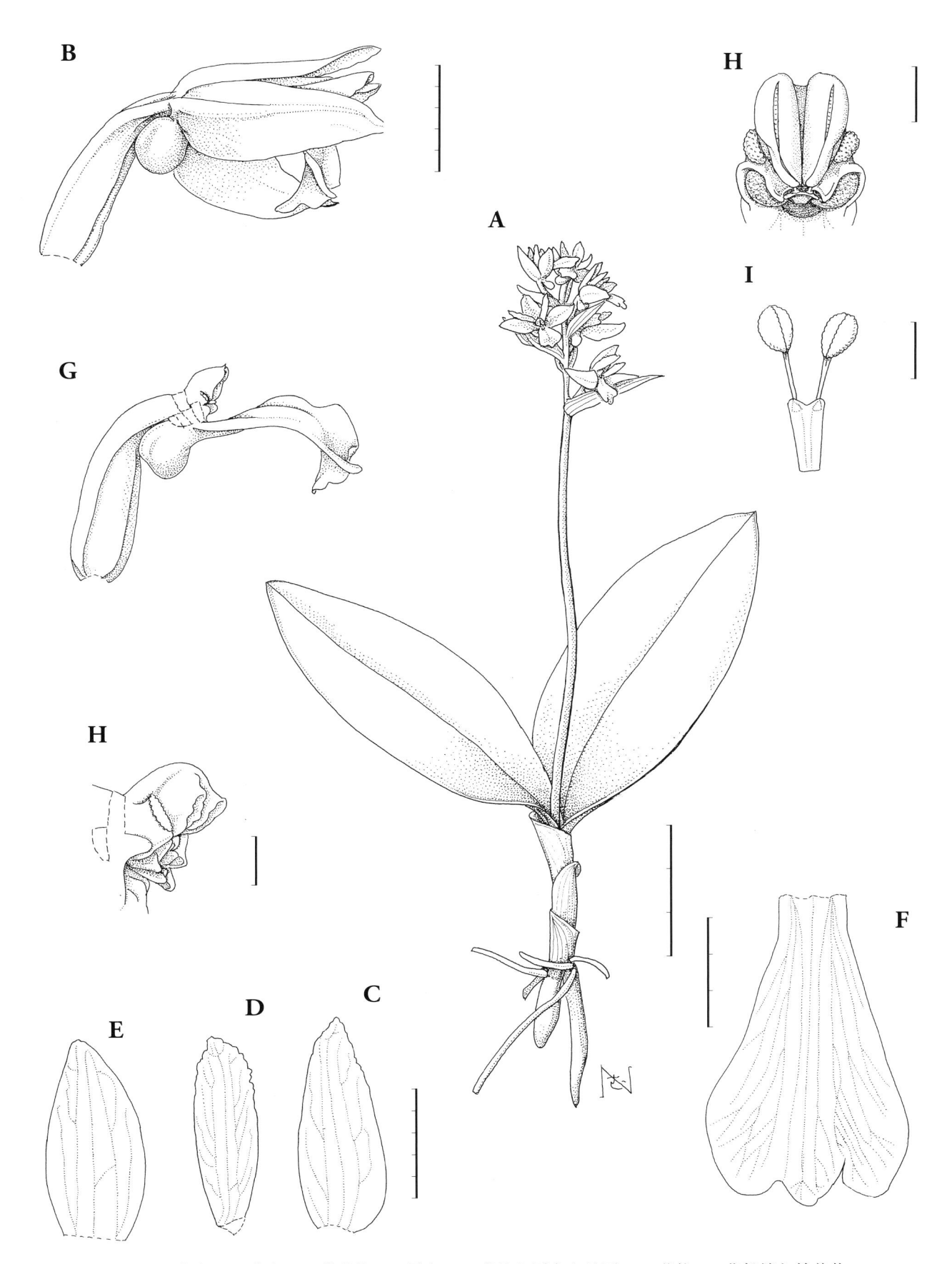

A- 植物体 ; B- 花 ; C- 側萼片 ; D- 花弁 ; E- 背萼片 ; F- 唇弁 ; G- 蕊柱と唇弁と子房 ; H- 蕊柱 ; I- 花粉塊と粘着体.
A- plant; **B-** flower; **C-** lateral sepal; **D-** petal; **E-** dorsal sepal; **F-** lip; **G-** lip, column & ovary; **H-** column; **I-** pollinia.
Scales: **A**: 3 cm, **B, C, D, E**: 5 mm, **F**: 3 mm, **H & I**: 1 mm.

12-01. ダイサギソウ Habenaria dentate (Sw.) Schltr.

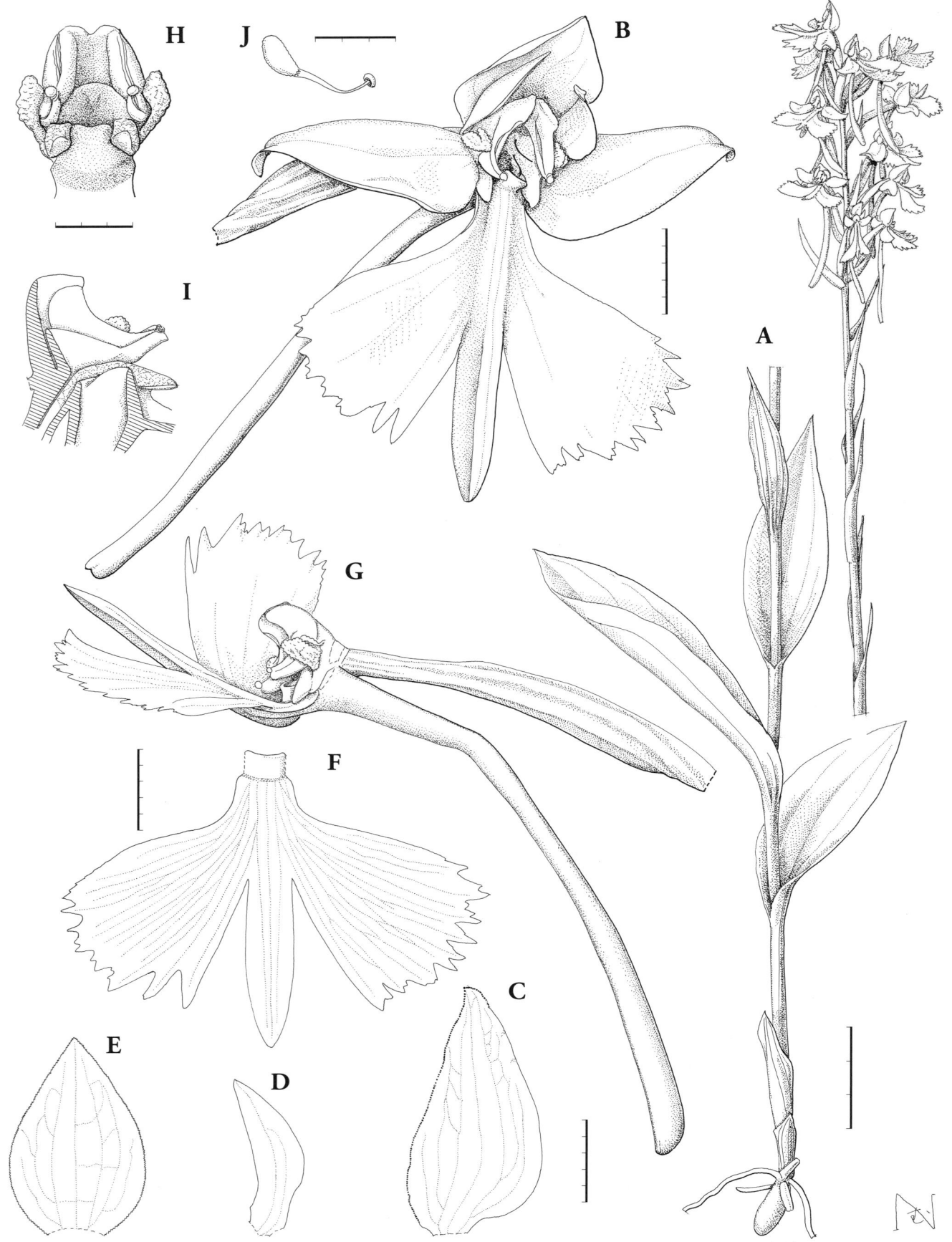

A- 植物体；B- 花；C- 側萼片；D- 花弁；E- 背萼片；F- 唇弁；G- 蕊柱，唇弁，子房；H- 蕊柱；I- 蕊柱の縦断面；J- 花粉塊と粘着体.
A- plant; B- flower; C- lateral sepal; D- petal; E- dorsal sepal; F- lip; G- lip, column & ovary; H- column; I- vertical section of column; J- pollinia.
Scales: **A**: 3 cm, **B, C, D, E, F, G**: 5 mm, **H, I, J**: 3 mm.

12-02. リュウキュウサギソウ Habenaria longitentaculata Hayata

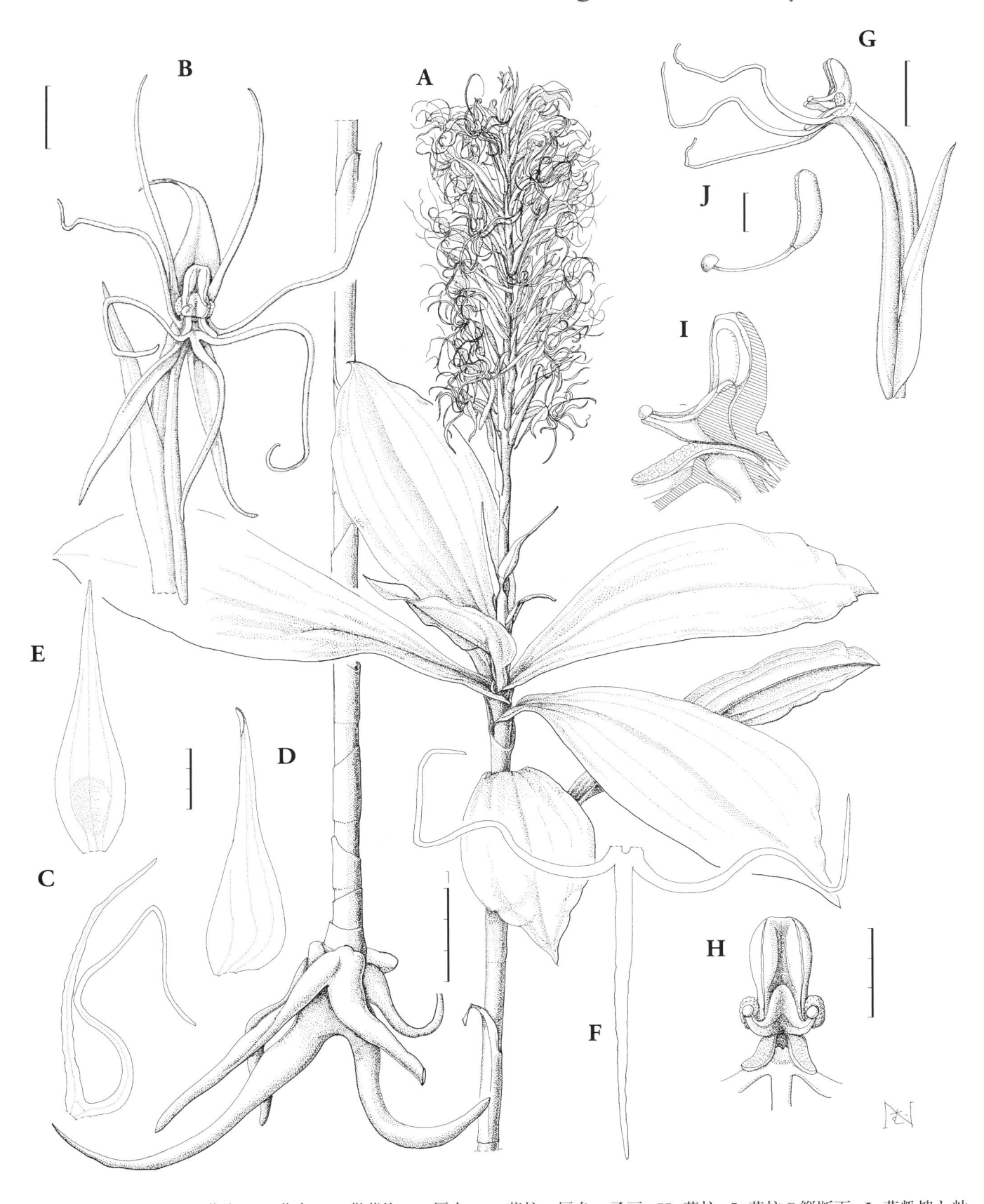

A- 植物体；B- 花と苞；C- 側萼片；D- 花弁；E- 背萼片；F- 唇弁；G- 蕊柱，唇弁，子房；H- 蕊柱；I- 蕊柱の縦断面；J- 花粉塊と粘着体.
A- plant; B- flower & bract; C- lateral sepal; D- petal; E- dorsal sepal; F- lip; G- lip, column & ovary; H- column; I- vertical section of column; J- pollinia.
Scales: A: 3 cm, B & G: 5 mm, C, D, E, F, H: 3 mm, I & J: 1 mm.

12-03. サギソウ **Habenaria radiata** (Thunb.) Sprengel

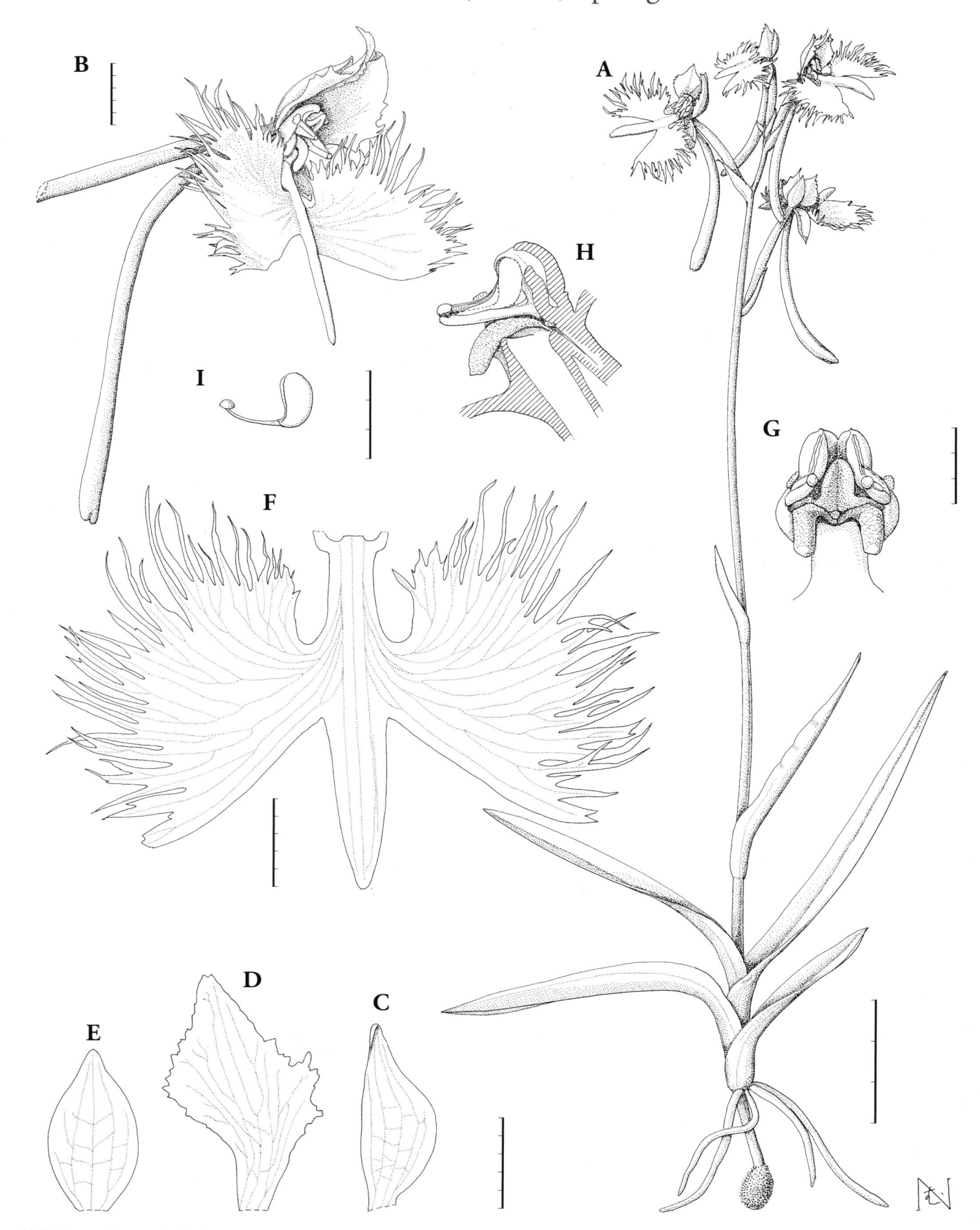

A- 植物体; B- 花; C- 側萼片; D- 花弁; E- 背萼片; F- 唇弁; G- 蕊柱; H- 蕊柱の縦断面; I- 花粉塊と粘着体.
A- plant; B- flower; C- lateral sepal; D- petal; E- dorsal sepal; F- lip; G- column; H- vertical section of column; I- pollinia.
Scales: A: 3 cm, B, C, D, E, F: 5 mm, G & I: 3 mm.

12-04. サワトンボ Habenaria sagittifera Rchb. f. var. **linearifolia** (Maxim.) Takeda

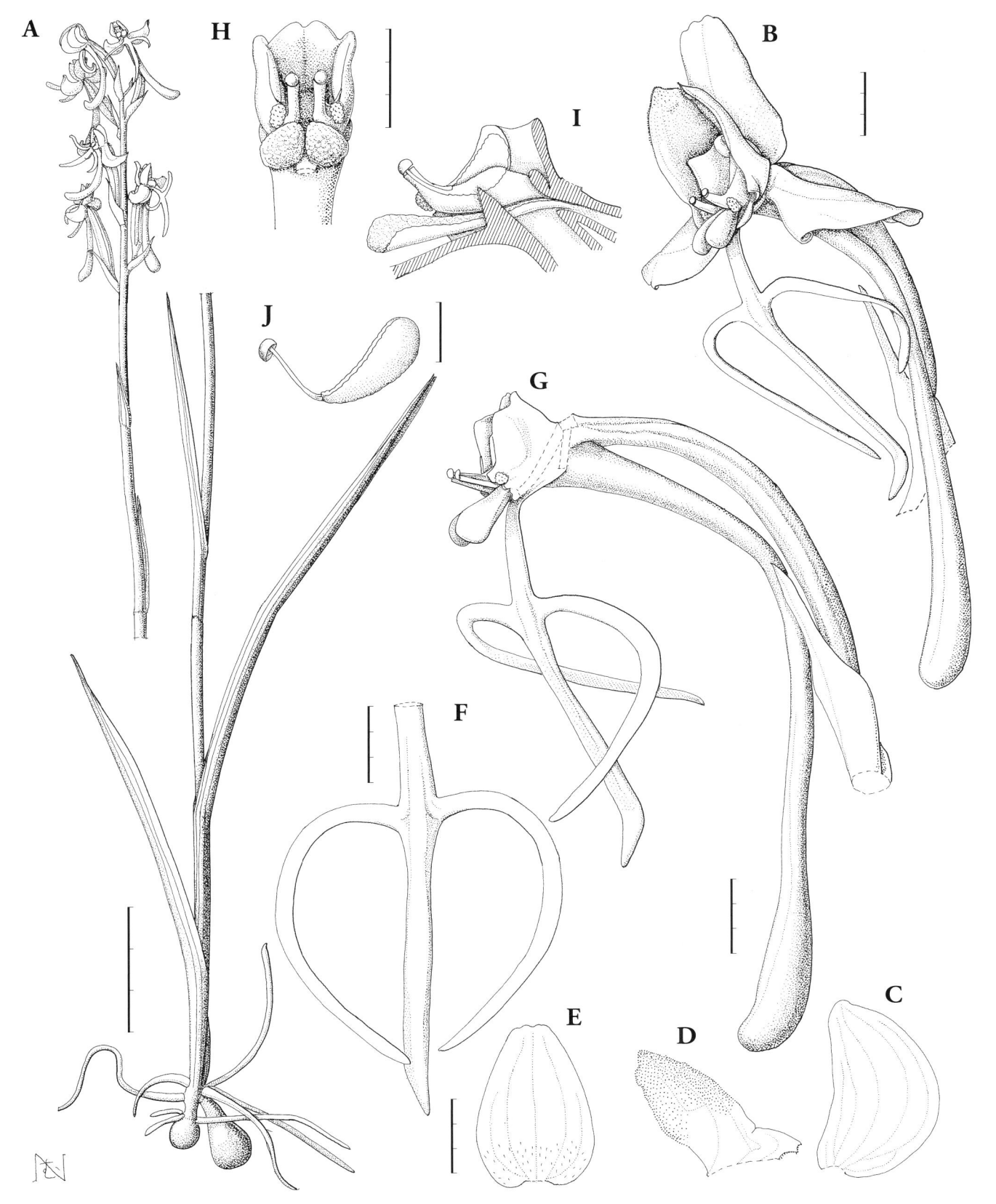

A- 植物体；B- 花と苞；C- 側萼片；D- 花弁；E- 背萼片；F- 唇弁；G- 蕊柱，唇弁，子房；H- 蕊柱；I- 蕊柱の縦断面；J- 花粉塊と粘着体.
A- plant; B- flower & bract; C- lateral sepal; D- petal; E- dorsal sepal; F- lip; G- lip, column & ovary; H- column; I- vertical section of column; J- pollinia.
Scales: A: 3 cm, B, C, D, E, F, G, H, I: 3 mm, J: 1 mm.

12-05. ミズトンボ **Habenaria sagittifera** Rchb. f. **sagittifera**

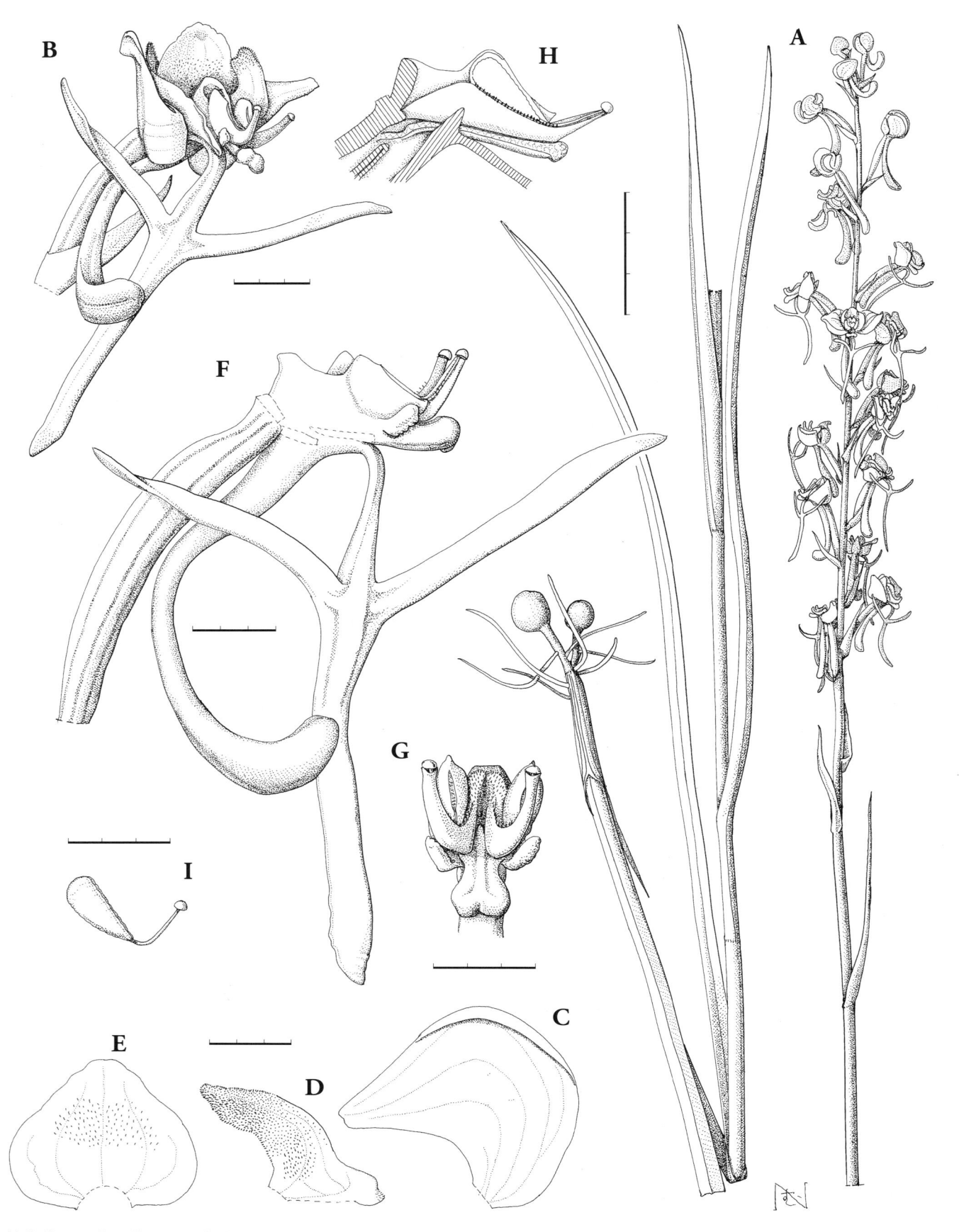

A- 植物体；B- 花と苞；C- 側萼片；D- 花弁；E- 背萼片；F- 蕊柱，唇弁，子房；G- 蕊柱；H- 蕊柱の縦断面；I- 花粉塊と粘着体.
A- plant; B- flower & bract; C- lateral sepal; D- petal; E- dorsal sepal; F- lip, column & ovary; G- column; H- vertical section of column; I- pollinia.
Scales: **A**: 3 cm, **B, C, D, E, F, G, I**: 3 mm.

12-06. テツオサギソウ Habenaria stenopetala Lindl.

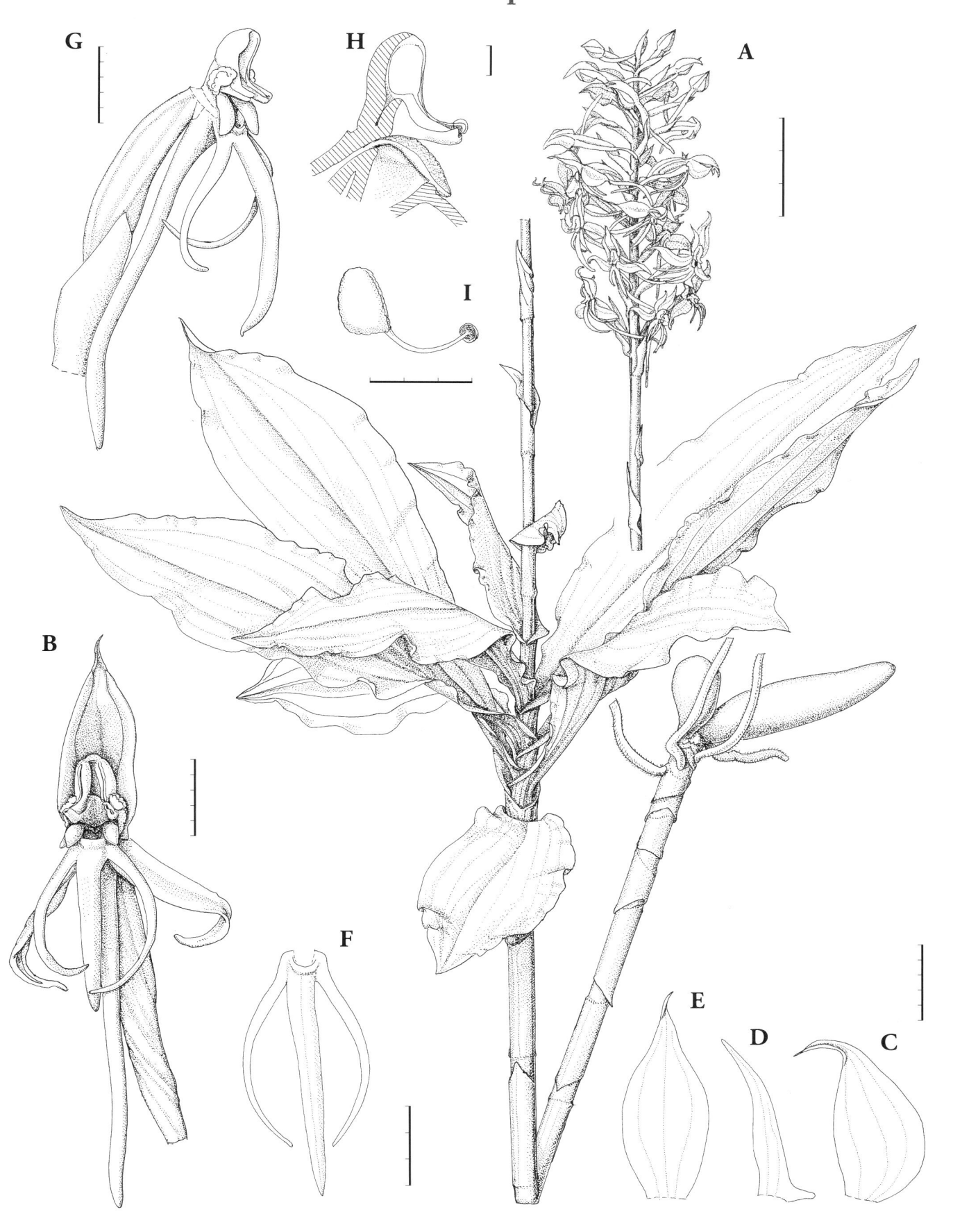

A- 植物体；B- 花；C- 側萼片；D- 花弁；E- 背萼片；F- 唇弁；G- 蕊柱，唇弁，子房，苞；H- 蕊柱の縦断面；I- 花粉塊と粘着体.
A- plant; B- flower; C- lateral sepal; D- petal; E- dorsal sepal; F- lip; G- lip, column, ovary & bract; H- vertical section of column; I- pollinia.
Scales: A: 3 cm, B, C, D, E, G: 5 mm, F & I: 3 mm, H: 1 mm.

12-07. ヒメミズトンボ **Habenaria yezoensis** H. Hara var. **yezoensis**

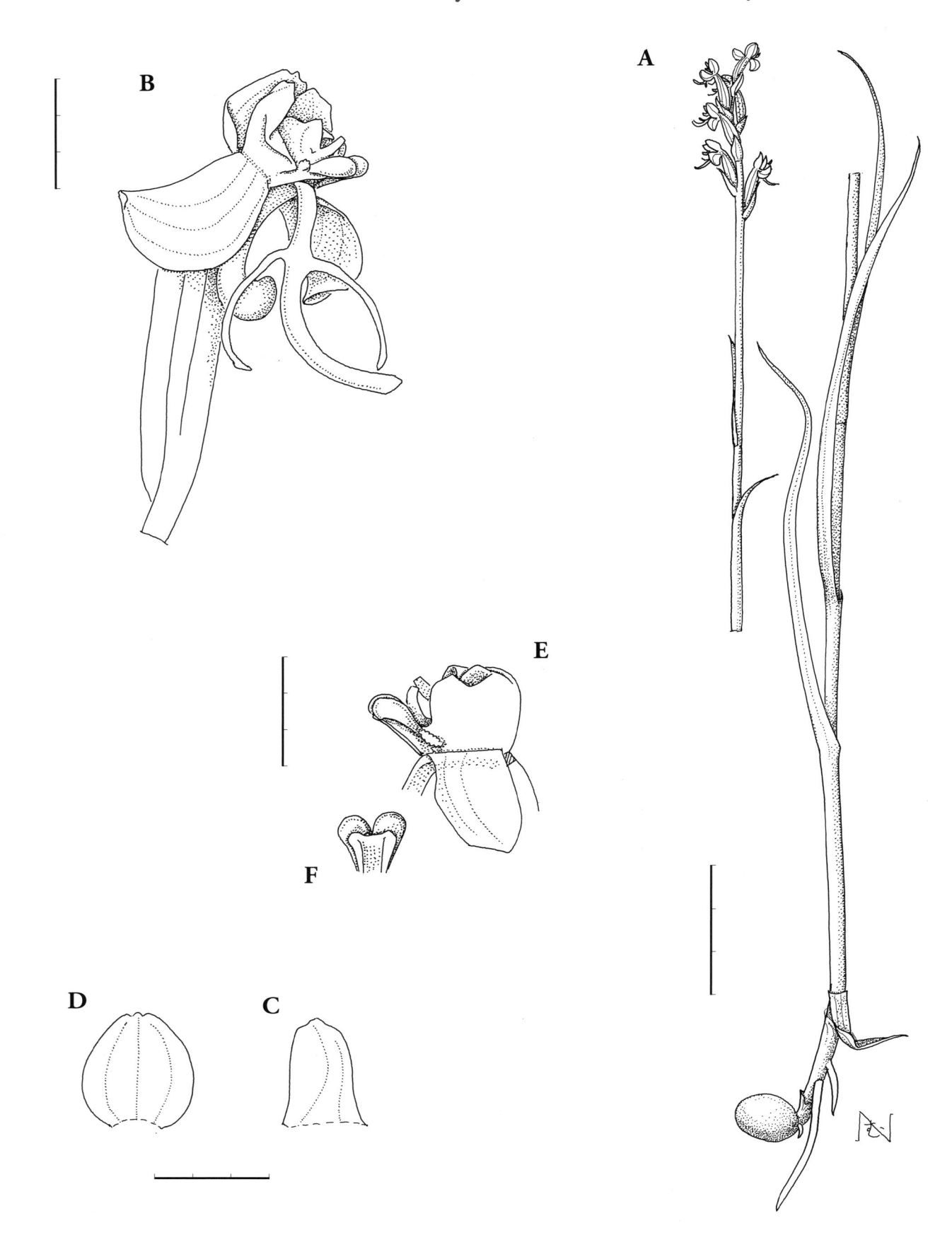

A- 植物体 ; B- 花 ; C- 花弁 ; D- 背萼片 ; E- 蕊柱と花弁 ; F- 柱頭の底部.
A- plant; B- flower; C- petal; D- dorsal sepal; E- column & petal; F- under view of stigma.
Scales: A: 3 cm, B, C, D, E: 3 mm.

12-08. オゼノサワトンボ **Habenaria yezoensis** H. Hara var. **longicalcarata** Miyabe et Tatew.

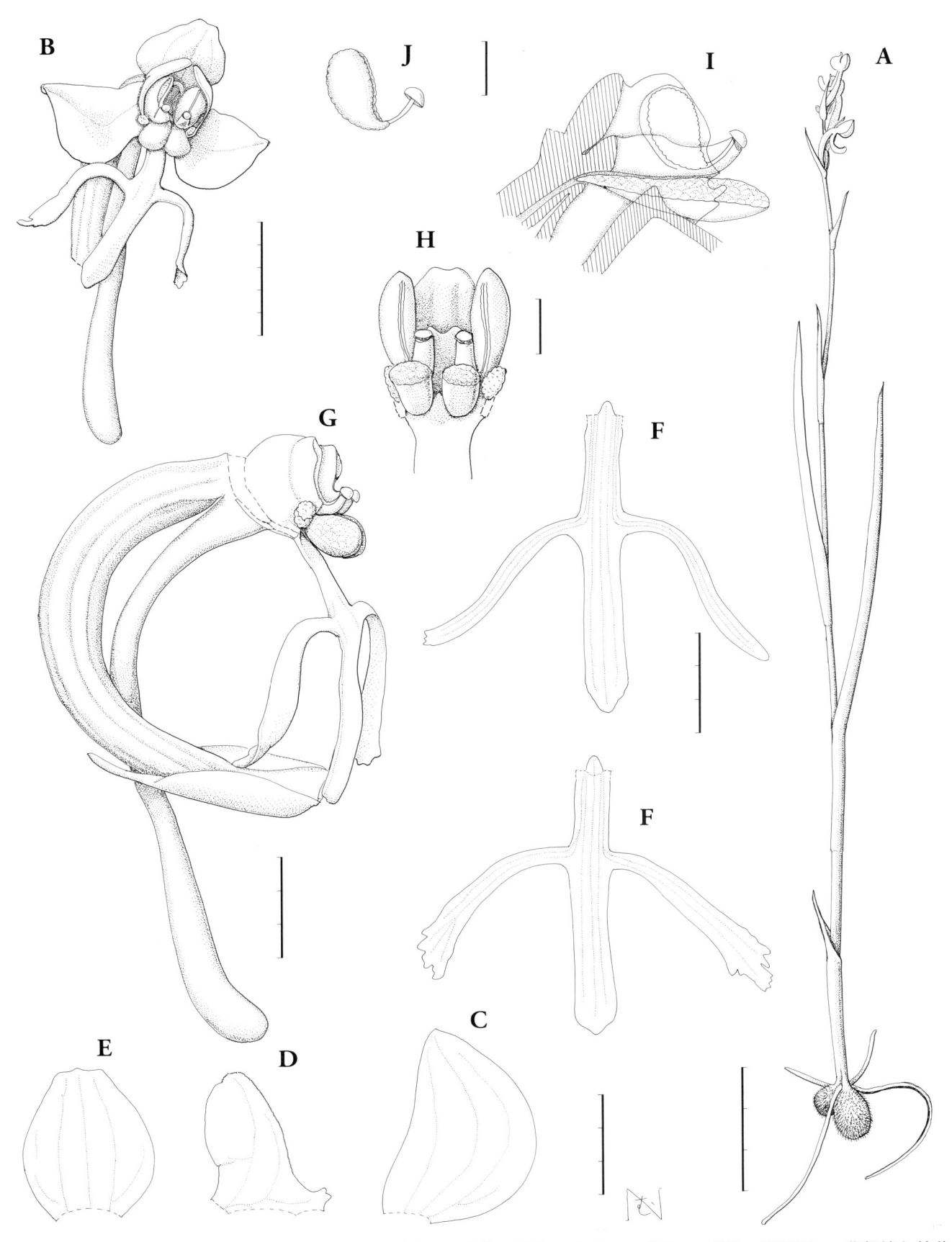

A- 植物体 ; B- 花 ; C- 側萼片 ; D- 花弁 ; E- 背萼片 ; F- 唇弁 ; G- 蕊柱．唇弁．子房 ; H- 蕊柱 ; I- 蕊柱の縦断面 ; J- 花粉塊と粘着体.
A- plant; B- flower; C- lateral sepal; D- petal; E- dorsal sepal; F- lip; G- lip, column & ovary; H- vertical section of column; I- pollinia.
Scales: **A**: 3 cm, **B**: 5 mm, **C, D, E, F, G**: 3 mm, **H, I, J**: 1 mm.

13-01. ムカゴトンボ **Peristylus flagelliferus** (Makino) Ohwi

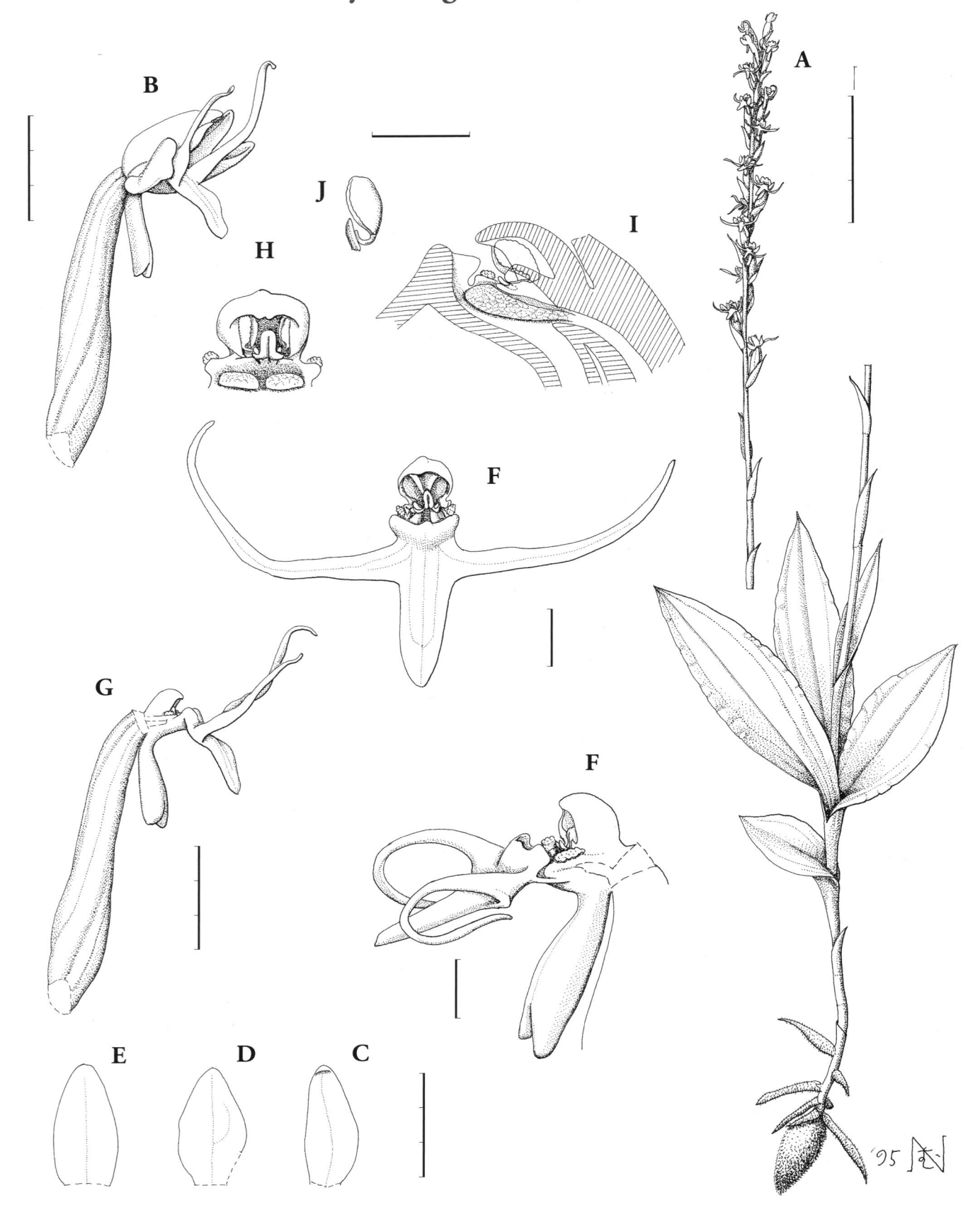

A- 植物体；B- 花；C- 側萼片；D- 花弁；E- 背萼片；F- 蕊柱と唇弁；G- 蕊柱，唇弁，子房；H- 蕊柱；I- 蕊柱の縦断面；J- 花粉塊と粘着体.

A- plant; B- flower; C- lateral sepal; D- petal; E- dorsal sepal; F- lip & column; G- lip, column & ovary; H- column; I- vertical section of column; J- pollinia.

Scales: **A**: 3 cm, **B, C, D, E, G**: 3 mm, **F, H, I, J**: 1 mm.

13-02. タカサゴサギソウ **Peristylus formosanus** (Schltr.) T. P. Lin

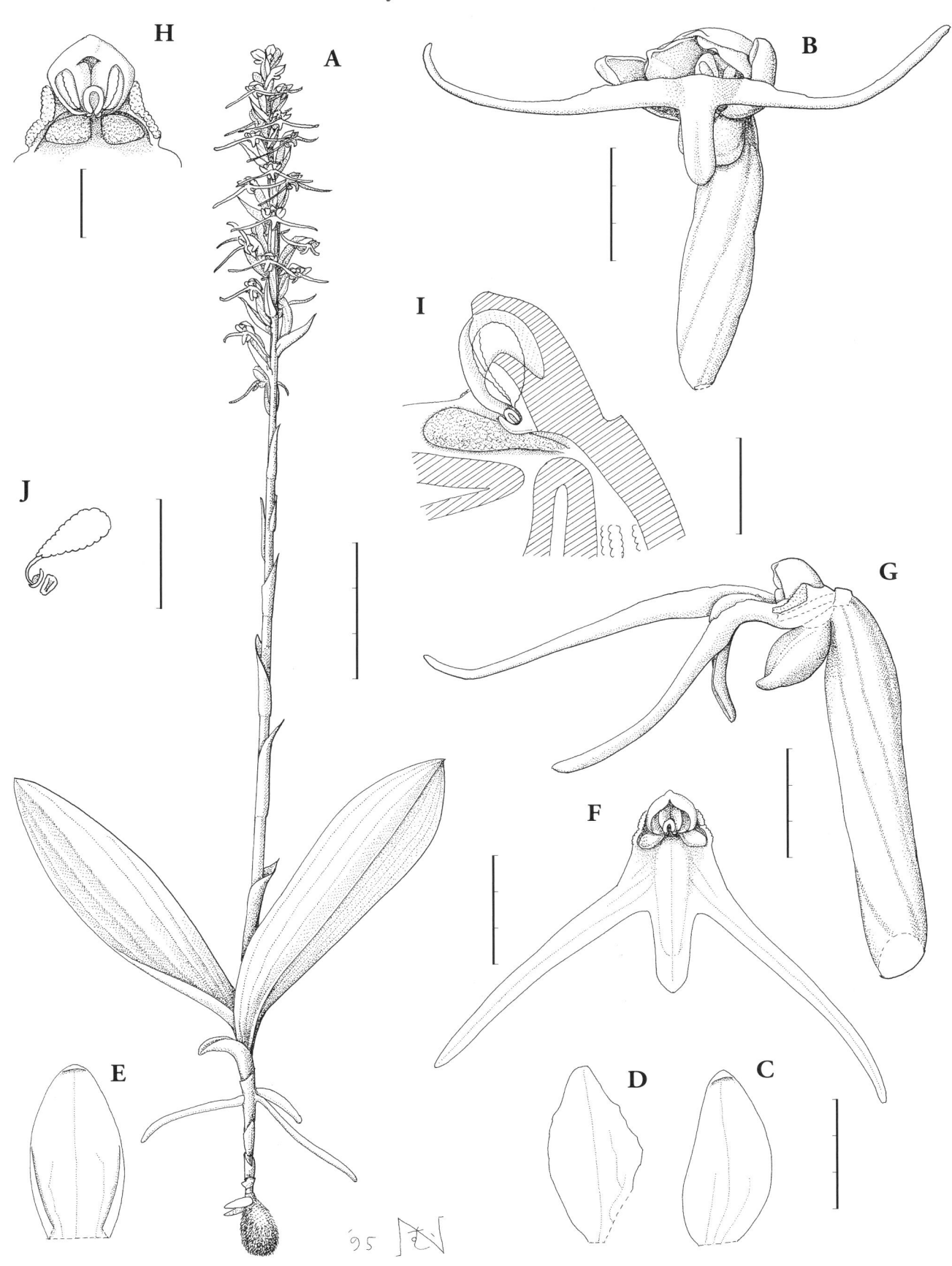

A- 植物体 ; **B**- 花 ; **C**- 側萼片 ; **D**- 花弁 ; **E**- 背萼片 ; **F**- 蕊柱と唇弁 ; **G**- 蕊柱，唇弁，子房 ; **H**- 蕊柱 ; **I**- 蕊柱の縦断面 ; **J**- 花粉塊と粘着体.

A- plant; **B**- flower; **C**- lateral sepal; **D**- petal; **E**- dorsal sepal; **F**- lip & column; **G**- lip, column & ovary; **H**- column; **I**- vertical section of column; **J**- pollinia.

Scales: **A**: 3 cm, **B, C, D, E, F, G**: 3 mm, **H, I, J**: 1 mm.

13-03. ヒゲナガトンボ Peristylus hatsushimanus T. Hashim.

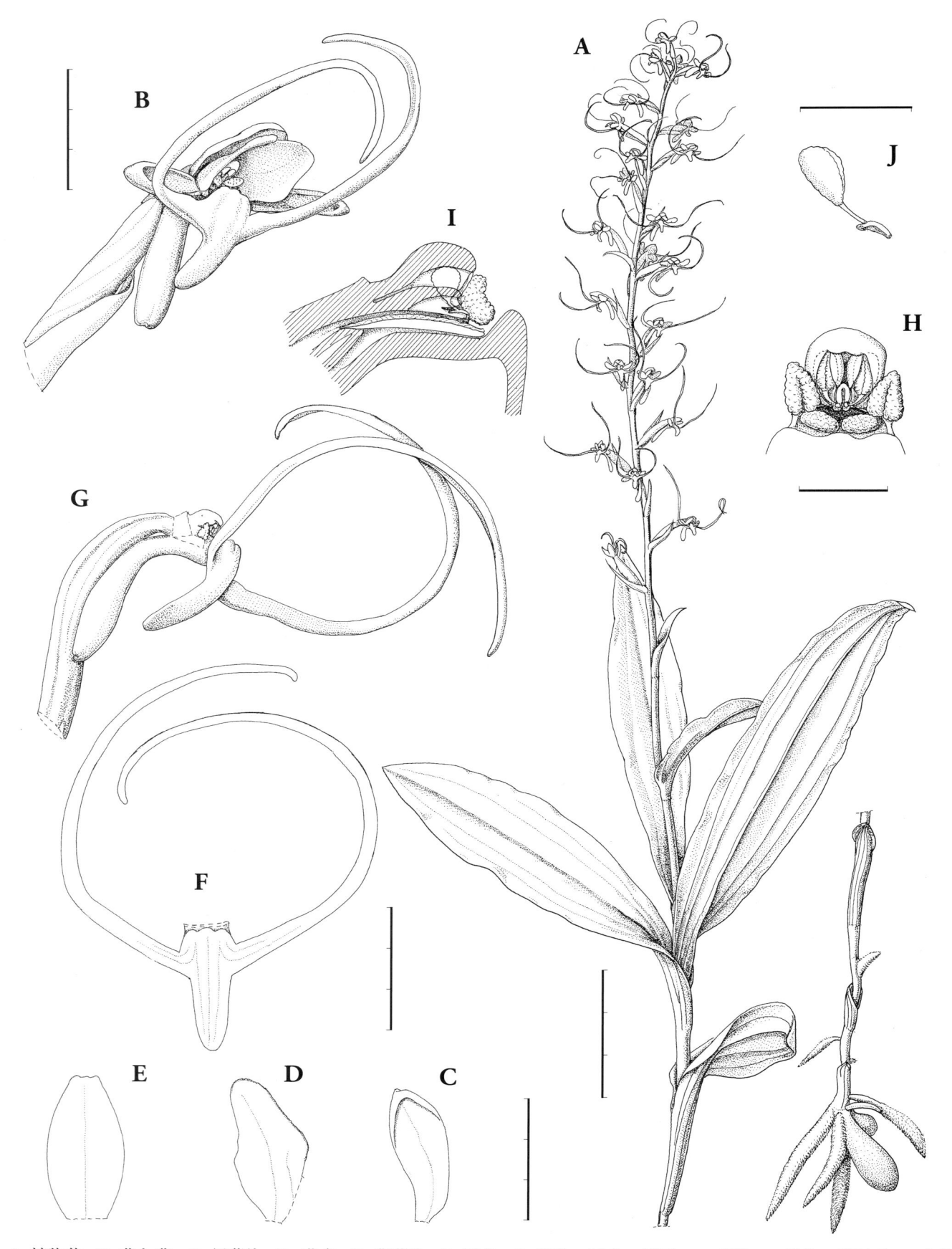

A- 植物体；B- 花と苞；C- 側萼片；D- 花弁；E- 背萼片；F- 唇弁；G- 蕊柱, 唇弁, 子房；H- 蕊柱；I- 蕊柱の縦断面；J- 花粉塊と粘着体.

A- plant; B- flower & bract; C- lateral sepal; D- petal; E- dorsal sepal; F- lip; G- lip, column & ovary; H- column; I- vertical section of column; J- pollinia.

Scales: A: 3 cm, B, C, D, E, F, G: 3 mm, H, I, J: 1 mm.

13-04. イヨトンボ Peristylus iyoensis Ohwi

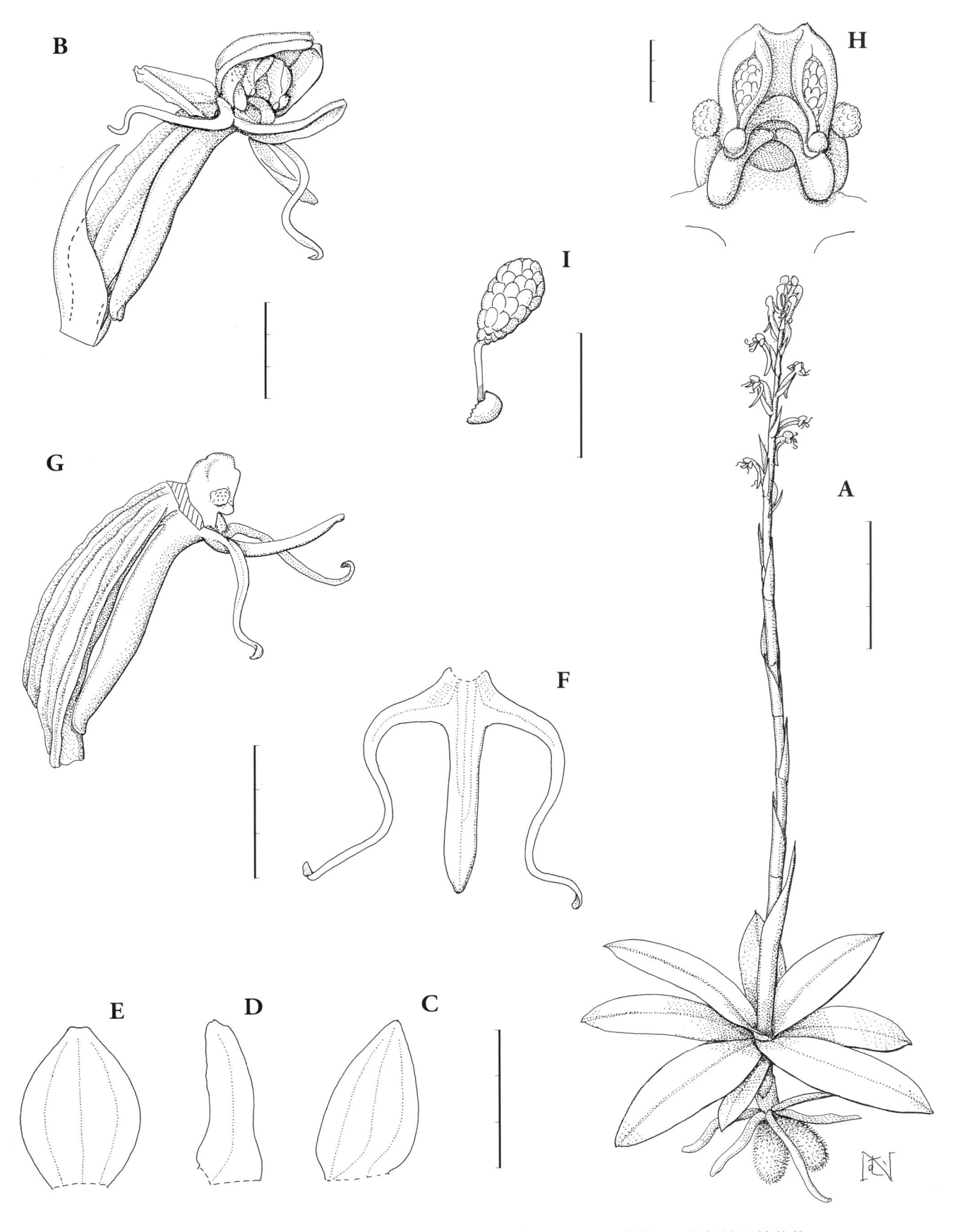

A- 植物体；B- 花；C- 側萼片；D- 花弁；E- 背萼片；F- 唇弁；G- 蕊柱，唇弁，子房；H- 蕊柱；I- 花粉塊と粘着体.
A- plant; B- flower & bract; C- lateral sepal; D- petal; E- dorsal sepal; F- lip; G- lip, column & ovary; H- column; I- pollinia.
Scales: A: 3 cm, B, C, D, E, F, G: 3 mm, H & I: 1 mm.

13-05. ヒメトンボ **Peristylus lacertiferus** (Lindl.) J. J. Smith

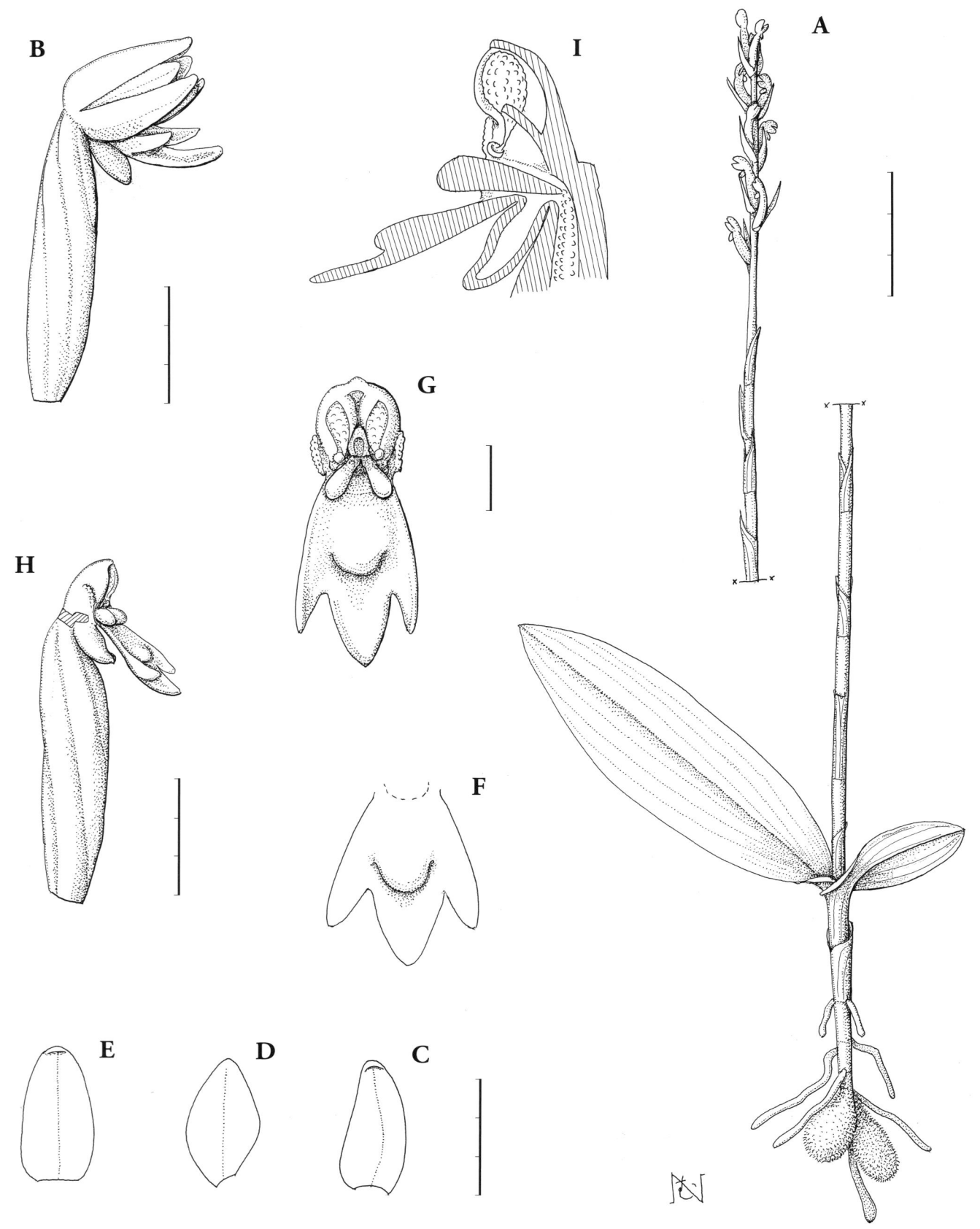

A- 植物体 ; B- 花 ; C- 側萼片 ; D- 花弁 ; E- 背萼片 ; F- 唇弁 ; G- 蕊柱と唇弁 ; H- 蕊柱，唇弁，子房 ; I- 蕊柱の縦断面.
A- plant; B- flower; C- lateral sepal; D- petal; E- dorsal sepal; F- lip; G- lip & column; H- lip, column & ovary; I- vertical section of column.
Scales: A: 3 cm, B, C, D, E, F, H: 3 mm, G: 1 mm.

14-01. ムカゴソウ **Herminium angustifolium** (Lindl.) Benth. & Hook. f. var. **angustifolium**

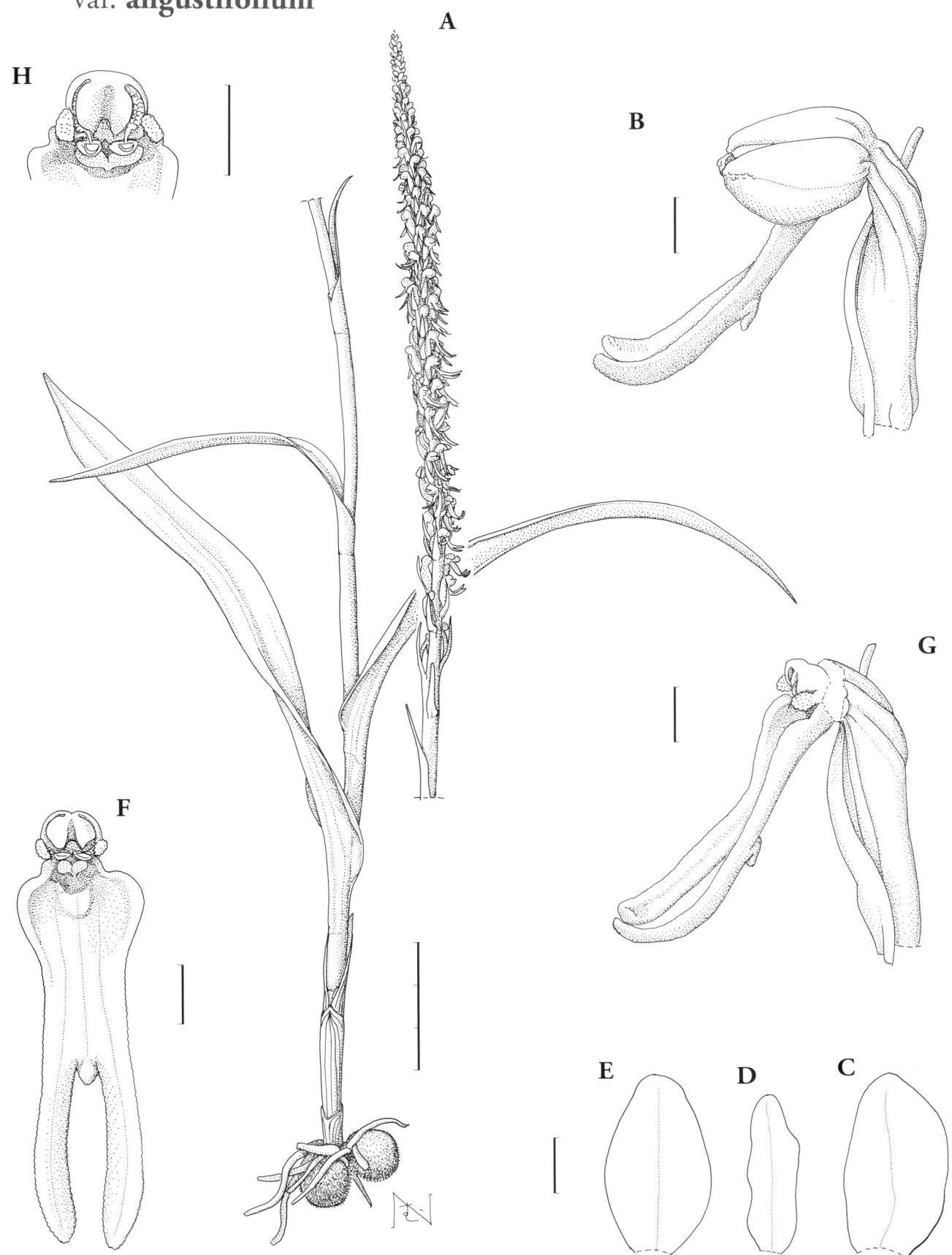

A- 植物体 ; B- 花と苞 ; C- 側萼片 ; D- 花弁 ; E- 背萼片 ; F- 蕊柱と唇弁 ; G- 蕊柱, 唇弁, 子房, 苞 ; H- 蕊柱.
A- plant; B- flower & bract; C- lateral sepal; D- petal; E- dorsal sepal; F- lip & column; G- lip, column, ovary & bract; H- column.
Scales: **A**: 3 cm, **B, C, D, E, F, G, H**: 1 mm.

14-02. クシロチドリ **Herminium monorchis** (L.) R. Br.

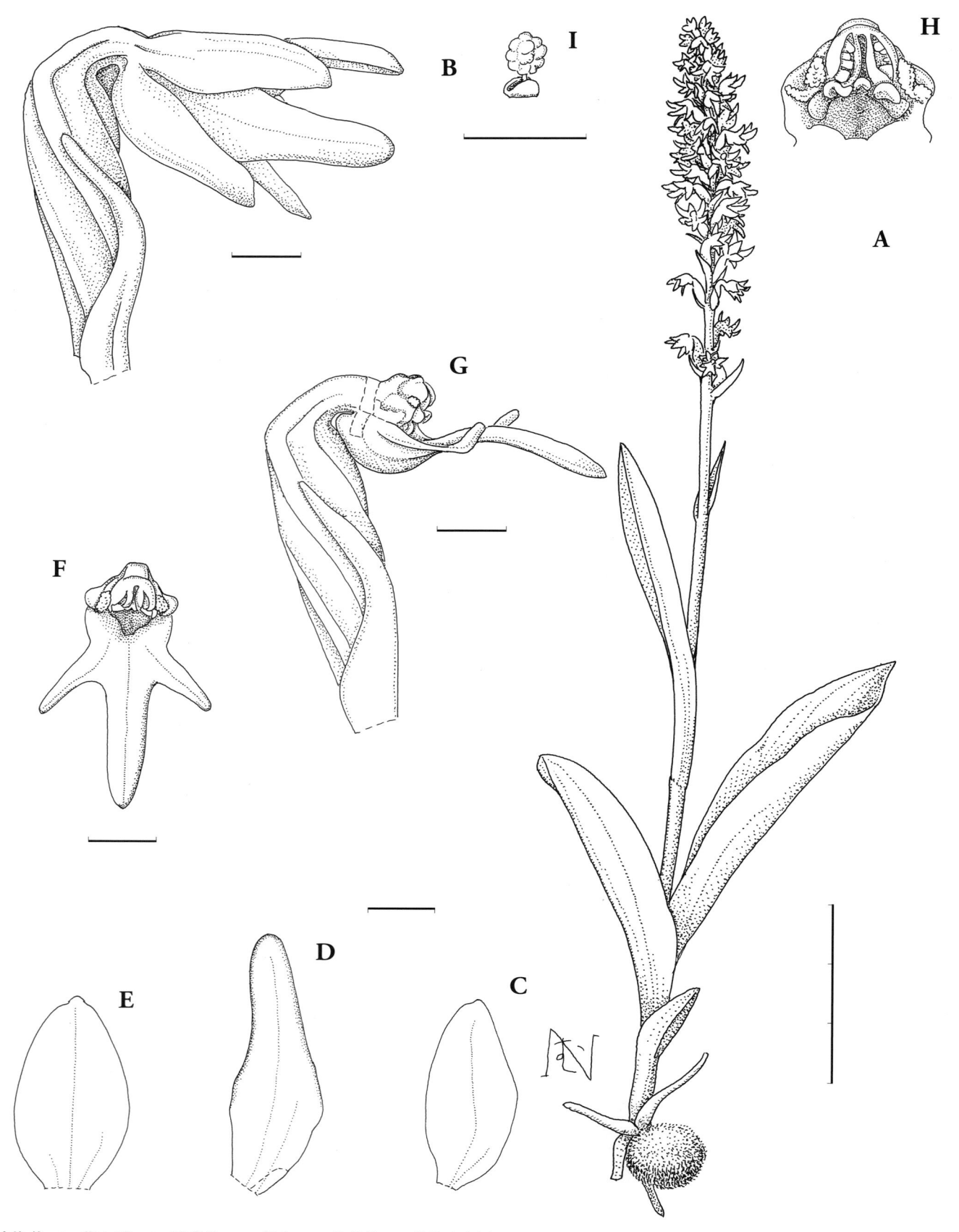

A- 植物体; B- 花と苞; C- 側萼片; D- 花弁; E- 背萼片; F- 蕊柱と唇弁; G- 蕊柱, 唇弁, 花柄子房と苞; H- 蕊柱; I- 花粉塊と粘着体.
A- plant; B- flower & bract; C- lateral sepal; D- petal; E- dorsal sepal; F- lip & column; G- lip, column, pedicellate ovary & bract; H- column; I- pollinia.
Scales: A: 3 cm, B, C, D, E, F, G, I: 1 mm.

15-01. ミスズラン **Androcorys japonensis** Maek.

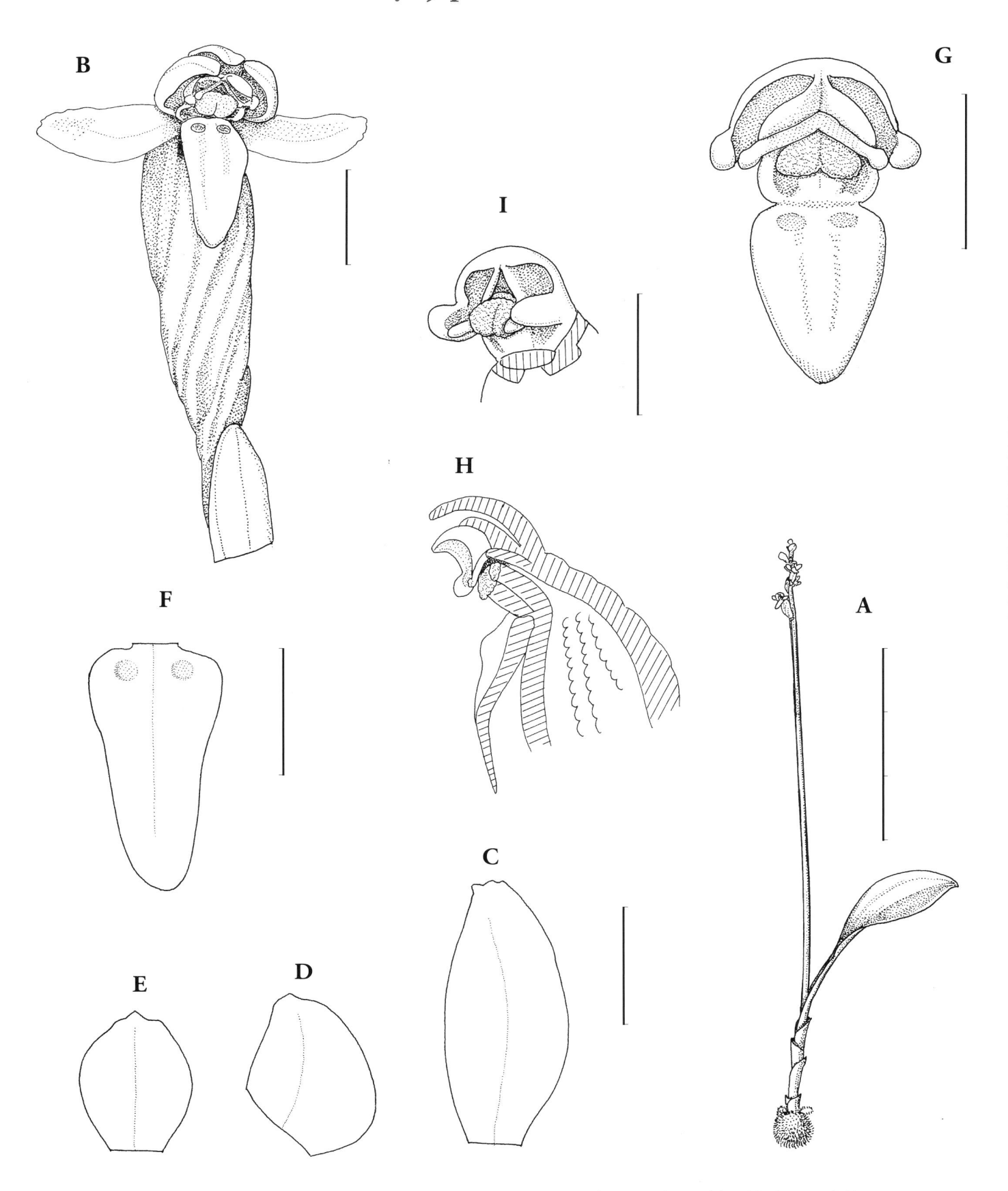

A- 植物体 ; B- 花と苞 ; C- 側萼片 ; D- 花弁 ; E- 背萼片 ; F- 唇弁 ; G- 蕊柱と唇弁 ; H- 蕊柱と唇弁の縦断面 ; I- 蕊柱.
A- plant; B- flower & bract; C- lateral sepal; D- petal; E- dorsal sepal; F- lip; G- lip & column; H- vertical section of lip & column; I- column.
Scales: A: 3 cm, B, C, D, E, F, G, I: 1 mm.

16-01. ジョウロウラン Disperis siamensis Rolfe ex Downie

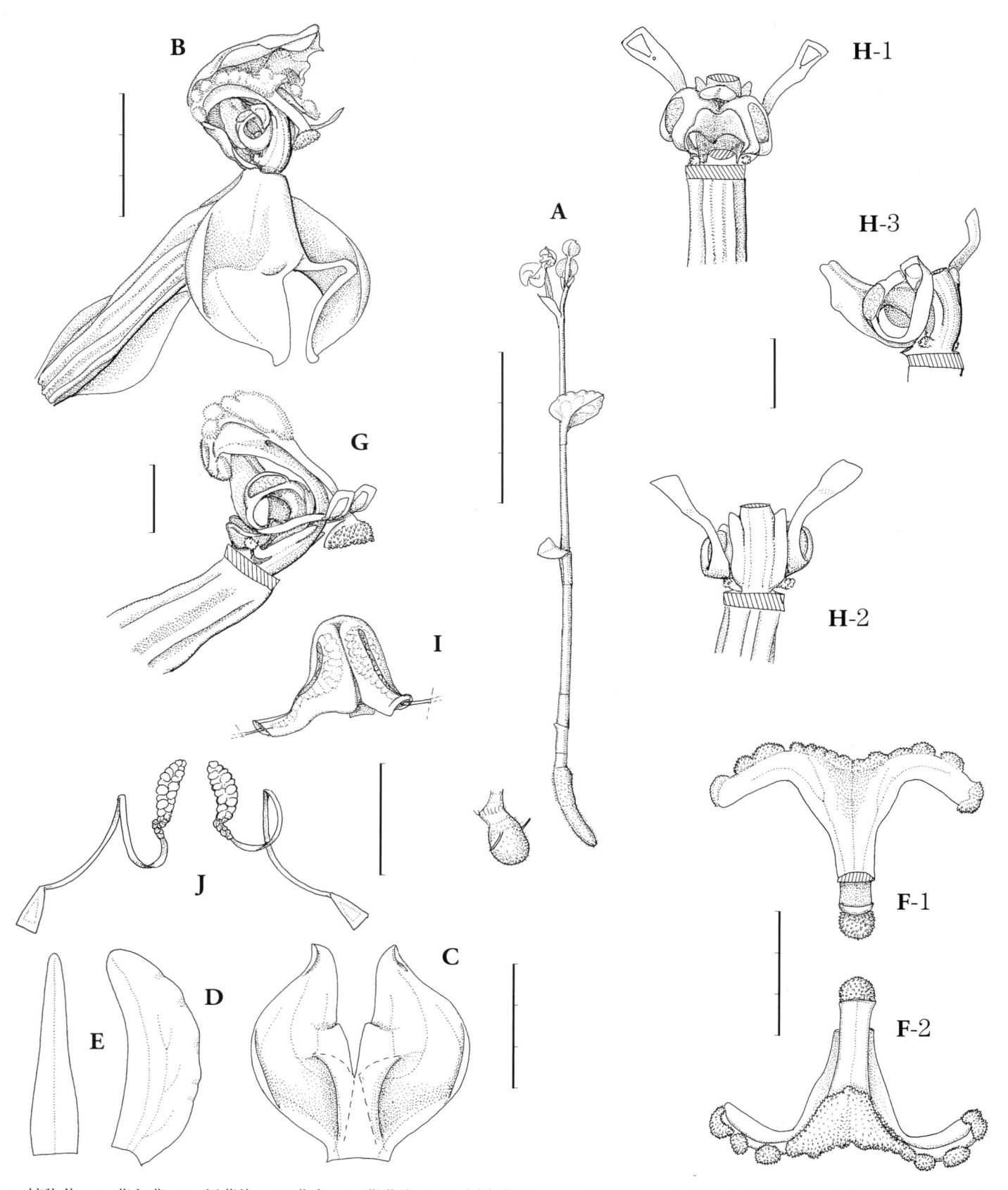

A- 植物体 ; B- 花と苞 ; C- 側萼片 ; D- 花弁 ; E- 背萼片 ; F-1- 唇弁背面 ; F-2- 唇弁腹面 ; G- 蕊柱と唇弁 ; H-1- 蕊柱の腹面 ; H-2- 蕊柱の背面 ; H-3- 蕊柱の側面 ; I- 葯帽 ; J- 花粉塊と粘着体.

A- plant; B- flower & bract; C- lateral sepals; D- petal; E- dorsal sepal; F-1-dorsal view of lip; F-2-ventral view of lip; G- lip & column; H-1-ventral view of column; H-2-dorsal view of column; H-3-lateral view of column; I- anther cap; J- pollinia.

Scale: A: 3 cm, B, C, D, E, F: 3 mm, G, H, I, J: 1 mm.

17-01. ニラバラン **Mycrotis unifolia** (G. Forst.) Rchb. f.

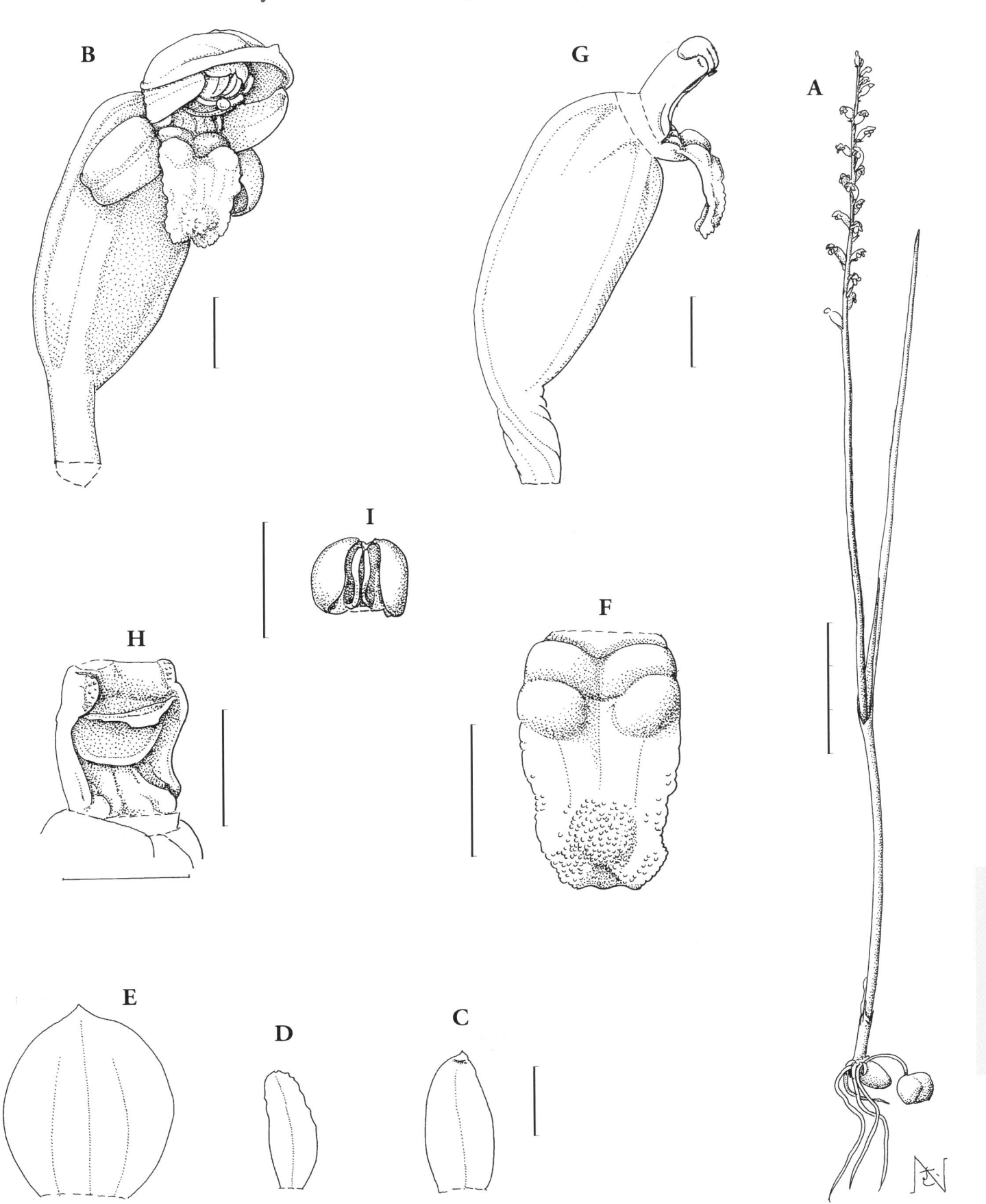

A- 植物体 ; B- 花 ; C- 側萼片 ; D- 花弁 ; E- 背萼片 ; F- 唇弁 ; G- 蕊柱, 唇弁, 子房 ; H- 蕊柱 ; I- 葯帽.
A- plant; B- flower; C- lateral sepal; D- petal; E- dorsal sepal; F- lip; G- lip, column & ovary; H- column; I- anther cap.
Scales: A: 3 cm, B, C, D, E, F, G, H, I: 1 mm.

18-01. オオスズムシラン **Cryptostylis arachnites** (Bl.) Hassk.

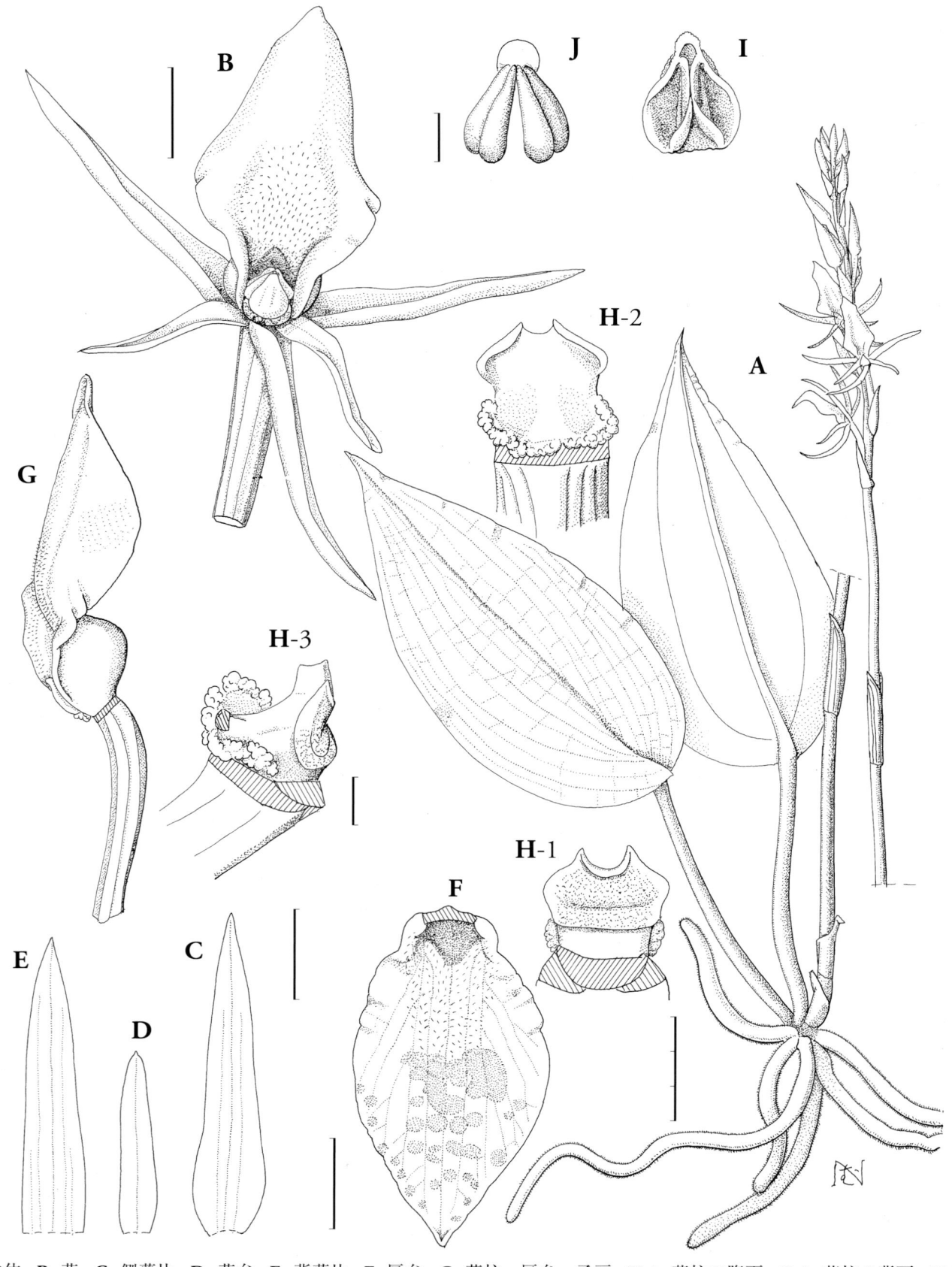

A- 植物体 ; B- 花 ; C- 側萼片 ; D- 花弁 ; E- 背萼片 ; F- 唇弁 ; G- 蕊柱, 唇弁, 子房 ; H-1- 蕊柱の腹面 ; H-2- 蕊柱の背面 ; H-3- 蕊柱の側面 ; I- 葯帽 ; J- 花粉塊.

A- plant; B- flower; C- lateral sepal; D- petal; E- dorsal sepal; F- lip; G- lip, column & ovary; H-1-ventral view of column; H-2-dorsal view of column; H-3-lateral view of column; I- anther cap; J- pollinia.

Scale: **A**: 3 cm, **B, C, D, E, F**: 5 mm, **G, I, J, K, L**: 1 mm.

18. Cryptstylis

19-01. コウロギラン **Stigmatodactylus sikokianus** Maxim.

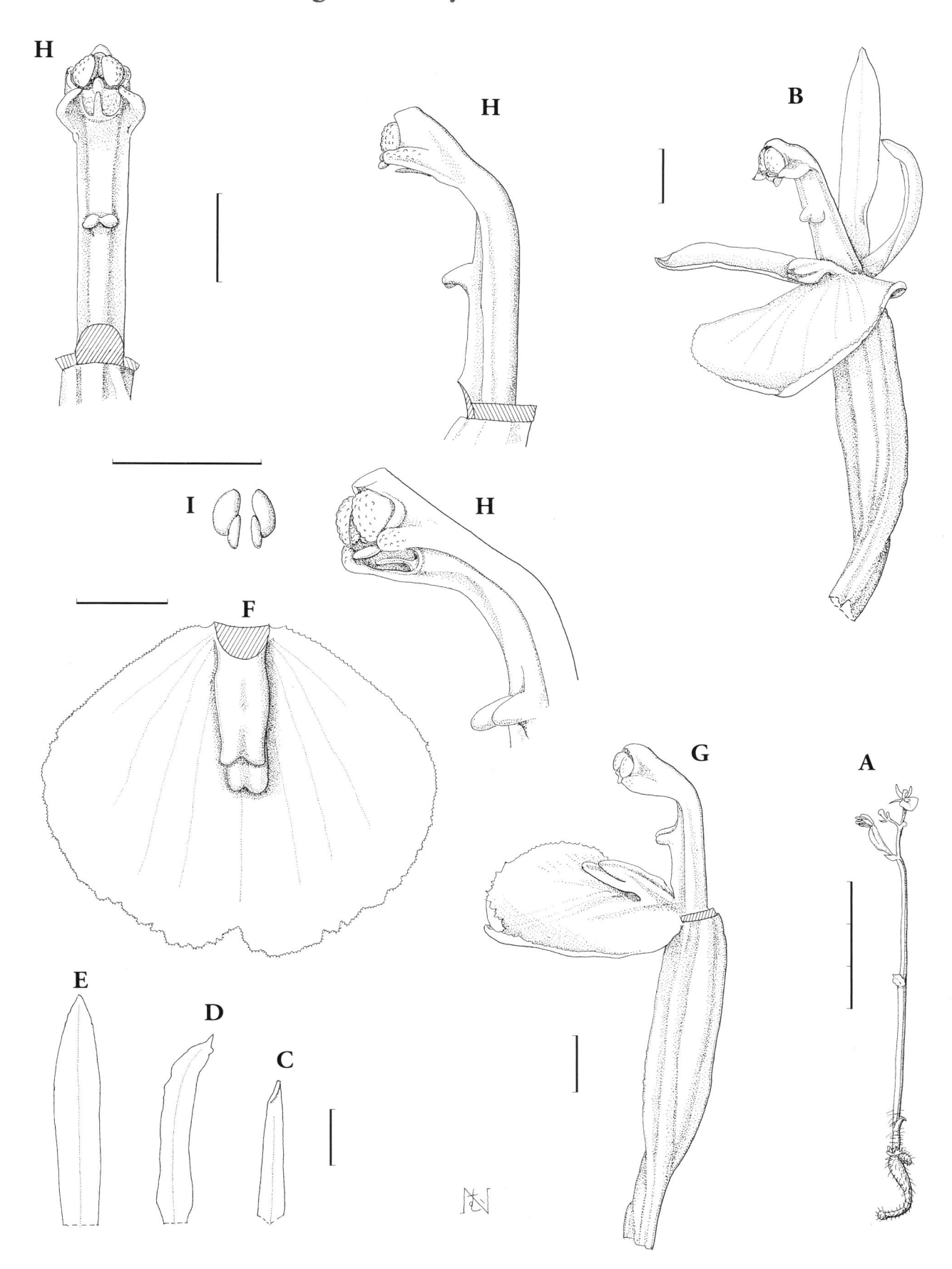

A- 植物体 ; **B**- 花 ; **C**- 側萼片 ; **D**- 花弁 ; **E**- 背萼片 ; **F**- 唇弁 ; **G**- 蕊柱, 唇弁, 子房 ; **H**- 蕊柱 ; **I**- 花粉塊.
A- plant; **B**- flower; **C**- lateral sepal; **D**- petal; **E**- dorsal sepal; **F**- lip; **G**- lip, column & ovary; **H**-column; **I**- pollinia.
Scale: **A**: 3 cm, **B, C, D, E, F, G, H, I**: 1 mm.

20-01. モジズリ Spiranthes sinensis (Pres.) Ames var. amoena (M. v. Bieb.) Hara

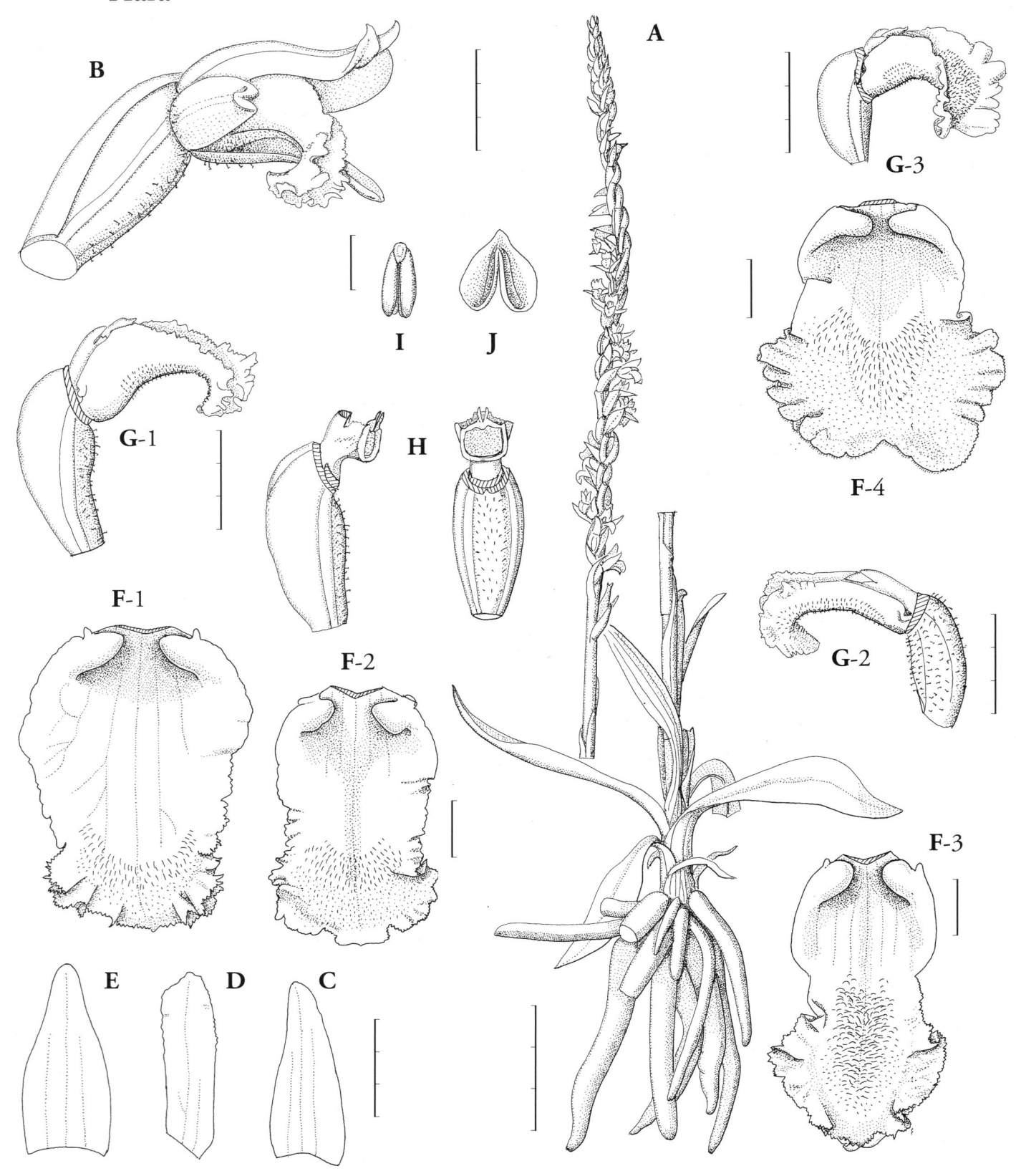

A- 植物体；B- 花；C- 側萼片；D- 花弁；E- 背萼片；F- 唇弁；G- 蕊柱と唇弁，子房；H- 蕊柱と子房；I- 花粉塊と粘着体；J- 葯帽；
F-3 & G-2- 千葉産；F-4 & G-3- 沖縄本島産（ナンゴクネジバナ），その他は熊本天草産.
A- plant; B- flower; C- lateral sepal; D- petal; E- dorsal sepal; F- lip; G- lip, column & ovary; H- lip & column; I- pollinia; J- anther cap.
F-3 & G-2: from Chiba; F-4 & G-3: from Okinawa Isl., the others From Amakusa-Kumamoto Pref.
Scale: A: 3 cm, B, C, D, E, G-1, 2, 3, H: 3 mm, F-1, 2, 3, 4, I, J: 1 mm.

21-01. ナンバンカゴメラン **Macodes petora** (Bl.) Lindl.

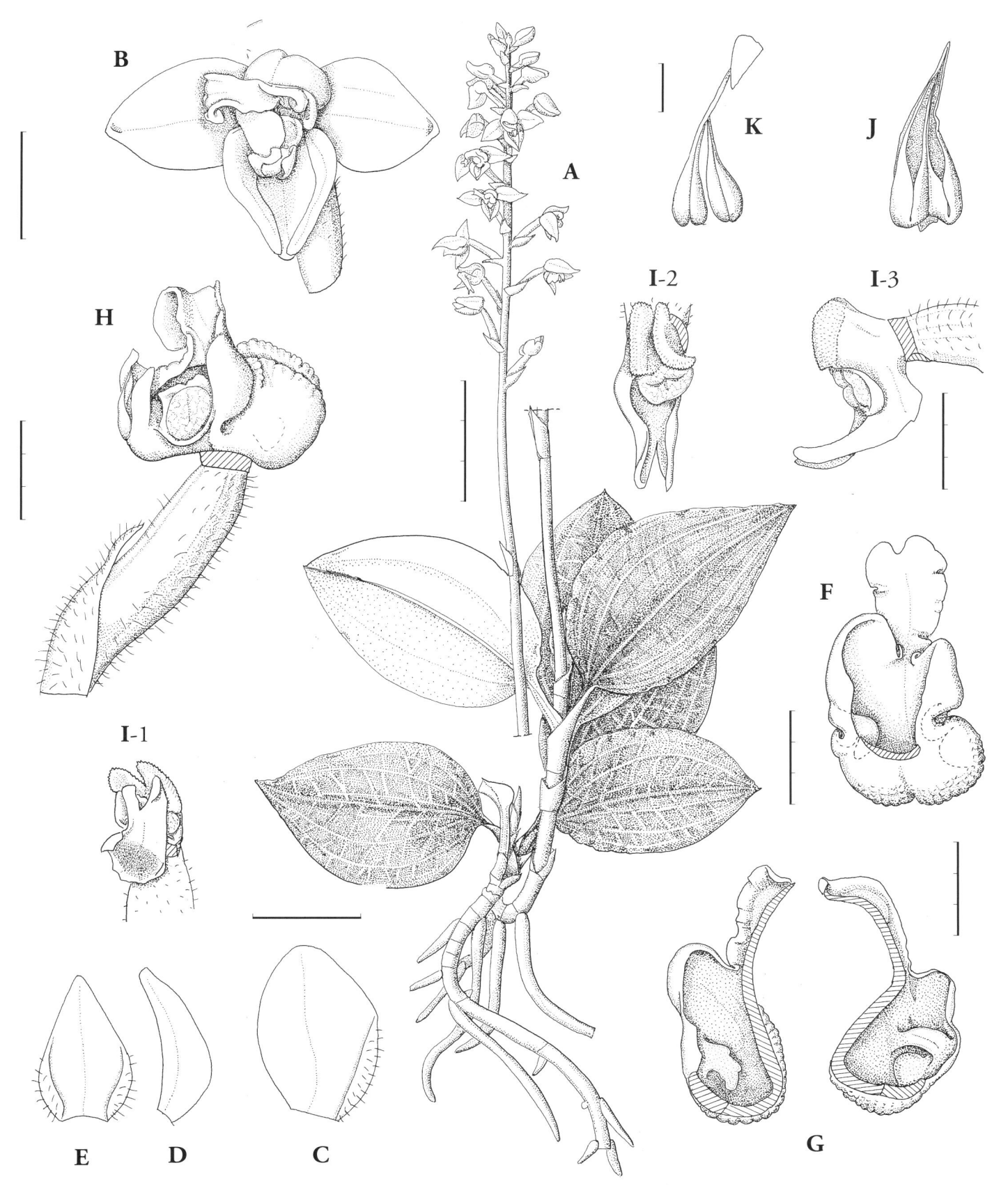

A- 植物体；**B**- 花；**C**- 側萼片；**D**- 花弁；**E**- 背萼片；**F**- 唇弁；**G**- 唇弁の縦断面；**H**- 蕊柱，唇弁，子房，苞；**I-1**- 蕊柱の背面；**I-2**- 蕊柱の腹面；**I-3**- 蕊柱の側面；**J**- 葯帽；**K**- 花粉塊と粘着体.

A- plant; **B**- flower; **C**- lateral sepal; **D**- petal; **E**- dorsal sepal; **F**- lip; **G**- vertical section of lip; **H**- lip, column, ovary & bract; **I-1**- dorsal view of column; **I-2**- vental view of column; **I-3**- lateral view of column; **J**- anther cap; **K**- pollinia.

Scales: **A**: 3 cm, **B, C, D, E**: 5 mm, **F, G, H, I**: 3 mm, **J & K**: 1 mm.

22-01. テリハカゲロウラン **Hetaeria oblongifolia** Blume

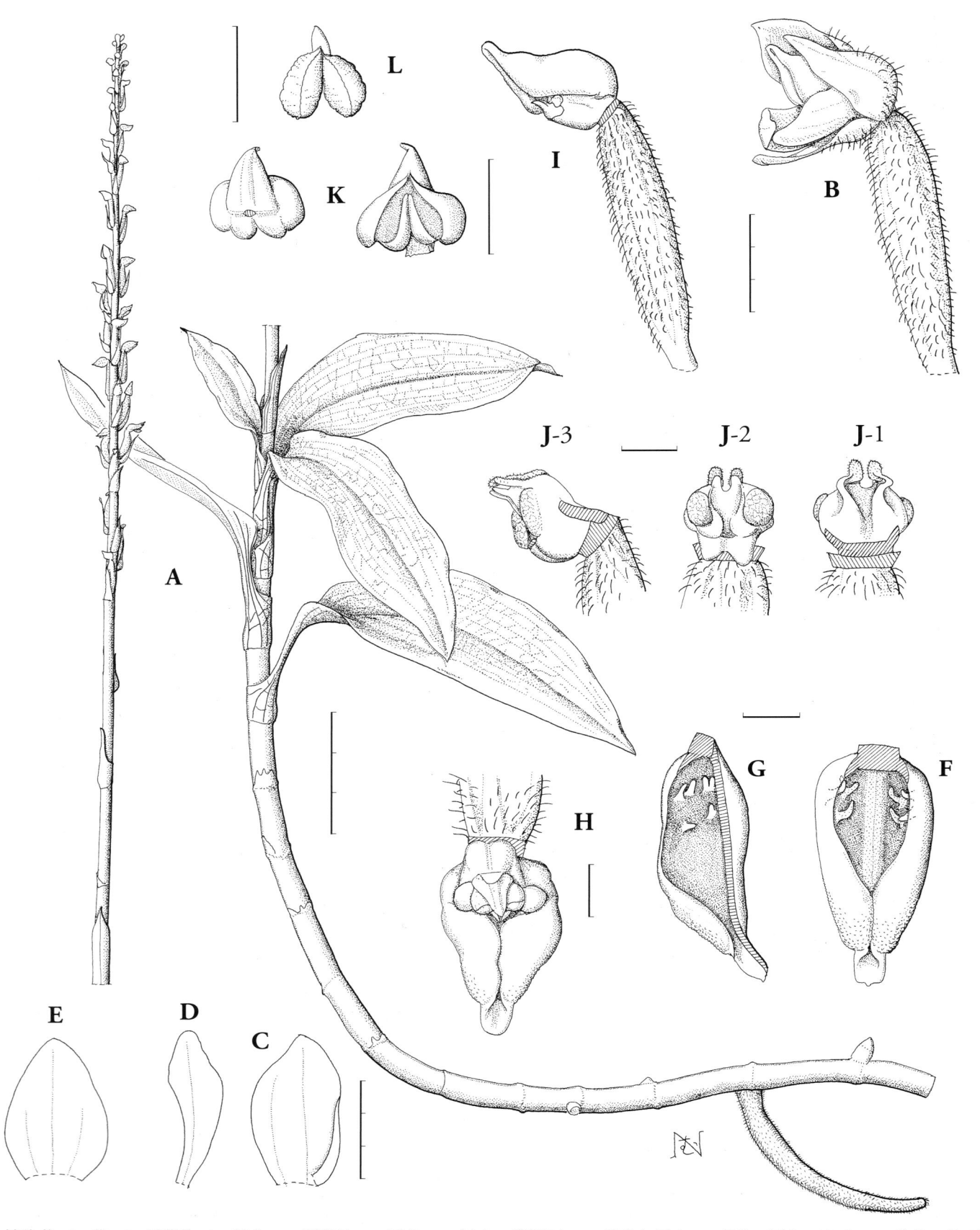

A- 植物体; B- 花; C- 側萼片; D- 花弁; E- 背萼片; F- 唇弁; G- 唇弁の縦断面; H- 蕊柱と唇弁; I- 蕊柱, 唇弁, 子房; J-1- 蕊柱の腹面; J-2- 蕊柱の背面; J-3- 蕊柱の側面; K- 葯帽; L- 花粉塊と粘着体.

A- plant; B- flower; C- lateral sepal; D- petal; E- dorsal sepal; F- lip; G- vertical section of lip; H- lip & column; I- lip, column & ovary; J-1-vental view of column; J-2-dorsal view of column; J-3-lateral view of column; K- anther cap; L- pollinia.

Scales: A: 3 cm, B & I: 3 mm, C, D, E: 3 mm, F, G, H, J, K, L: 1 mm.

22-02. ヤクシマアカシュスラン **Hetaeria cristata** Blume

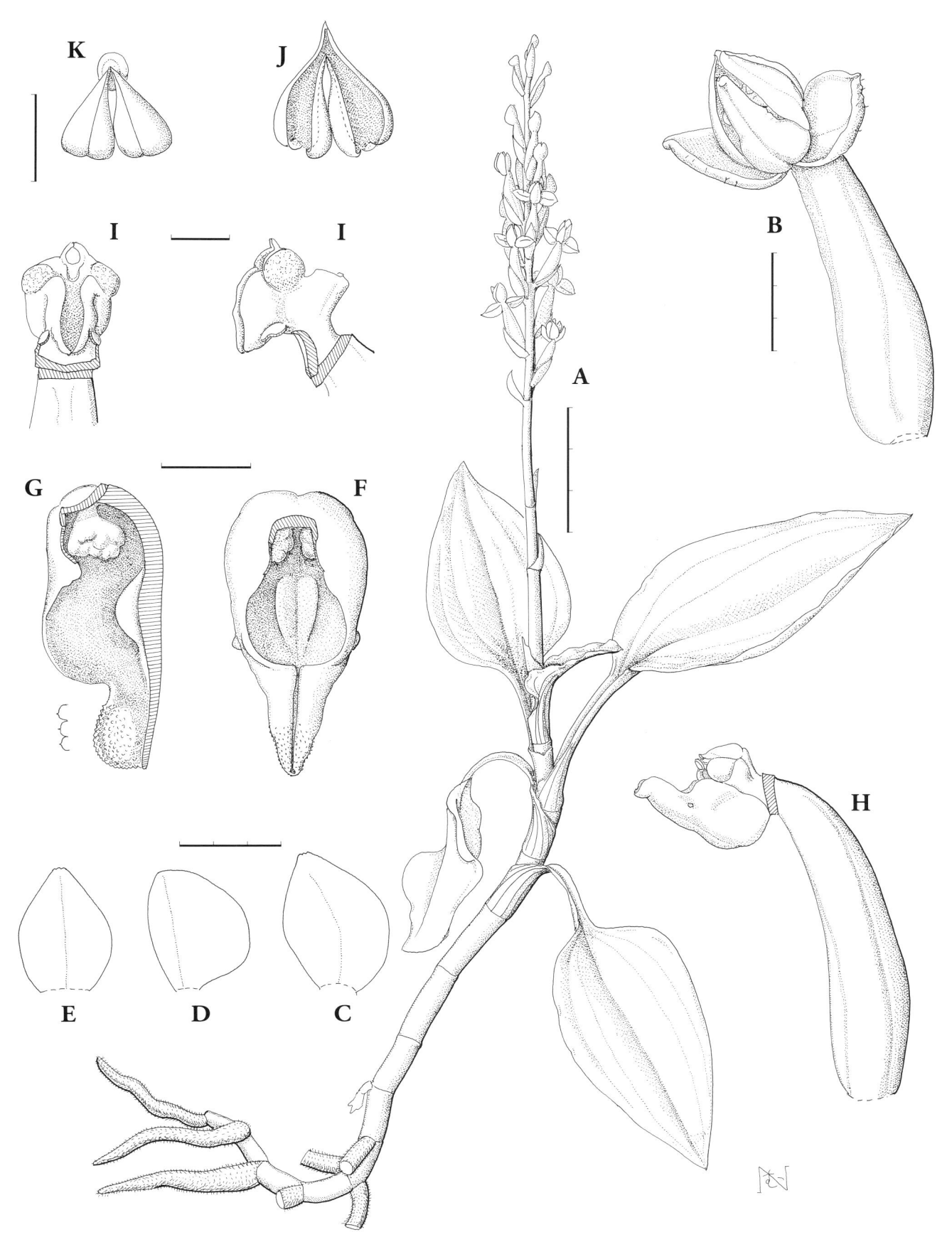

A- 植物体；B- 花；C- 側萼片；D- 花弁；E- 背萼片；F- 唇弁；G- 唇弁の縦断面；H- 唇弁，蕊柱，子房；I- 蕊柱；I- 葯帽；J- 花粉塊と粘着体.

A- plant; B- flower; C- lateral sepal; D- petal; E- dorsal sepal; F- lip; G- vertical section of lip; H- lip, column & ovary; H- column; I- anther cap; J- pollinia.

Scales: A: 3 cm, B, C, D, E, H: 3 mm, F, G, I, J, K: 1 mm.

23-01. ヒメノヤガラ **Chamaegastrodia sikokiana** Makino et F. Maek. ex F. Maek.

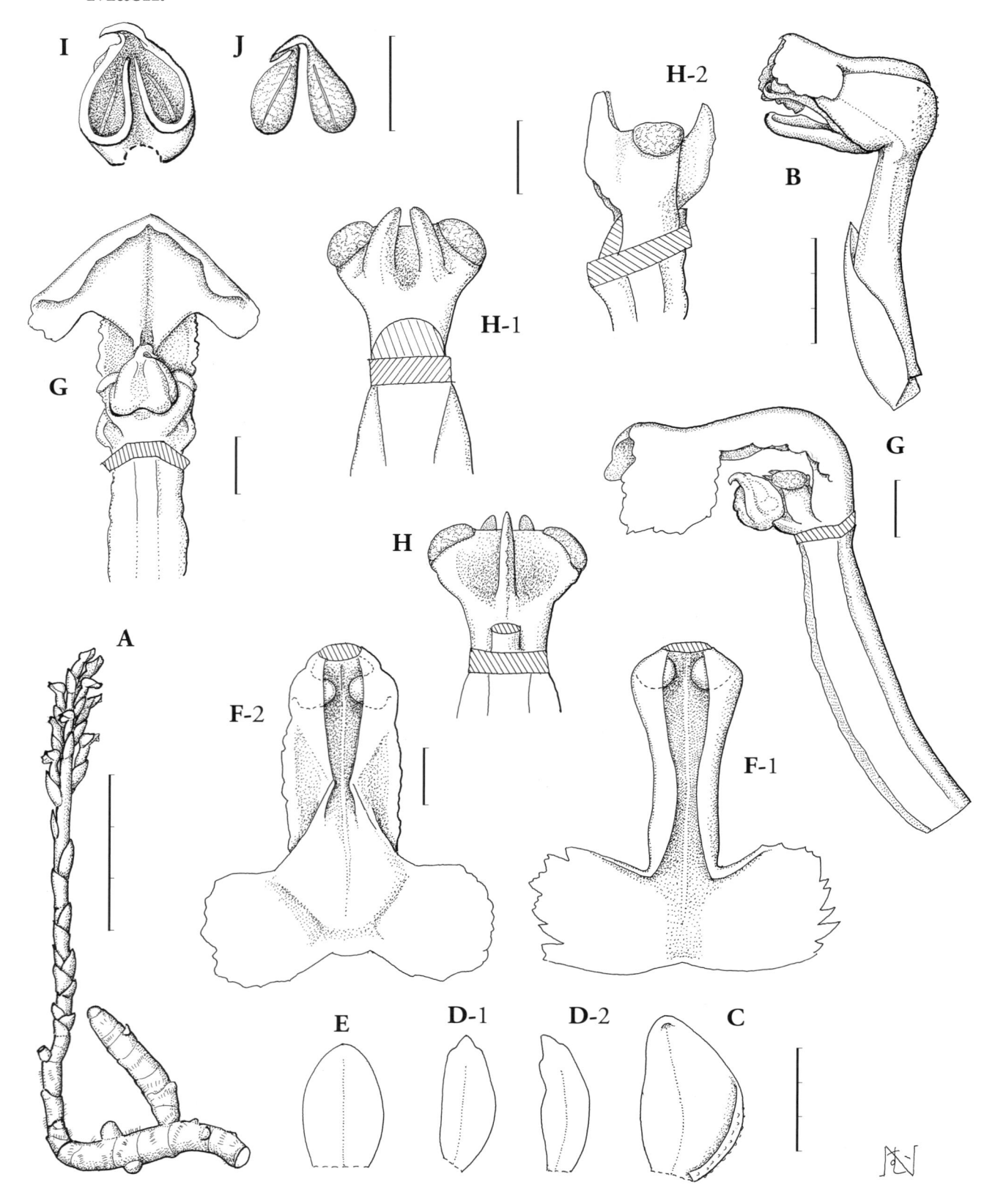

A- 植物体（逗子市産）; B- 花と苞（仙台市産）; C- 側萼片; D-1- 花弁（横須賀市産）; D-2- 花弁（仙台市産）; E- 背萼片; F-1- 唇弁（高知県産）; F-2- 唇弁（横須賀市産）; G- 蕊柱と唇弁; H- 蕊柱; I- 葯帽; J- 花粉塊.

A- plant (Zushi); B- flower & bract (Sendai); C- lateral sepal; D-1-petal (Yokosuka); D-2-petal (Sendai); E- dorsal sepal; F-1-lip (Kochi); F-2-lip (Yokosuka); G- lip & column; H-1-ventral view of column; H-2-lateral view of column; I- anther cap; J- pollinia.

Scales: A: 3 cm, B, C, D, E: 3 mm, F, G, H, I, J: 1 mm.

24-01. アリドオシラン **Myrmechis japonica** (Rchb. f) Rolfe

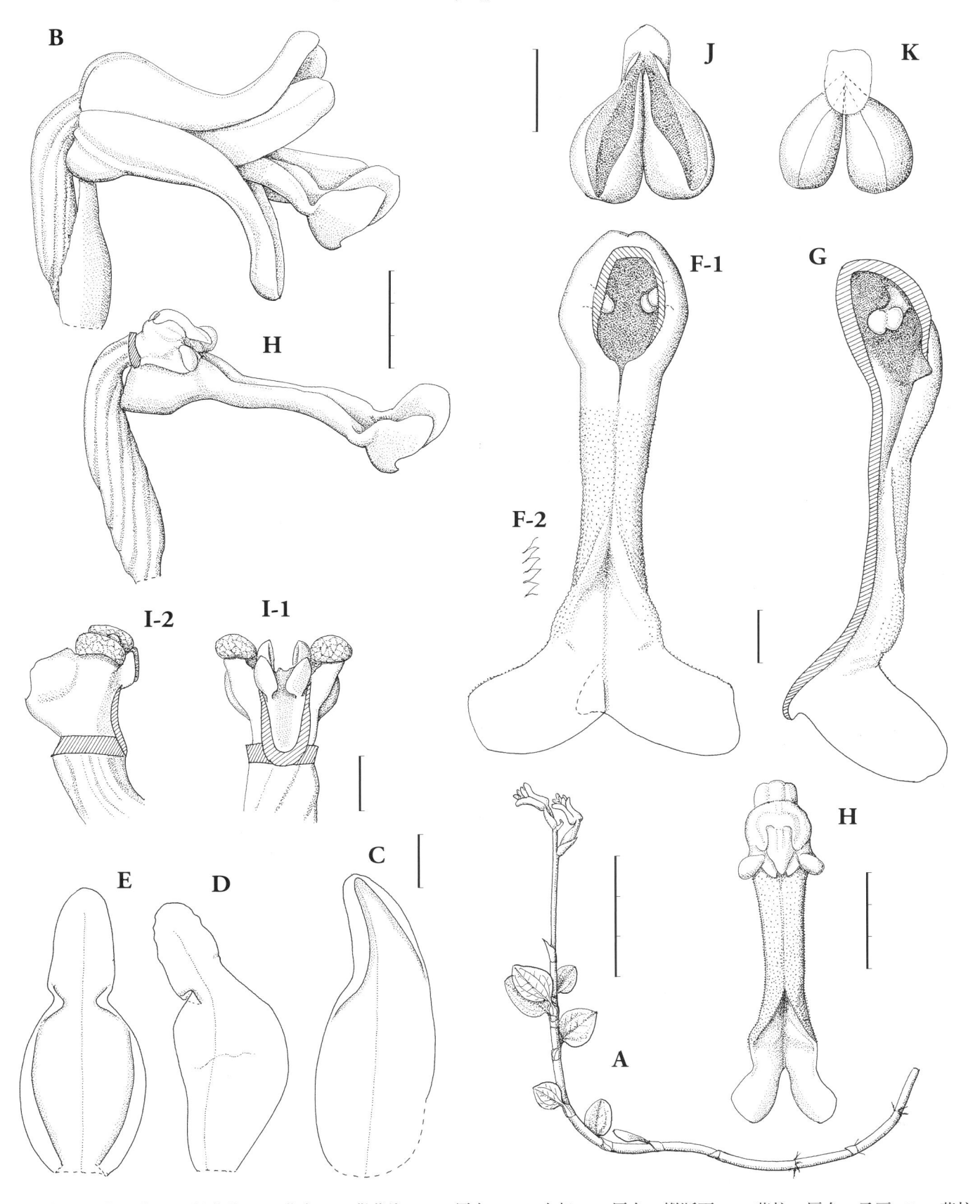

A- 植物体；B- 花と苞；C- 側萼片；D- 花弁；E- 背萼片；F-1- 唇弁；F-2- 突起；G- 唇弁の縦断面；H- 蕊柱，唇弁，子房；I-1- 蕊柱の腹面；I-2- 蕊柱の側面；J- 葯帽；K- 花粉塊と粘着体.

A- plant; B- flower & bract; C- lateral sepal; D- petal; E- dorsal sepal; F-1 lip; F-2: surface of mesochile, G- vertical section of lip; H- lip, column & ovary; I-1-vental view of column; I-2-lateral view of column; J- anther cap; K- pollinia.

Scales: A: 3 cm, B & H: 3 mm, C, D, E, F, G, H, I, J, K: 1 mm.

24-02. ツクシアリドオシラン **Myrmechis tsukusiana** Masamune

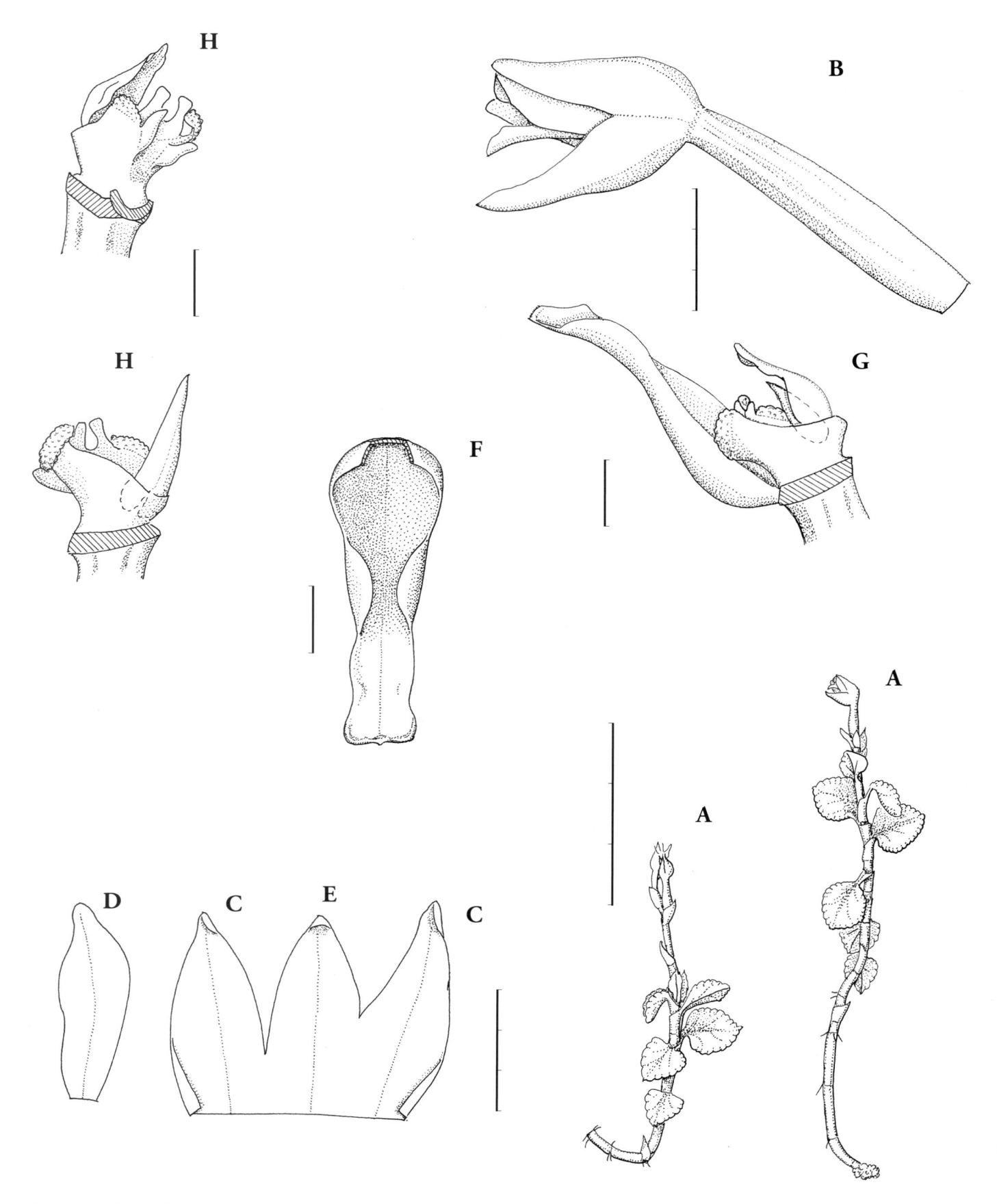

A- 植物体 ; B- 花 ; C- 側萼片 ; D- 花弁 ; E- 背萼片 ; F- 唇弁 ; G- 蕊柱と唇弁 ; H- 蕊柱と葯帽 .
A- plant; B- flower; C- lateral sepal; D- petal; E- dorsal sepal; F- lip; G- lip & column; H- column & anther cap.
Scales: A: 3 cm, B, C, D, E: 3 mm, F, G, H: 1 mm.

25-01. キバナシュスラン Anoectochilus formosanus Hayata

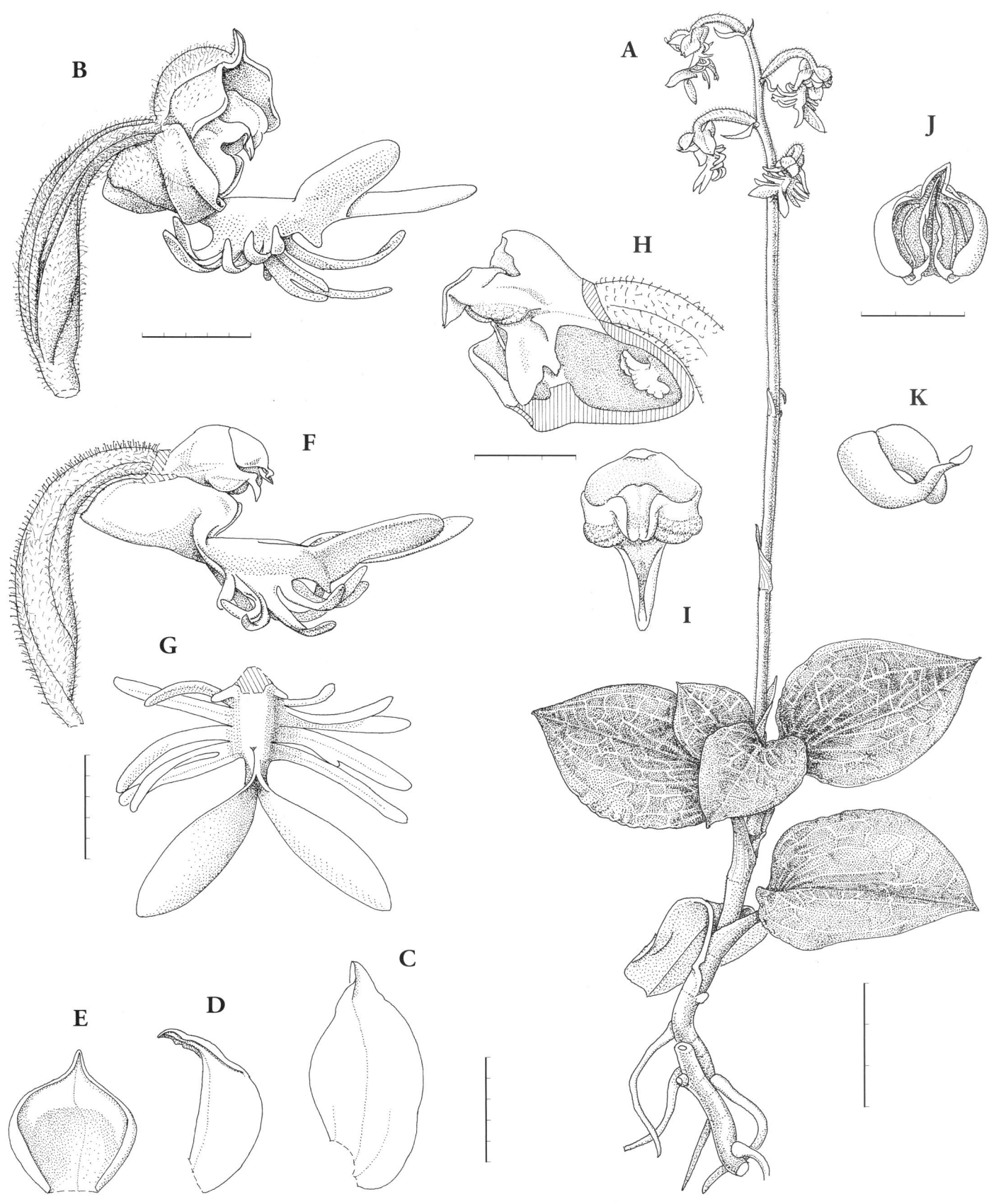

A- plant; B- flower; C- lateral sepal; D- petal; E- dorsal sepal; F- lip; G- lip; column & ovary; H- column, inside of lip base; I- vental view of column; J- anther cap; K- pollinia.
A- 植物体；B- 花；C- 側萼片；D- 花弁；E- 背萼片；F- 唇弁；G- 蕊柱，唇弁，子房；H- 蕊柱と唇弁基部の内部；I- 蕊柱腹面；J- 葯帽； K- 花粉塊.
Scales: A: 3 cm, B, C, D, E, G: 5 mm, F, H, I, J, K: 3 mm.

25-02. ハツシマラン Anoectochilus hatsusimanus Ohwi et T. Koyama

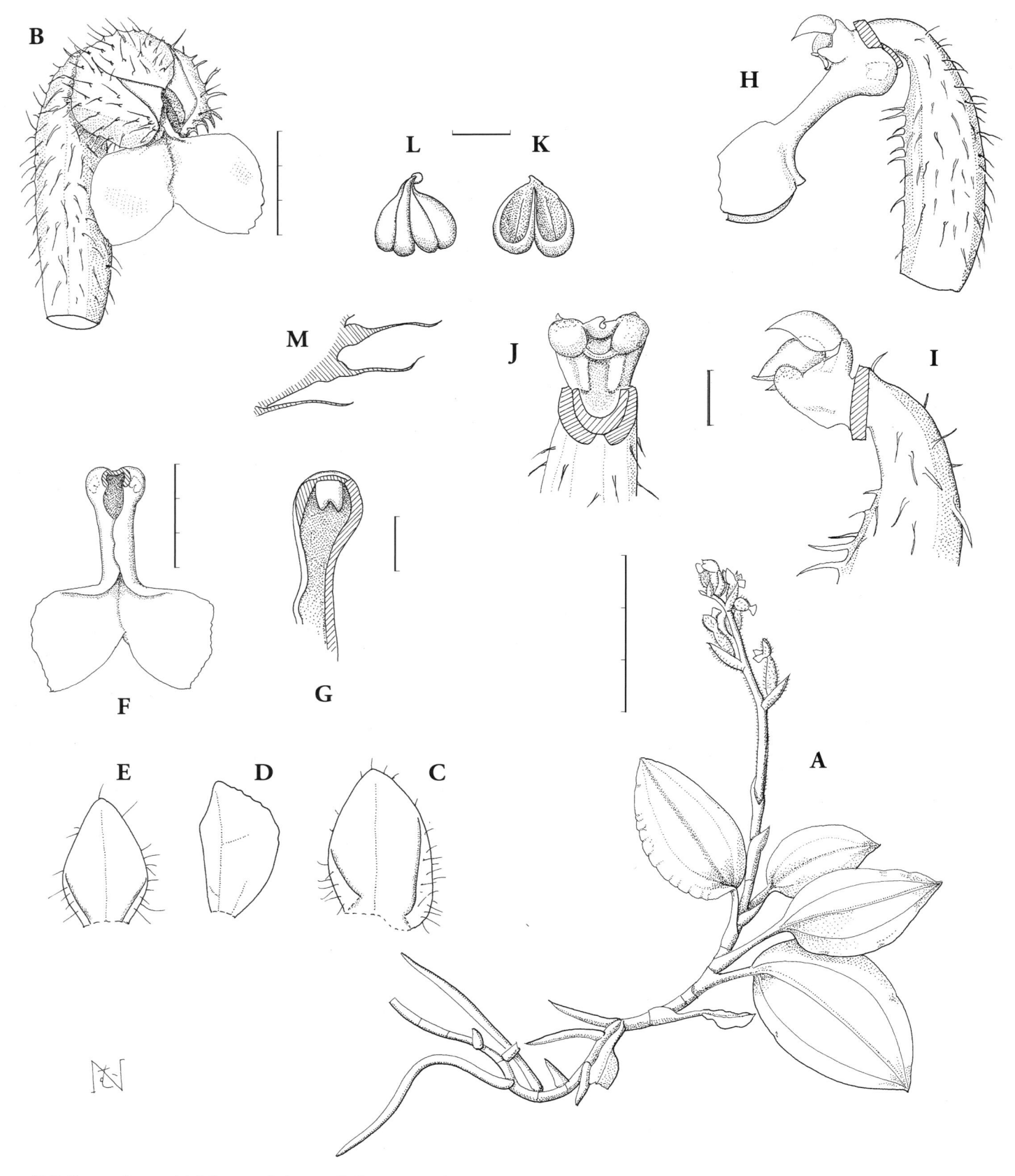

A- 植物体 ; B- 花 ; C- 側萼片 ; D- 花弁 ; E- 背萼片 ; F- 唇弁 ; G- 唇弁基部の縦断面 ; H- 蕊柱，唇弁，子房 ; I-1- 蕊柱腹面 ; I-2- 蕊柱と葯帽の側面 ; I-3- 子房の蜜腺 ; J- 葯帽 ; K- 花粉塊.

A- plant; B- flower; C- lateral sepal; D- petal; E- dorsal sepal; F- lip; G- vertical section of lip base; H- lip, column & ovary; I-1-vental view of column; I-2-lateral view of column & anther; I-3-nectarium of column; J- anther cap; K- pollinia.

Scales: A: 3 cm, B, C, D, E, F, H: 3 mm, I, J, K, L: 1 mm.

25-03. コウシュンシュスラン *Anoectochilus koshunensis* Hayata

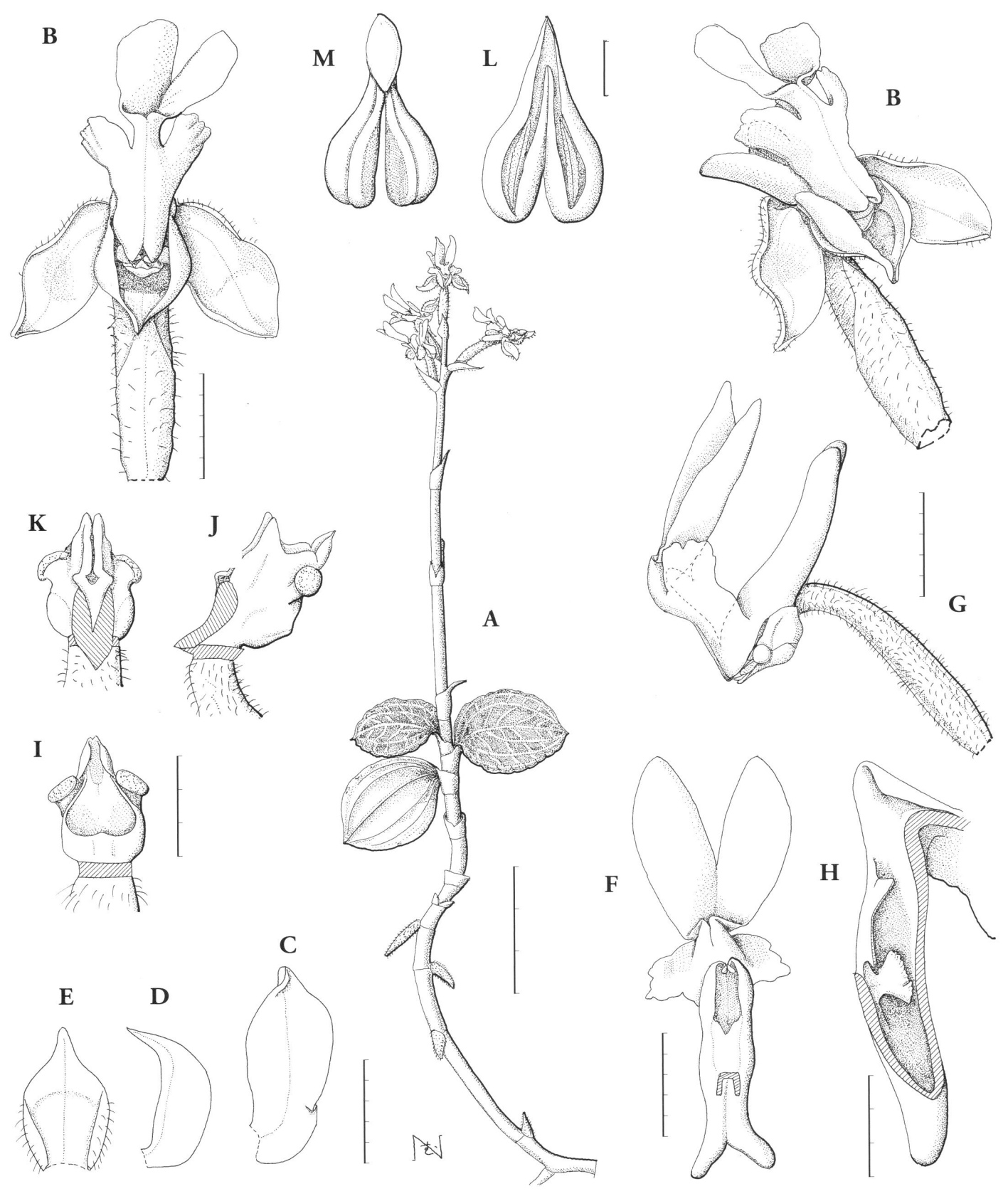

A- 植物体；**B-** 花と苞；**C-** 側萼片；**D-** 花弁；**E-** 背萼片；**F-** 唇弁；**G-** 距の縦断面；**H-** 蕊柱，唇弁，子房；**I-1-** 蕊柱の背面；**I-2-** 蕊柱の腹面；**I-3-** 蕊柱の側面；**J-** 葯帽；**H-** 花粉塊.

A- plant; **B-** flower & bract; **C-** lateral sepal; **D-** petal; **E-** dorsal sepal; **F-** lip; **G-** vertical section of spur; **H-** lip, column & ovary; **I-1-** dorsal view of column; **I-2-** vental view of column; **I-3-** lateral view of column; **J-** anther cap; **K-** pollinia.

Scales: **A**: 3 cm, **B, C, D, E, F, G**: 5 mm, **H, I, J, K**: 3 mm, **L, M**: 1 mm.

25-04. オキナワカモメラン **Anoectochilus tashiroi** (Maxm.) Makino

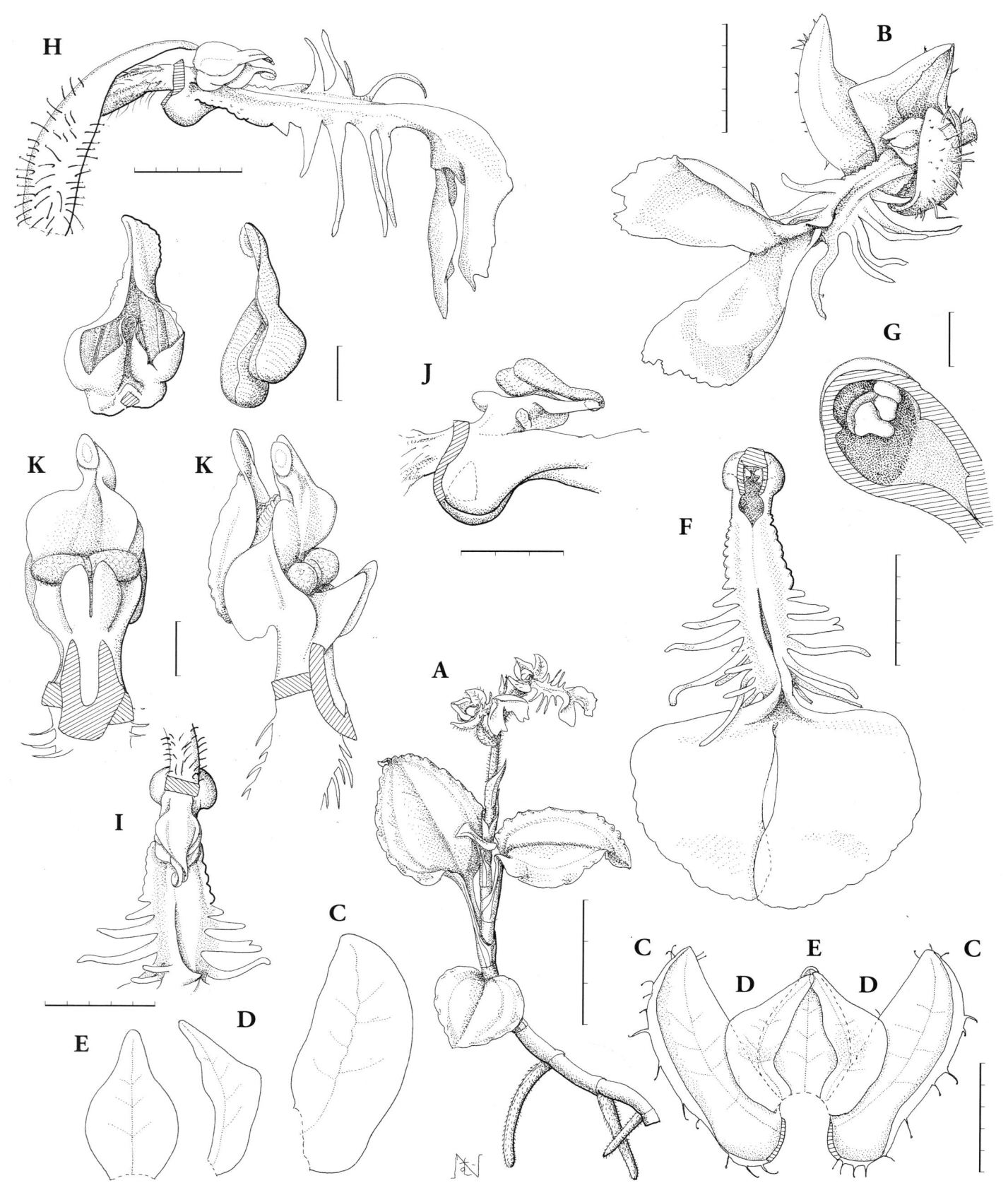

A- 植物体 ; B- 花 ; C- 側萼片 ; D- 花弁 ; E- 背萼片 ; F- 唇弁 ; G- 唇弁基部の肉塊 ; H- 蕊柱, 唇弁, 子房, 苞 ; I- 蕊柱と唇弁の基部 ; J-1- 蕊柱の腹面 ; J-2- 蕊柱の側面 ; K- 葯帽 ; L- 花粉塊.

A- plant; B- flower; C- lateral sepal; D- peta; E- dorsal sepal; F- lip; G- appendage of lip base; H- lip, column, ovary & bract; I- column & base of lip; J-1-vental view of column; J-2-lateral view of column; K- anther cap; L- pollinia.

Scales: A: 3 cm, B, C, D, E, F, H: 5 mm, I: 3 mmG, J, K, L: 1 mm.

26-01. オオハクウンラン **Vexillabium fissum** F. Maekawa

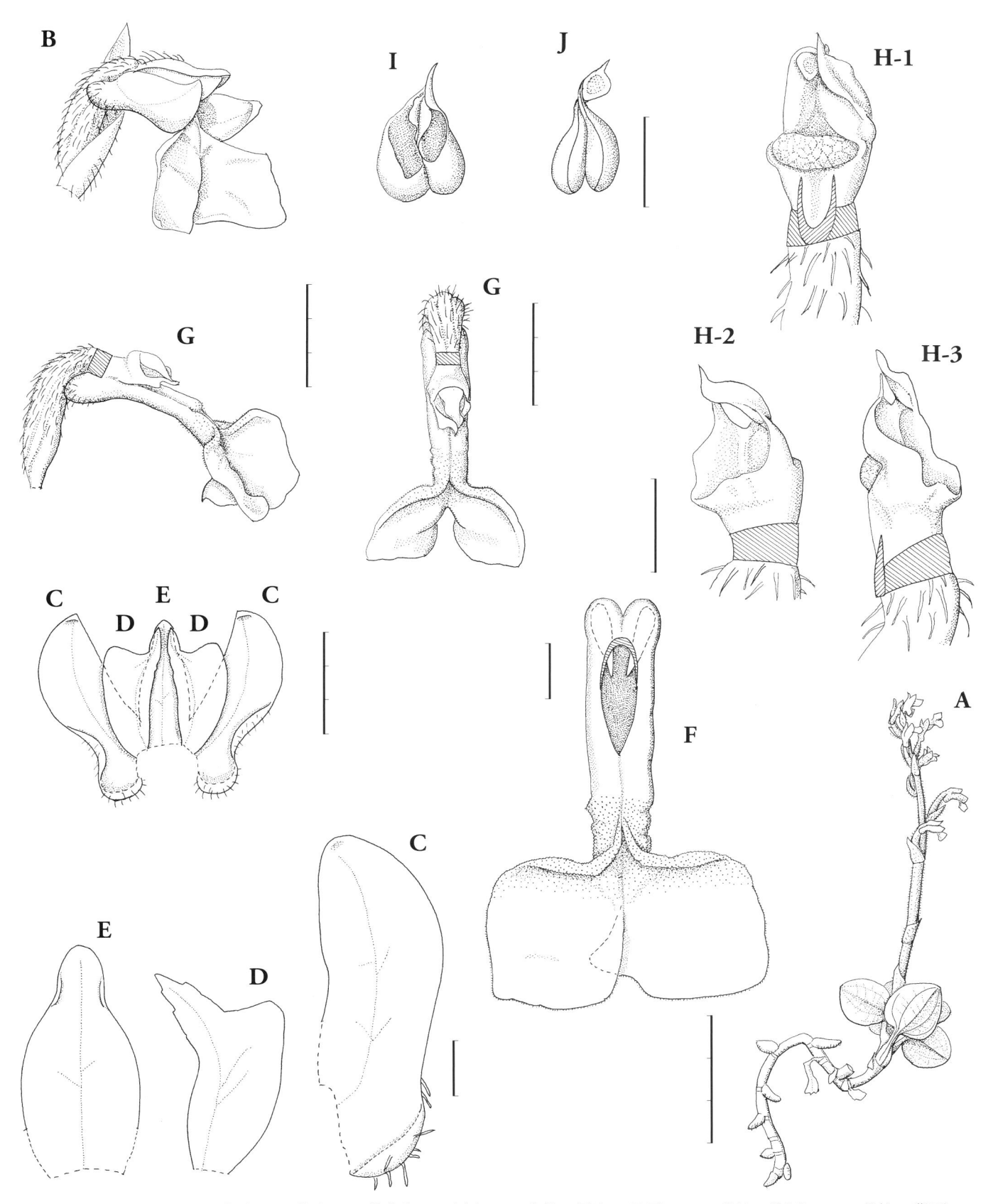

A- 植物体 ; B- 花と苞 ; C- 側萼片 ; D- 花弁 ; E- 背萼片 ; F- 唇弁 ; G- 蕊柱，唇弁，子房 ; H-1- 蕊柱の腹面 ; H-2- 蕊柱の背面 ; H-3- 蕊柱の側面 ; I- 葯帽 ; J- 花粉塊と粘着体.

A- plant; B- flower & bract; C- lateral sepal; D- petal; E- dorsal sepal; F- lip; G- lip, column & ovary; H-1-ventral view of column; H-2- dorsal view of column; H-3-lateral view of column; I- anther cap; J- pollinia.

Scales: **A**: 3 cm, **B** & **G**: 3 mm, **C, D, E**: 1 mm & 3 mm, **F, H, I, J**: 1 mm.

26-02. ヤクシマヒメアリドオシラン **Vexillabium yakushimanae** (Yamamoto) Maekawa

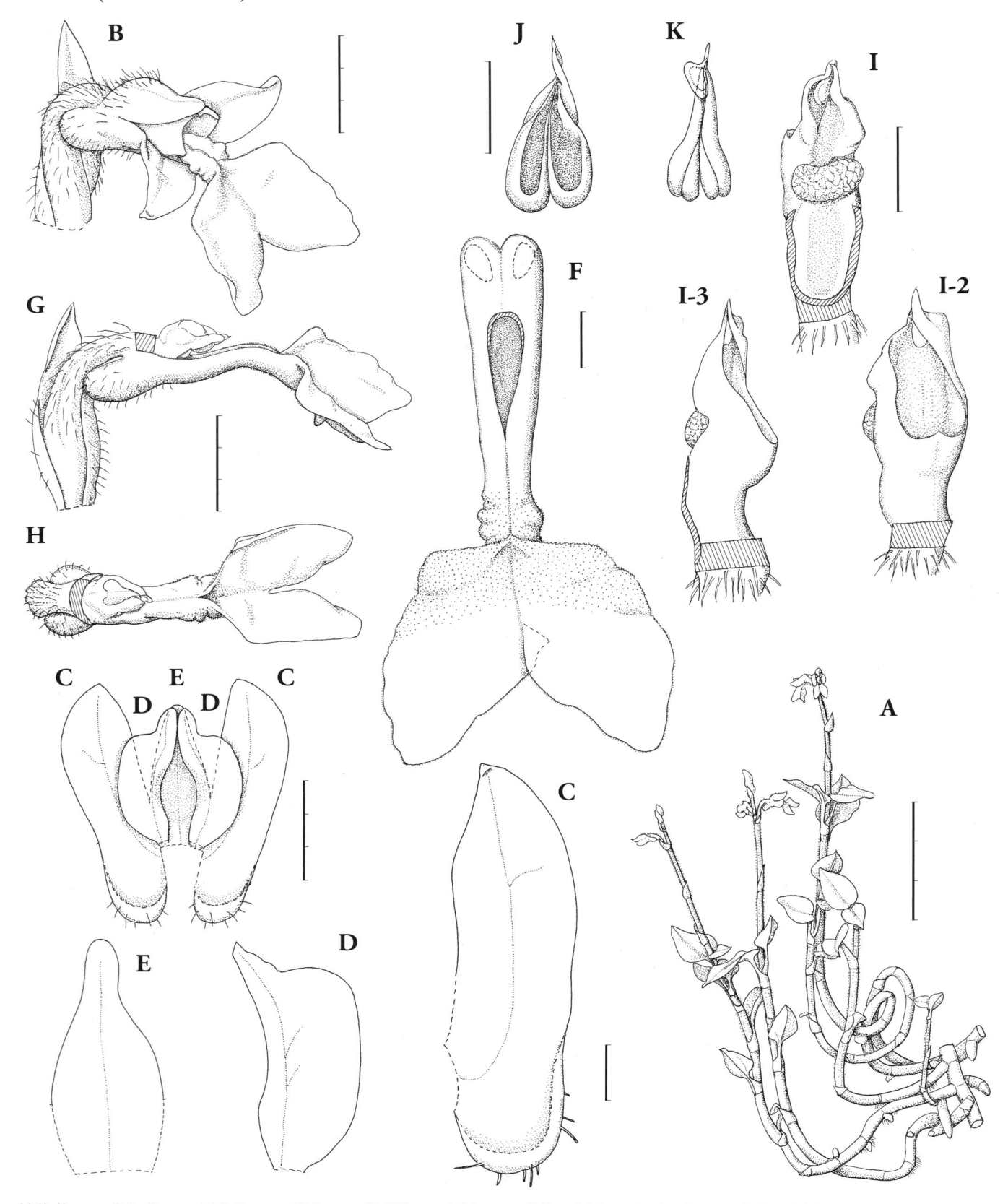

A- 植物体; B- 花と苞; C- 側萼片; D- 花弁; E- 背萼片; F- 唇弁; G- 蕊柱, 唇弁, 子房, 苞; H- 蕊柱と唇弁; I-1- 蕊柱の腹面; I-2- 蕊柱の背面; I-3- 蕊柱の側面; J- 葯帽; K- 花粉塊と粘着体.

A- plant; B- flower & bract; C- lateral sepal; D- petal; E- dorsal sepal; F- lip; G- lip, column, ovary & bract; H- lip & column; I-1-vental view of column; I-2-dorsal view of column; I-3- lateral view of column; J- anther cap; J- pollinia.

Scales: **A**: 3 cm, **B, G, H**: 3 mm, **C, D, E**: 1 mm & 3 mm, **F, I, J, K**: 1 mm.

27-01. タカツルラン **Erythrorchis ochobiensis** Hayata

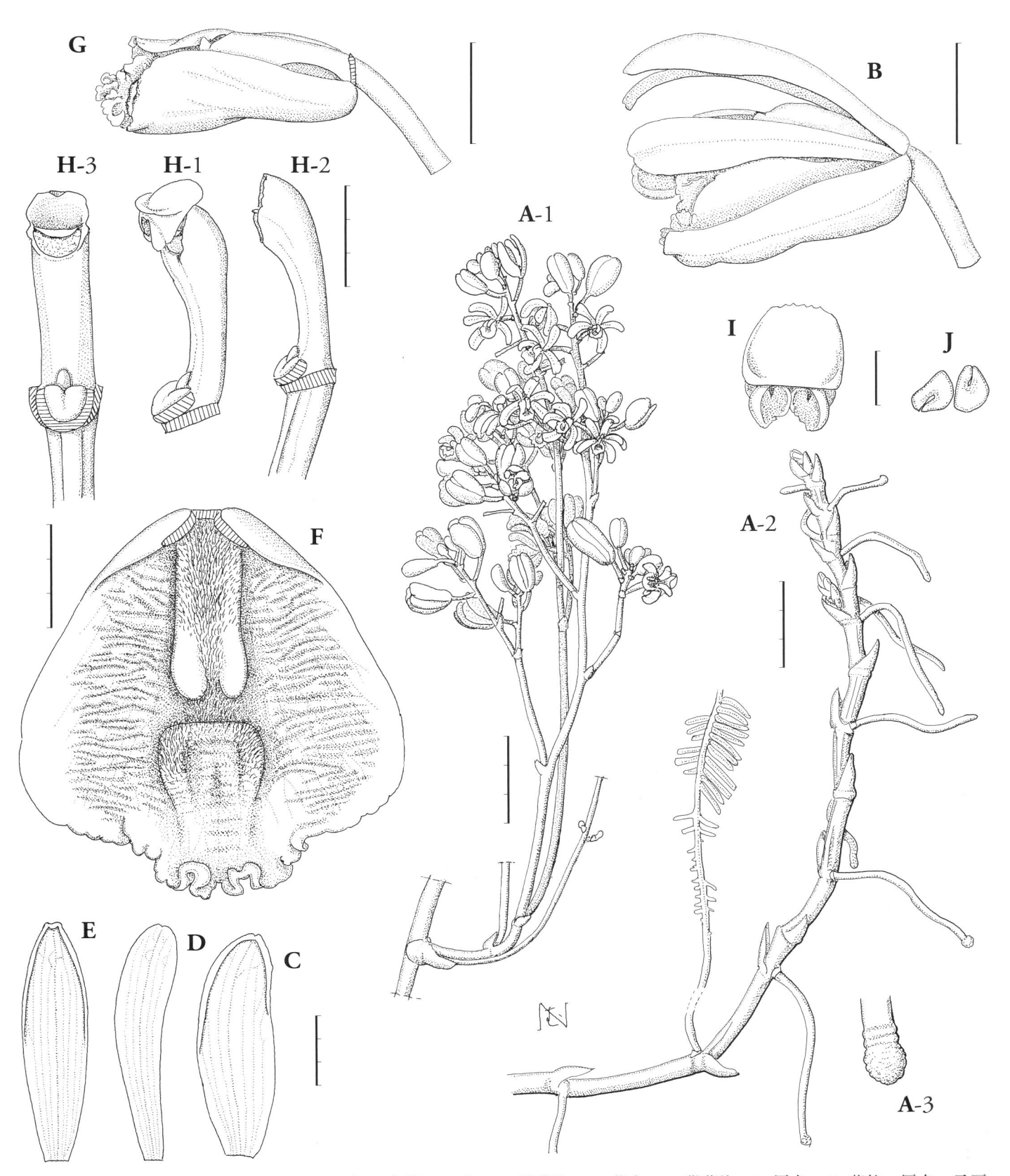

A-1- 植物体，花序；A-2- 若い植物体；A-3- 根の先端；B- 花；C- 側萼片；D- 花弁；E- 背萼片；F- 唇弁；G- 蕊柱，唇弁，子房；H-1- 蕊柱と葯；H-2, H-3- 蕊柱，I- 葯帽；J- 花粉塊．

A-1- plant, inflorescences; A-2- young plant; A-3-apex of root; B- flower; C- lateral sepal; D- petal; E- dorsal sepal; F- lip; G- lip, column & ovary; H-1- column with anther; H-2, H-3- column, I- anther cap; J- pollinia.

Scales: **A-1,2**: 3 cm, **B & G**: 5 mm, **C, D, E, F, H**: 3 mm, **I & J**: 1 mm.

28-01. ツチアケビ **Cyrtosia septentrionalis** (Rchb. f.) Garay

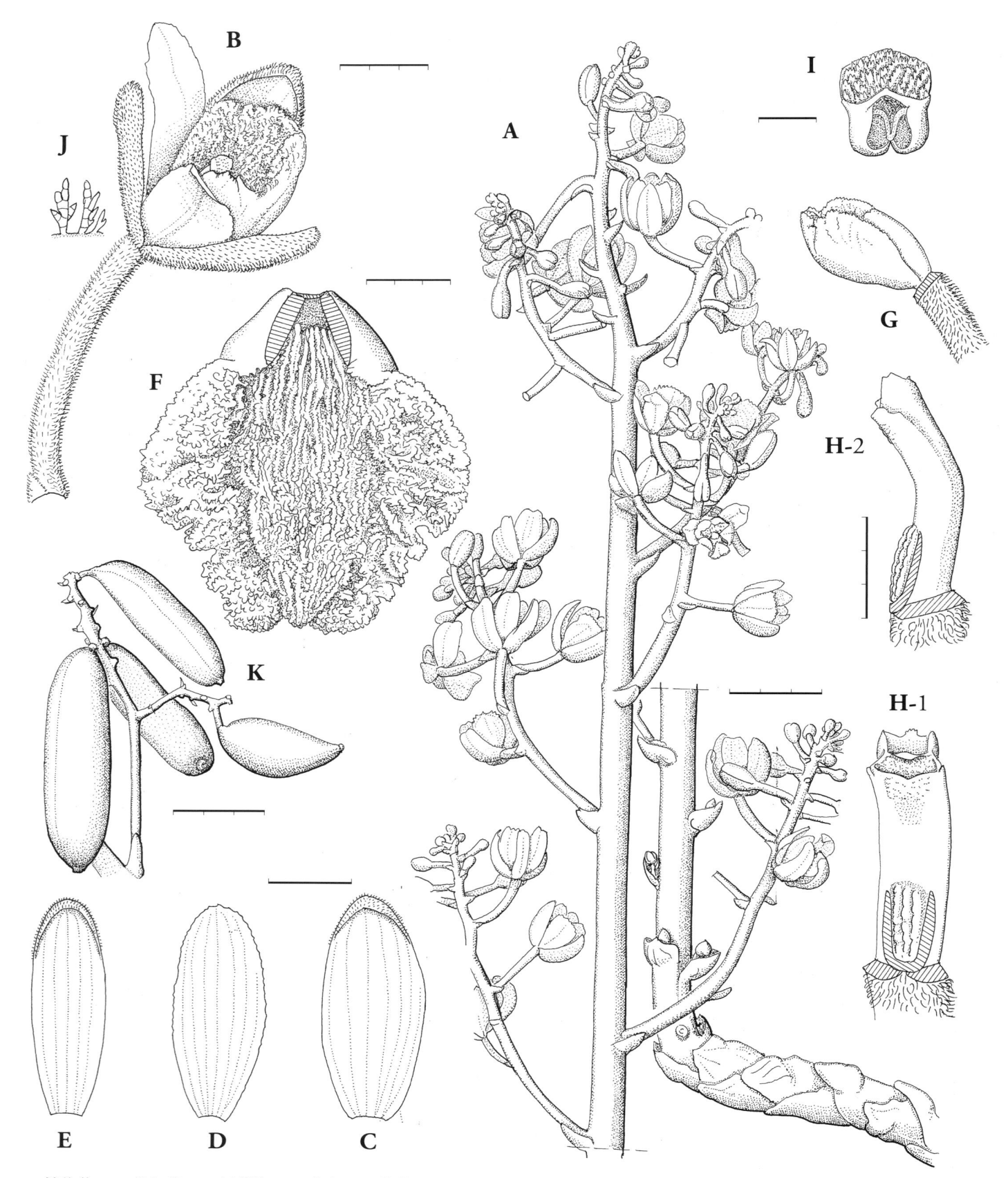

A- 植物体；B- 花と苞；C- 側萼片；D- 花弁；E- 背萼片；F- 唇弁；G- 蕊柱と唇弁；H-1- 蕊柱の腹面；H-2- 蕊柱の側面；I- 葯帽；J- 萼片と子房の毛の形；K- 果実.

A- plant; B- flower & bract; C- lateral sepal; D- petal; E- dorsal sepal; F- lip; G- lip, column; H- ventral view of column; I- lateral view of column; J- hair of sepals and ovary; K- fruits.

Scales: A & K: 3 cm, B, C, D, E: 5 mm, F & H: 3 mm, I: 1 mm.

29-01. ナンカイシュスラン **Goodyera angustinii** Tuyama
29-02. シロバナクニガミシュスラン **Goodyera sonoharae** Fukuyama

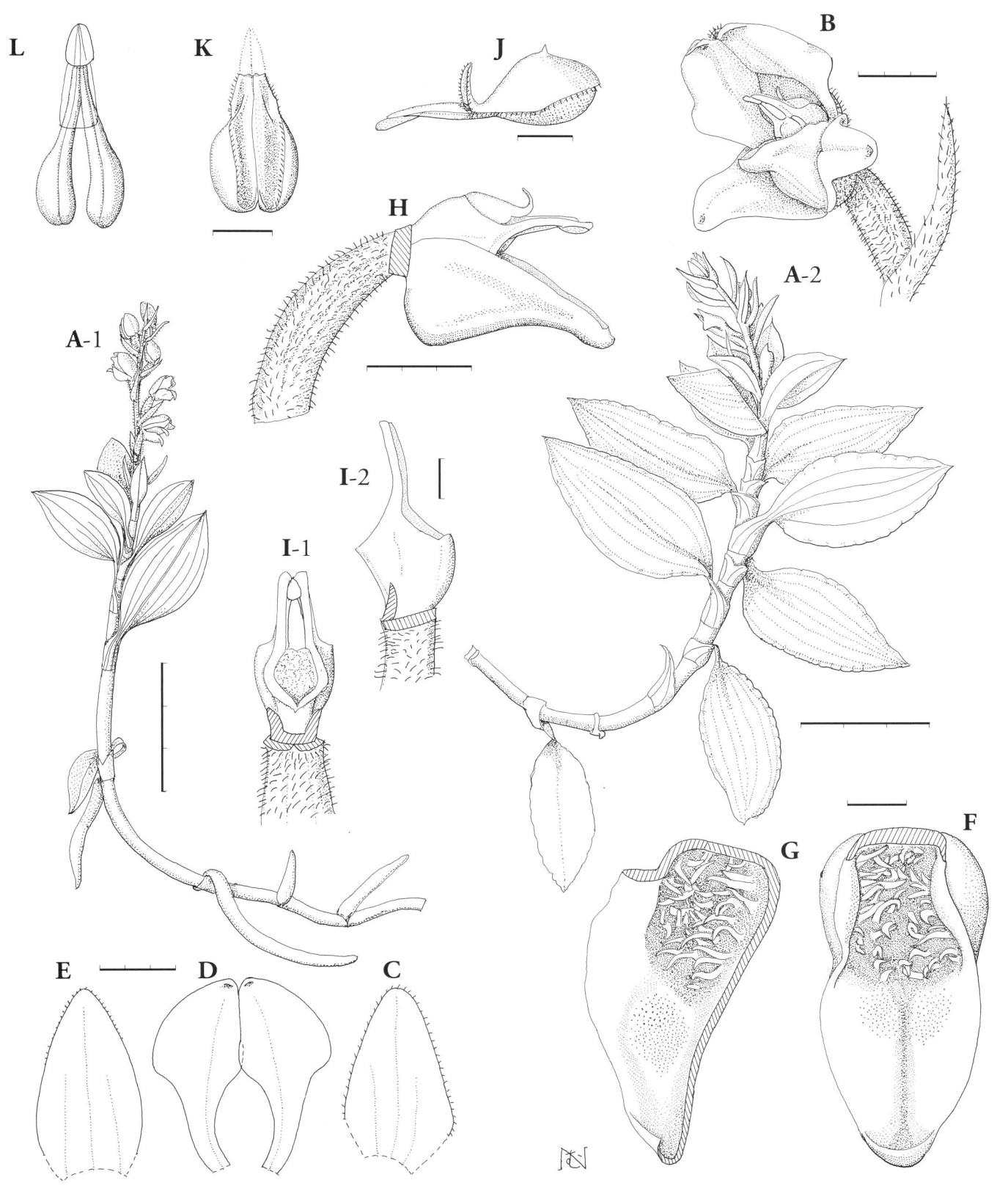

A- 植物体（1- シロバナクニガミシュスラン，2- ナンカイシュスラン）; **B**- 花; **C**- 側萼片; **D**- 花弁; **E**- 背萼片; **F**- 唇弁; **G**- 唇弁の縦断面; **H**- 蕊柱，唇弁，子房; **I**-1- 蕊柱の腹面; **I**-2- 蕊柱の側面; **J**- 葯帽と花粉塊の側面; **K**- 葯帽; **L**- 花粉塊と粘着体.

A- plant (1-*G. snoharae*, 2-*G. angustinii*); **B**- flower; **C**- lateral sepal; **D**- petal; **E**- dorsal sepal; **F**- lip; **G**- vertical section of lip; **H**- lip; column & ovary; **I**-1-ventral view of column; **I**-2-lateral view of column; **J**- lateral view of anther & pollinia; **K**- anther cap; **L**- pollinia.

Scales: **A**: 3 cm, **B, C, D, E, H**: 3 mm, **F, I, J, K, L**: 1 mm.

29-03. ムニンシュスラン **Goodyera boninensis** Nakai

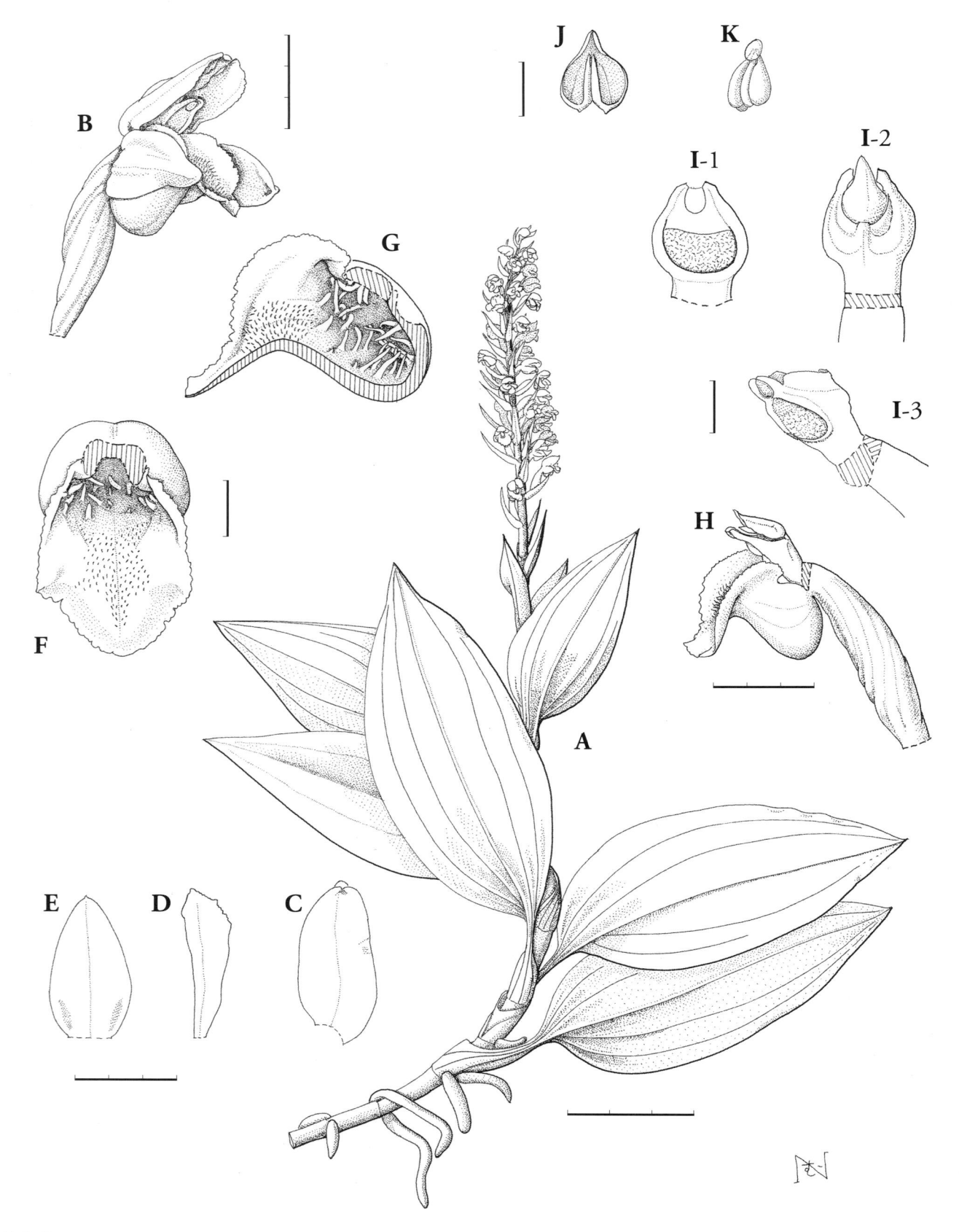

A- 植物体；**B**- 花；**C**- 側萼片；**D**- 花弁；**E**- 背萼片；**F**- 唇弁；**G**- 唇弁の縦断面；**H**- 蕊柱，唇弁，子房；**I-1**- 蕊柱の腹面；**I-2**- 蕊柱と葯の背面；**I-3**- 蕊柱の側面；**J**- 葯帽；**K**- 花粉塊と粘着体．

A- plant; **B**- flower; **C**- lateral sepal; **D**- petal; **E**- dorsal sepal; **F**- lip; **G**- vertical section of lip; **H**- lip, column & ovary; **I-1**- ventral view of column; **I-2**- dorsal view of column & anther; **I-3**- lateral view of column; **J**- anther cap; **K**- pollinia.

Scales: **A**: 3 cm, **B, C, D, E, H**: 3 mm, **F, G, I, J, K**: 1 mm.

29-04. アケボノシュスラン **Goodyera foliosa** (Lindl.) Benth. var. **maximowitcziana** (Makino) F. Maek.

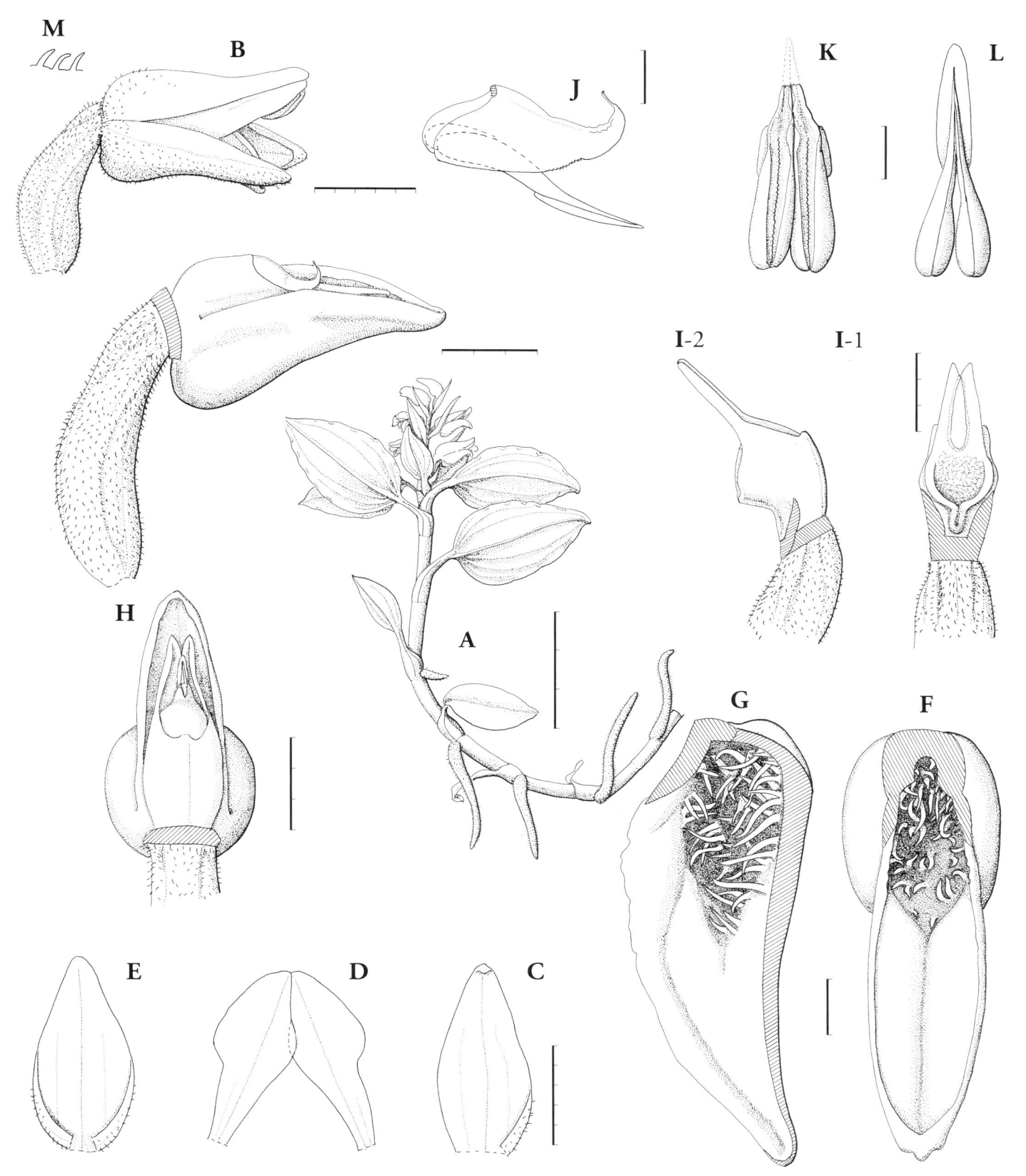

A- 植物体 ; **B**- 花 ; **C**- 側萼片 ; **D**- 花弁 ; **E**- 背萼片 ; **F**- 唇弁 ; **G**- 唇弁の縦断面 ; **H**- 蕊柱，唇弁，子房 ; **I-1**- 蕊柱の腹面 ; **I-2**- 蕊柱の側面 ; **J**- 葯帽と花粉塊の側面 ; **K**- 葯帽 ; **L**- 花粉塊と粘着体 ; **M**- 子房の毛.

A- plant; **B**- flower; **C**- lateral sepal; **D**- petal; **E**- dorsal sepal; **F**- lip; **G**- vertical section of lip; **H**- lip, column & ovary; **I-1**- ventral view of column; **I-2**- lateral view of column; **J**- lateral view of anther & pollinia; **K**- anther cap; **L**- pollinia; **M**- hair of ovary.

Scales: **A**: 3 cm, **B, C, D, E**: 5 mm, **H, I**: 3 mm, **J, K, L**: 1 mm.

29-05. タカサゴキンギンソウ **Goodyera fumata** Thw.

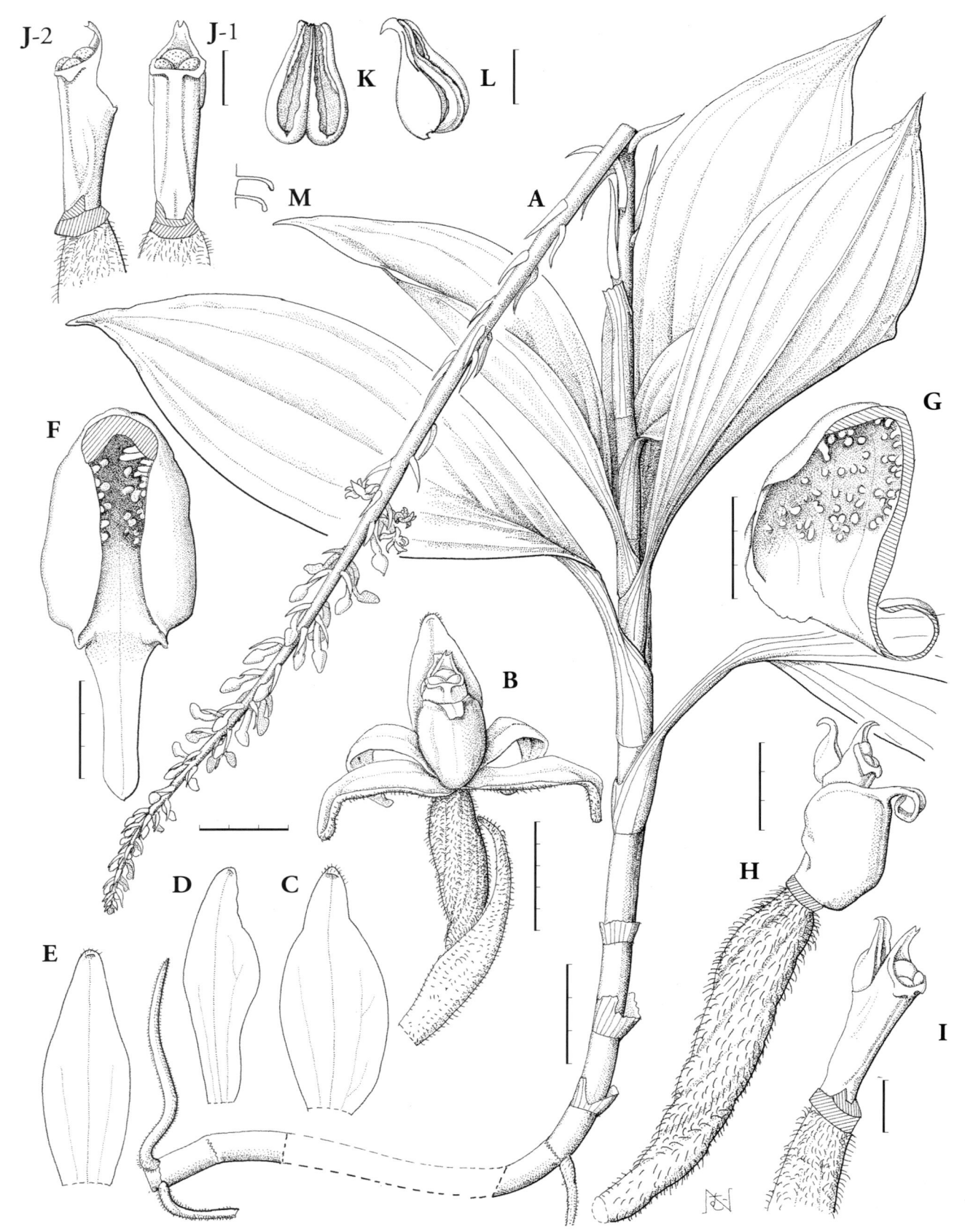

A- 植物体；B- 花；C- 側萼片；D- 花弁；E- 背萼片；F- 唇弁；G- 唇弁の縦断面；H- 蕊柱, 唇弁, 子房；I- 蕊柱と葯；J-1- 蕊柱の腹面；J-2- 蕊柱の側面；K- 葯帽；L- 花粉塊；M- 子房の毛.

A- plant; B- flower & bract; C- lateral sepal; D- petal; E- dorsal sepal; F- lip; G- vertical section of lip; H- lip, column & ovary; I- column with anther; J-1- vental view of column; J-2- lateral view of column; K- anther cap; L- pollinia; M- hair of ovary.

Scales: **A**: 3 cm, **B**: 5 mm, **C, D, E, F, G, H**: 3 mm, **I, J, K, L**: 1 mm.

29-06. ハチジョウシュスラン Goodyera hachijoensis Yatabe

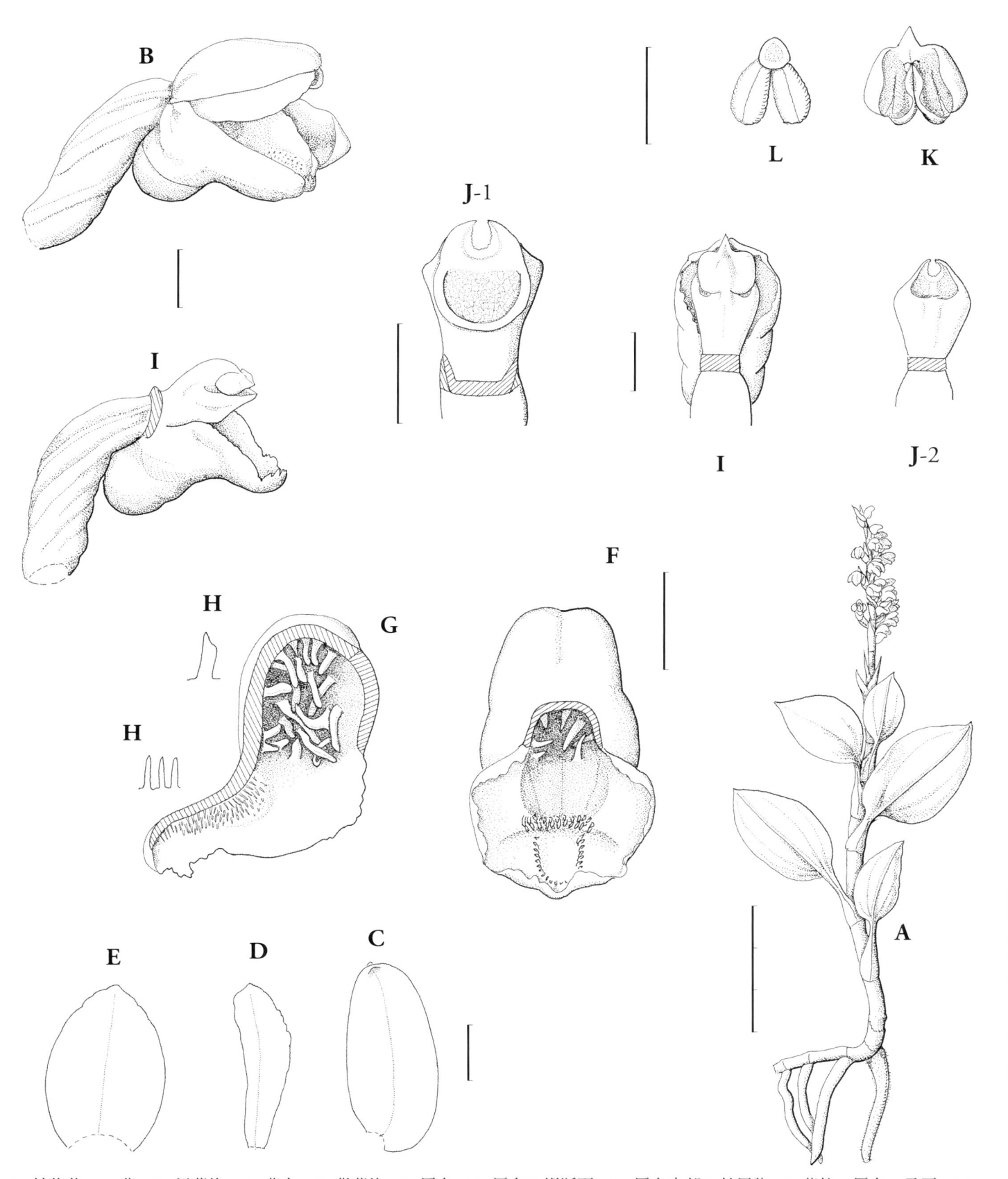

A- 植物体 ; B- 花 ; C- 側萼片 ; D- 花弁 ; E- 背萼片 ; F- 唇弁 ; G- 唇弁の縦断面 ; H- 唇弁内部の付属物 ; I- 蕊柱，唇弁，子房 ; J-1- 蕊柱の腹面 ; J-2- 蕊柱の背面 ; K- 葯帽 ; L- 花粉塊と粘着体.
A- plant; B- flower; C- lateral sepal; D- petal; E- dorsal sepal; F- lip; G- vertical section of lip; H- appendages of lip; I- lip, column & ovary; J-1- vental view of column; J-2- dorsal view of column; K- anther cap; L- pollinia.
Scales: A: 3 cm, B, C, D, E, F, G, I, J, K, L: 1 mm.

29-07. カゴメラン Goodyera hachijoensis var. matsumurana (Schltr.) Ohwi

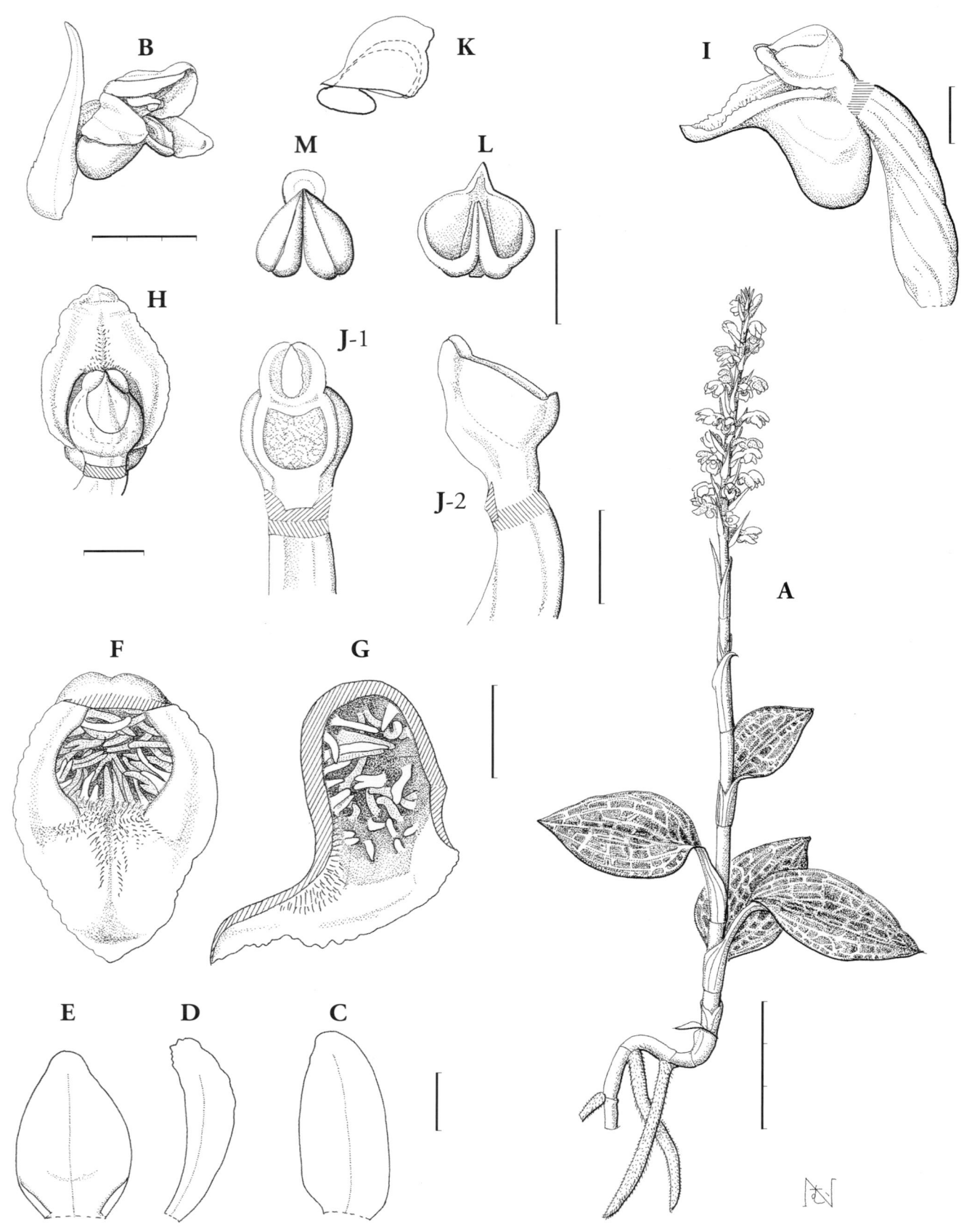

A- 植物体；B- 花；C- 側萼片；D- 花弁；E- 背萼片；F- 唇弁；G- 唇弁の縦断面；H- 蕊柱と唇弁；I- 蕊柱，唇弁，子房；J-1- 蕊柱の腹面；J-2- 蕊柱の側面；K- 葯帽と花粉塊の側面；L- 葯帽；M- 花粉塊と粘着体.

A- plant; B- flower with bract; C- lateral sepal; D- petal; E- dorsal sepal; F- lip; G- vertical section of lip; H- lip & column; I- lip, column & ovary; J-1- ventral view of column; J-2- lateral view of column; K- lateral view of anther cap & pollinia; L- anther; M- pollinia.

Scales: A: 3 cm, B: 3 mm, C, D, E, F, G, H, I, J, K, L, M: 1 mm.

29-08. ヒゲナガキンギンソウ **Goodyera longibracteata** Hayata

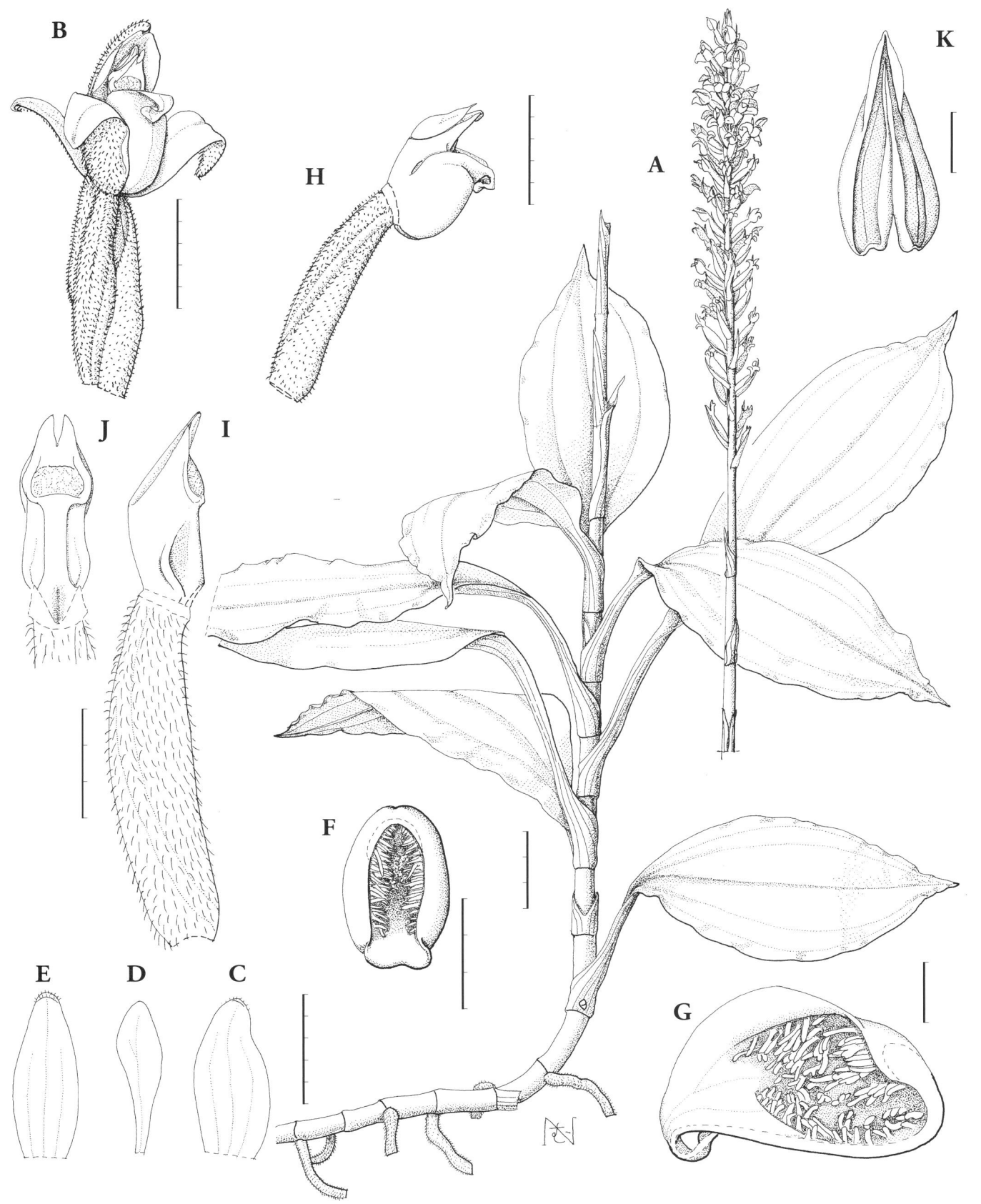

A- 植物体；B- 花と苞；C- 側萼片；D- 花弁；E- 背萼片；F- 唇弁；G- 唇弁の縦断面；H- 蕊柱，唇弁，子房；I- 蕊柱と子房；J- 蕊柱の腹面；K- 葯帽.

A- plant; B- flower & bract; C- lateral sepal; D- petal; E- dorsal sepal; F- lip; G- vertical section of lip; H- lip, column & ovary; I- column & ovary; J- vental view of column; K- anther cap.

Scales: A: 3 cm, B, C, D, E, H: 5 mm, F, I, J: 3 mm, G & K: 1 mm.

29-09. ベニシュスラン **Goodyera macrantha** Maxim.

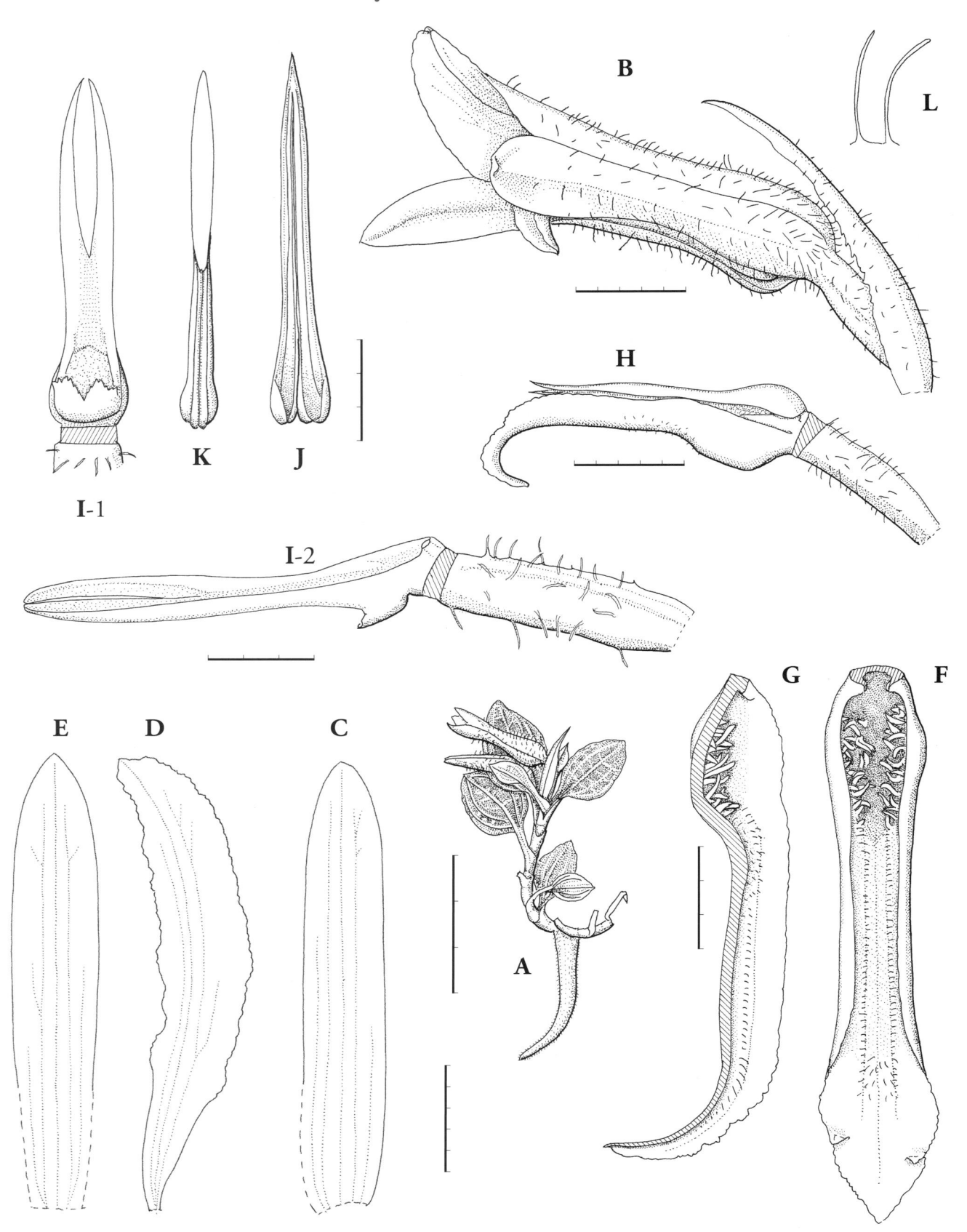

A- 植物体 ; B- 花と苞 ; C- 側萼片 ; D- 花弁 ; E- 背萼片 ; F- 唇弁 ; G- 唇弁の縦断面 ; H- 蕊柱，唇弁，子房 ; I-1- 蕊柱の側面 ; I-2- 蕊柱の腹面 ; J- 葯帽 ; K- 花粉塊 ; L- 萼と子房，苞の毛.

A- plant; B- flower with bract; C- lateral sepal; D- petal; E- dorsal sepal; F- lip; G- vertical section of lip; H- lip & column; I-1-lateral view of column ; I-2-vental view of column; J- anther cap; K- pollinia; L- hair of ovary & sepals.

Scales: A: 3 cm, B, C, D, E, H: 5 mm, F, G, I, J, K: 1 mm.

29-10. ツリシュスラン Goodyera pendula Maxim.

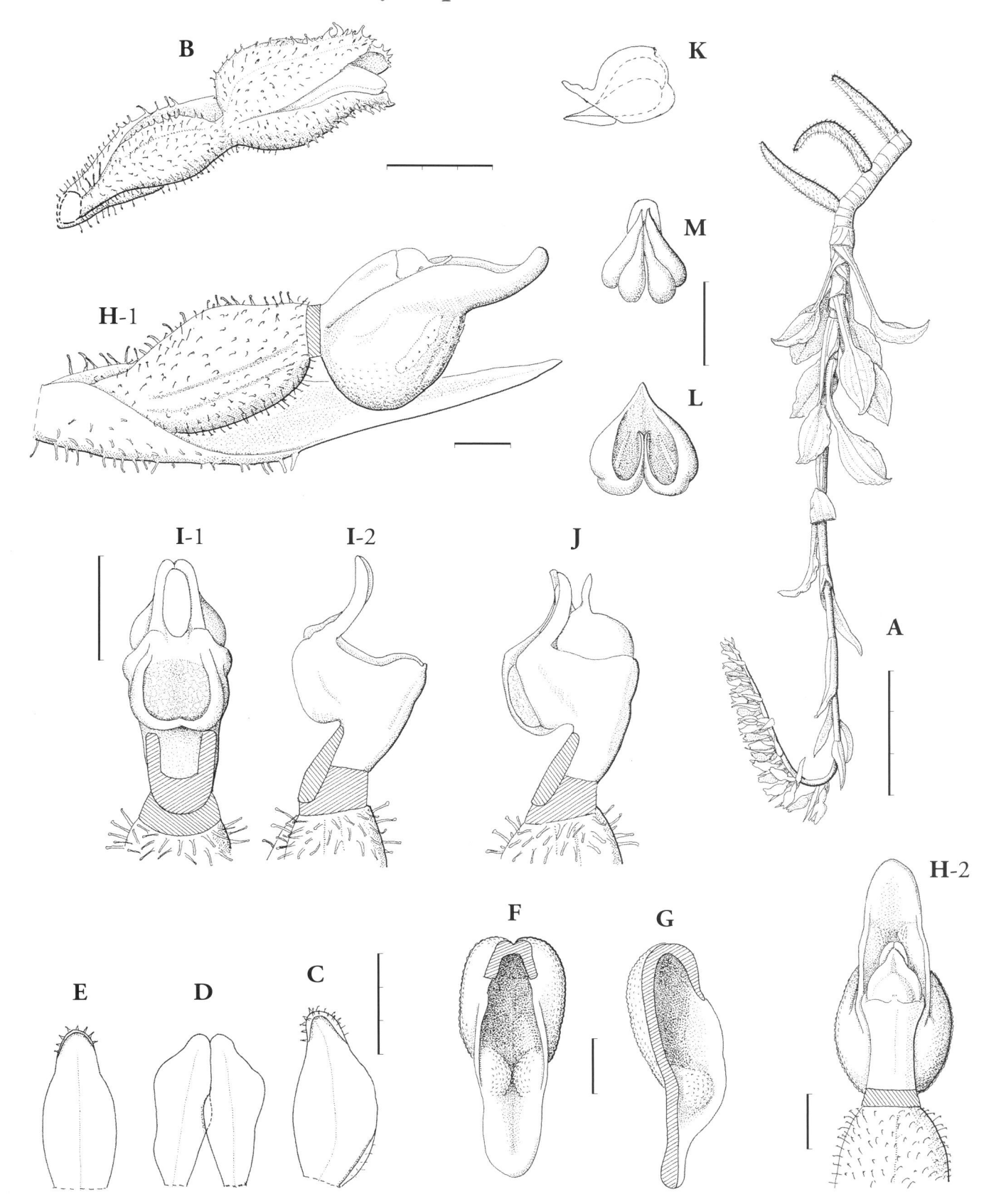

A- 植物体; B- 花と苞; C- 側萼片; D- 花弁; E- 背萼片; F- 唇弁; G- 唇弁の縦断面; H-1- 蕊柱，唇弁，子房と苞; H-2- 蕊柱と唇弁; I-1- 蕊柱の腹面; I-2- 蕊柱の側面; J- 蕊柱と葯; K- 葯帽と花粉塊; L- 葯帽; M- 花粉塊と粘着体.

A- plant; B- flower with bract; C- lateral sepal; D- petals; E- dorsal sepal; F- lip; G- vertical section of lip; H-1- lip, column, ovary with bract; H-2- column & lip; I-1- vental view of column; I-2- lateral view of column; J- column with anther; K- anther; L- anther cap; M- pollinia.

Scales: A: 3 cm, B, C, D, E: 3 mm, F, G, H, I, J, K, L, M: 1 mm.

29-11. キンギンソウ **Goodyera procera** (Ker.-Gawl.) Hook

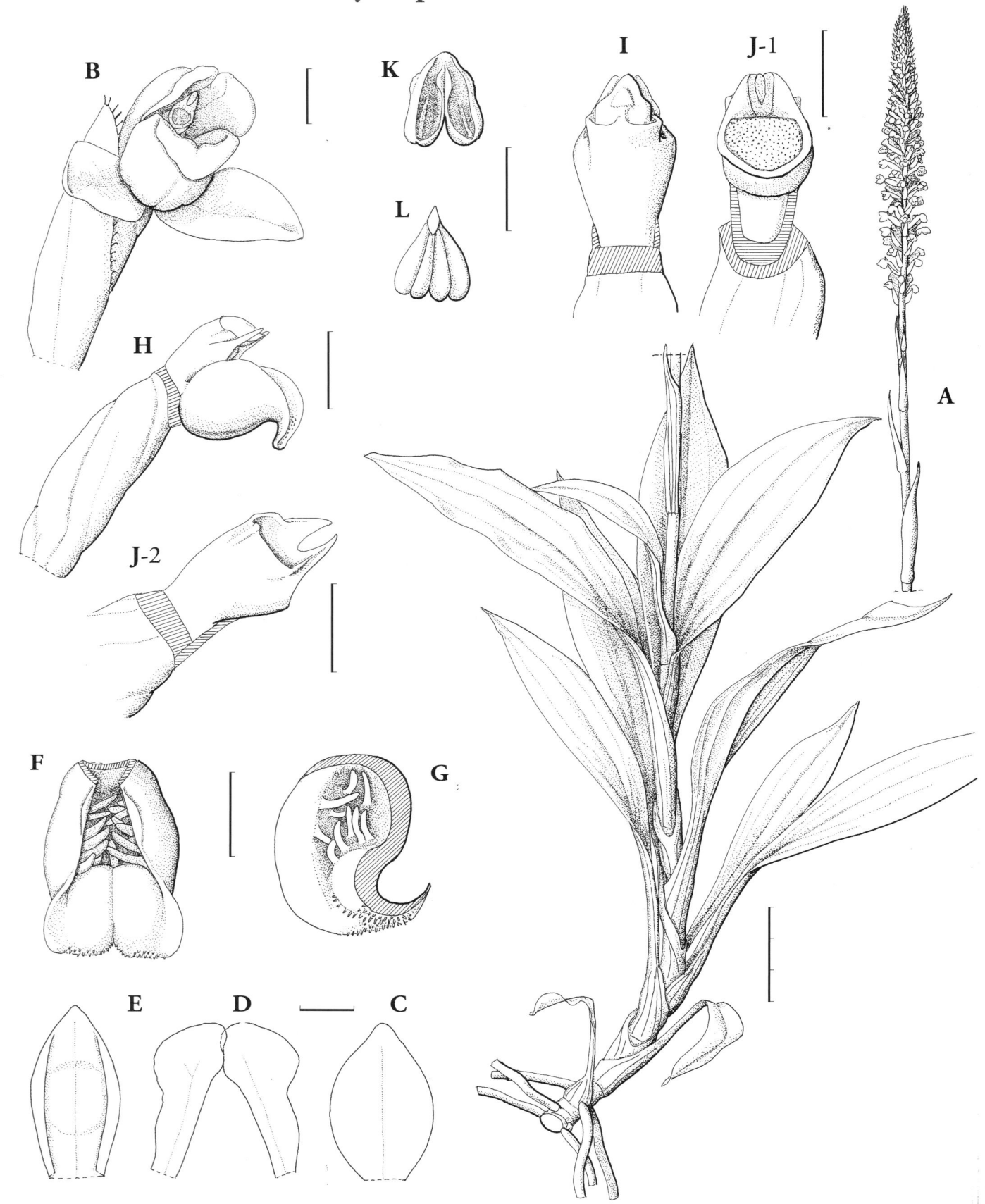

A- 植物体；B- 花と苞；C- 側萼片；D- 花弁；E- 背萼片；F- 唇弁；G- 唇弁の縦断面；H- 蕊柱，唇弁，子房；I- 蕊柱と葯；J-1- 蕊柱の腹面；J-2- 蕊柱の背面；K- 葯帽；L- 花粉塊と粘着体.

A- pant; B- flower with bract; C- lateral sepal; D- petals; E- dorsal sepal; F- lip; G- vertical section of lip; H- lip, column & ovary; I-1- vental view of column; J-2- dorsal view of column; K- anther cap; L- pollinia.

Scales: A: 3 cm, B, C, D, E, F, G, H, I, J, K, L: 1 mm.

29-12. ヒメミヤマウズラ **Goodyera repens** (L.) R. Br.

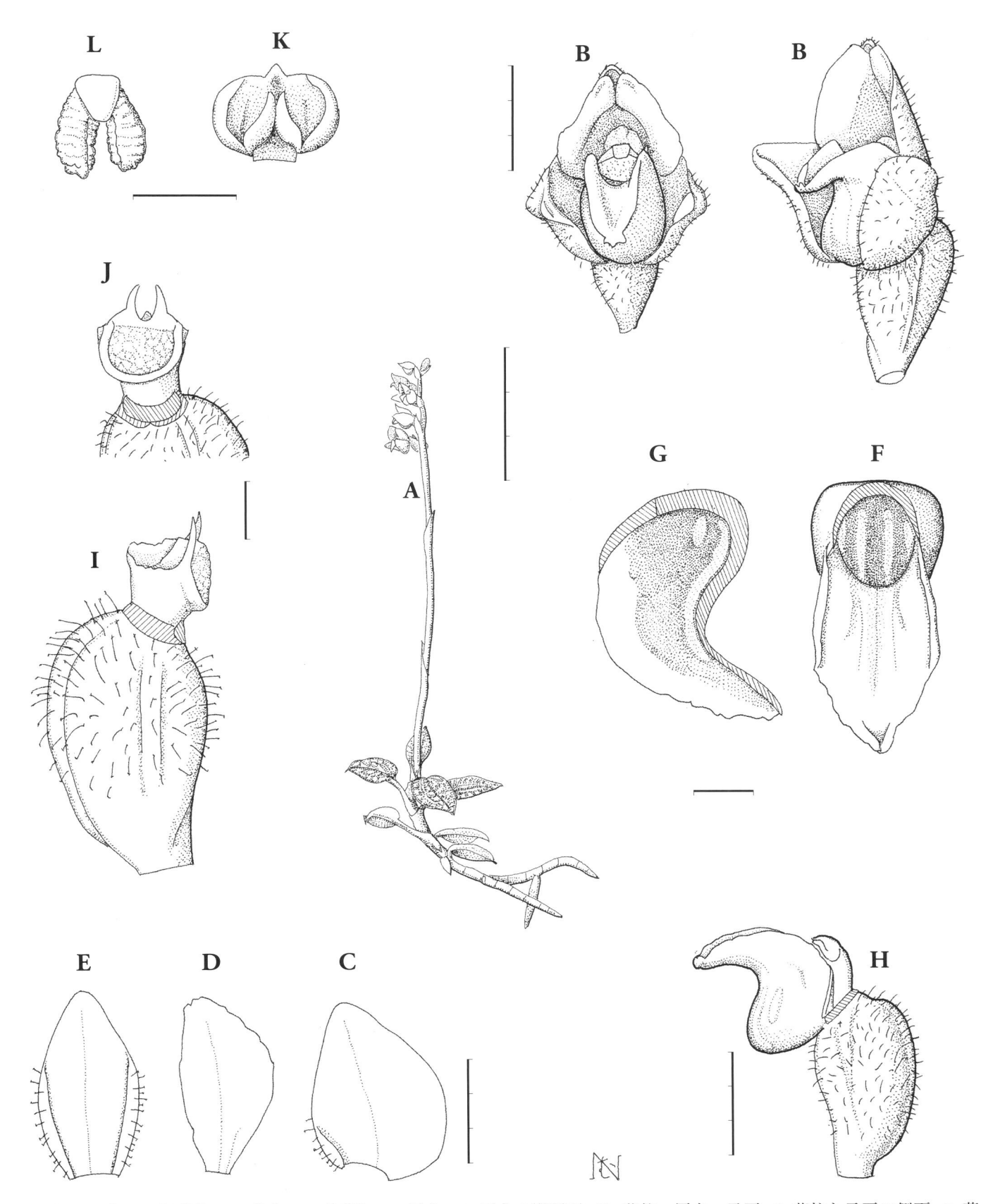

A- 植物体；B- 花；C- 側萼片；D- 花弁；E- 背萼片；F- 唇弁；G- 唇弁の縦断面；H- 蕊柱，唇弁，子房；I- 蕊柱と子房の側面；J- 蕊柱の腹面；K- 葯帽；L- 花粉塊と粘着体.

A- plant; B- flower; C- lateral sepal; D- petal; E- dorsal sepal; F- lip; G- vertical section of lip; H- lip, column & ovary; I- lateral view of column & ovary; J- vental view of column; K- anther cap; L- pollinia.

Scales: **A**: 3 cm, **B, C, D, E, H**: 3 mm, **F, G, I, J, K, L**: 1 mm.

29-13. ヤエヤマキンギンソウ **Goodyera rubicunda** (Bl.) Lindl.

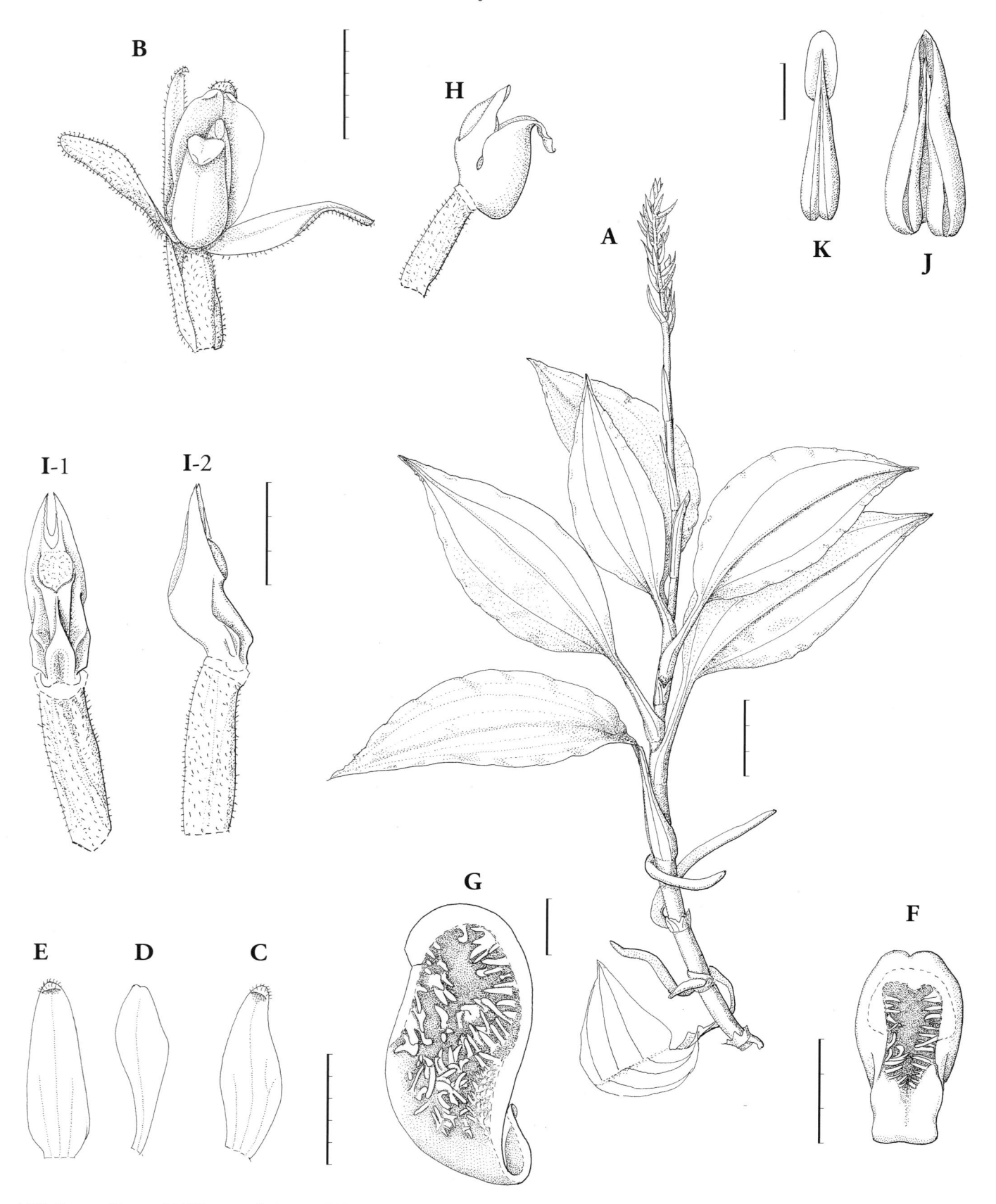

A- 植物体；B- 花；C- 側萼片；D- 花弁；E- 背萼片；F- 唇弁；G- 唇弁の縦断面；H- 蕊柱，唇弁，子房；I-1- 蕊柱の腹面；I-2- 蕊柱の側面；J- 葯帽；K- 花粉塊と粘着体.

A- plant; B- flower; C- lateral sepal; D- petal; E- dorsal sepal; F- lip; G- vertical section of column; H- lip, column & ovary; I-1- vental view of column; I-2- lateral view of column; J- anther cap; K- pollinia.

Scales: A: 3 cm, B, C, D, E, H: 5 mm, F & I: 3 mm, G, J, K: 1 mm.

29-14. ミヤマウズラ Goodyera schlechtendaliana Rchb. f.

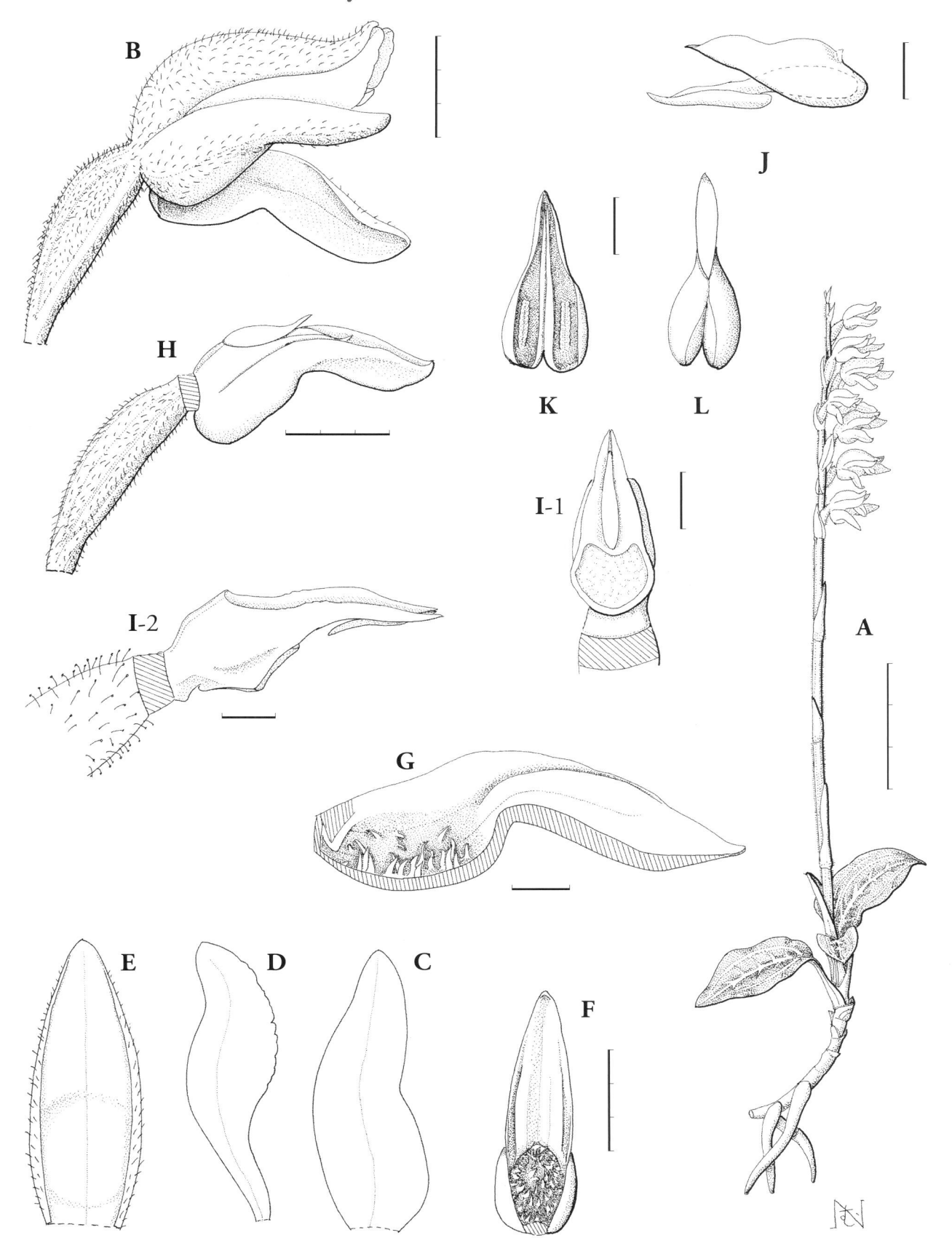

A- 植物体；**B**- 花；**C**- 側萼片；**D**- 花弁；**E**- 背萼片；**F**- 唇弁；**G**- 唇弁の縦断面；**H**- 蕊柱と唇弁，子房；**I-1**- 蕊柱の腹面；**I-2**- 蕊柱の側面；**J**- 葯の側面；**K**- 葯帽；**L**- 花粉塊と粘着体.

A- plant; **B**- flower; **C**- lateral sepal; **D**- petal; **E**- dorsal sepal; **F**- lip; **G**- vertical section of lip; **H**- lip, column & ovary; **I-1**- vental view of column; **I-2**- lateral view of column; **J**- lateral view of anther & column; **K**- anther cap; **L**- pollinia.

Scales: **A**: 3 cm, **B, C, D, E, F, H**: 3 mm, **G, I, J, K, L**: 1 mm.

29-15. シュスラン **Goodyera velutina** Maxim.

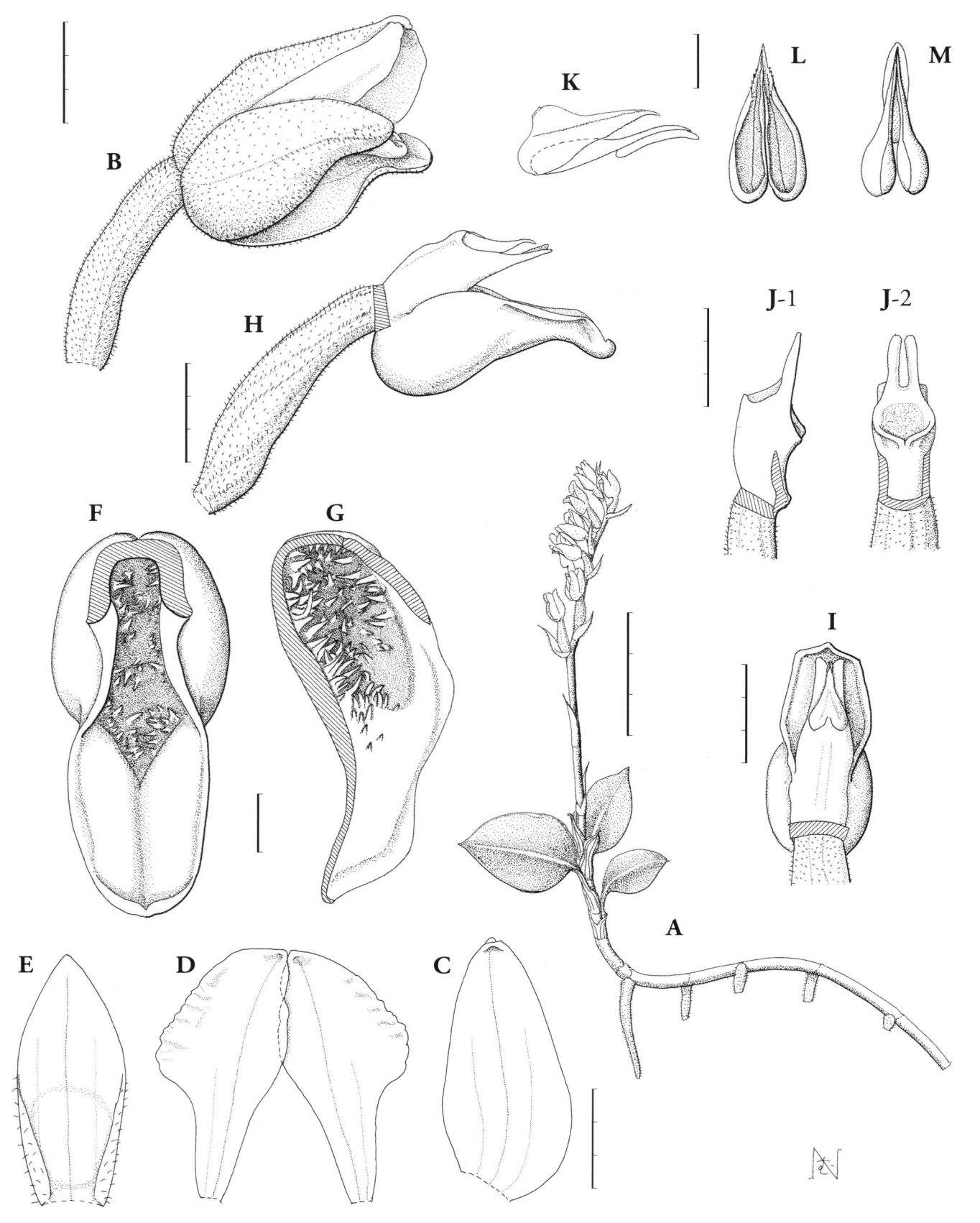

A- 植物体；B- 花；C- 側萼片；D- 花弁；E- 背萼片；F- 唇弁；G- 唇弁の縦断面；H- 蕊柱，唇弁，子房；I- 蕊柱と唇弁；J-1- 蕊柱腹面；J-2- 蕊柱側面；K- 葯の側面；L- 葯帽；M- 花粉塊と粘着体.

A- plant; B- flower; C- lateral sepal; D- petals; E- dorsal sepal; F- lip; G- vertical section of lip; H- lip, column & ovary; I- lip & column with anther; J-1- ventral view of column; J-2- lateral view of column; K- lateral view of anther; L- anther cap; M- pollinia.

Scales: A: 3 cm, B, C, D, E, H, I, J: 3 mm, F, G, K, L, M: 1 mm.

29-16. シマシュスラン **Goodyera viridiflora** (Bl.) Blume

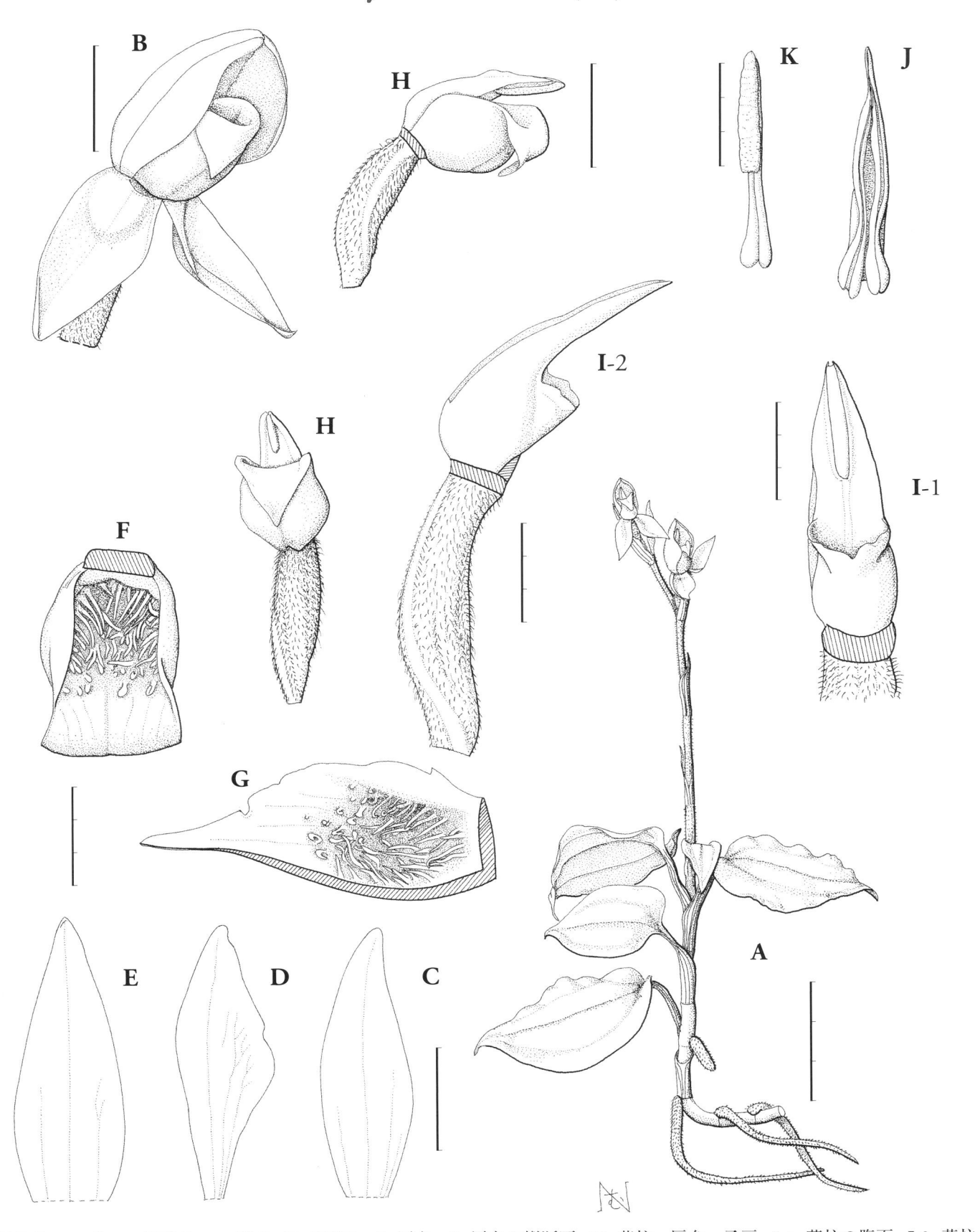

A- 植物体 ; **B**- 花 ; **C**- 側萼片 ; **D**- 花弁 ; **E**- 背萼片 ; **F**- 唇弁 ; **G**- 唇弁の縦断面 ; **H**- 蕊柱, 唇弁, 子房 ; **I-1**- 蕊柱の腹面 ; **I-2**- 蕊柱の側面 ; **J**- 葯帽 ; **K**- 花粉塊と粘着体.

A- plant; **B**- flower; **C**- lateral sepal; **D**- petal; **E**- dorsal sepal; **F**- lip; **G**- vertical section of lip; **H**- lip, column & ovary; **I-1**- ventral view of column; **I-2**- lateral view of column; **J**- anther cap; **K**- pollinia.

Scales: **A**: 3 cm, **B, C, D, E, H**: 5 mm, **F, G, I, J, K**: 3 mm.

30-01. ミソボシラン Vrydagzynea albida (Blume) Blume var. formosana Hayata

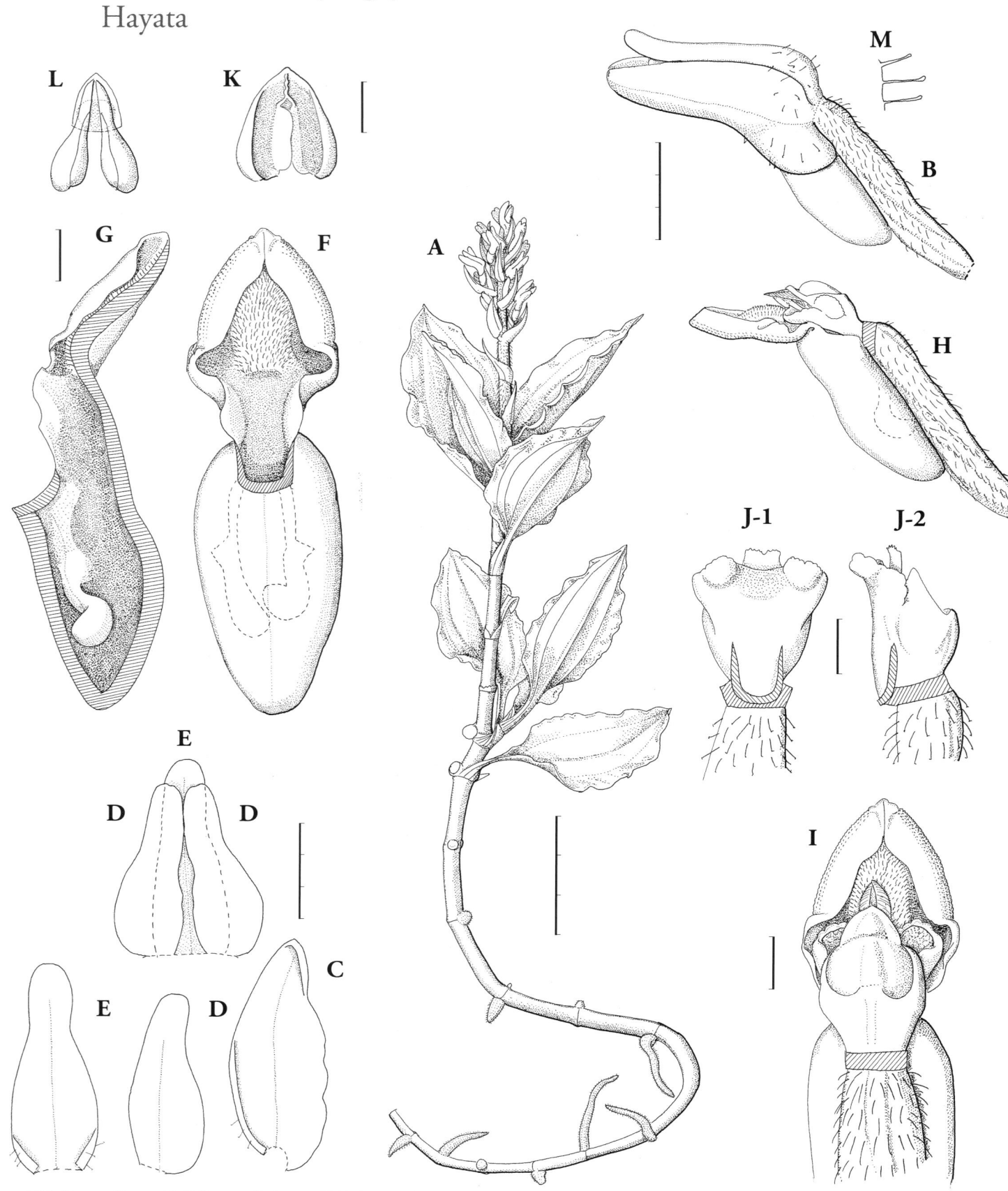

A- 植物体; B- 花; C- 側萼片; D- 花弁; E- 背萼片; F- 唇弁; G- 唇弁の縦断面; H- 蕊柱, 唇弁, 子房; I- 蕊柱と唇弁; J-1- 蕊柱腹面; J-2- 蕊柱側面; K- 葯帽; L- 花粉塊; M- 萼片と子房の毛.

A- plant; B- flower; C- lateral sepal; D- petal; E- dorsal sepal; F- lip; G- vertical section of lip; H- lip, column & ovary; I- lip epichile & column; J-1- ventral view of column; J-2- lateral view of column; K- anther cap; L- pollinia; M- hair on sepals & ovary.

Scales: A: 3 cm, B, C, D, E, H: 3 mm, F, G, I, J, K, L: 1 mm.

31-01. アオジクキヌラン Zeuxine affinis (Lindl.) Benth ex Hook f.

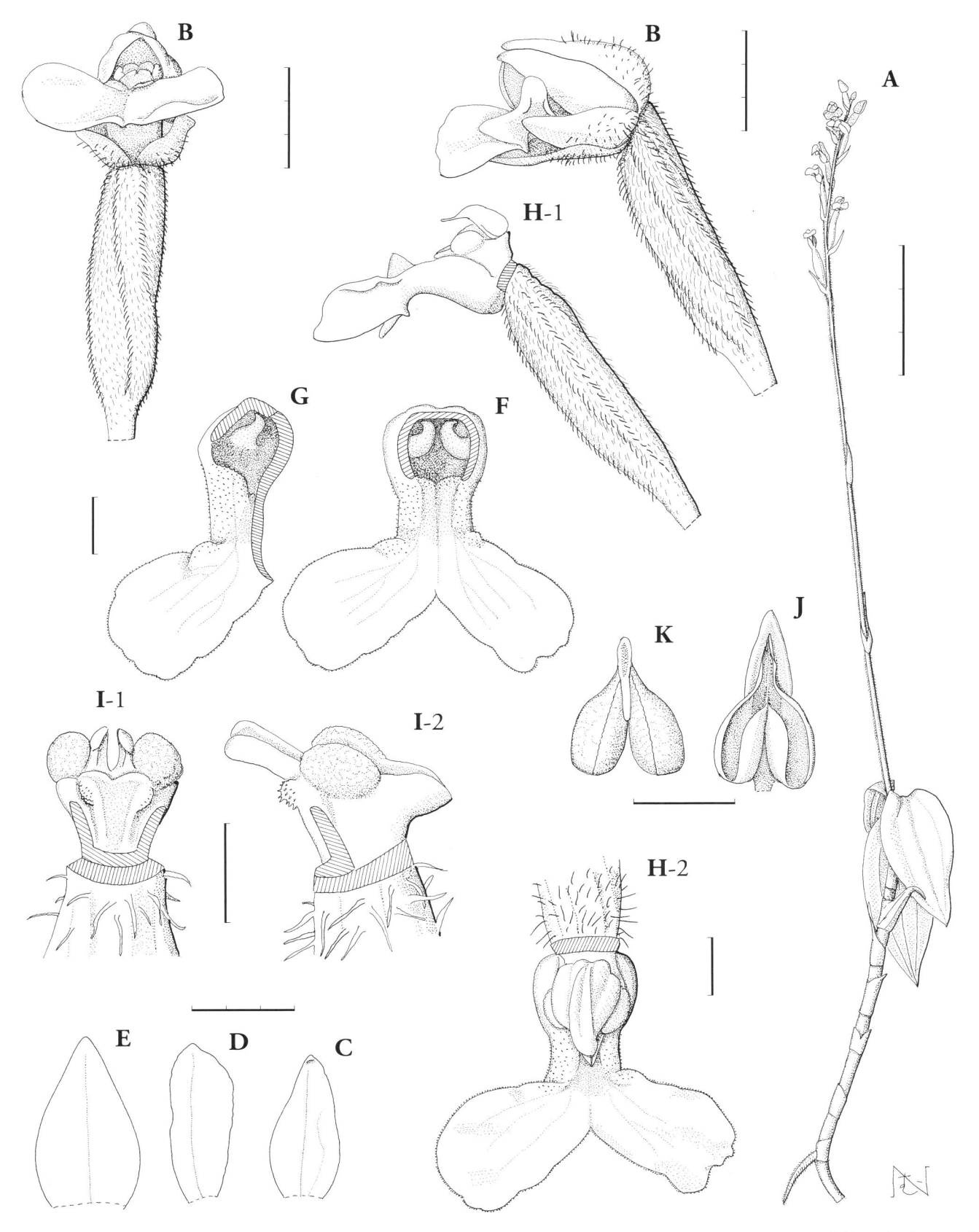

A- 植物体; B- 花; C- 側萼片; D- 花弁; E- 背萼片; F- 唇弁; G- 唇弁の縦断面; H- 蕊柱，唇弁，子房; I-1- 蕊柱の腹面; I-2- 蕊柱の側面; J- 葯帽; K- 花粉塊と粘着体.

A- plant; B- flower; C- lateral sepal; D- petal; E- dorsal sepal; F- lip; G- vertical section of lip; H- lip, column & ovary; I-1- ventral view of column; I-2- lateral view of column; J- anther cap; K- pollinia.

Scales: A: 3 cm, B, C, D, E, H-1: 3 mm, F, G, H-2, I, J, K: 1 mm.

31-02. カゲロウラン *Zeuxine agykuana* Fukuyama

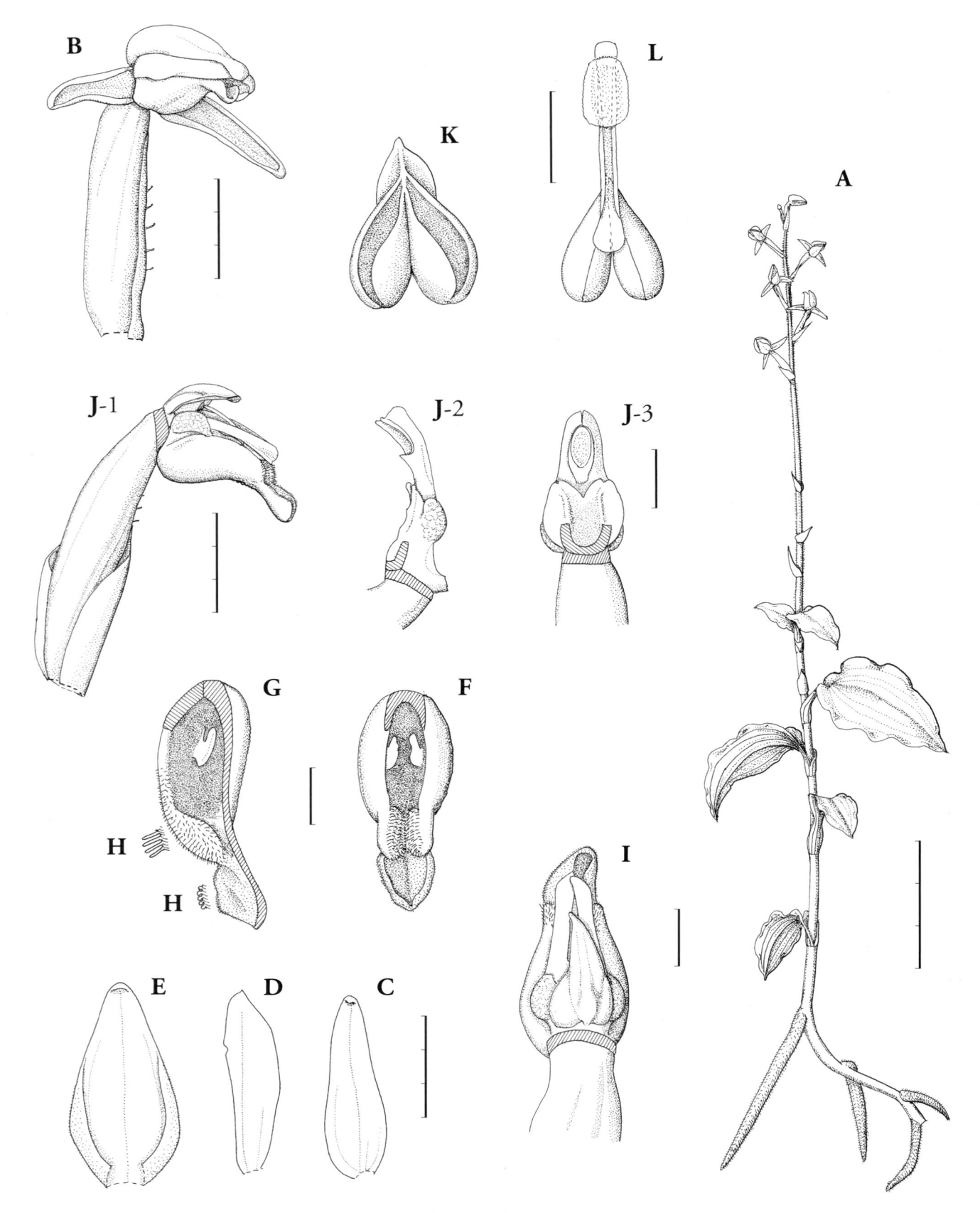

A- 植物体 ; B- 花 ; C- 側萼片 ; D- 花弁 ; E- 背萼片 ; F- 唇弁 ; G- 唇弁の縦断面 ; H- 唇弁の毛 ; I- 蕊柱と唇弁 ; J-1- 蕊柱, 唇弁, 苞 ; J-2- 蕊柱の側面 ; J-3- 蕊柱の腹面 ; K- 葯帽 ; L- 花粉塊と粘着体.

A- plant; B- flower; C- lateral sepal; D- petal; E- dorsal sepal; F- lip; G- vertical section of lip; H- hair of lip; I- lip & column; J-1- lip, column and ovary with bract; J-2- lateral view of column; J-3- vental view of column; K- anther cap; L- pollinia.

Scales: **A**: 3 cm, **B, C, D, E, J-1**: 3 mm, **F, G, I, J-2, J-3, K, L**: 1 mm.

31-03. ムニンキヌラン Zeuxine boninensis Tuyama

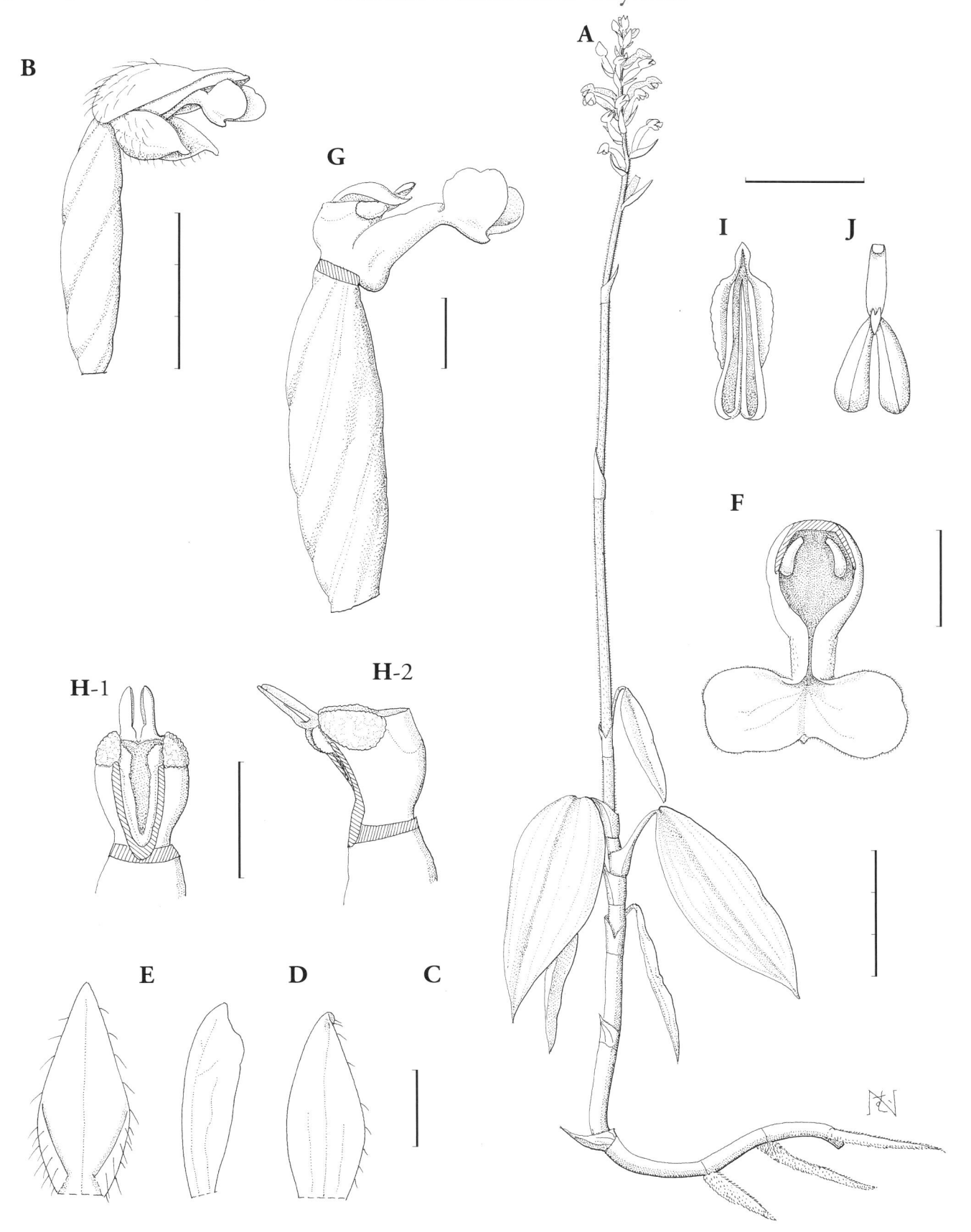

A- 植物体 ; B- 花 ; C- 側萼片 ; D- 花弁 ; E- 背萼片 ; F- 唇弁 ; G- 蕊柱, 唇弁 ; H-1- 蕊柱の腹面 ; H-2- 蕊柱の側面 ; I- 葯帽 ; J- 花粉塊と粘着体.

A- plant; B- flower; C- lateral sepal; D- petal; E- dorsal sepal; F- lip; G- lip, column & ovary; H-1- ventral view of column; H-2- lateral view of column; I- anther cap; J- pollinia.

Scales: A: 3 cm, B: 3 mm, C, D, E, F, G, H, I, J: 1 mm.

31-04. イシガキキヌラン Zeuxine flava (Lindl.) Beneth.

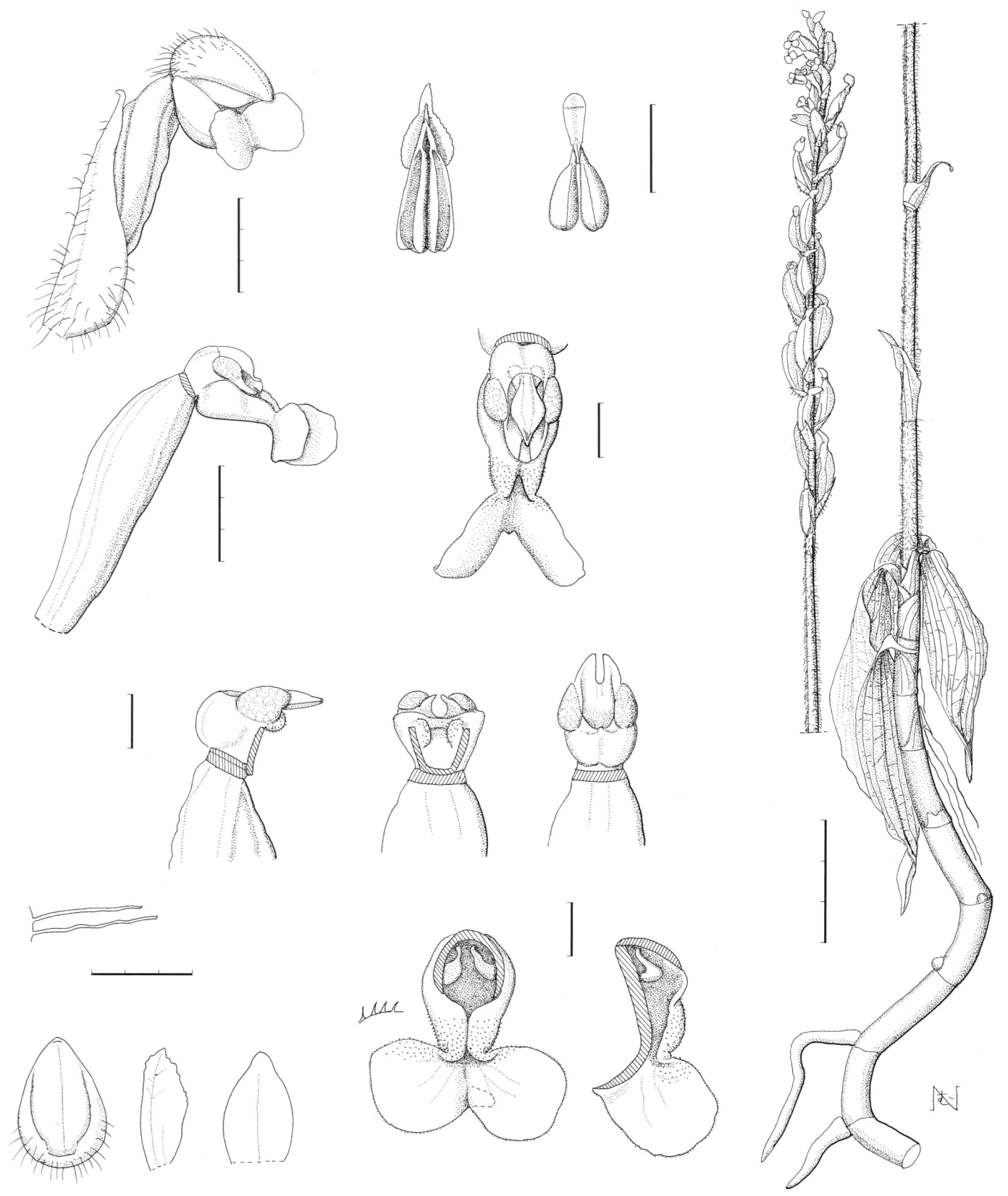

A- 植物体; B- 花; C- 側萼片; D- 花弁; E- 背萼片; F- 萼片の毛; G- 唇弁; H- 唇弁の毛; I- 唇弁の縦断面; J- 蕊柱, 唇弁, 子房; K- 蕊柱と唇弁; L-1- 蕊柱の腹面; L-2- 蕊柱の背面; L-3- 蕊柱の側面; M- 葯帽; N- 花粉塊と粘着体.
A- plant; B- flower with bract; C- lateral sepal; D- petal; E- dorsal sepal; F- nectarium; G- lip; H- hair on lip mesochile; I- vertical section of lip; J- lip, column & ovary; K- lip & column; L-1- vental view of column; L-2- dorsal view of column; L-3- lateral view of column; M- anther cap; N- pollinia.
Scales: A: 3 cm, B, C, D, E, I: 3 mm, F, G, K, L, M, N: 1 mm.

31-05. ヤンバルキヌラン **Zeuxine leucochila** Schltr.

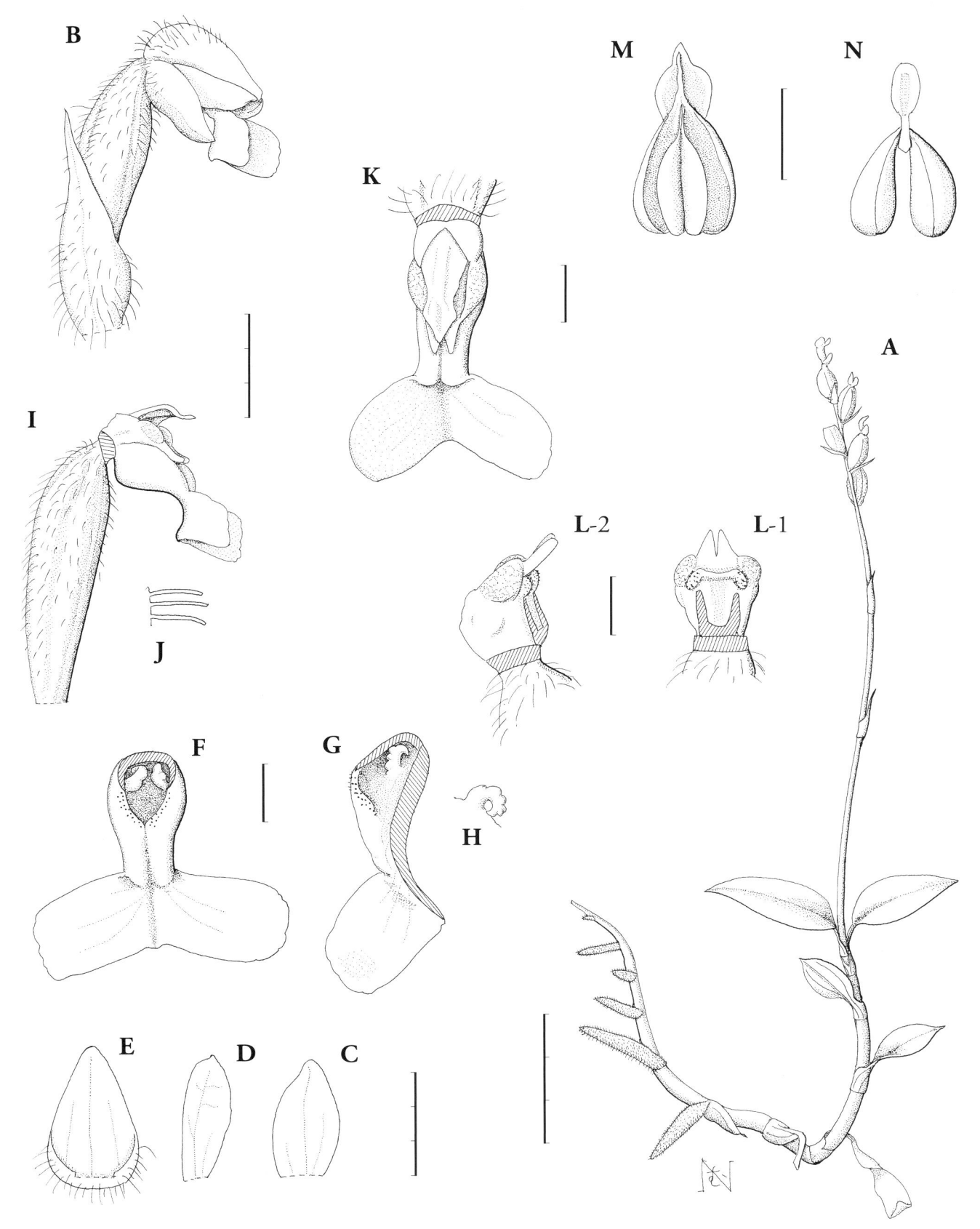

A- 植物体 ; B- 花 ; C- 側萼片 ; D- 花弁 ; E- 背萼片 ; F- 唇弁 ; G- 唇弁の縦断面 ; H- 唇弁基部の肉塊 ; I- 蕊柱，唇弁，子房 ; J- 子房の毛 ; K- 蕊柱と唇弁 ; L-1- 蕊柱の腹面 ; L-2- 蕊柱の側面 ; M- 葯帽 ; N- 花粉塊と粘着体.

A- plant; B- flower with bract; C- lateral sepal; D- petal; E- dorsal sepal; F- lip; G- vertical section of lip; H- appendage of lip base; I- lip, column & ovary; J- hair of sepals; K- lip & column; L-1- vental view of column; L-2- lateral view of column; M- anther cap; N- pollinia.

Scales: A: 3 cm, B, C, D, E, I: 3 mm, F, G, K, L, M, N: 1 mm.

31-06 オオキヌラン Zeuxine nervosa (Lindl.) Benth ex Hook f.

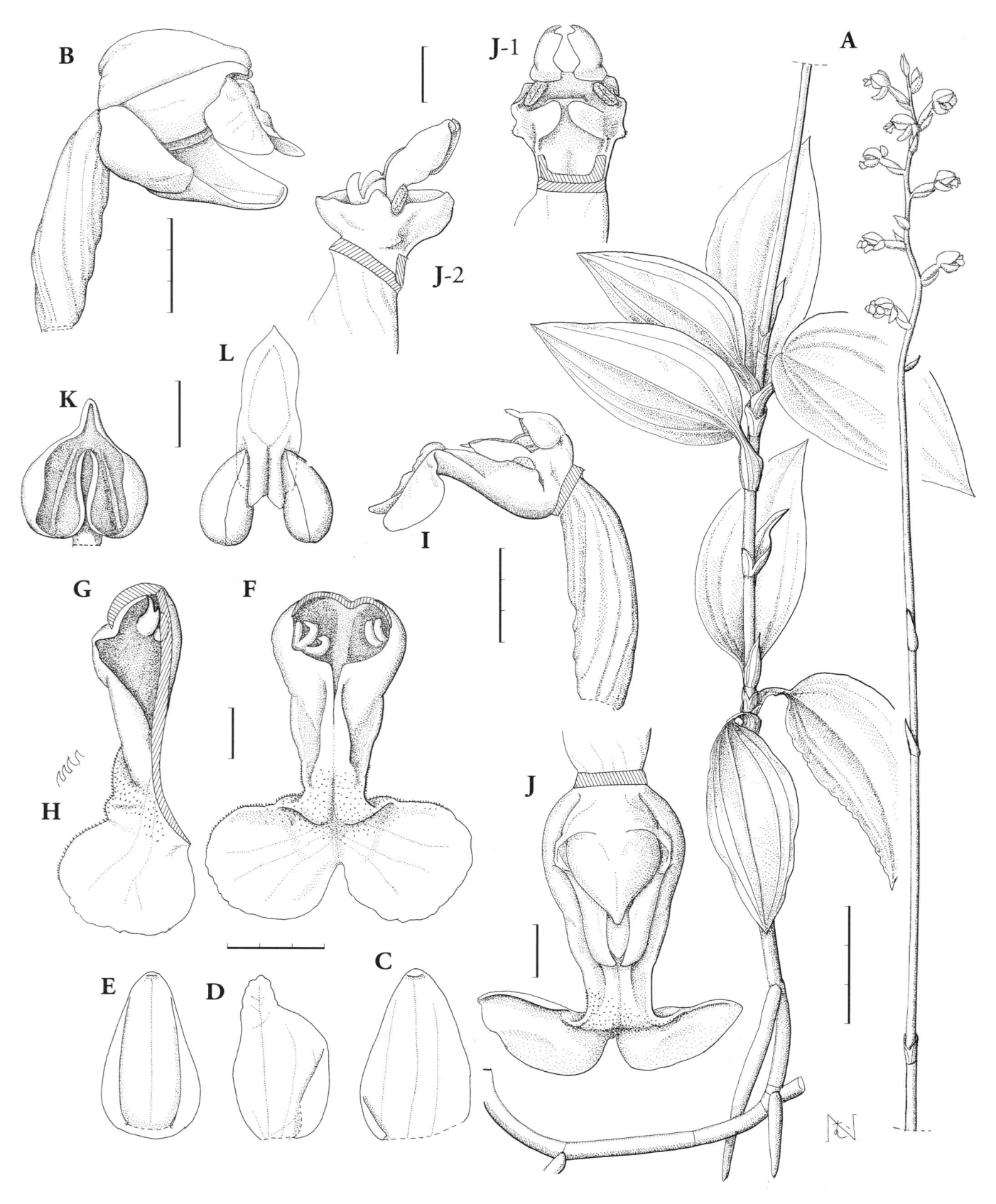

A- 植物体；B- 花；C- 側萼片；D- 花弁；E- 背萼片；F- 唇弁；G- 唇弁の縦断面；H- 唇弁の毛；I- 蕊柱, 唇弁, 子房；J-1- 蕊柱の腹面；J-2- 蕊柱の側面；K- 葯帽；L- 花粉塊と粘着体.

A- plant; B- flower; C- lateral sepal; D- petal; E- dorsal sepal; F- lip; G- vertical section of lip; H- hair of lip mesochile; I- lip, colimn & ovary; J-1- ventalview of column; J-2- lateral view of column; K- anther cap; L- pollinia.

Scales: A: 3 cm, B, C, D, E, I: 3 mm, F, G, J, K, L: 1 mm.

31-07. ジャコウキヌラン **Zeuxine odorata** Fukuyama

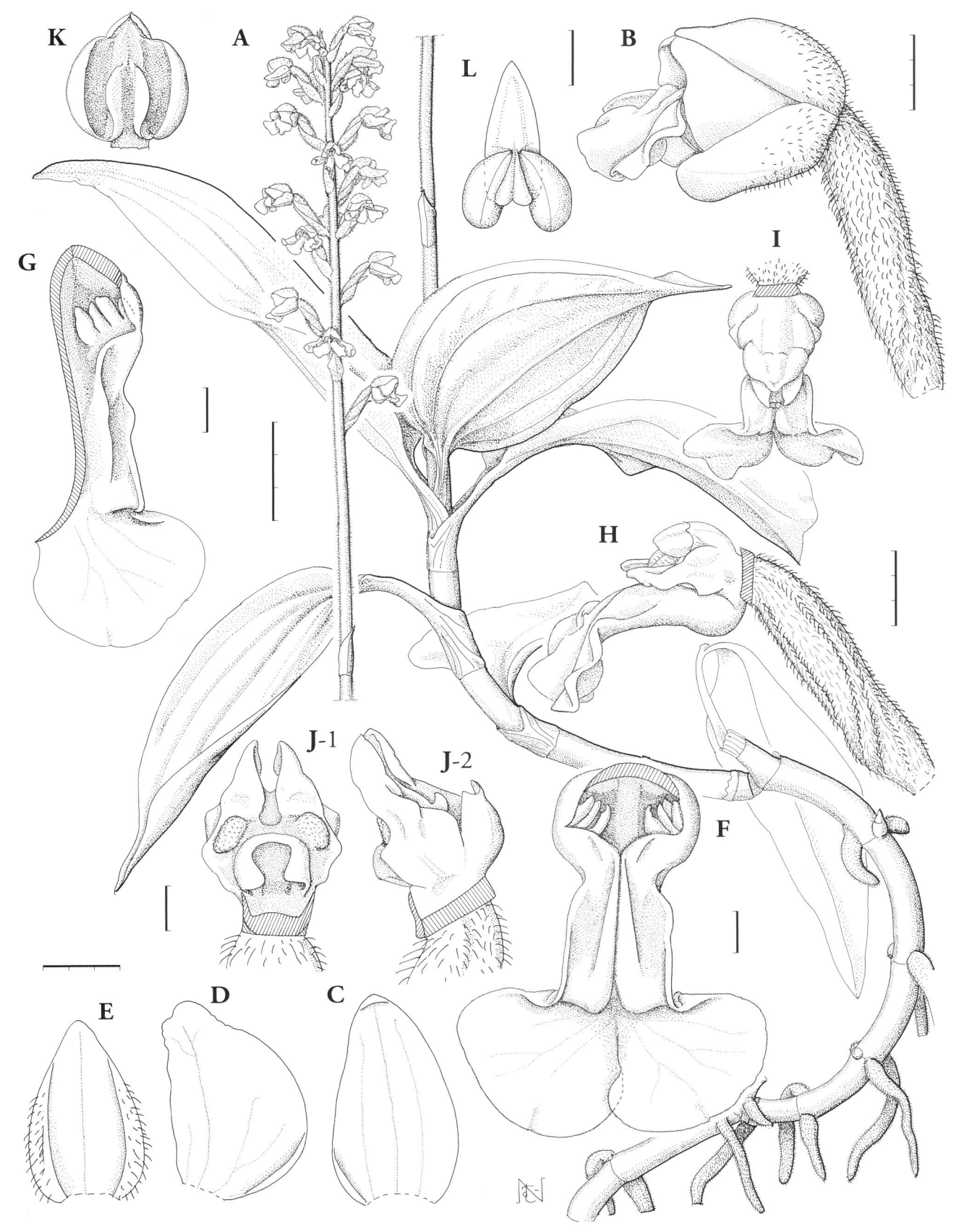

A- 植物体; B- 花; C- 側萼片; D- 花弁; E- 背萼片; F- 唇弁; G- 唇弁の縦断面; H- 蕊柱, 唇弁, 子房; I- 蕊柱と唇弁; J-1- 蕊柱の腹面; J-2- 蕊柱の側面; K- 葯帽; L- 花粉塊と粘着体.

A- plant; B- flower; C- lateral sepal; D- petal; E- dorsal sepal; F- lip; G- vertical section of lip; H- lip, column & ovary; I- lip & column; J-1- ventral view of column; J-2- lateral view of column; K- anther cap; L- pollinia.

Scales: A: 3 cm, B, C, D, E, H, I: 3 mm, F, G, J, K, L: 1 mm.

131

31-08. チクシキヌラン **Zeuxine rupicola** Fukuy.

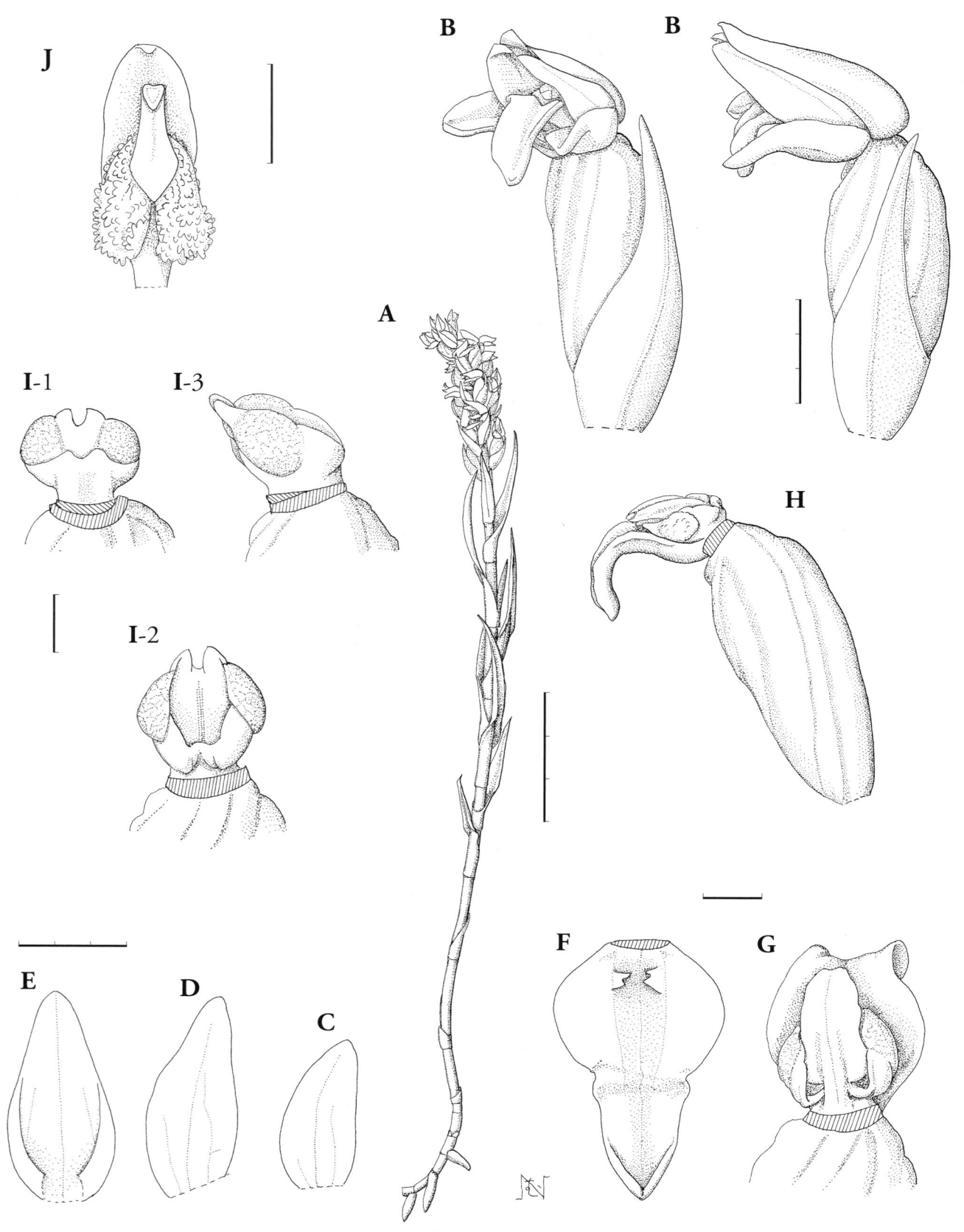

A-植物体; B-花; C-側萼片; D-花弁; E-背萼片; F-唇弁; G-蕊柱と唇弁; H-蕊柱, 唇弁, 子房; I-1-蕊柱の腹面; I-2-蕊柱の背面; I-3-蕊柱の側面; J-葯帽と花粉塊.

A- plant; B- flower with bract; C- lateral sepal; D- petal; E- dorsal sepal; F- lip; G- column, base of lip; H- lip, column; ovary; I-1- vental view of column; I-2- dorsal view of column; I-3- lateral view of column; J- anther.

Scales: A: 3 cm, B, C, D, E, H: 3 mm, F, G, I, J: 1 mm.

31-09. キヌラン **Zeuxine strateumatica** (L.) Schltr.

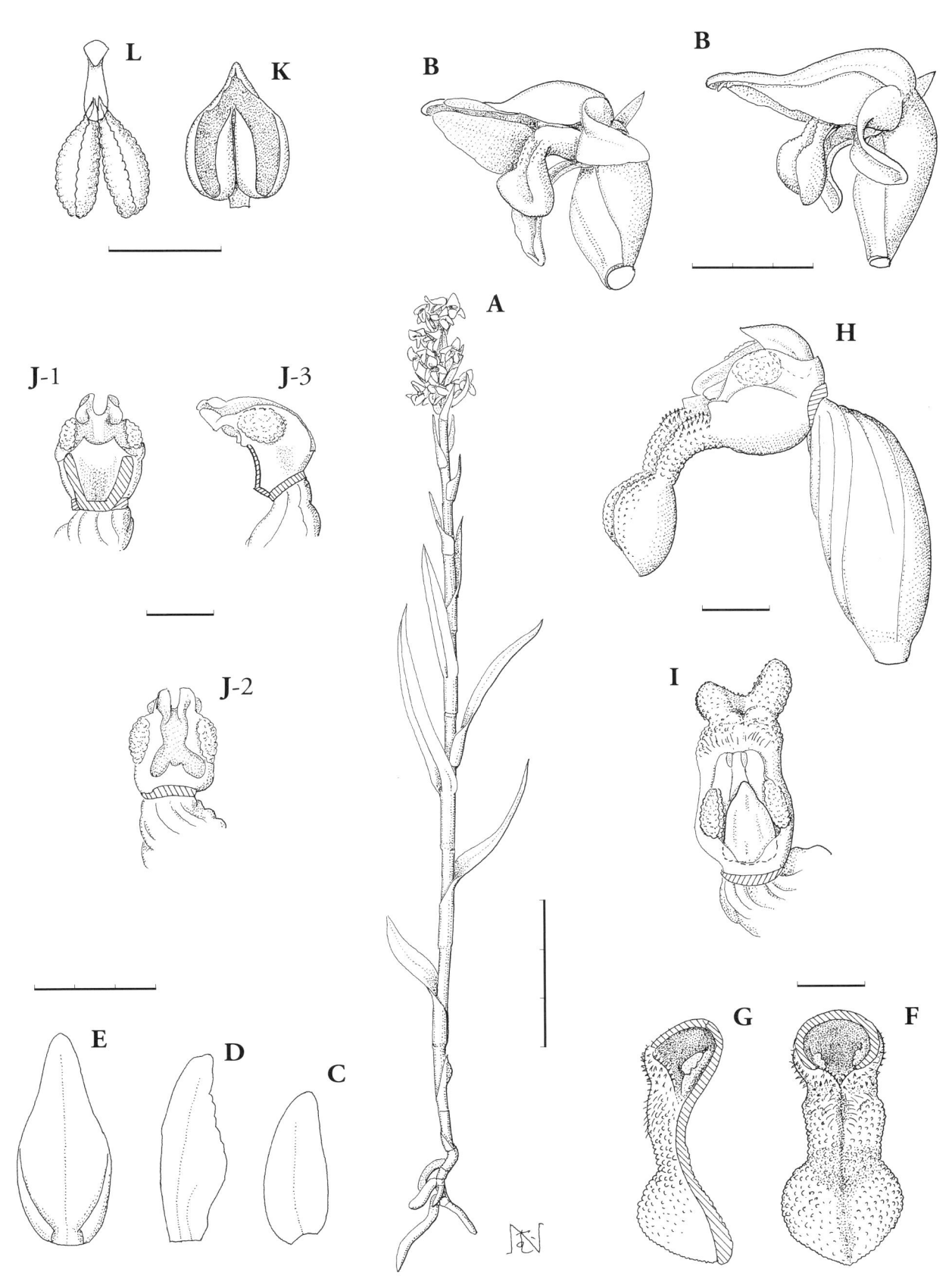

A- 植物体；**B**- 花；**C**- 側萼片；**D**- 花弁；**E**- 背萼片；**F**- 唇弁；**G**- 唇弁の縦断面；**H**- 蕊柱, 唇弁, 子房；**I**- 蕊柱と唇弁；**J**-1- 蕊柱の腹面；**J**-2- 蕊柱の背面；**J**-3- 蕊柱の側面；**K**- 葯帽；**L**- 花粉塊と粘着体.

A- plant; **B**- flower with bract; **C**- lateral sepal; **D**- petal; **E**- dorsal sepal; **F**- lip; **G**- vertical section of column; **H**- lip, column & ovary; **I**- lip & column; **J**-1- ventral view of column; **J**-2- dorsal view of column; **J**-3- lateral view of column; **K**- anther cap; **L**- pollinia.

Scales: **A**: 3 cm, **B, C, D, E**: 3 mm, **F, G, H, I, J, K, L**: 1 mm.

32-01. カイロラン **Cheirostylis liukiuensis** Masam.

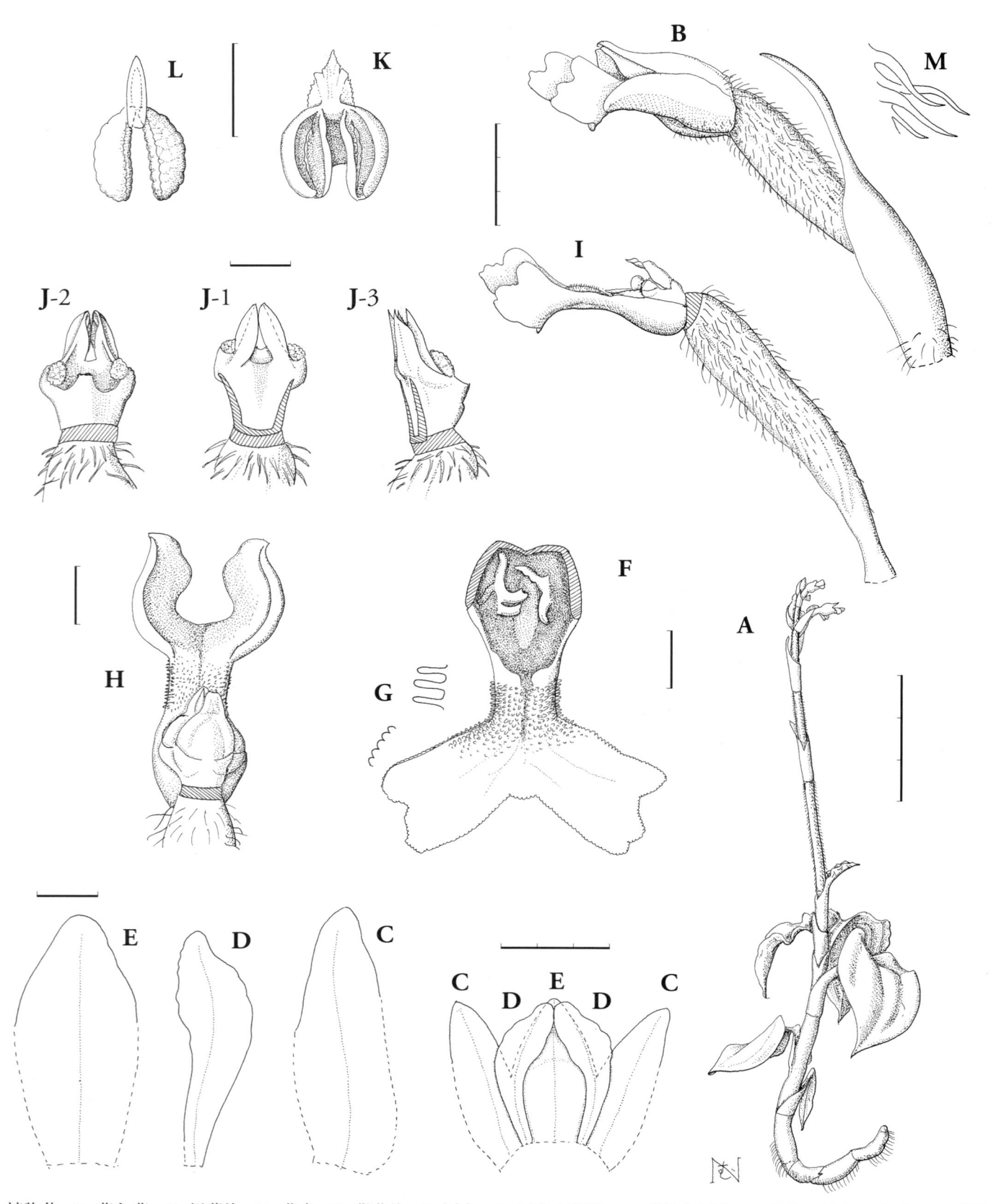

A- 植物体；B- 花と苞；C- 側萼片；D- 花弁；E- 背萼片；F- 唇弁；G- 唇弁の蜜腺；H- 蕊柱と唇弁；I- 蕊柱，唇弁，子房；J-1- 蕊柱の腹面；J-2- 蕊柱の背面；J-3- 蕊柱の側面；K- 葯帽；L- 花粉塊と粘着体；M- 子房の毛.

A- plant; B- flower with bract; C- lateral sepal; D- petal; E- dorsal sepal; F- lip; G- nectarium of lip mesochile; H- lip & column; I- lip, column & ovary; J-1- vental view of column; J-2- dorsal view of column; J-3- lateral view of column; K- anther cap; L- pollinia; M- hair on ovary.

Scales: A: 3 cm, B, C, D, E, I: 3 mm/1 mm, F, H, J, K, L: 1 mm.

32-02. アリサンムヨウラン **Cheiristylis takeoi** (Hayata) Schltr.

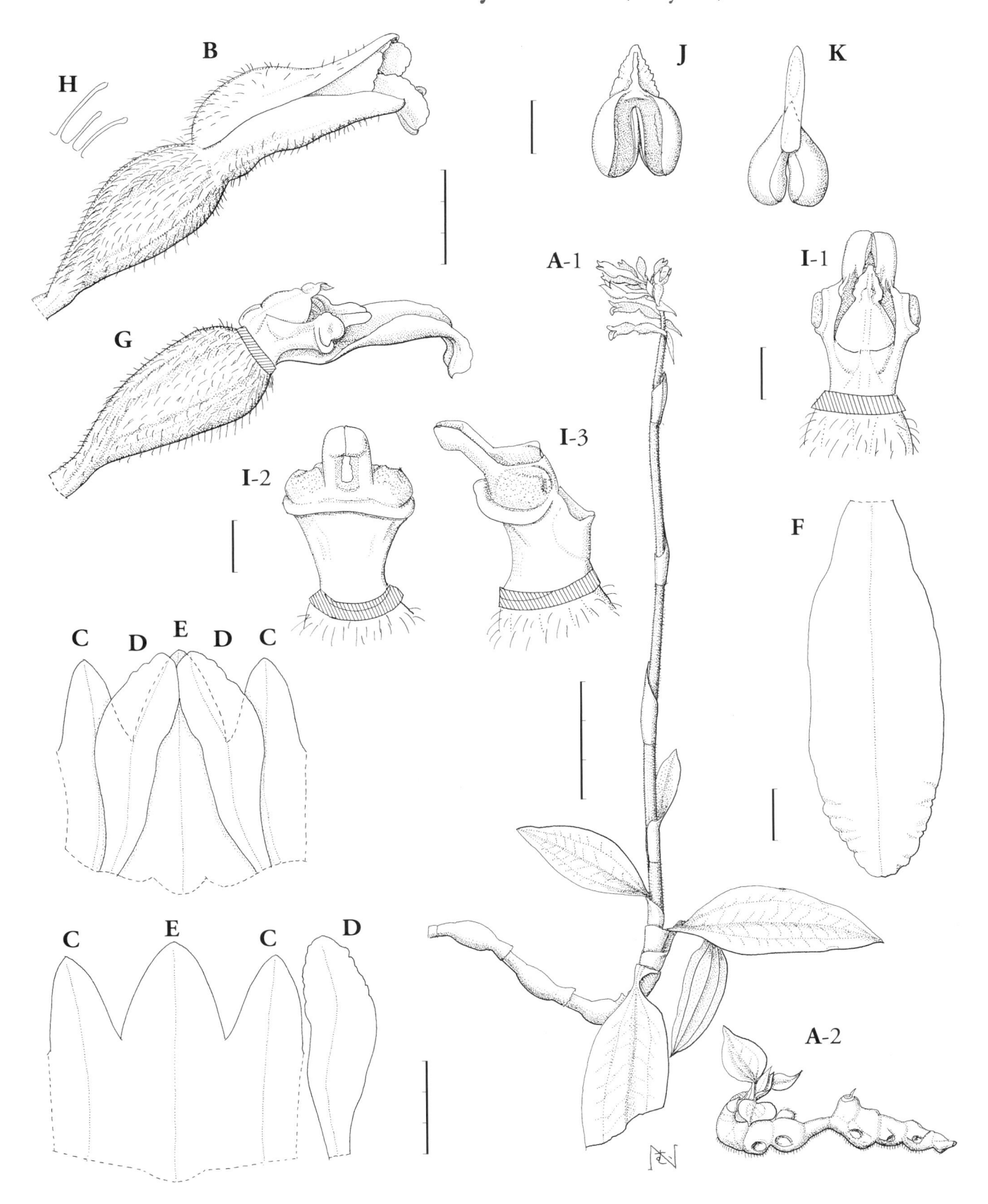

A-1 植物体；A-2 若い植物体；B- 花；C- 側萼片；D- 花弁；E- 背萼片；F- 唇弁；G- 蕊柱，唇弁，子房；H- 萼片と子房の毛；I-1- 蕊柱の腹面と葯帽；I-2- 蕊柱の背面；I-3- 蕊柱の側面；J- 葯帽；K- 花粉塊と粘着体.

A-1 plant; A-2- young plant; B- flower; C- lateral sepal; D- petal; E- dorsal sepal; F- lip; G- lip, column & ovary; H- hair on sepals & ovary; I-1- ventral view of column; I-2- dorsal view of column; I-3- lateral view of column; J- anther cap; K- pollinia.

Scales: **A**: 3 cm; **B, C, D, E, G**: 3 mm; **F, I, J, K**: 1 mm.

33-01. シラヒゲムヨウラン **Lecanorchis flavicans** Fukuyama

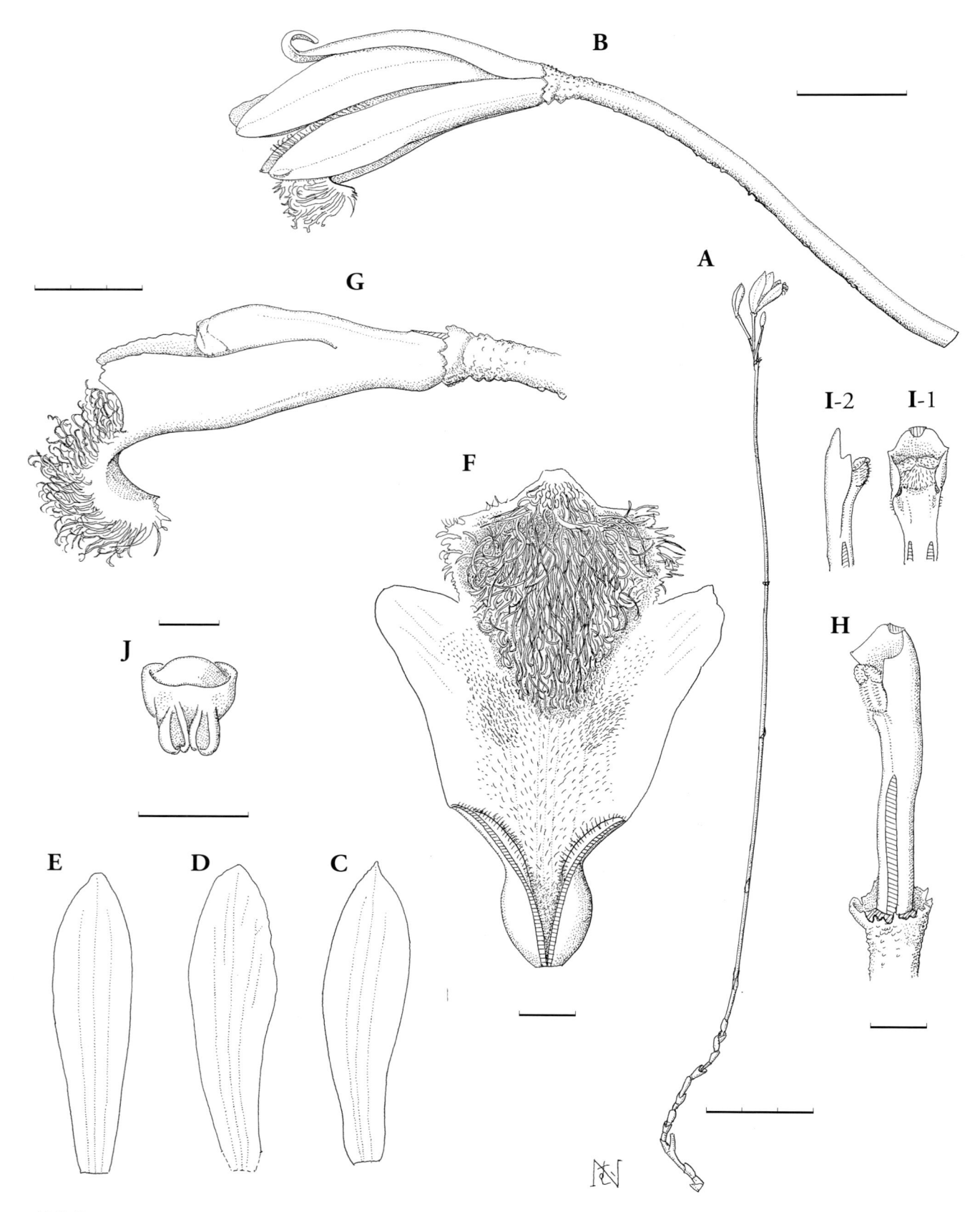

A- 植物体; B- 花; C- 側萼片; D- 花弁; E- 背萼片; F- 唇弁; G- 蕊柱, 唇弁, 副萼; H- 蕊柱と副萼; I-1- 蕊柱の腹面; I-2- 蕊柱の側面; J- 葯帽.

A- plant; B- flower; C- lateral sepal; D- petal; E- dorsal sepal; F- lip; G- lip, column & calyculus; H- column & calyculus; I-1- vental view of column; I-2- lateral view of column; J- anther cap.

Scales: A: 3 cm, B, C, D, E: 5 mm, G: 3 mm, F, H, I, J: 1 mm.

33-02. ムヨウラン Lecanorchis japonica Blume

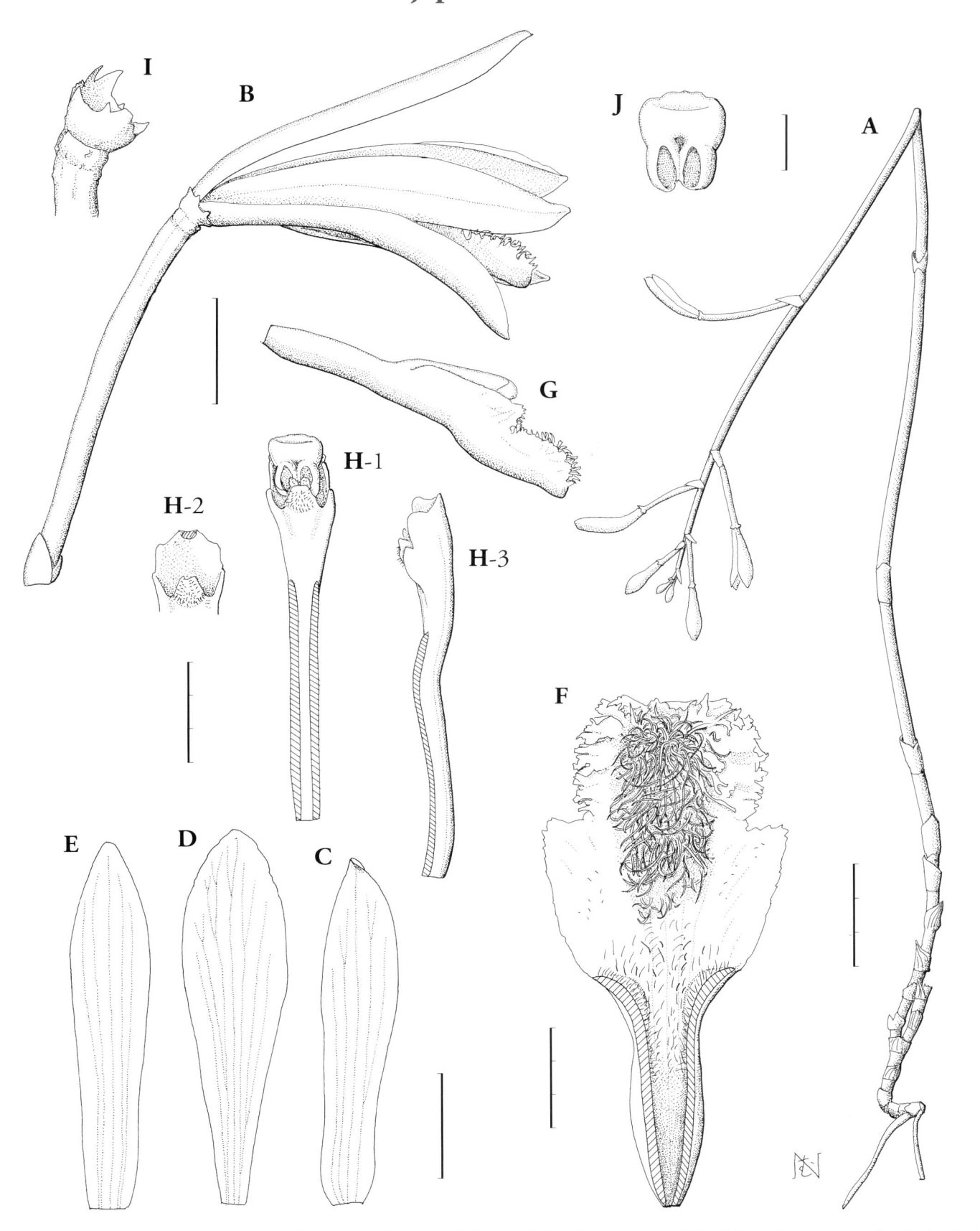

A- 植物体 ; B- 花と苞 ; C- 側萼片 ; D- 花弁 ; E- 背萼片 ; F- 唇弁 ; G- 蕊柱と唇弁 ; H-1- 蕊柱の腹面と葯 ; H-2- 蕊柱の腹面 ; H-3- 蕊柱の側面 ; I- 副萼 ; J- 葯帽.

A- plant; B- flower with bract; C- lateral sepal; D- petal; E- dorsal sepal; F- lip; G- lip & column; H-1- vental view of column & anther; H-2- vental view of clinandrium; H-3- lateral view of column; I- calyculus; J- anther cap.

Scales: A: 3 cm, B, C, D, E, G: 5 mm, F & H: 3 mm, J: 1 mm.

33-03. ホクリクムヨウラン Lecanorchis japonica (Bl.) var. **hokurikuensis** (Masamune) Hashimoto

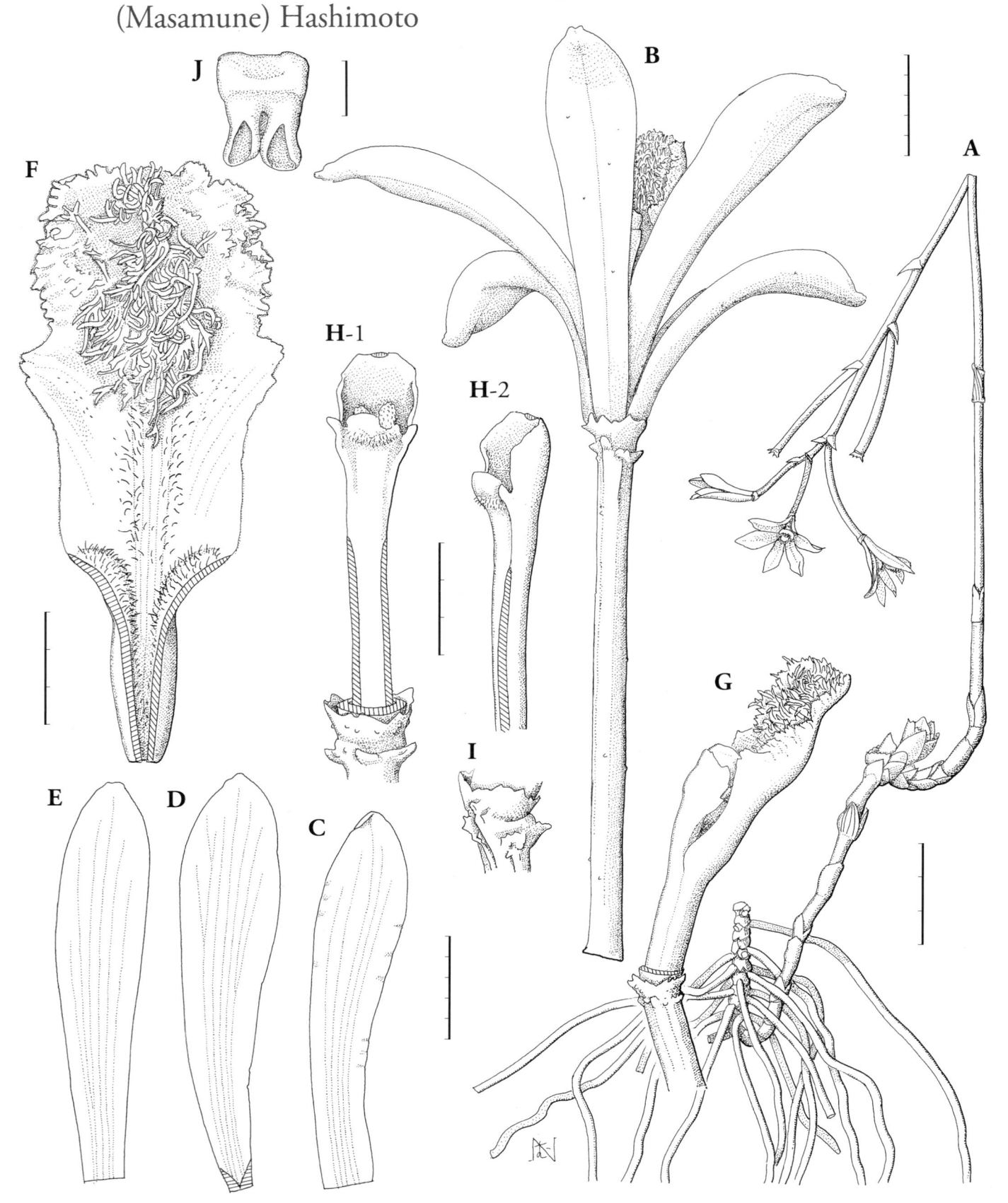

A- 植物体；B- 花；C- 側萼片；D- 花弁；E- 背萼片；F- 唇弁；G- 蕊柱，唇弁，副萼；H-1- 蕊柱の腹面と副萼；H-2- 蕊柱の側面；I- 副萼；J- 葯帽．

A- plant; B- flower; C- lateral sepal; D- petal; E- dorsal sepal; F- lip; G- lip, column & calyculus; H-1- ventral view of column; H-2- lateral view of column; I- calyculus; J- anther cap.

Scales: **A**: 3 cm, **B, C, D, E**: 5 mm, **F & H**: 3 mm, **J**: 1 mm.

33-04. ウスキムヨウラン Lecanorchis kiusiana Tuyama var. kiusiana

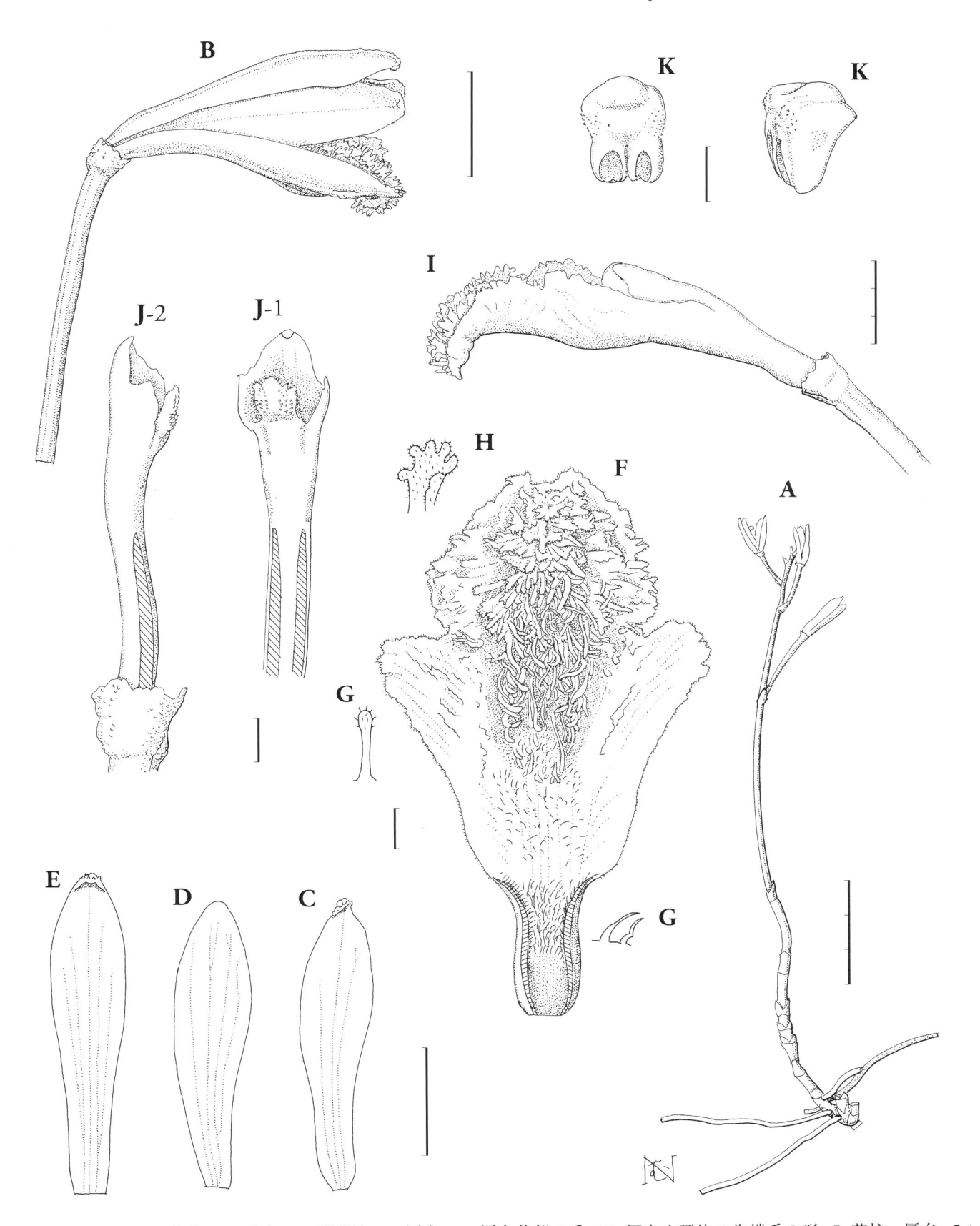

A- 植物体；B- 花；C- 側萼片；D- 花弁；E- 背萼片；F- 唇弁；G- 唇弁基部の毛；H- 唇弁中裂片の先端毛の形；I- 蕊柱, 唇弁；J-1- 蕊柱の腹面；J-2- 蕊柱の側面と副萼；K- 葯帽.

A- plant; B- flower; C- lateral sepal; D- petal; E- dorsal sepal; F- lip; G- hairs of lip base; H- multicellular hairs of lip mid-lobe; I- lip, column & calyculus; J-1- ventral view of column; J-2- lateral view of column; K- anther cap.

Scales: **A**: 3 cm, **B, C, D, E**: 5 mm, **I**: 3 mm, **F, J, K**: 1 mm.

33-05. エンシュウムヨウラン Lecanorchis kiusiana Tuyama. var. suginoana Hashimoto

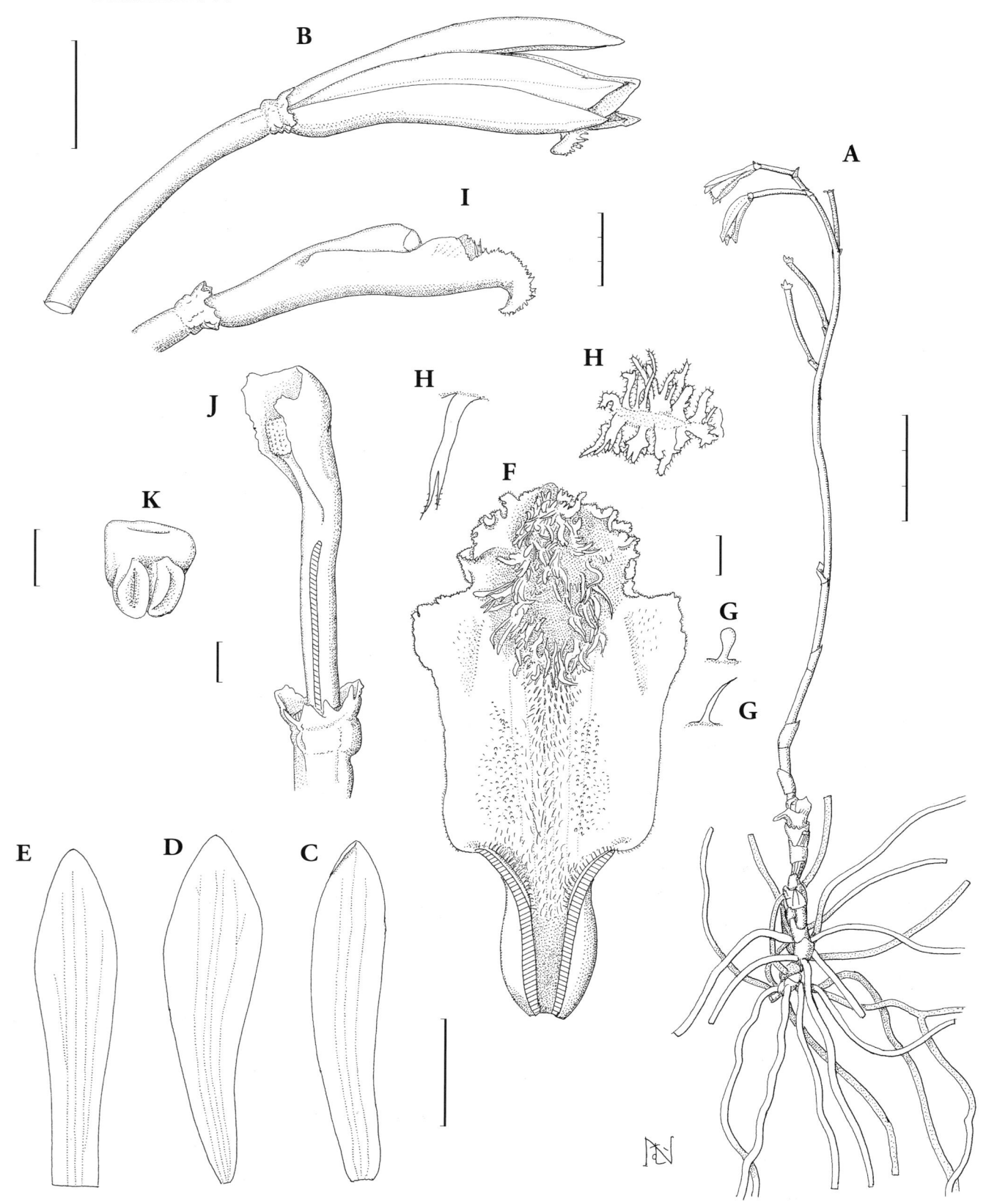

A- 植物体；B- 花；C- 側萼片；D- 花弁；E- 背萼片；F- 唇弁；G- 唇弁基部の毛；H- 唇弁先端のリボン状多細胞の毛；I- 蕊柱, 唇弁と副萼；J- 蕊柱と副萼；K- 葯帽.

A- plant; B- flower; C- lateral sepal; D- petal; E- dorsal; F- lip; G- unicellular hairs of lip base; H- ribbon like multi cellular hairs of lip mid-lobe; I- lip, column & calyculus; J- column & calyculus; K- anther cap.

Scales: A: 3 cm, B, C, D, E: 5 mm, I: 3 mm, F, J, K: 1 mm.

33-06. クロムヨウラン **Lecanorchis nigricans** Honda var. **nigricans**

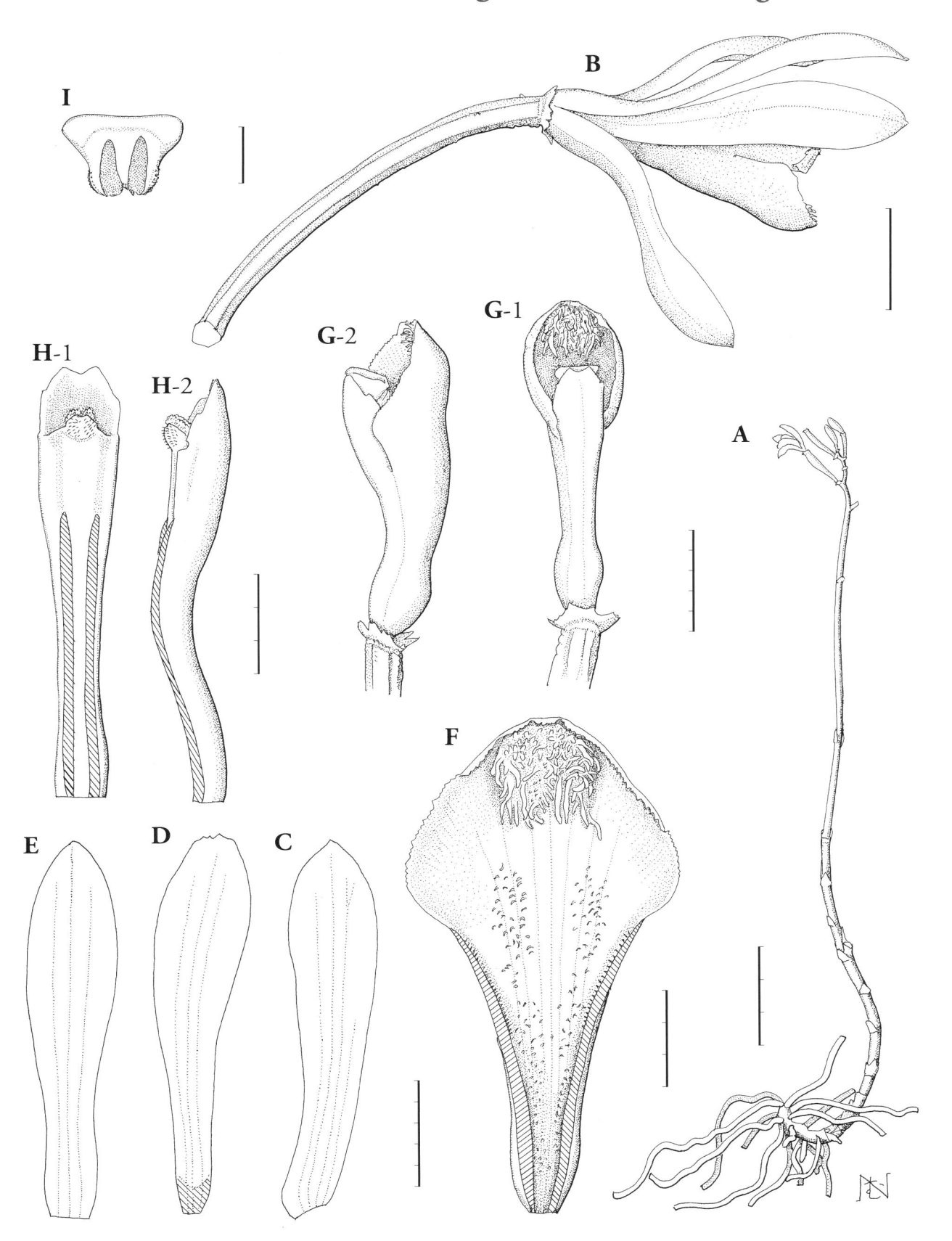

A- 植物体；B- 花；C- 側萼片；D- 花弁；E- 背萼片；F- 唇弁；G-1- 蕊柱と唇弁と副萼の背面；G-2- 蕊柱と唇弁と副萼の側面；H-1- 蕊柱の腹面；H-2- 蕊柱の側面；I- 葯帽.

A- plant; B- flower; C- lateral sepal; D- petal; E- dorsal sepal; F- lip; G-1- dorsal view of column & vental view of lip; G-2- lateral view of lip & column with calyculus; H-1- vental view; H-2- lateral view of column; I- anther cap.

Scales: **A**: 3 cm, **B, C, D, E, G**: 5 mm, **F & H**: 3 mm, **I**: 1 mm.

33-07. アワムヨウラン Lecanorchis trachycaula Ohwi

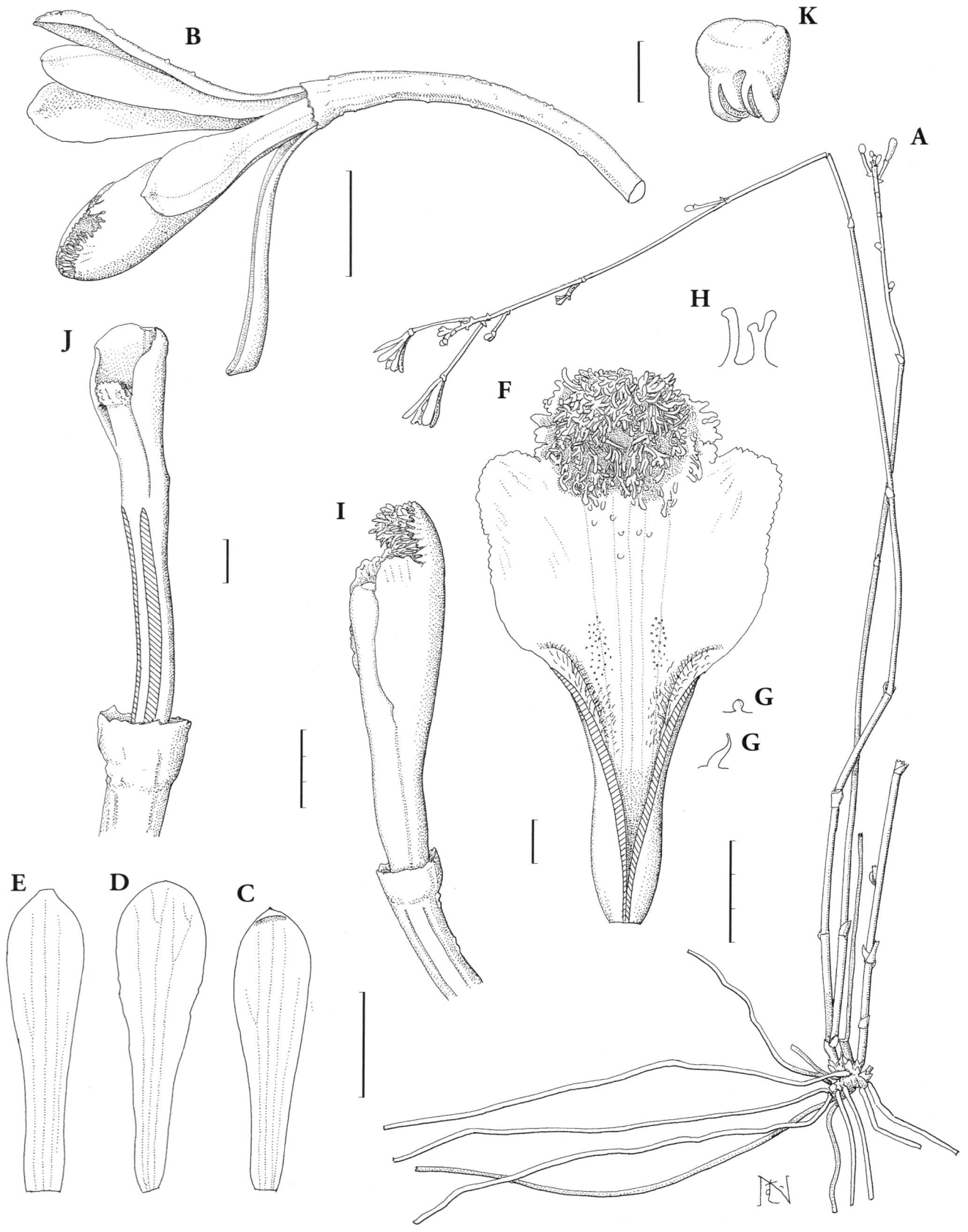

A- 植物体；B- 花；C- 側萼片；D- 花弁；E- 背萼片；F- 唇弁；G- 唇弁基部の毛；H- 唇弁中裂片の毛；I- 蕊柱，唇弁と副萼；J- 蕊柱と副萼；K- 葯帽.

A- plant; B- flower; C- lateral petal; D- petal; E- dorsal sepal; F- lip; G- hairs and pappilous of lip base; H- multicellular hairs of lip midlobe; I- lip, column with calyculus; J- column with calyculus; K- anther cap.

Scales: A: 3 cm, B, C, D, E: 5 mm, I: 3 mm, F, J, K: 1 mm.

33-08. オキナワムヨウラン **Lecanorchis triloba** J.J. Smith

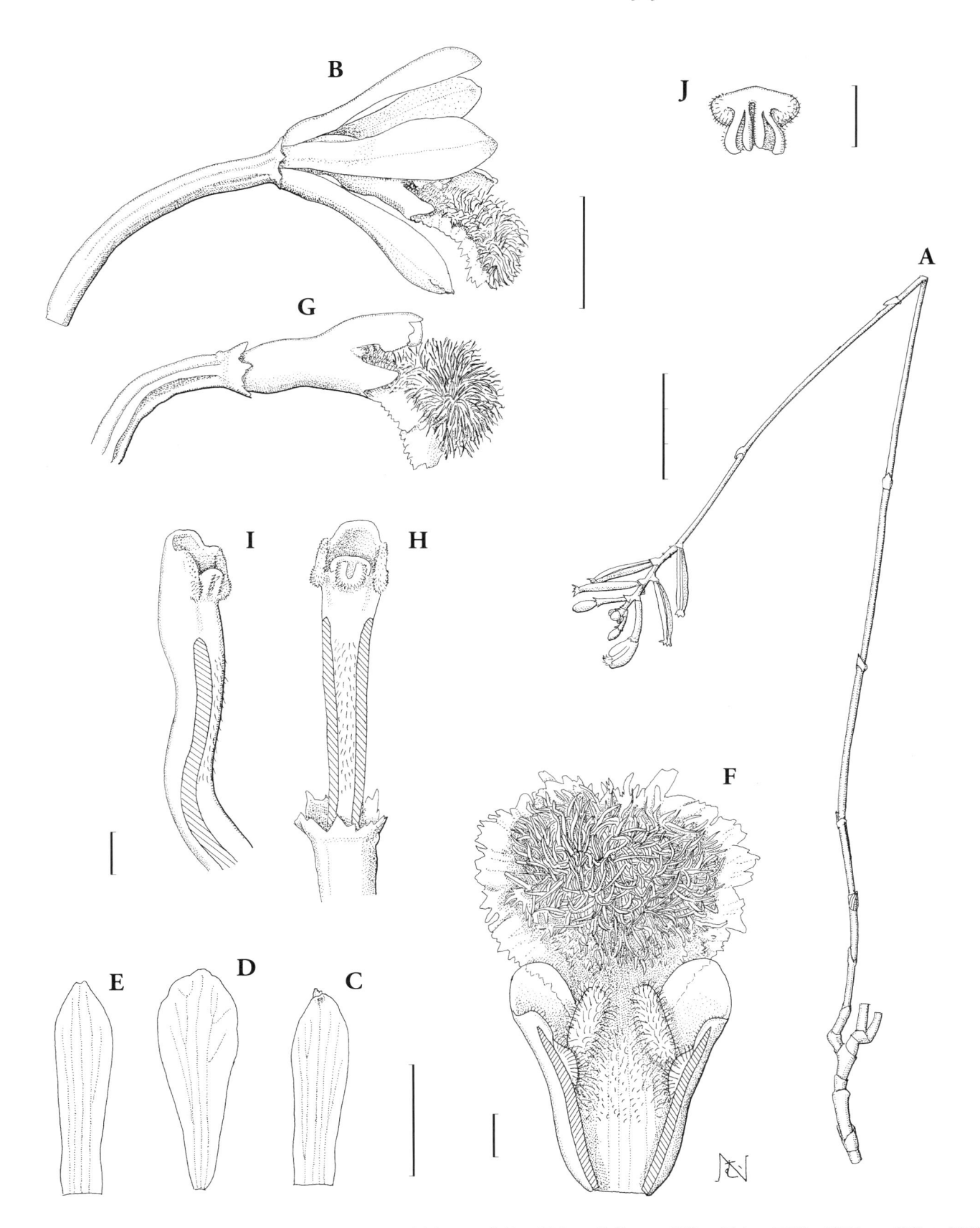

A- 植物体 ; B- 花 ; C- 側萼片 ; D- 花弁 ; E- 背萼片 ; F- 唇弁 ; G- 蕊柱, 唇弁, 副萼 ; H- 蕊柱, 唇弁, 副萼の腹面 ; I- 蕊柱の側面 ; J- 葯帽.

A- plant; B- flower; C- lateral sepal; D- petal; E- dorsal sepal; F- lip; G- lip, column with calyculus; H- vental view of column with calyculus; I- lateral view of column; J- anther cap.

Scales: A: 3 cm, B, C, D, E, G: 5 mm, F, H, I, J: 1 mm.

33-09. ミドリムヨウラン *Lecanorchis virella* Hashimoto

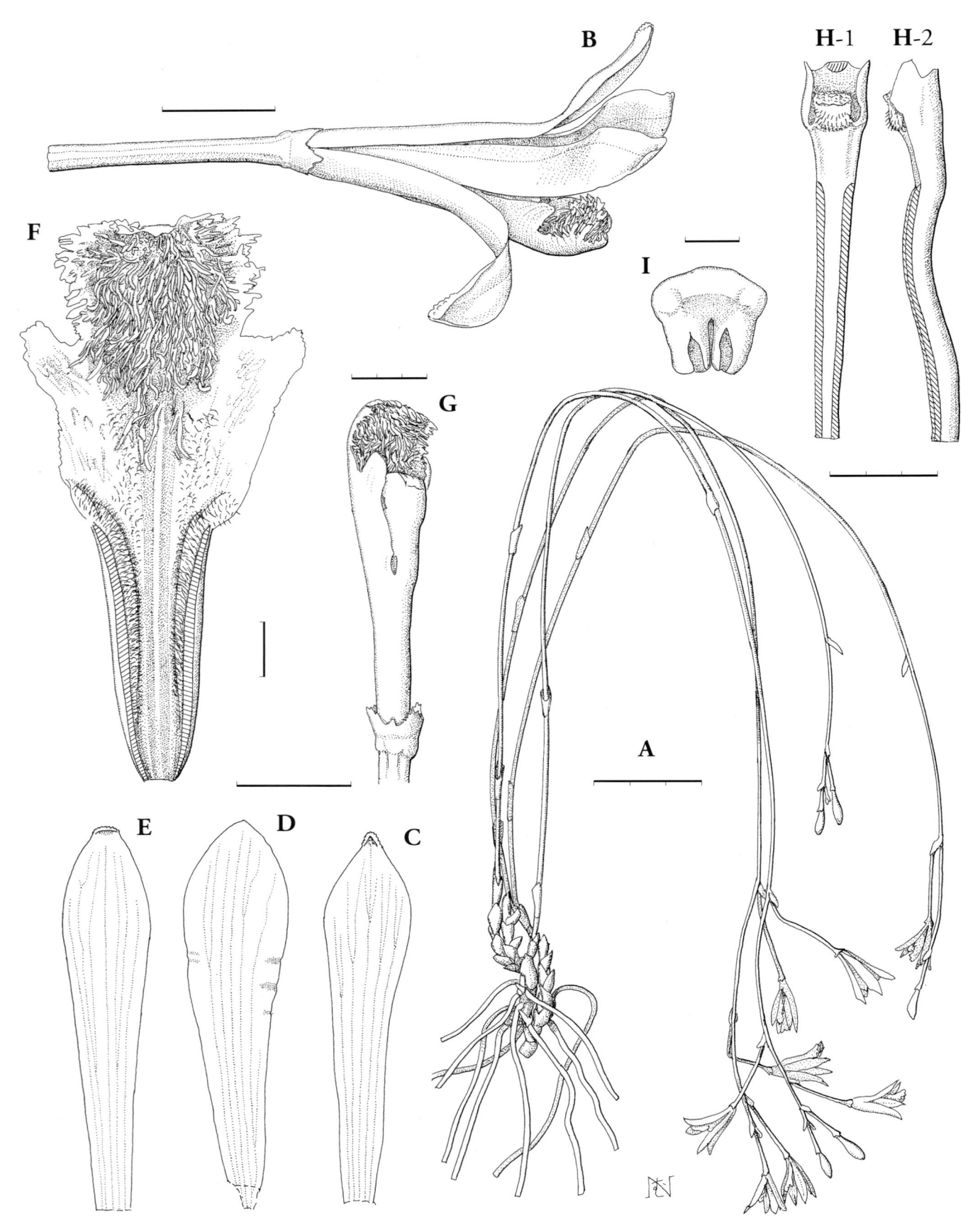

A- 植物体; B- 花; C- 側萼片; D- 花弁; E- 背萼片; F- 唇弁; G- 蕊柱，唇弁と副萼; H-1- 蕊柱の腹面; H-2- 蕊柱の側面; I- 葯帽.
A- plant; B- flower; C- lateral sepal; D- petal; E- dorsal sepal; F- lip; G- lip, column & calyculus; H-1- vental view of column; H-2- lateral view of column; I- anther cap.
Scales: **A**: 3 cm, **B, C, D, E**: 5 mm, **G & H**: 3 mm, **F & I**: 1 mm.

34-01. トキソウ **Pogonia japonica** Rchb. f.

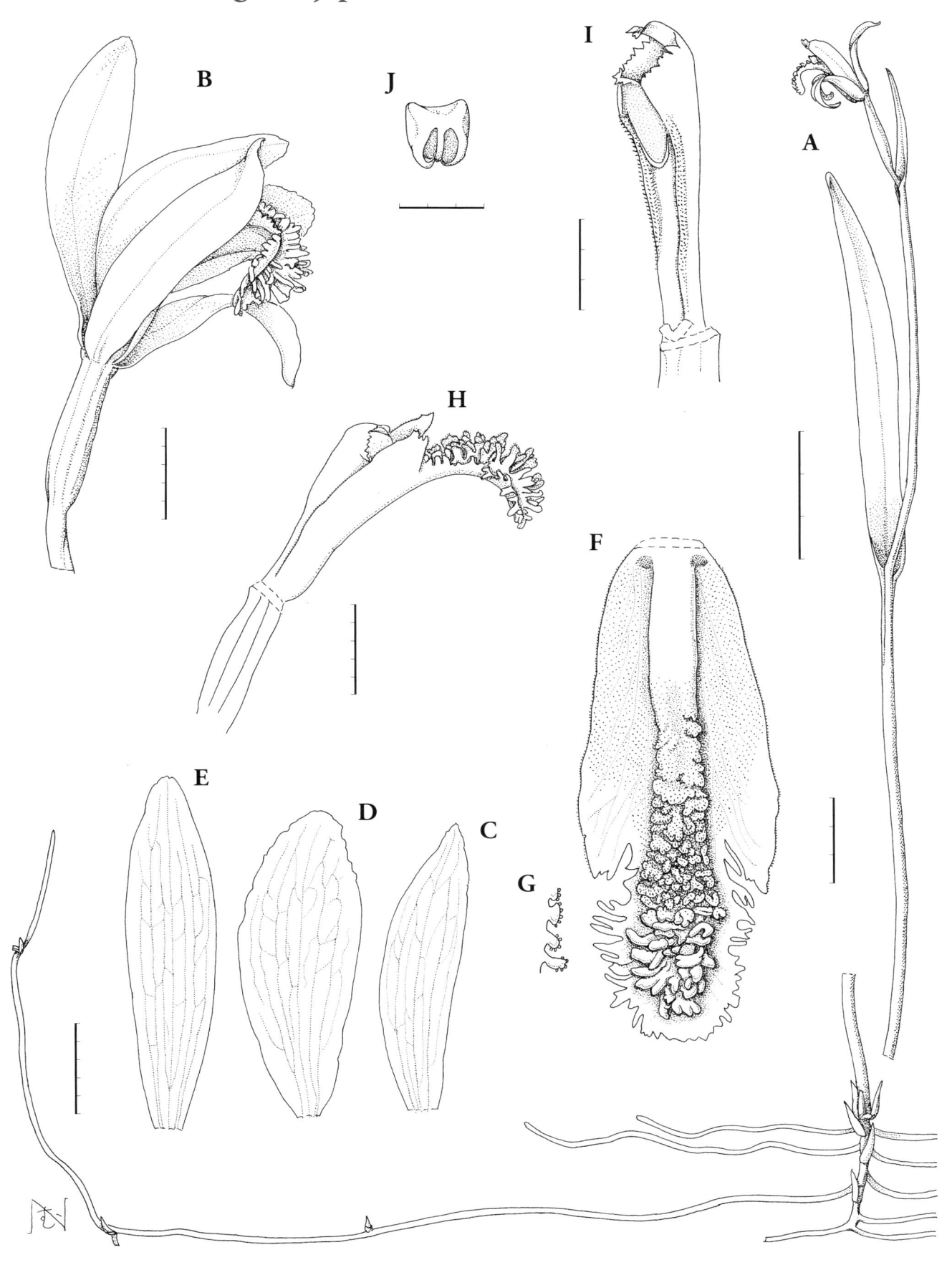

A- 植物体 ; B- 花 ; C- 側萼片 ; D- 花弁 ; E- 背萼片 ; F- 唇弁 ; G- 唇弁中央裂片，肉塊の細部 ; H- 蕊柱と唇弁 ; I- 蕊柱 ; J- 葯帽.
A- plant; B- flower; C- lateral sepal; D- petal; E- dorsal sepal; F- lip; G- detail of callus of lip; H- lip, column; I- column; J- anther cap.
Scales: **A**: 3 cm, **B, C, D, E, H**: 5 mm, **F, I, J**: 3 mm.

34-02. ヤマトキソウ Pogonia minor (Makino) Makino

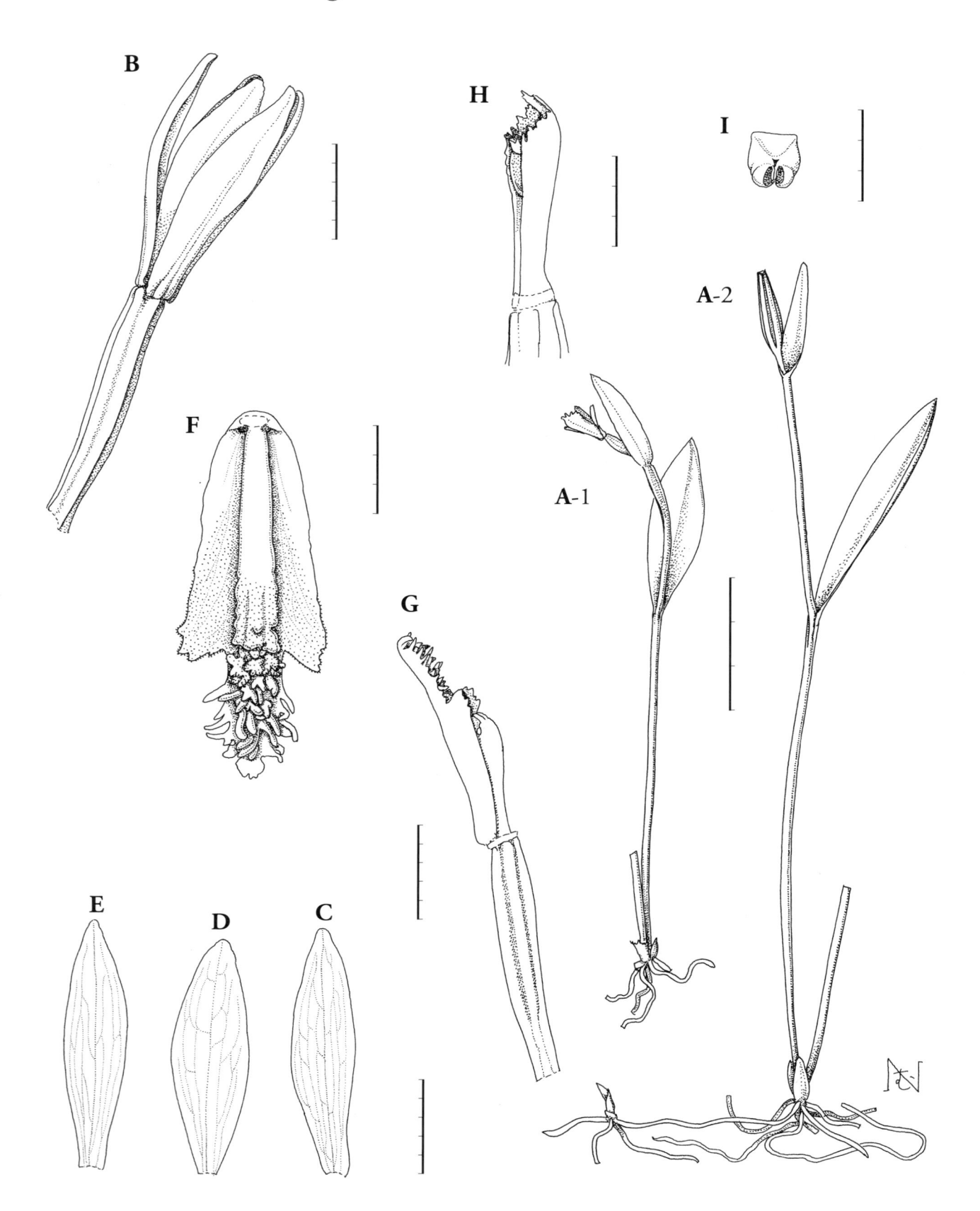

A-1- 開花期の植物体；A-2- 結実期の植物体；B- 花；C- 側萼片；D- 花弁；E- 背萼片；F- 唇弁；G- 蕊柱，唇弁，子房；H- 蕊柱；I- 葯帽.
A-1- plant with flower; A-2- plant with fruit; C- lateral sepal; D- petal; E- dorsal sepal; F- lip; G- column, lip & ovary; H- column; I- anther cap.
Scales: **A**: 3 cm, **B, C, D, E, G**: 5 mm, **F, H, I**: 3 mm.

35-01. フタバラン **Listera cordata** (L.) R. Br. var. **japonica** H. Hara

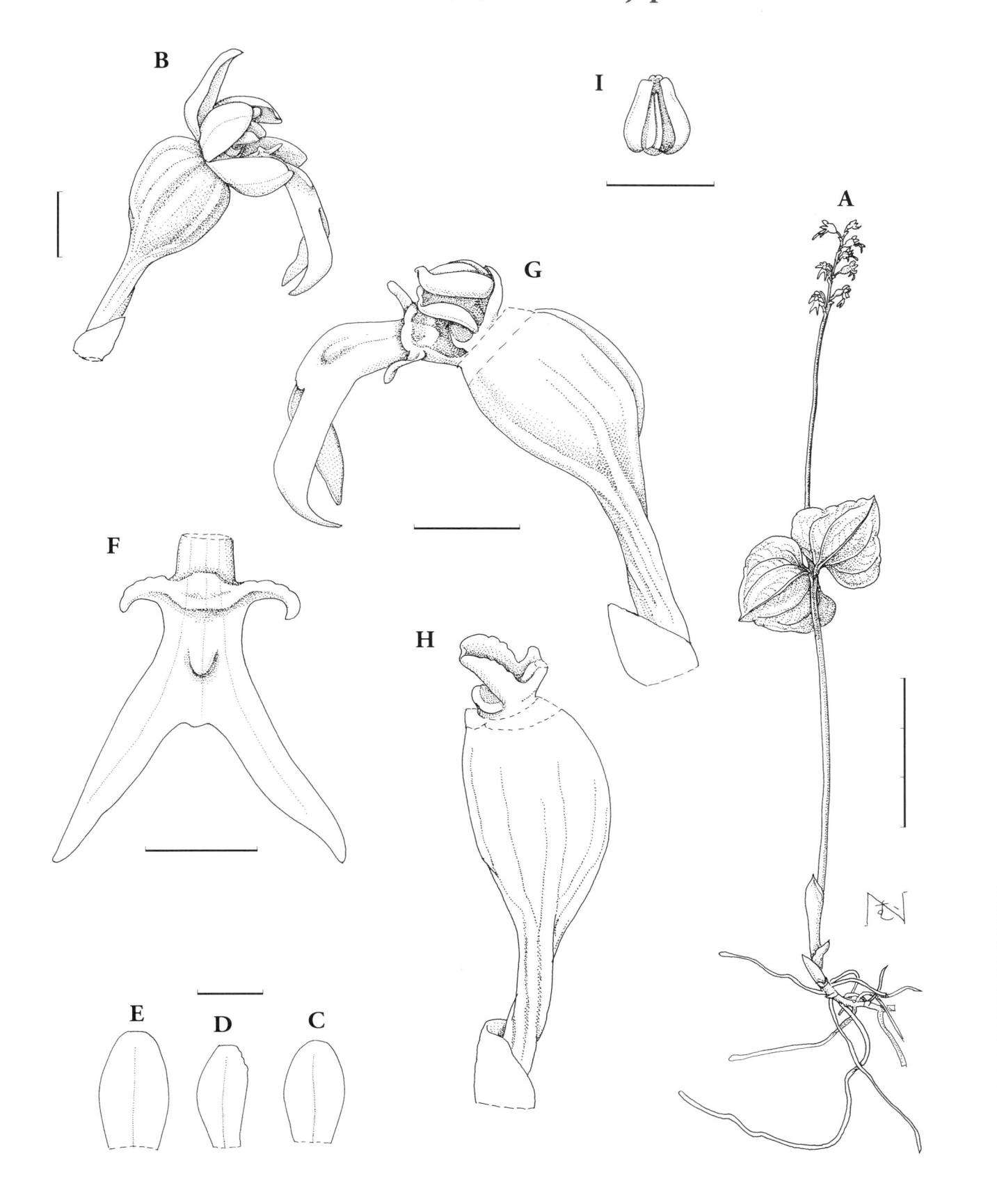

A- 植物体；B- 花と苞；C- 側萼片；D- 花弁；E- 背萼片；F- 唇弁；G- 蕊柱，唇弁，子房と苞；H- 蕊柱，花柄子房と苞；I- 葯帽.

A- plant; **B-** flower & bract; **C-** lateral sepal; **D-** petal; **E-** dorsal sepal; **F-** lip; **G-** lip, column, pedicellate ovary & bract; **H-** column, ovary & bract; **I-** anther cap.

Scales: **A:** 3 cm, **B, C, D, E, F, G, H, I :** 1 mm.

35-02. ヒメフタバラン **Listera japonica** Blume

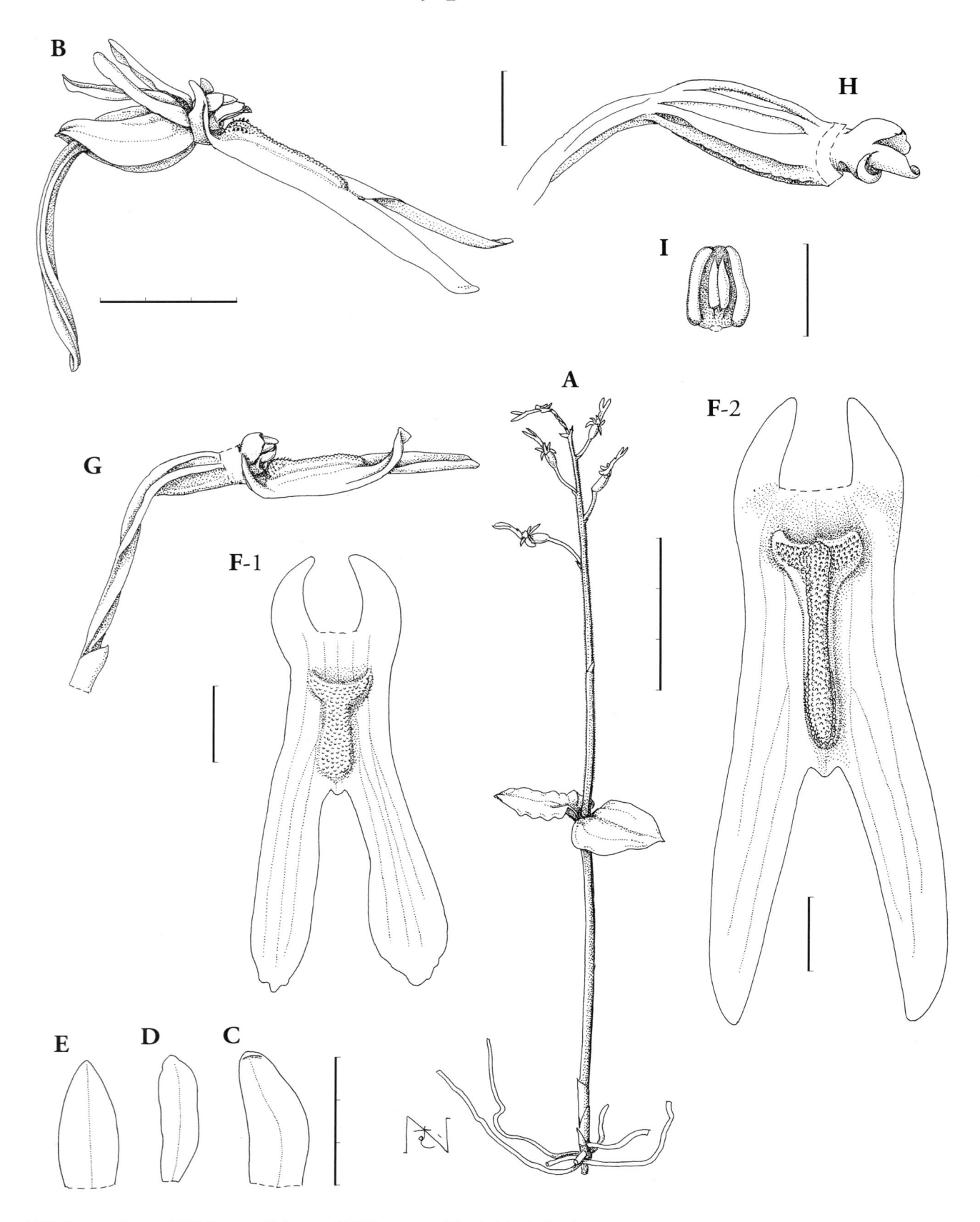

A- 植物体；B- 花；C- 側萼片；D- 花弁；E- 背萼片；F-1- 唇弁（沖縄本島産）；F-2- 唇弁（奄美大島産）；G- 蕊柱，唇弁，子房と苞；H- 蕊柱と苞；I- 葯帽．

A- plant; B- flower; C- lateral sepal; D- petal; E- dorsal sepal; F-1- lip(Okinawa Isl.); F-2- lip(Amami-ohshima); G- lip, column, ovary & bract; H- column & ovary; I- anther cap.

Scales: A: 3 cm, B & G: 3 mm, C-E: 3 mm, F: 1 mm, H: 1 mm, I: 1 mm.

35-03. アオフタバラン **Listera makinoana** Ohwi

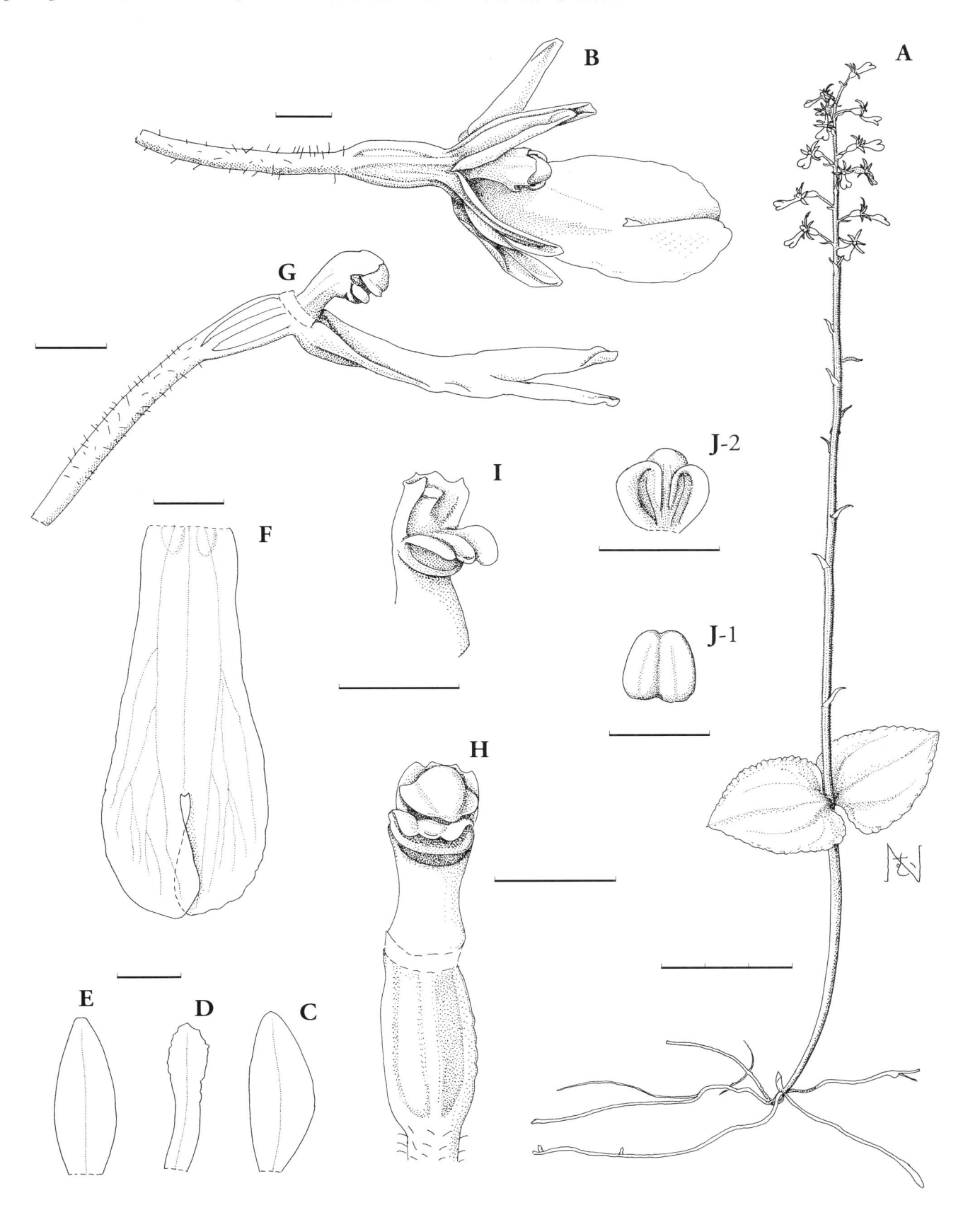

A- 植物体；B- 花；C- 側萼片；D- 花弁；E- 背萼片；F- 唇弁；G- 蕊柱, 唇弁, 花柄子房；H- 蕊柱, 葯, 子房；I- 蕊柱腹面；J-1- 若い葯；J-2- 開いた葯帽.

A- plant; B- flower; C- lateral sepal; D- petal; E- dorsal sepal; F- lip; G- lip, column & pedicellate ovary; H- column, anther & ovary; I- column; J-1- young anther; J-2- anther cap.

Scales: **A**: 3 cm, **B**, **C**, **D**, **E**, **F**, **G**, **H**, **I**, **J**: 1 mm.

35-04. ミヤマフタバラン **Listera nipponica** Makino

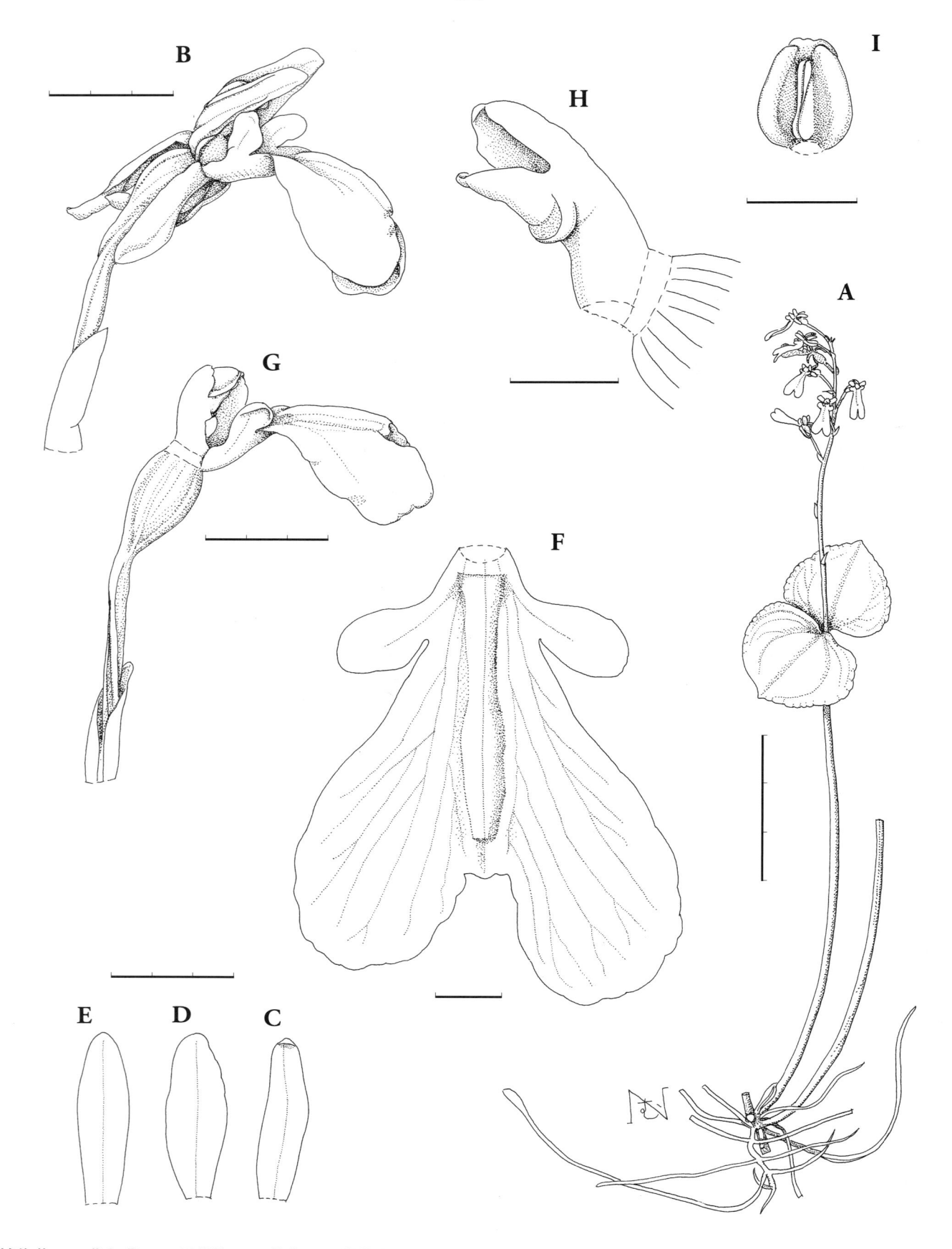

A- 植物体; B- 花と苞; C- 側萼片; D- 花弁; E- 背萼片; F- 唇弁; G- 蕊柱, 唇弁, 花柄子房と苞; H- 蕊柱; I- 葯帽.
A- plant; B- flower & bract; C- lateral sepal; D- petal; E- dorsal sepal; F- lip; G- lip, column, pedicellate ovary & bract; H- column; I- anther cap.
Scales: A: 3 cm, B, C, D, E, G: 3 mm, F, H, I: 1 mm.

35-05. タカネフタバラン **Listera yatabei** Makino

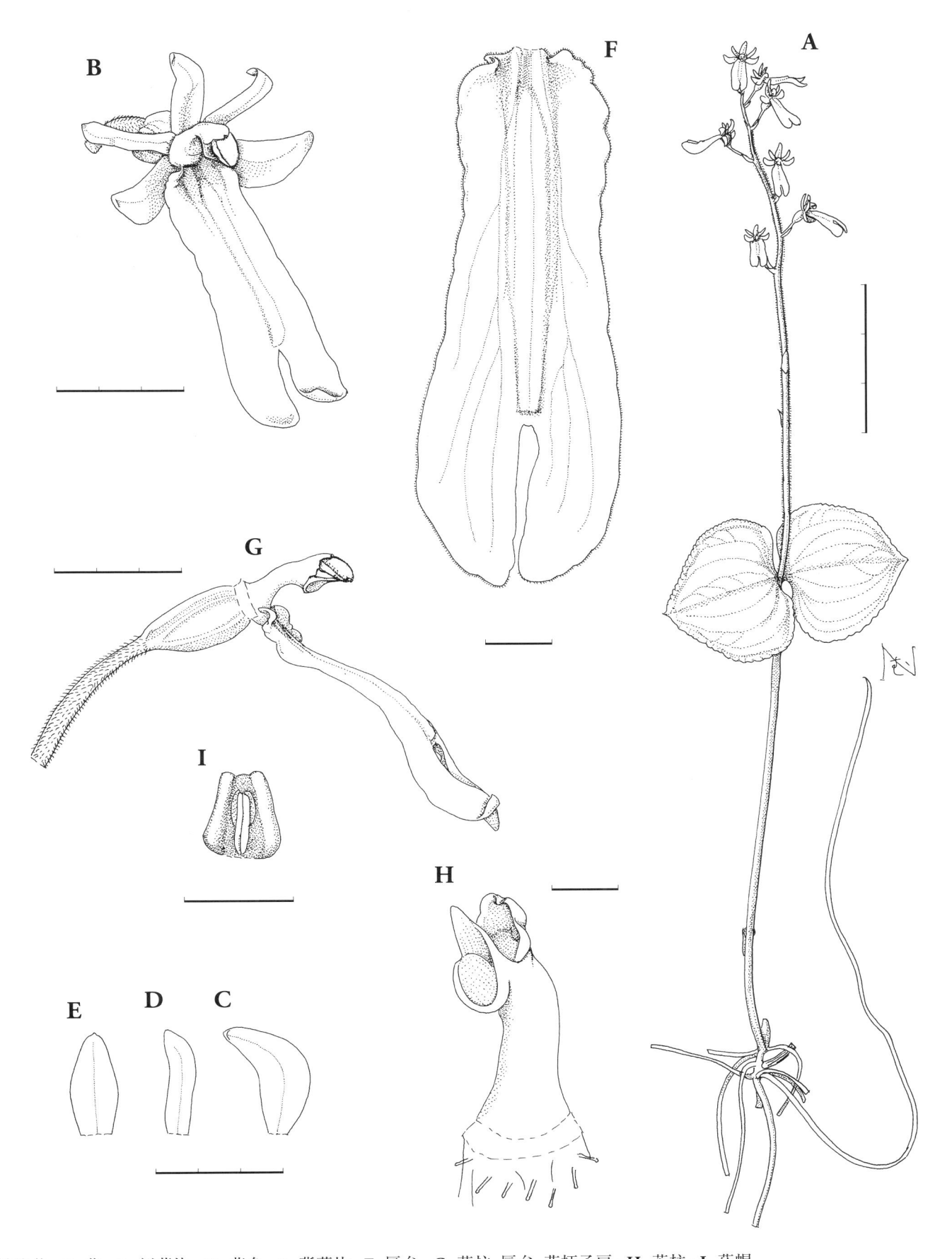

A- 植物体 ; B- 花 ; C- 側萼片 ; D- 花弁 ; E- 背萼片 ; F- 唇弁 ; G- 蕊柱, 唇弁, 花柄子房 ; H- 蕊柱 ; I- 葯帽.
A- plant; B- flower; C- lateral sepal; D- petal; E- dorsal sepal; F- lip; G- lip, column & pedicellate ovary; H- column; I- anther cap.
Scales: A: 3 cm, B, C, D, E, G: 3 mm, F, H, I: 1 mm.

36-01. ヒメムヨウラン Neottia asiatica Ohwi

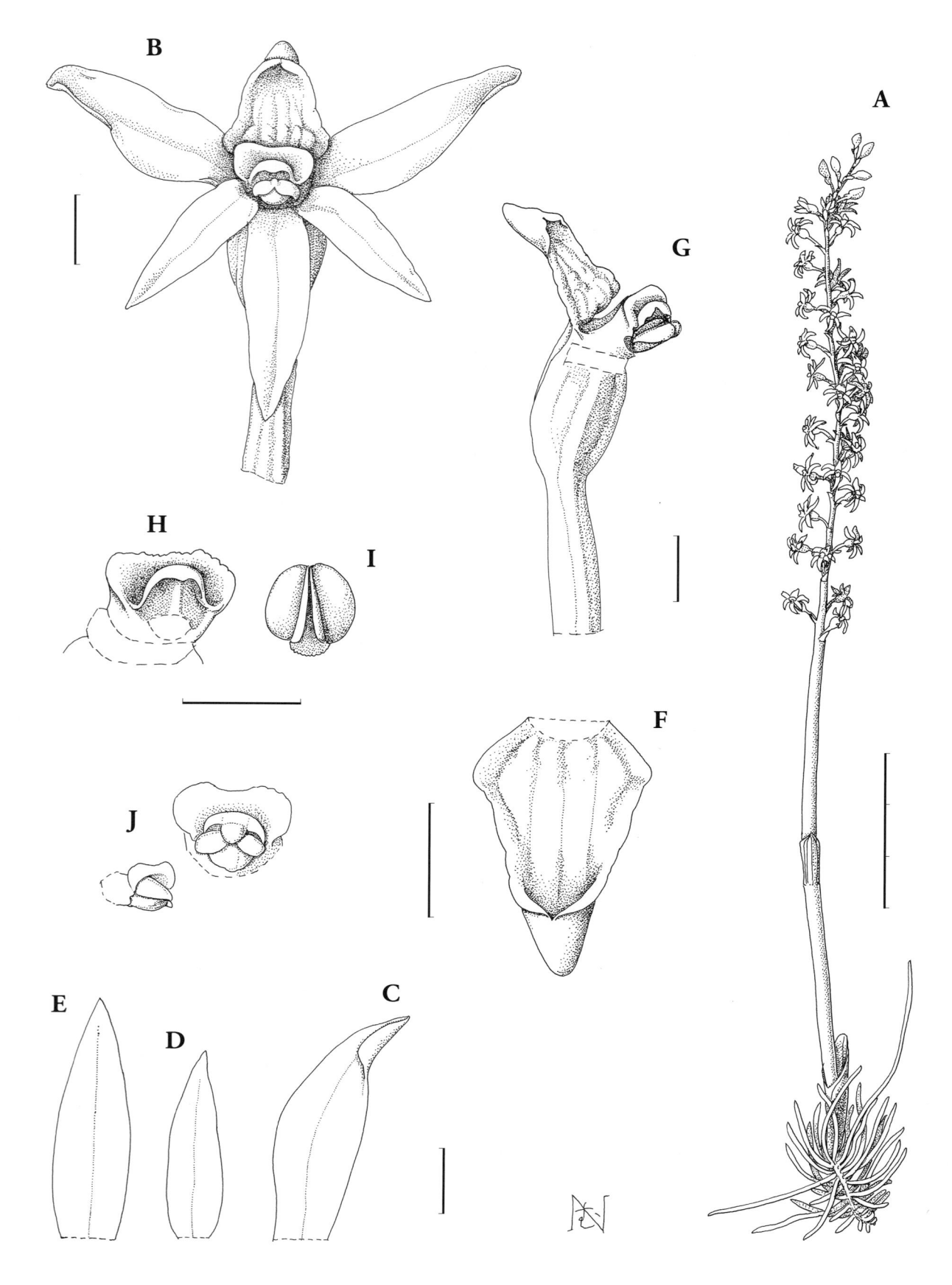

A- 植物体; B- 花; C- 側萼片; D- 花弁; E- 背萼片; F- 唇弁; G- 蕊柱，唇弁と花柄子房; H- 蕊柱; I- 葯帽; J- 若い花の蕊柱と葯.
A- plant; B- flower; C- lateral sepal; D- petal; E- dorsal sepal; F- lip; G- lip, column & pedicellate ovary; H- column; I- anther cap; J- young column & anther.
Scales: A: 3 cm, B, C, D, E, F, G, H, I, J: 1 mm.

36-02. カイサカネラン **Neottia furusei** T. Yukawa et T. Yagame

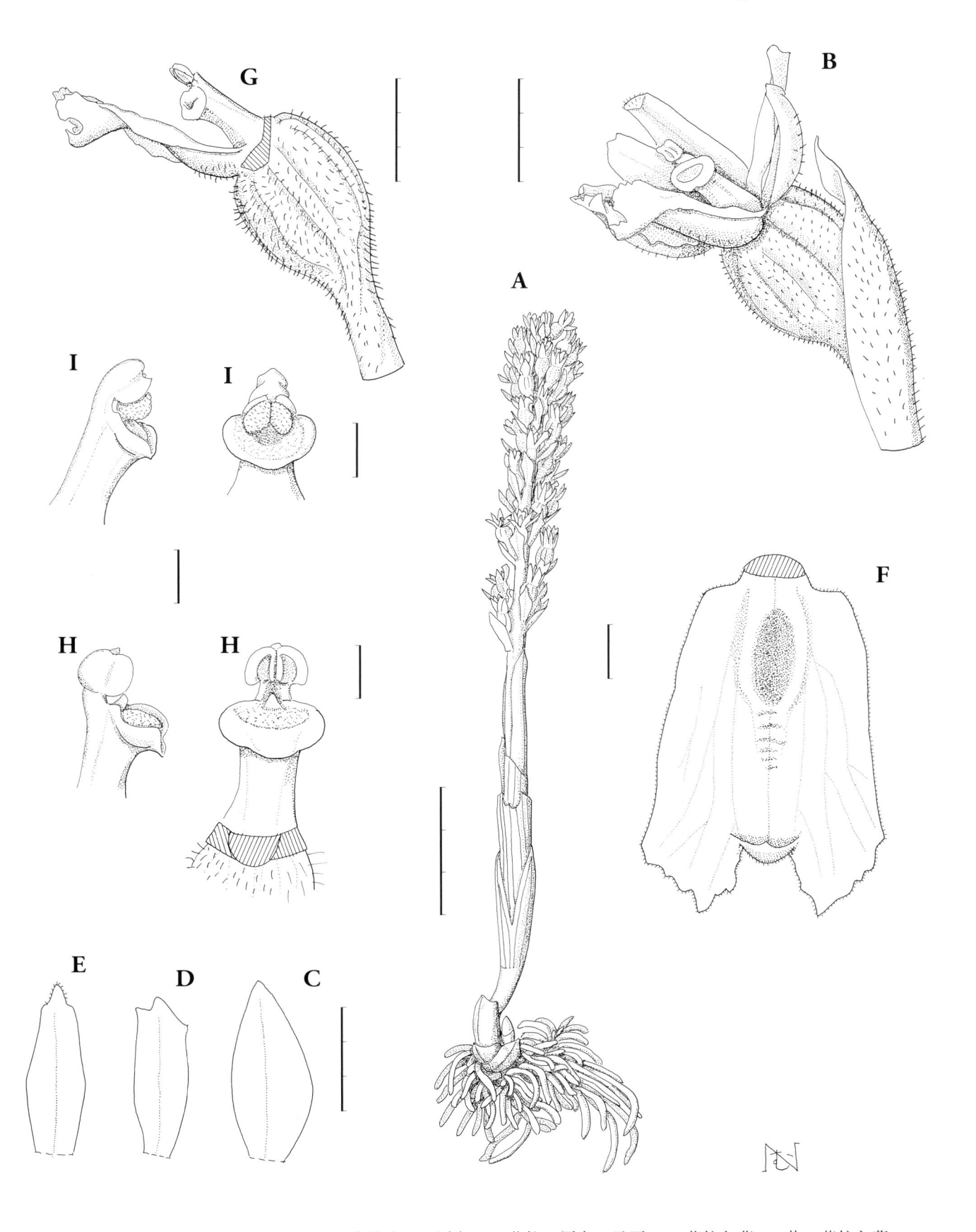

A- 植物体 ; **B**- 花と苞 ; **C**- 側萼片 ; **D**- 花弁 ; **E**- 背萼片 ; **F**- 唇弁 ; **G**- 蕊柱. 唇弁. 子房 ; **H**- 蕊柱と葯 ; **I**- 若い蕊柱と葯.
A- plant; **B**- flower with bract; **C**- lateral sepal; **D**- petal; **E**- dorsal sepal; **F**- lip; **G**- lip, column & pedicellate ovary; **H**- column & anther; **I**- young column & anther.
Scales: **A**: 3 cm, **B, C, D, E, G**: 3 mm, **F, H, I**: 1 mm.

36-03. タンザワサカネラン **Neottia inagakii** Yagame, Katsuy. & T. Yukawa

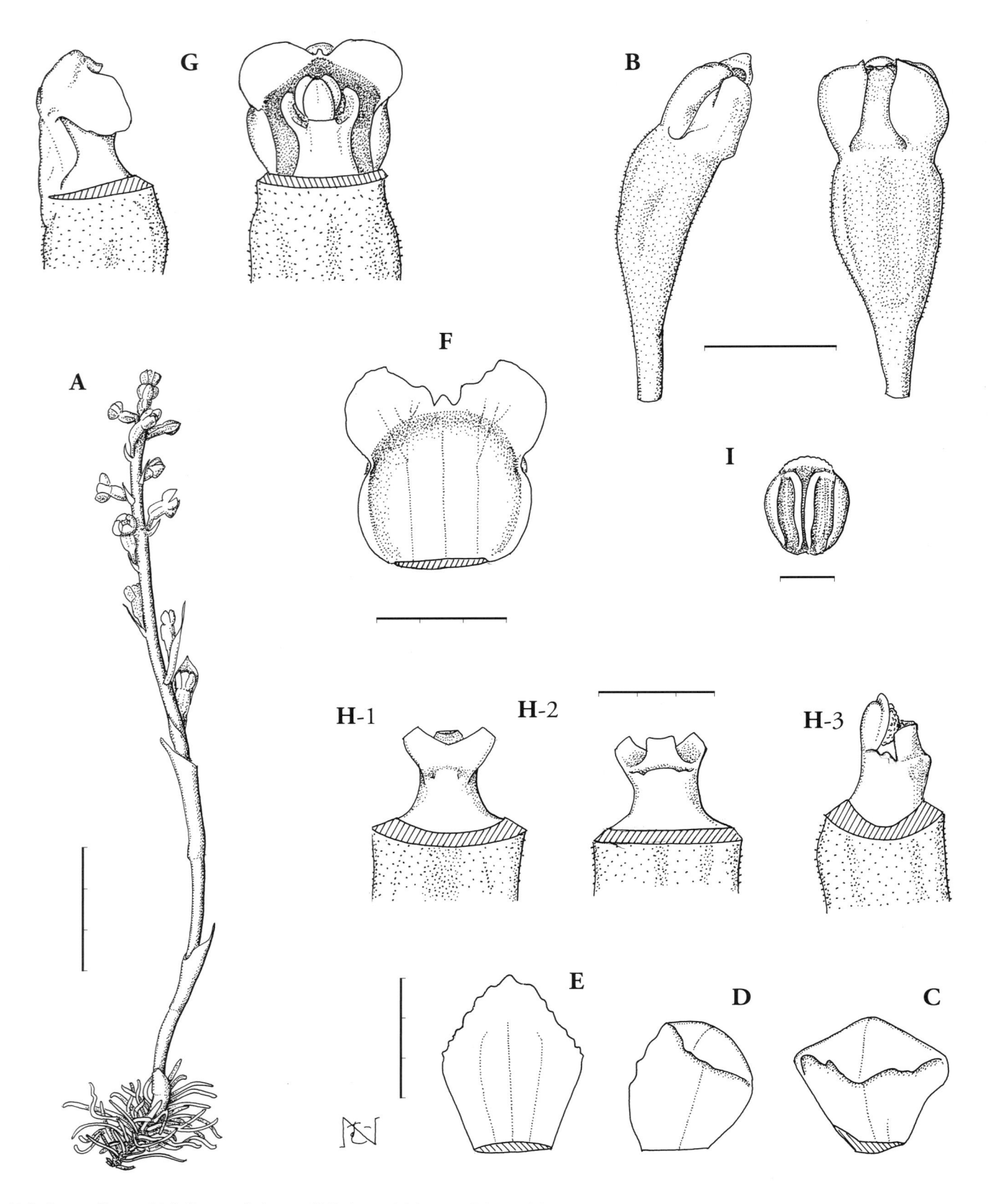

A- 植物体 ; B- 花 ; C- 側萼片 ; D- 花弁 ; E- 背萼片 ; F- 唇弁 ; G- 蕊柱と唇弁 ; H-1- 蕊柱の腹面 ; H-2- 蕊柱の背面 ; H-3- 蕊柱の側面 ; I- 葯帽.

A- plant; B- flower; C- lateral sepal; D- petal; E- dorsal sepal; F- lip; G- lip & column; H-1- vental view of column; H-2- dorsal view of column; H-3- lateral view of column; I- anther cap.

Scales: **A**: 3 cm, **B**: 5 mm, **C, D, E, F, H**: 3 mm, **I**: 1 mm.

36-04. ツクシサカネラン **Neottia kiusiana** T. Hashimoto & Hastu.

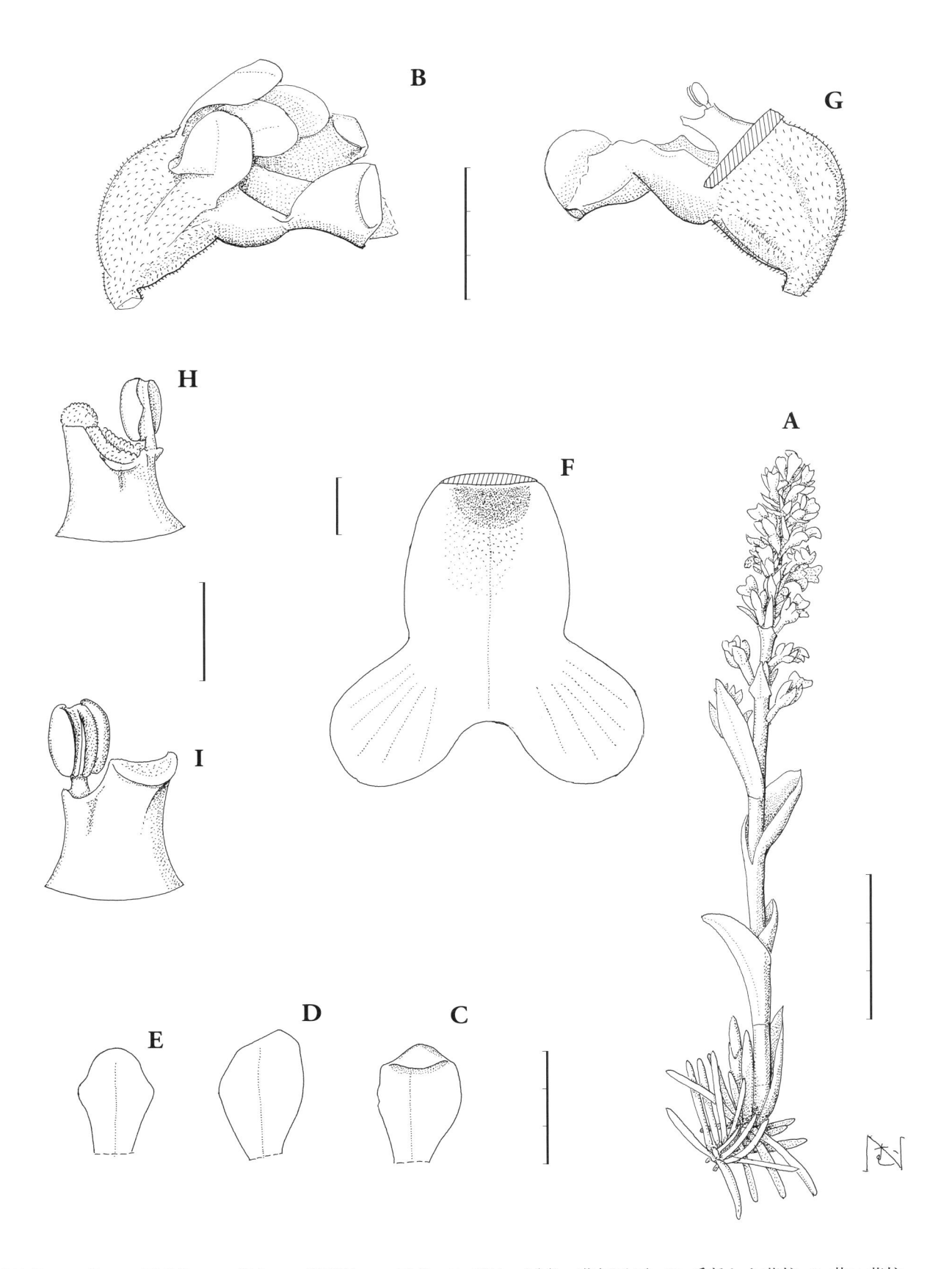

A- 植物体 ; B- 花 ; C- 側萼片 ; D- 花弁 ; E- 背萼片 ; F- 唇弁 ; G- 蕊柱，唇弁，花柄子房 ; H- 受粉した蕊柱 ; I- 若い蕊柱.
A- plant; B- flower; C- lateral sepal; D- petal; E- dorsal sepal; F- lip; G- lip, column & pedicellate ovary; H- pollinated & anther; I- young column & anther.
Scales: **A**: 3 cm, **B, C, D, E, G**: 3 mm, **F, H, I**: 1 mm.

36-05. サカネラン
Neottia nidus-avis (L.) L. C. Richard var. mandshurica Komarov

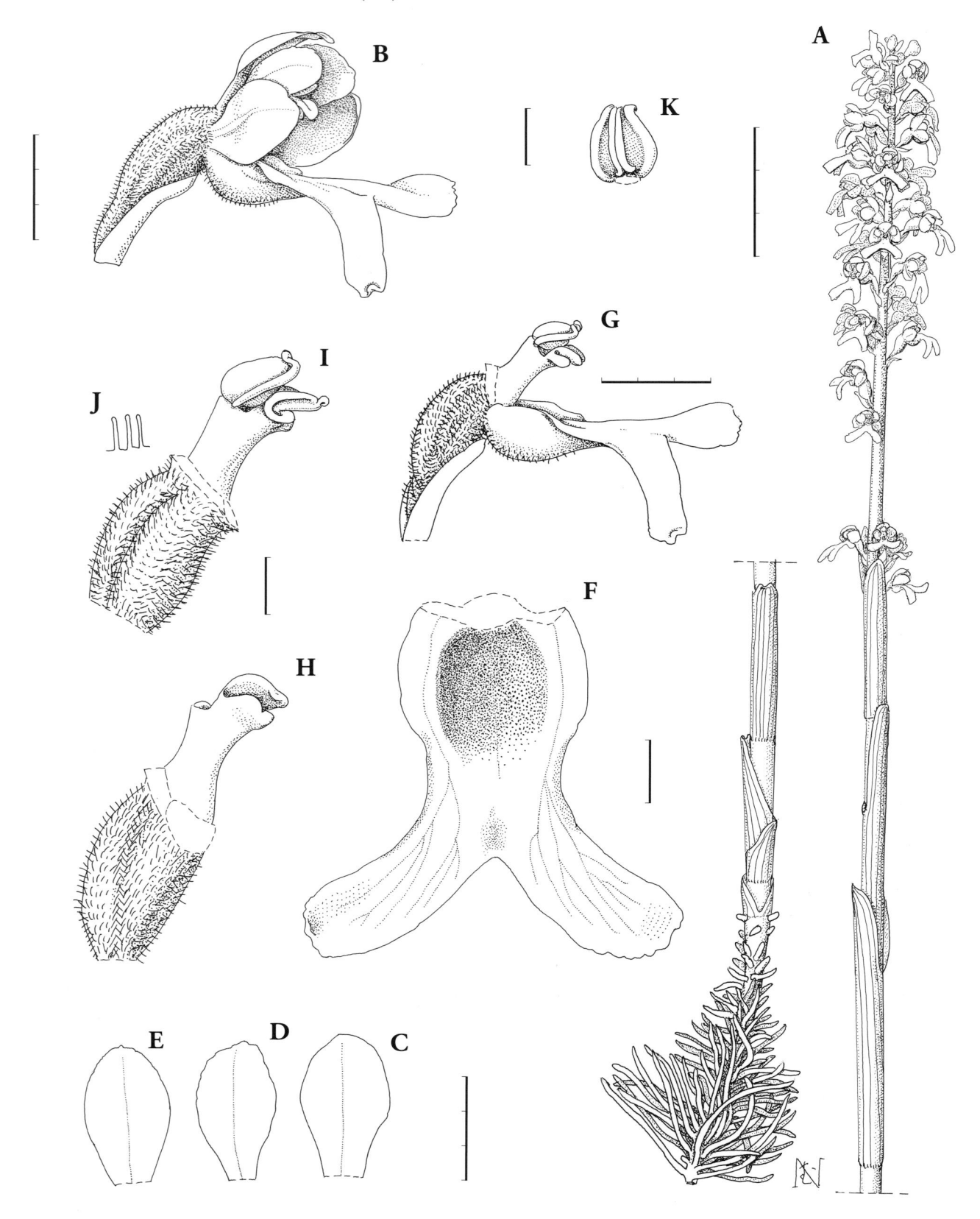

A- 植物体；B- 花と苞；C- 側萼片；D- 花弁；E- 背萼片；F- 唇弁；G- 蕊柱，唇弁，花柄子房と苞；H- 蕊柱と子房；I- 蕊柱子房と葯；J- 花柄子房と唇弁の毛；K- 葯帽．

A- plant; B- flower with bract; C- lateral sepal; D- petal; E- dorsal sepal; F- lip; G- lip, column, pedicellate ovary with bract; H- column; I- column with anther; J- hair; K- anther cap.

Scales: A: 3 cm, B, C, D, E, G: 3 mm, F, H, I, K: 1 mm.

37-01. ギンラン *Cephalanthera erecta* (Thunb.) Bl. var. **erecta**

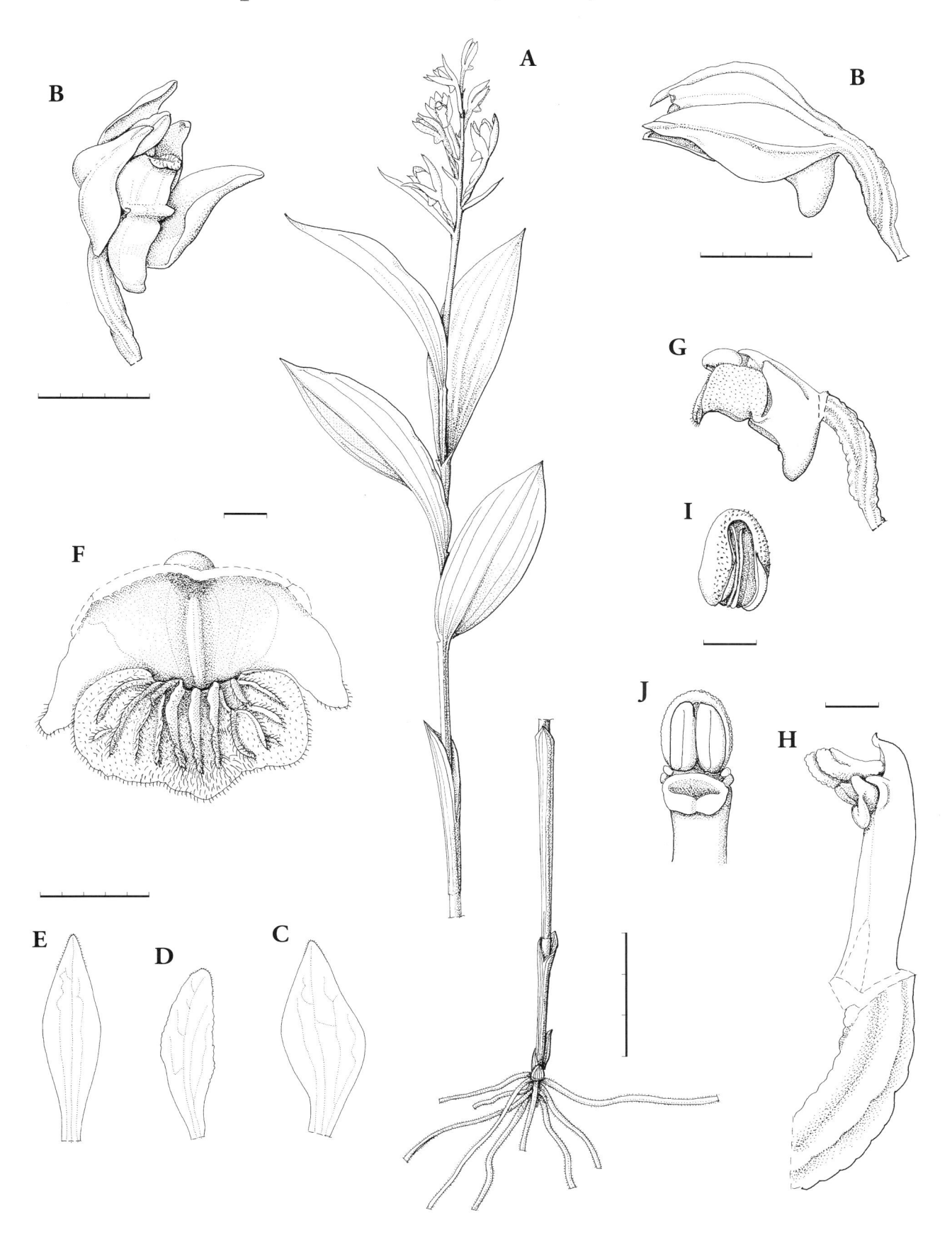

A- 植物体; B- 花; C- 側萼片; D- 花弁; E- 背萼片; F- 唇弁; G- 蕊柱, 唇弁, 子房; H- 受粉した蕊柱; I- 葯帽; J- 若い花の蕊柱と葯.
A- plant; B- flower; C- lateral sepal; D- petal; E- dorsal sepal; F- lip; G- lip, column & ovary; H- pollinated column; I- anther cap; J- young column & anther.
Scales: **A**: 3 cm, **B, C, D, E, G**: 5 mm, **F, H, I, J**: 1 mm.

37-02. クゲヌマラン Cephalanthera erecta (Thumb.) Bl. var. **shizuoi** (F. Maek.) Ohwi

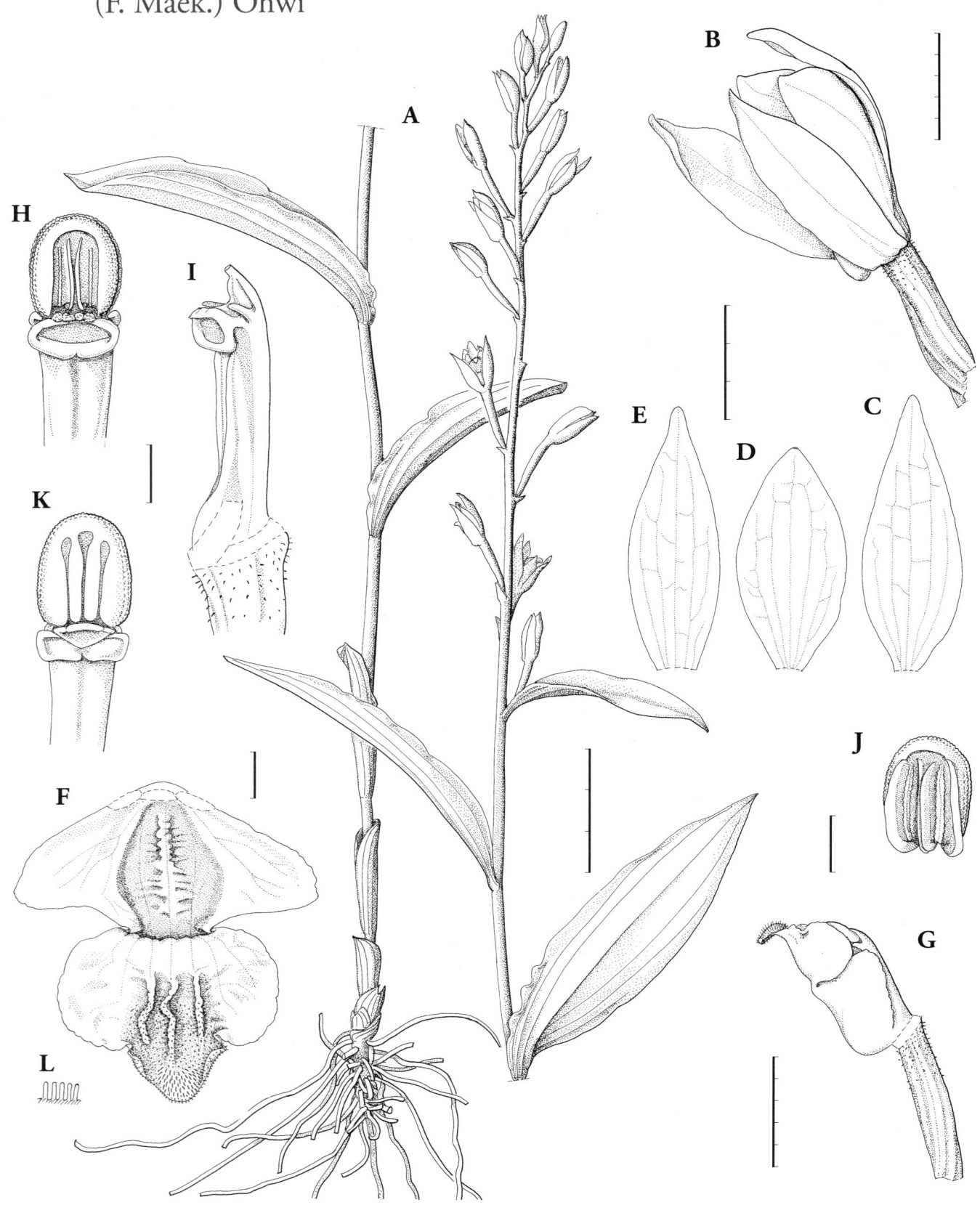

A- 植物体；B- 花；C- 側萼片；D- 花弁；E- 背萼片；F- 唇弁；G- 蕊柱，唇弁，子房；H- 蕊柱の腹面と葯帽；I- 蕊柱の側面；J- 葯帽；K- 若い花の蕊柱と葯；L- 唇弁先端の毛.

A- plant; B- flower; C- lateral sepal; D- petal; E- dorsal sepal; F- lip; G- lip, column & ovary; H- ventral view of column & anther cap; I- lateral view of column; J- anther cap; K- young column & anther; L- hair on lip apex.

Scales: A: 3 cm, B & G: 5 mm, C, D, E: 3 mm, F, H, I, J, K: 1 mm.

37-03. ユウシュンラン Cephalanthera erecta (Thunb.) Bl. var. **subaphylla** Miyabe et Kudo

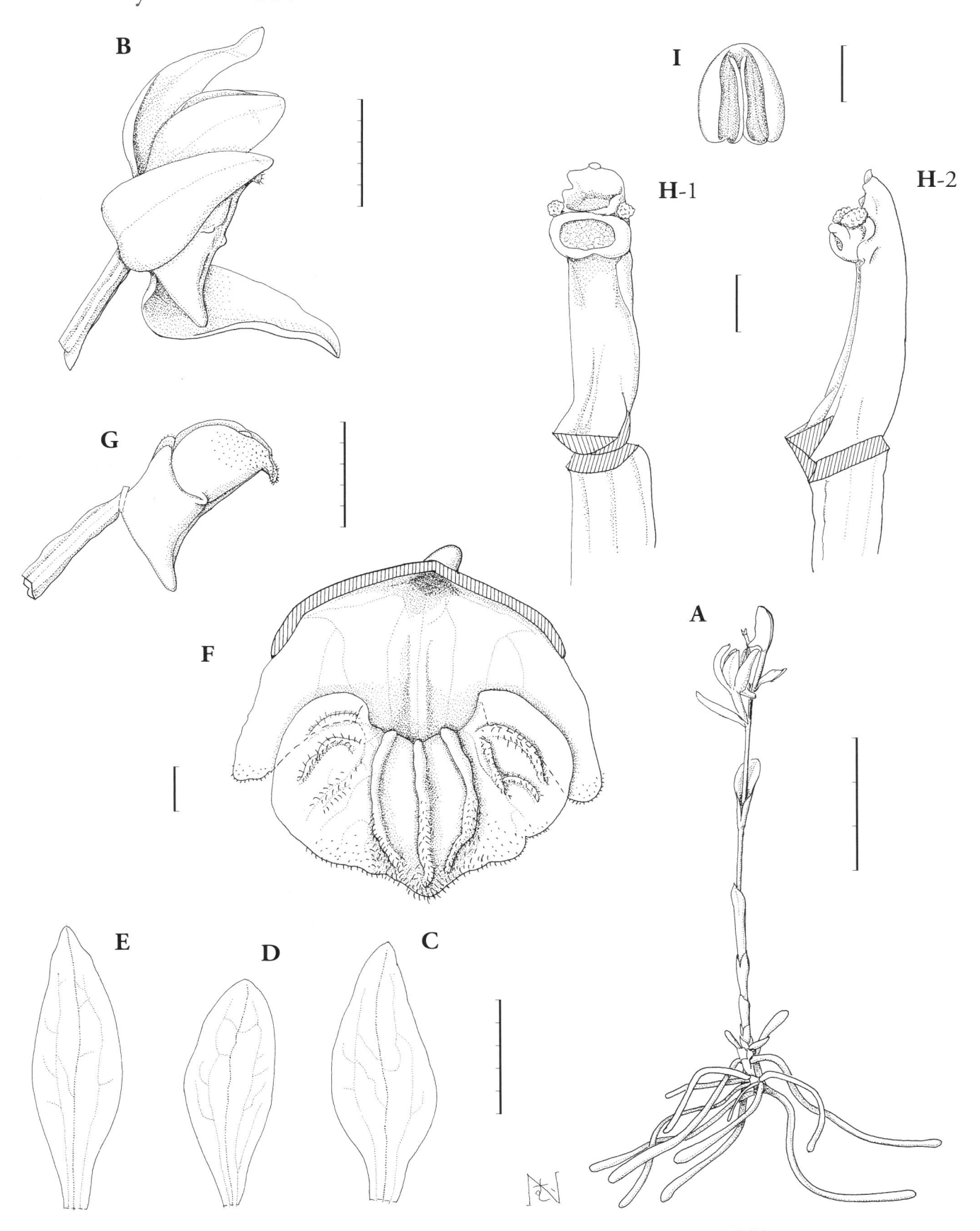

A- 植物体 ; B- 花 ; C- 側萼片 ; D- 花弁 ; E- 背萼片 ; F- 唇弁 ; G- 蕊柱, 唇弁, 子房 ; H- 蕊柱 ; I- 葯帽.
A- plant; B- flower; C- lateral sepal; D- petal; E- dorsal sepal; F- lip; G- lip, column & ovary; H- column; I- anther cap.
Scales: A: 3 cm, B, C, D, E, G: 5 mm, F, H, I: 1 mm.

37-04. キンラン Cephalanthera farcata (Thunb.) Blume

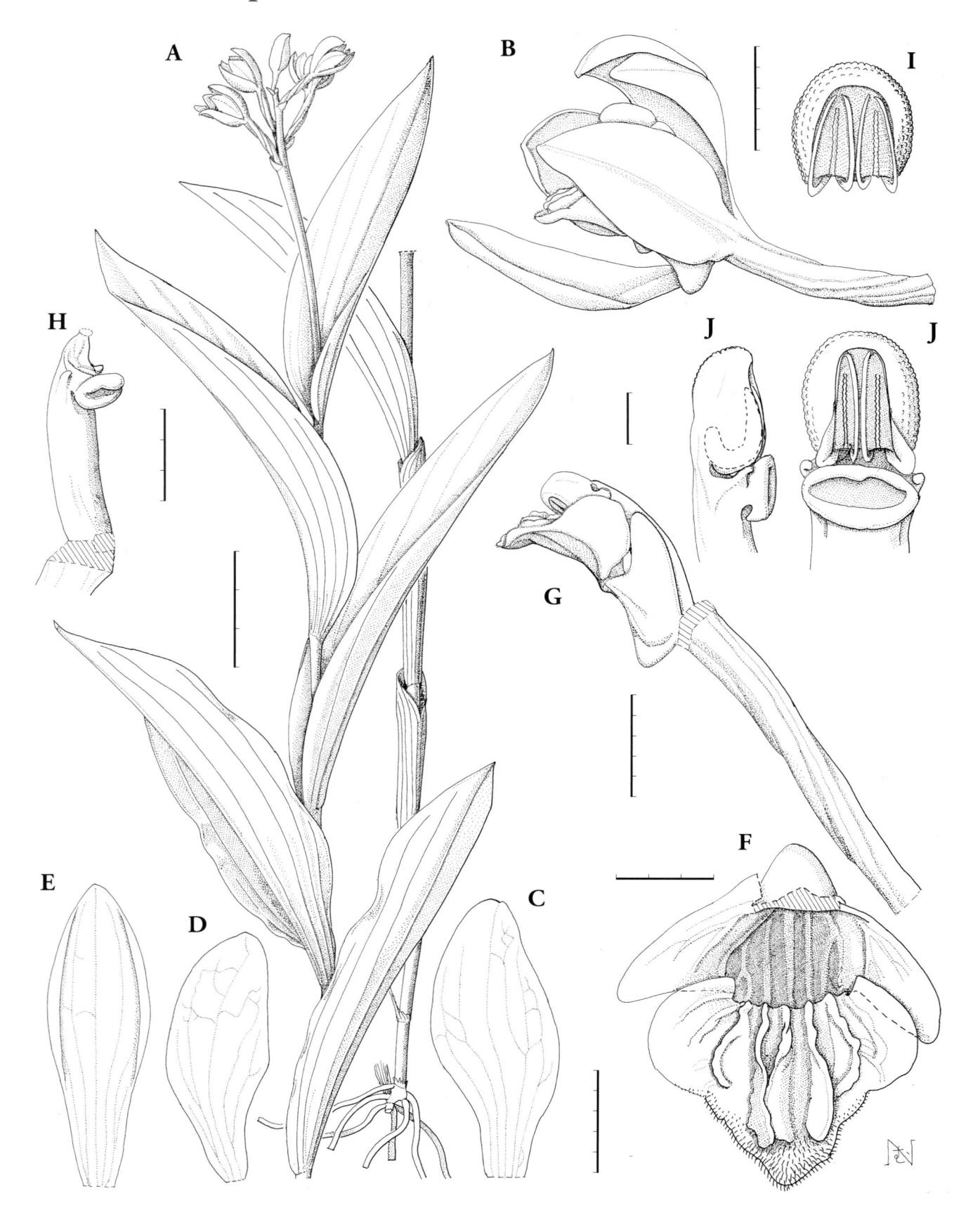

A- 植物体；B- 花；C- 側萼片；D- 花弁；E- 背萼片；F- 唇弁；G- 蕊柱，唇弁，子房；H- 蕊柱；I- 葯帽；J- 若い花の蕊柱と葯.
A- plant; B- flower; C- lateral sepal; D- petal; E- dorsal sepal; F- lip; G- lip, column & ovary; H- column; I- anther cap; J- young column & anther.
Scales: A: 3 cm, B, C, D, E, G: 5 mm, F & H: 3 mm, I & J: 1 mm.

37-05. ササバギンラン **Cephalanthera longibracteata** Blume

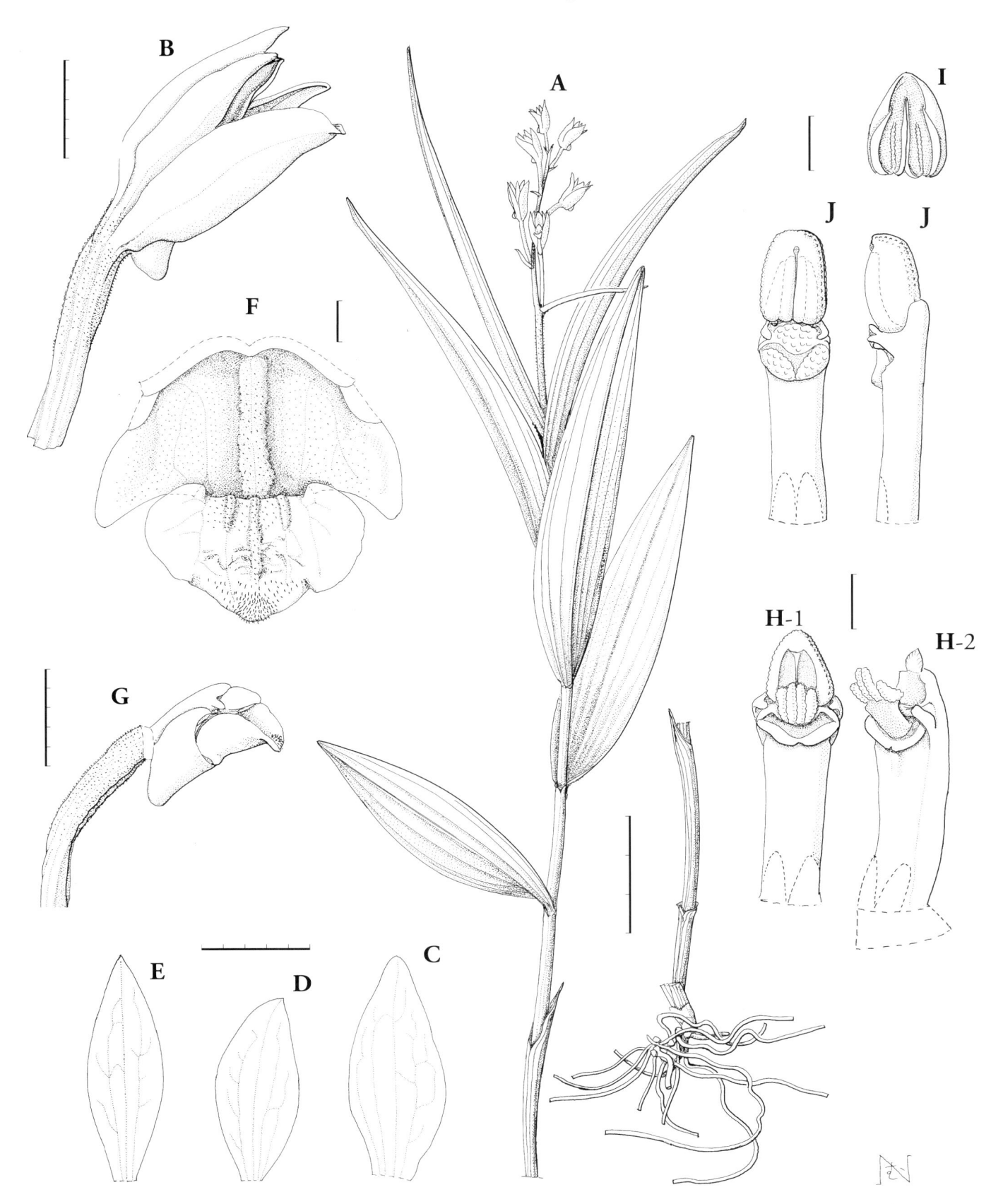

A- 植物体 ; B- 花 ; C- 側萼片 ; D- 花弁 ; E- 背萼片 ; F- 唇弁 ; G- 蕊柱，唇弁，子房 ; H-1- 受粉した蕊柱と葯 ; H-2- 受粉した柱頭 ; I- 葯帽 ; J- 若い花の蕊柱と葯.

A- plant; B- flower; C- lateral sepal; D- petal; E- dorsal sepal; F- lip; G- lip, column & ovary; H-1- pollinated column with anther; H-2- pollinated column stigma; I- anther cap; J- young column & anther.

Scales: **A**: 3 cm, **B, C, D, E, G**: 5 mm, **F, H, I, J**: 1 mm.

38-01. アオスズムシラン **Epipactis papillosa** Franch. et Savat.

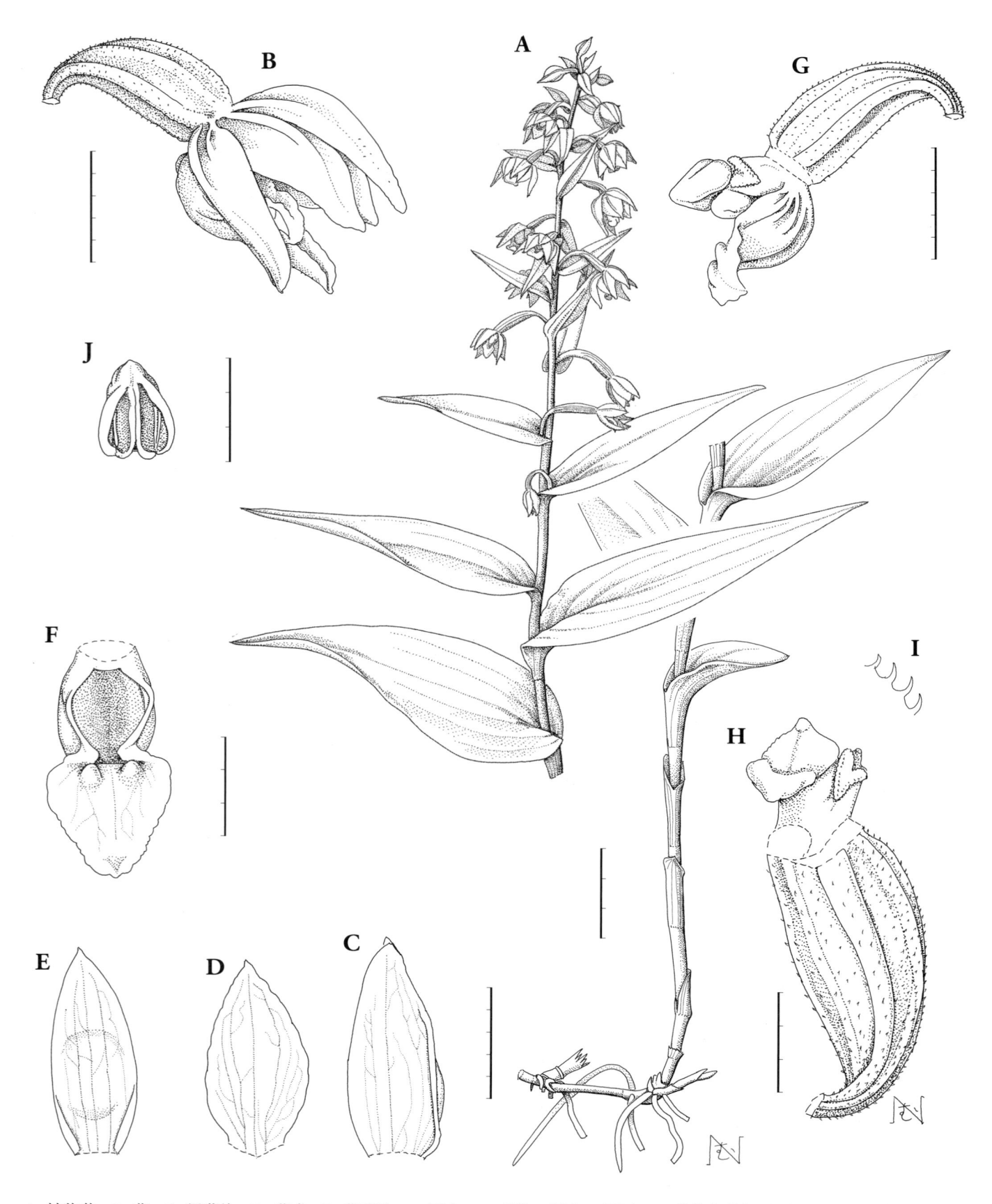

A- 植物体 ; B- 花 ; C- 側萼片 ; D- 花弁 ; E- 背萼片 ; F- 唇弁 ; G- 蕊柱，唇弁，子房 ; H- 蕊柱と花柄子房 ; I- 子房の毛 ; J- 葯帽.
A- plant; B- flower; C- lateral sepal; D- petal; E- dorsal sepal; F- lip; G- lip, column & pedicellate ovary; H- column & pedicellate ovary; I- hair of ovary.
Scales: **A**: 3 cm, **B, C, D, E, G**: 5 mm, **F, H, J**: 3 mm.

38-02. カキラン **Epipactis thunbergii** A. Garay var. **thunbergii**

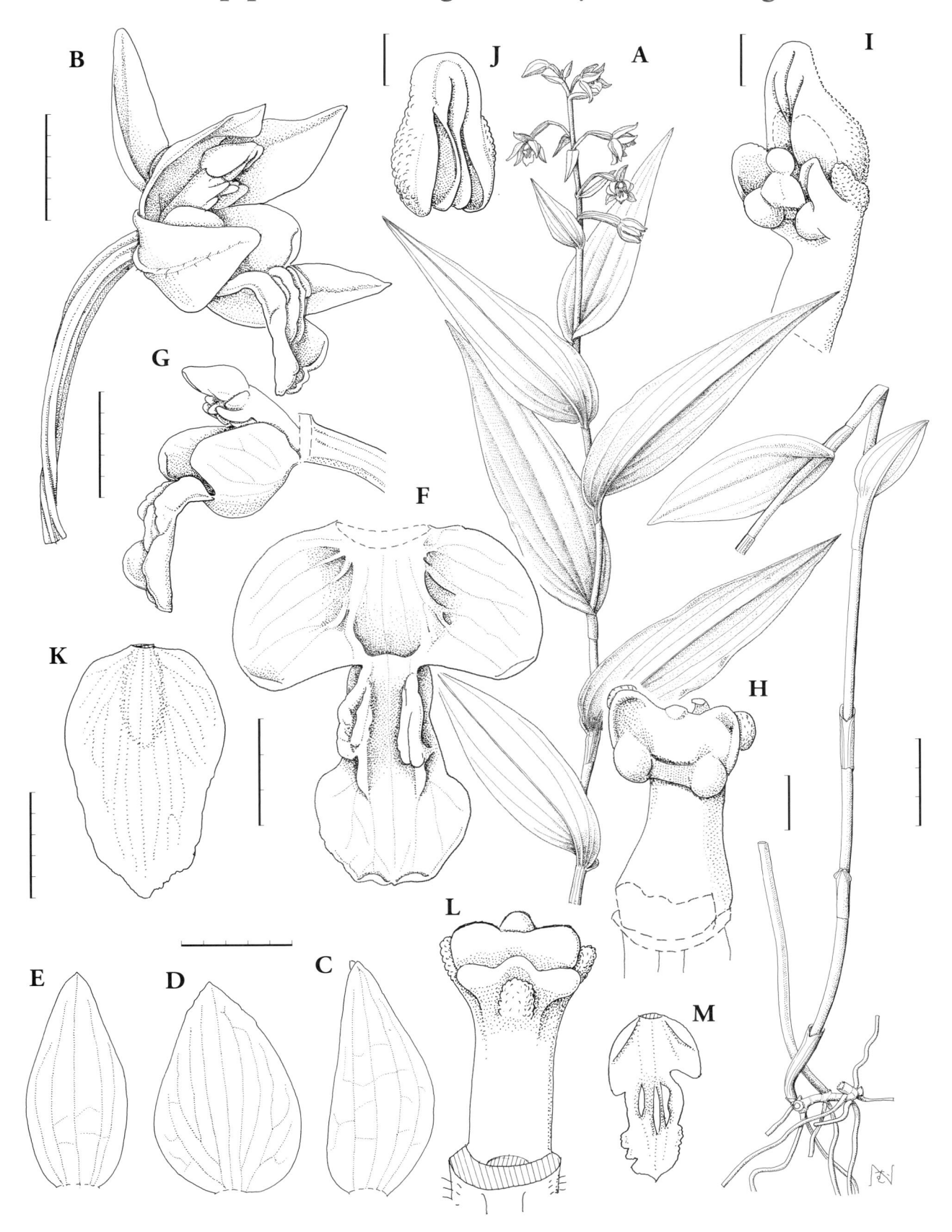

A- 植物体 ; B- 花 ; C- 側萼片 ; D- 花弁 ; E- 背萼片 ; F- 唇弁 ; G- 蕊柱，唇弁 ; H- 蕊柱の腹面 ; I- 柱頭と葯 ; J- 葯帽 ; K & L- イソマカキランの唇弁と蕊柱, M- 正常な花とイソマ型の中間様の唇弁.

A- plant; B- flower; C- lateral sepal; D- peta; E- dorsal sepal; F- lip; G- lip, column; H- vental view of column; I- column with anther; J- anther cap; K & L- Isoma type lip and column; M- lip of mix type.

Scales: A: 3 cm, B, C, D, E, G, K: 5 mm, F, H, I, J, K: 1 mm.

38-03. ハマカキラン Epipactis thunbergii A. Gray var. saekiana T. Koyama et Asai

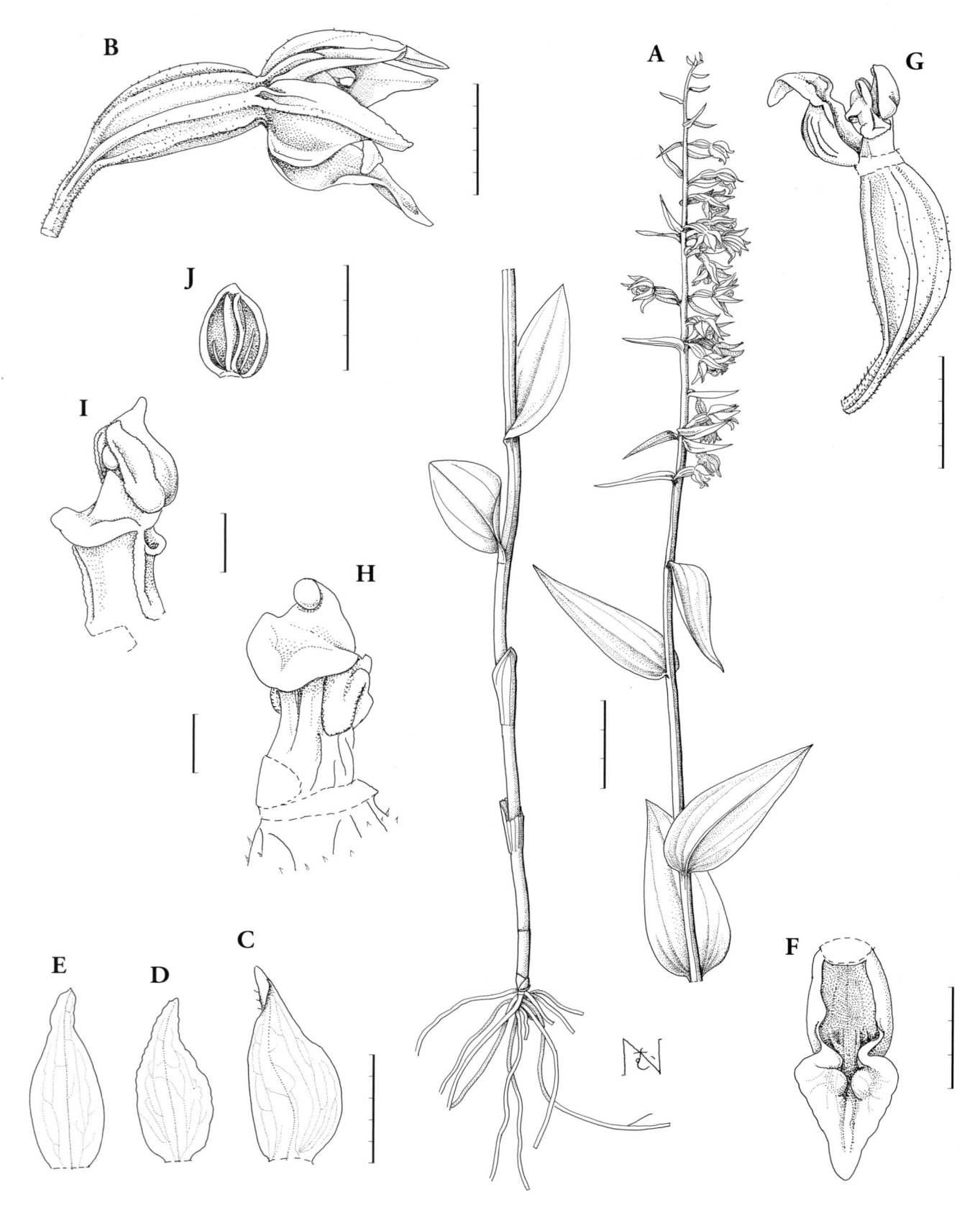

A- 植物体 ; B- 花 ; C- 側萼片 ; D- 花弁 ; E- 背萼片 ; F- 唇弁 ; G- 蕊柱, 唇弁, 花柄子房 ; H- 蕊柱の腹面 ; I- 若い蕊柱と葯 ; J- 葯帽.
A- plant; B- flower; C- lateral sepal; D- petal; E- dorsal sepal; F- lip; G- lip, column & pedicellate ovary; H- ventral view of column; I- lateral view of young column with anther; J- anther cap.
Scales: A: 3 cm, B, C, D, E, G: 5 mm, F & J: 3 mm, H & I: 1 mm.

39-01 タネガシマムヨウラン *Aphyllorchis tanegashimemsis* Hayata

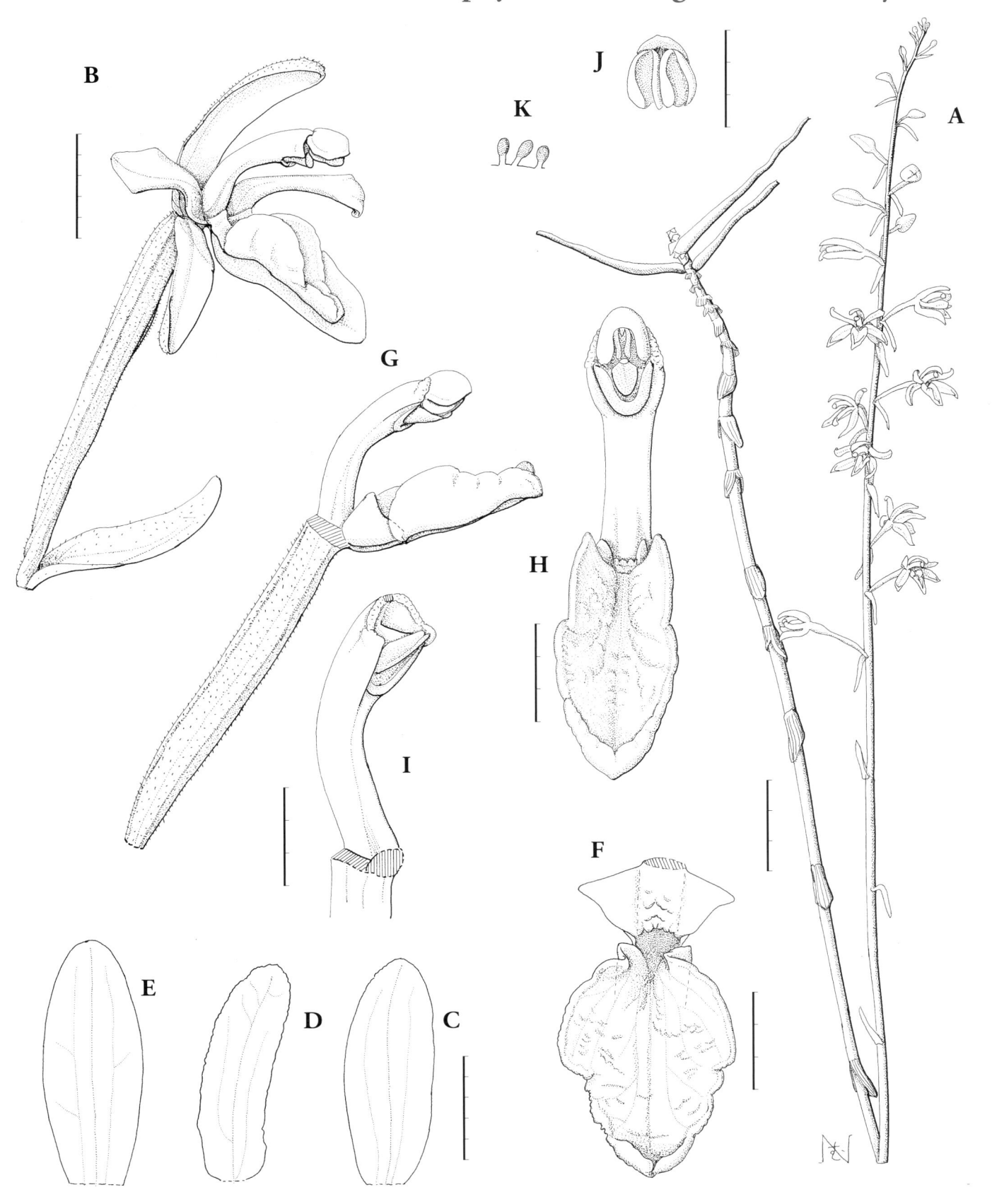

A- 植物体；B- 花と苞；C- 側萼片；D- 花弁；E- 背萼片；F- 唇弁；G- 蕊柱，唇弁，花柄子房；H- 蕊柱，葯，唇弁；I- 蕊柱；J- 葯帽；K- 蜜腺の形．

A- palnt; B- flower with bract; C- lateral sepal; D- petal; E- dorsal sepal; F- lip; G- lip, column & pedicellate ovary; H- column, anther & lip; I- column; J- anther cap; K- nectarium of sepals & pedicellate ovary.

Scales: **A**: 3 cm, **B, C, D, E, G**: 5 mm, **F, H, I, J**: 3 mm.

40-01. アコウネッタイラン **Tropidia angulosa** (Lindl.) Blume

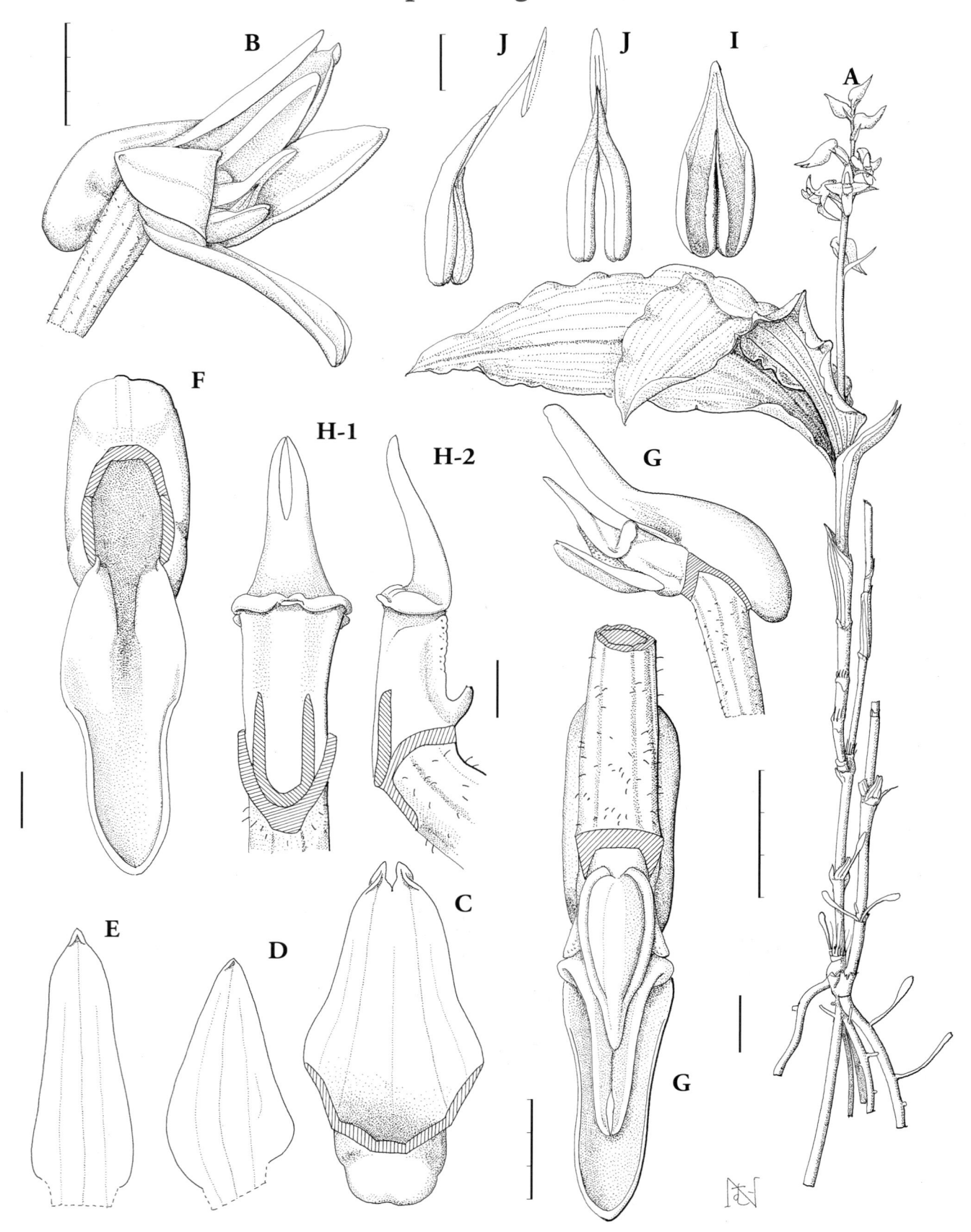

A- 植物体；**B**- 花；**C**- 側萼片；**D**- 花弁；**E**- 背萼片；**F**- 唇弁；**G**- 蕊柱，唇弁，花柄子房；**H-1**- 蕊柱腹面；**H-2**- 蕊柱側面；**I**- 葯帽；**J**- 花粉塊と粘着体.

A- plant; **B**- flower; **C**- lateral sepals; **D**- petal; **E**- dorsal sepal; **F**- lip; **G**- lip, column, pedicellate ovary; **H-1**-ventral view of column; **H-2**- lateral view of column; **I**- anther cap; **J**- pollinia.

Scale: **A**: 3 cm, **B, C, D, E, G**: 3 mm, **F, G, H, I, J**: 1 mm.

40-02. ヤクシマネッタイラン Tropidia nipponica Masam. var. **nipponica**

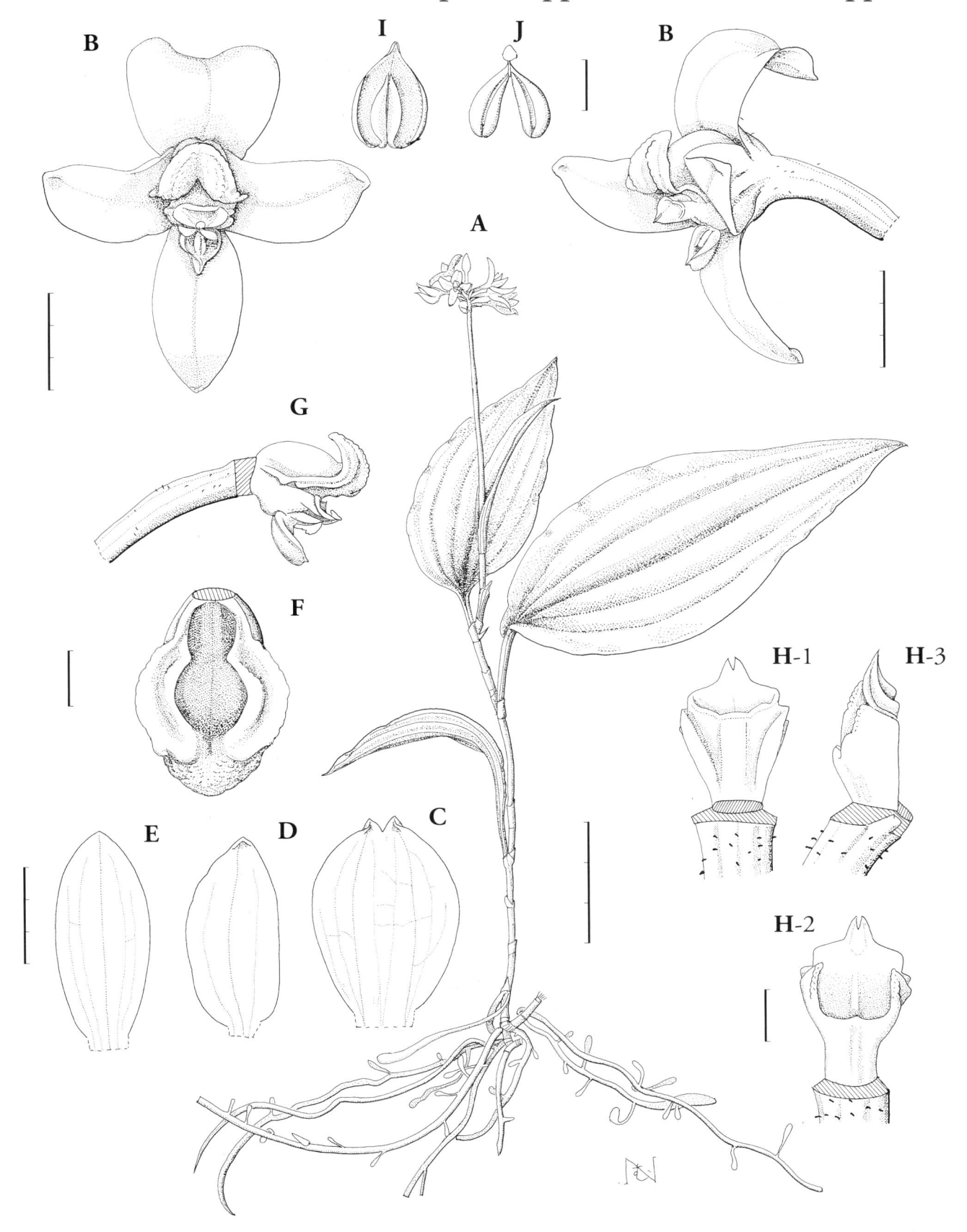

A- 植物体；B- 花；C- 側萼片；D- 背萼片；E- 背萼片；F- 唇弁；G- 蕊柱，唇弁，花柄子房；H-1- 蕊柱腹面；H-2- 蕊柱背面；H-3- 蕊柱側面；I- 葯帽；J- 花粉塊と粘着体.
A- plant; B- flower; C- lateral sepals; D- petal; E- dorsal sepal; F- lip; G- lip, column & pedicellate ovary; H-1-ventral view of column; H-2- dorsal view of column; H-3- lateral view of column; I- anther cap; J- pollinia.
Scale: A: 3 cm, B, C, D, E, G: 3 mm, F, H, I, J: 1 mm.

40-03. ハチジョウネッタイラン Tropidia nippinica Masam. var. hachijoensis F. Maek.

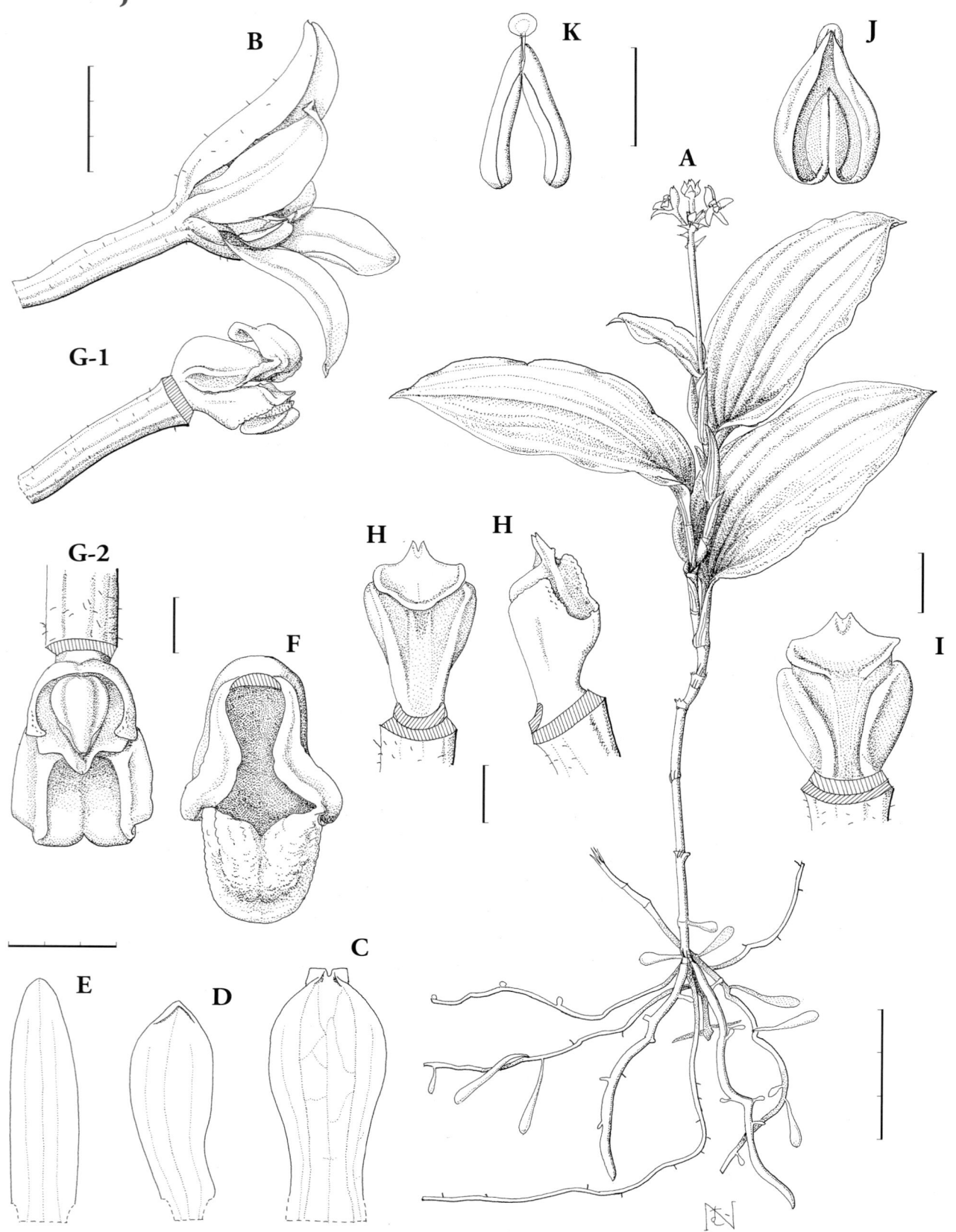

A- 植物体；B- 花；C- 側萼片；D- 花弁；E- 背萼片；F- 唇弁；G- 蕊柱，唇弁，花柄子房；H- 蕊柱；I- 若い花の蕊柱；J- 葯帽；K- 花粉塊と粘着体.

A- plant; B- flower; C- lateral sepals; D- petal; E- dorsal sepal; F- lip; G- column & lip; H- column; I- vental view of young column; J- anther cap; K- pollinia.

Scale: A: 3 cm, B, C, D, E, G-1: 3 mm, F, G-2, H, I, J, K: 1 mm.

41-01. バイケイラン **Corymborchis veratrifolia** (Reinw.) Bl.

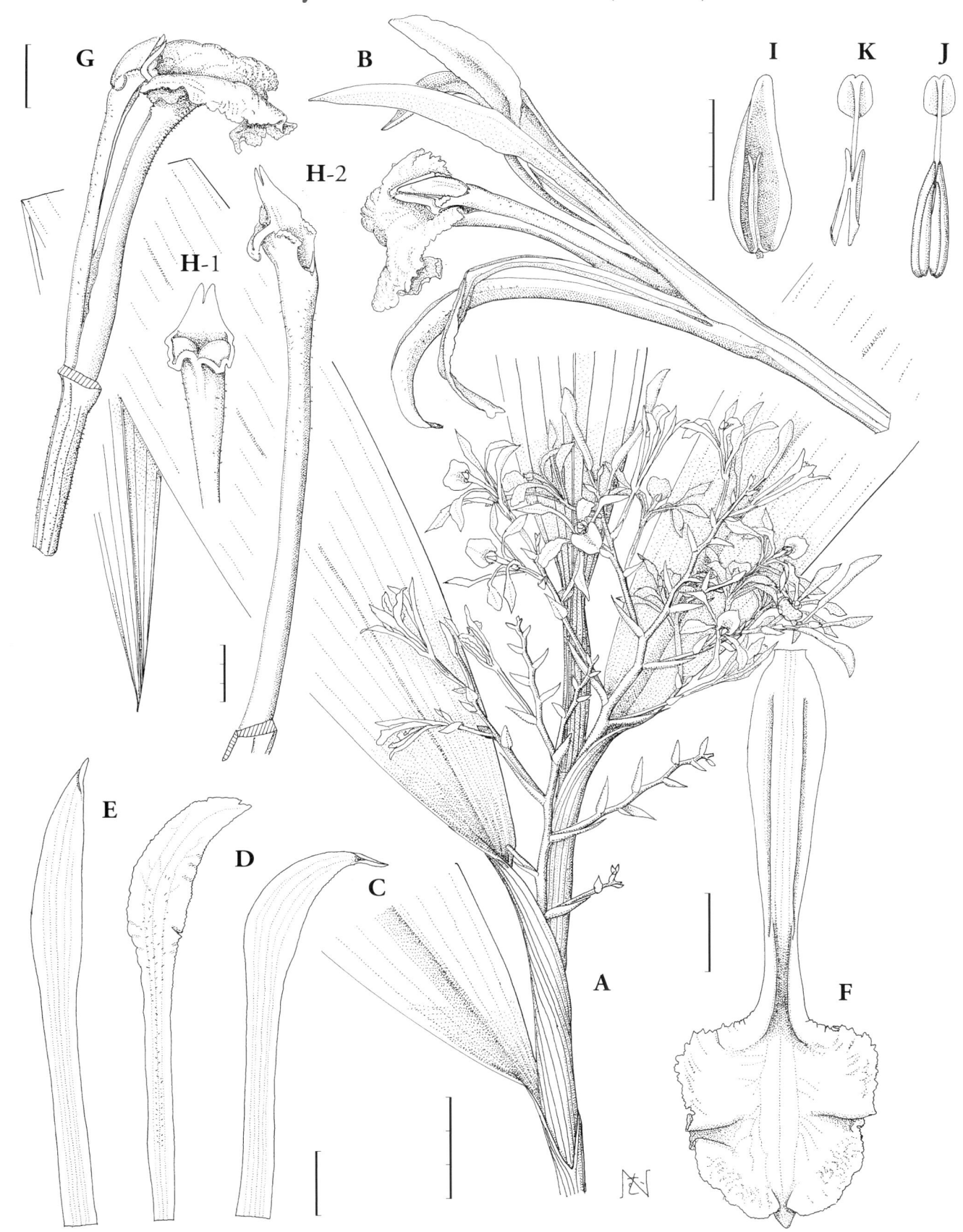

A- 植物体；**B**- 花；**C**- 側萼片；**D**- 花弁；**E**- 背萼片；**F**- 唇弁；**G**- 蕊柱，唇弁，花柄子房；**H**- 1- 蕊柱腹面；**H**-2- 蕊柱側面；**I**- 葯帽；**J**- 花粉塊；**K**- 花粉塊柄と粘着体.

A- plant; **B**- flower; **C**- lateral sepal; **D**- petal; **E**- dorsal sepal; **F**- lip; **G**- lip, column pedicellate ovary; **H**-1-ventral view of column, **H**-2- lateral view of column; **I**- anther cap; **J**- pollinia; **K**- stipe & viscidium.

Scales: **A**: 3 cm, **B**, **C**, **D**, **E**, **F**, **G**: 5 mm, **H**, **I**, **J**, **K**: 3 mm.

42-01. トラキチラン *Epipogium aphyllum* (F. W. Schmidt.) Sw

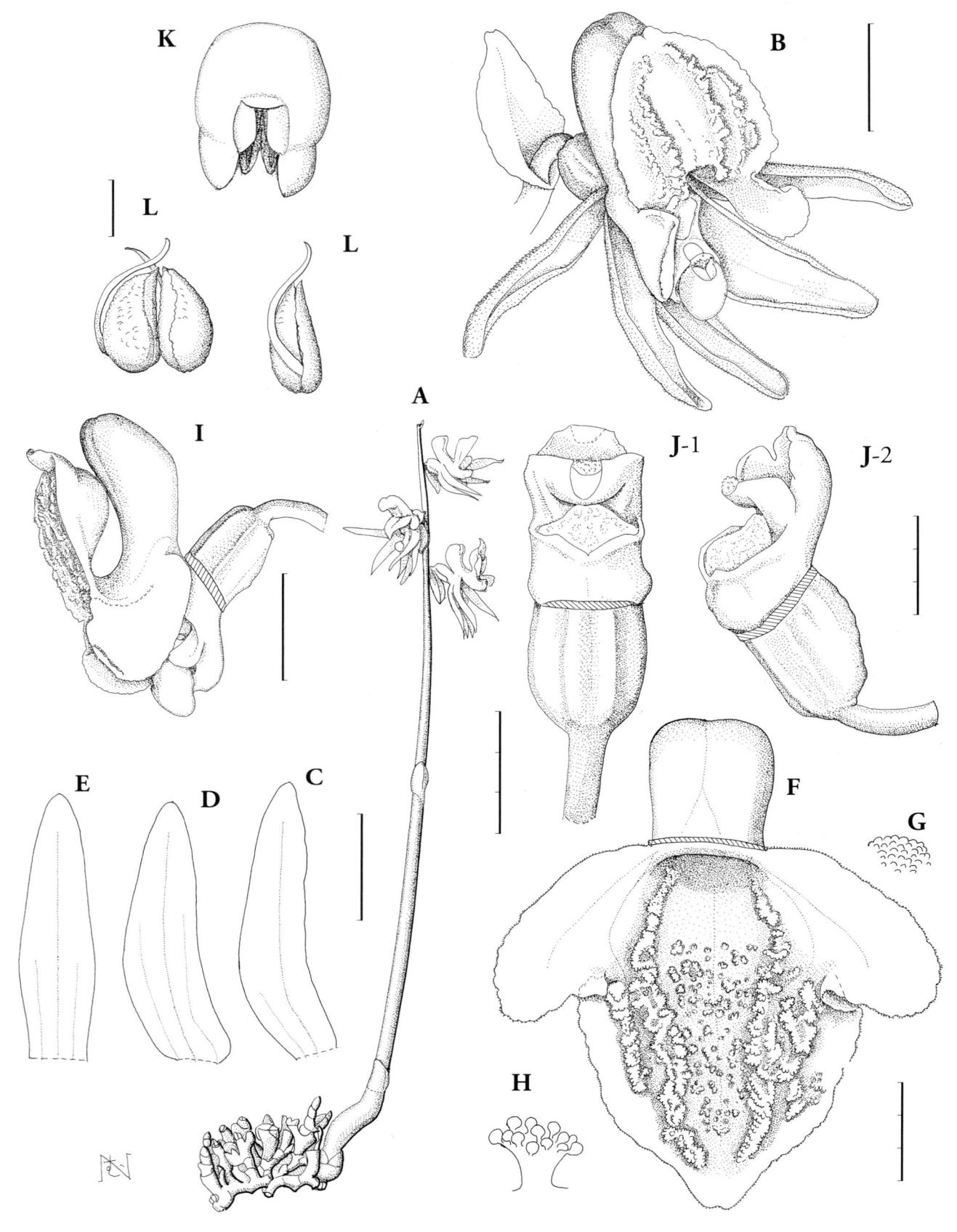

A- 植物体 ; B- 花と苞 ; C- 側萼片 ; D- 花弁 ; E- 背萼片 ; F- 唇弁 ; G- 乳頭突起 ; H- 肉塊と多細胞の突起 ; I- 蕊柱, 唇弁, 子房 ; J-1- 蕊柱の腹面 ; J-2- 蕊柱の側面 ; K- 葯帽 ; L- 花粉塊.

A- plant; B- flower with bract; C- lateral sepal; D- petal; E- dorsal sepal; F- lip; G- papillae; H- detail of wavy crests; I- lip, column pedicallate ovary; J-1- vental view of column; J-2- lateral view of column; K- anther cap; L- pollinia.

Scales: **A**: 3 cm, **B, C, D, E, I**: 5 mm, **F & J**: 3 mm, **K & L**: 1 mm.

42-02. アオキラン **Epipogium japonicum** Makino

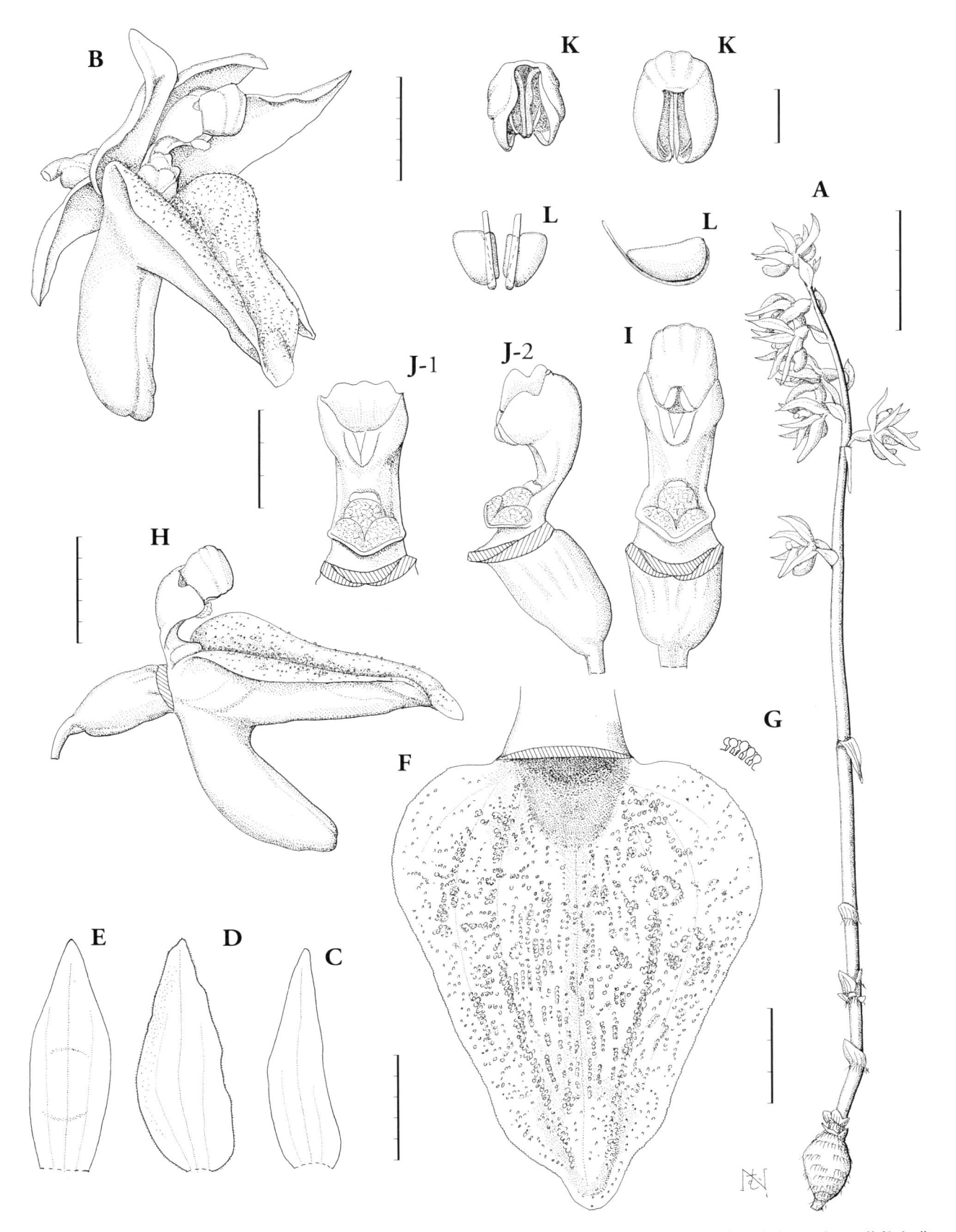

A- 植物体；**B**- 花；**C**- 側萼片；**D**- 花弁；**E**- 背萼片；**F**- 唇弁；**G**- 唇弁の乳状突起；**H**- 蕊柱，唇弁，花柄子房；**I**- 蕊柱と葯；**J-1**- 蕊柱腹面；**J-2**- 蕊柱側面；**K**- 葯帽；**L**- 花粉塊.
A- plant; **B**- flower; **C**- lateral sepal; **D**- petal; **E**- dorsal sepal; **F**- lip; **G**- papillae; **H**- lip, column & pedicellate ovary; **I**- column with anther & pedicellate ovary; **J-1**- ventral view of column; **J-2**- lateral view of column; **K**- anther cap; **L**- pollinia.
Scales: **A**: 3 cm, **B, C, D, E, H**: 5 mm, **F, I, J**: 3 mm, **K & L**: 1 mm.

42-03. タシロラン **Epipogium roseum** (D. Don) Lindl.

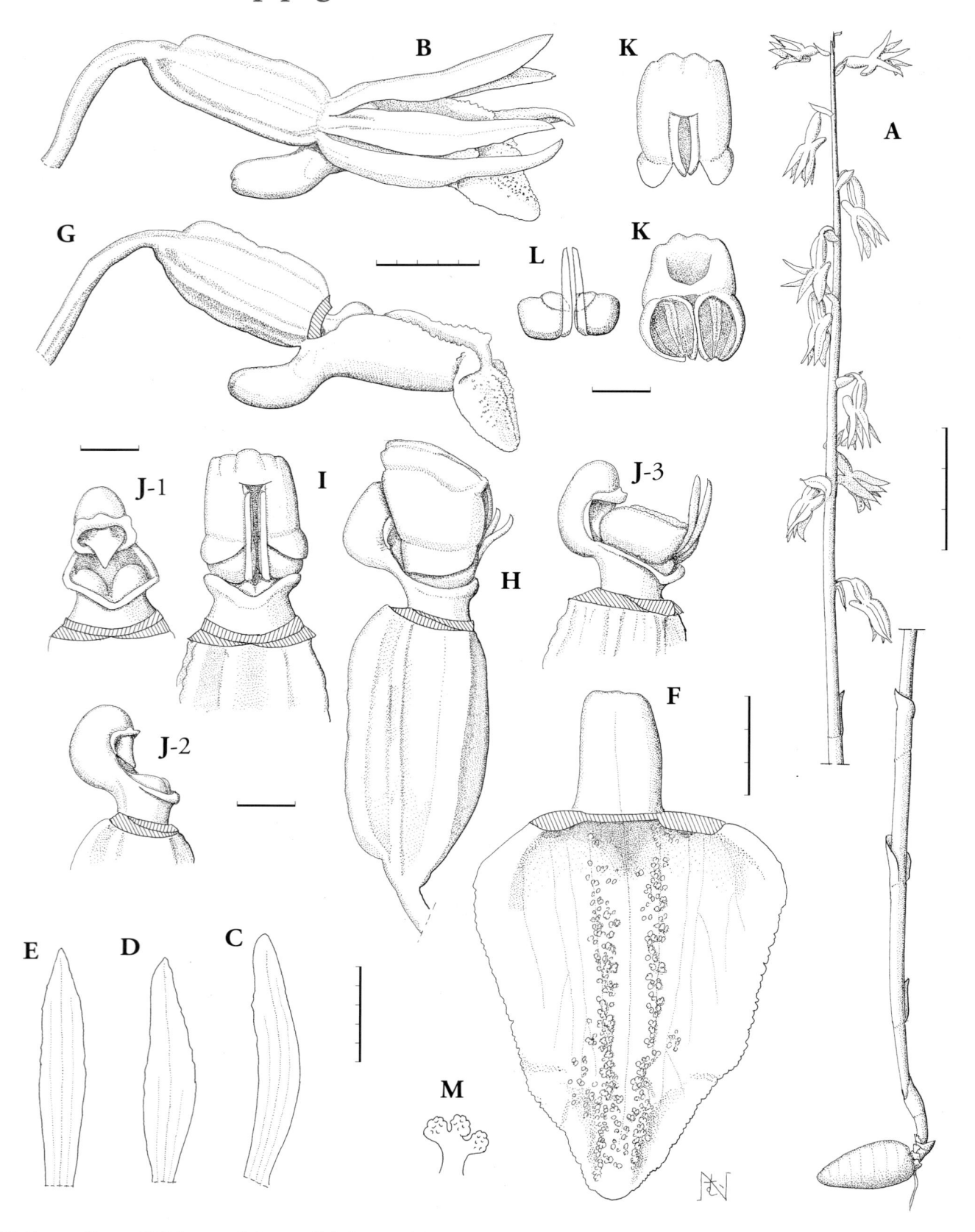

A- 植物体 ; B- 花 ; C- 側萼片 ; D- 花弁 ; E- 背萼片 ; F- 唇弁 ; G- 蕊柱, 唇弁, 子房 ; H- 蕊柱と葯, 花柄子房の側面 ; I- 蕊柱と葯 ; J-1- 蕊柱の腹面 ; J-2- 蕊柱の側面 ; J-3- 蕊柱と花粉塊 ; K- 葯帽 ; L- 花粉塊 ; M- 唇弁の多細胞突起.

A- plant; B- flower; C- lateral sepal; D- petal; E- dorsal sepal; F- lip; G- lip, column & pedicellate ovary; H- lateral view of column & anther; I- vental view of column & anther; J-1-vental view of column; J-2- lateral view of column; J-3-lateral view of column with pollinia; K- anther cap; L- pollinia; M- multicellular papillae of lip.

Scales: A: 3 cm, B, C, D, E, G:5 mm, F: 3 mm, H, I, J, K, L: 1 mm.

43-01. イリオモテムヨウラン Stereosandra javanica Blume.

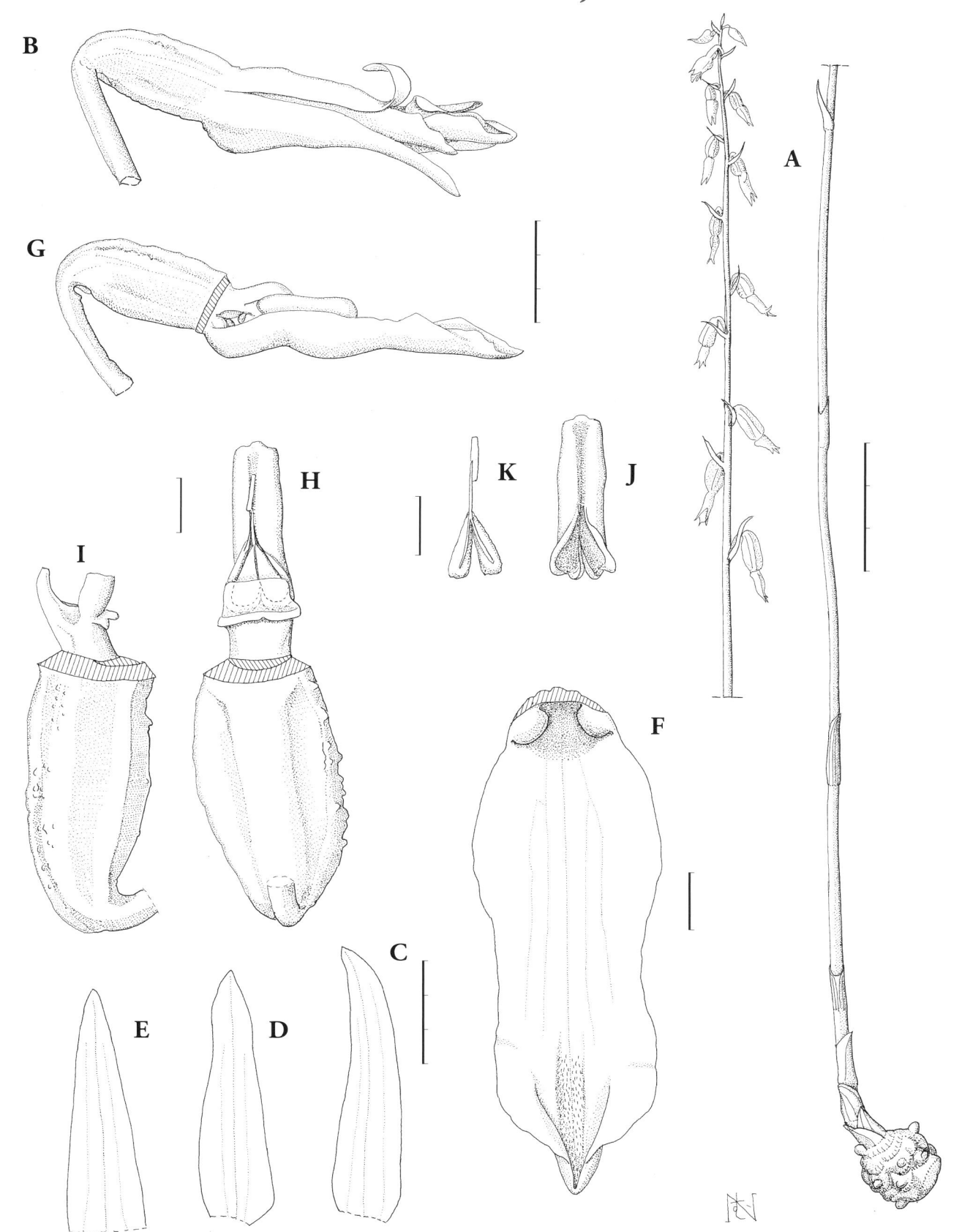

A- 植物体；**B**- 花；**C**- 側萼片；**D**- 花弁；**E**- 背萼片；**F**- 唇弁；**G**- 蕊柱，唇弁，花柄子房；**H**- 蕊柱，葯，花柄子房；**I**- 蕊柱と花柄子房；**J**- 葯帽；**K**- 花粉塊と粘着体.

A- plant; **B**- flower; **C**- lateral sepal; **D**- petal; **E**- dorsal sepal; **F**- lip; **G**- lip, column & pedicellate ovary; **H**- column with anther & pedicellate ovary; **I**- column & pedicellate ovary; **J**- anther cap; **K**- pollinia.

Scales; **A**: 3 cm, **B, C, D, E, G**: 3 mm, **F, H, I, J, K**: 1mm.

44-01. コカゲラン **Didymoplexiella siamensis** (Rolfe ex Downie) Seidenf.

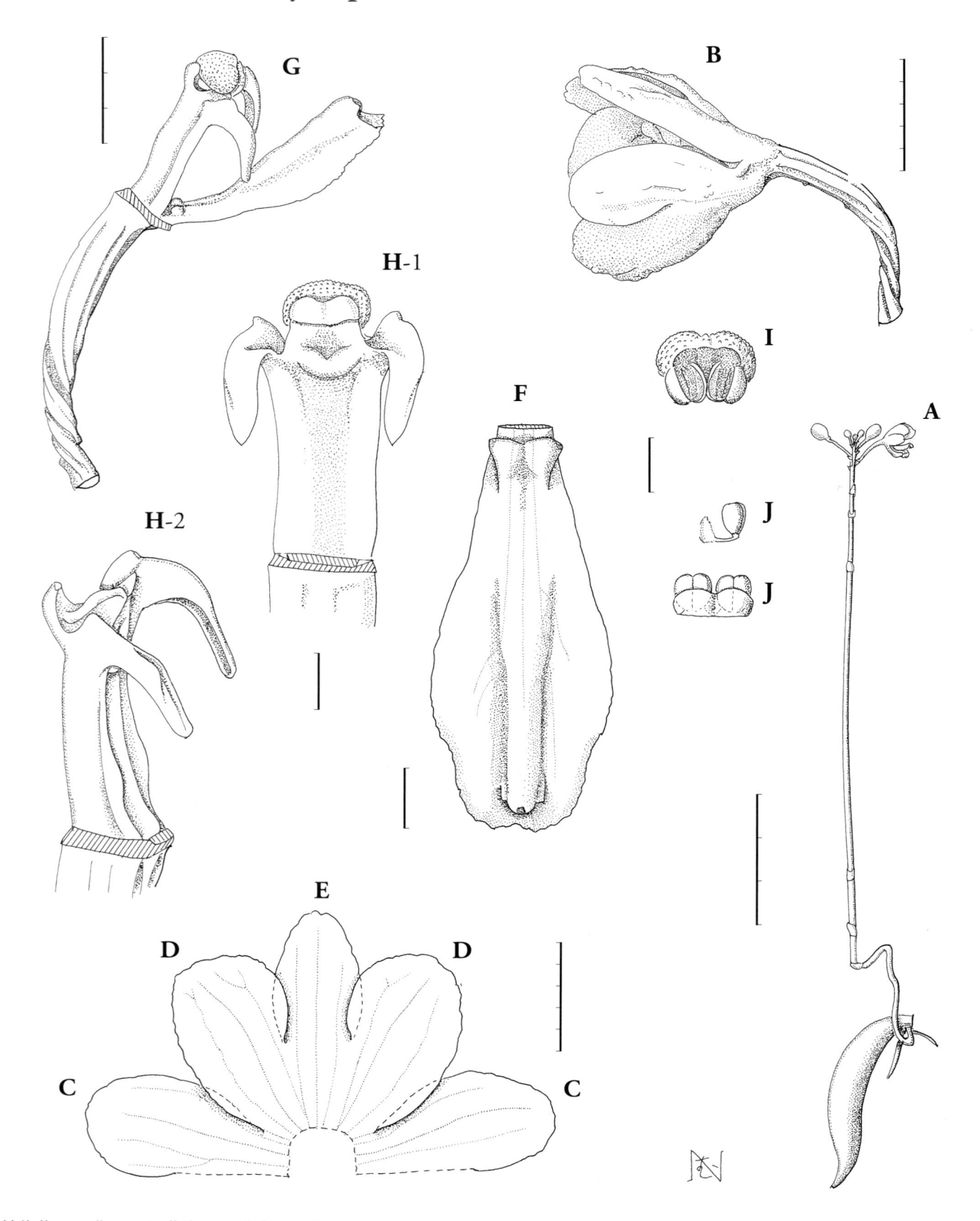

A- 植物体 ; **B-** 花 ; **C-** 側萼片 ; **D-** 花弁 ; **E-** 背萼片 ; **F-** 唇弁 ; **G-** 蕊柱, 唇弁, 花柄子房 ; **H-1-** 蕊柱と葯の腹面 ; **H-2-** 蕊柱の側面 ; **I-** 葯帽 ; **J-** 花粉塊と粘着体.

A- plant; **B-** flower; **C-** lateral sepal; **D-** petal; **E-** dorsal sepal; **F-** lip; **G-** lip, column & pedicellate ovary; **H-1-** ventral view of column & anther; **H-2-** lateral view of column; **I-** anther cap; **J-** pollinia.
Scales: **A**: 3 cm, **B, C, D, E, G**: 5 mm, **F, H, I, J**: 1 mm.

45-01. ユウレイラン *Didymoplexis pallens* Griff.

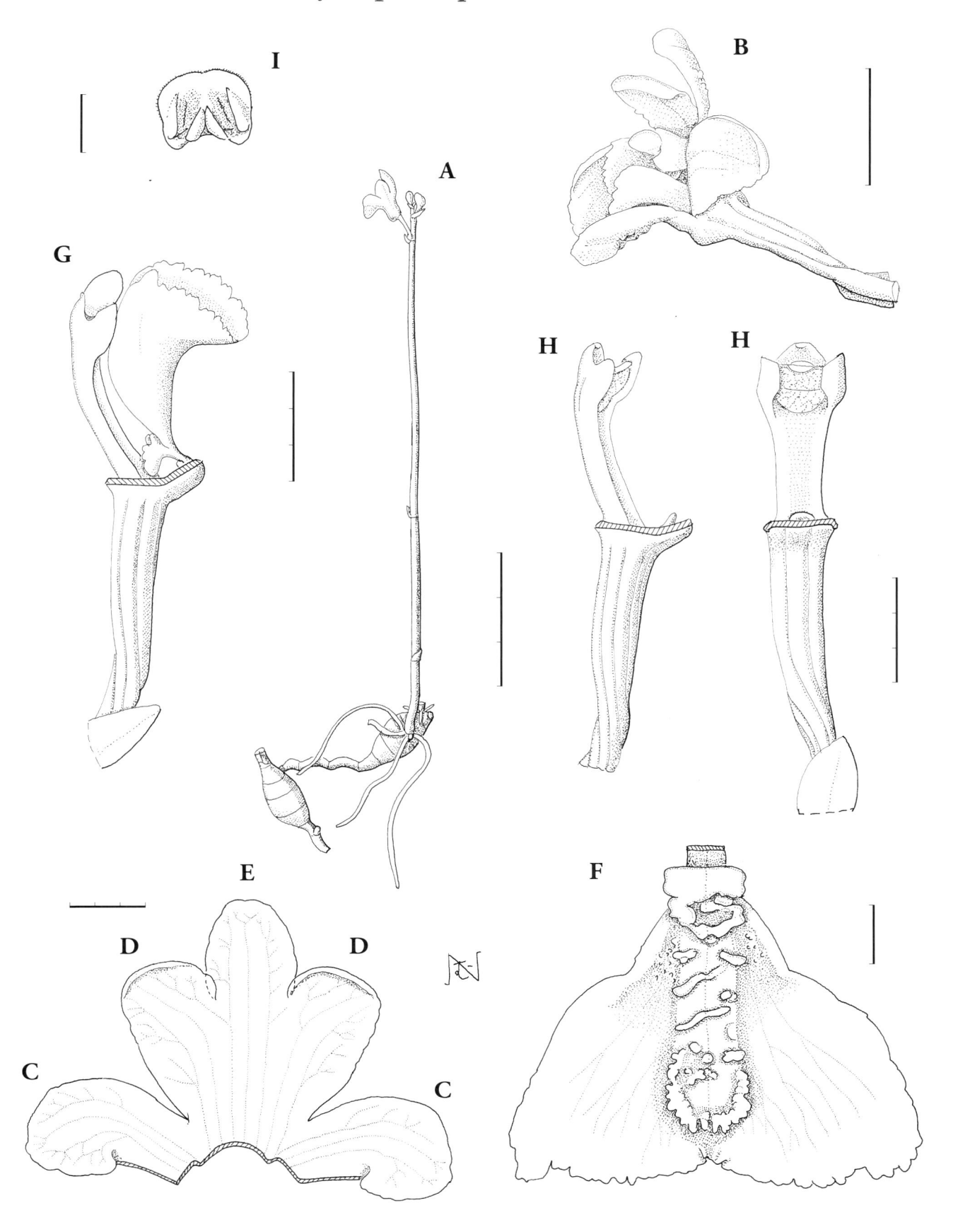

A- 植物体 ; B- 花 ; C- 側萼片 ; D- 花弁 ; E- 背萼片 ; F- 唇弁 ; G- 蕊柱, 唇弁, 花柄子房, 苞 ; H- 蕊柱 ; I- 葯帽.
A- plant; B- flower; C- lateral sepal; D- petal; E- dorsal sepal; F- lip; G- lip, column & pedicellate ovary with bract; H- column; I- anther cap.
Scales: **A**: 3 cm, **B**: 5 mm, **C**, **D**, **E**, **G**, **H**: 3 mm, **F** & **I**: 1 mm.

46-01. ムニンヤツシロラン **Gastrodia boninensis** Tuyama var. **botrylis** Tuyama

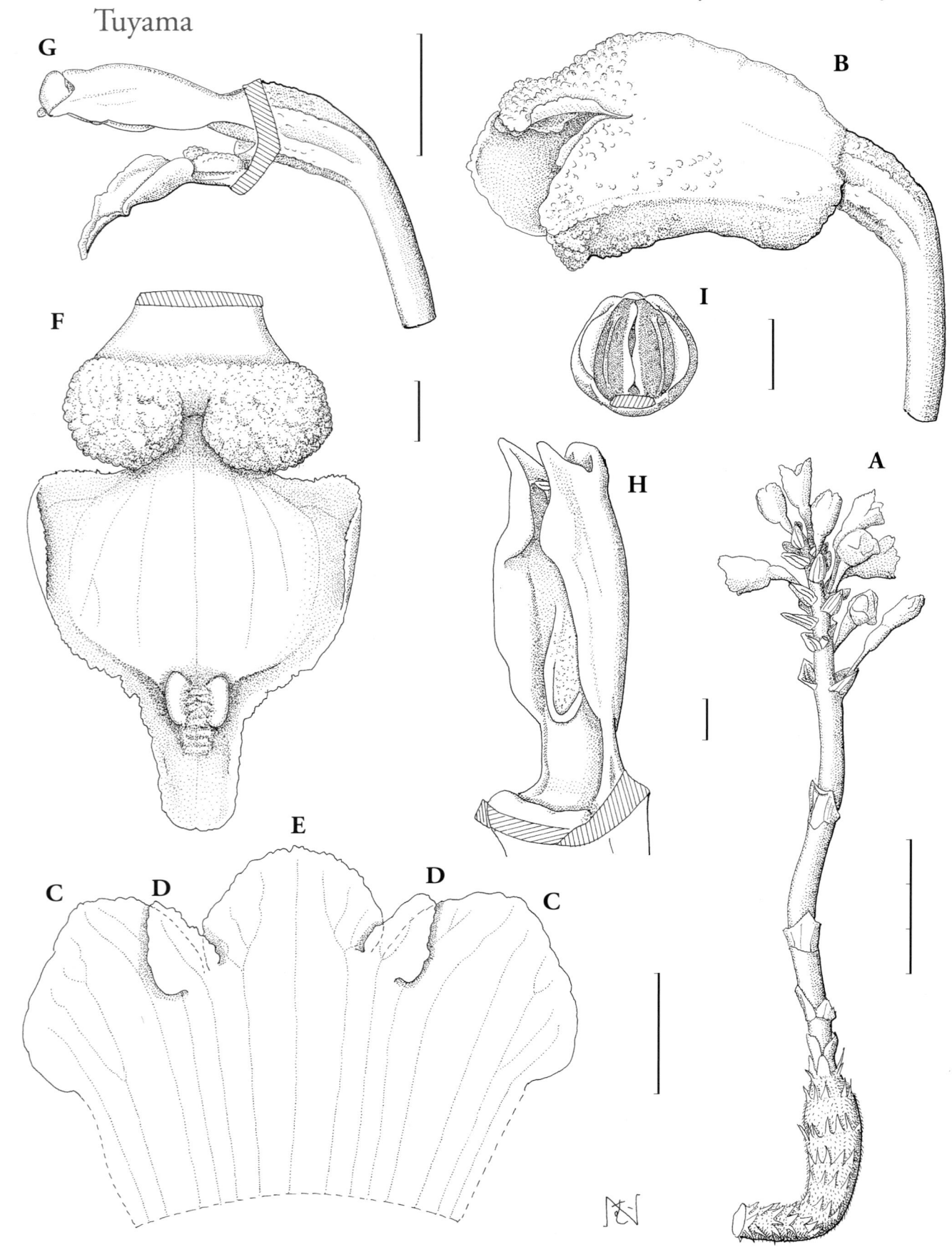

A- 植物体 ; **B**- 花 ; **C**- 側萼片 ; **D**- 花弁 ; **E**- 背萼片 ; **F**- 唇弁 ; **G**- 蕊柱, 唇弁, 花柄子房 ; **H**- 蕊柱 ; **I**- 葯帽.
A- plant; **B**- flower; **C**- lateral sepal; **D**- petal; **E**- dorsal sepal; **F**- lip; **G**- lip, column, pedicellate ovary; **H**- column; **I**- anther cap.
Scales: **A**: 3 cm, **B, C, D, E, G**: 5 mm, **F, H, I**: 1 mm.

46-02. アキザキヤツシロラン **Gastrodia confusa** Honda et Tuyama

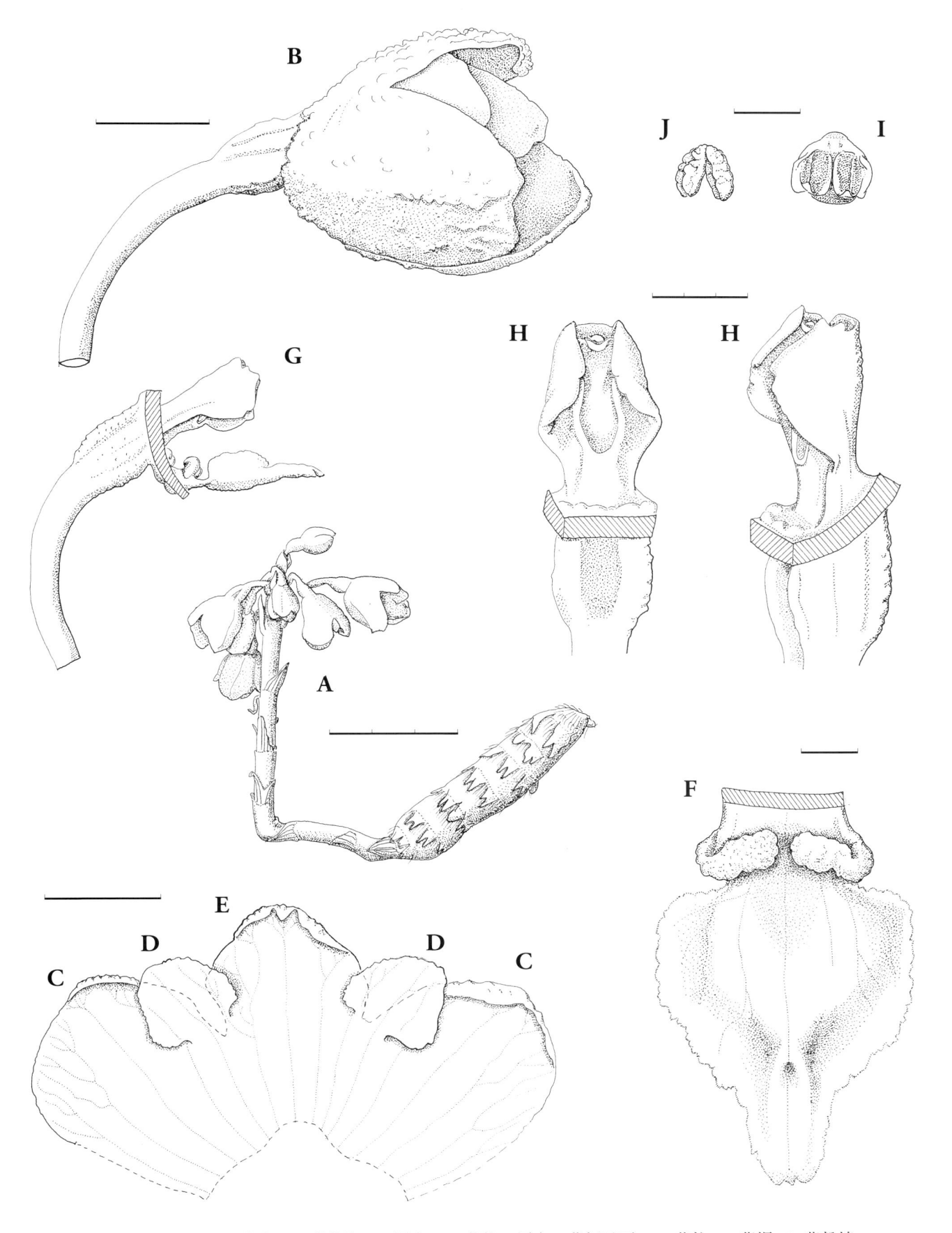

A- 植物体 ; B- 花 ; C- 側萼片 ; D- 花弁 ; E- 背萼片 ; F- 唇弁 ; G- 蕊柱, 唇弁, 花柄子房 ; H- 蕊柱 ; I- 葯帽 ; J- 花粉塊.
A- plant; B- flower; C- lateral sepal; D- petal; E- dorsal sepal; F- lip; G- lip, column, pedicellate ovary; H- column; I- anther cap; J- pollinia.
Scales: A: 3 cm, B, C, D, E, G: 5 mm, H: 3 mm, I & J: 1 mm.

46-03. オニノヤガラ Gastrodia elata Blume

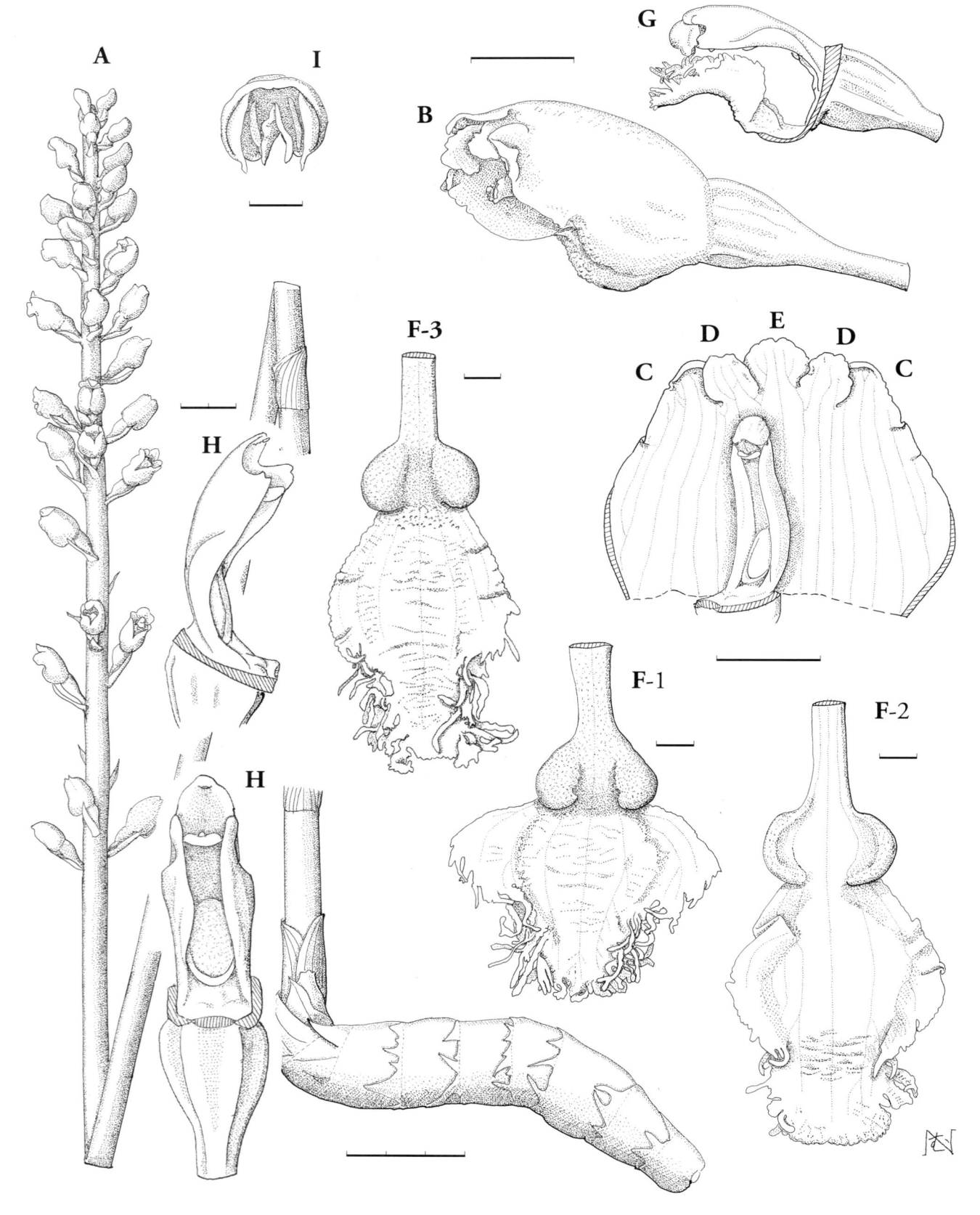

A- 植物体；B- 花；C- 側萼片；D- 花弁；E- 背萼片；F-1- 唇弁（秋田県）；F-2- 唇弁（長崎県）；F-3- 唇弁（クッチャロ湖）；G- 蕊柱と唇弁, 花柄子房；H- 蕊柱と子房；I- 葯帽.
A- plant; B- flower; C- lateral sepal; D- petal; E- dorsal sepal; F-1-lip(Akita Pref.); F-2- lip(Nagasaki Pref.); F-3- lip(Hokkaido); G- lip, column & pedicellate ovary; H- column & pedicellate ovary; I-anther cap.
Scales: A: 3 cm, B, C, D, E, G: 5 mm, F & I: 1 mm, H: 2 mm.

46-04. ナヨテンマ Gastrodia gracilis Blume

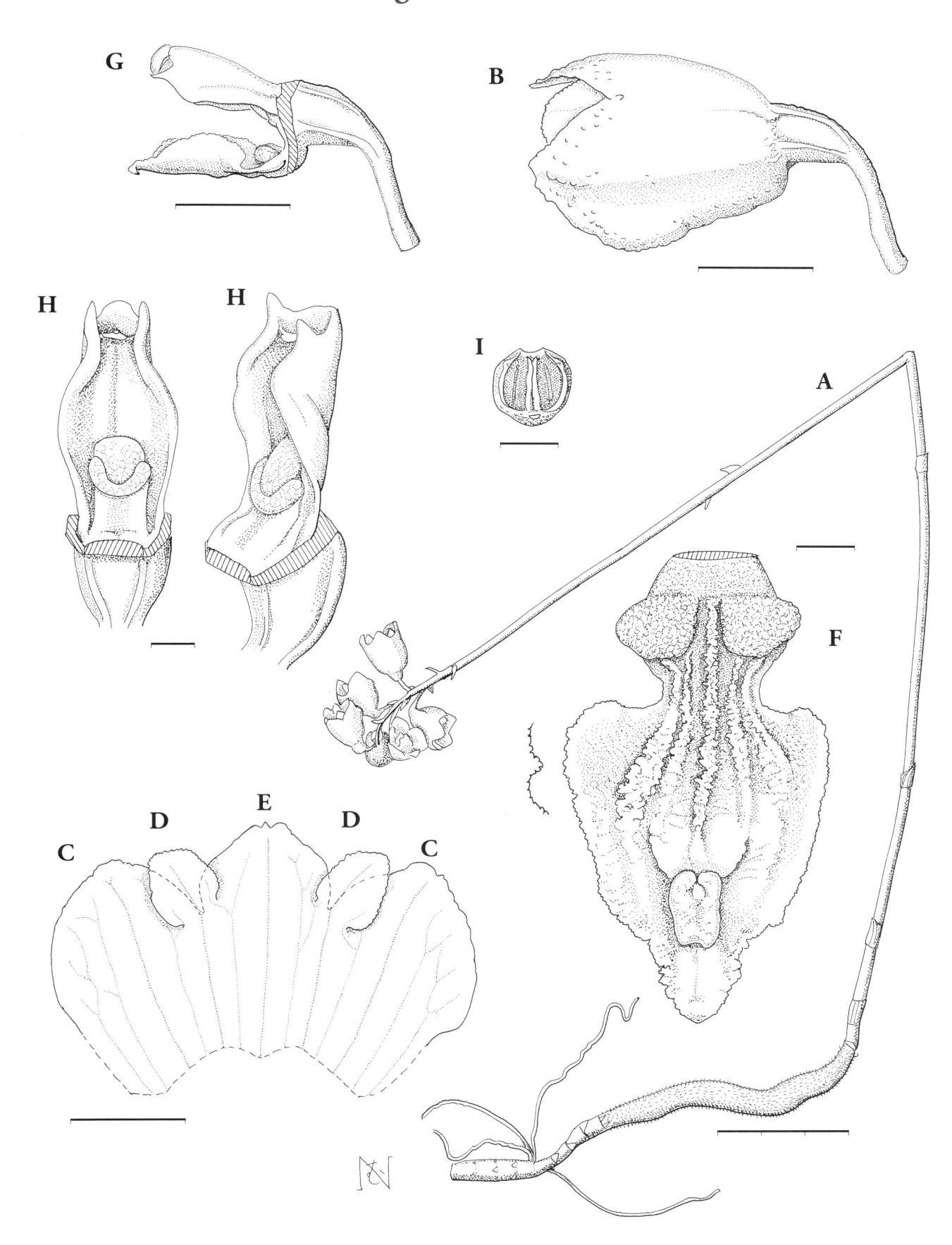

A- 植物体; B- 花; C- 側萼片; D- 花弁; E- 背萼片; F- 唇弁; G- 蕊柱と唇弁，花柄子房; H- 蕊柱; I- 葯帽.
A- plant; B- flower; C- lateral sepal; D- petal; E- dorsal sepal; F- lip; G- lip, column & pedicellate ovary; H- column; I- anther cap.
Scales: A: 3 cm, B, C, D, E, G: 5 mm, H & I: 1 mm.

46-05. コンジキヤガラ Gastrodia javanica (Bl.) Lindl.

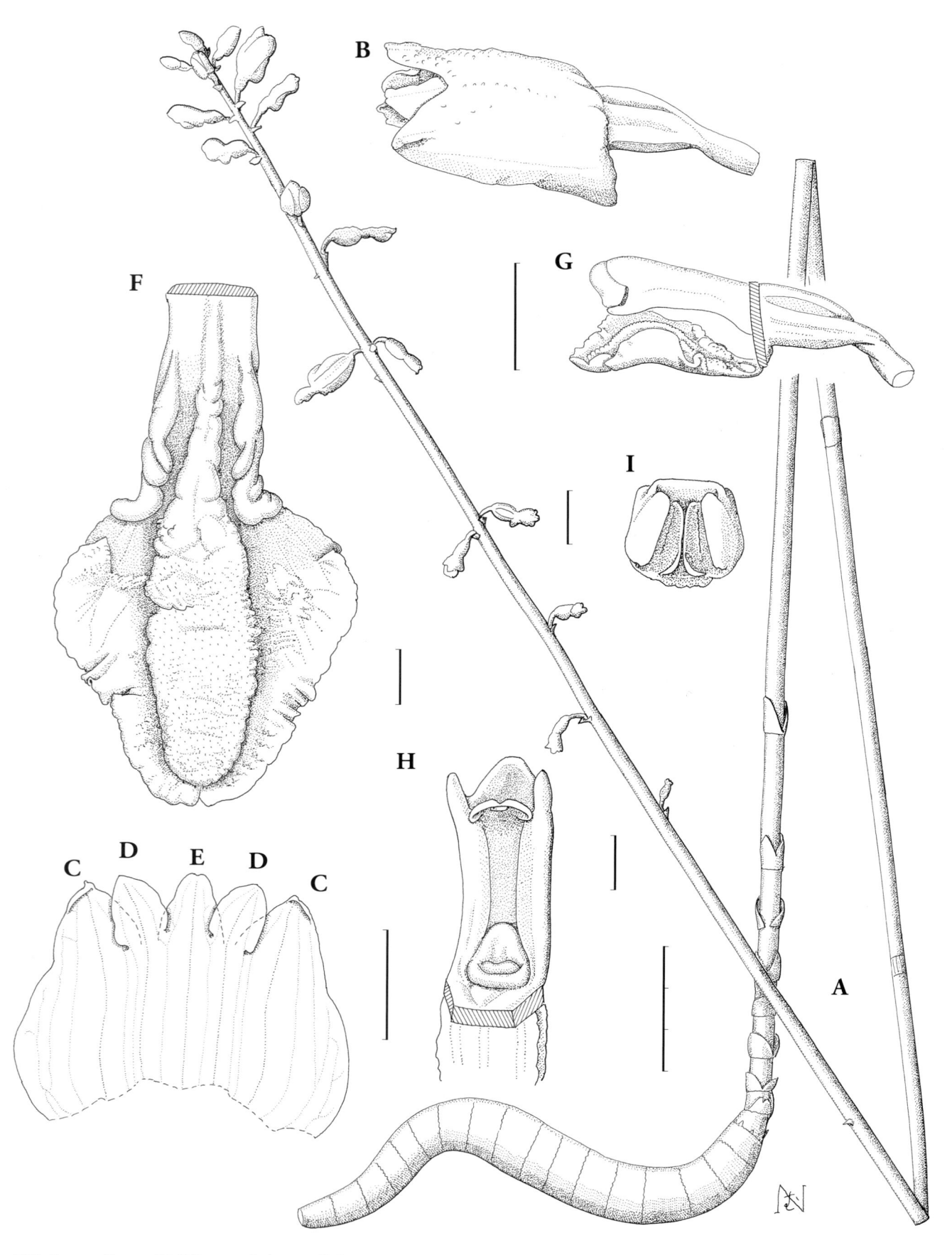

A- 植物体；B- 花；C- 側萼片；D- 花弁；E- 背萼片；F- 唇弁；G- 蕊柱，唇弁，花柄子房；H- 蕊柱；I- 葯帽.
A- plant; B- flower; C- lateral sepal; D- petal; E- dorsal sepal; F- lip; G- lip, column & pedicellate ovary; H- column; I- anther cap.
Scales: A: 3 cm, B, C, D, E, G: 5 mm, F, H, I: 1 mm.

46-06. ハルザキヤツシロラン **Gastrodia nipponica** (Honda) Tsuyama

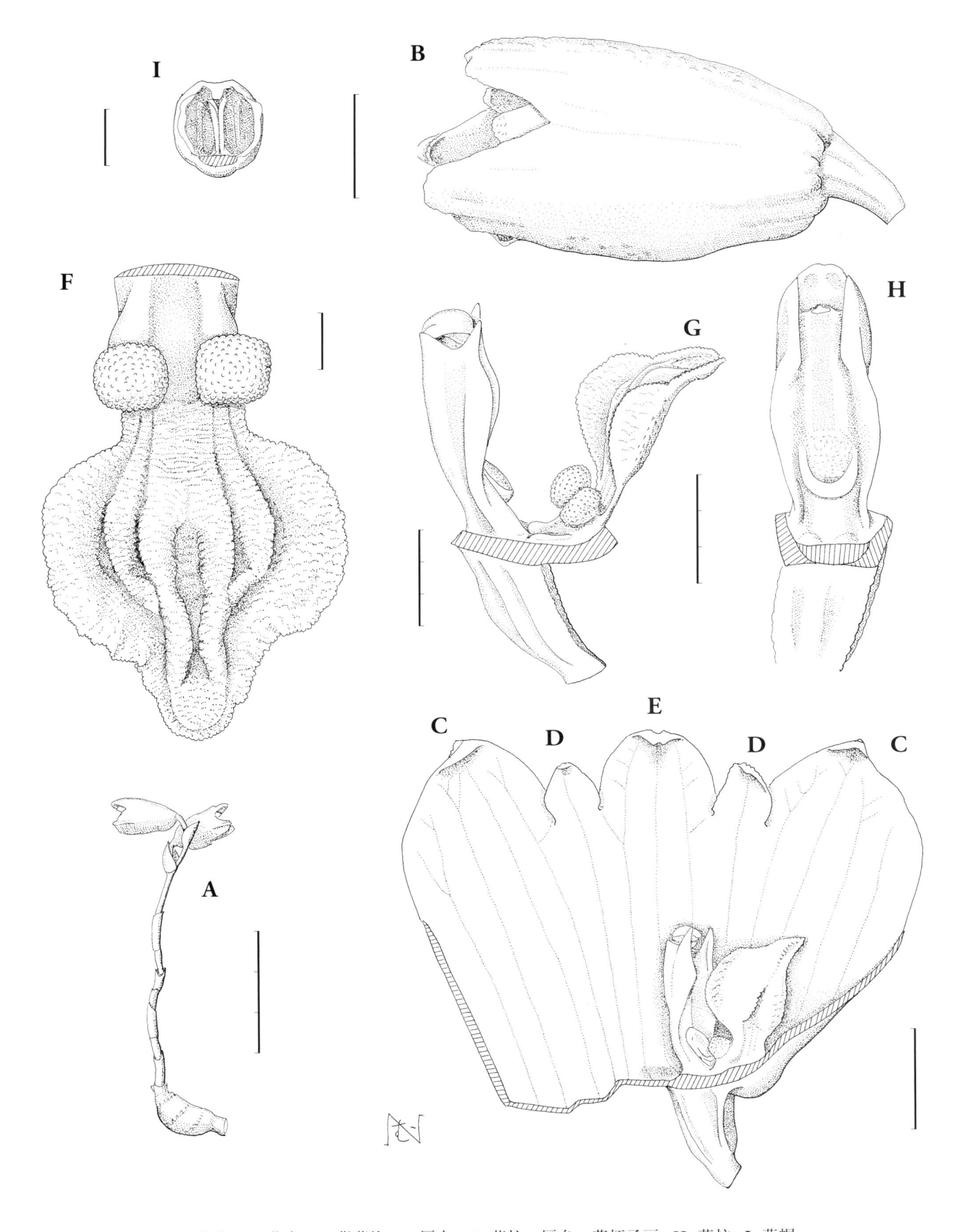

A- 植物体 ; **B**- 花 ; **C**- 側萼片 ; **D**- 花弁 ; **E**- 背萼片 ; **F**- 唇弁 ; **G**- 蕊柱，唇弁，花柄子房 ; **H**- 蕊柱 ; **I**- 葯帽.
A- plant; **B**- flower; **C**- lateral sepal; **D**- petal; **E**- dorsal sepal; **F**- lip; **G**- lip, column & pedicellate ovary; **H**- column; **I**- anther cap.
Scales: **A**: 3 cm, **B, C, D, E**: 5 mm, **G** & **H**: 3 mm, **F** & **I**: 1 mm.

46-07. クロヤツシロラン **Gastrodia pubilabiata** Y. Sawa

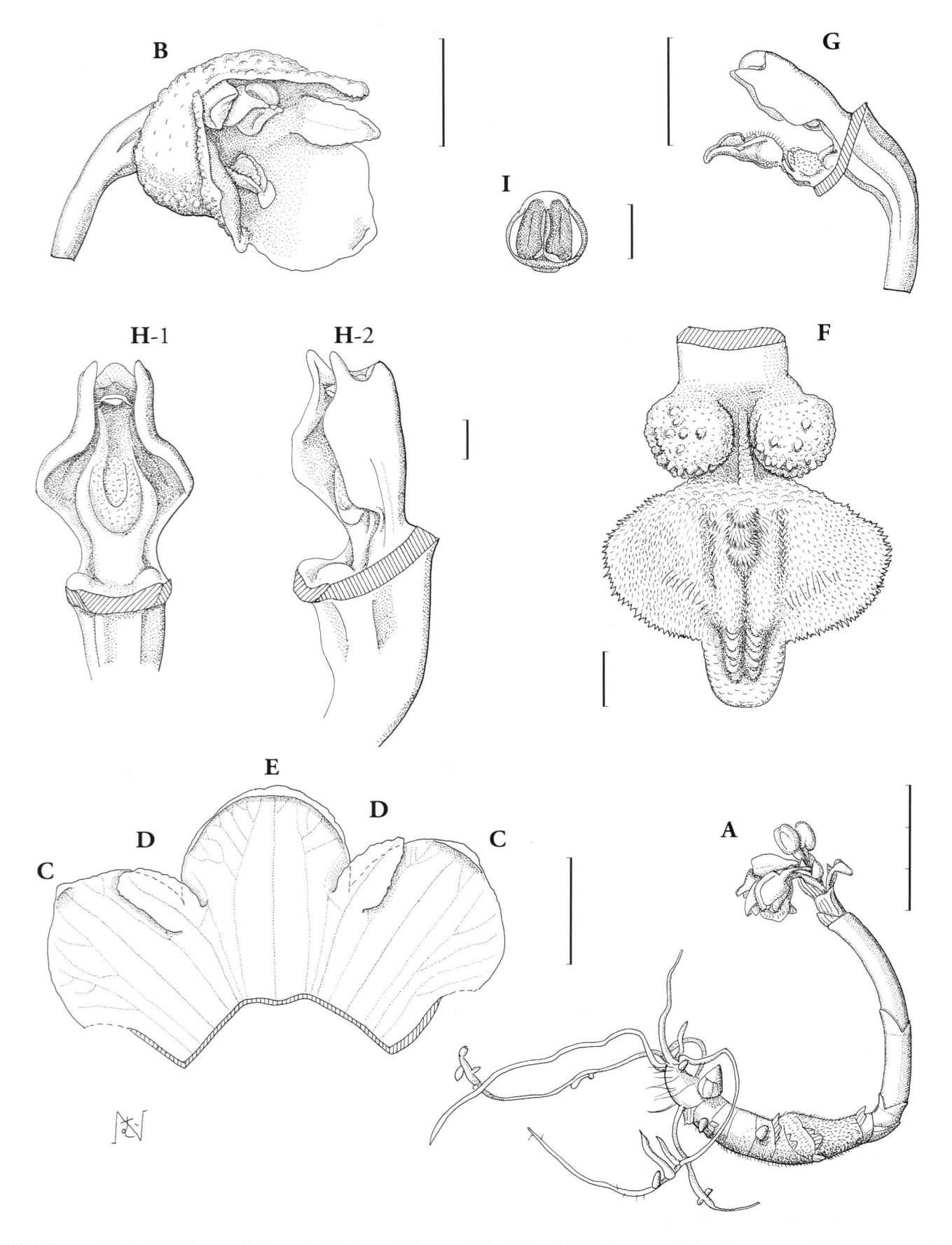

A- 植物体 ; B- 花 ; C- 側萼片 ; D- 花弁 ; E- 背萼片 ; F- 唇弁 ; G- 蕊柱, 唇弁, 花柄子房 ; H-1- 蕊柱の腹面 ; H-2- 蕊柱の側面 ; I- 葯帽.
A- plant; B- flower; C- lateral sepal; D- petal; E- dorsal sepal; F- lip; G- lip, column & pedicellate ovary; H- column; I- anther cap.
Scales: A: 3 cm, B, C, D, E, G: 5 mm, F, H, I: 1 mm.

46-08. ナンゴクヤツシロラン *Gastrodia shimizuana* Tsuyama

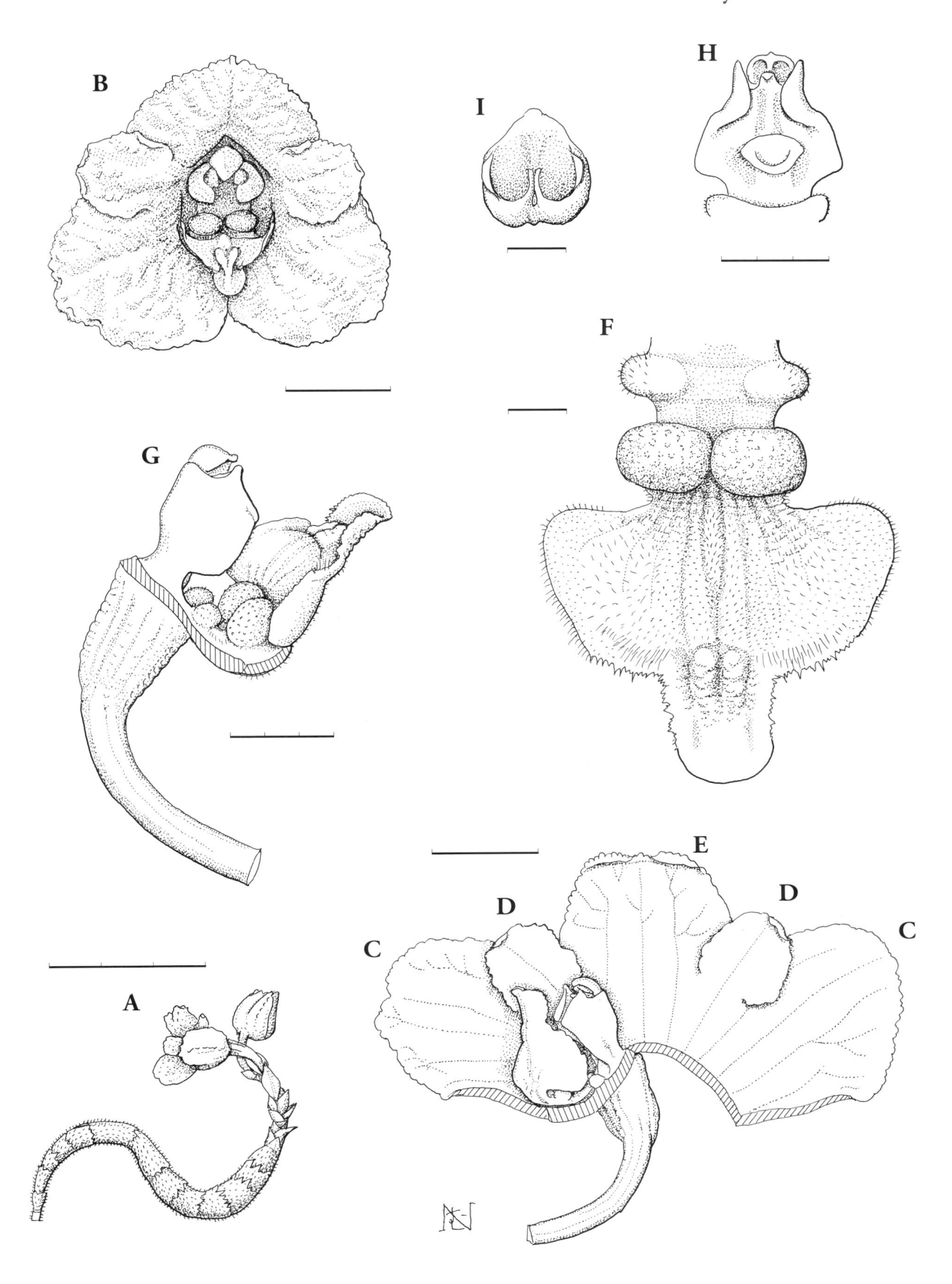

A- 植物体；**B**- 花；**C**- 側萼片；**D**- 花弁；**E**- 背萼片；**F**- 唇弁；**G**- 蕊柱．唇弁．花柄子房；**H**- 蕊柱；**I**- 葯帽.
A- plant; **B**- flower; **C**- lateral sepal; **D**- petal; **E**- dorsal sepal; **F**- lip; **G**- lip, column & pedicellate ovary; **H**- column; **I**- anther cap.
Scales: **A**: 3 cm, **B**, **C**, **D**, **E**: 5 mm, **G** & **H**: 3 mm, **F** & **I**: 1 mm.

47-01. アオイボクロ **Nervilia aragoana** Gaudich.

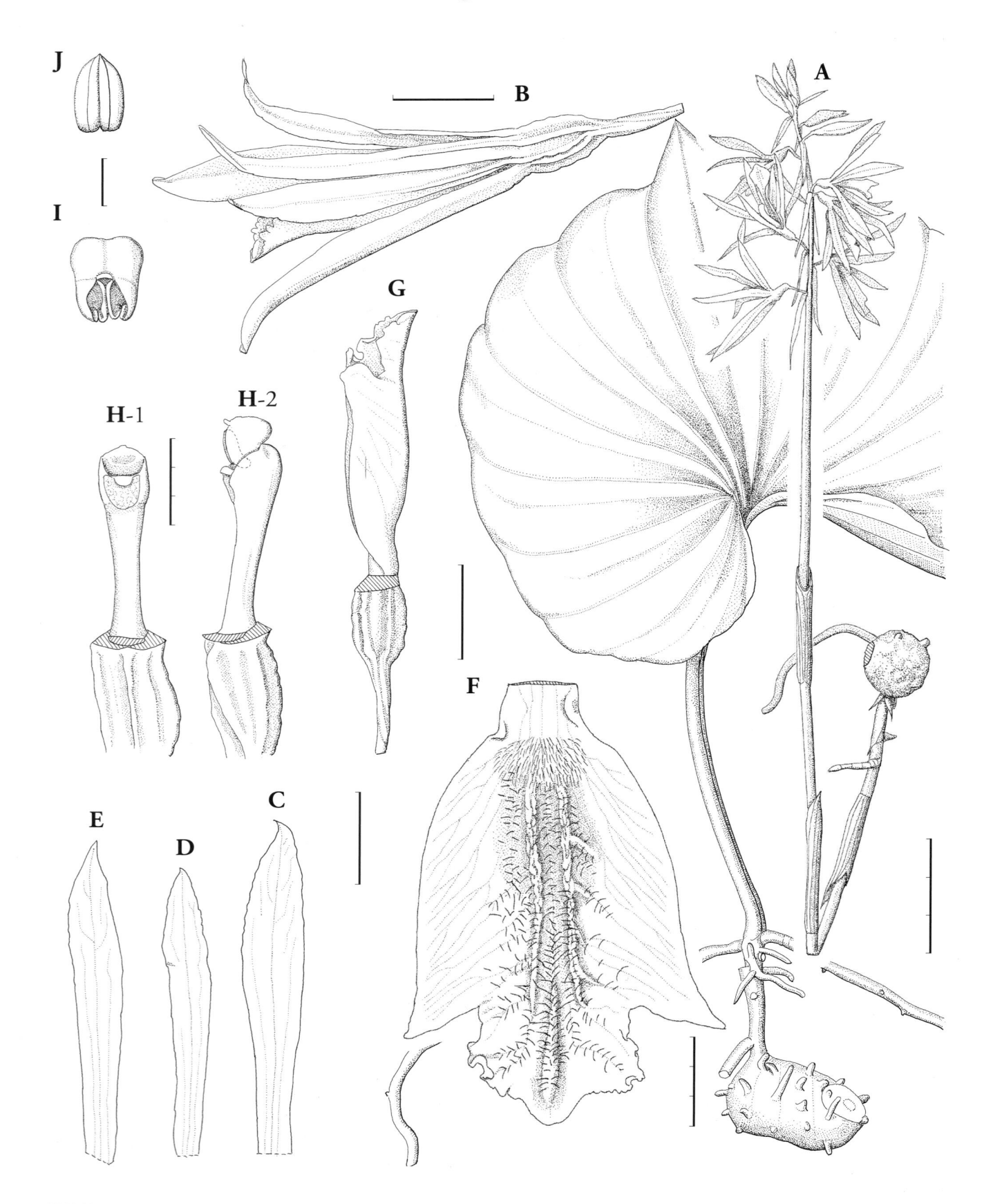

A- 植物体; B- 花; C- 側萼片; D- 花弁; E- 背萼片; F- 唇弁; G- 蕊柱と唇弁, 花柄子房; H-1-蕊柱; H-2-蕊柱と葯; I- 葯帽; J- 花粉塊.
A- plant; B- flower; C- lateral sepal; D- petal; E- dorsal sepal; F- lip; G- lip, column & pedicellate ovary; H-1-vental view of column; H-2- lateral view of column with anther; I- anther cap; J- pollinia.
Scales: A: 3 cm, B, C, D, E, G: 5 mm, H: 3 mm, I & J: 1 mm.

47-02. ムカゴサイシン **Nervilia nipponica** Makino

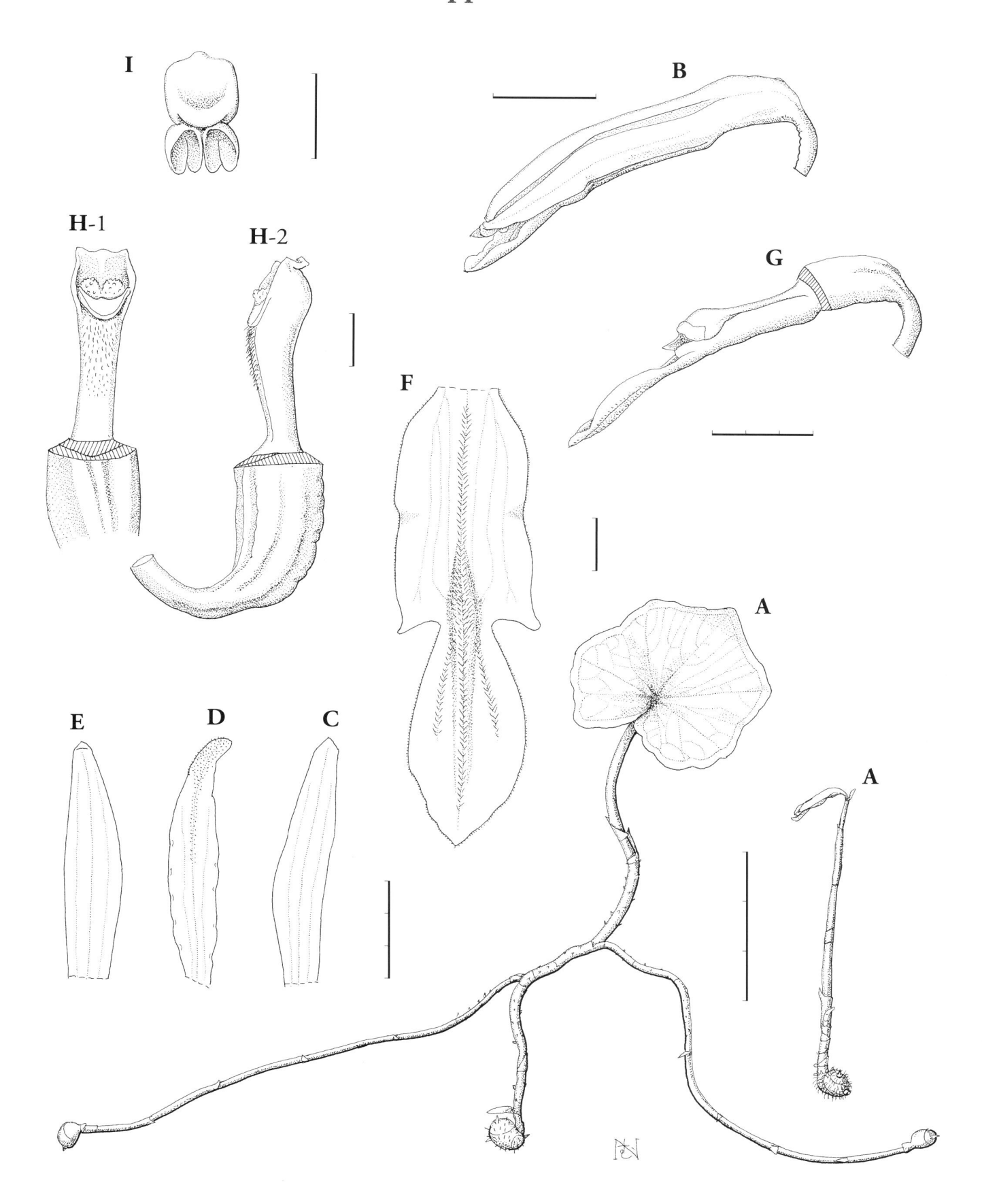

A- 植物体；B- 花；C- 側萼片；D- 花弁；E- 背萼片；F- 唇弁；G- 蕊柱, 唇弁, 子房；H-1- 蕊柱；H-2- 蕊柱と花柄子房；I- 葯帽.
A- plant; B- flower; C- lateral sepal; D- petal; E- dorsal sepal; F- lip; G- lip, column & pedicellate ovary; H- column; I- anther cap.
Scales: A: 3 cm, B, C, D, E, G: 3 mm, F, H, I: 1 mm.

48-01. サワラン **Eleorchis japonica** (A. Gray) F. Maek. var. **japonica**
48-02. キリガミネアサヒラン **Eleorchis japonica** var. **conformis** (F. Maek.) F. Maek.

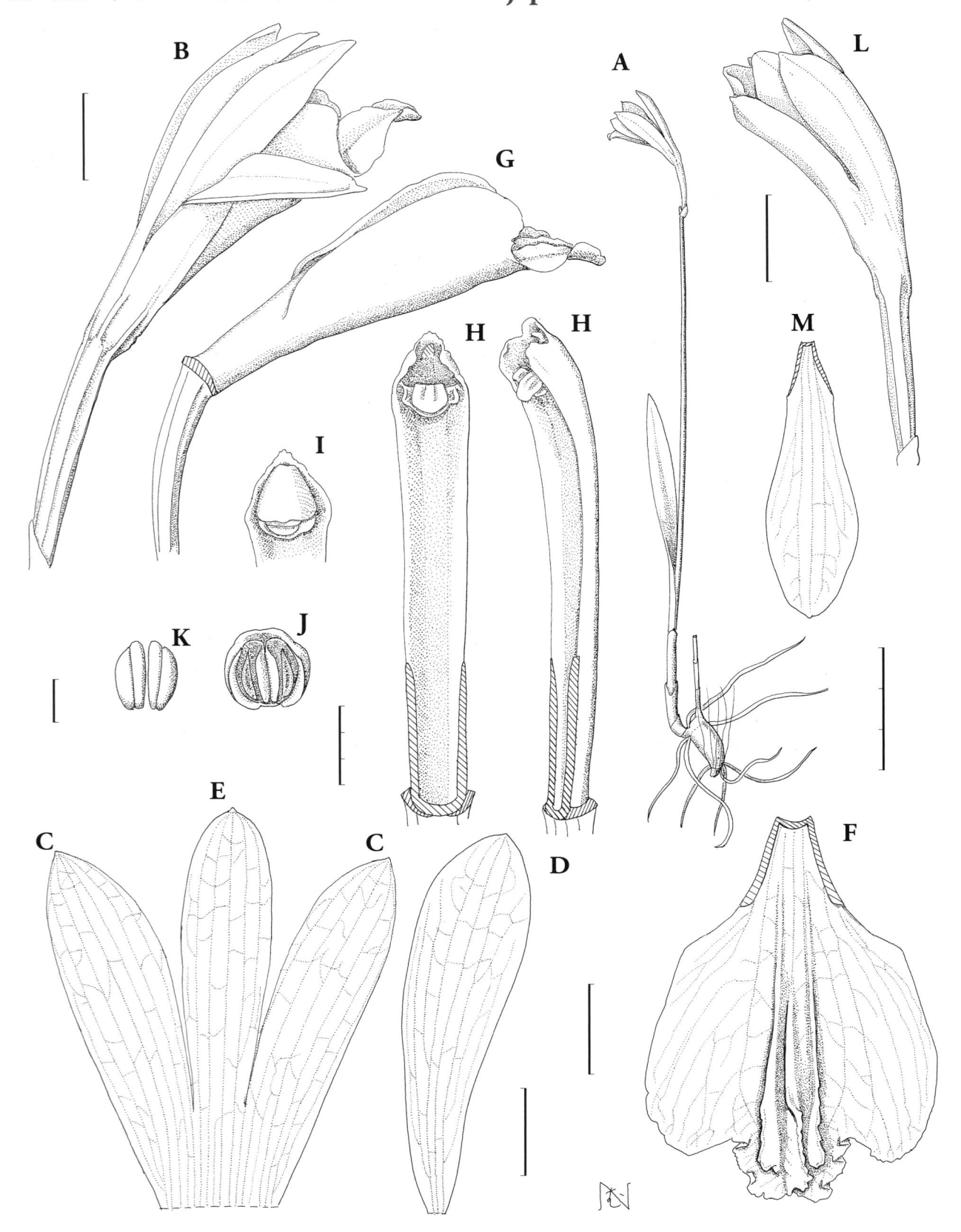

A- 植物体; B- 花と苞; C- 側萼片; D- 花弁; E- 背萼片; F- 唇弁; G- 蕊柱, 唇弁; H- 蕊柱; I- 蕊柱と葯; J- 葯帽; K- 花粉塊; L- キリガミネアサヒランの花; M- キリガミネアサヒランの唇弁, 他はサワラン.

A- plant; **B**- flower; **C**- lateral sepal; **D**- petal; **E**- dorsal sepal; **F**- lip; **G**- lip & column with pedicellate ovary; **H**- column; **I**- apex of column & anther; **J**- anther cap; **K**- pollinia; **L**- flower & **M**- lip of *E. japonica* var. *conformis*. the others belong to *E. japonica* var. *japonica*.

Scales: **A**: 3 cm, **B, C, D, E, F, L, M**: 5 mm, **H, I, J**: 1 mm.

49-01. ナリヤラン **Arundina graminifolia** (D. Don.) Horchr.

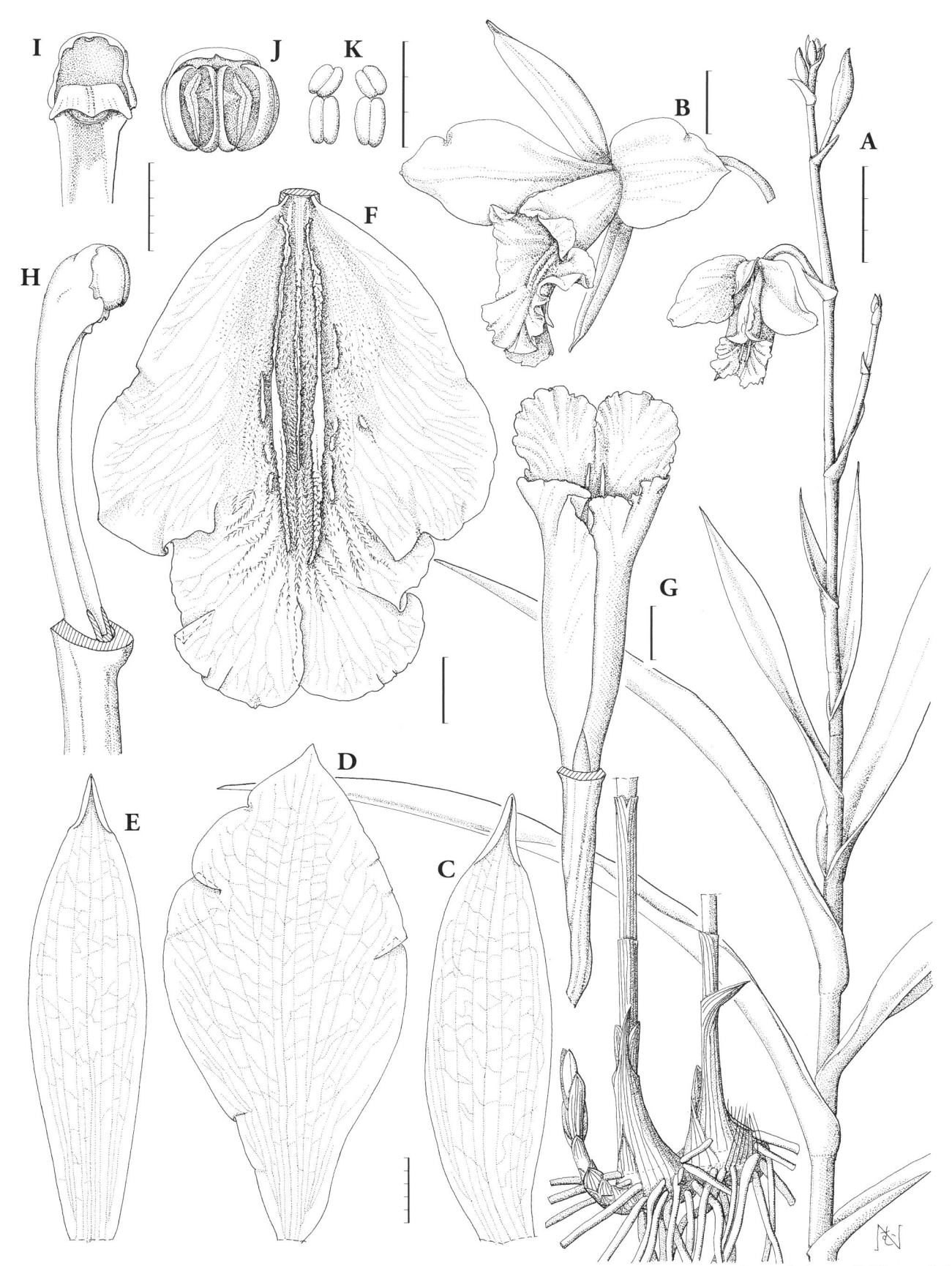

A- 植物体；**B**- 花；**C**- 側萼片；**D**- 花弁；**E**- 背萼片；**F**- 唇弁；**G**- 蕊柱，唇弁，花柄子房；**H**- 蕊柱と葯；**I**- 葯床；**J**- 葯帽；**K**- 花粉塊.
A- plant; **B**- flower; **C**- lateral sepal; **D**- petal; **E**- dorsal sepal; **F**- lip; **G**- lip, column & pedicellate ovary; **H**- column with anther; **I**- clinandrium; **J**- anther cap; **K**- pollinia.
Scales; **A**: 3 cm, **B**: 1 cm, **C, D, E, F, G, H, I**: 5mm, **J & K**: 3 mm.

50-01. シラン **Bletilla striata** (Thunb.) Rchb. f.

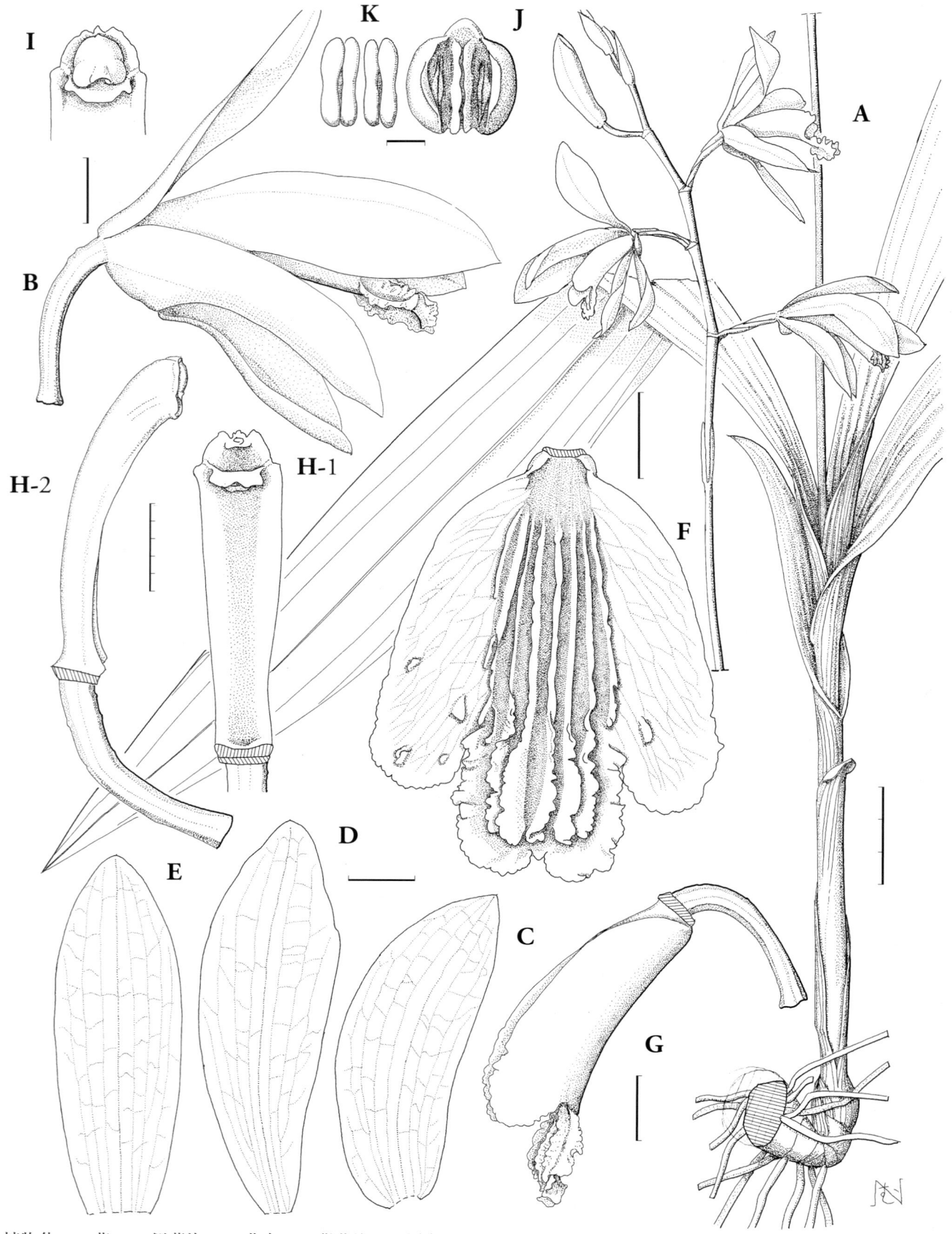

A- 植物体 ; B- 花 ; C- 側萼片 ; D- 花弁 ; E- 背萼片 ; F- 唇弁 ; G- 蕊柱, 唇弁, 花柄子房 ; H-1- 蕊柱腹面 ; H-2- 蕊柱 ; I- 蕊柱と葯 ; J- 葯帽 ; K- 花粉塊 .

A- plant; B- flower; C- lateral sepal; D- petal; E- dorsal sepal; F- lip; G- lip, column & pedicellate ovary; H- column; I- column with anther; J- anther cap; K- pollinia.

Scales; **A**: 3 cm, **B, C, D, E, F, G, H, I**: 5 mm, **J & K**: 1 mm.

51-01. ヒメクリソラン **Hancockia uniflora** Rolfe

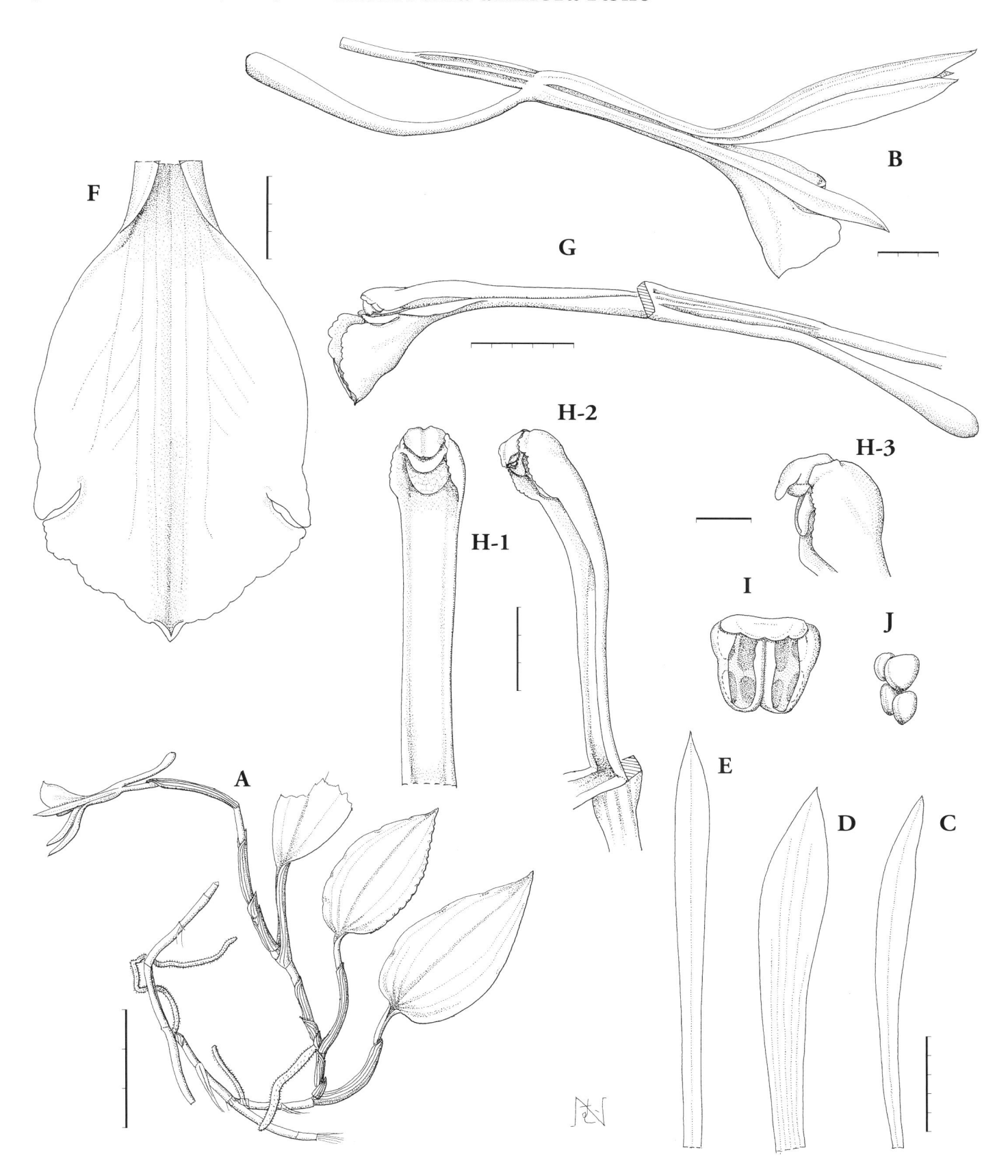

A- 植物体 ; B- 花 ; C- 側萼片 ; D- 花弁 ; E- 背萼片 ; F- 唇弁 ; G- 蕊柱, 唇弁, 花柄子房 ; H- 1-蕊柱と葯の腹面 ; H-2- 蕊柱と葯の側面 ; I- 葯帽 ; J- 花粉塊.

A- plant; B- flower; C- lateral sepal; D- petal; E- dorsal sepal; F- lip; G- lip, column & pedicellate ovary; H-1-vental view of column with anther; H- 2 & 3-lateral view of column with anther; I- anther cap; J- pollinia.

Scales; A: 3 cm, B, F, H-1 & 2: 3mm, C, G:5 mm, H-3, I, J: 1 mm.

52-01. ヒメトケンラン **Tainia laxiflora** (Ito ex Makino) Makino

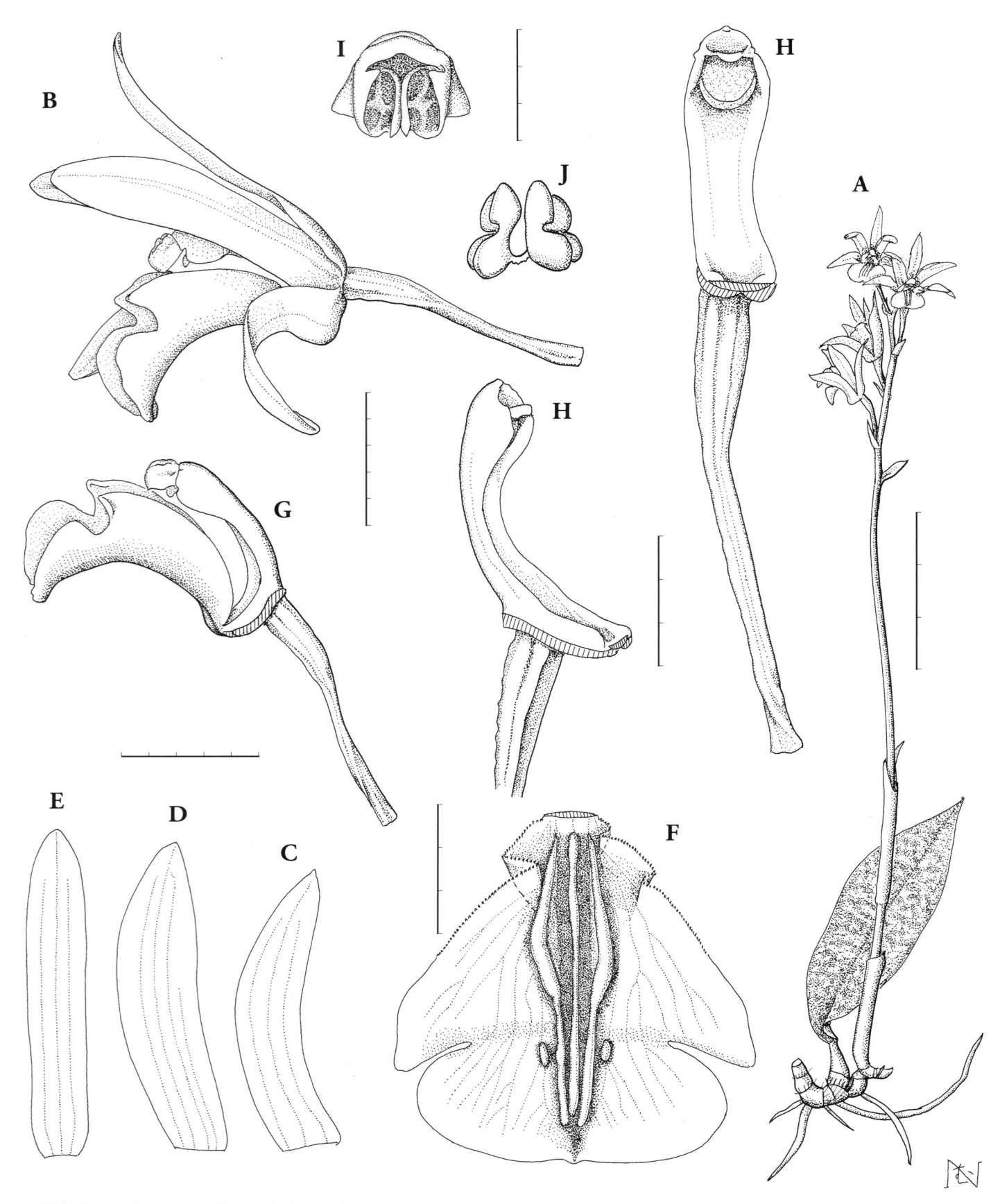

A- 植物体 ; B- 花 ; C- 側萼片 ; D- 花弁 ; E- 背萼片 ; F- 唇弁 ; G- 蕊柱, 唇弁, 花柄子房 ; H- 蕊柱 ; I- 葯帽 ; J- 花粉塊.
A- plant; B- flower; C- lateral sepal; D- petal; E- dorsal sepal; F- lip; G- lip, column & pedicellate ovary; H- column; I- anther cap; J- pollinia.
Scales; A: 3cm, B, C, D, E, G: 5 mm, F, H, I, J: 3 mm.

53-01. ダルマエビネ Calanthe alismifolia Lindl.

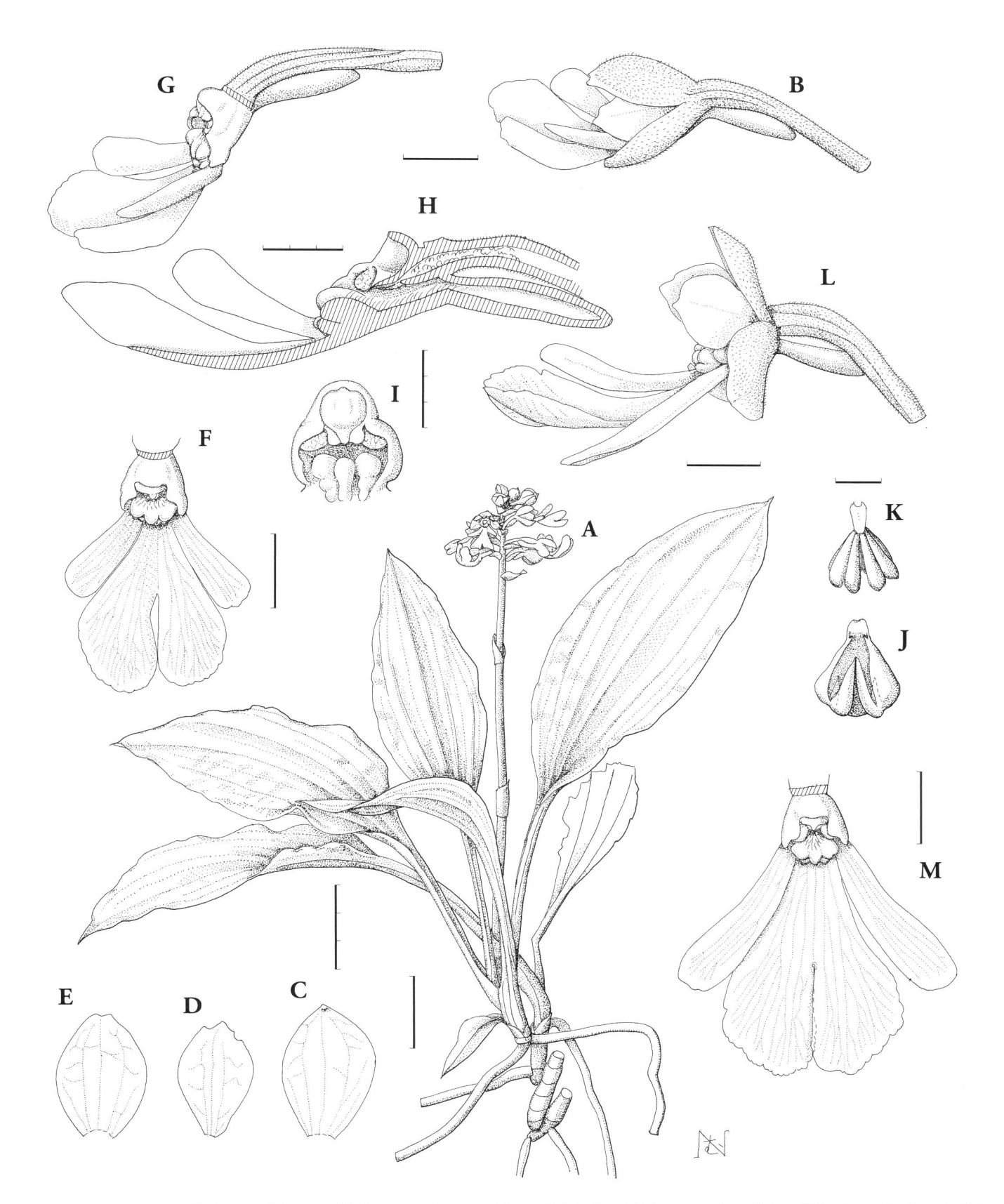

A- 植物体；B- 花；C- 側萼片；D- 花弁；E- 背萼片；F- 唇弁；G- 蕊柱，唇弁と花柄子房；H- 蕊柱と唇弁の縦断面；I- 蕊柱；J- 葯帽；K- 花粉塊と粘着体；L- オオダルマエビネの花；M- オオダルマエビネの唇弁.

A- plant; B- flower; C- lateral sepal; D- petal; E- dorsal sepal; F- lip & column with anther; G- lip, column with anther & pedicellate ovary; H- vertical section of lip & column; I- column with anther; J- anther cap; K- pollinia; L- flower of "Ohdaruma"; M- lip of "Ohdaruma".

Scales: A: 3 cm, B, C, D, E, F, G, L, M: 5 mm, H & I: 3 mm, J & K: 1 mm.

53-02. キソエビネ Calanthe alpine Hook. f. ex Lindl.

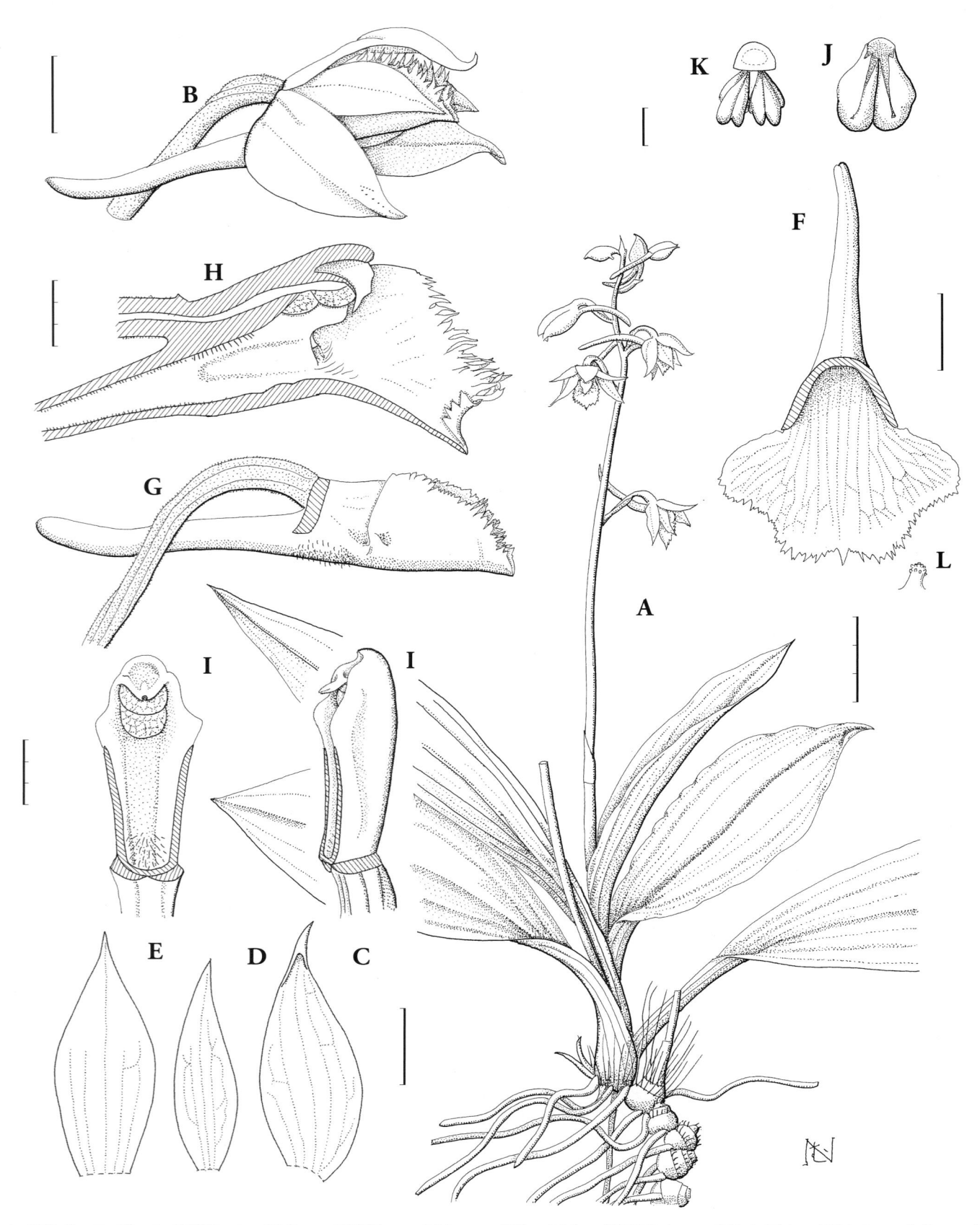

A- 植物体；B- 花；C- 側萼片；D- 花弁；E- 背萼片；F- 唇弁；G- 蕊柱，唇弁，花柄子房；H- 蕊柱と唇弁の縦断面；I- 蕊柱；J- 葯帽；K- 花粉塊と粘着体；L- 唇弁の縁の細部.

A- plant; B- flower; C- lateral sepal; D- petal; E- dorsal sepal; F- lip; G- lip, column & pedicellate ovary; H- vertical section of lip & column; I- column; J- anther cap; K- pollinia; L- margin of lip.

Scales: A: 3 cm, B, C, D, E, F, G: 5 mm, H & I: 3 mm, J & K: 1 mm.

53-03. キリシマエビネ Calanthe aristurifera Rchb. f.

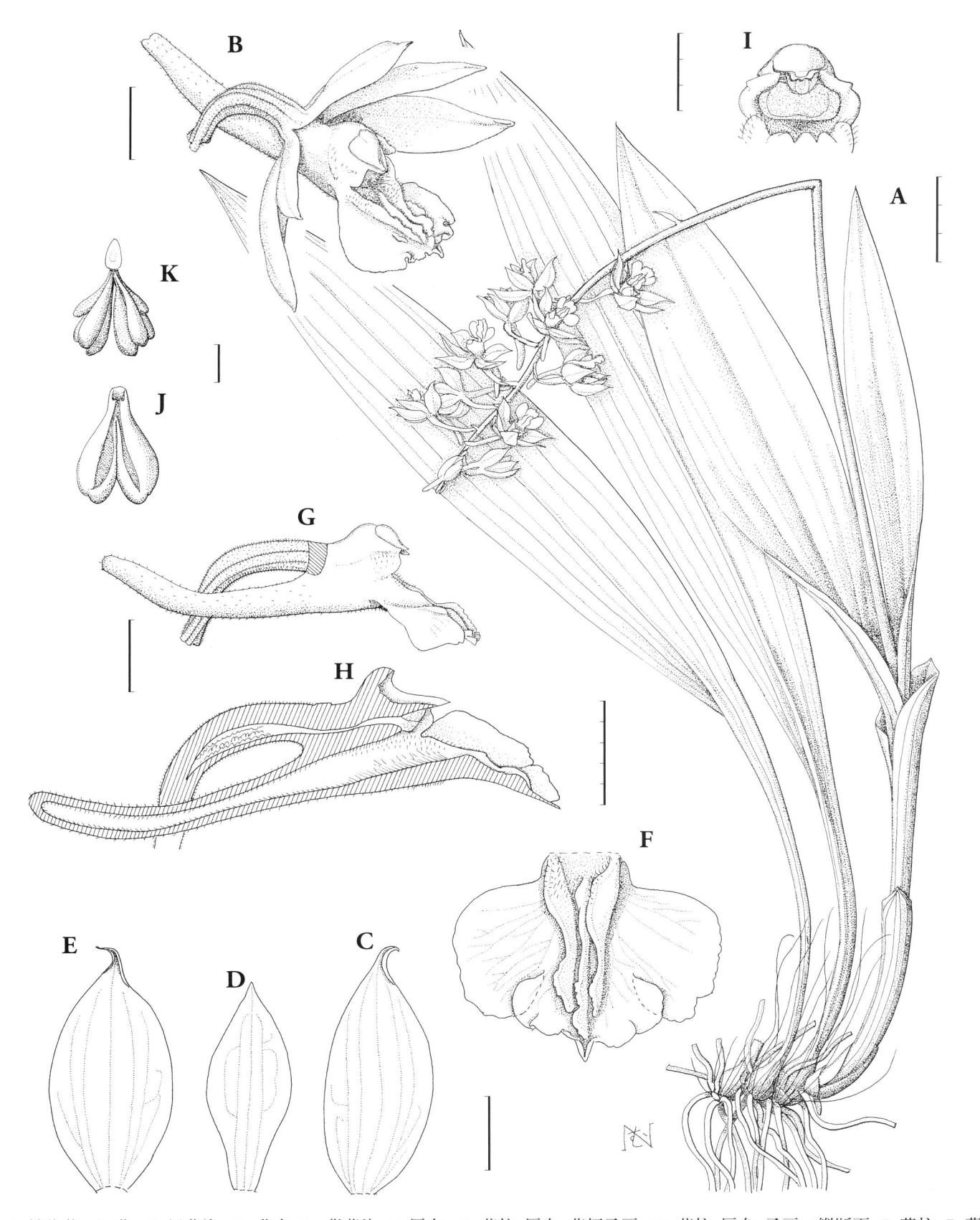

A- 植物体；B- 花；C- 側萼片；D- 花弁；E- 背萼片；F- 唇弁；G- 蕊柱, 唇弁, 花柄子房；H- 蕊柱, 唇弁, 子房の縦断面；I- 蕊柱；J- 葯帽；K- 花粉塊と粘着体.

A- plant; B- flower; C- lateral sepal; D- petal; E- dorsal sepal; F- lip; G- lip, column, pedicellate ovary; H- vertical section of column & lip; I- column with anther; J- anther cap; K- pollinia.

Scales: A: 3 cm, B, C, D, E, F, G, H: 5 mm, I: 3 mm, J & K: 1 mm.

53-04. タガネラン **Calanthe davidii** Franch. var. **bungoana** (Ohwi) T. Hashim.

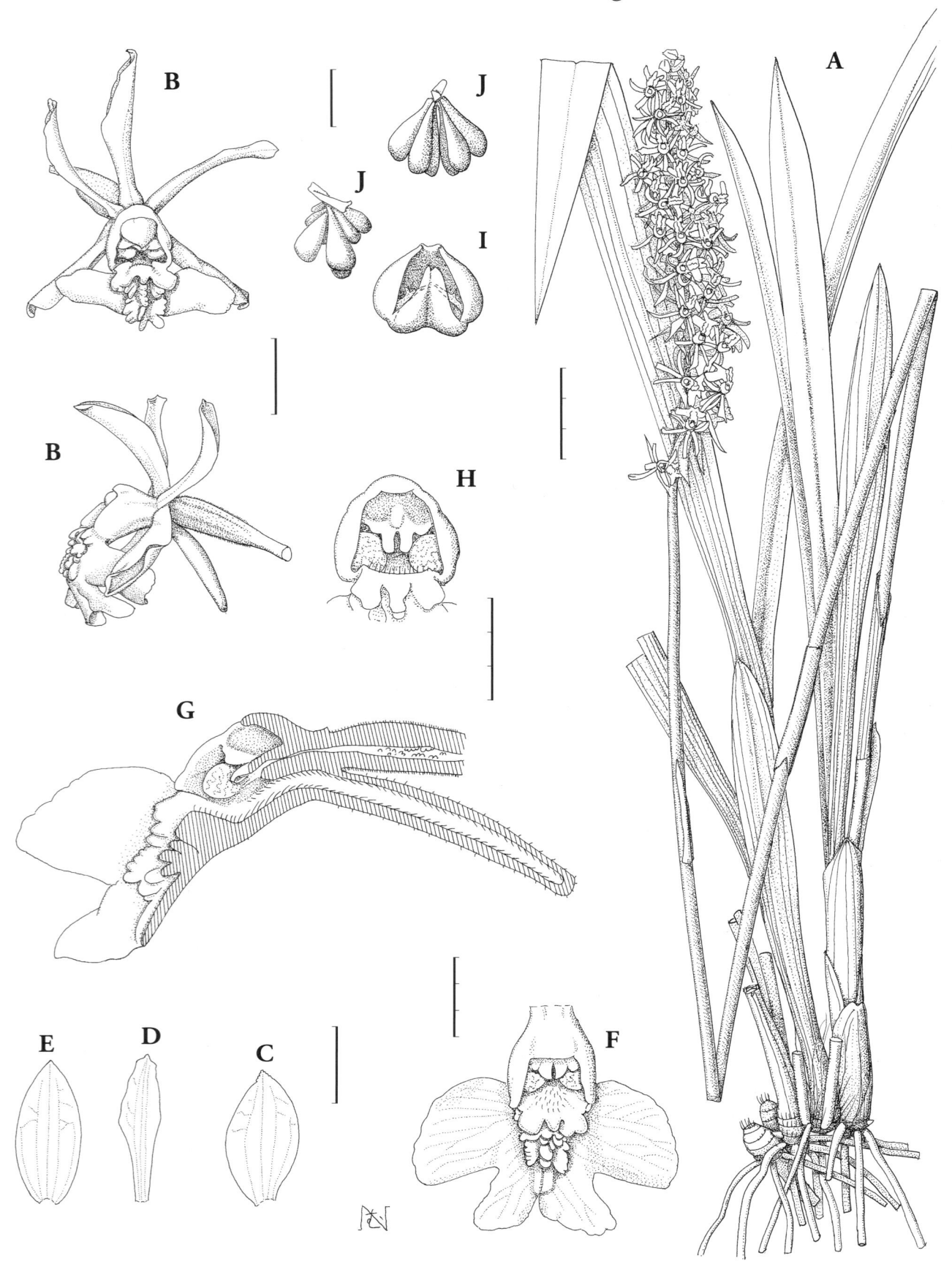

A- 植物体；B- 花；C- 側萼片；D- 花弁；E- 背萼片；F- 唇弁；G- 蕊柱と唇弁の縦断面；H- 蕊柱；I- 葯帽；J- 花粉塊と粘着体.
A- plant; B- flower; C- lateral sepal; D- petal; E- dorsal sepal; F- lip & column; G- vertical section of lip & column; H- column; I- anther cap; J- pollinia.
Scales: **A**: 3 cm, **B, C, D, E**: 5 mm, **F, G, H**: 3 mm, **I & J**: 1 mm.

53-05. アマミエビネ Calanthe discolor Lindl. var. amamiana (Fukuy.) Masam.

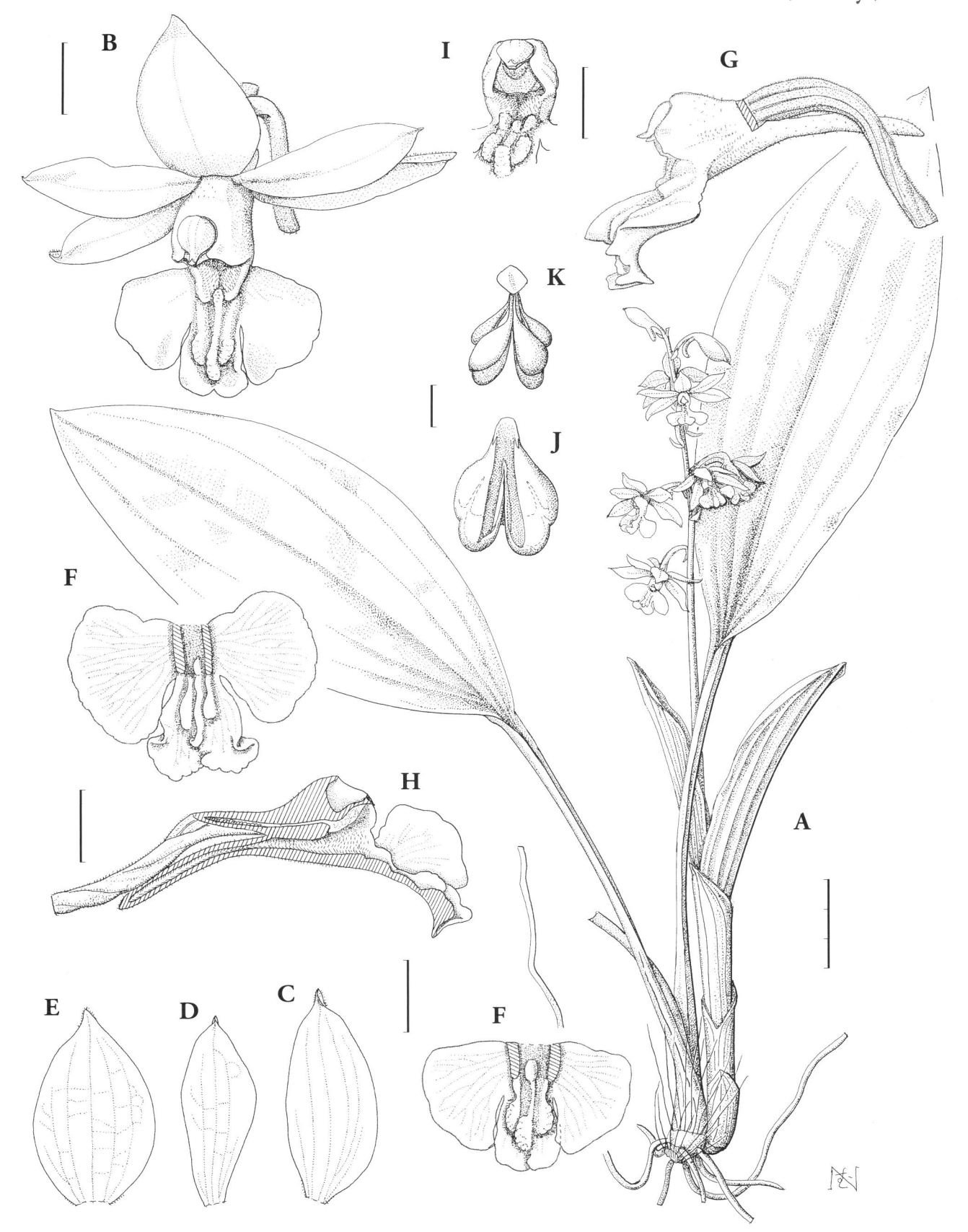

A- 植物体；B- 花；C- 側萼片；D- 花弁；E- 背萼片；F- 唇弁；G- 蕊柱，唇弁；H- 蕊柱と唇弁の縦断面；I- 蕊柱；J- 葯帽；K- 花粉塊と粘着体.

A- plant; B- flower: C- lateral sepal; D- petal; E- dorsal sepal; F- lip; G- lip, column & pedicellate ovary; H- vertical section of lip, column; I- column & lip base; J- anther cap; K- pollinia.

Scales: A: 3 cm, B, C, D, E, F, G, H, I: 5 mm, J & K: 1 mm.

53-06. エビネ Calanthe discolor Lindl. var. discolor

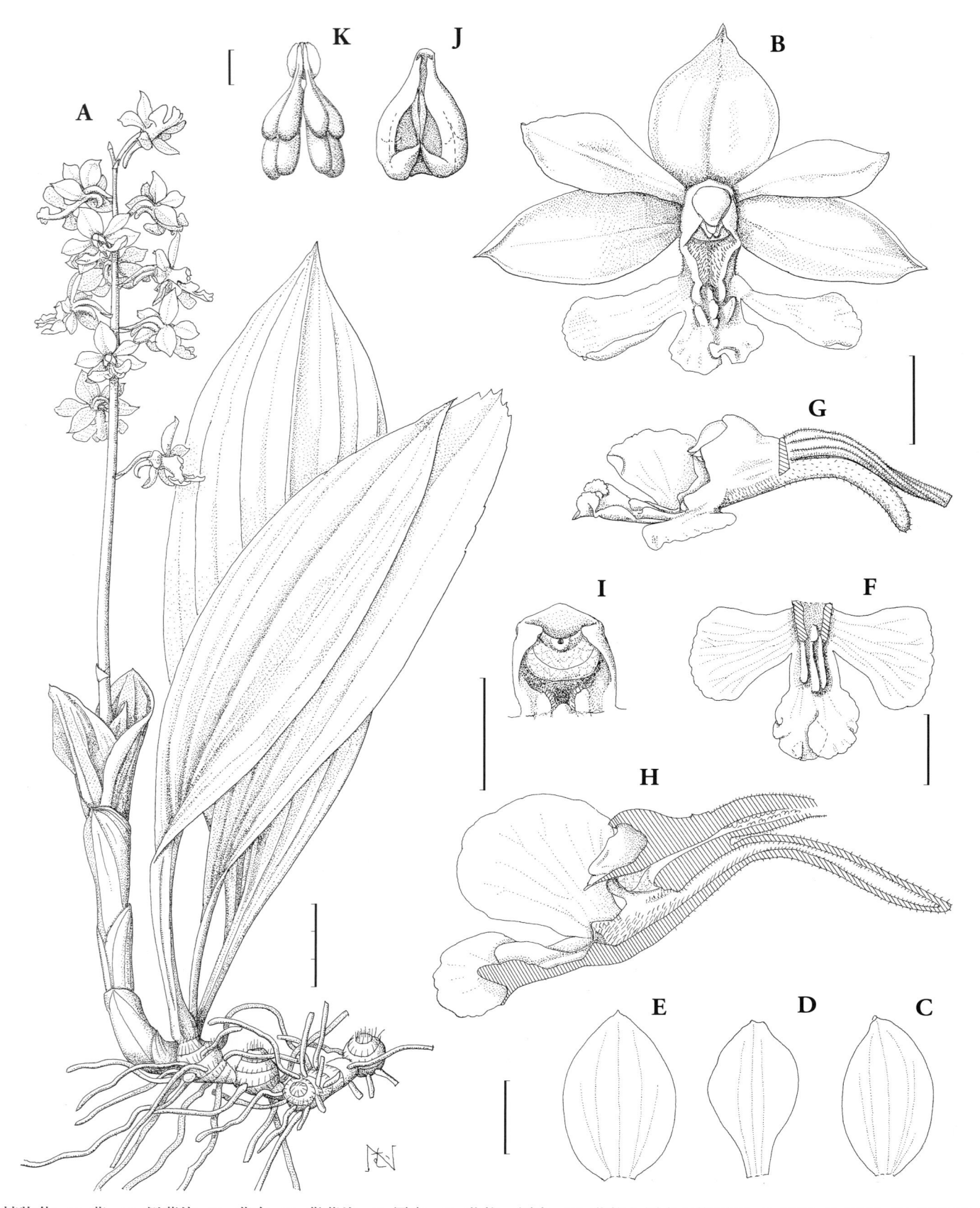

A- 植物体；B- 花；C- 側萼片；D- 花弁；E- 背萼片；F- 唇弁；G- 蕊柱，唇弁；H- 蕊柱と唇弁の縦断面；I- 蕊柱；J- 葯帽；K- 花粉塊と粘着体.

A- plant; B- flower; C- lateral sepal; D- petal; E- dorsal sepal; F- lip; G- lip, column & pedicellate ovary; H- vertical section of lip, column; I- column; J- anther cap; K- pollinia.

Scales: A: 3 cm, B, C, D, E, F, G, H, I: 5 mm, J & K: 1 mm.

Variation of lip in *Calanthe discolor* and *C.* X *bicolor*

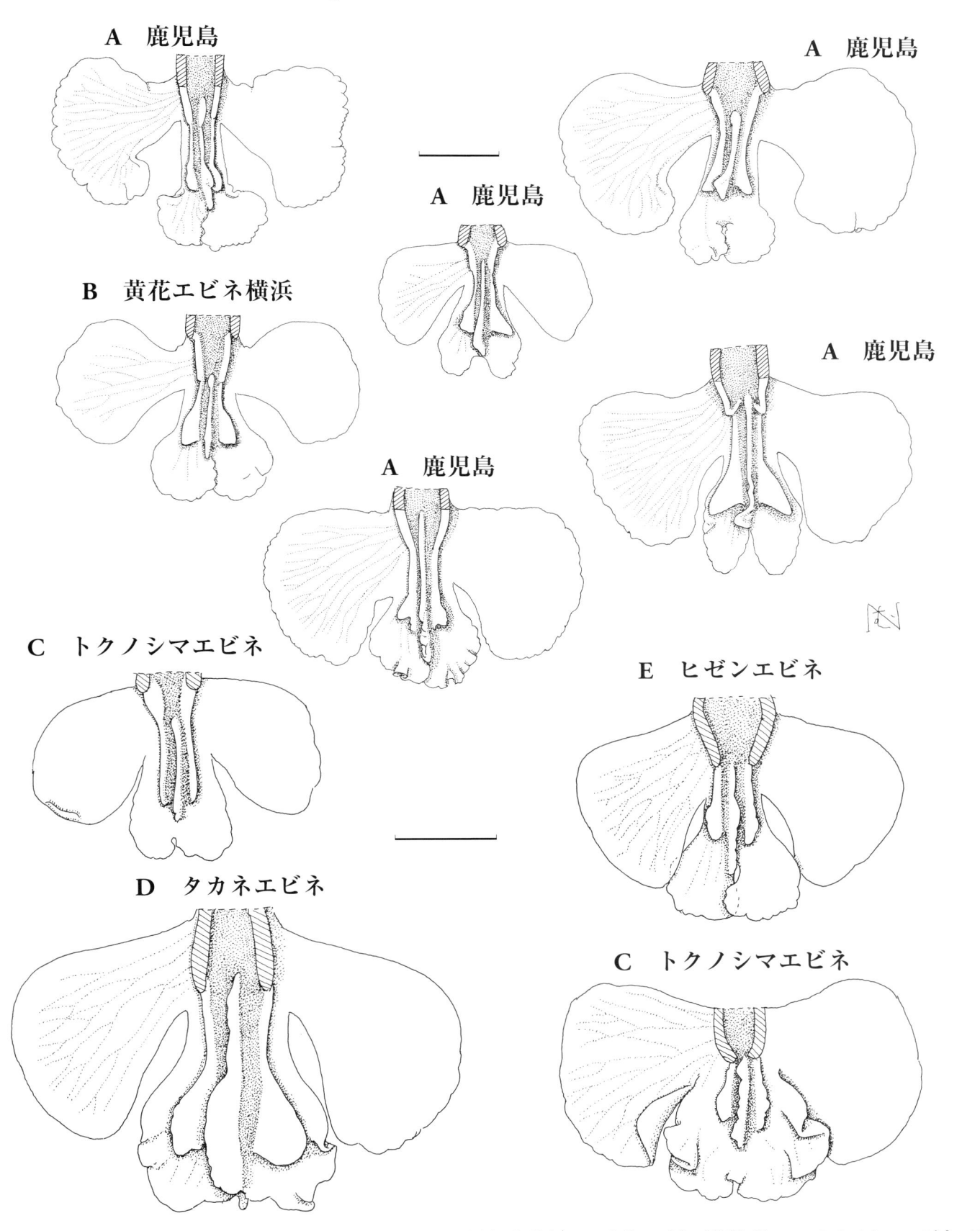

エビネとタカネエビネの唇弁における変異の例：**A-** エビネ（鹿児島県産）; **B-** 黄花エビネ（横浜産）; **C-** トクノシマエビネ; **D-** ヒゼンエビネ; **E-** タカネエビネ.

Variation of lip on *C. discolor* and *Calanthe* X *bicolor*: **A-** *C. discolor*, Ebine, from Kagoshima Pref.; **B-** yellow flower of *C. discolor* from Yokohama-shi (Kanagawa Pref.); **C-** Tokunoshima-Ebine; **D-** Hizen-Ebine; **E-** *C.* X *bicolor*-Takane-Ebine.

Scales: 5 mm.

53-07. タイワンエビネ Calanthe formosana Rolfe

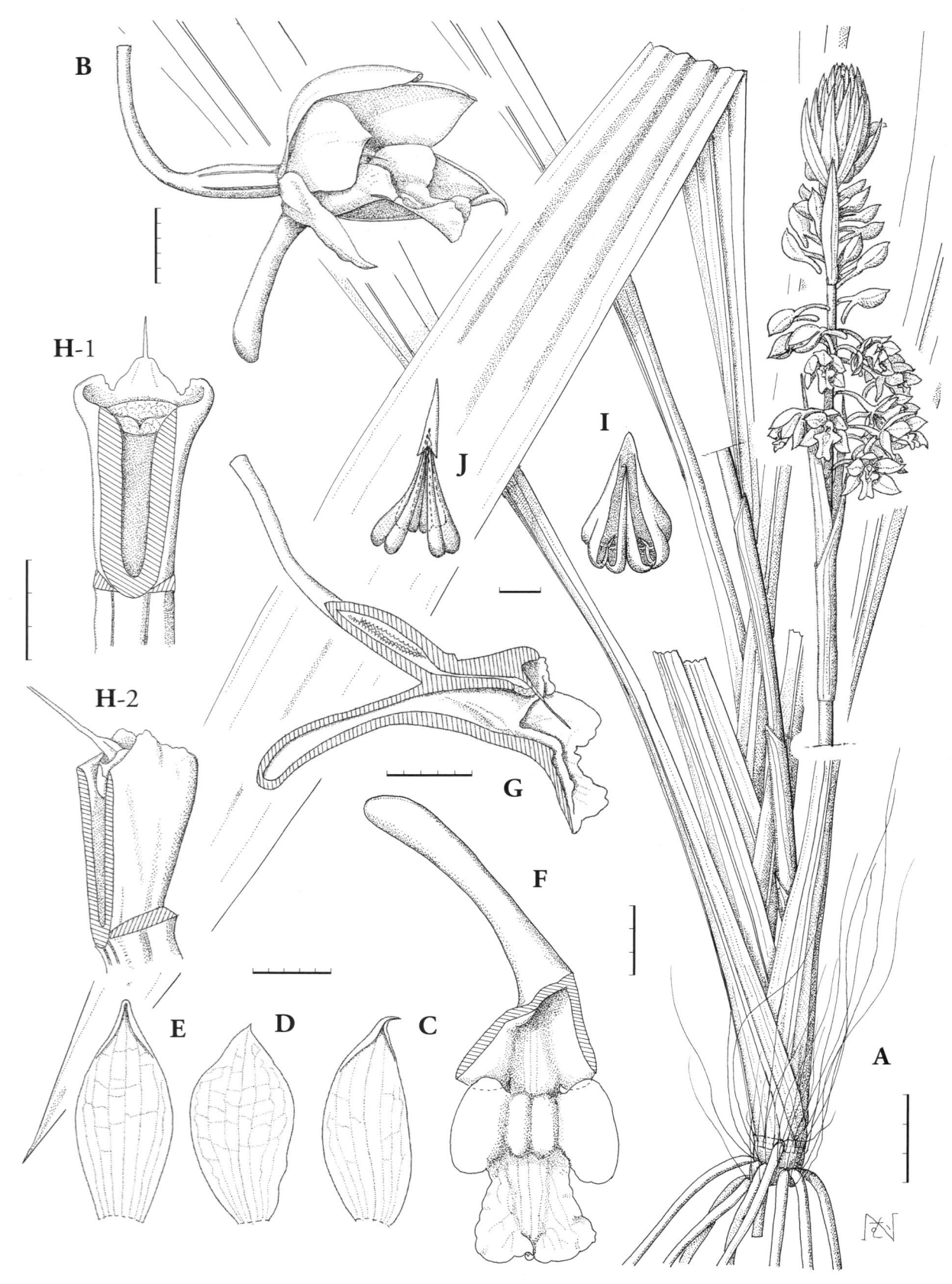

A- 植物体 ; B- 花 ; C- 側萼片 ; D- 花弁 ; E- 背萼片 ; F- 唇弁と距 ; G- 蕊柱と唇弁の縦断面 ; H-1- 蕊柱の腹面 ; H-2- 蕊柱の側面 ; I- 葯帽 ; J- 花粉塊と粘着体.

A- plant; B- flower; C- lateral sepal; D- petal; E- dorsal sepal; F- lip with spur; G- vertical section of lip & column; H-1-vental view of column; H-2- lateral view of column; I- anther cap; J- pollinia.

Scales: A: 3 cm, B, C, D, E, G: 5 mm, F & H: 3 mm, I & J: 1 mm.

53-08. アサヒエビネ **Calanthe hattorii** Schltr.

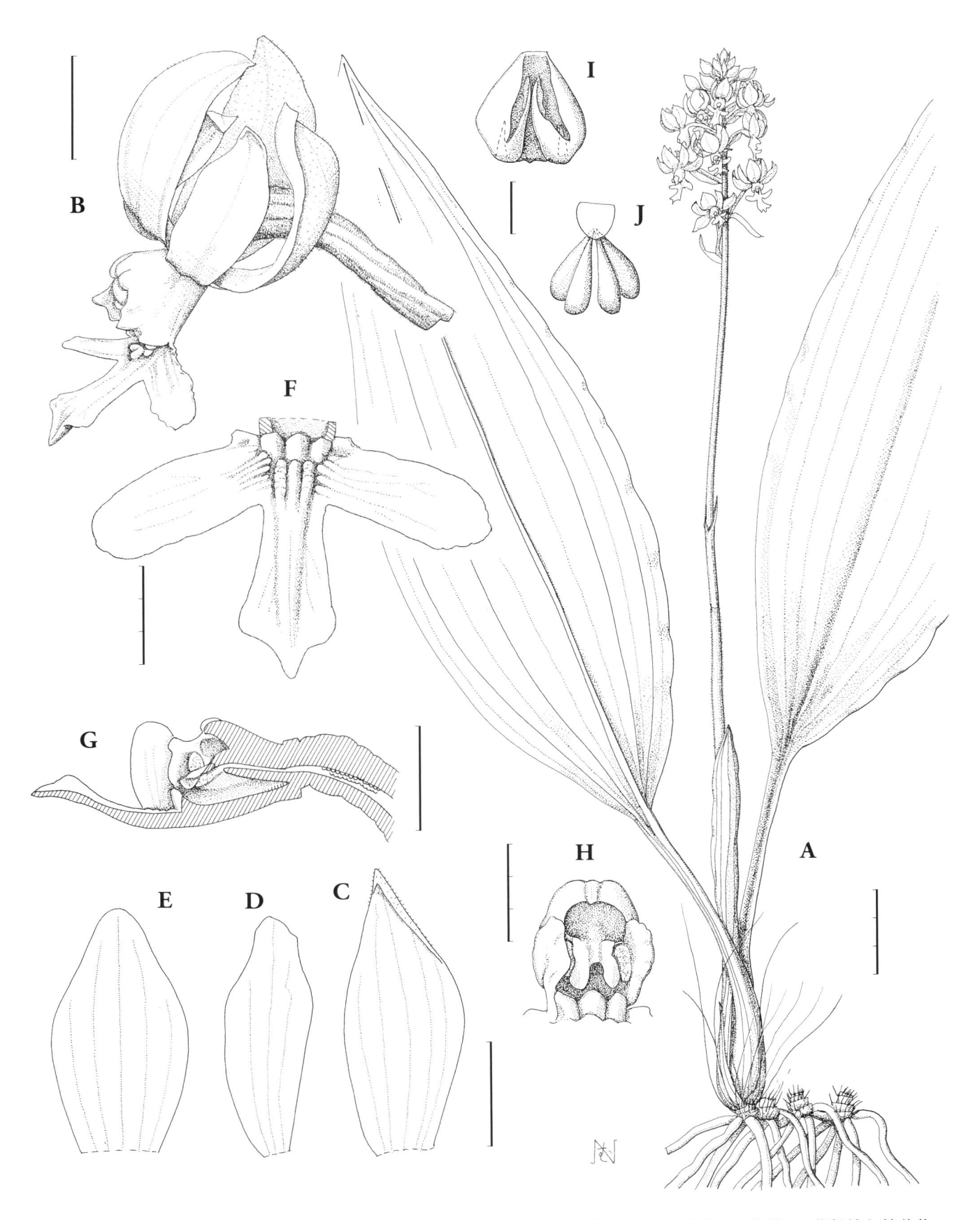

A- 植物体 ; B- 花 ; C- 側萼片 ; D- 花弁 ; E- 背萼片 ; F- 唇弁 ; G- 蕊柱と唇弁の縦断面 ; H- 蕊柱 ; I- 葯帽 ; J- 花粉塊と粘着体.
A- plant; B- flower; C- lateral sepal; D- petal; E- dorsal sepal; F- lip; G- vertical section of lip & column; H- column; I- anther cap; J- pollinia.
Scales: **A**: 3 cm, **B, C, D, E, G**: 5 mm, **F & H**: 3 mm, **I & J**: 1 mm.

53-09. ニオイエビネ Calanthe izu-insularis (Satomi) Ohwi et Satomi.

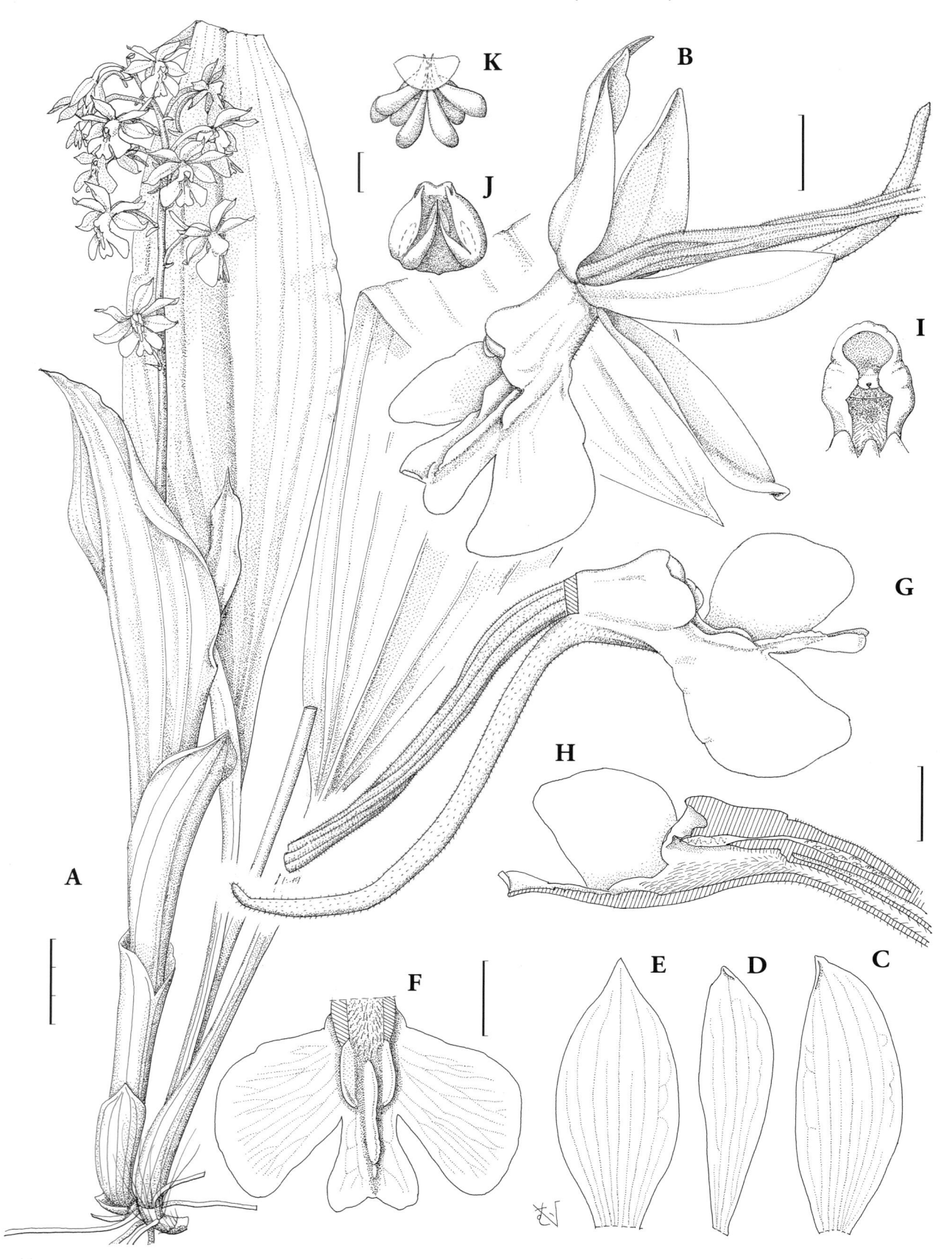

A- 植物体；**B**- 花；**C**- 側萼片；**D**- 花弁；**E**- 背萼片；**F**- 唇弁；**G**- 蕊柱，唇弁；**H**- 蕊柱と唇弁の縦断面；**I**- 蕊柱；**J**- 葯帽；**K**- 花粉塊と粘着体.

A- plant; **B**- flower; **C**- lateral sepal; **D**- petal; **E**- dorsal sepal; **F**- lip; **G**- lip, column & pedicellate ovary; **H**- vertical section of lip & column; **I**- column; **J**- anther cap; **K**- pollinia.

Scales: **A**: 3 cm, **B, C, D, E, F, G, H, I**: 5 mm, **J & K**: 1 mm.

53-10. レンギョウエビネ Calanthe lyroglossa Rchb. f.

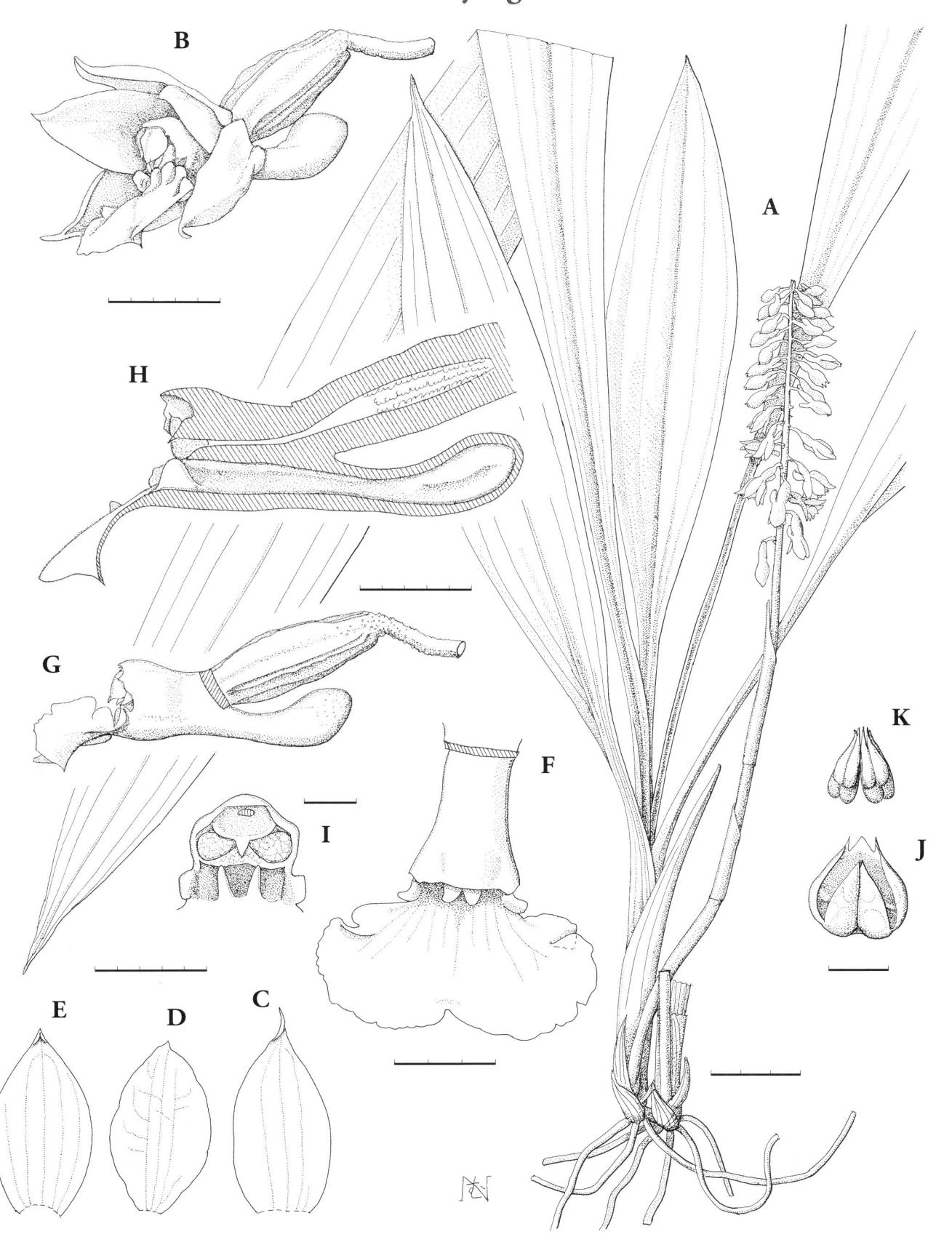

A- 植物体；B- 花；C- 側萼片；D- 花弁；E- 背萼片；F- 唇弁と蕊柱；G- 蕊柱，唇弁，花柄子房；H- 蕊柱と唇弁の縦断面；I- 蕊柱；J- 葯帽；K- 花粉塊.

A- plant; B- flower; C- lateral sepal; D- petal; E- dorsal sepal; F- lip with column; G- lip, column & pedicellate ovary; H- vertical section of lip & column, ovary; I- column; J- anther cap; K- pollinia.

Scales: A: 3 cm, B, C, D, E, G: 5 mm, F & H: 3 mm, I, J, K: 1 mm.

53-11. サクラジマエビネ Calanthe mannii Hook. f.

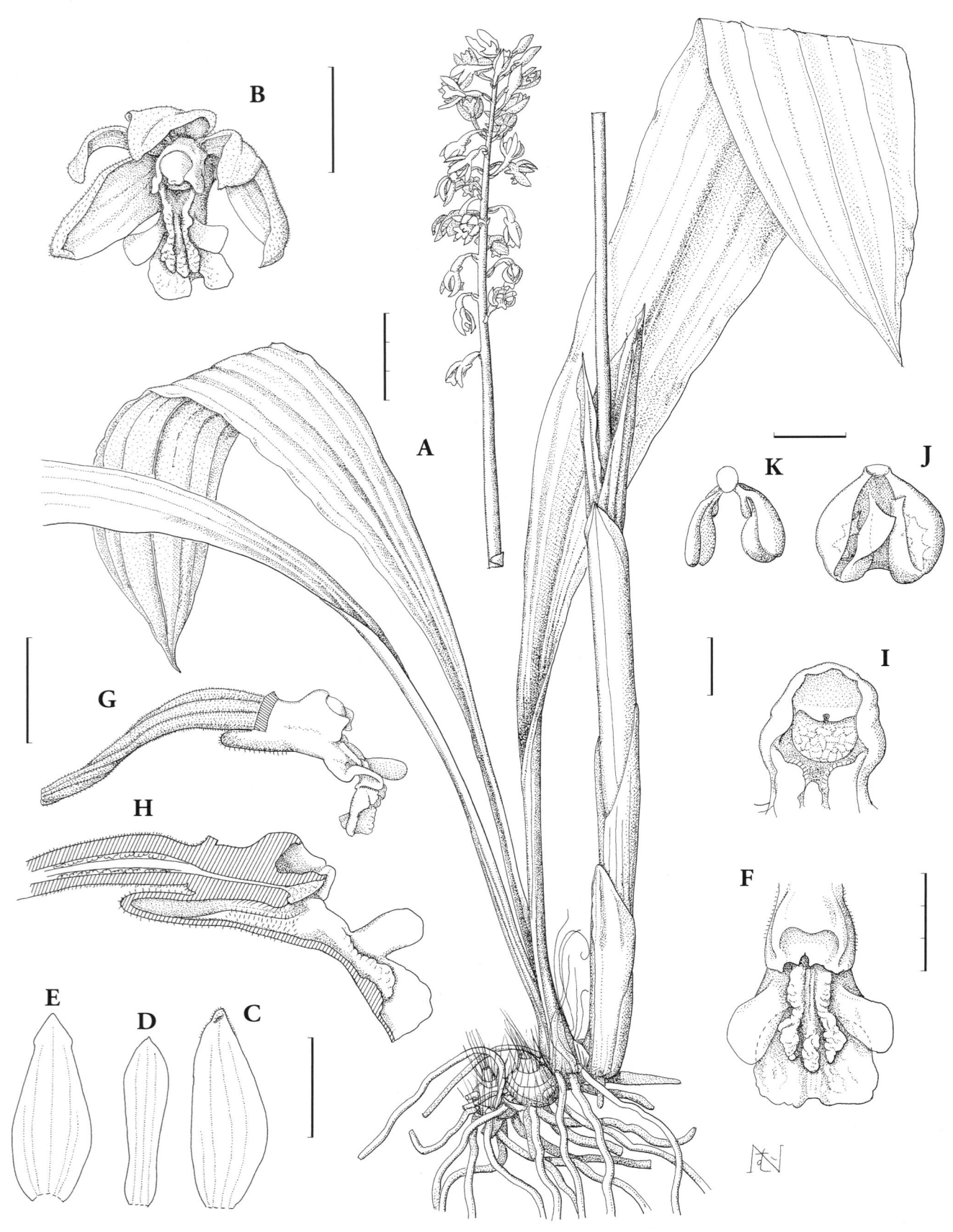

A- 植物体; B- 花; C- 側萼片; D- 花弁; E- 背萼片; F- 唇弁; G- 蕊柱, 唇弁; H- 蕊柱と唇弁の縦断面; I- 蕊柱; J- 葯帽; K- 花粉塊と粘着体.

A- plant; B- flower; C- lateral sepal; D- petal; E- dorsal sepal; F- lip & column; G- lip, column & pedicellate ovary; H- vertical section of lip, column & ovary; I- column; J- anther cap; K- pollinia.

Scales: A: 3 cm, B, C, D, E, G: 5 mm, F & H: 3 mm, I, J, K: 1 mm.

53-12. オナガエビネ Calanthe masuca (D.Don) Lindl.
53-13. リュウキュウエビネ Calanthe okinawensis Hayata

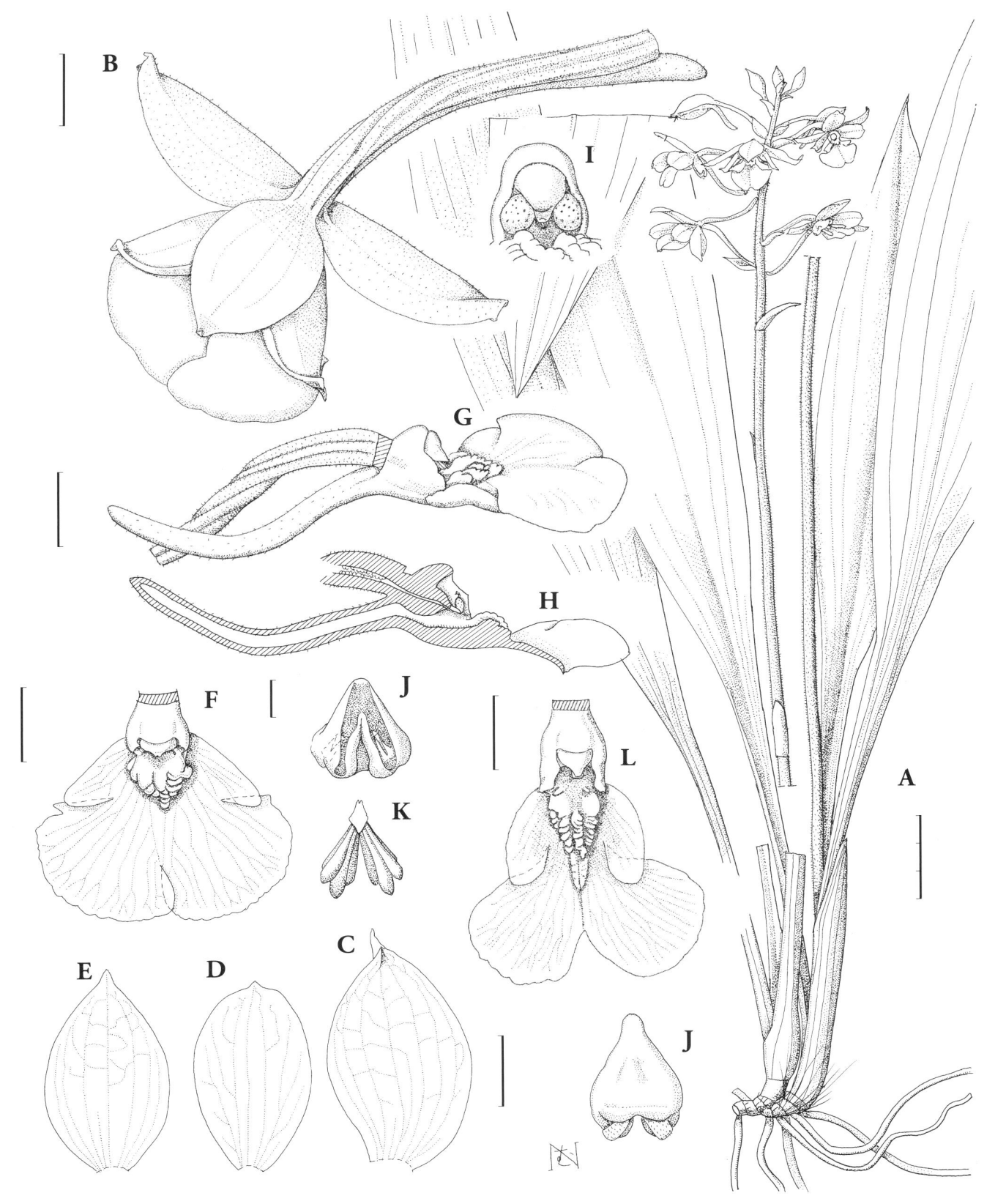

A-K：オナガエビネ．A- 植物体；B- 花；C- 側萼片；D- 花弁；E- 背萼片；F- 唇弁；G- 蕊柱，唇弁と花柄子房；H- 唇弁と蕊柱の縦断面；I- 蕊柱と葯；J- 葯帽；K- 花粉塊と粘着体．L- リュウキュウエビネの唇弁

A-K: *C. masuca*. **A**- plant; **B**- flower; **C**- lateral sepal; **D**- petal; **E**- dorsal sepal; **F**- lip & column; **G**- lip, column & pedicellate ovary; **H**- vertical section of lip, column & ovary; **I**- column; **J**- anther cap; **K**- pollinia. **L**- *C. okinawaensis* lip.
Scales: **A**: 3 cm, **B, C, D, E, F, G, H, L**: 5 mm, **J & K**: 1 mm.

53-14. キンセイラン Calanthe nipponica Makino

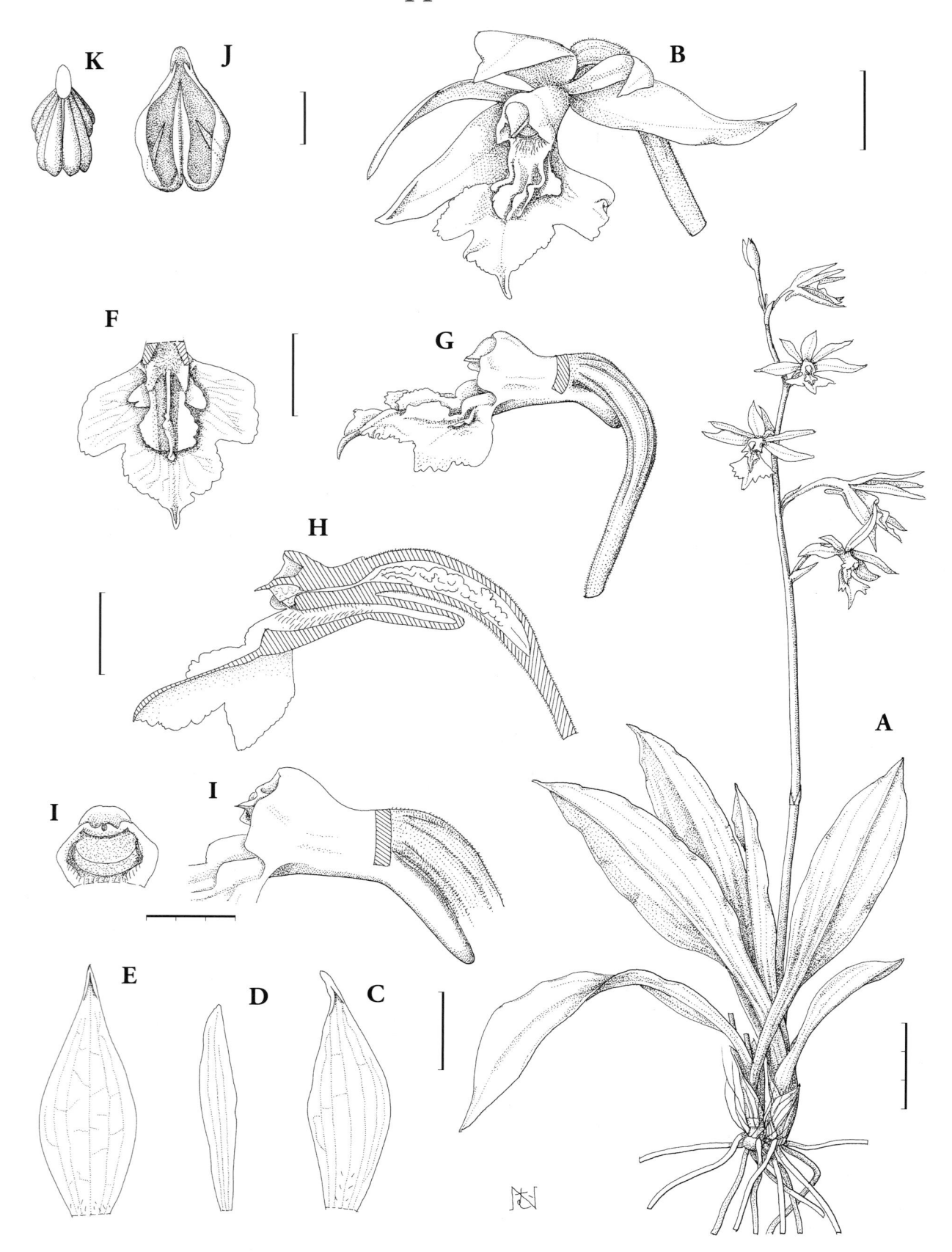

A- 植物体；B- 花；C- 側萼片；D- 花弁；E- 背萼片；F- 唇弁；G- 蕊柱，唇弁，花柄子房；H- 蕊柱，唇弁の縦断面；I- 蕊柱；J- 葯帽；K- 花粉塊と粘着体.

A- plant; B- flower; C- lateral sepal; D- petal; E- dorsal sepal; F- lip; G- lip, column with pedicellate ovary; H- vertical section of lip, column & ovary; I- column; J- anther cap; K- pollinia.

Scales: A: 3 cm, B, C, D, E, F, G, H: 5 mm, I: 3 mm, J & K: 1 mm.

53-15. ナツエビネ **Calanthe puberula** Lindl.

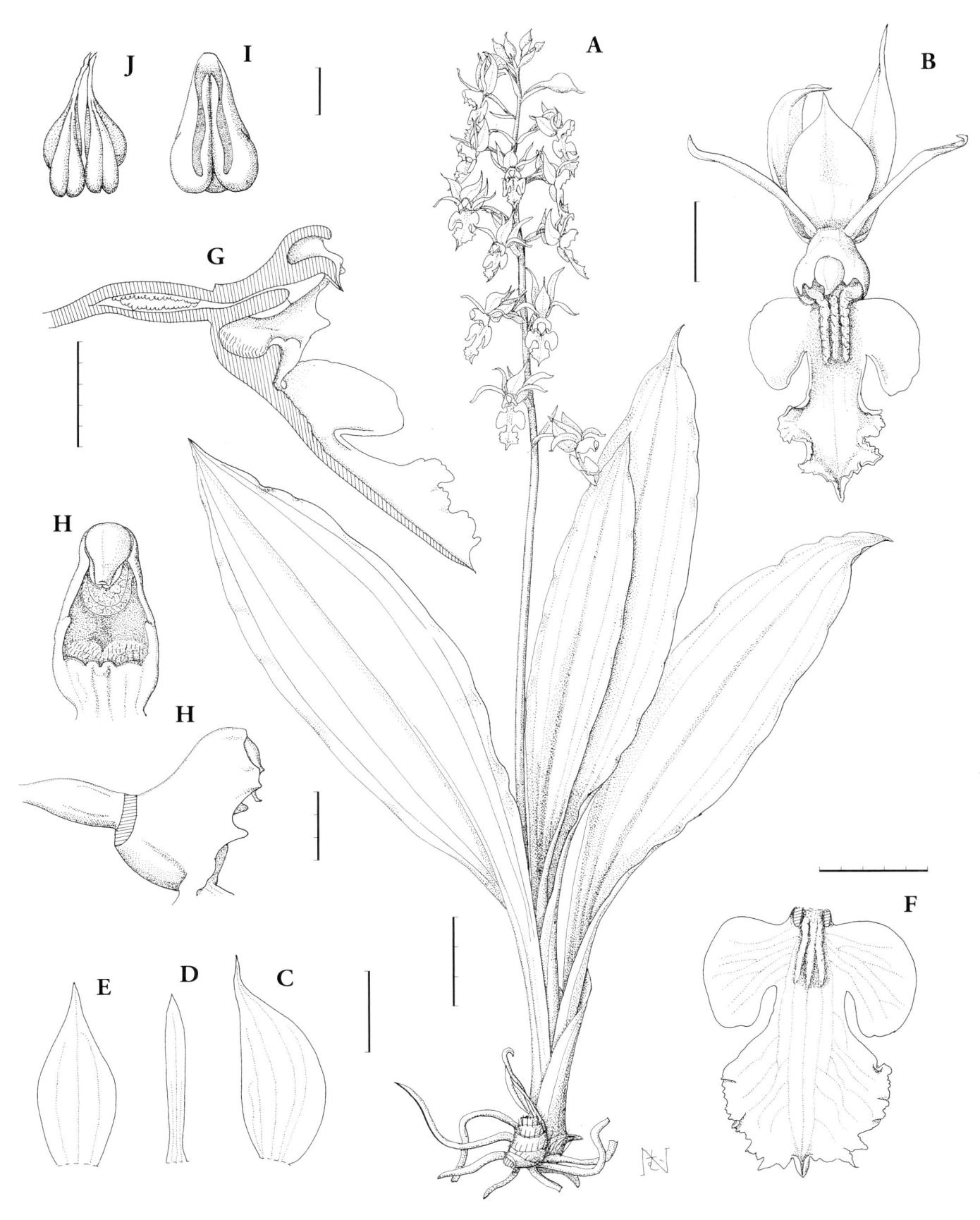

A- 植物体 ; B- 花 ; C- 側萼片 ; D- 花弁 ; E- 背萼片 ; F- 唇弁 ; G- 蕊柱，唇弁の縦断面 ; H- 蕊柱と葯 ; I- 葯帽 ; J- 花粉塊.
A- plant; B- flower; C- lateral sepal; D- petal; E- dorsal sepal; F- lip; G- vertical section of lip, column & ovary; H- column & anther; I- anther cap; J- pollinia.
Scales: **A**: 3 cm, **B, C, D, E, F, G**: 5 mm, **H**: 3 mm, **I & J**: 1 mm.

53-16. キエビネ Calanthe sieboldii Decne. - Calanthe citrine Schidw.

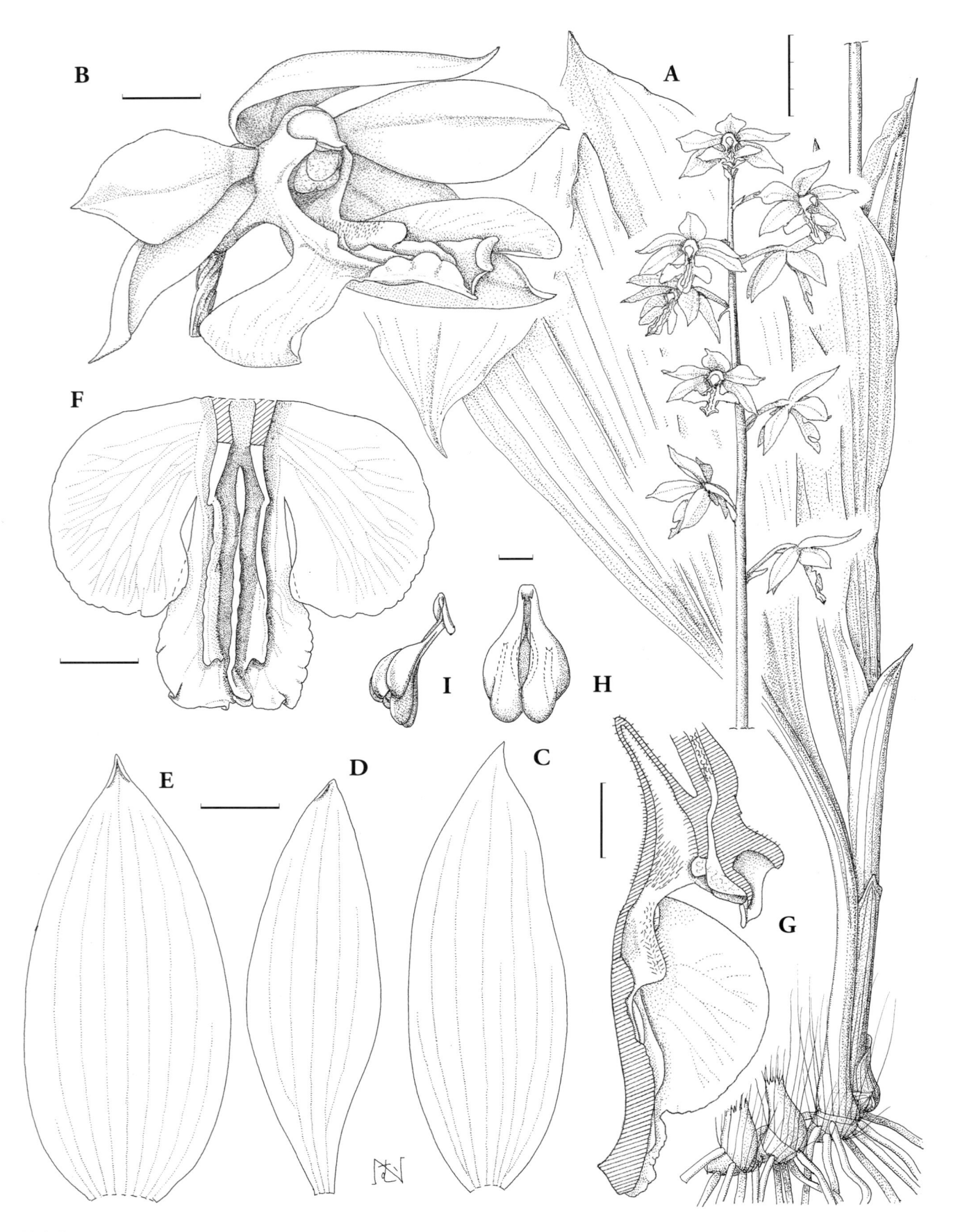

A- 植物体; B- 花; C- 側萼片; D- 花弁; E- 背萼片; F- 唇弁; G- 蕊柱，唇弁の縦断面; H- 葯帽; I- 花粉塊と粘着体.
A- plant; B- flower; C- lateral sepal; D- petal; E- dorsal sepal; F- lip; G- vertical section of lip, column & ovary: H- anther cap; I- pollinia.
Scales: A: 3 cm, B, C, D, E, F, G: 5 mm, H & I: 1 mm.

53-17. サルメンエビネ **Calanthe tricarinata** Lindl.

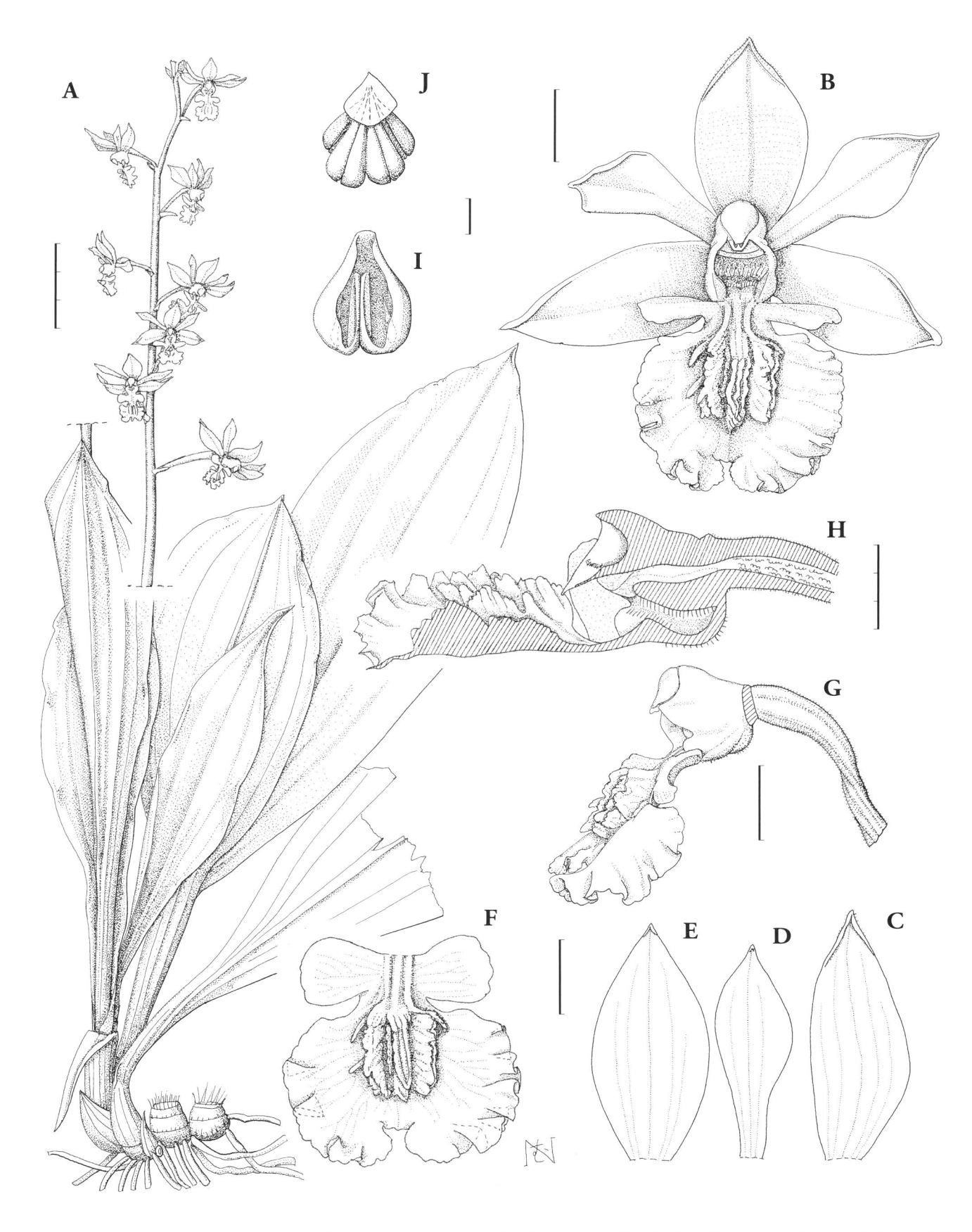

A- 植物体 ; B- 花 ; C- 側萼片 ; D- 花弁 ; E- 背萼片 ; F- 唇弁 ; G- 蕊柱と唇弁 ; H- 蕊柱と唇弁の縦断面 ; I- 葯帽 ; J- 花粉塊と粘着体.
A- plant; B- flower; C- lateral sepal; D- petal; E- dorsal sepal; F- lip; G- lip, column & pedicellate ovary; H- vertical section of lip, column & ovary; I- anther cap; J- pollinia.
Scales: **A**: 3 cm, **B, C, D, E, F, G**: 5 mm, **H**: 3 mm, **I & J**: 1 mm.

53-18. ツルラン Calanthe triplicata (Will.) Ames

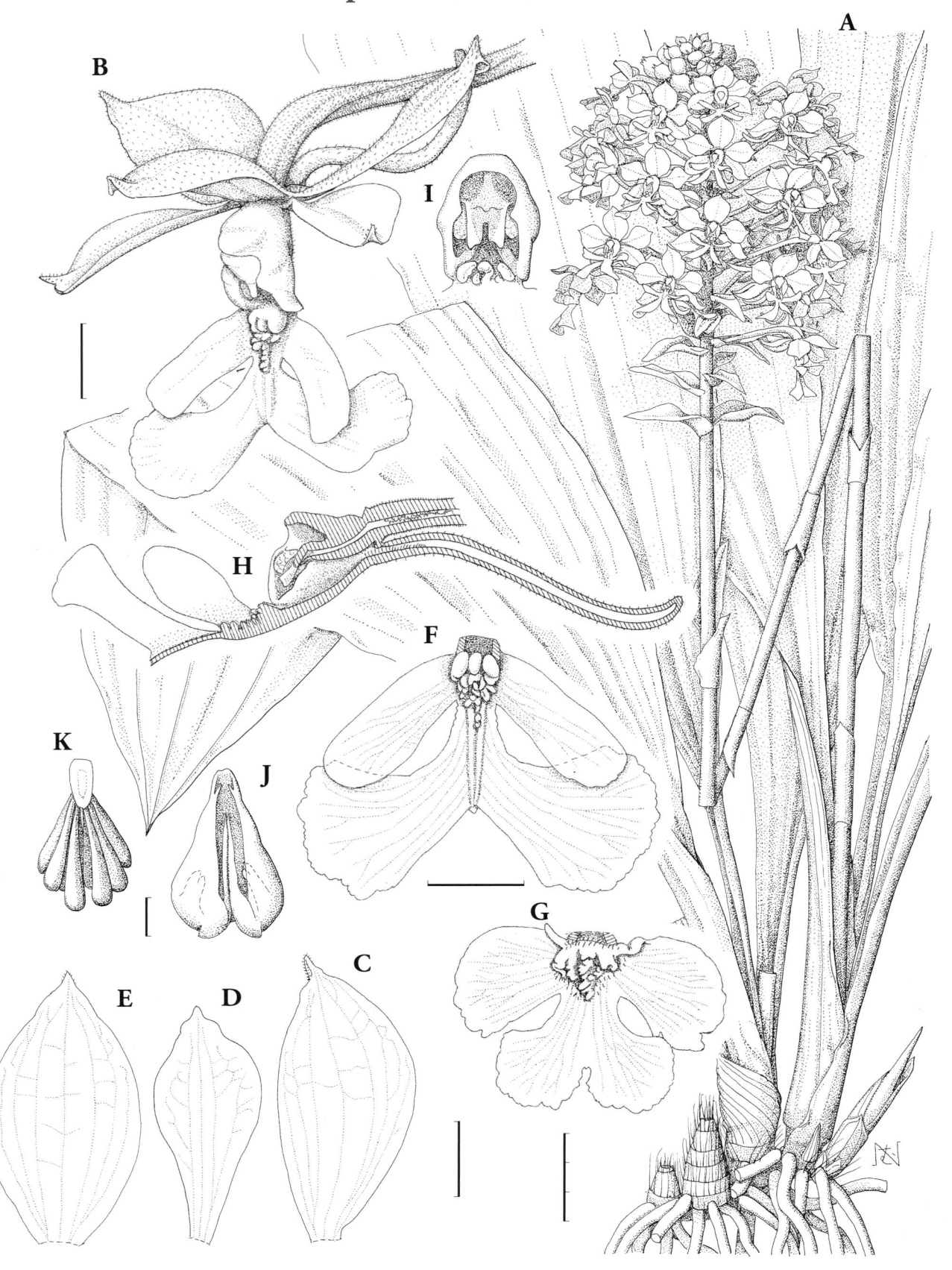

A- 植物体 ; B- 花 ; C- 側萼片 ; D- 花弁 ; E- 背萼片 ; F- 唇弁 ; G- ホシツルランの唇弁 ; H- 蕊柱, 唇弁の縦断面 ; I- 蕊柱 ; J- 葯帽 ; K- 花粉塊と粘着体.

A- plant; B- flower; C- lateral sepal; D- petal; E- dorsal sepal; F- lip; G- lip of *C. hoshii*; H- vertical section of lip, column & ovary; I- column; J- anther cap; K- pollinia.

Scales: A: 3 cm, B, C, D, E, F, G, H, I: 5 mm, J & K: 1 mm.

54-01. ガンゼキラン *Phaius flavus* (Bl.) Lindl.

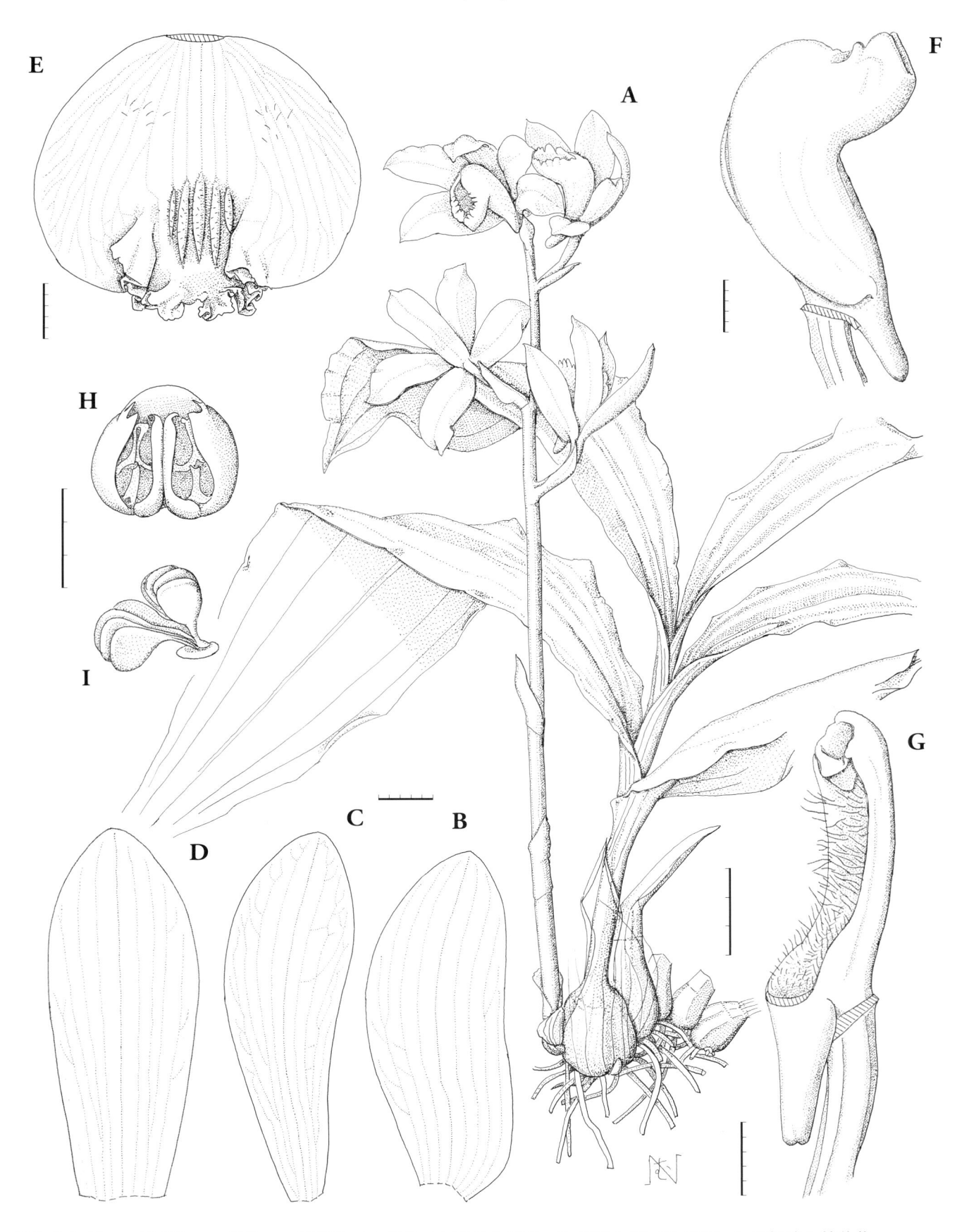

A- 植物体と花；**B**- 側萼片；**C**- 花弁；**D**- 背萼片；**E**- 唇弁；**F**- 蕊柱と唇弁；**G**- 蕊柱と距；**H**- 葯帽；**I**- 花粉塊と粘着体.
A- plant with flowers; **B**- lateral sepal; **C**- petal; **D**- dorsal sepal; **E**- lip; **F**- lip with spur & column; **G**- column & spur; **H**- anther cap; **I**- pollinia.
Scales: **A**: 3 cm, **B, C, D, E, F, G**: 5 mm, **H & I**: 3 mm.

54-02. ヒメカクラン **Phaius mishimensis** (Lindl. et Paxt.) Rchb. f.

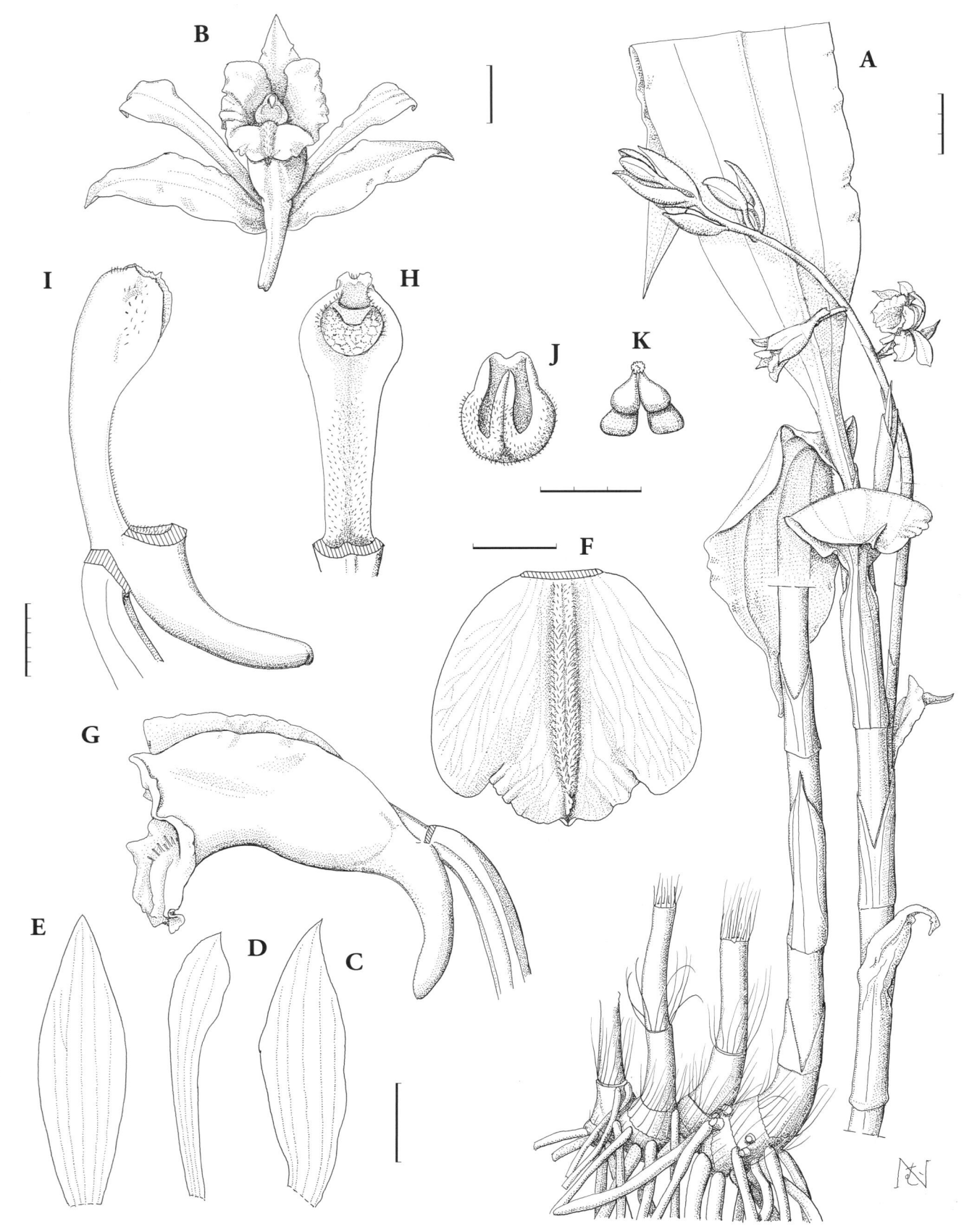

A- 植物体 ; **B**- 花 ; **C**- 側萼片 ; **D**- 花弁 ; **E**- 背萼片 ; **F**- 唇弁 ; **G**- 蕊柱, 唇弁と距 ; **H**- 蕊柱腹面 ; **I**- 蕊柱と距の側面 ; **J**- 葯帽 ; **K**- 花粉塊と粘着体.
A- plant; **B**- flower; **C**- lateral sepal; **D**- petal; **E**- dorsal sepal; **F**- lip; **G**- lip with spur, column & ovary; **H**- vental view of column; **I**- lateral view of column & spur; **J**- anther cap; **K**- pollinia.
Scales: **A**: 3 cm, **B, C, D, E, F, G, H, I**: 5 mm, **J & K**: 3 mm.

54-03. カクラン **Phaius tankervilleae** (Banks ex L' Her.) Blume

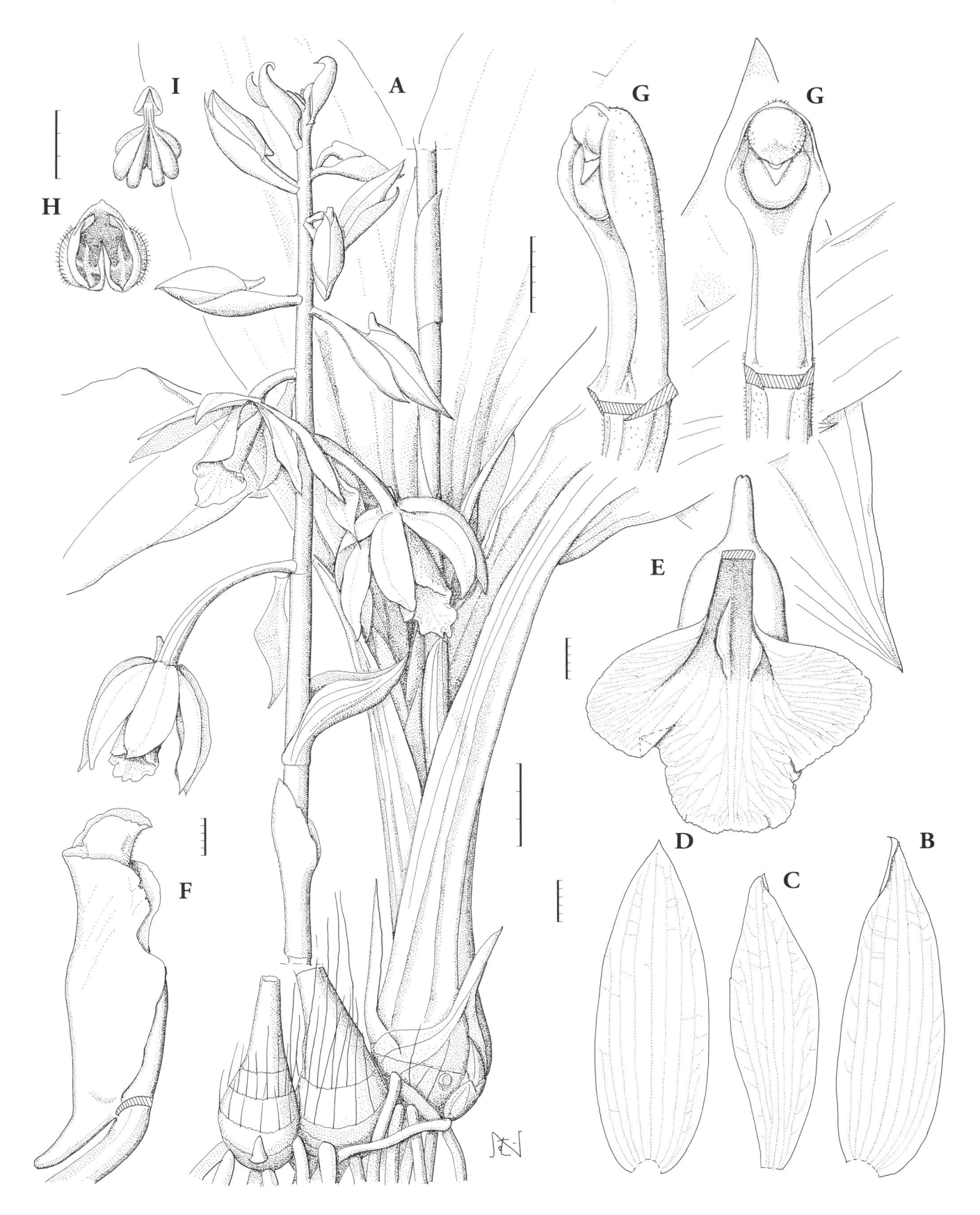

A- 植物体と花；**B**- 側萼片；**C**- 花弁；**D**- 背萼片；**E**- 唇弁；**F**- 蕊柱と唇弁；**G**- 蕊柱と葯；**H**- 葯帽；**I**- 花粉塊と粘着体.
A- plant & flower; **B**- lateral sepal; **C**- petal; **D**- dorsal sepal; **E**- lip; **F**- lip with spur & column; **G**- column with anther; **H**- anther cap; **I**- pollinia.
Scales: **A**: 3 cm, **B, C, D, E, F, G**: 5 mm, **H & I**: 3 mm.

55-01. エンレイショウキラン **Acanthephippium pictim** Fukuy.

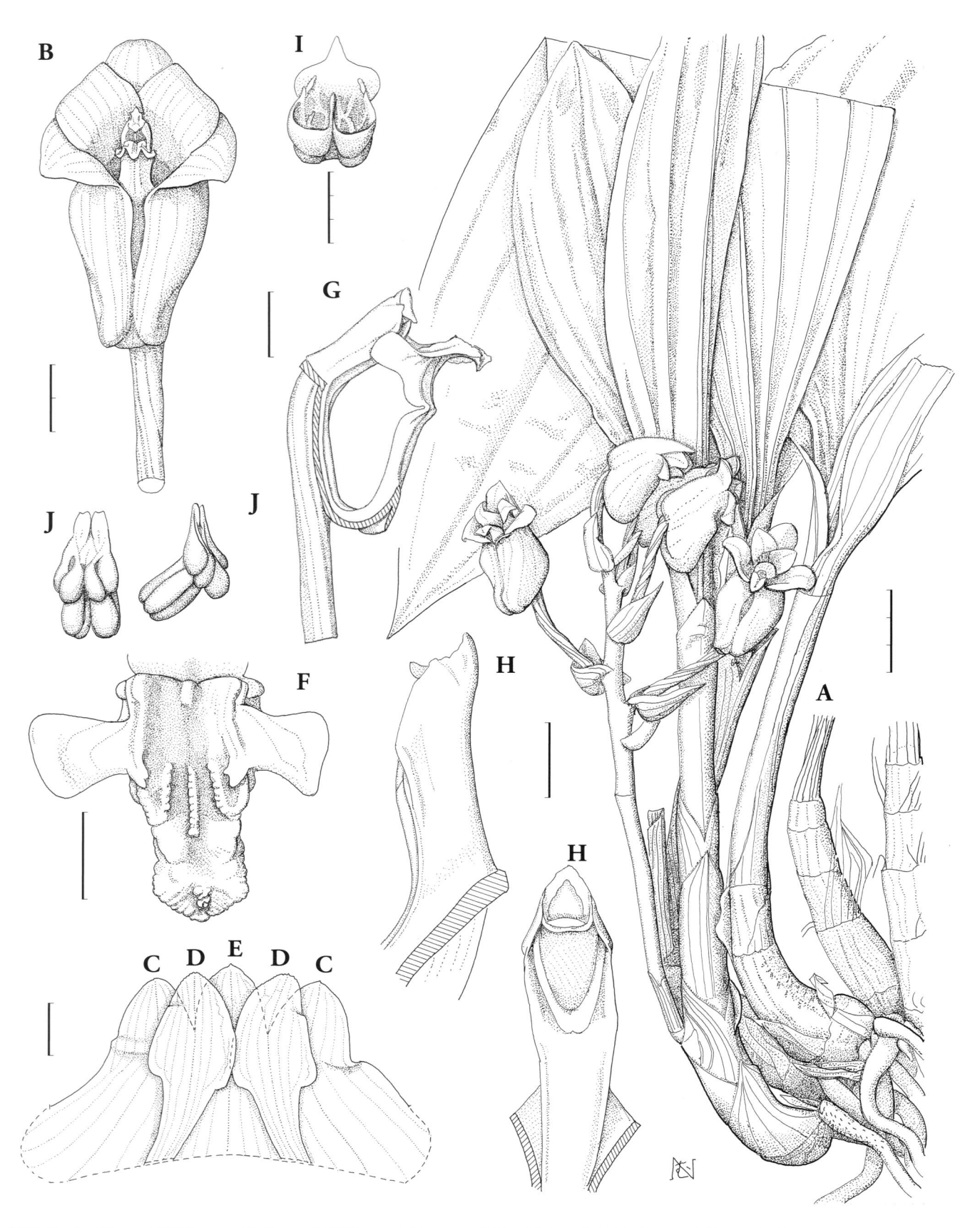

A- 植物体 ; B- 花 ; C- 側萼片 ; D- 花弁 ; E- 背萼片 ; F- 唇弁 ; G- 蕊柱，唇弁，花柄子房 ; H- 蕊柱 ; I- 葯帽 ; J- 花粉塊.
A- plant; B- flower; C- lateral sepal; D- petal; E- dorsal sepal; F- lip; G- lip, column with anther & pedicellate ovary; H- column; I- anther cap; J- pollinia.
Scales: A: 3 cm, B: 1 cm, C, D, E, F, G, H: 5 mm, I, J: 3 mm.

55-02. タイワンアオイラン Acanthephippium striatum Lindl.

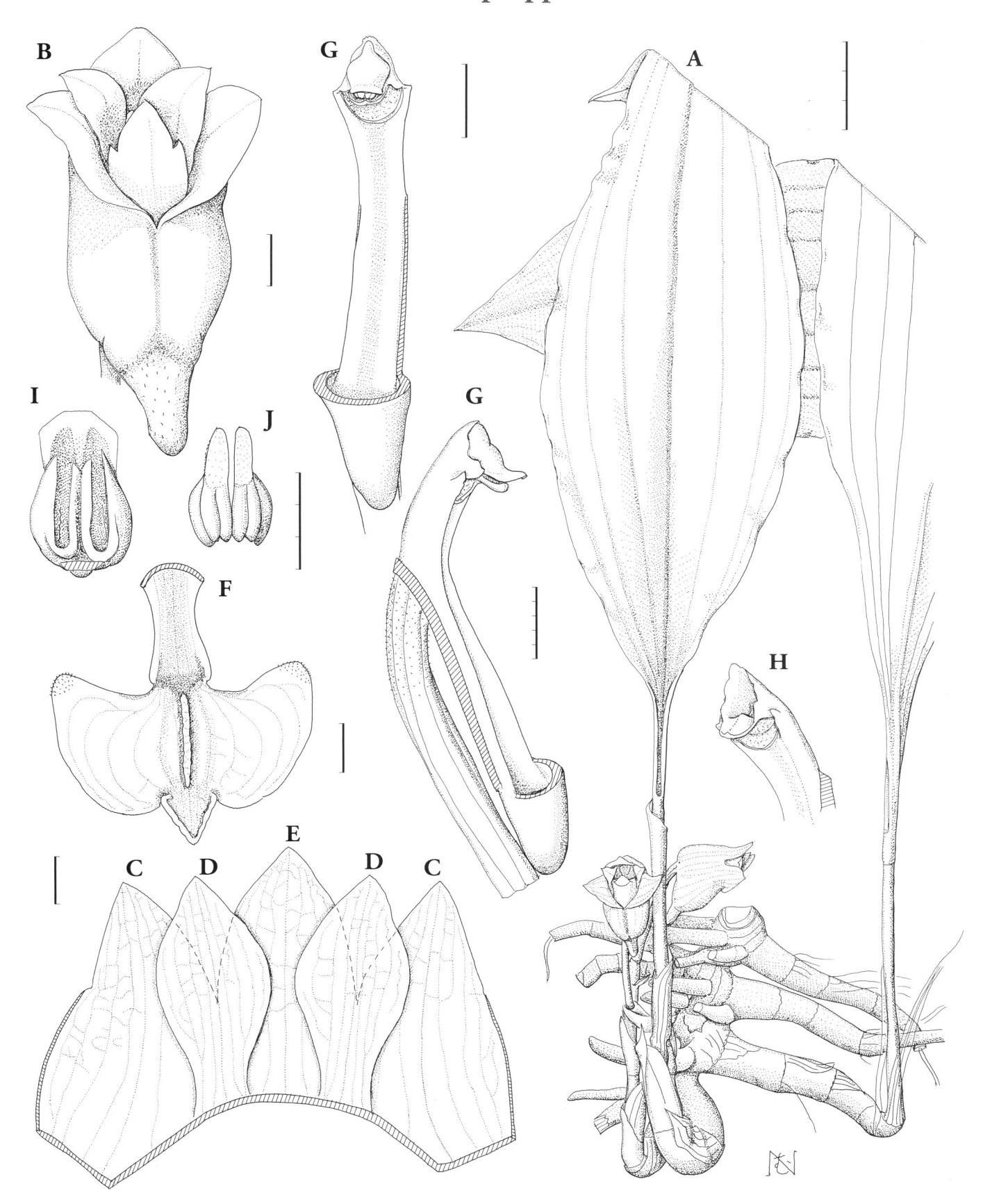

A- 植物体; B- 花; C- 側萼片; D- 花弁; E- 背萼片; F- 唇弁とメンタム; G- 蕊柱, 葯, メンタム, 距; H- 蕊柱と距; I- 葯帽; J- 花粉塊.
A- plant; B- flower; C- lateral sepal; D- petal; E- dorsal sepal; F- lip & mentum; G- spur, column with anther & pedicellate ovary; H- column; I- anther cap; J- pollinia.
Scales: A: 3 cm, B: 1 cm, C, D, E, F, G, H: 5 mm, I, J: 3 mm.

55-03. タイワンショウキラン **Acanthephippium sylhetense** Lindl.

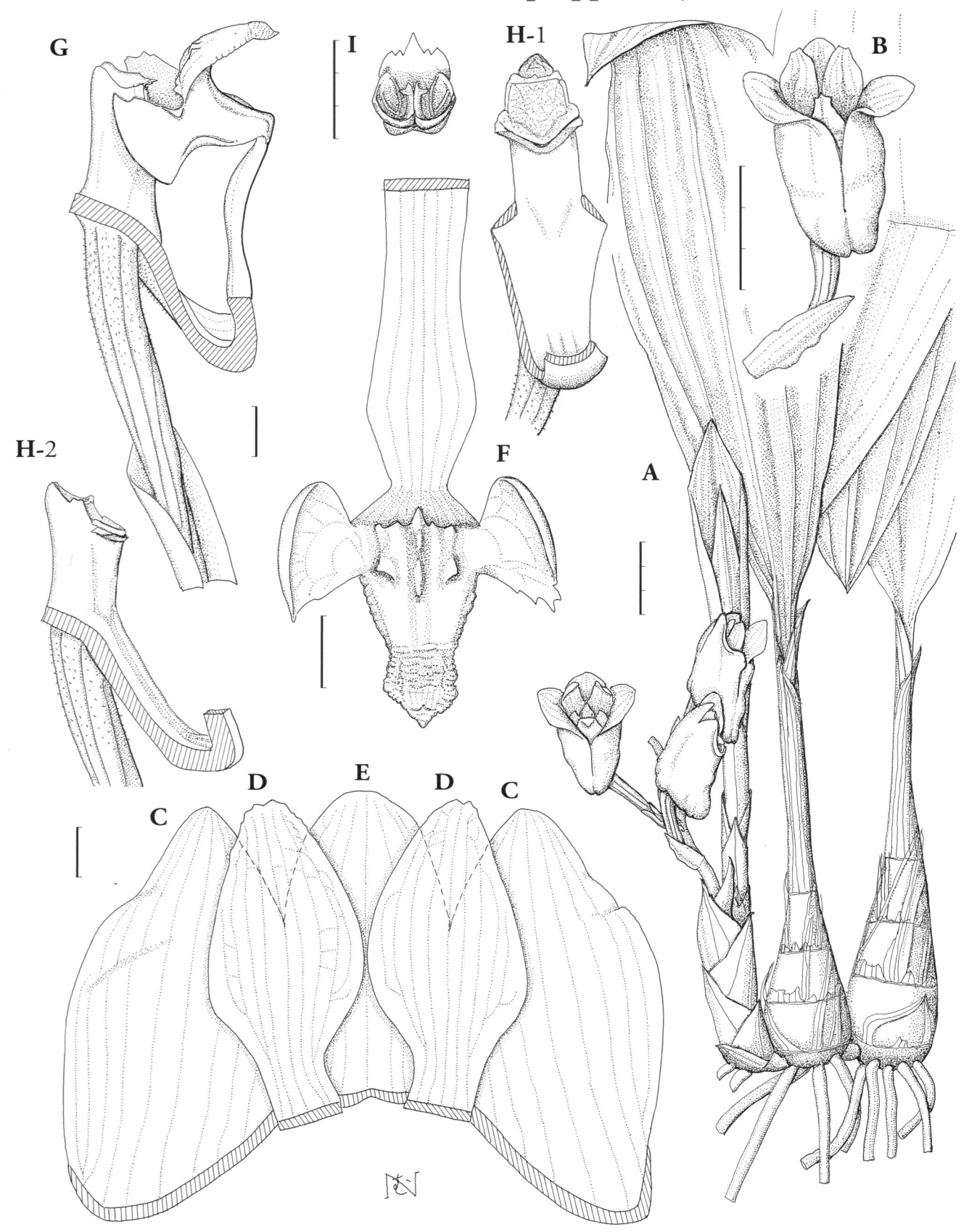

A- 植物体 ; **B**- 花 ; **C**- 側萼片 ; **D**- 花弁 ; **E**- 背萼片 ; **F**- 唇弁とメンタム ; **G**- 蕊柱，唇弁，花柄子房，苞 ; **H-1**- 蕊柱の腹面 ; **H-2**- 蕊柱の側面 ; **I**- 葯帽.

A- plant; **B**- flower with bract; **C**- lateral sepal; **D**- petal; **E**- dorsal sepal; **F**- lip & mentum; **G**- lip, column, & pedicellate ovary with bract; **H-1**-vental view of column; **H-2**-lateral view of column; **I**- anther cap.

Scales: **A, B**: 3 cm, **C, D, E, F, G, H**: 5 mm, **I**: 3 mm.

56-01. トクサラン **Cephalantheropsis gracilis** (Lindl.) S. Y. Hu

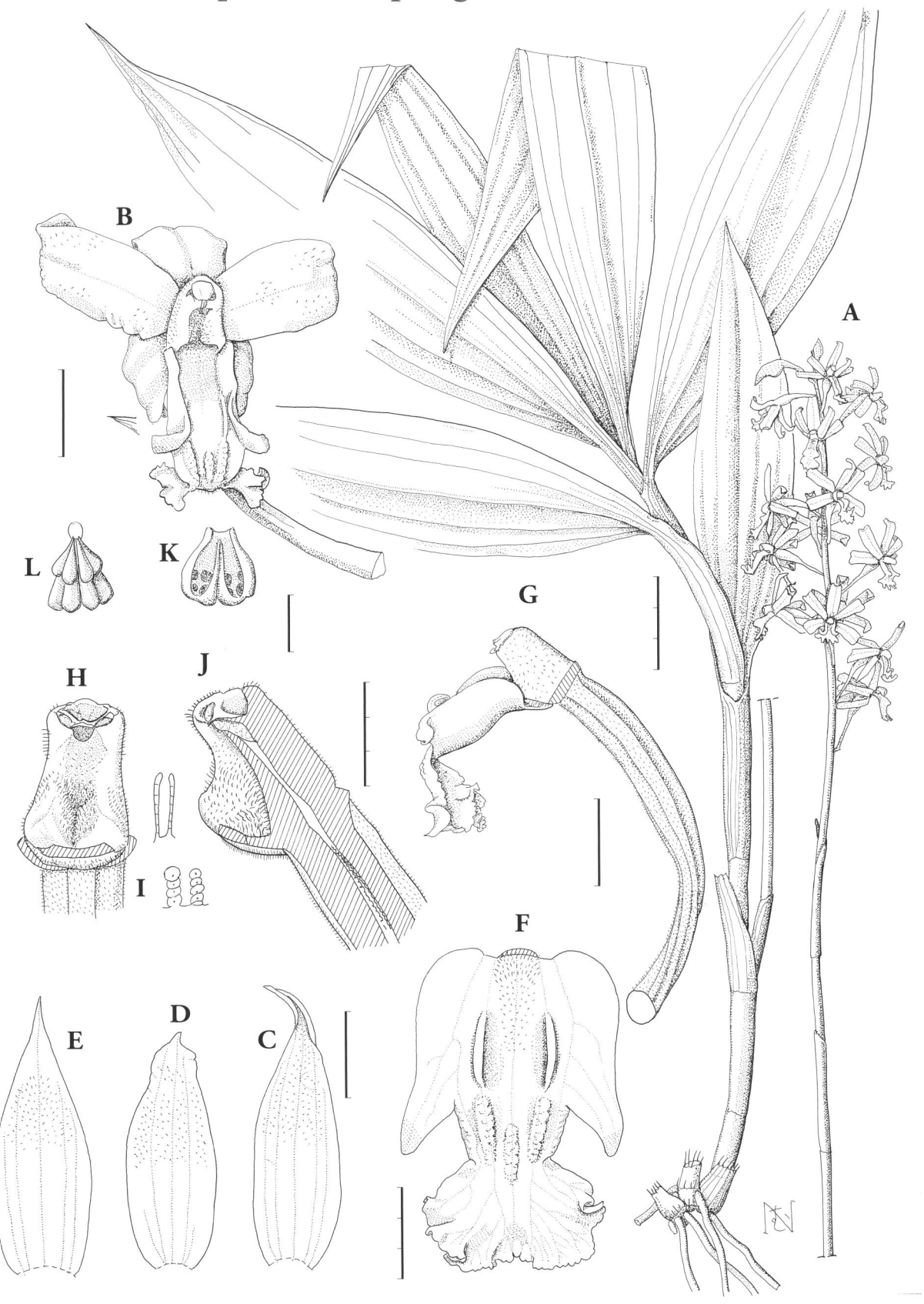

A- 植物体；B- 花；C- 側萼片；D- 花弁；E- 背萼片；F- 唇弁；G- 蕊柱，唇弁と花柄子房；H- 蕊柱の腹面；I- 毛の形状；J- 蕊柱と子房の縦断面；K- 葯帽；L- 花粉塊と粘着体.

A- plant; B- flower; C- lateral sepal; D- petal; E- dorsal sepal; F- lip; G- lip, column & pedicellate ovary; H- vental view of column, I- hairs; J- vertical section of column & ovary; K- anther cap; L- pollinia.

Scales: **A**: 3cm, **B**, **C**, **D**, **E**, **G**: 5 mm, **F**, **H**, **J**: 3 mm, **K**, **J**: 1 mm.

57-01. コウトウシラン **Spathoglottis plicata** Blume

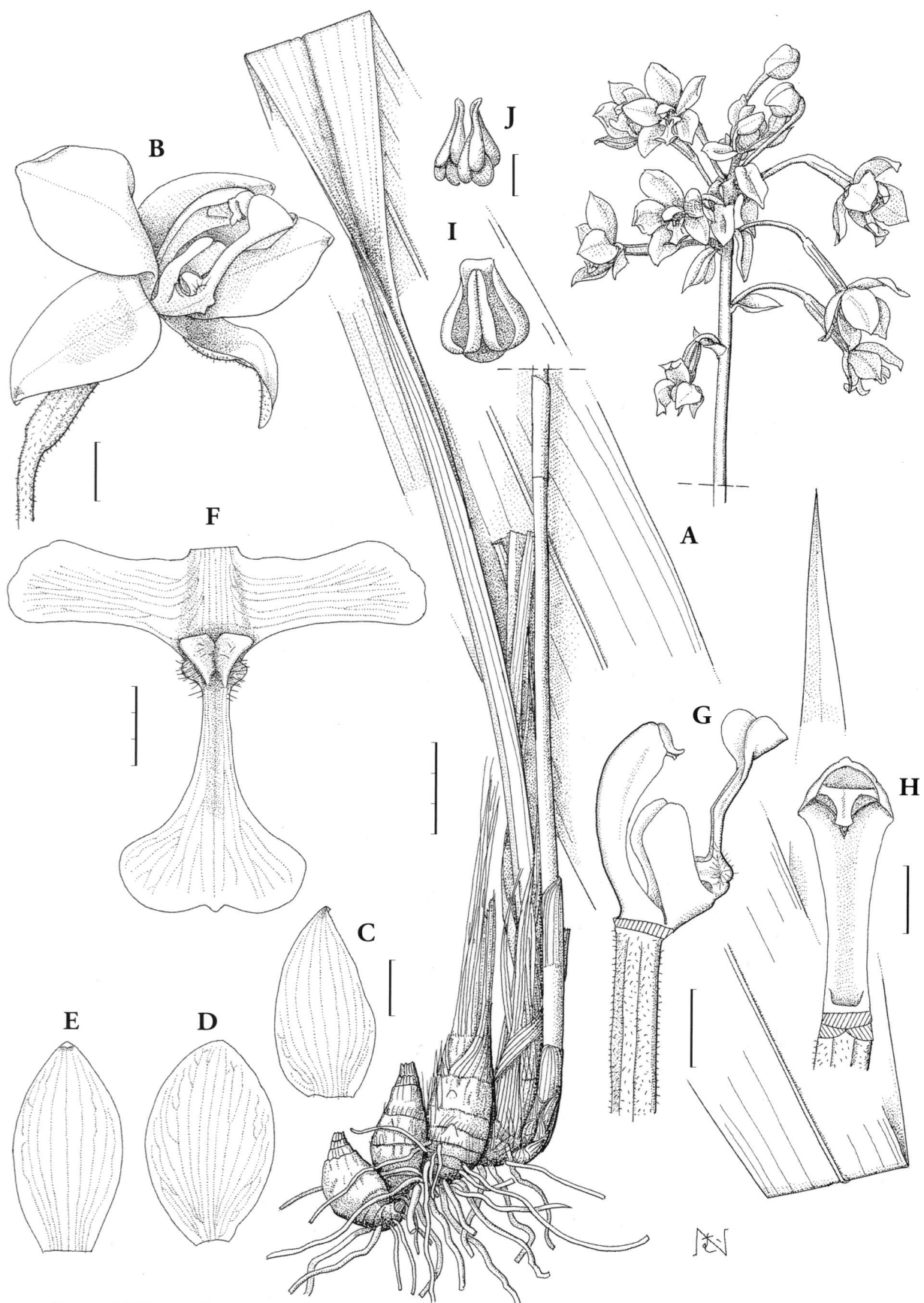

A- 植物体；B- 花；C- 側萼片；D- 花弁；E- 背萼片；F- 唇弁；G- 蕊柱と葯，唇弁，子房；H- 蕊柱；I- 葯帽；J- 花粉塊.
A- plant; B- flower; C- lateral sepal; D- petal; E- dorsal sepal; F- lip; G- column with anther, lip & ovary; H- column; I- anther cap; J- pollinia.
Scales: A: 3 cm, B, C, D, E, G, H: 5 mm, F: 3mm, I, J :1 mm.

58-01. オオオサラン Eria corneri Rchb. f.

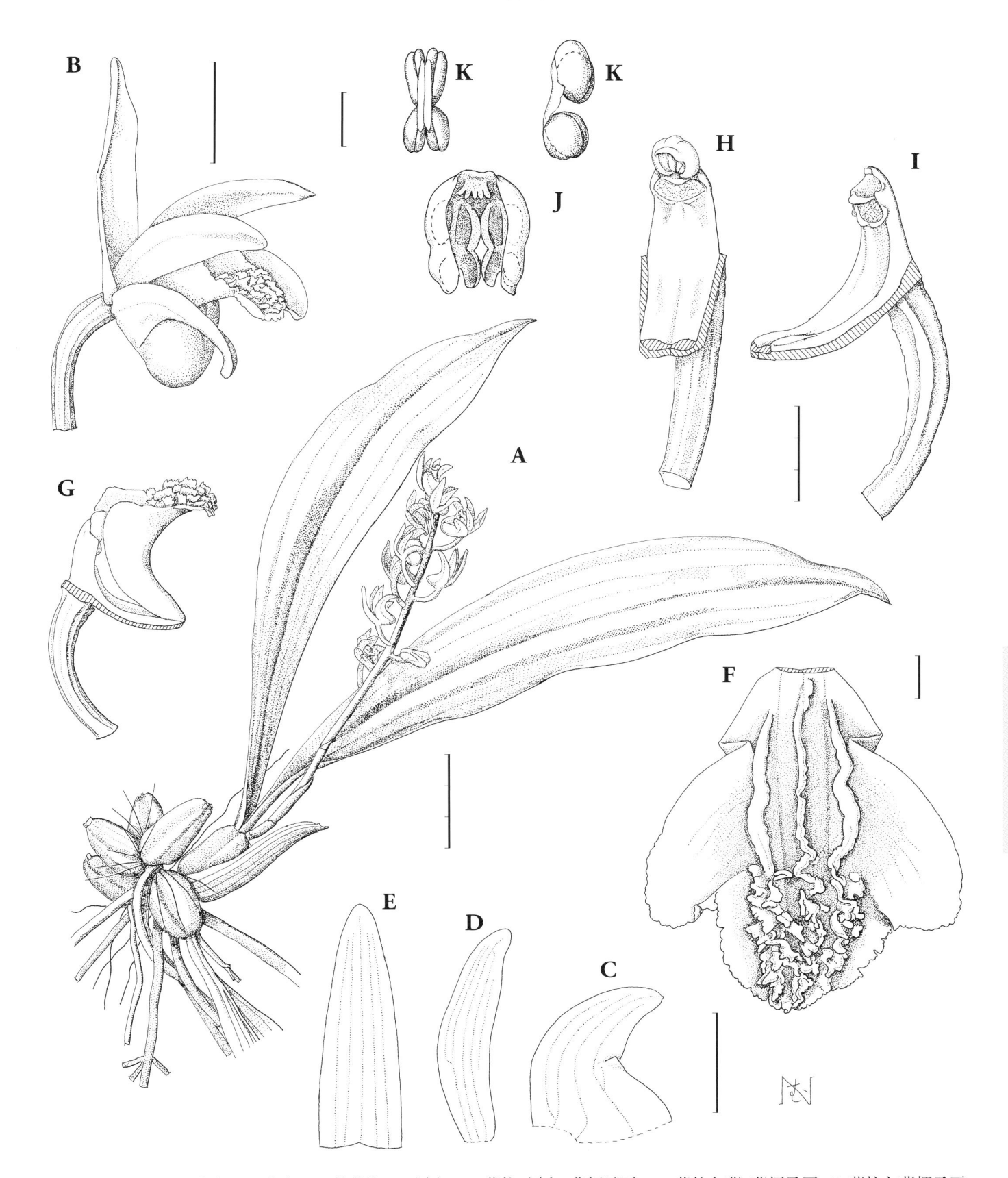

A- 植物体；B- 花；C- 側萼片；D- 花弁；E- 背萼片；F- 唇弁；G- 蕊柱, 唇弁, 花柄子房；H- 蕊柱と葯, 花柄子房；I- 蕊柱と花柄子房；J- 葯帽；K- 花粉塊と粘着体.

A- plant; B- flowrt; C- lateral sepal; D- petal; E- dorsal sepal; F- lip; G- lip, column & pedicellate ovary; H- column with anther; I- lateral view of column; J- anther cap; K- pollinia.

Scales: A: 3 cm, B, C, D, E, G: 5 mm, F, H, I: 3 mm, J, K: 1 mm.

58-02. リュウキュウセッコク **Eria ovata** Lindl.

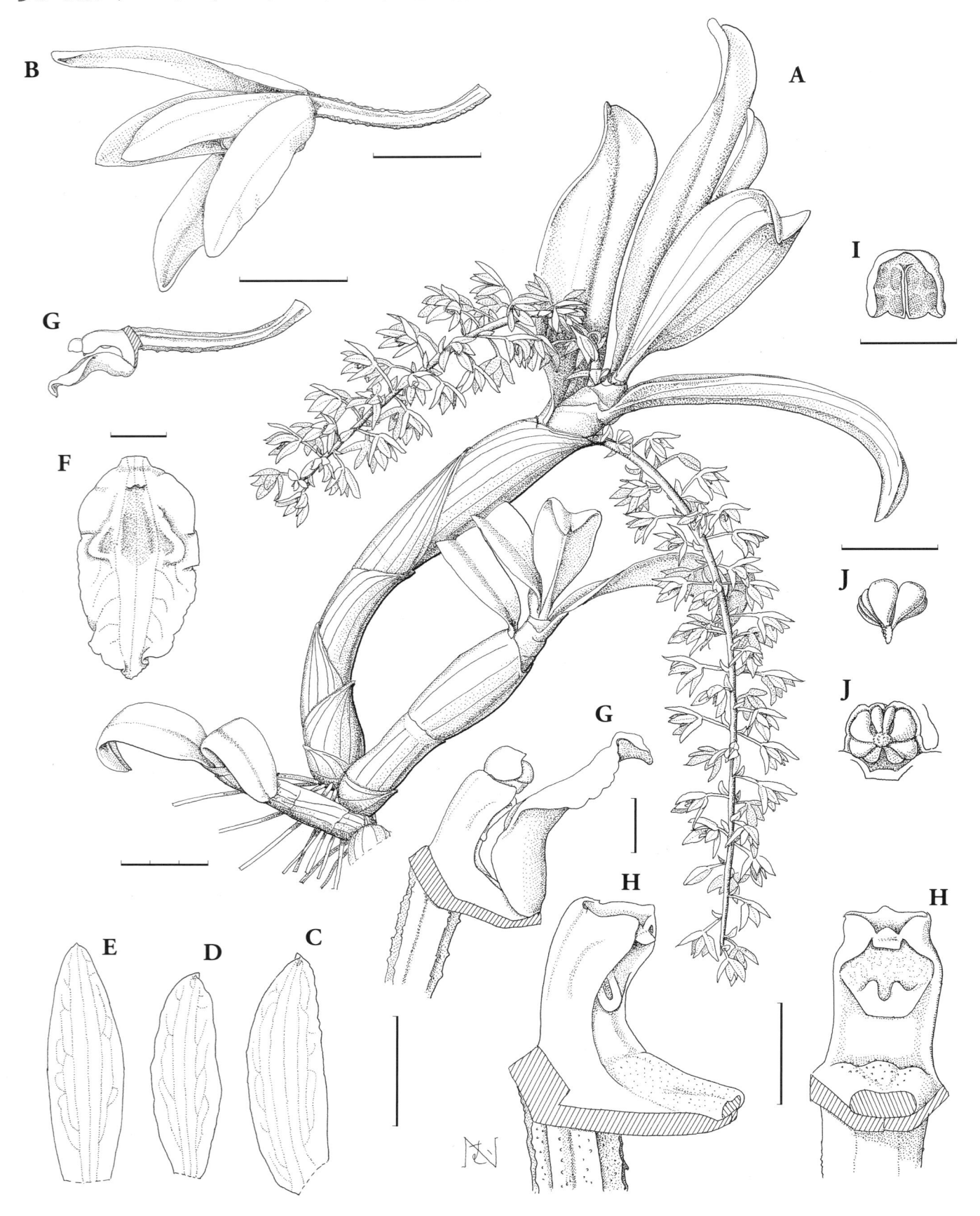

A- 植物体；**B**- 花；**C**- 側萼片；**D**- 花弁；**E**- 背萼片；**F**- 唇弁；**G**- 蕊柱，唇弁，花柄子房；**H**- 蕊柱；**I**- 葯帽；**J**- 花粉塊と粘着体.
A- plant; **B**- flower; **C**- lateral sepal; **D**- petal; **E**- dorsal sepal; **F**- lip; **G**- lip, column with anther & pedicellate ovary; **H**- column; **I**- anther cap; **J**- pollinia.
Scales: **A**: 3 cm, **B, C, D, E, G**: 5 mm, **F, H, I, J**: 1 mm.

58-03. オサラン Eria reptans (Franch. et Savat.) Makino

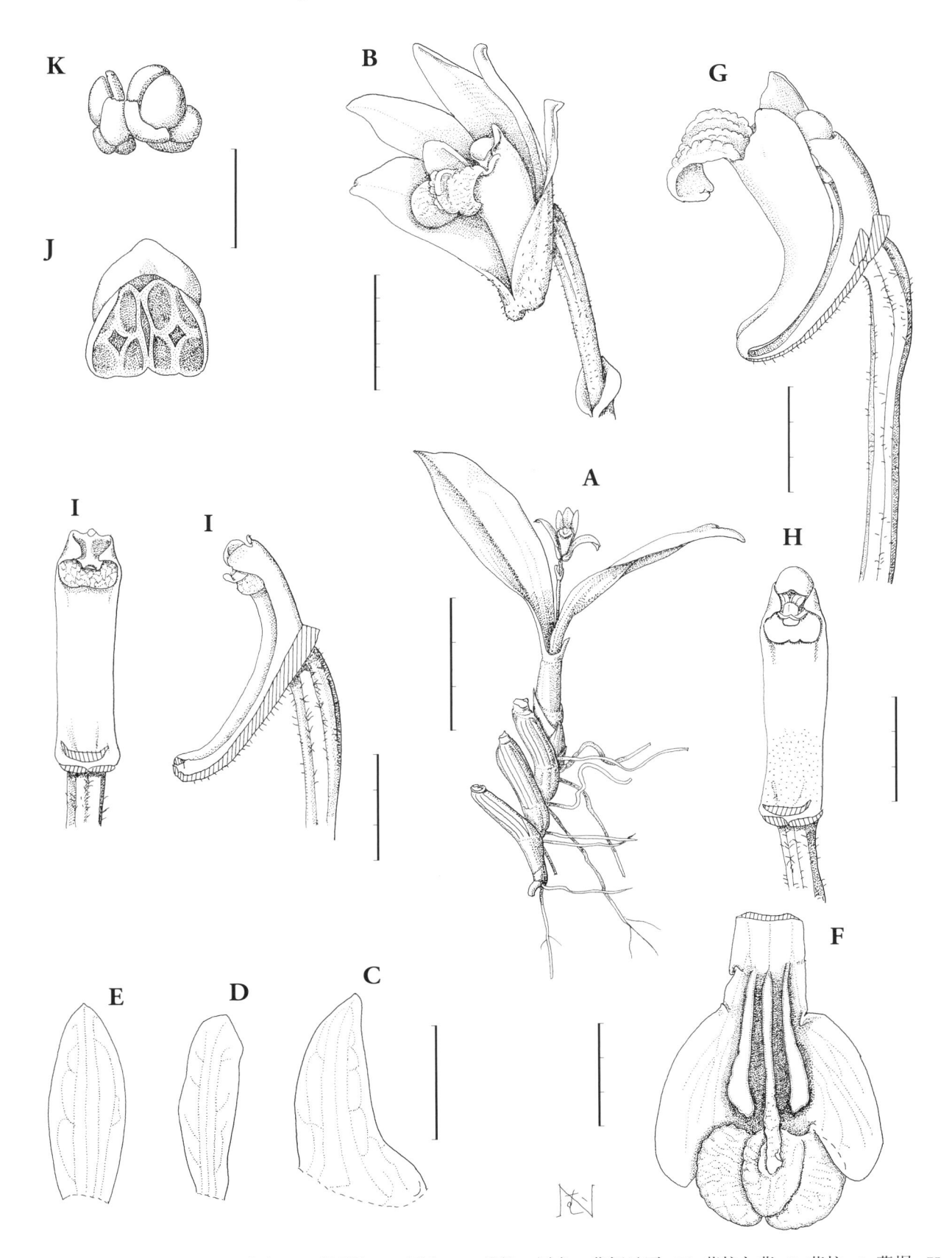

A- 植物体 ; **B**- 花 ; **C**- 側萼片 ; **D**- 花弁 ; **E**- 背萼片 ; **F**- 唇弁 ; **G**- 蕊柱, 唇弁, 花柄子房 ; **H**- 蕊柱と葯 ; **I**- 蕊柱 ; **J**- 葯帽 ; **K**- 花粉塊と粘着体.

A- plant; **B**- flower with bract; **C**- lateral sepal; **D**- petal; **E**- dorsal sepal; **F**- lip; **G**- lip, column with anther & pedicellate ovary; **H**- column with anther; **I**- column; **J**- anther cap; **K**- pollinia.

Scales: **A**: 3 cm, **B, C, D, E**: 5 mm, **F, G, H, I**: 3 mm, **J, K**: 1 mm.

59-01. ヨウラクラン **Oberonia japonica** (Maxim.) Makino

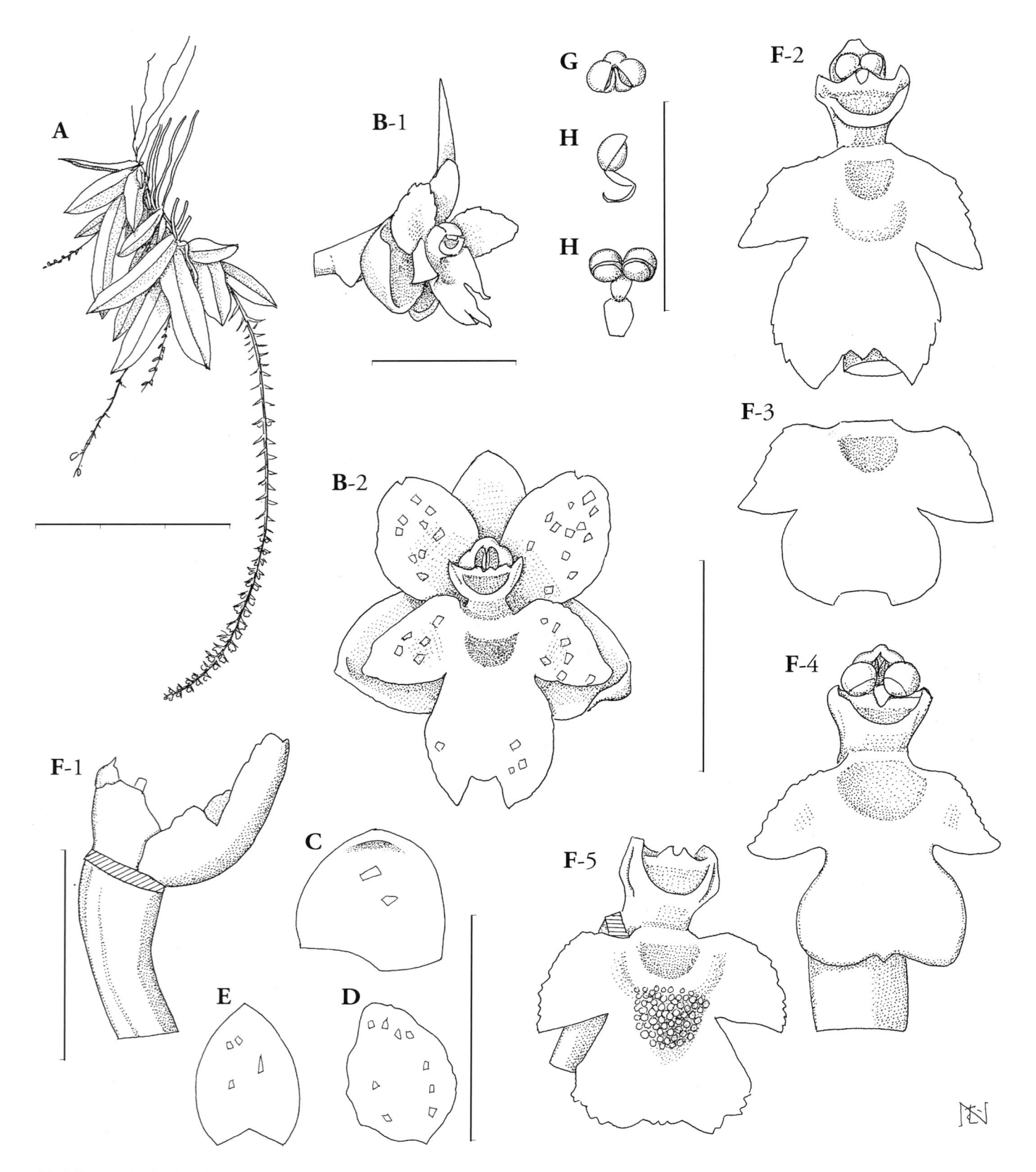

A- 植物体 ; B- 花（屋久島）; C- 側萼片 ; D- 花弁 ; E- 背萼片 ; F-1 & 5- 蕊柱と唇弁（千葉県）; F-2- 唇弁と蕊柱（静岡県）; F-3- 唇弁（徳之島）; F-4- 蕊柱と唇弁（八丈島）; G- 葯帽 ; H- 花粉塊と粘着体.
A- plant (Tokuno-shima); B-flower (Yaku-shima); C- lateral sepal; D- petal; E- dorsal sepal; F-1-lip, column with anther & pedicellate ovary (Chiba Pref.); F-2-lip, column with anther (Shizuoka Pref.); F-3-lip (Tokuno-shima); F-4-lip, column with anther (Hachijou-jima); F-5-lip with column (Chiba Pref.); G-anther cap; H- pollinia.
Scales: A: 3 cm, B, D, E, F, G, H, I: 1mm.

60-01. イリオモテヒメラン **Malaxis bancanoides** Ames

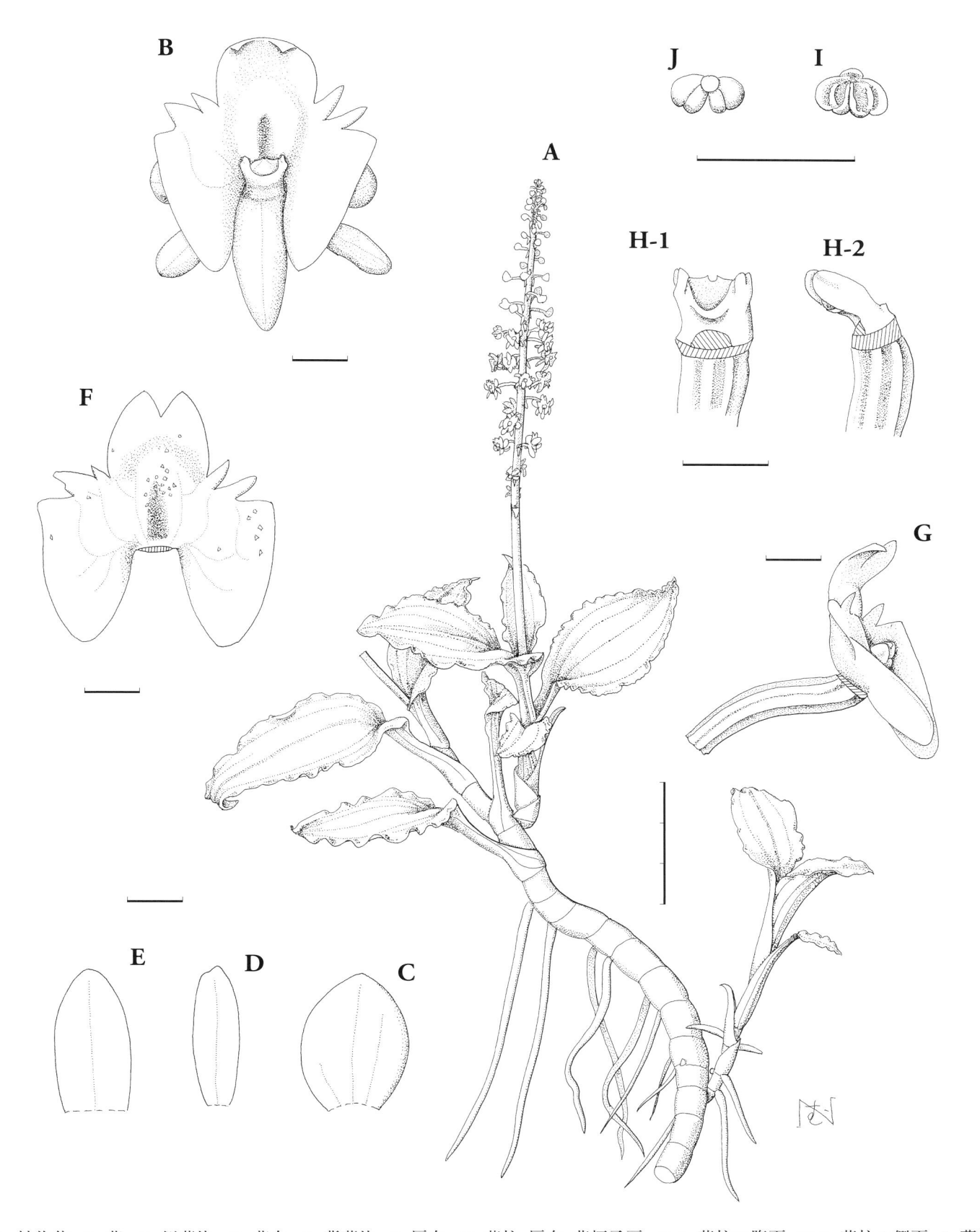

A- 植物体; B- 花; C- 側萼片; D- 花弁; E- 背萼片; F- 唇弁; G- 蕊柱, 唇弁, 花柄子房; H-1- 蕊柱の腹面; H-2- 蕊柱の側面; I- 葯帽; J- 花粉塊と粘着体.

A- plant; B- flower; C- lateral sepal; D- petal; E- dorsal sepal; F- lip; G- lip, column & pedicellate ovary; H-1- ventral view of column; H-2- lateral view of column; I- anther cap; J- pollinia.

Scales: A: 3 cm, B, C, D, E, F, G, H, I, J: 1 mm.

60-02. シマホザキラン **Malaxis boninensis** (Koidz.) Satomi

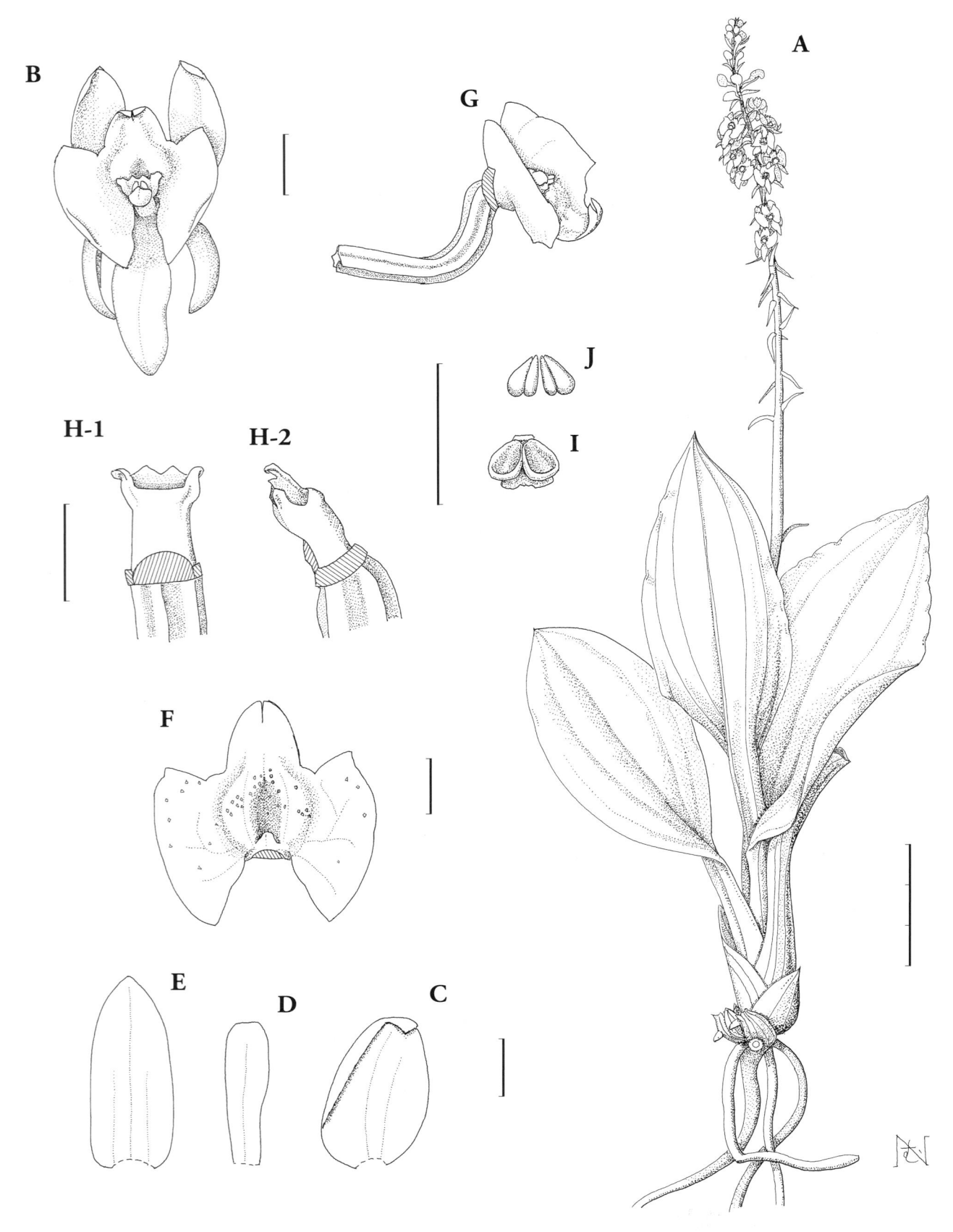

A- 植物体; B- 花; C- 側萼片; D- 花弁; E- 背萼片; F- 唇弁; G- 蕊柱, 唇弁, 花柄子房; H-1- 蕊柱の腹面; H-2- 蕊柱の側面; I- 葯帽; J- 花粉塊.

A- plant; B- flower; C- lateral sepal; D- petal; E- dorsal sepal; F- lip; G- lip, column & pedicellate ovary; H-1-vental view of column; H-2- lateral view of column; I- anther cap; J- pollinia.

Scales: **A**: 3 cm, **B, C, D, E, F, G, H, I, J**: 1 mm.

60-03. ハハジマホザキラン Malaxis hahajimensis

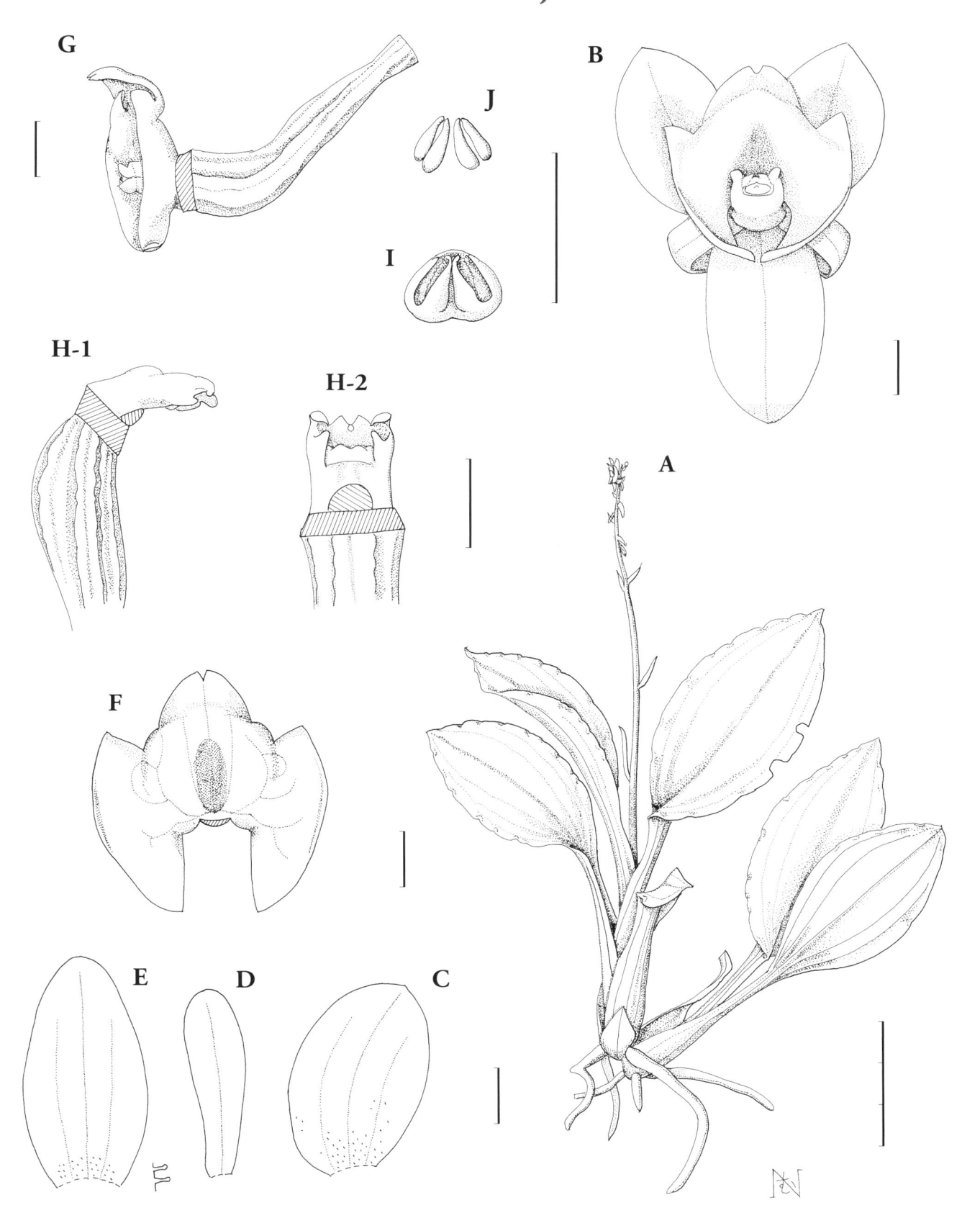

A- 植物体 ; B- 花 ; C- 側萼片 ; D- 花弁 ; E- 背萼片 ; F- 唇弁 ; G- 蕊柱, 唇弁, 花柄子房 ; H-1- 蕊柱の腹面 ; H-2- 蕊柱の側面 ; I- 葯帽 ; J- 花粉塊.

A- plant; B- flower; C- lateral sepal; D- petal; E- dorsal sepal; F- lip; G- lip, column & pedicellate ovary; H- column vental view; I- anther cap; J- pollinia.

Scales: A: 3 cm, B, C, D, E, F, G, H, I, J: 1 mm.

60-04. カンダヒメラン Malaxis kandae

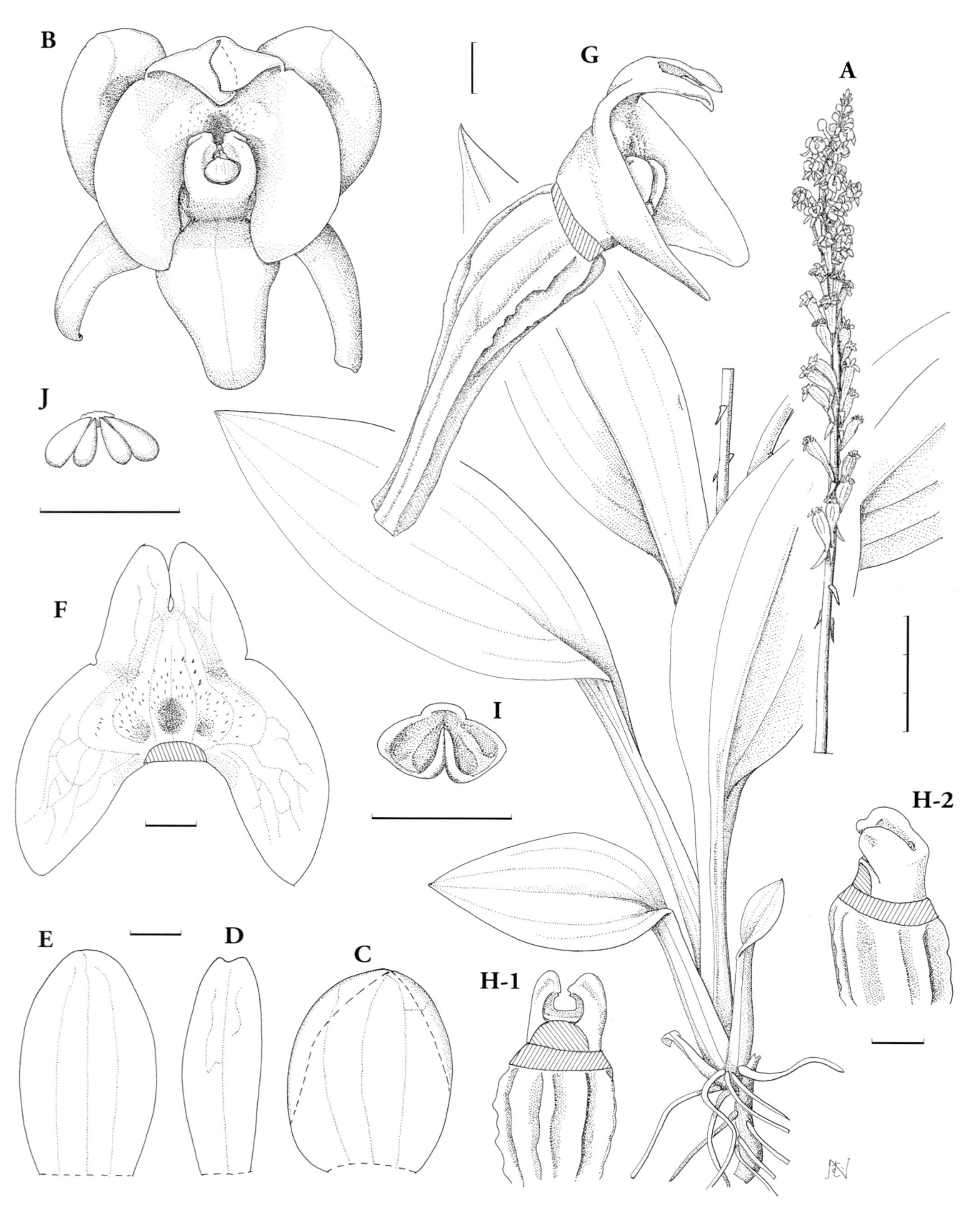

A- 植物体 ; B- 花 ; C- 側萼片 ; D- 花弁 ; E- 背萼片 ; F- 唇弁 ; G- 蕊柱，唇弁，花柄子房 ; H-1- 蕊柱腹面 ; H-2- 蕊柱側面 ; I- 葯帽 ; J- 花粉塊と粘着体.

A- plant; B- flower; C- lateral sepal; D- petal; E- dorsal sepal; F- lip; G- lip, column & pedicellate ovary; H-1- ventral view of column; H-2- lateral view of column; I- anther cap; J- pollinia.

Scales: A: 3 cm, B, C, D, E, F, G, H, I, J: 1 mm.

60-05. ホザキヒメラン **Malaxis latifolia** J. E. Smith

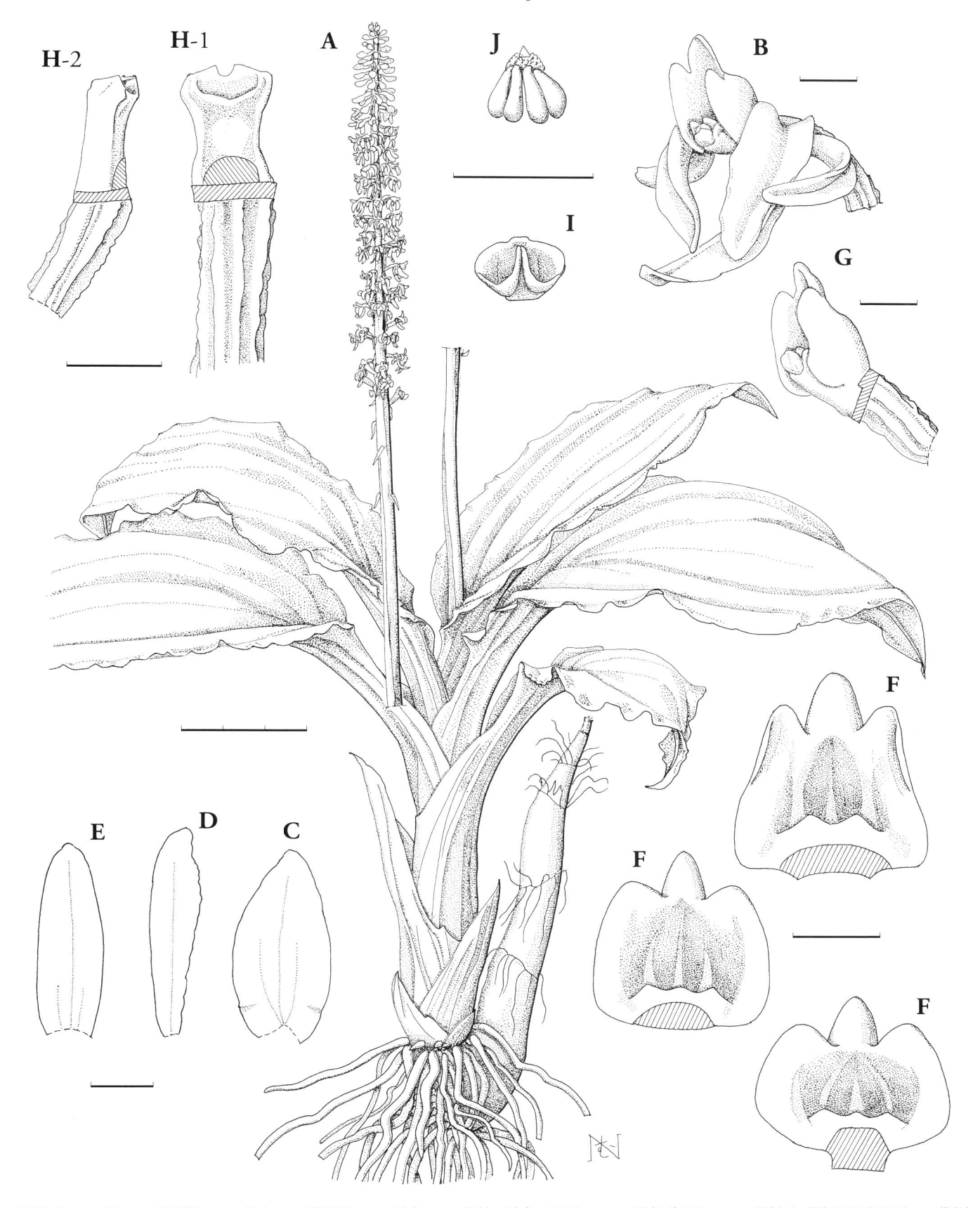

A- 植物体；**B**- 花；**C**- 側萼片；**D**- 花弁；**E**- 背萼片；**F**- 唇弁；**G**- 蕊柱, 唇弁, 子房；**H-1**- 蕊柱腹面；**H-2**- 蕊柱と花柄子房側面；**I**- 葯帽；**J**- 花粉塊と粘着体.

A- plant; **B**- flower; **C**- lateral sepal; **D**- petal; **E**- dorsal sepal; **F**- lip; **G**- lip, column & pedicellate ovary; **H-1**- ventral view of column; **H-2**- lateral view of column & pedicellate ovary; **I**- anther cap; **J**- pollinia.

Scales: **A**: 3 cm, **B**, **C**, **D**, **E**, **F**, **G**, **H**, **I**, **J**: 1 mm.

60-06. ホザキイチヨウラン Malaxis monophyllos (L.) Sw.

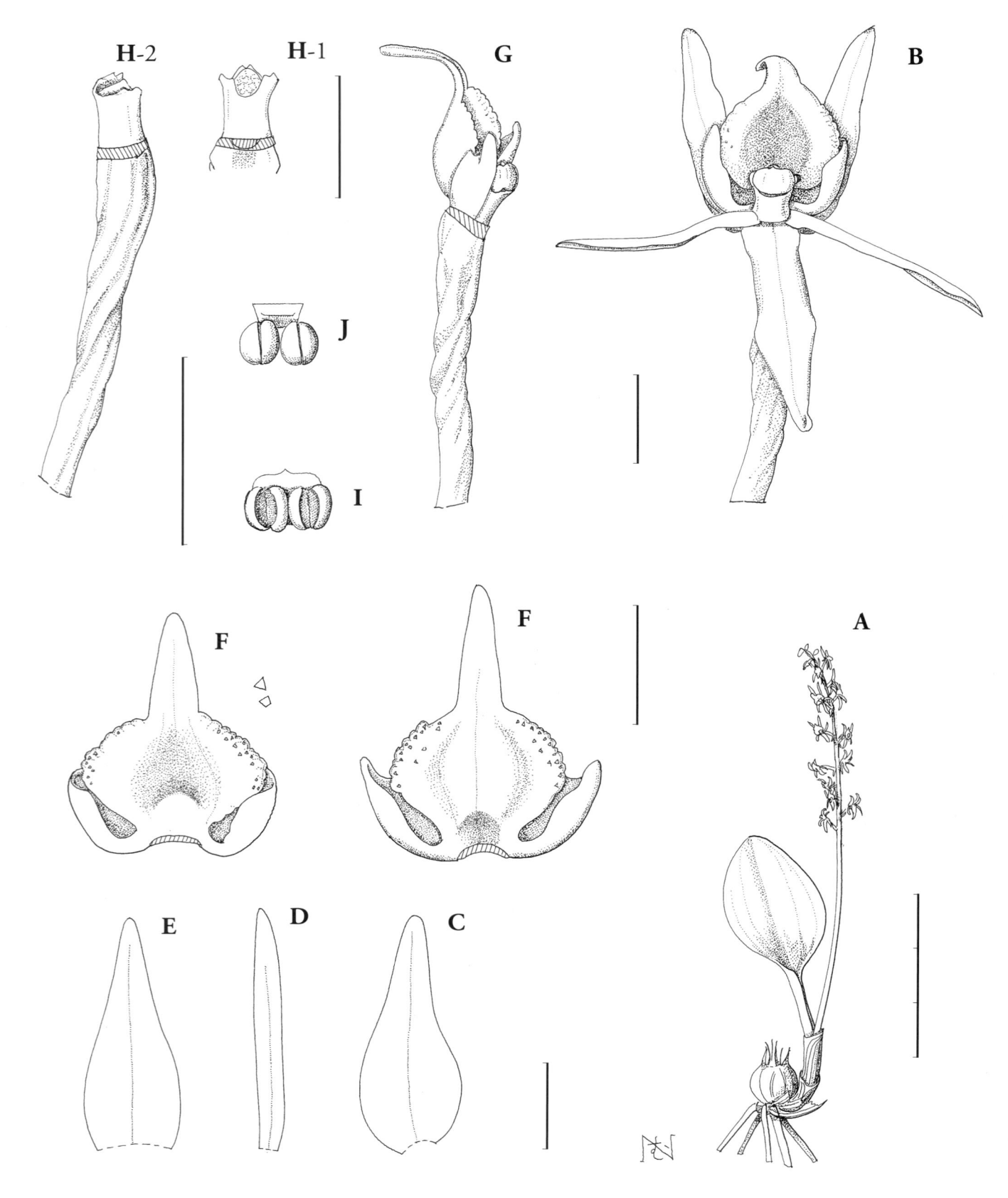

A- 植物体 ; B- 花 ; C- 側萼片 ; D- 花弁 ; E- 背萼片 ; F- 唇弁 ; G- 蕊柱, 唇弁, 花柄子房 ; H-1- 蕊柱の腹面 ; H-2- 蕊柱と花柄子房側面 ; I- 葯帽 ; J- 花粉塊と粘着体.
A- plant; B- flower; C- lateral sepal; D- petal; E- dorsal sepal; F- lip; G- lip, column, pedicellate ovary; H-1-column vental view; H-2- lateral view of column; I- anther cap; J- pollinia.
Scales: A: 3 cm, B, C, D, E, F, G, H, I, J: 1 mm.

60-07 ヤチラン **Malaxis paludosa** (L.) Sw.

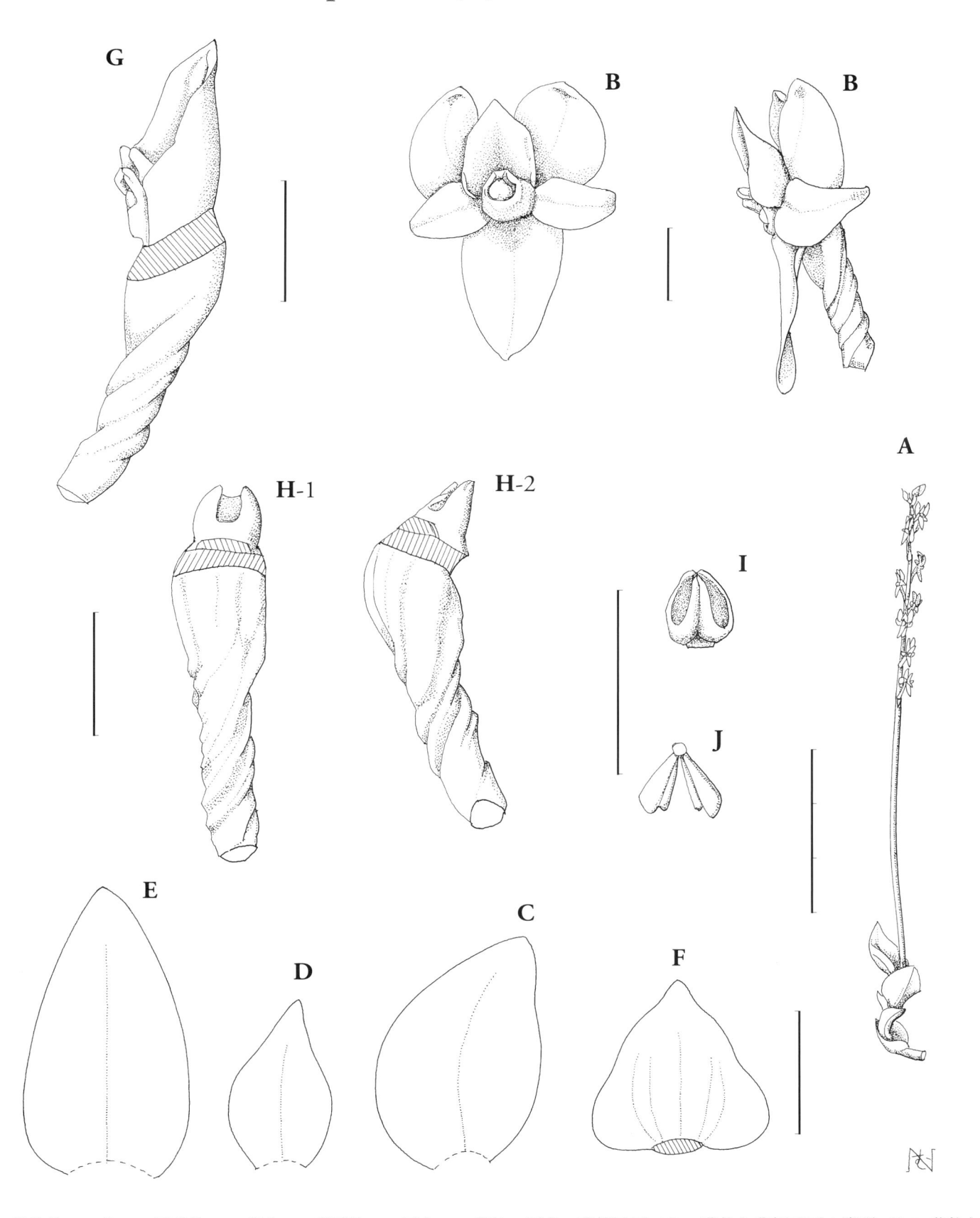

A- 植物体；B- 花；C- 側萼片；D- 花弁；E- 背萼片；F- 唇弁；G- 蕊柱，唇弁，花柄子房；H-1- 蕊柱と花柄子房の腹面；H-2- 蕊柱と花柄子房の側面；I- 葯帽；J- 花粉塊と粘着体.

A- plant; B- flower; C- lateral sepal; D- petal; E- dorsal sepal; F- lip; G- lip, column with anther & pedicellate ovary; H-1- vental view of column & pedicellate ovary; H-2-lateral view of column & pedicellate ovary; I- anther cap; J- pollinia.

Scales: **A**: 3 cm, **B, C, D, E, F, G, H, I, J**: 1 mm.

60-08. オキナワヒメラン **Malaxis purprea** (Lindl.) Kuntze

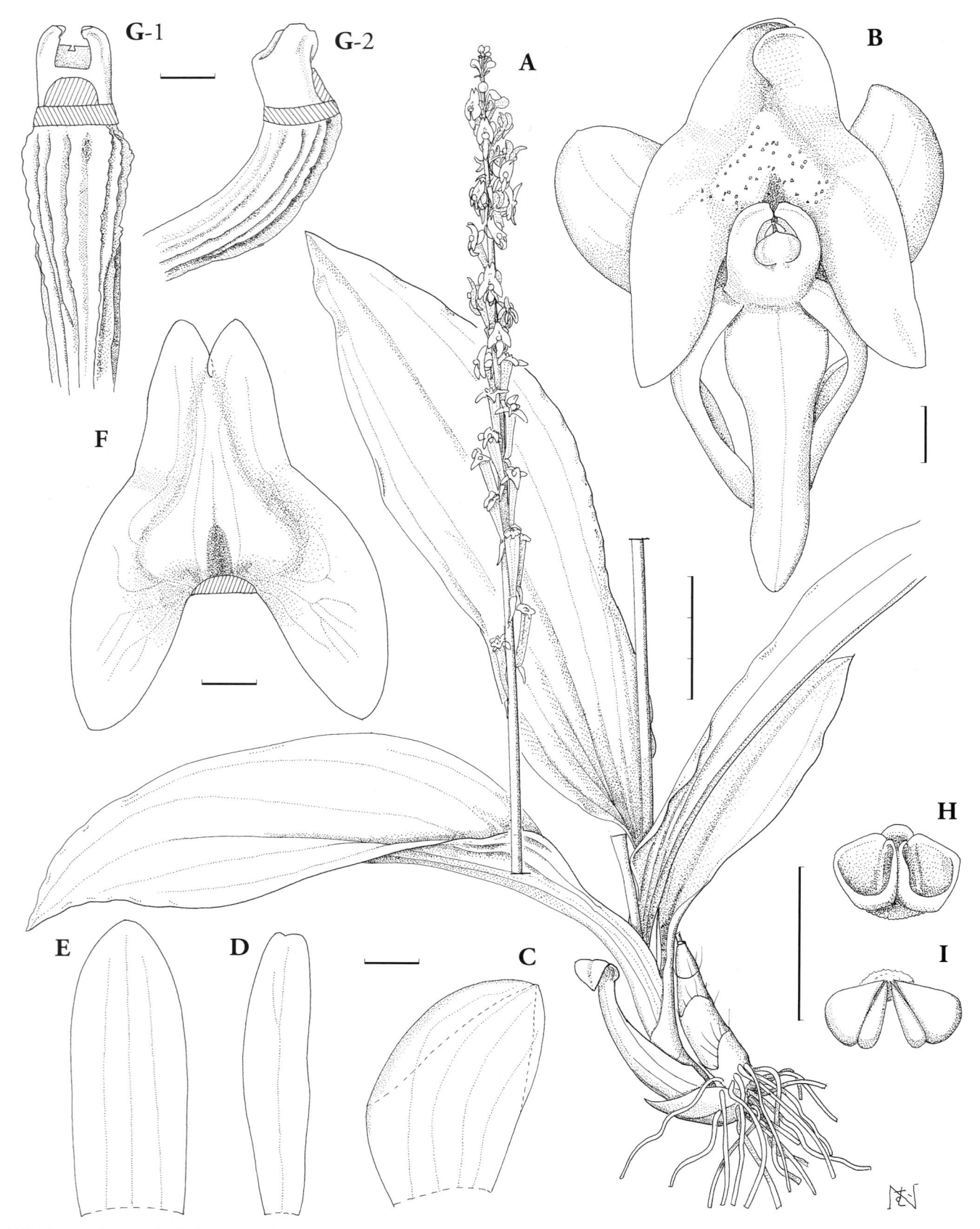

A- 植物体 ; B- 花 ; C- 側萼片 ; D- 花弁 ; E- 背萼片 ; F- 唇弁 ; G-1- 蕊柱と花柄子房の腹面 ; G-2- 蕊柱と花柄子房の側面 ; H- 葯帽 ; I- 花粉塊と粘着体.

A- plant; B- flower; C- lateral sepal; D- petal; E- dorsal sepal; F- lip; G-1- ventral view of column & ovary; G-2- lateral view of column & ovary; H- anther cap; I- pollinia.

Scales: A: 3 cm, B, C, D, E, F, G, H, I: 1 mm.

61-01. ギボウシラン **Liparis auriculata** Blume ex Miq. var. **auriculata**

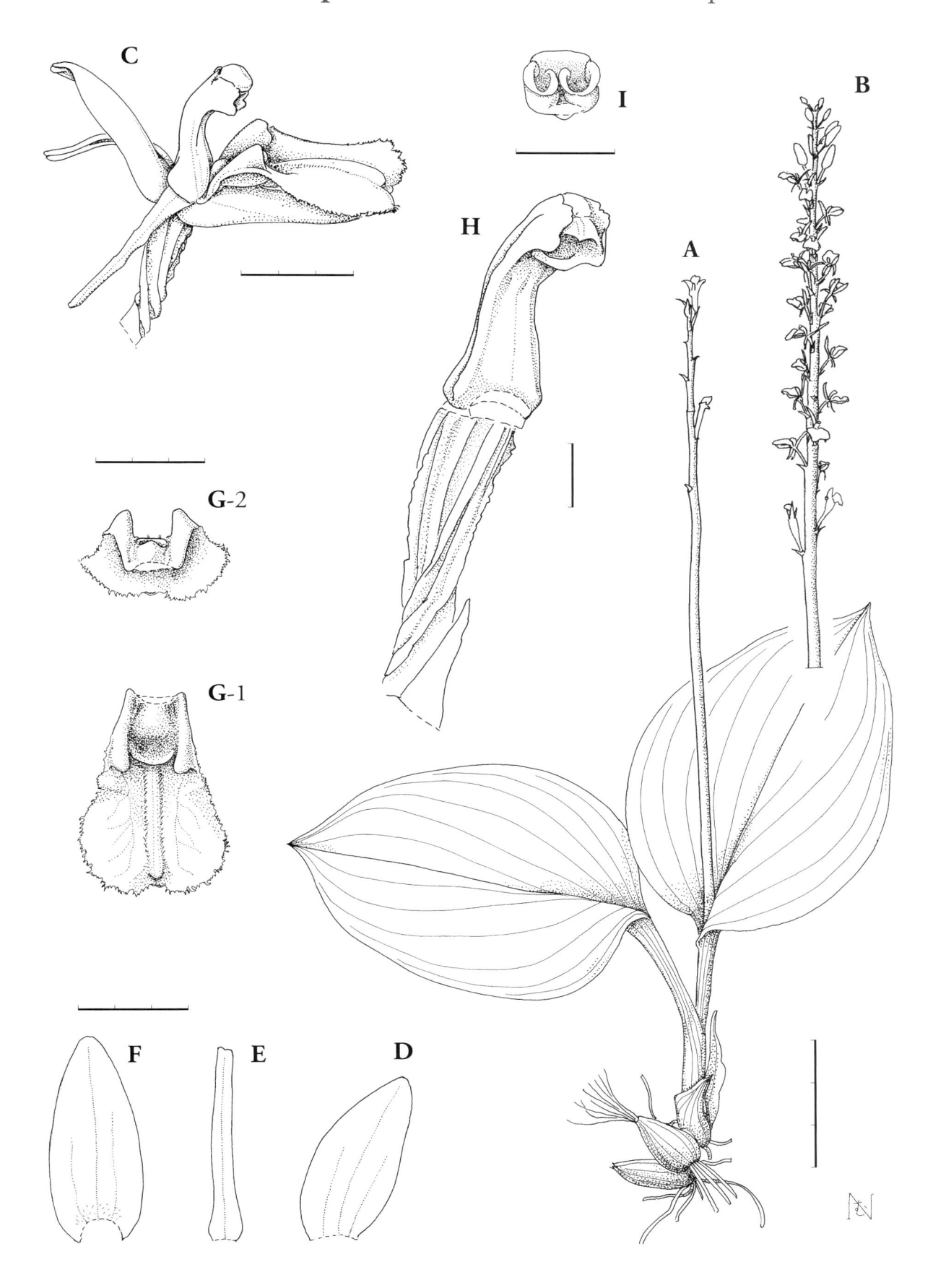

A- 植物体；**B**- 花序；**C**- 花；**D**- 側萼片；**E**- 花弁；**F**- 背萼片；**G**-1- 唇弁表面；**G**-2- 唇弁基部；**H**- 蕊柱，花柄子房，苞；**I**- 葯帽.
A- plant; **B**- inflorescence; **C**- flower; **D**- lateral sepal; **E**- petal; **F**- dorsal sepal; **G**-1-lip; **G**-2- base of lip; **H**- column & pedicellate ovary.
Scales: **A**, **B**: 3 cm, **C**, **D**, **E**, **F**, **G**: 3 mm, **H**, **I**: 1 mm.

61-02. シマクモキリソウ **Liparis auriculata** Bl. var. **hostaefolia** Koidz.

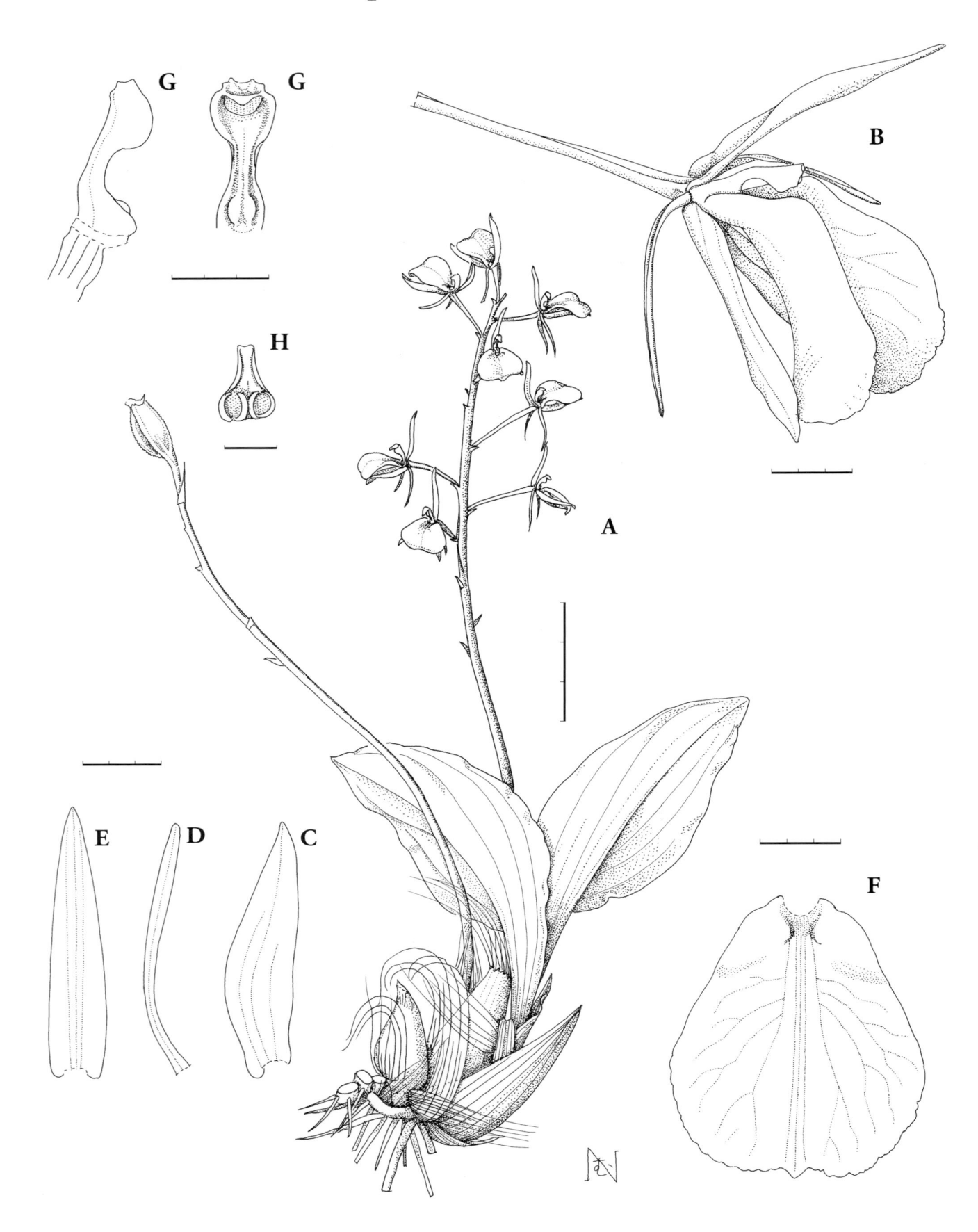

A- 植物体 ; B- 花 ; C- 側萼片 ; D- 花弁 ; E- 背萼片 ; F- 唇弁 ; G- 蕊柱 ; H- 葯帽.
A- plant; B- flower; C- lateral sepal; D- petal; E- dorsal sepal; F- lip; G- column; H- anther cap.
Scales: **A**: 3 cm, **B, C, D, E, F, G**: 3 mm, **H**: 1 mm.

61-03. ユウコクラン Liparis bituberculata (Hook) Lindl. var. formosana Rchb. f.

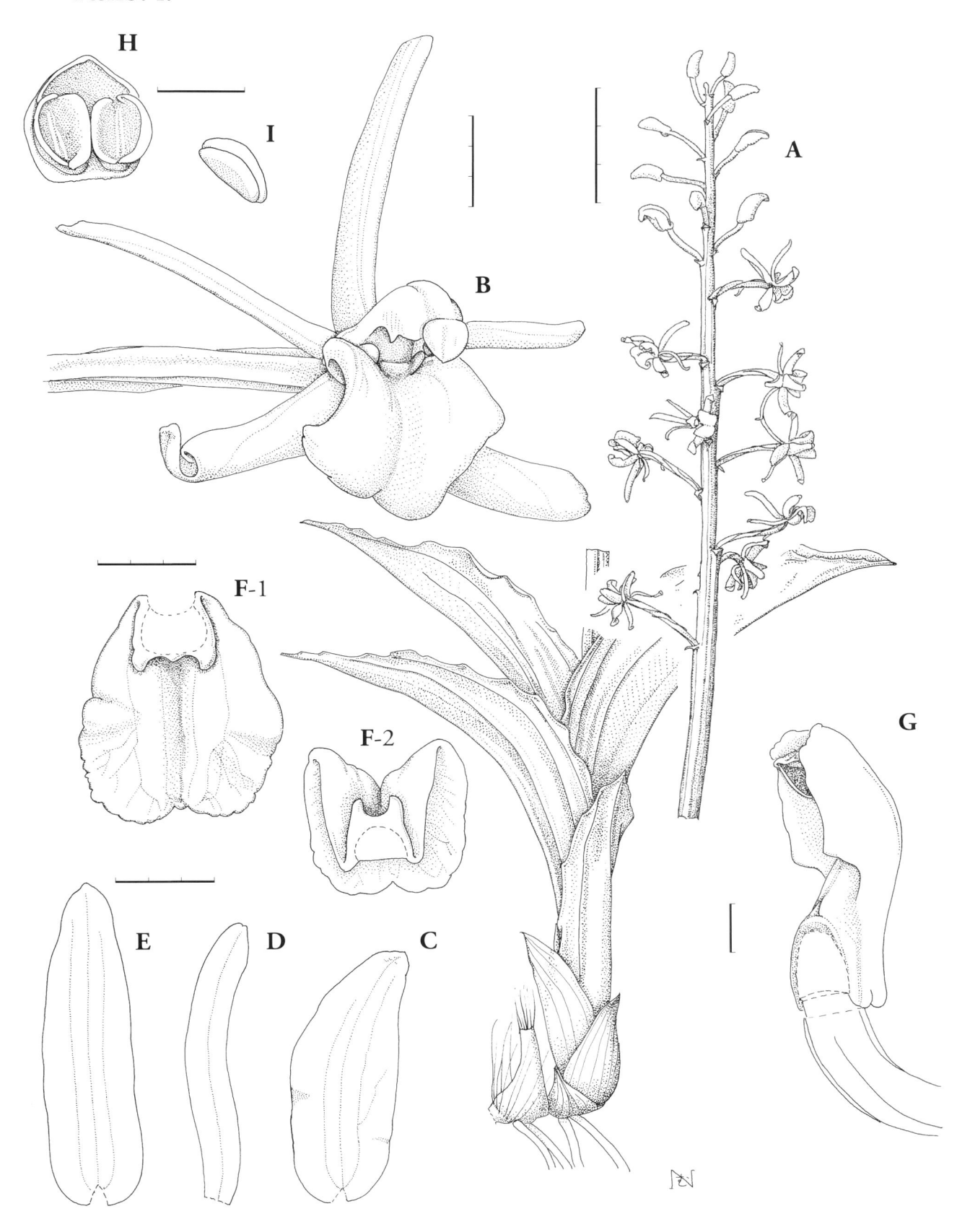

A- 植物体 ; B- 花 ; C- 側萼片 ; D- 花弁 ; E- 背萼片 ; F-1- 唇弁 ; F-2- 唇弁 ; G- 蕊柱 ; H- 葯帽 ; I- 花粉塊.
A- plant; B- flower; C- lateral sepal; D- petal; E- dorsal sepal; F-1- lip; F-2- base of lip; G- column; H- anther cap; I- pollinia.
Scales: A: 3 cm, B, C, D, E, F: 3 mm, G, H, I: 1 mm.

61-04. チケイラン **Liparis bootanensis** Griff.

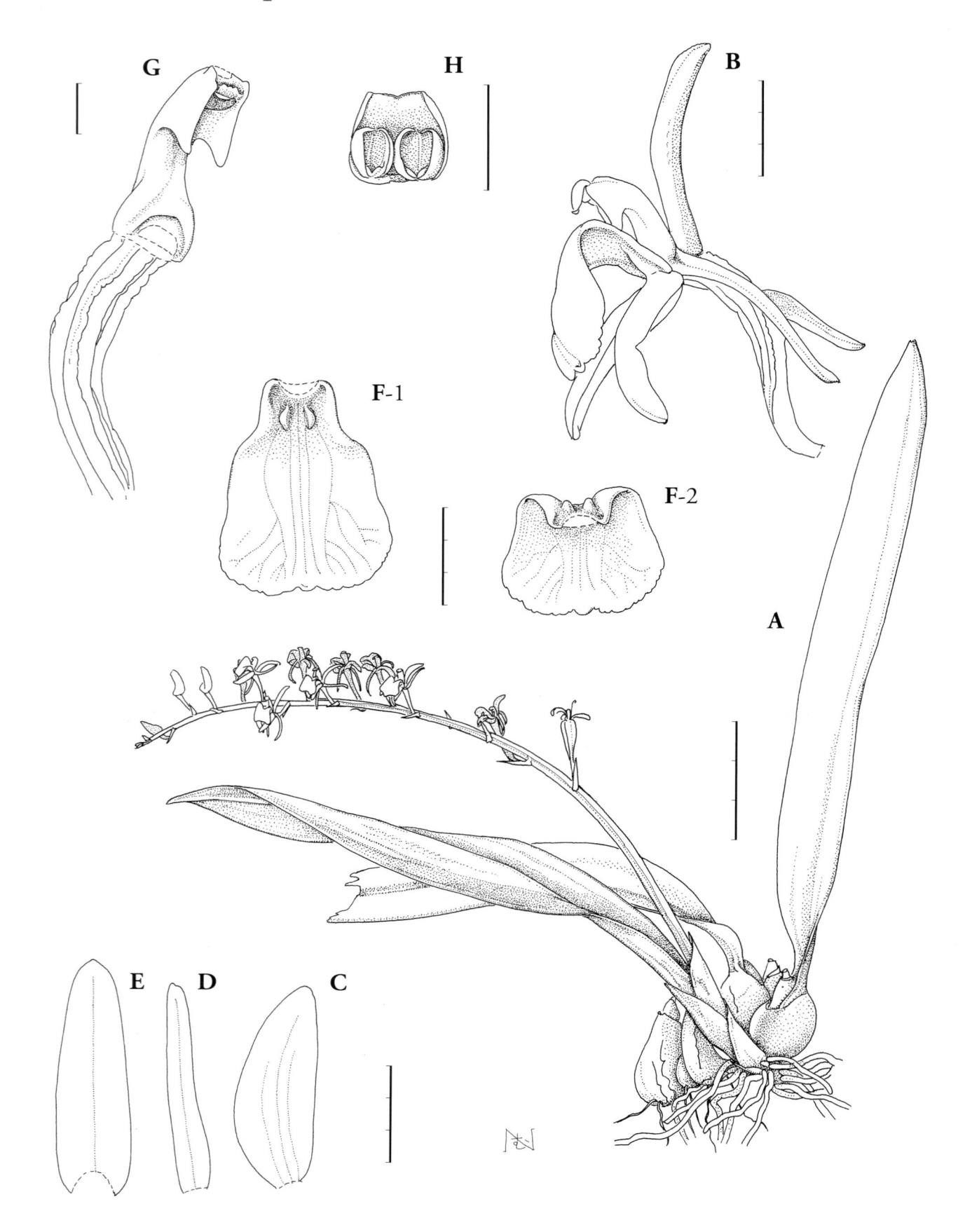

A- 植物体 ; B- 花 ; C- 側萼片 ; D- 花弁 ; E- 背萼片 ; F-1- 唇弁 ; F-2- 唇弁基部 ; G- 蕊柱 ; H- 葯帽.
A- plant; B- flower; C- lateral sepal; D- petal; E- dorsal sepal; F-1-lip; F-2- base of lip; G- column & pedicellate ovary; H- anther cap.
Scales: A: 3 cm, B, C, D, E, F: 3 mm, G, H: 1 mm.

61-05. コゴメキノエラン *Liparis elliptica* Wight

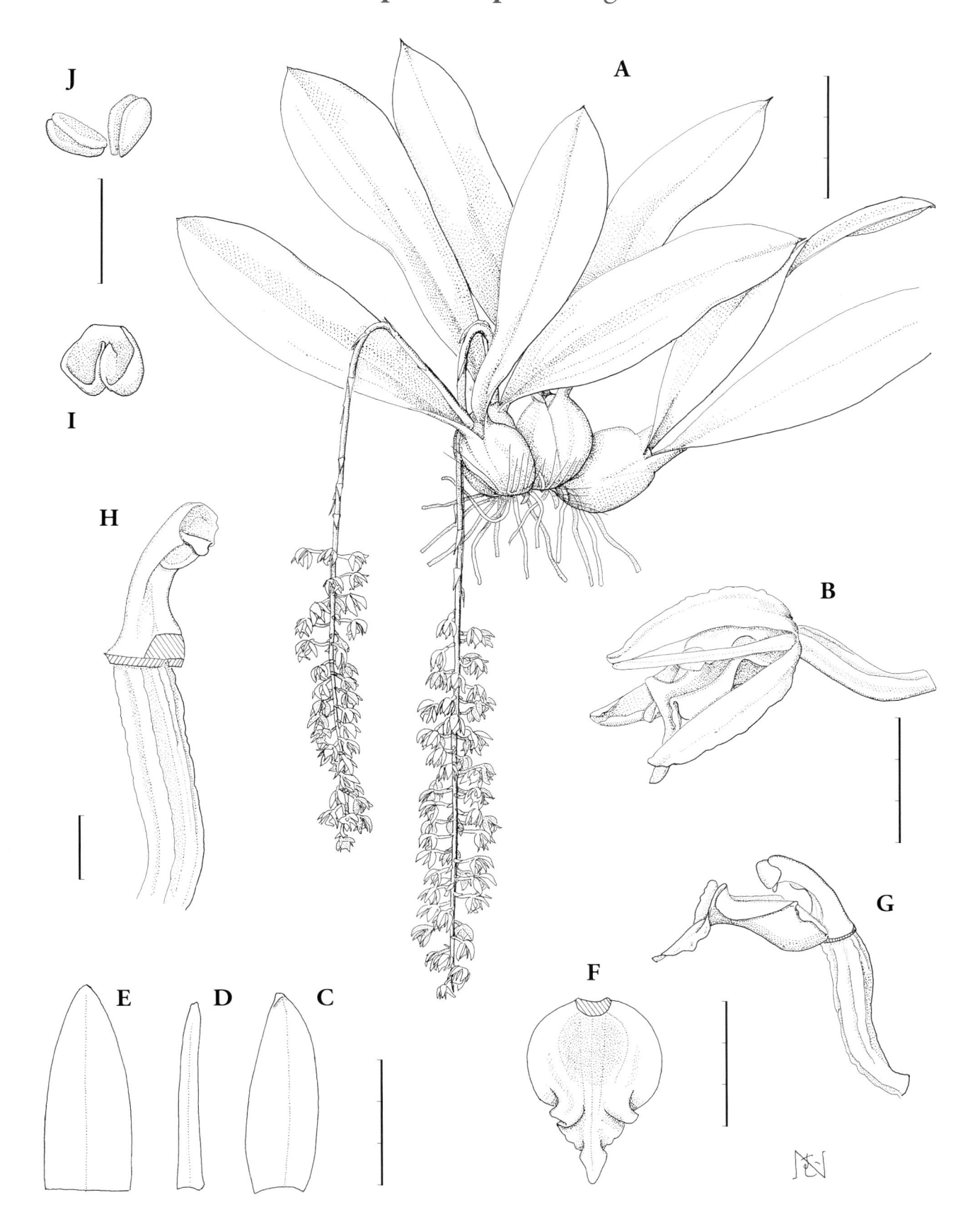

A- 植物体 ; B- 花 ; C- 側萼片 ; D- 花弁 ; E- 背萼片 ; F- 唇弁 ; G- 蕊柱，唇弁 ; H- 蕊柱 ; I- 葯帽 ; J- 花粉塊.
A- plant; B- flower; C- lateral sepal; D- petal; E- dorsal sepal; F- lip; G- lip, column & pedicellate ovary; H- column & ovary; I- anther cap; J- pollinia.
Scales: A: 3 cm, B, C, D, E, F, G: 3 mm, H, I, J: 1 mm.

61-06. セイタカスズムシ Liparis japonica (Miq.) Maxim.

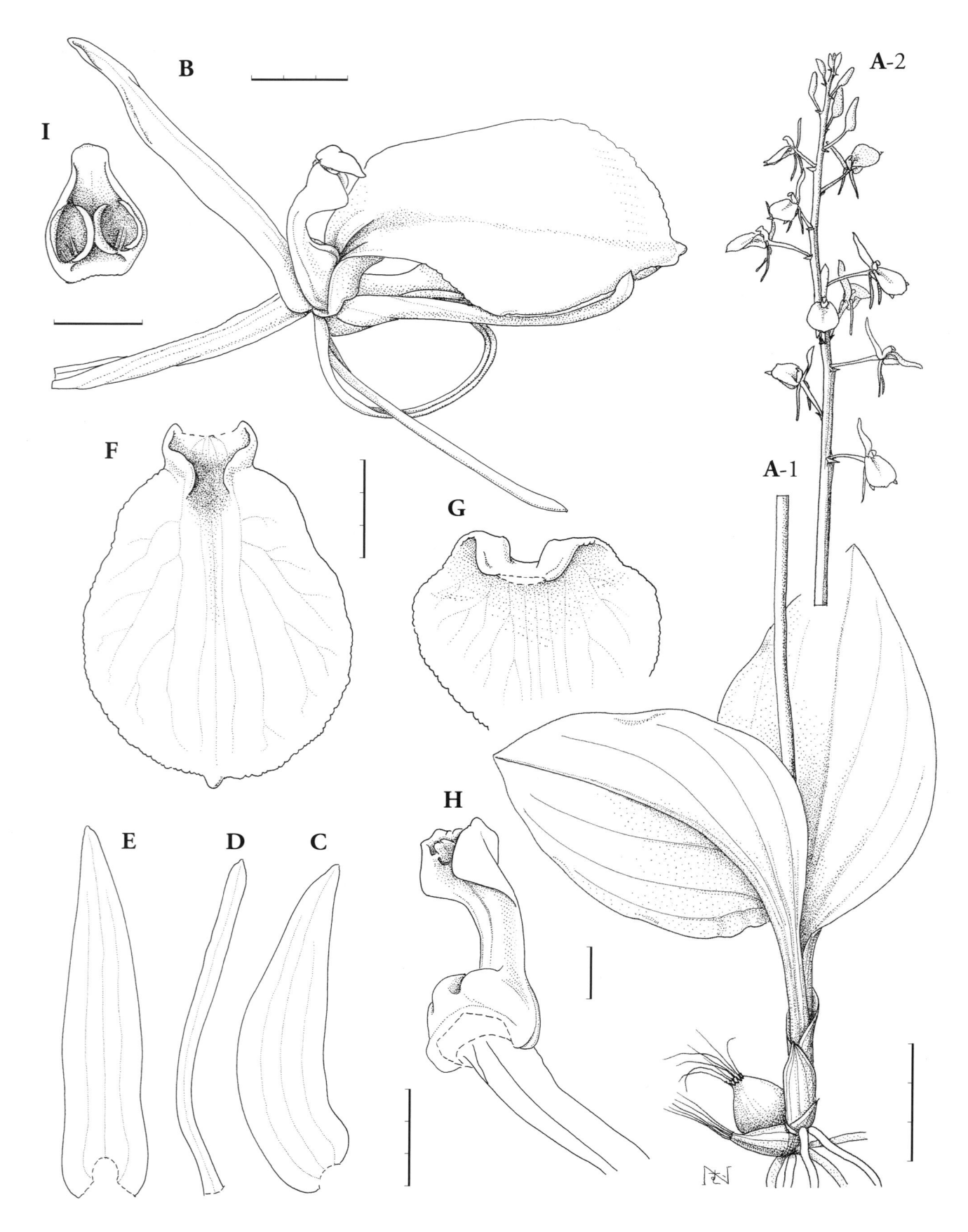

A-1- 葉と偽球根；A-2- 花序；B- 花；C- 側萼片；D- 花弁；E- 背萼片；F- 唇弁；G- 唇弁基部；H- 蕊柱；I- 葯帽.
A-1- habit; A-2- inflorescence; B- flower; C- lateral sepal; D- petal; E- dorsal sepal; F- lip; G- base of lip; H- column; I- anther cap.
Scales: A: 3 cm, B, C, D, E, F, G: 3 mm, H, I: 1 mm

61-07. クロクモキリ **Liparis koreana** var. **honshuensis** K. Inoue

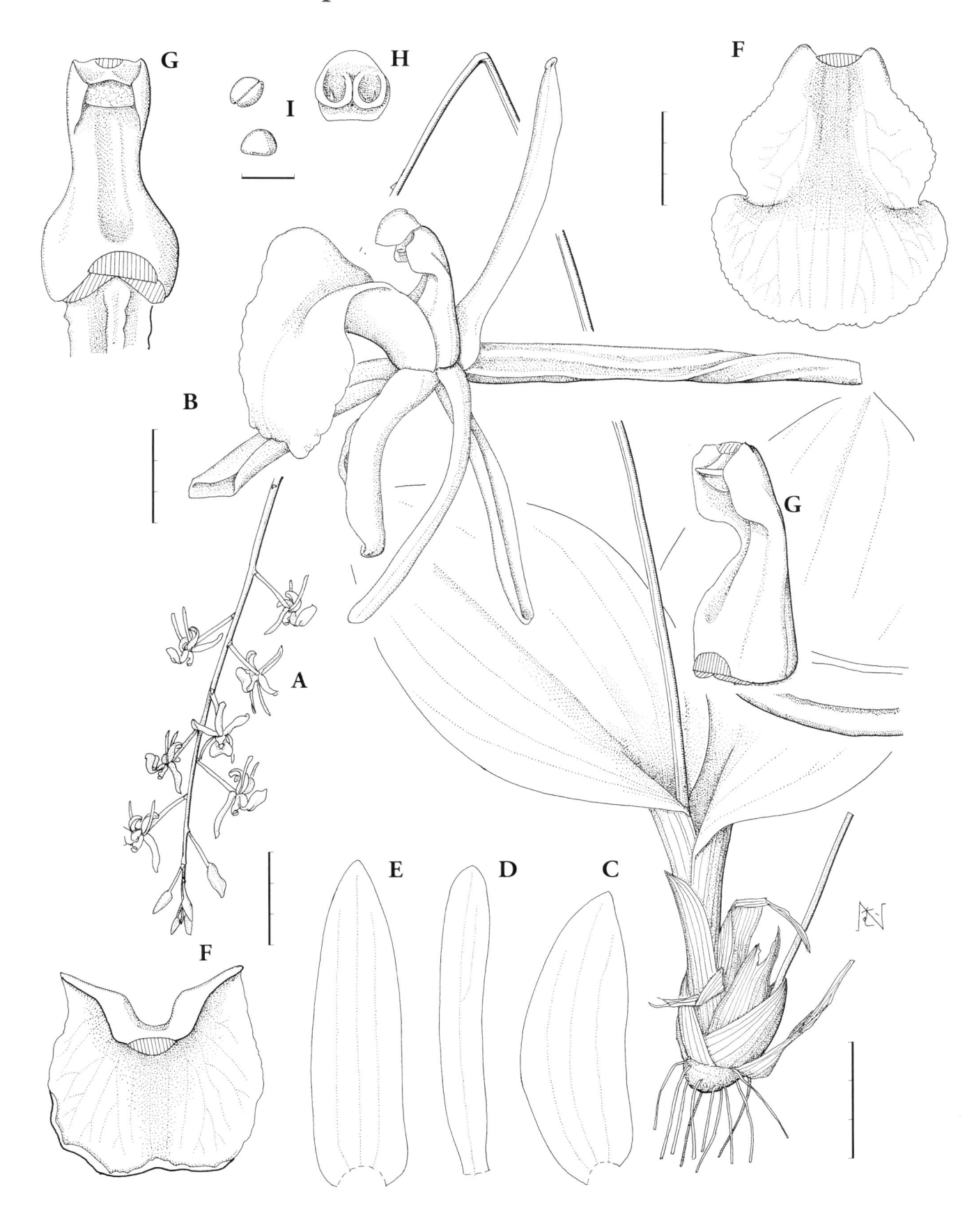

A- 植物体 ; B- 花 ; C- 側萼片 ; D- 花弁 ; E- 背萼片 ; F- 唇弁 ; G- 蕊柱 ; H- 葯帽 ; I- 花粉塊.
A- habit; B- flower; C- lateral sepal; D- petal; E- dorsal sepal; F- labellum; G- column; H- anther cap; I- pollinia.
Scales: **A**: 3 cm, **B**, **C**, **D**, **E**, **F**: 3 mm, **G**, **I**: 1 mm

61-08. オオフガクスズムシ **Liparis koreojaponica** Tsutsumi, T. Yukawa. N. S. Lee et M. Kato

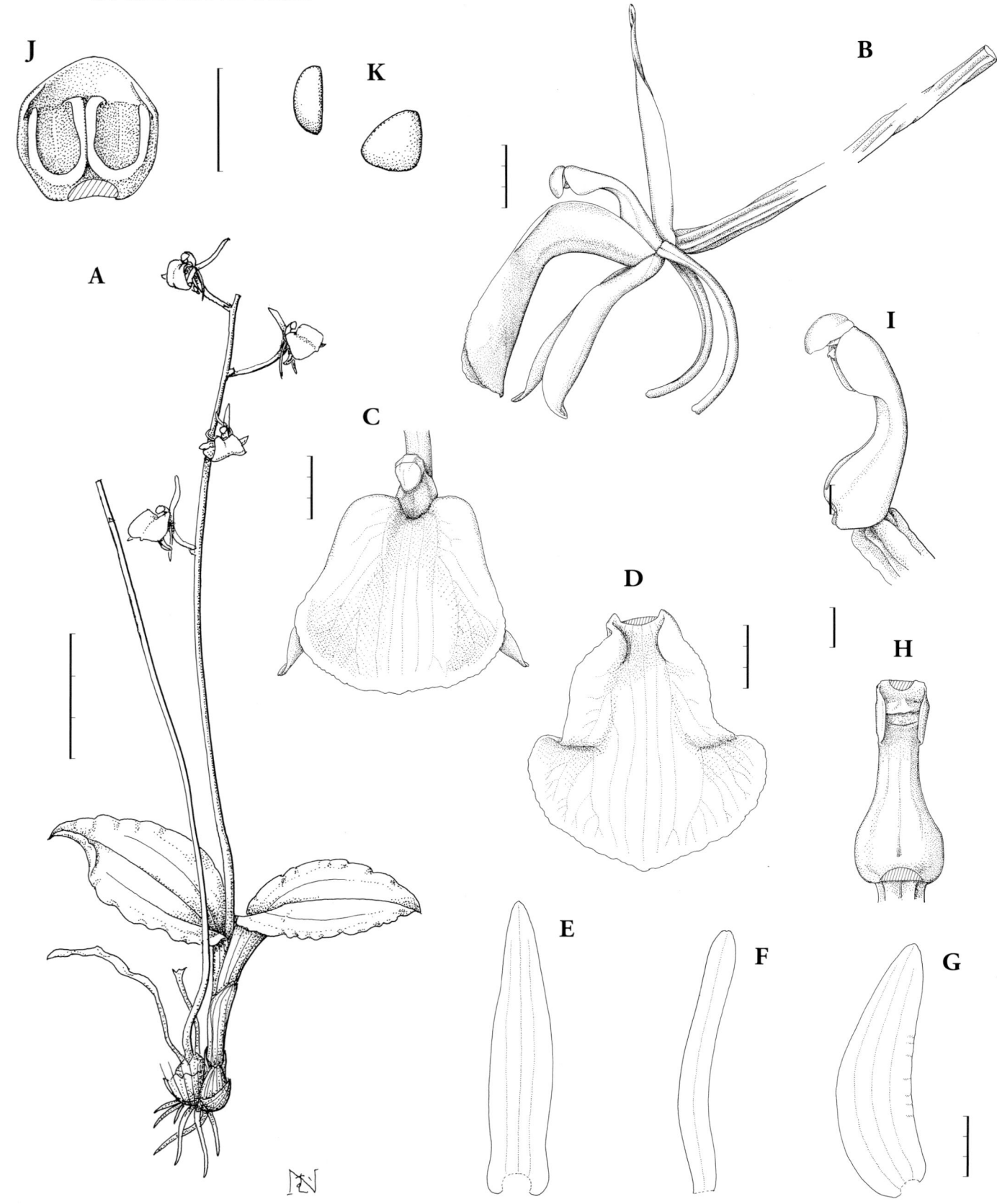

A- 植物体；B- 花の側面；C- 花の正面；D- 唇弁；E- 背萼片；F- 花弁；G- 側萼片；H- 蕊柱腹面；I- 蕊柱と葯側面；J- 葯帽；K- 花粉塊.
A- habit; B- lateral view of flower; C- front view of flower; D- labellum; E- dorsal sepal; F- petal; G- lateral sepal; H- column, front view; I- column & anther, side view; J- anther cap; K- pollinia.
Scales: A: 3 cm, B, C, D, E, F, G: 3 mm, H, I, J, K: 1 mm

61-09. ジガバチソウ **Liparis kurameri** Franch. et Savat. var. **kurameri**

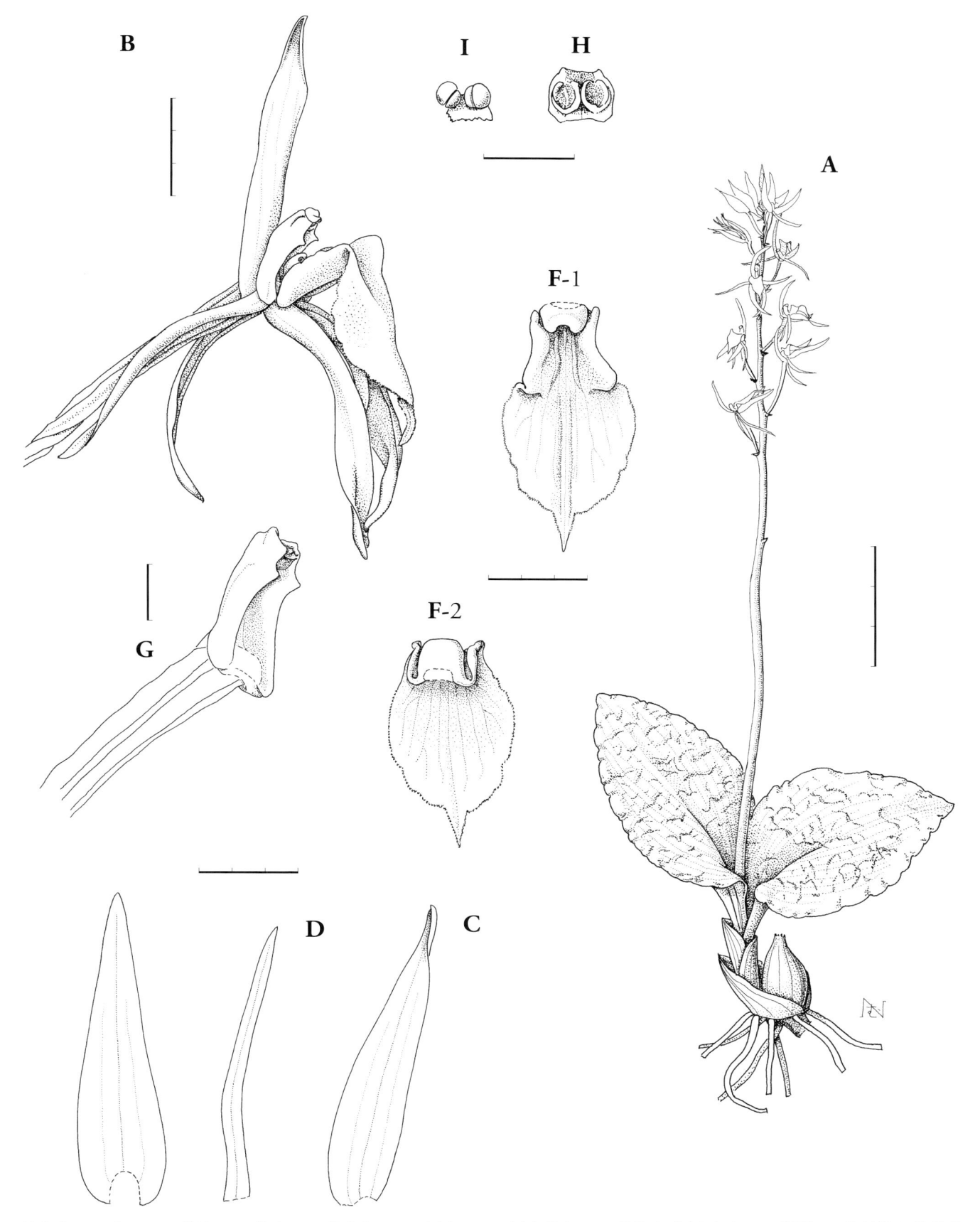

A- 植物体 ; B- 花 ; C- 側萼片 ; D- 花弁 ; E- 背萼片 ; F-1- 唇弁 ; F-2- 唇弁基部 ; G- 蕊柱と花柄子房 ; H- 葯帽 ; I- 花粉塊と粘着体.
A- plant; B- flower; C- lateral sepal; D- petal; E- dorsal sepal; F-1- lip; F-2- base of lip; G- column & pedicellate ovary; H- anther cap; I- pollinia.
Scales: A: 3 cm, B, C, D, E, F: 3 mm, G, H, I: 1 mm.

61-10. ヒメスズムシソウ Liparis kurameri var. nipponica (Nakai) K. Inoue

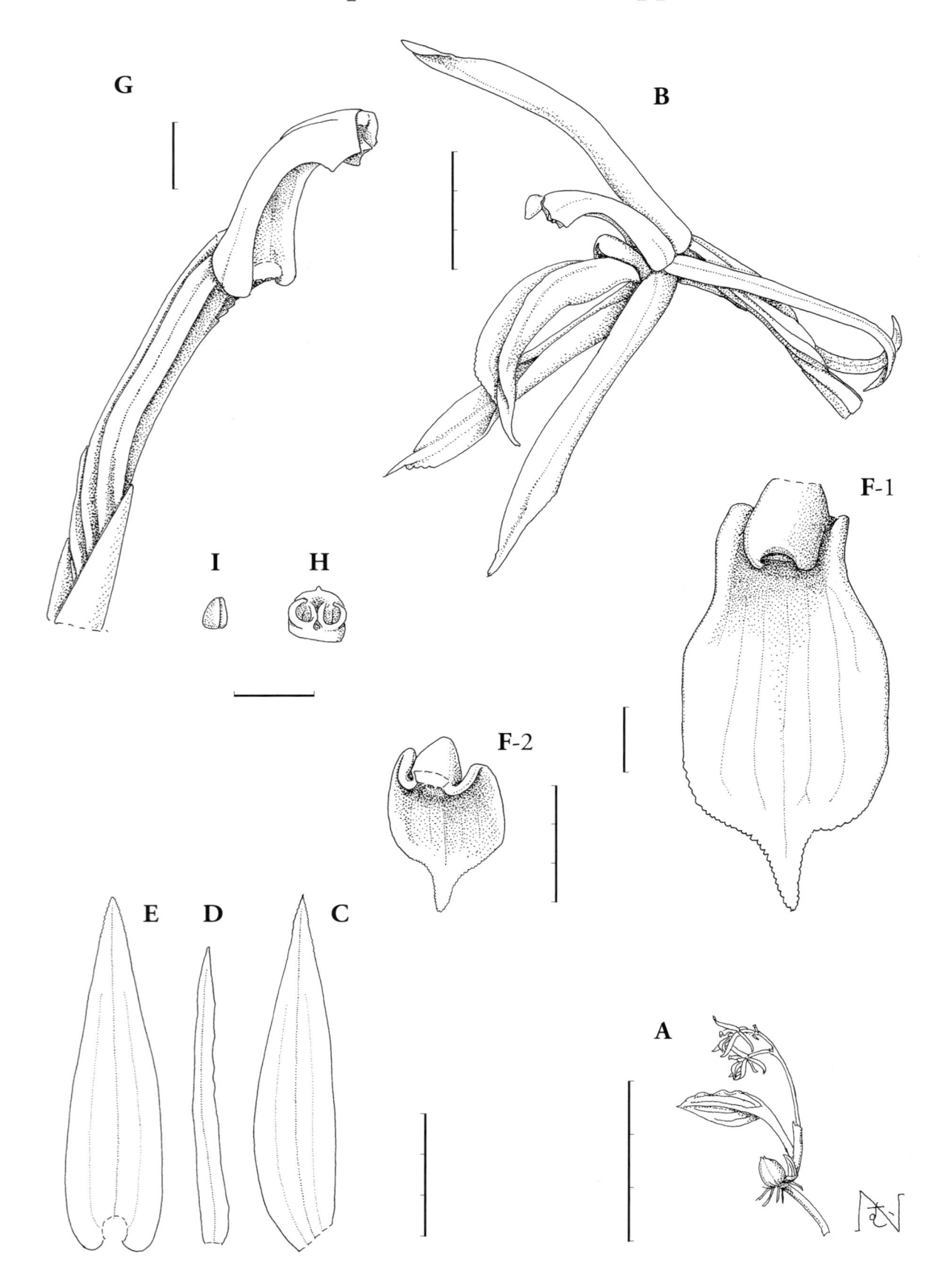

A- 植物体 ; B- 花と苞 ; C- 側萼片 ; D- 花弁 ; E- 背萼片 ; F-1- 唇弁 ; F-2- 唇弁基部 ; G- 蕊柱, 花柄子房, 苞 ; H- 葯帽 ; I- 花粉塊.
A- plant; B- flower & bract; C- lateral sepal; D- petal; E- dorsal sepal; F-1-lip; F-2-base of lip; G- column & pedicellate ovary with bract; H- anther cap; I- pollinia.
Scales: A: 3 cm, B, C, D, E, F-2: 3 mm, F-1, G, H, I: 1 mm.

61-11. クモキリソウ **Liparis kumokiri** F. Maek.

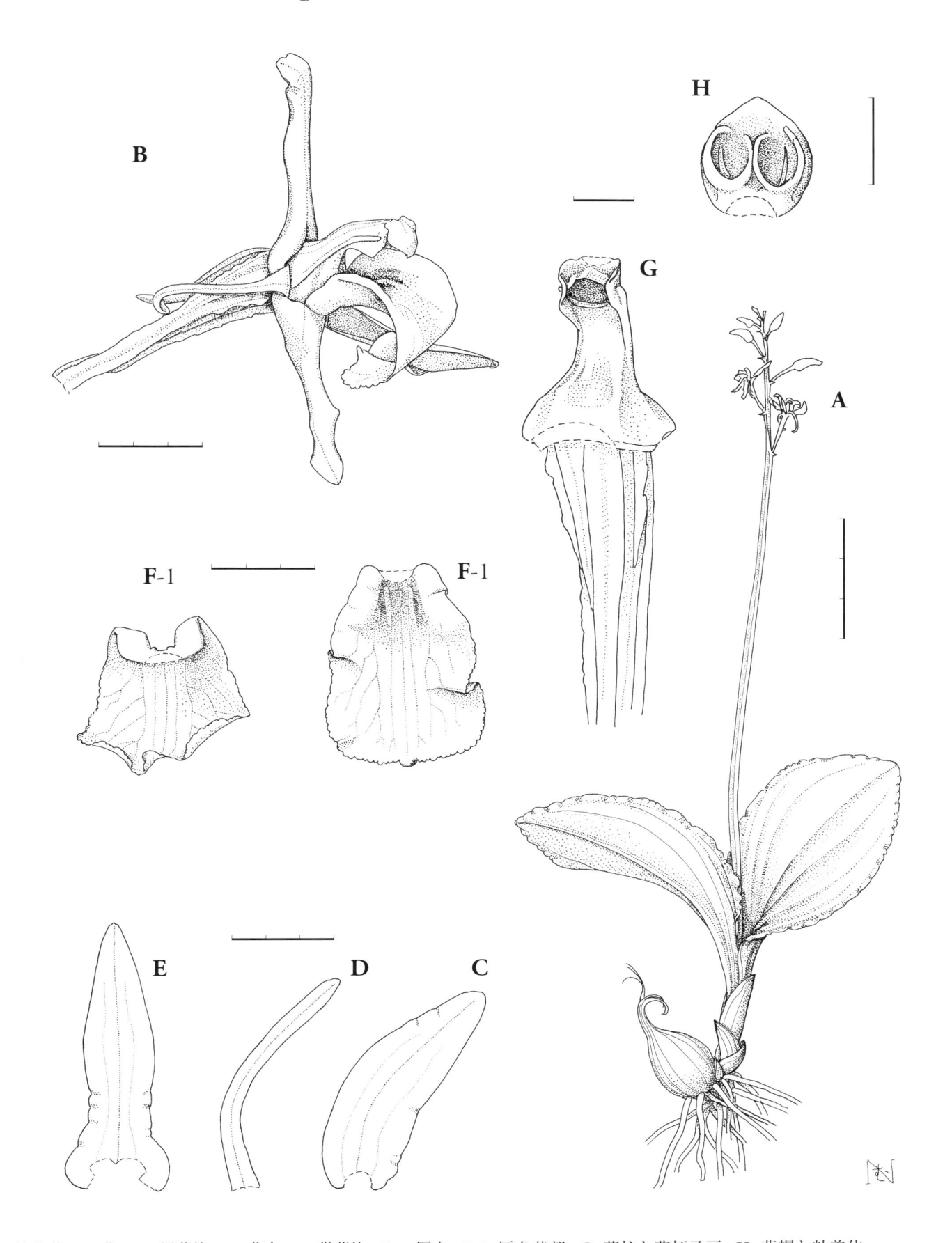

A- 植物体 ; B- 花 ; C- 側萼片 ; D- 花弁 ; E- 背萼片 ; F-1- 唇弁 ; F-2- 唇弁基部 ; G- 蕊柱と花柄子房 ; H- 葯帽と粘着体.
A- plant; B- flower; C- lateral sepal; D- petal; E- dorsal sepal; F-1- lip; F-2- base of lip; G- column & pedicellate ovary; H- anther cap.
Scales: A: 3 cm, B, C, D, E, F: 3 mm, G, H: 1 mm.

61-12. スズムシソウ Liparis makinoana Schltr. var. makinoana

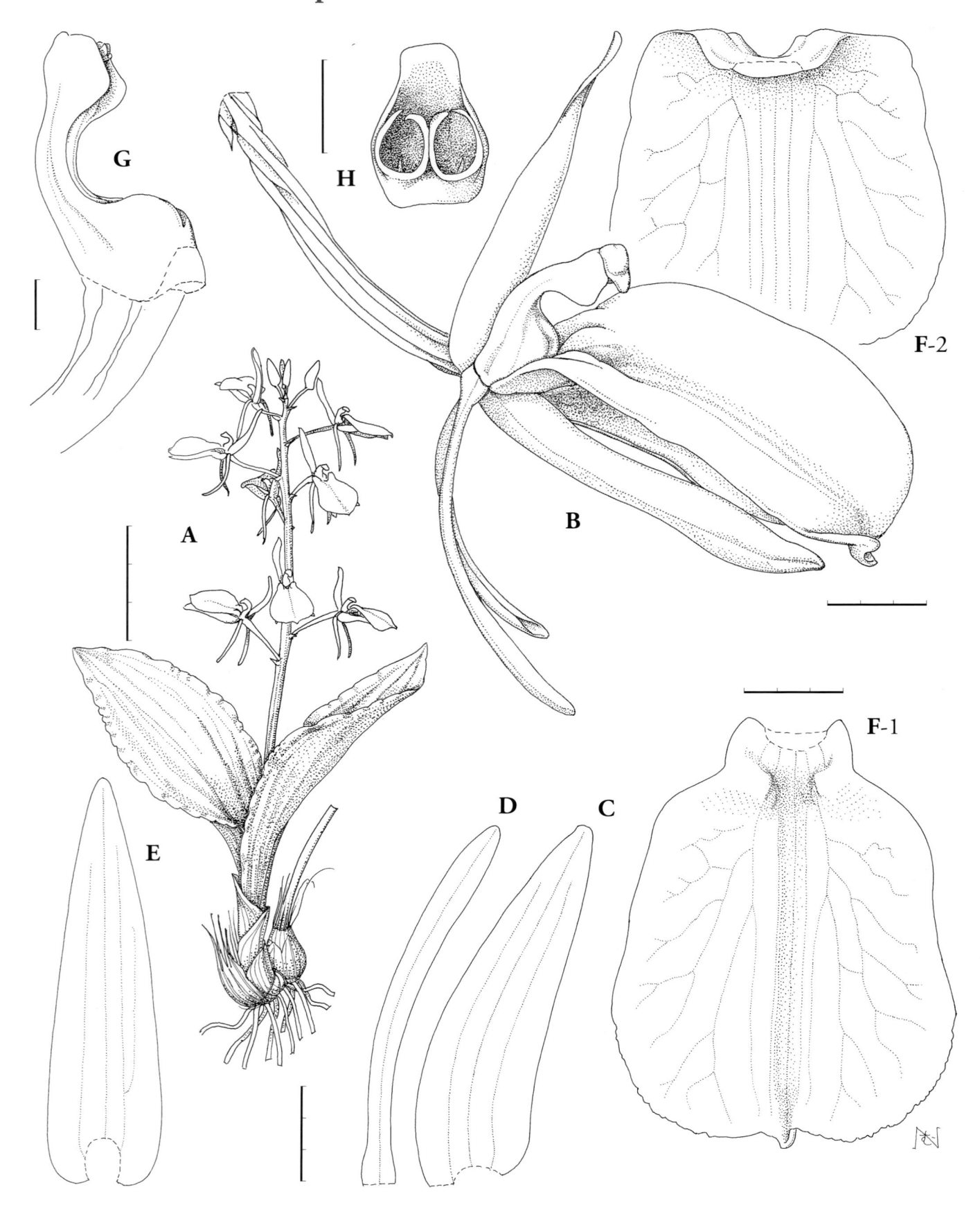

A- 植物体 ; B- 花 ; C- 側萼片 ; D- 花弁 ; E- 背萼片 ; F-1- 唇弁 ; F-2- 唇弁基部 ; G- 蕊柱 ; H- 葯帽.
A- plant; B- flower; C- lateral sepal; D- petal; E- dorsal sepal; F-1- lip; F-2- base of lip; G- column & ovary; H- anther cap.
Scales: A: 3 cm, B, C, D, E, F: 3 mm, G, H: 1 mm.

61-13. フガクスズムシ Liparis makinoana Schltr. var. koreana Nakai

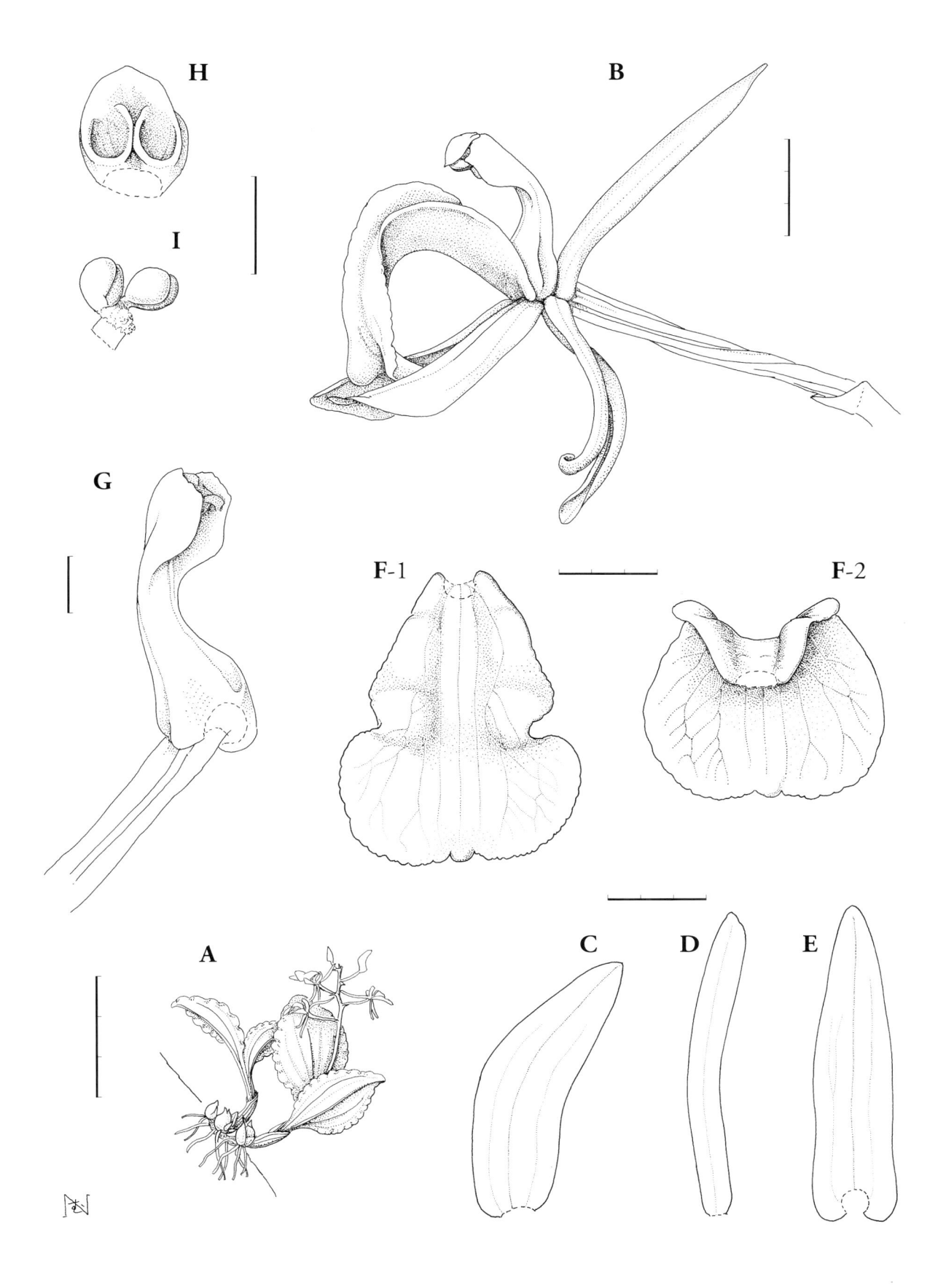

A- 植物体; B- 花; C- 側萼片; D- 花弁; E- 背萼片; F-1- 唇弁; F-2- 唇弁の基部; G- 蕊柱; H- 葯帽; I- 花粉塊と粘着体.
A- plant; B- flower; C- lateral sepal; D- petal; E- dorsal sepal; F-1-lip; F-2- base of lip; G- column; H- anther cap; I- pollinia.
Scales: A: 3 cm, B, C, D, E, F: 3 mm, G, H, I: 1 mm.

61-14. コクラン **Liparis nervosa** (Thunb.) Lindl.

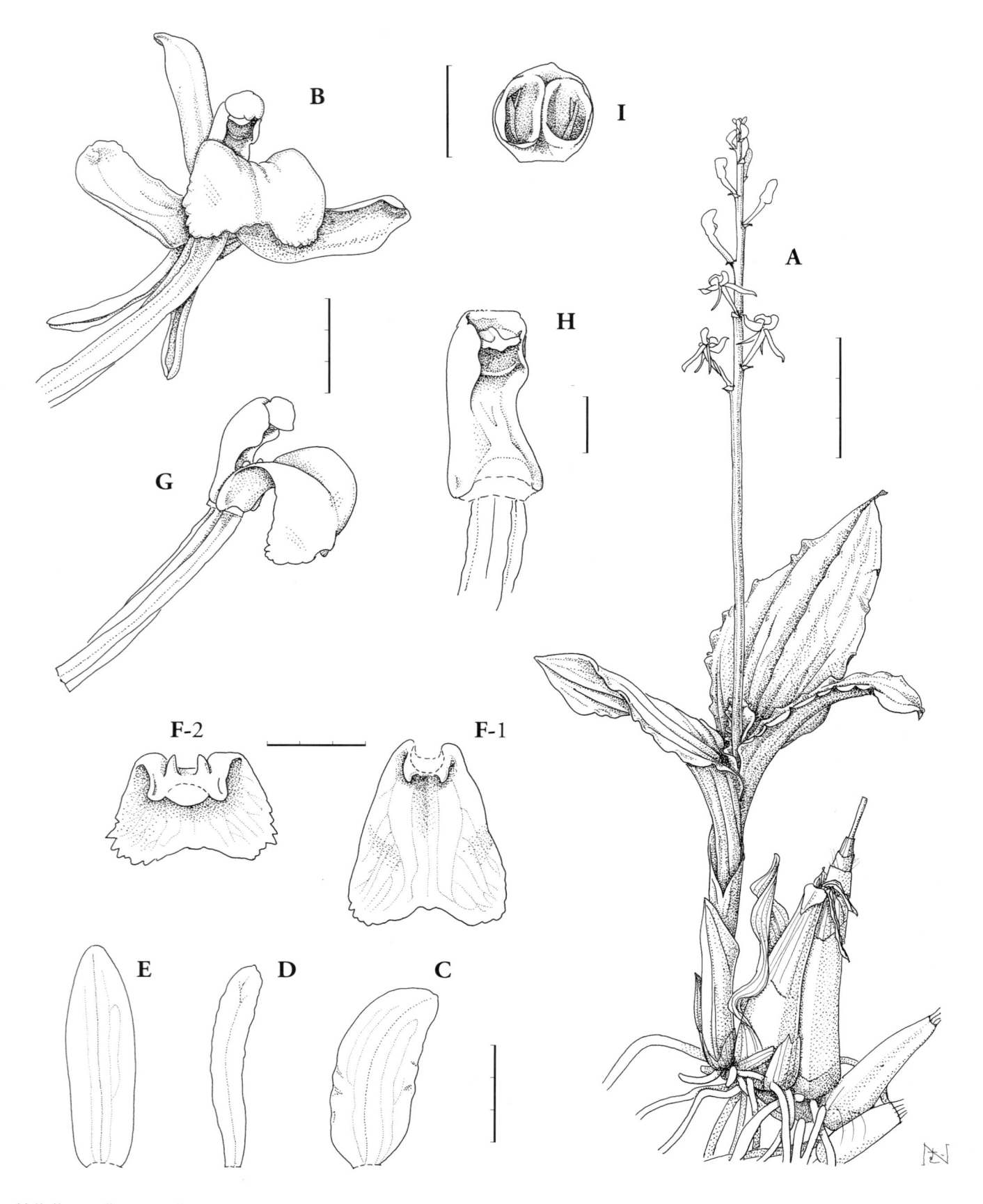

A- 植物体 ; B- 花 ; C- 側萼片 ; D- 花弁 ; E- 背萼片 ; F-1- 唇弁 ; F-2- 唇弁基部 ; G- 蕊柱と唇弁 ; H- 蕊柱 ; I- 葯帽.
A- plant; B- flower; C- lateral sepal; D- petal; E- dorsal sepal; F-1- lip; F-2- base of lip; G- lip, column & pedicellate ovary; H- column; I- anther cap.
Scales: A: 3 cm, B, C, D, E, F, G: 3 mm, H, I: 1 mm.

61-15. ササバラン Liparis odorata (Willd.) Lindl.

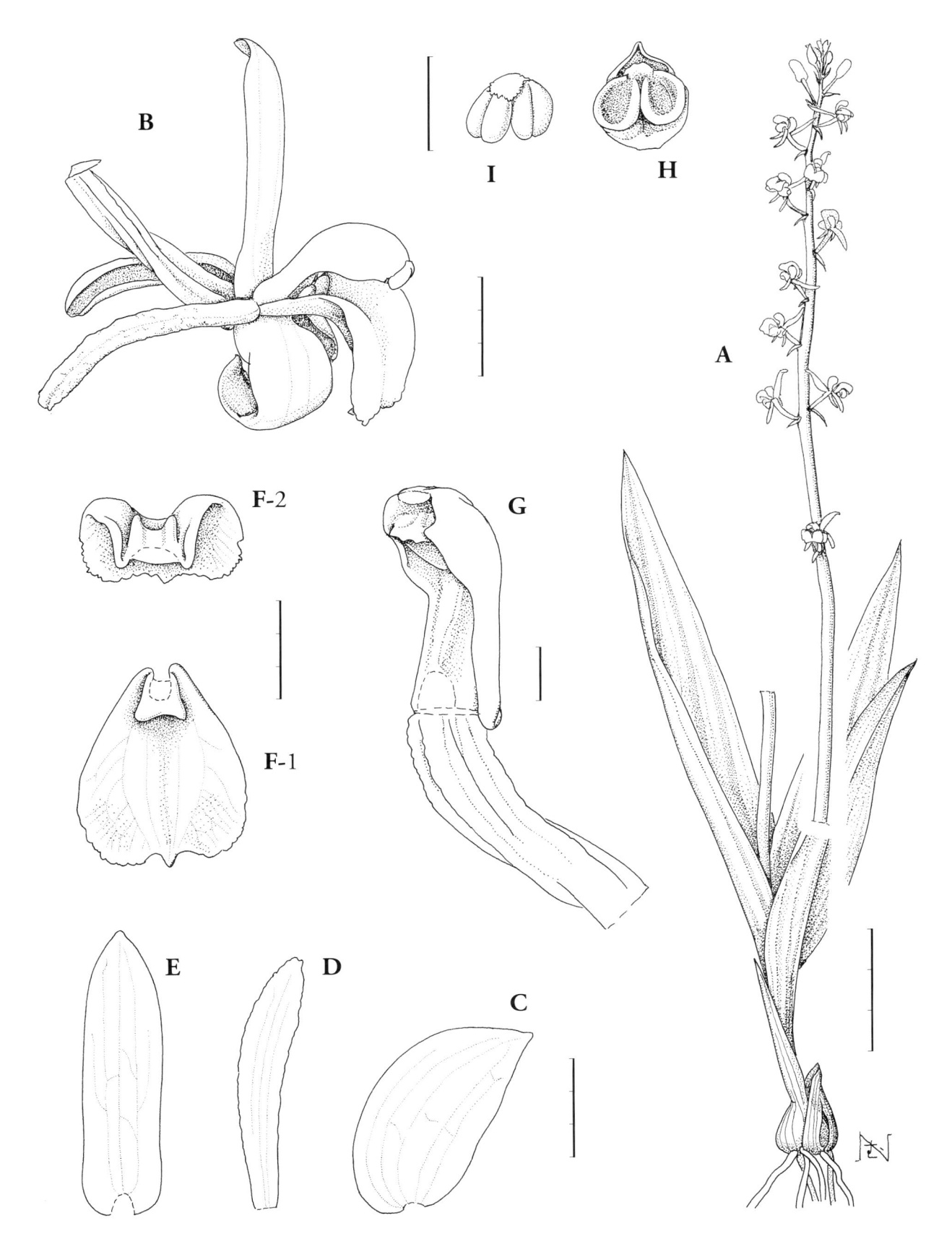

A- 植物体; B- 花; C- 側萼片; D- 花弁; E- 背萼片; F-1- 唇弁表面; F-2-唇弁基部; G- 蕊柱と花柄子房; H- 葯帽; I- 花粉塊と粘着体.
A- plant; B- flower; C- lateral sepal; D- petal; E- dorsal sepal; F-1-lip; F-2- base of lip; G- column & pedicellate ovary; H- anther cap; I- pollinia.
Scales: A: 3 cm, B, C, D, E, F: 3 mm, G, H, I: 1 mm.

61-16. シテンクモキリ Liparis purpreovittata C. Tsutsumi. T. Yukawa & M. Kato

A- 植物体 ; B- 花の側面 ; C- 花の正面 ; D- 唇弁 ; E- 背萼片 ; F- 花弁 ; G- 側萼片 ; H- 蕊柱腹面 ; I- 蕊柱と葯の側面 ; J- 葯帽 ; K- 花粉塊.
A- habit; B- flower, side view; C- flower, front view; D- labellum; E- dorsal sepal; F- petal; G- lateral sepal; H- vental view of column, I- sideview of column & anther; J- anther cap; K- pollinia.
Scales: A: 3 cm, B, C, D, E, F, G: 3 mm, H, I, J, K: 1 mm.

61-17. クモイジガバチ **Liparis truncata** F. Maekawa ex T. Hashimoto

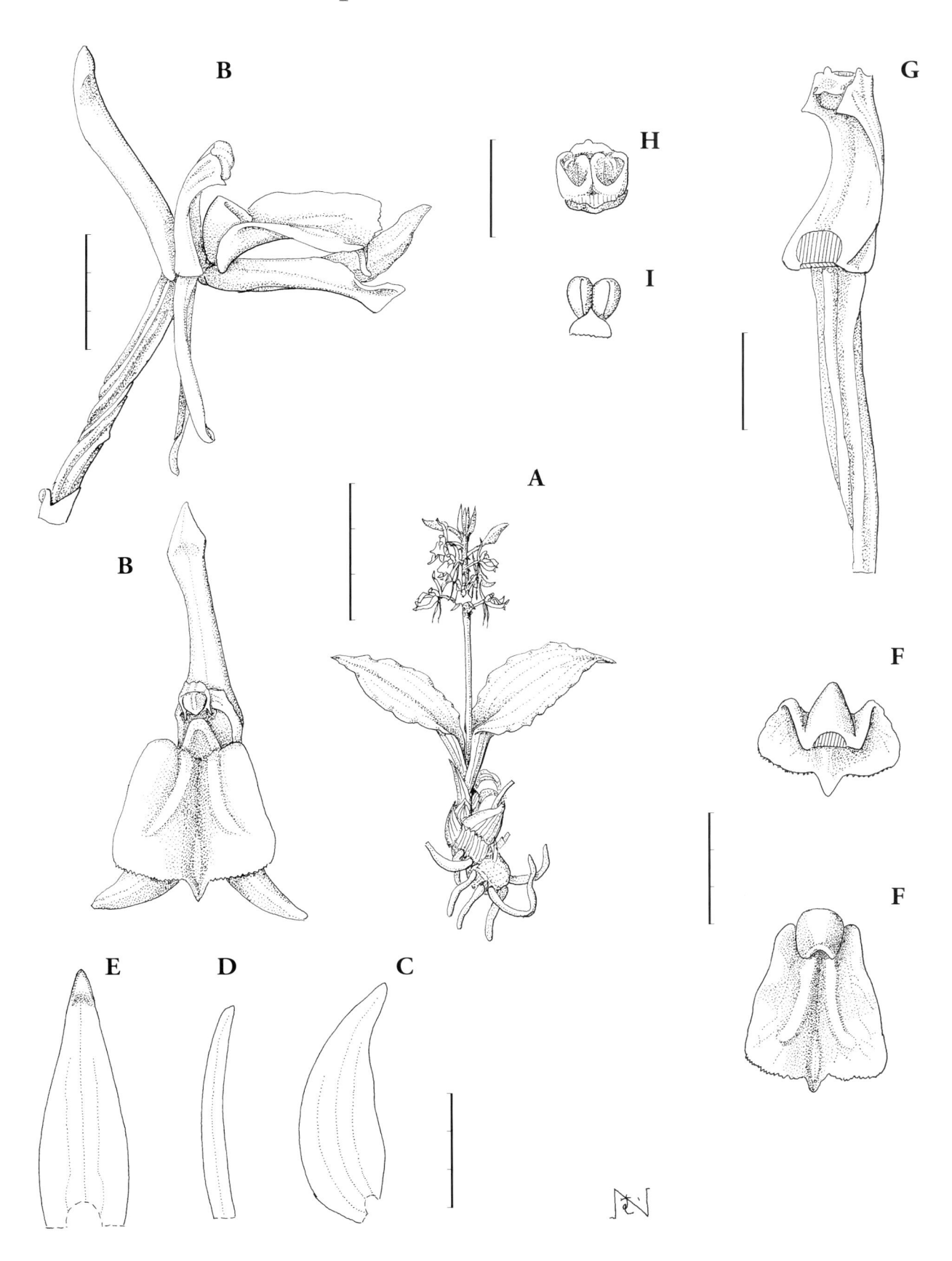

A- 植物体; B- 花と苞; C- 側萼片; D- 花弁; E- 背萼片; F-1- 唇弁; F-2- 唇弁基部; G- 蕊柱と花柄子房; H- 葯帽; I- 花粉塊と粘着体.
A- plant; B- flower with bract; C- lateral sepal; D- petal; E- dorsal sepal; F-1- lip; F-2- base of lip; G- column & pedicellate ovary; H- anther cap; I- pollinia.
Scales: A: 3 cm, B, C, D, E, F: 3 mm, G, H, I: 1 mm.

61-18. アキタスズムシ *Liparis* sp.

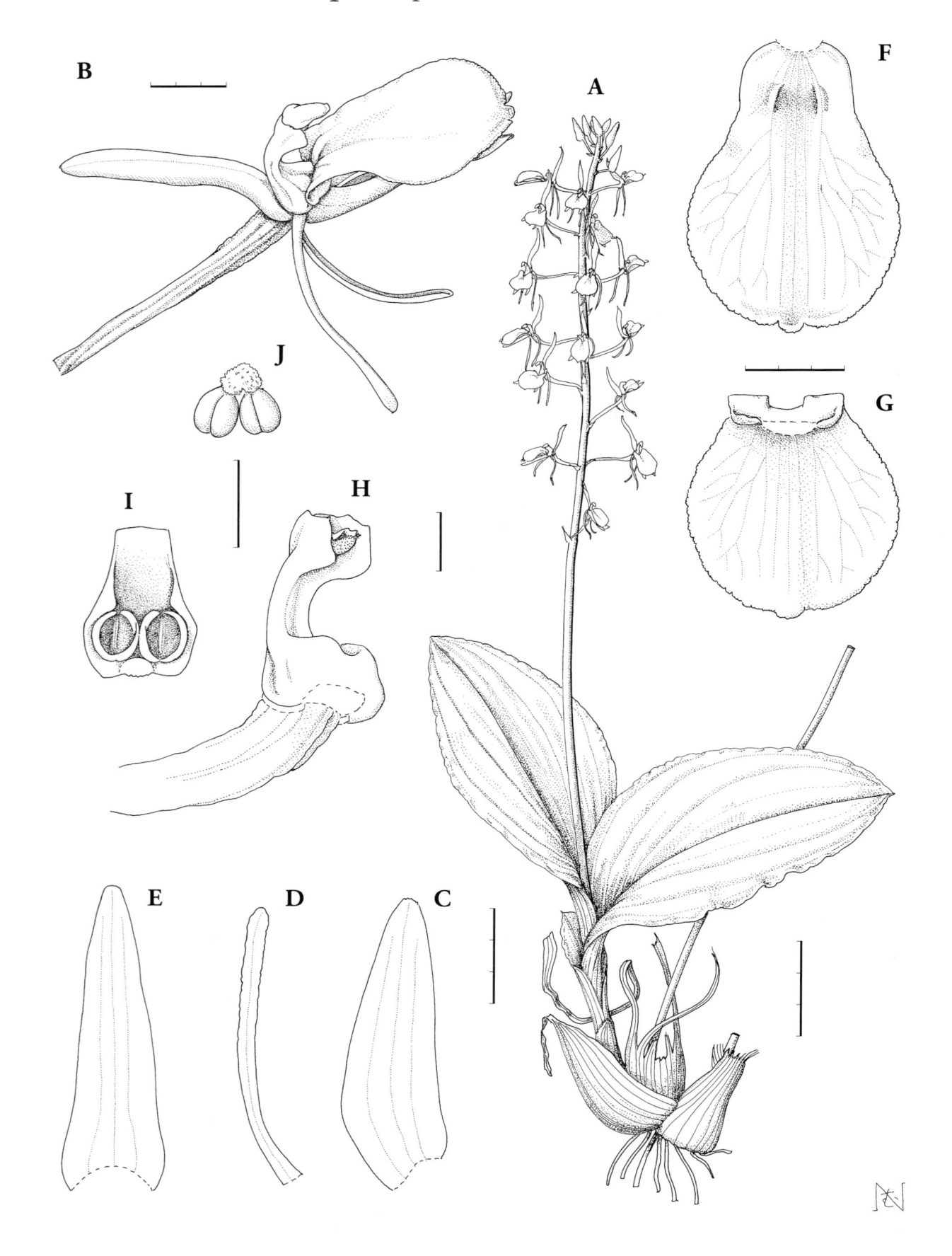

A- 植物体 ; B- 花 ; C- 側萼片 ; D- 花弁 ; E- 背萼片 ; F- 唇弁 ; G- 唇弁基部 ; H- 蕊柱 ; I- 葯帽 ; J- 花粉塊と粘着体.
A- plant; B- flower; C- lateral sepal; D- petal; E- dorsal sepal; F- lip; G- lip base; H- column; I- anther cap; J- pollinia.
Scales: **A**: 3 cm, **B, C, D, E, F, G**: 3 mm, **H, I, J**: 1 mm.

246

62-01. ヘツカラン Cymbidium dayanum Rchb. f. var. austro-japonicum Tsuyama

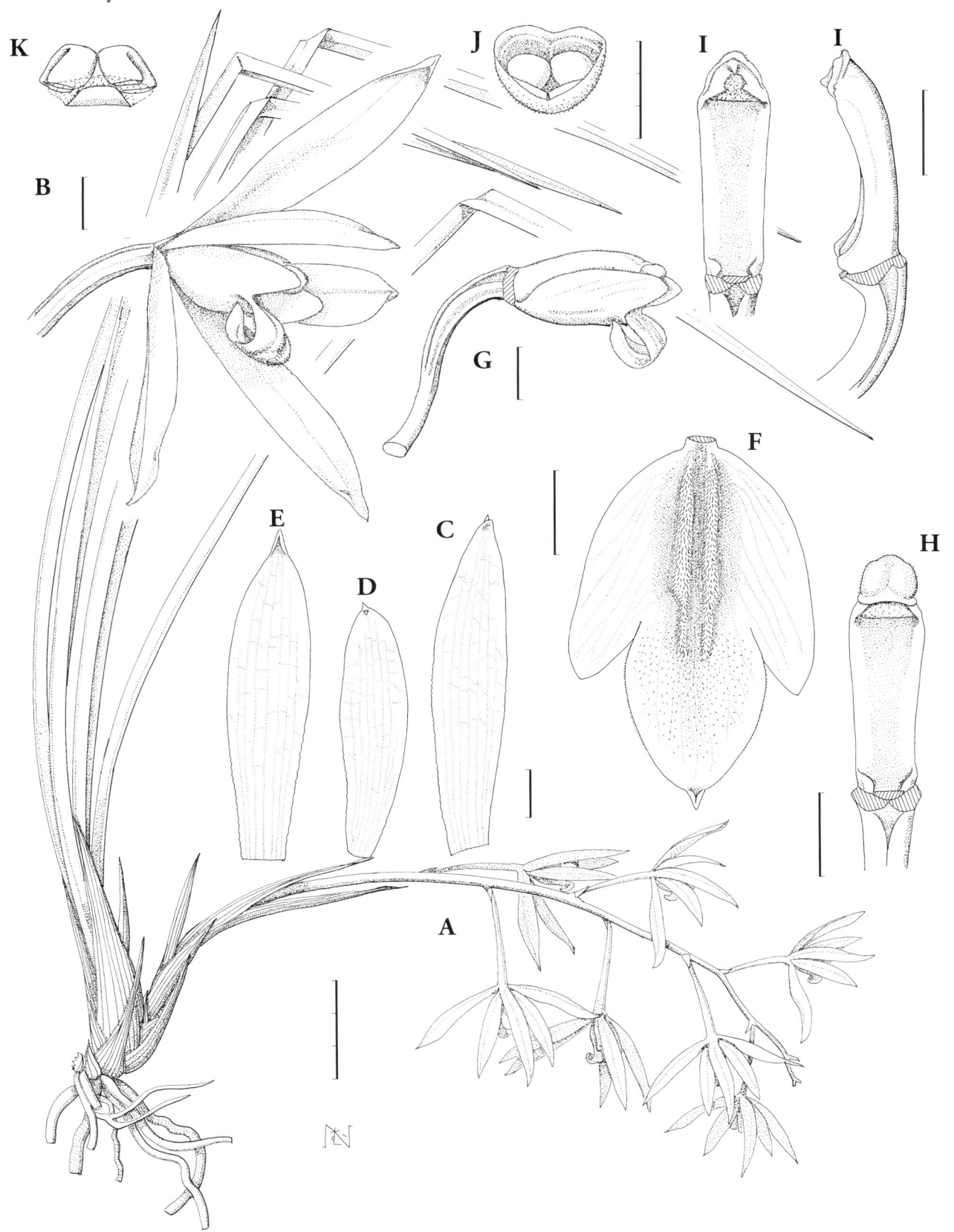

A- 植物体 ; B- 花 ; C- 側萼片 ; D- 花弁 ; E- 背萼片 ; F- 唇弁 ; G- 蕊柱，唇弁，花柄子房 ; H- 蕊柱と葯 ; I- 蕊柱 ; J- 葯帽 ; K- 花粉塊と粘着体.

A- plant; B- flower; C- lateral sepal; D- petal; E- dorsal sepal; F- lip; G- lip, column & pedicellate ovary; H- column & anther; I- anther cap; J- pollinia.

Scales: A: 3 cm, B, C, D, E, F, G, H, I: 5 mm, J, K: 3 mm.

62-02. コラン，スルガラン **Cymbidium ensifolium** (L.) Sw.

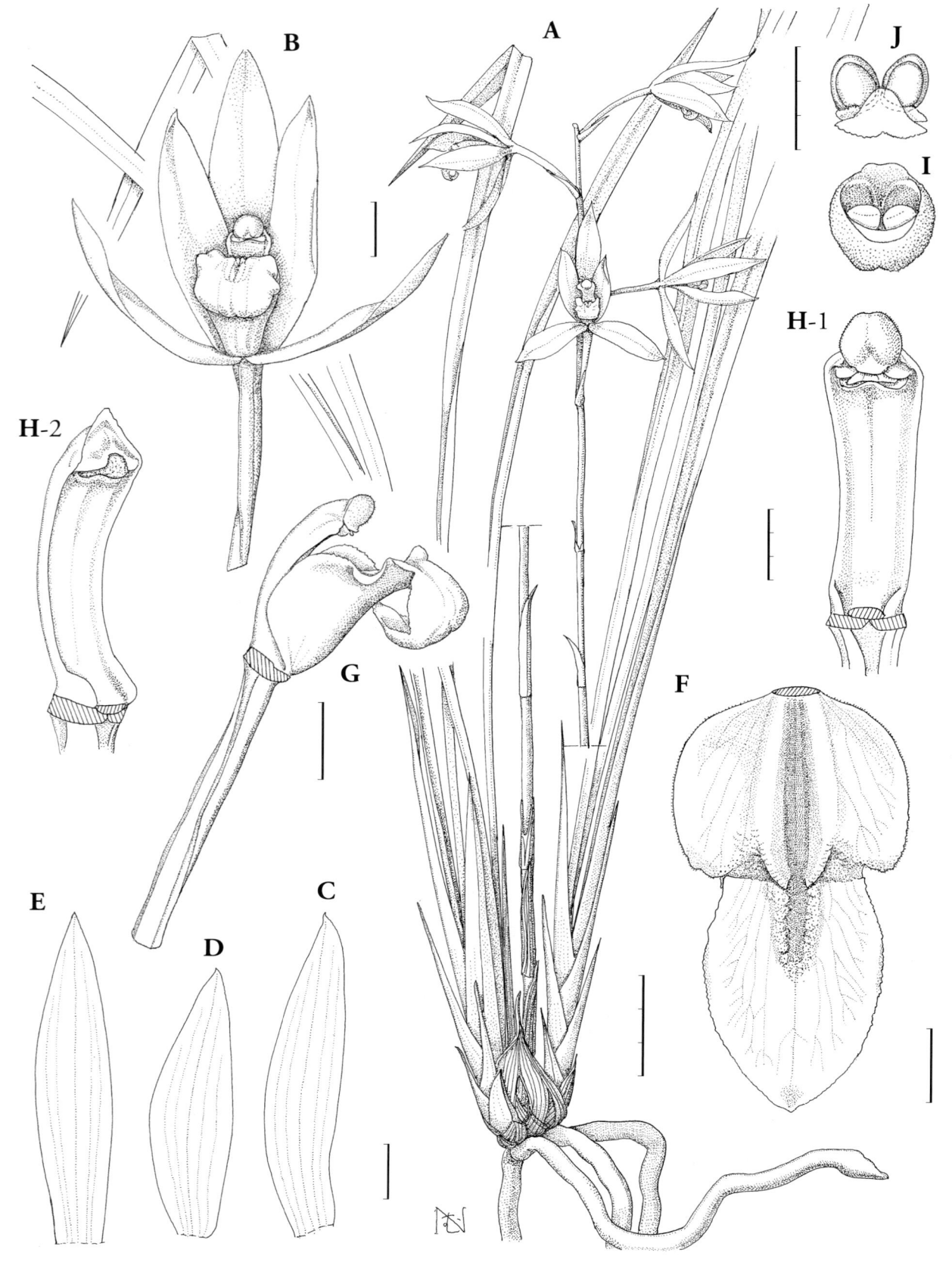

A- 植物体；B- 花；C- 側萼片；D- 花弁；E- 背萼片；F- 唇弁；G- 蕊柱，唇弁，花柄子房；H-1- 蕊柱と葯；H-2- 蕊柱；I- 葯帽；J- 花粉塊と粘着体.

A- plant; B- flower; C- lateral sepal; D- petal; E- dorsal sepal; F- lip; G- lip, column & pedicellate ovary; H-1- column with anther; H-2- column; I- anther cap; J- pollinia.

Scales: A: 3 cm, B, C, D, E, F, G: 5 mm, H, I, J: 1 mm.

62-03. シュンラン **Cymbidium goeringii** (Rchb. f.) Rchb. f.

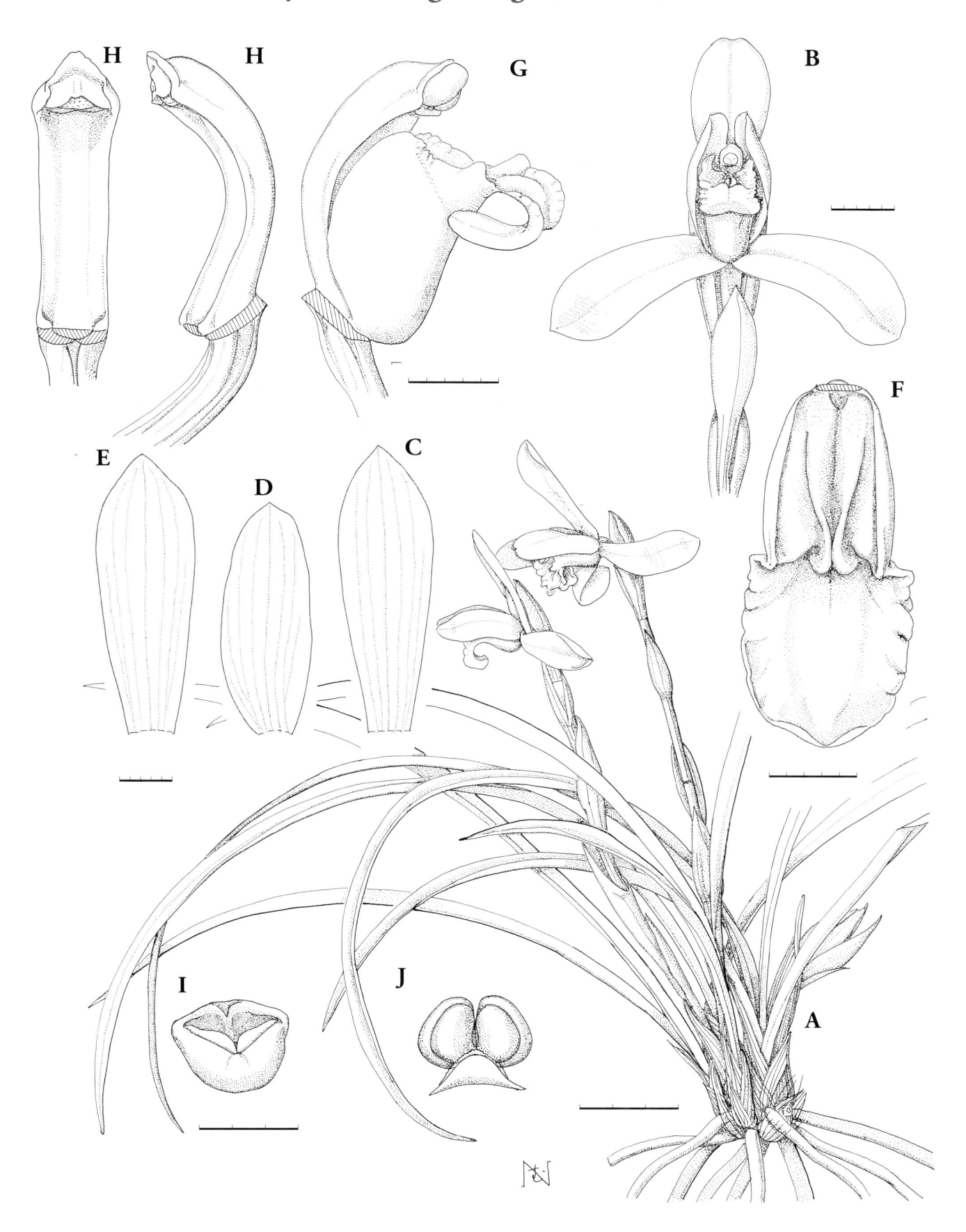

A- 植物体; B- 花と苞; C- 側萼片; D- 花弁; E- 背萼片; F- 唇弁; G- 蕊柱, 唇弁; H- 蕊柱; I- 葯帽; J- 花粉塊と粘着体.
A- plant; B- flower; C- lateral sepal; D- petal; E- dorsal sepal; F- lip; G- lip, column; H- column; I- anther cap; J- pollinia.
Scales: **A**: 3 cm, **B, C, D, E, F, G, H**: 5 mm, **I, J**: 1 mm.

62-04. アキザキナギラン **Cymbidium javanicum** Blume

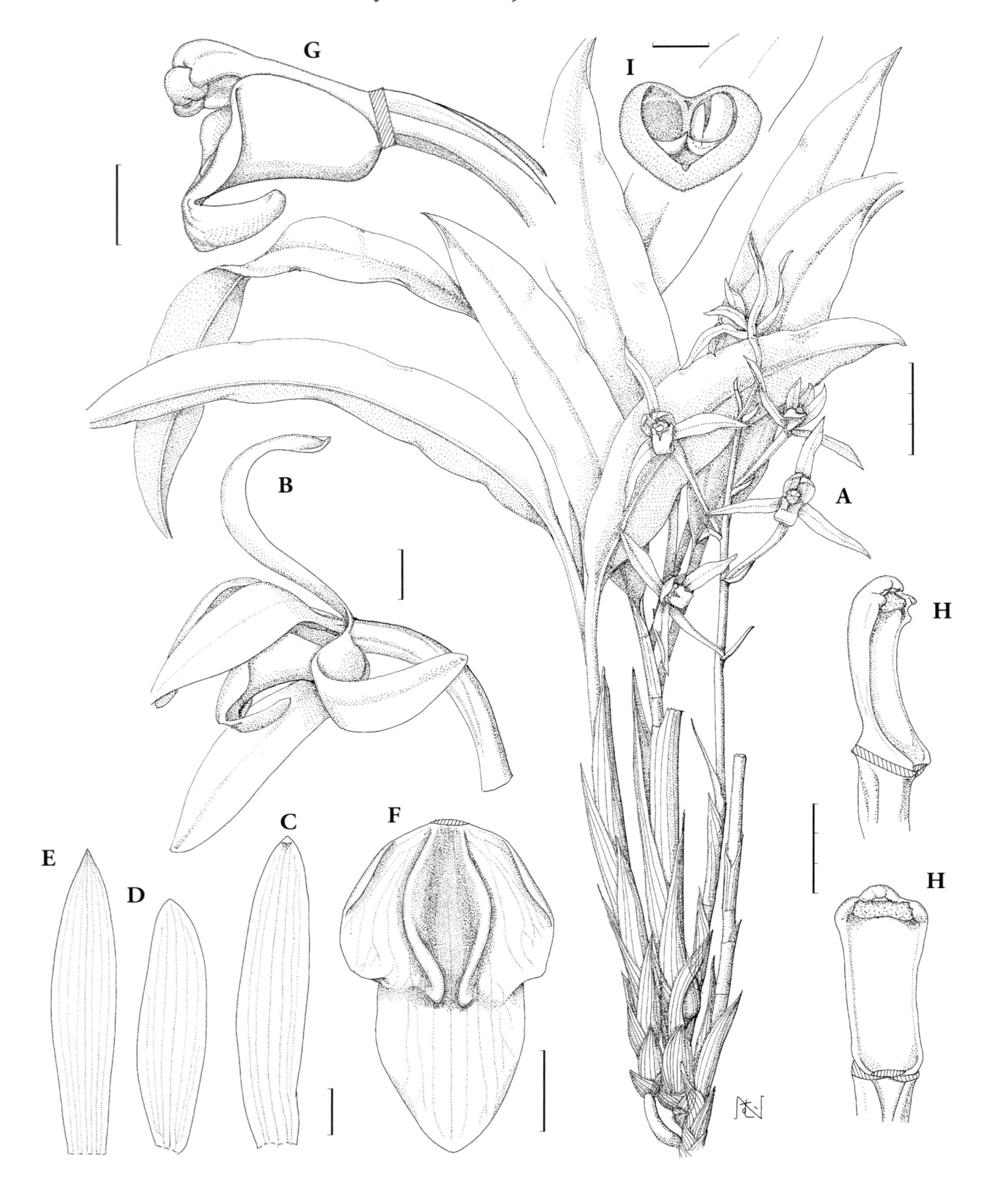

A- 植物体; B- 花; C- 側萼片; D- 花弁; E- 背萼片; F- 唇弁; G- 蕊柱，唇弁，子房; H- 蕊柱; I- 葯帽と花粉塊.
A- plant; B- flower; C- lateral sepal; D- petal; E- dorsal sepal; F- lip; G- lip, column & ovary; H- column; I- anther cap with pollinia.
Scales: A: 3 cm, B, C, D, E, F, G: 5 mm, H: 3 mm, I: 1 mm.

62-05. カンラン **Cymbidium kanran** Makino

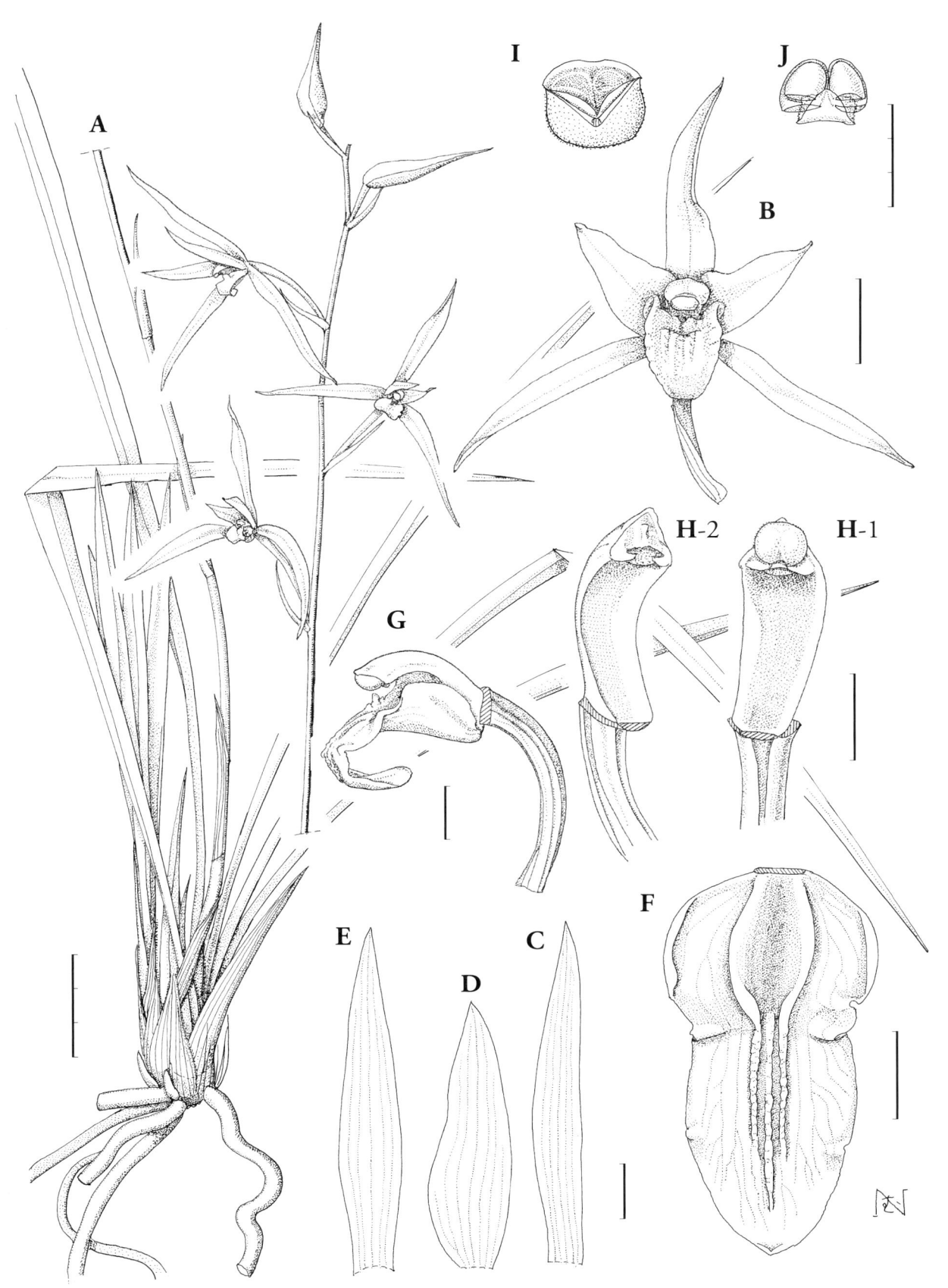

A- 植物体；**B**- 花；**C**- 側萼片；**D**- 花弁；**E**- 背萼片；**F**- 唇弁；**G**- 蕊柱．唇弁．花柄子房；**H-1**- 蕊柱と葯；**H-2**- 蕊柱；**I**- 葯帽；**J**- 花粉塊と粘着体．

A- plant; **B**- flower; **C**- lateral sepal; **D**- petal; **E**- dorsal sepal; **F**- lip; **G**- lip, column & pedicellate ovary; **H-1**-column with anther; **H-2**-column; **I**- anther cap; **J**- pollinia.

Scales: **A**: 3 cm, **B, C, D, E, F, G, H**: 5 mm, **I, J**: 3 mm.

62-06. ナギラン **Cymbidium lancifolium** Hook.

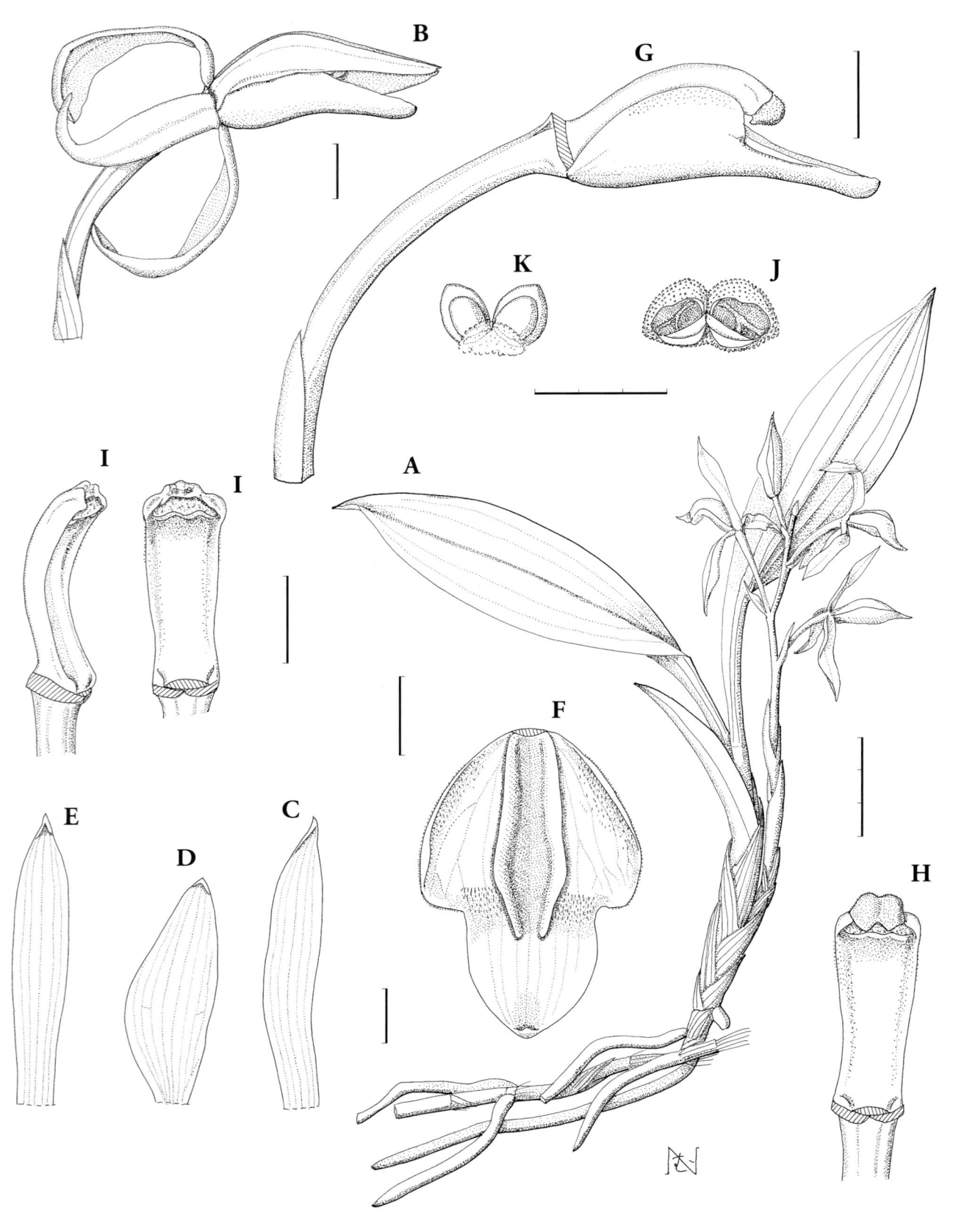

A- 植物体；B- 花と苞；C- 側萼片；D- 花弁；E- 背萼片；F- 唇弁；G- 蕊柱，唇弁，花柄子房，苞；H- 蕊柱と葯；I- 蕊柱；J- 葯帽；K- 花粉塊と粘着体.

A- plant; B- flower with bract; C- lateral sepal; D- petal; E- dorsal sepal; F- lip; G- lip, column pedicellate ovary with bract; H- column & anther; I- column; J- anther cap; K- pollinia.

Scales: **A**: 3 cm, **B, C, D, E, F, G, H, I**: 5 mm, **J, K**: 5 mm.

62-07. マヤラン **Cymbidium macrorhizon** Lindl. var. **macrorhizon**

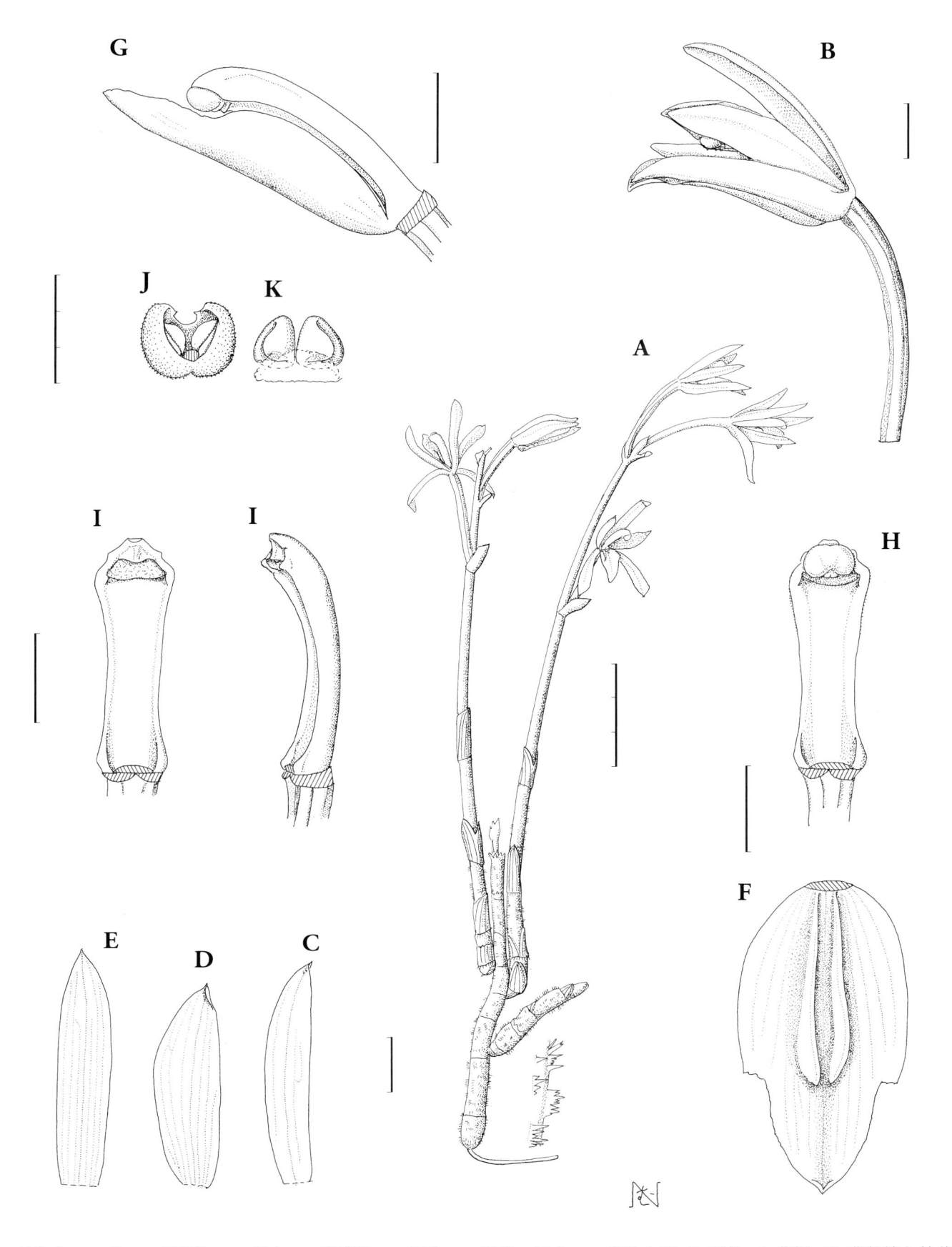

A- 植物体 ; B- 花 ; C- 側萼片 ; D- 花弁 ; E- 背萼片 ; F- 唇弁 ; G- 蕊柱．唇弁 ; H- 蕊柱と葯 ; I- 蕊柱 ; J- 葯帽 ; K- 花粉塊と粘着体.
A- plant; B- flower; C- lateral sepal; D- petal; E- dorsal sepal; F- lip; G- lip, column; H- column with anther; I- column; J- anther cap; K- pollinia.
Scales: A: 3 cm, B, C, D, E, F, G, H, I: 5 mm, J, K: 3 mm.

62-08. サガミラン **Cymbidium macrorhizon** Lindl. var. **aberrans** (Finet) P. J. Cribb et Du Puy.

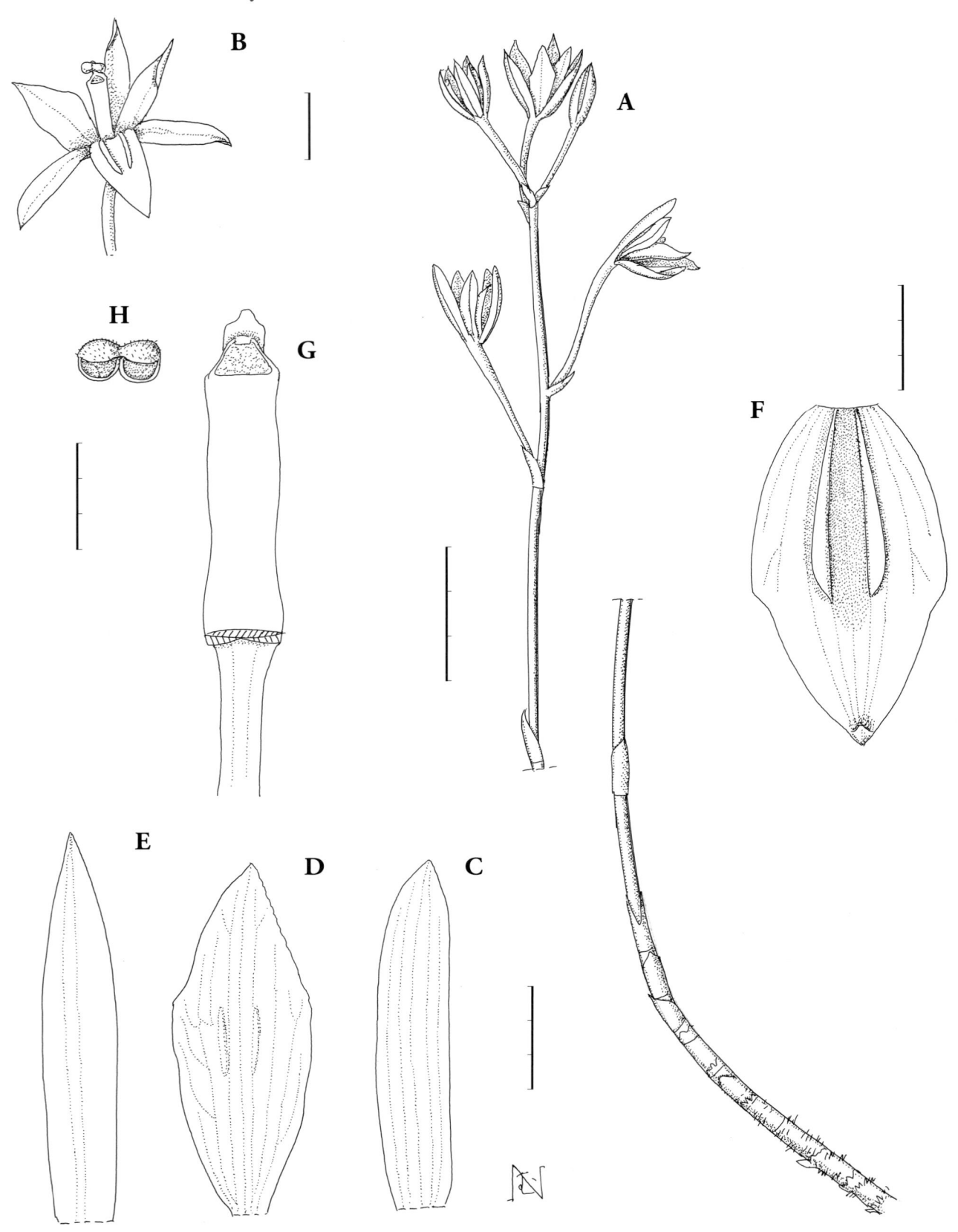

A- 植物体 ; B- 広げた花 ; C- 側萼片 ; D- 花弁 ; E- 背萼片 ; F- 唇弁 ; G- 蕊柱 ; H- 葯帽.
A- plant; B- spread flower; C- lateral sepal; D- petal; E- dorsal sepal; F- lip; G- column; H- anther cap.
Scales: A: 3 cm, B: 1 cm, C, D, E, F, G, H: 3 mm.

62-09. ホウサイラン **Cymbidium sinense** (Jacks. ex Andrews.) Willd.

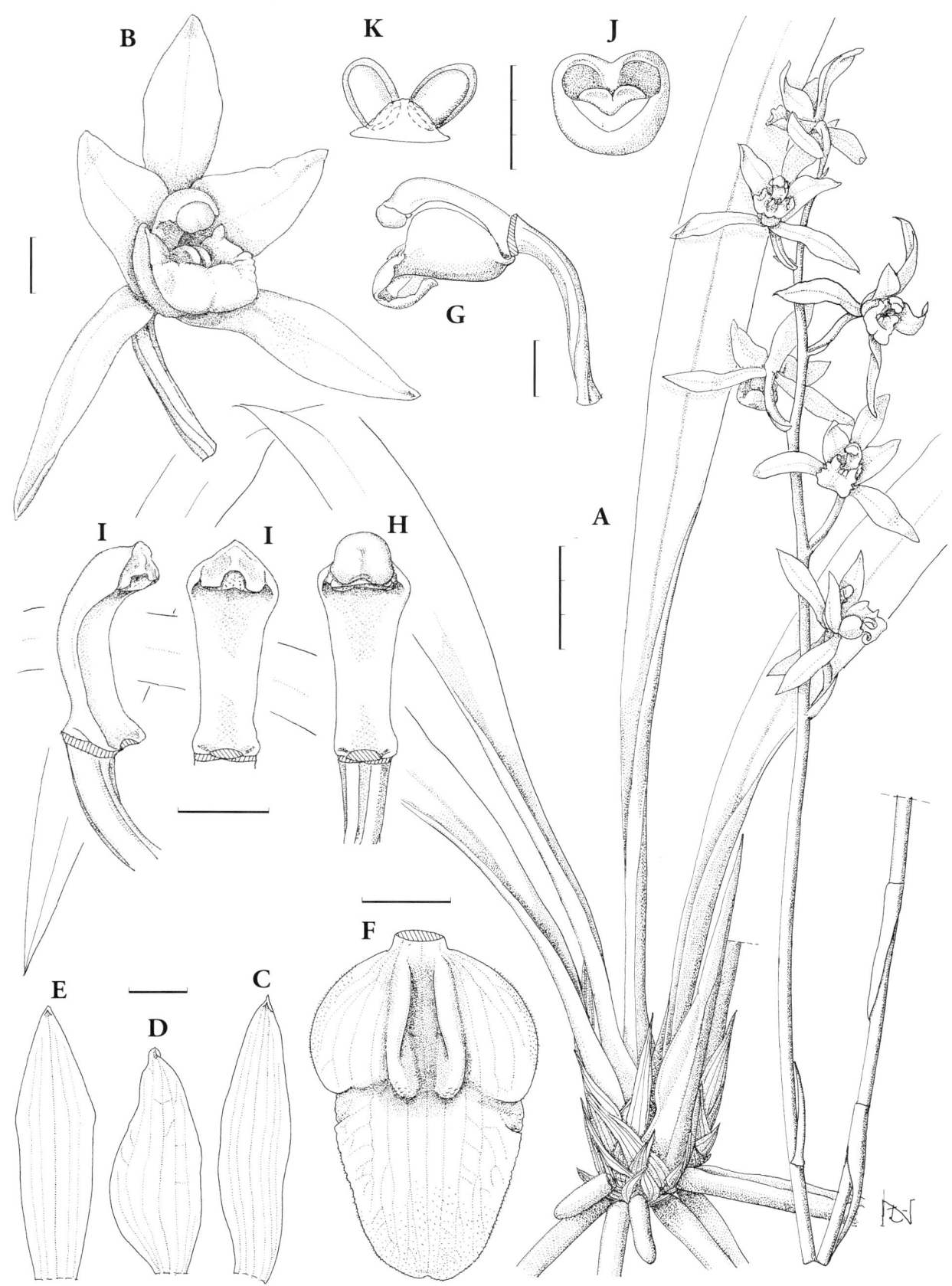

A- 植物体 ; B- 花 ; C- 側萼片 ; D- 花弁 ; E- 背萼片 ; F- 唇弁 ; G- 蕊柱，唇弁，花柄子房 ; H- 蕊柱と葯 ; I- 蕊柱 ; J- 葯帽 ; K- 花粉塊と粘着体.

A- plant; B- flower; C- lateral sepal; D- petal; E- dorsal sepal; F- lip; G- lip, column pedicellate ovary; H- column with anther; I- column; J- anther cap; K- pollinia.

Scales: A: 3 cm, B, C, D, E, F, G, H, I: 5 mm, J, K: 3 mm.

63-01. クスクスラン **Bulbophyllum affine** Lindl.

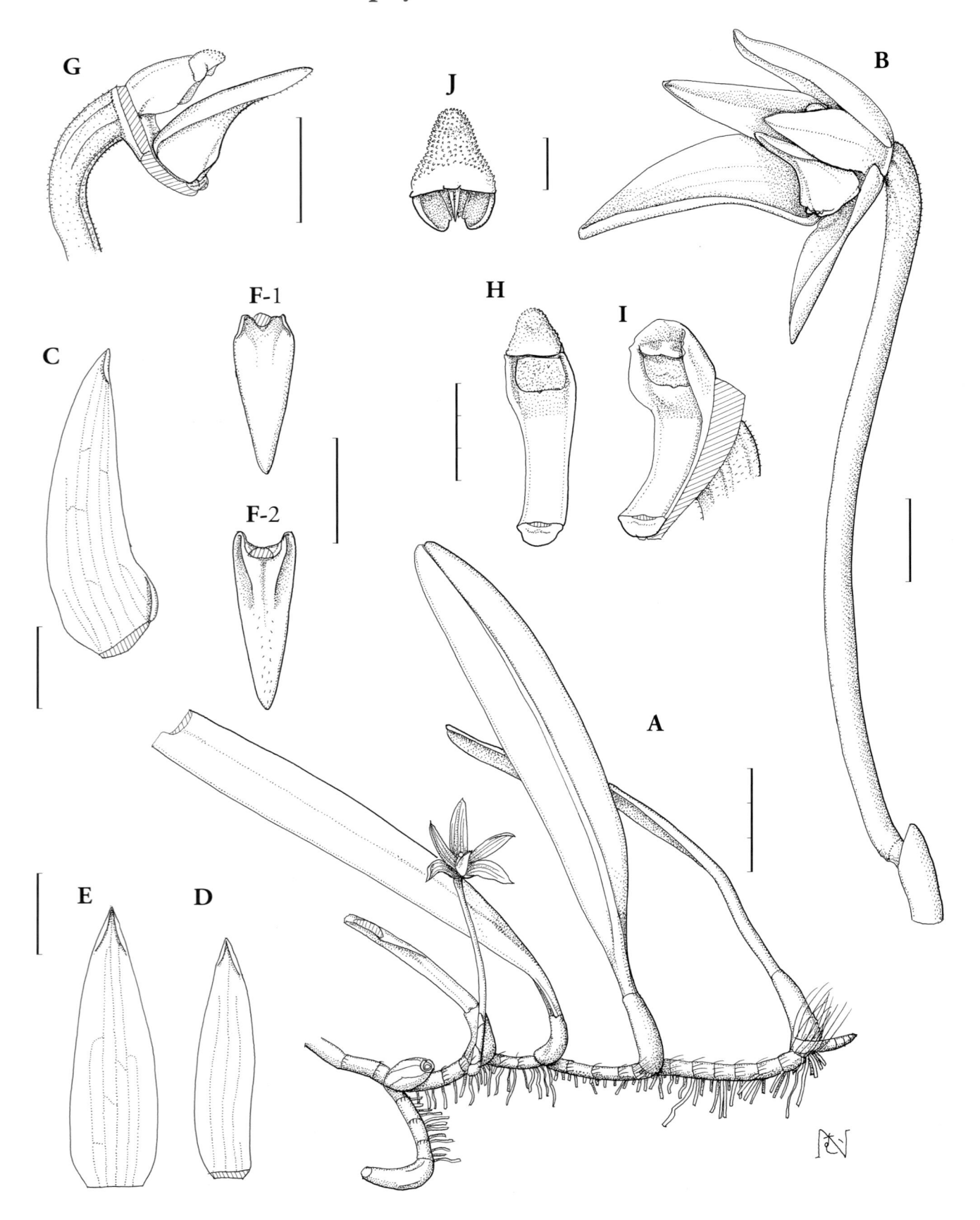

A- 植物体；B- 花；C- 側萼片；D- 花弁；E- 背萼片；F-1- 唇弁表面；F-2- 唇弁裏面；G- 蕊柱，唇弁；H- 蕊柱と葯；I- 蕊柱；J- 葯帽.
A- plant; B- flower & bract; C- lateral sepal; D- petal; E- dorsal sepal; F-1- vental view of lip; F-2- dorsal view of lip; G- lip, column & ovary; H- column & anther; I- column; J- anther cap.
Scales: A: 3 cm, B, C, D, E, F, G: 5 mm, H, I: 3 mm, J: 1 mm.

63-02. オガサワラシコウラン **Bulbophyllum boninense** (Schltr.) Makino

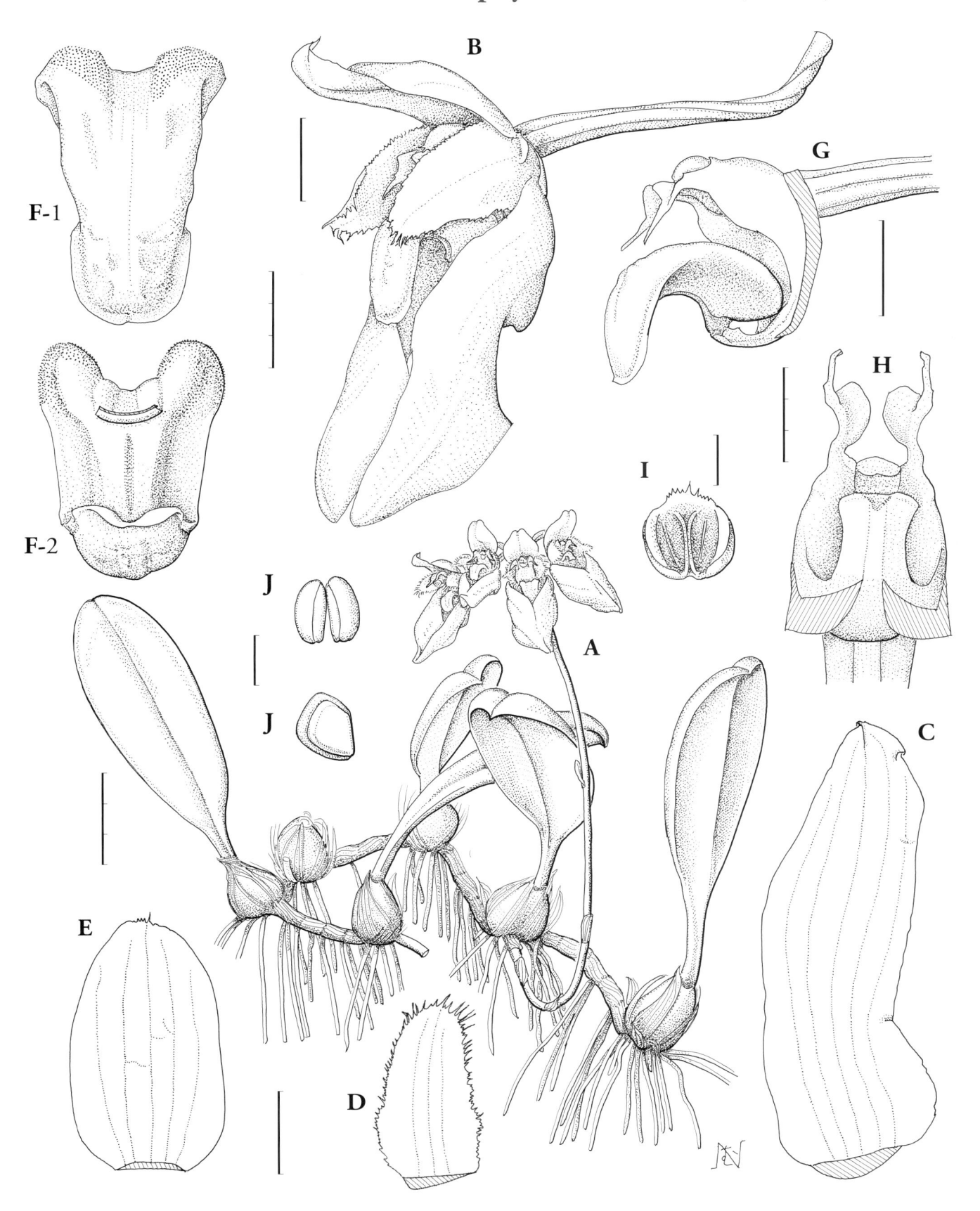

A- 植物体 ; B- 花 ; C- 側萼片 ; D- 花弁 ; E- 背萼片 ; F-1- 唇弁表面 ; F-2- 唇弁裏面 ; G- 蕊柱，唇弁 ; H- 蕊柱 ; I- 葯帽 ; J- 花粉塊.
A- plant; B- flower, C- lateral sepal; D- petal; E- dorsal sepal; F-1- vental view of lip; F-2- dorsal view of lip; G- lip & column; H- column; I- anther cap; J- pollinia.
Scales: **A**: 3 cm, **B, C, D, E, G**: 5 mm, **F, H**: 3 mm, **I, J**: 1 mm.

63-03. マメヅタラン **Bulbophyllum drymoglossum** Maxim.

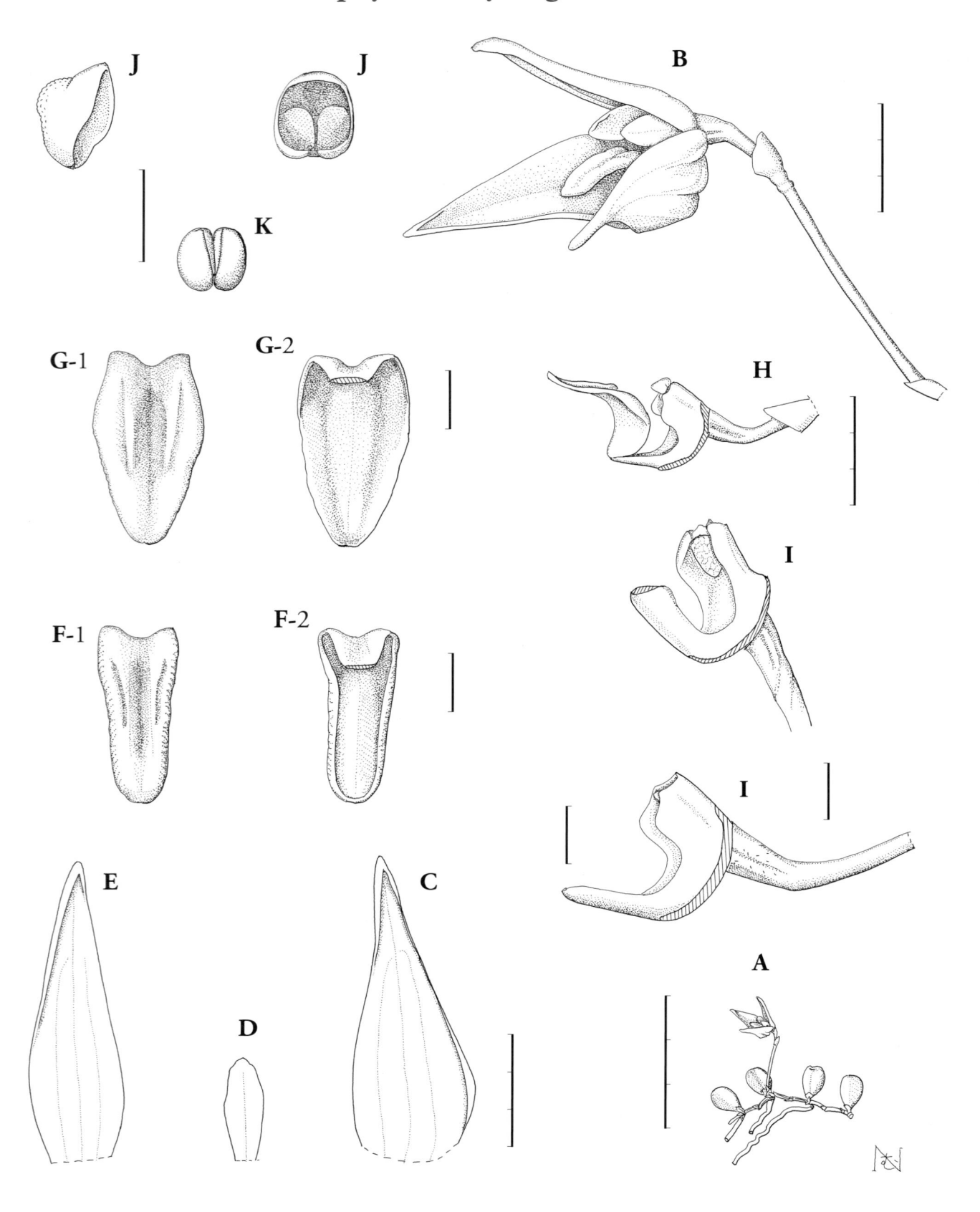

A- 植物体； B- 花と苞； C- 側萼片； D- 花弁； E- 背萼片； F-1- 唇弁の表面； F-2- 唇弁の裏面； G-1- 素心の唇弁の表面； G-2- 素心の唇弁の裏面； H- 蕊柱，唇弁，花柄子房と苞； I- 蕊柱； J- 葯帽； K- 花粉塊．

A- plant; B- flower with bract; C- lateral sepal; D- petal; E- dorsal sepal; F-1-ventral view of lip; F-2-dorsal view of lip; G-1- ventral view of white flower's lip; G-2-dorsal view of white flower's lip; H- lip, column & pedicellate ovary with bract; I- column; J- anther cap; K- pollinia.

Scales: **A**: 3 cm, **B, C, D, E, H**: 3 mm, **F, G, I, J, K**: 1 mm.

258

63-04. ムギラン **Bulbophyllum inconspicuum** Maxim.

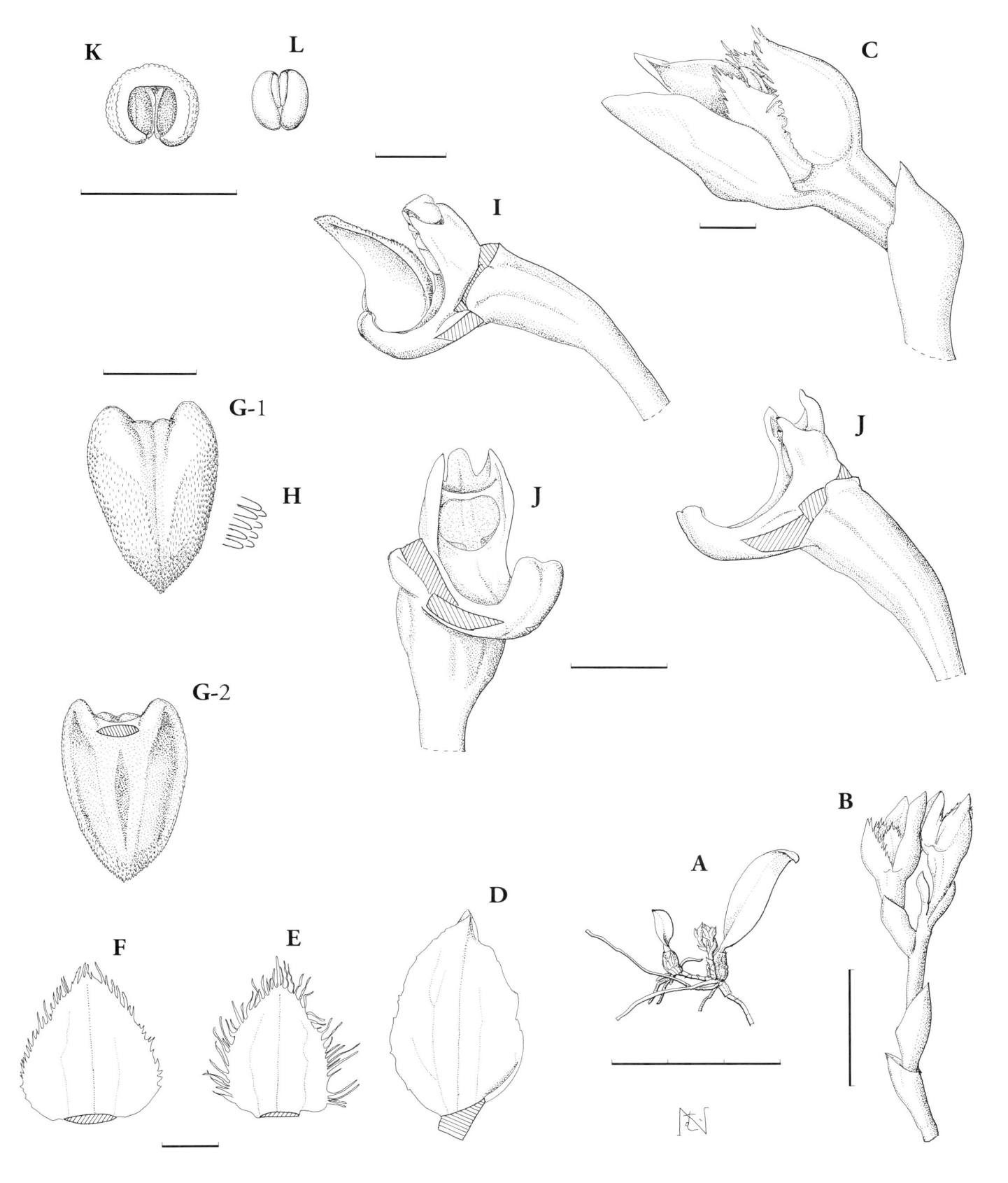

A- 植物体；B- 花序；C- 花と苞；D- 側萼片；E- 花弁；F- 背萼片；G-1- 唇弁の表面；G-2- 唇弁の裏面；H- 唇弁の突起；I- 蕊柱, 唇弁, 花柄子房；J- 蕊柱；K- 葯帽；L- 花粉塊.

A- plant; B- inflorescence; C- flower & bract; D- lateral sepal; E- petal; F- dorsal sepal; G-1- ventral view of lip; G-2- dorsal view of lip; H- papillous of lip; I- lip, column & pedicellate ovary; J- column; K- anther cap; L- pollinia.

Scales: **A**: 3 cm, **B**: 5 mm, **C, D, E, F, G, I, J, K, L**: 1 mm.

63-05. ミヤマムギラン **Bulbophyllum japonicum** (Makino)Makino

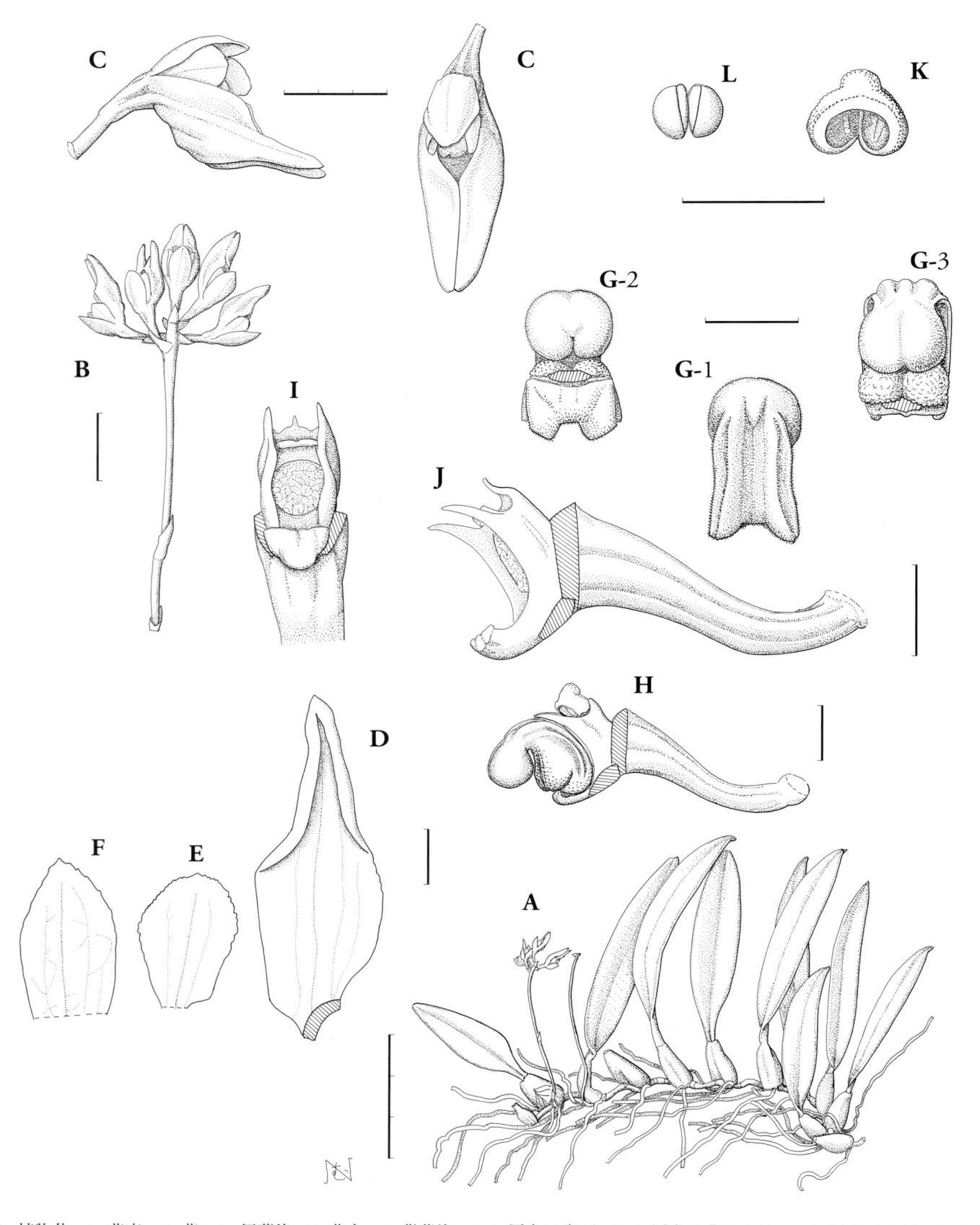

A- 植物体；B- 花序；C- 花；D- 側萼片；E- 花弁；F- 背萼片；G-1- 唇弁の表面；G-2- 唇弁の背面中部；G-3- 唇弁の前部；H- 蕊柱，唇弁，花柄子房の側面；I- 蕊柱の腹面；J- 蕊柱と花柄子房の側面；K- 葯帽；L- 花粉塊.

A- plant; B- inflorescence; C- flower; D- lateral sepal; E- petal; F- dorsal sepal; G-1- ventral view of lip; G-2- dorsal view of lip; G-3- front view of lip; H- lip, column & pedicellate ovary; I- ventral view of column; J- lateral view of column & pedicellate ovary; K- anther cap; L- pollinia.

Scales: A: 3 cm, B: 5 mm, C: 3 mm, D, E, F, G, H, I, J, K, L: 1 mm.

63-06. シコウラン **Bulbophyllum macraei** (Lindl.) Rchb. f.

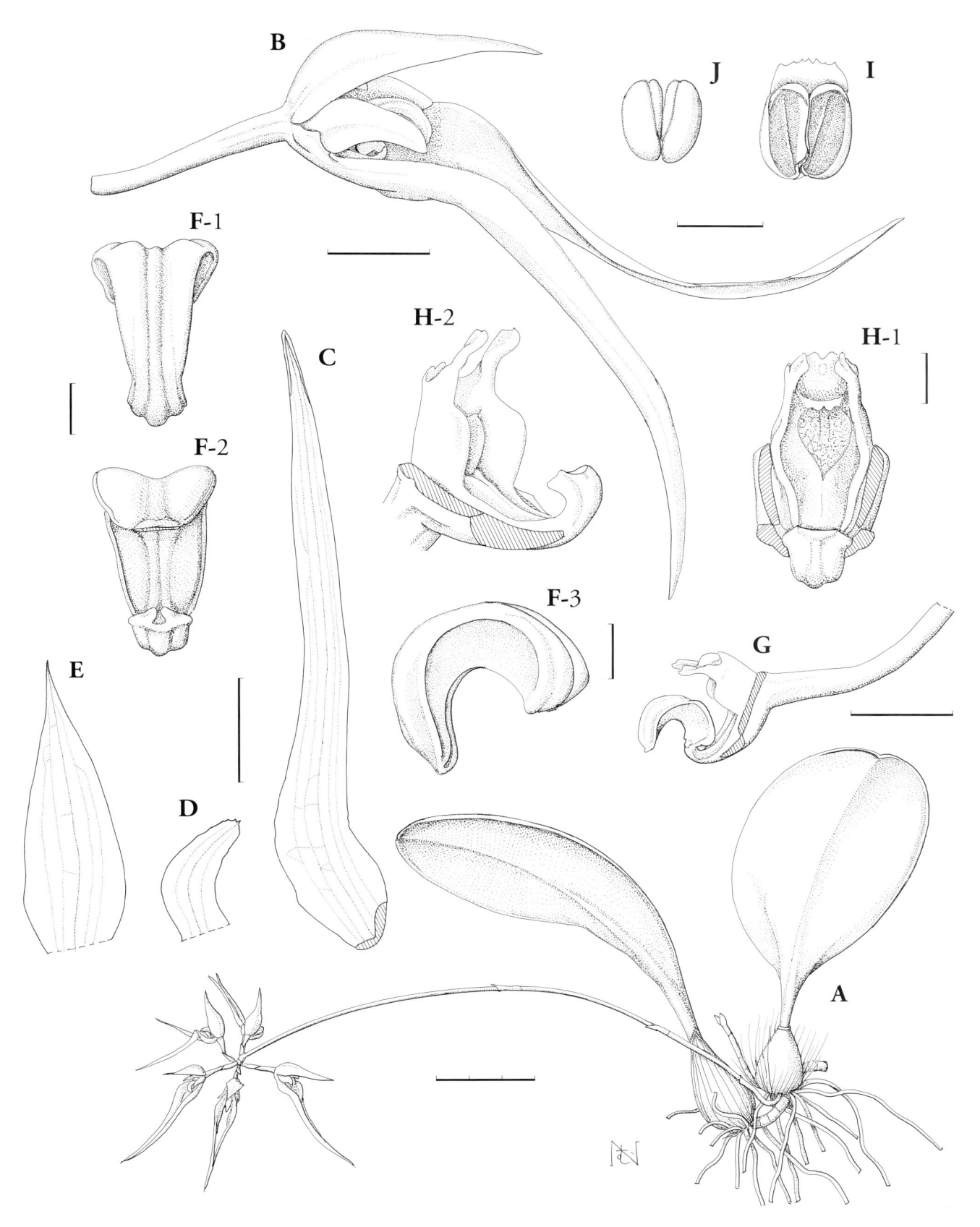

A- 植物体 ; B- 花 ; C- 側萼片 ; D- 花弁 ; E- 背萼片 ; F-1- 唇弁の表面 ; F-2- 唇弁の裏面 ; F-3- 唇弁の側面 ; G- 蕊柱, 唇弁, 花柄子房 ; H-1- 蕊柱の腹面 ; H-2- 蕊柱の側面 ; I- 葯帽 ; J- 花粉塊.

A- plant; B- flower; C- lateral sepal; D- petal; E- dorsal sepal; F-1- ventral view of lip; F-2- dorsal view of lip; F-3- lateral view of lip; G- lip, column & pedicellate ovary, H-1- ventral view of column; H-2- lateral view of column; I- anther cap; J- pollinia.

Scales: **A**: 3 cm, **B, C, D, E, G**: 5 mm, **F, H, I, J**: 1 mm.

64-01. セッコク Dendrobium moniliforme (L.) Sw.

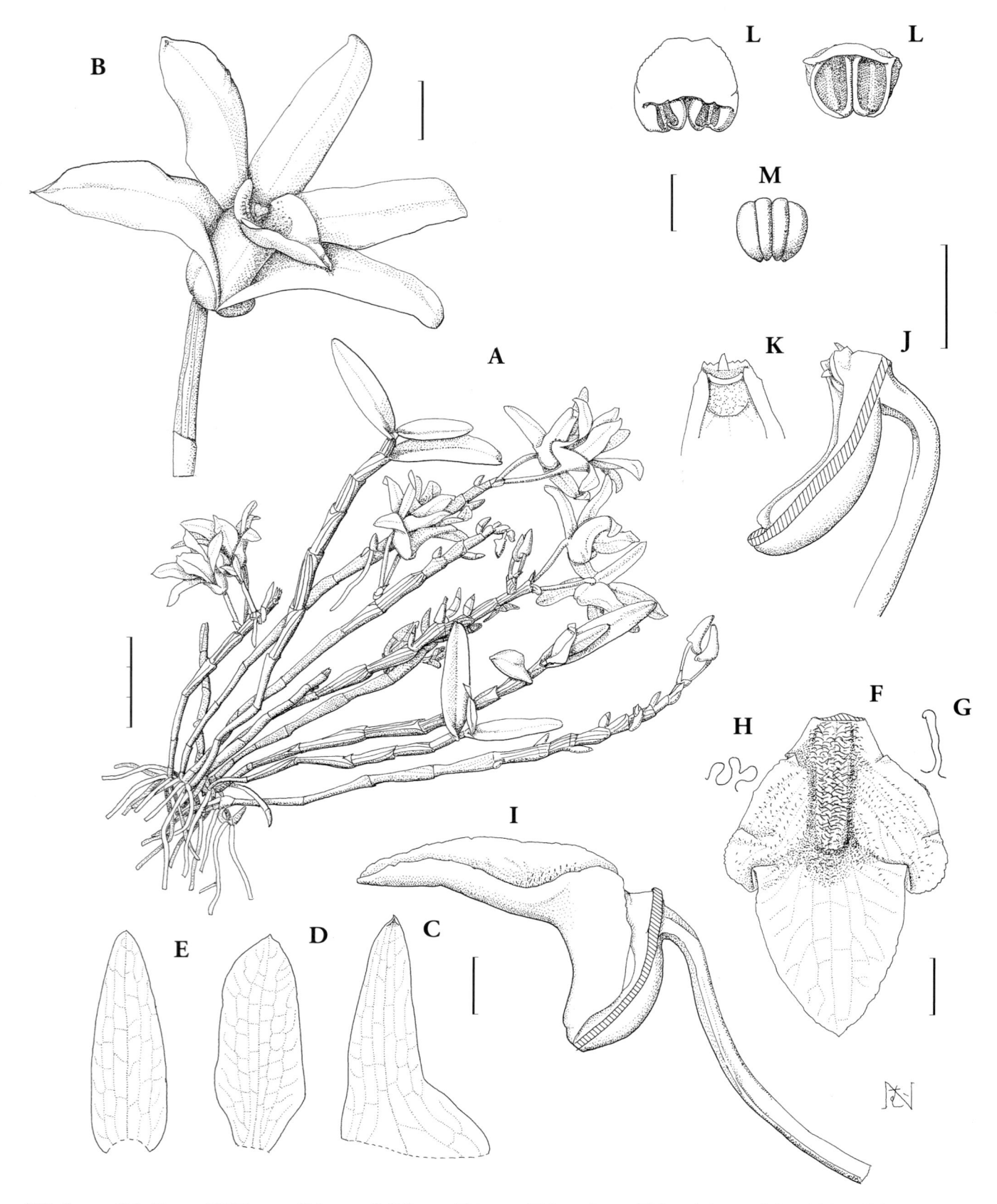

A- 植物体; B- 花と苞; C- 側萼片; D- 花弁; E- 背萼片; F- 唇弁; G- 唇弁の毛; H- 唇弁の突起; I- 蕊柱, 唇弁, 花柄子房; J- 蕊柱と花柄子房; K- 蕊柱上部; L- 葯帽; M- 花粉塊.

A- plant; B- flower; C- lateral sepal; D- petal; E- dorsal sepal; F- lip; G- hair of lip; H- papillous of lip; I- lip, column & pedicellate ovary; J- column & ovary; K- stigma & rostellum; L- anther cap; M- pollinia.

Scales: A: 3 cm, B, C, D, E, F, I, J, K: 5 mm, L, M: 1 mm.

64-02. オキナワセッコク Dendrobium okinawense Hatsus. et Ida

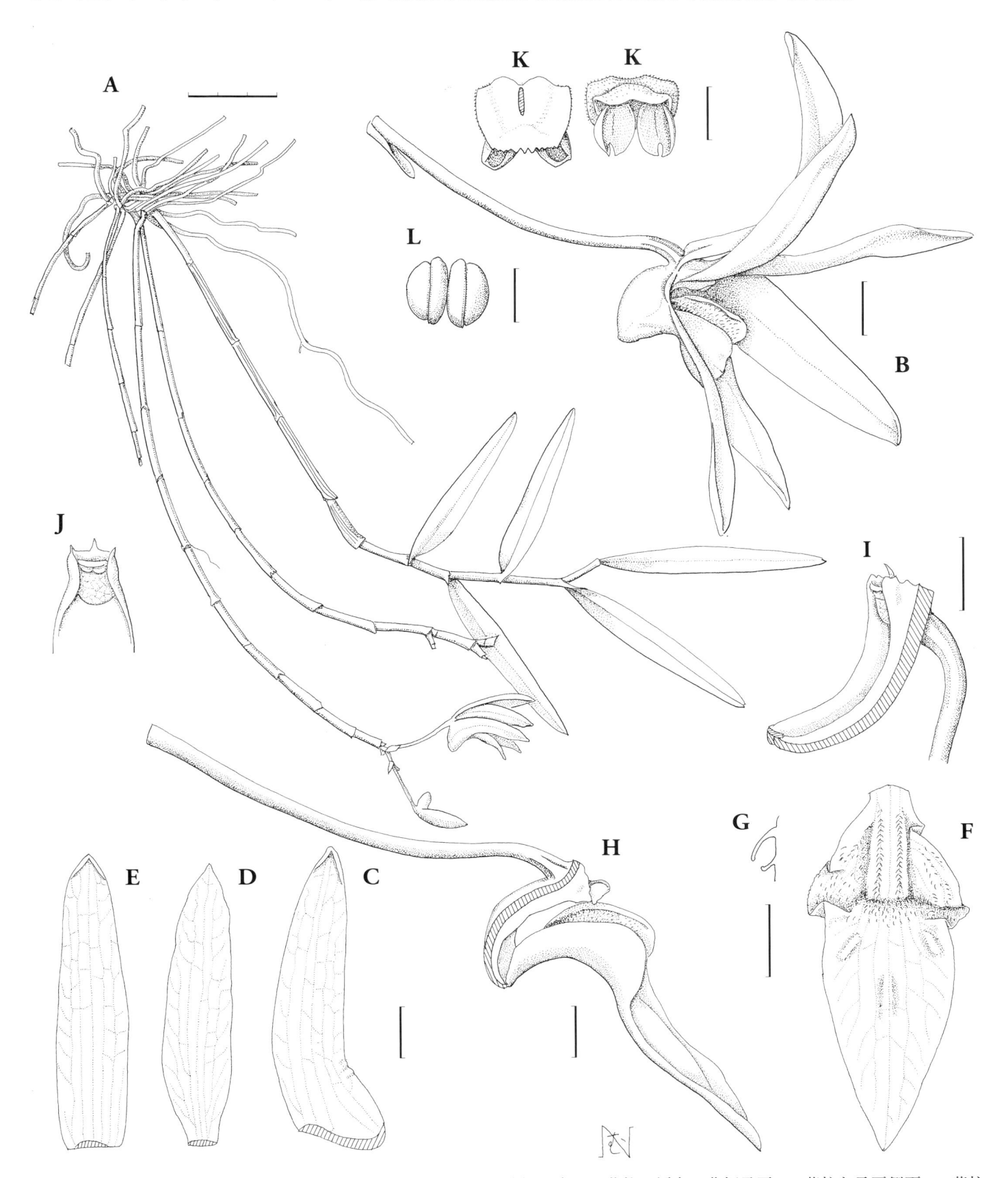

A- 植物体；B- 花；C- 側萼片；D- 花弁；E- 背萼片；F- 唇弁；G- 唇弁の毛；H- 蕊柱，唇弁，花柄子房；I- 蕊柱と子房側面；J- 蕊柱上部；K- 葯帽；L- 花粉塊.

A- plant; B- flower; C- lateral sepal; D- petal; E- dorsal sepal; F- lip; G- hair of lip; H- lip, column & pedicellate ovary; I- lateral view of column; J- stigma & rostellum; K- anther cap; L- pollinia.

Scales: **A**: 3 cm, **B, C, D, E, F, G, H, I, J**: 5 mm, **K & L**: 1 mm.

64-03. キバナノセッコク **Dendrobium tosaense** Makino

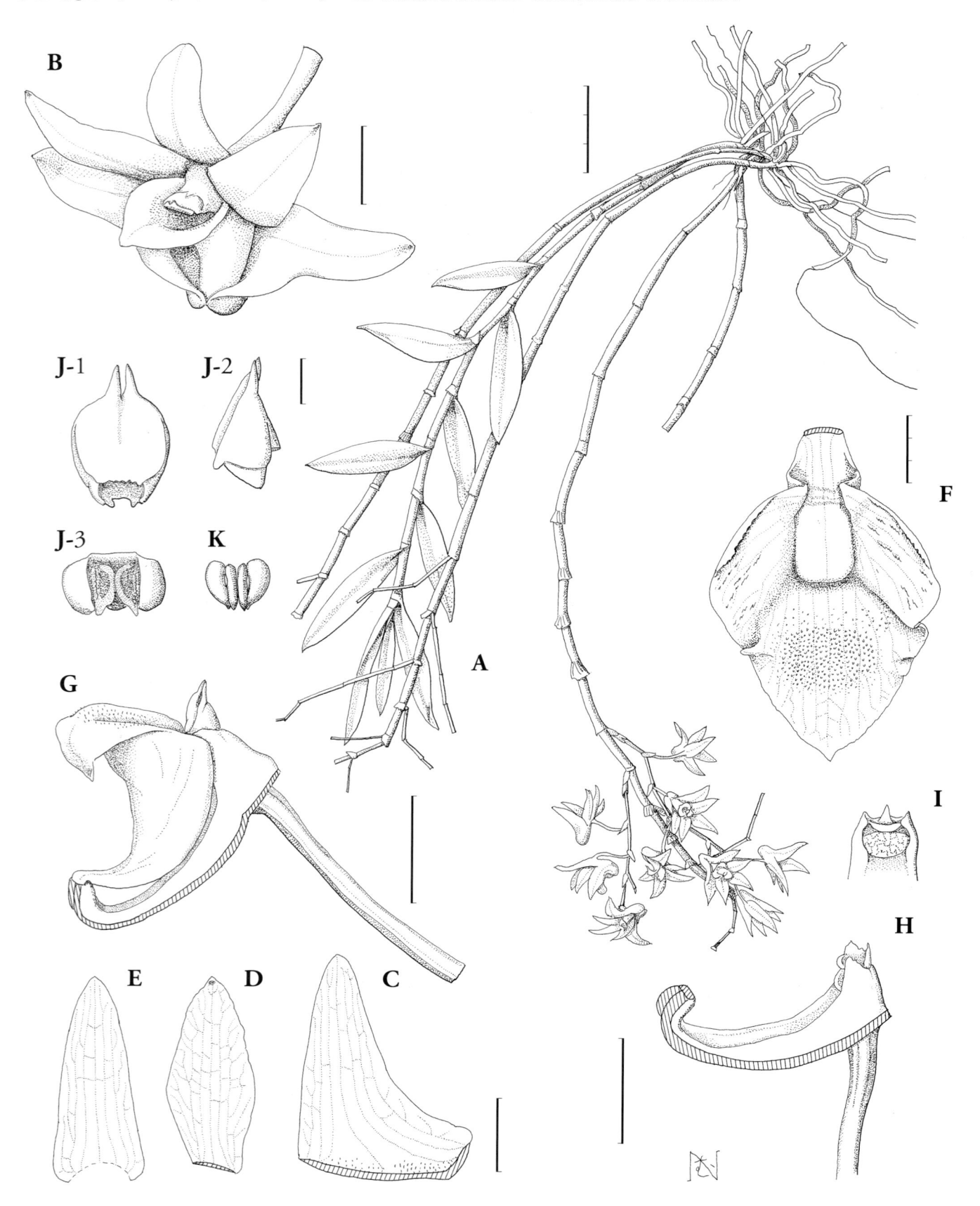

A- 植物体 ; B- 花 ; C- 側萼片 ; D- 花弁 ; E- 背萼片 ; F- 唇弁 ; G- 蕊柱，唇弁，花柄子房 ; H- 蕊柱と花柄子房 ; I- 蕊柱の上部 ; J-1- 葯帽の上面 ; J-2- 葯帽の側面 ; J-3- 葯帽の前面 ; K- 花粉塊.

A- plant; B- flower; C- lateral sepal; D- petal; E- dorsal sepal; F- lip; G- lip, column & pedicellate ovary; H- lateral view of column; I- stigma & rostellum; J-1-dorsal view of anther cap; J-2- lateral view of anther cap; J-3- front view of anther cap; K- pollinia.

Scales: A: 3 cm, B, C, D, E, G, H, I: 5 mm, F: 3 mm, J, K: 1 mm.

65-01. ホテイラン **Calypso bulbosa** (L.) Oakes

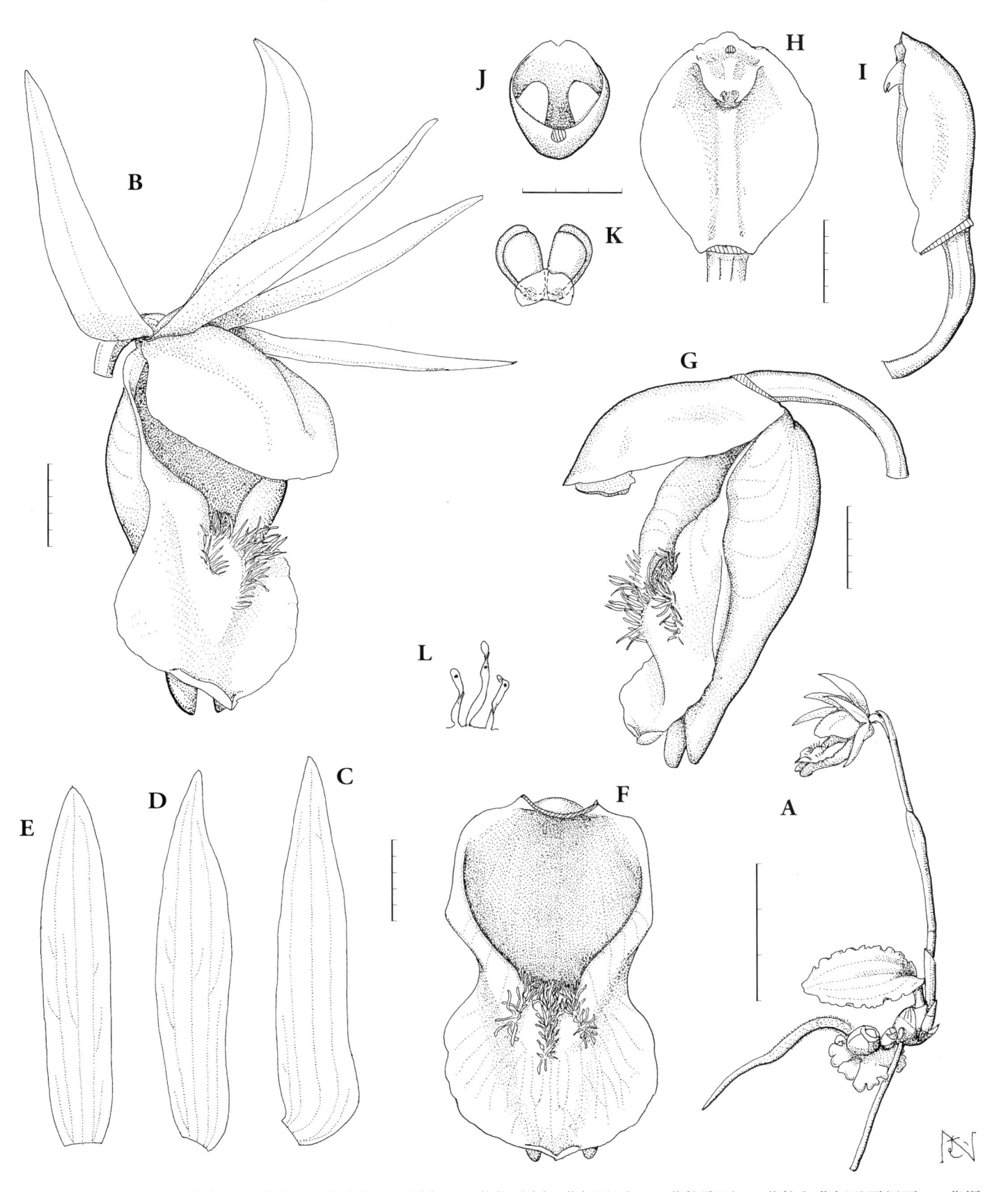

A- 植物体; B- 花; C- 側萼片; D- 花弁; E- 背萼片; F- 唇弁; G- 蕊柱, 唇弁, 花柄子房; H- 蕊柱腹面; I- 蕊柱と花柄子房側面; J- 葯帽; K- 花粉塊; L- 唇弁中葉の毛.

A- plant; B- flower; C- lateral sepal; D- petal; E- dorsal sepal; F- lip; G- lip, column & pedicellate ovary; H- ventral view of column; I- lateral view of column & pedicellate ovary; J- anther cap; K- pollinia; L- hairs on lip mesochile.

Scales: A: 3 cm, B, C, D, E, F, G, H, I: 5 mm, J, K: 3 mm.

66-01. キバナノショウキラン **Yoania amagiensis** Nakai et F. Maek.

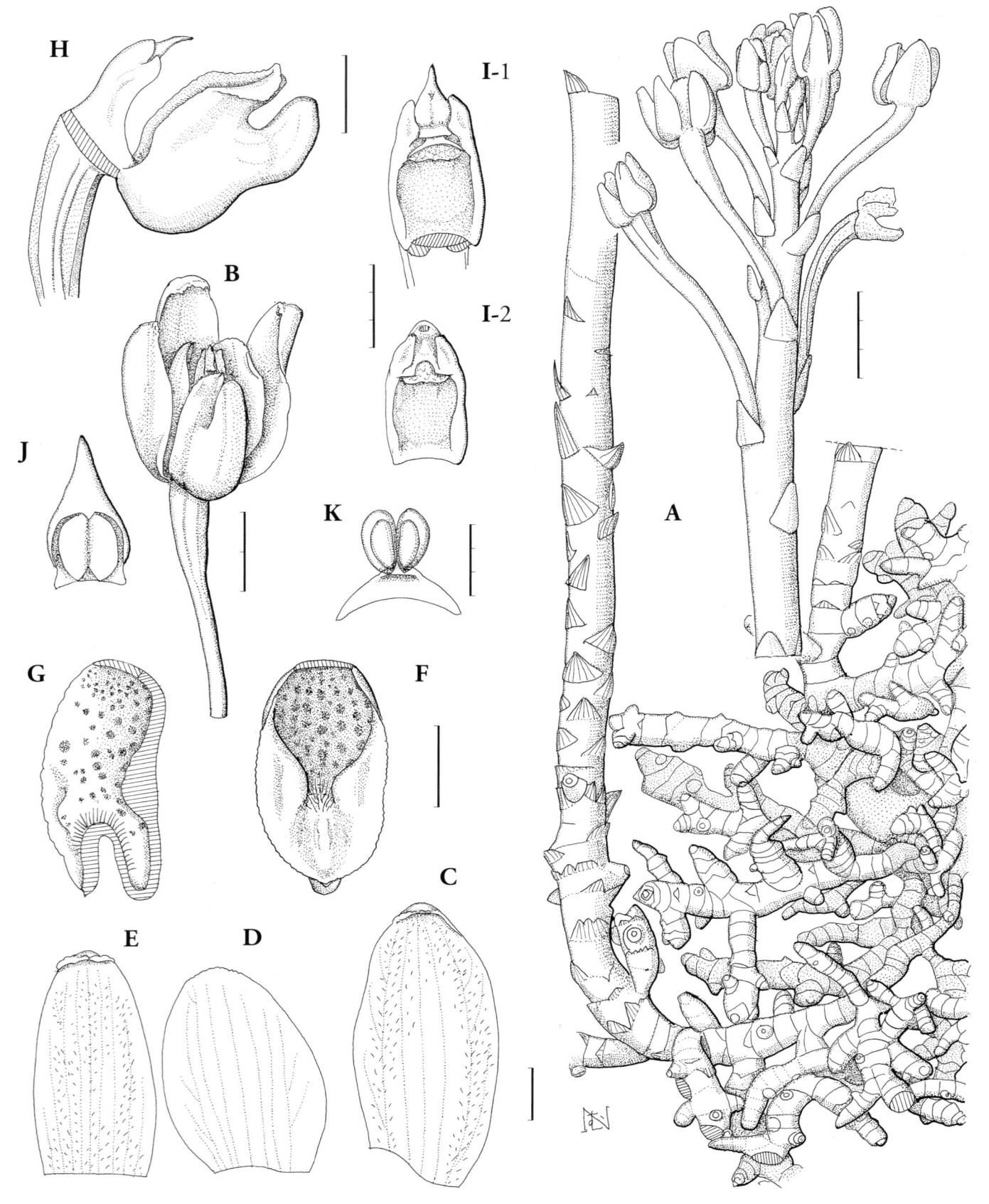

A- 植物体；B- 花；C- 側萼片；D- 花弁；E- 背萼片；F- 唇弁；G- 唇弁の縦断面；H- 蕊柱と唇弁；I-1- 蕊柱と葯；I-2- 蕊柱；J- 葯帽；K- 花粉塊と粘着体.

A- plant; B- flower; C- lateral sepal; D- petal; E- dorsal sepal; F- lip; G- vertical section of lip; H- lip, column & ovary; I-1- column & anther; I-2- column; J- anther cap; K- pollinia.

Scales: A: 3 cm, B: 1 mm, C, D, E, F, G, H, I: 5 mm, J, K: 3 mm.

266

66-02. シナノショウキラン **Yoania flava** K. Inoue et T. Yukawa

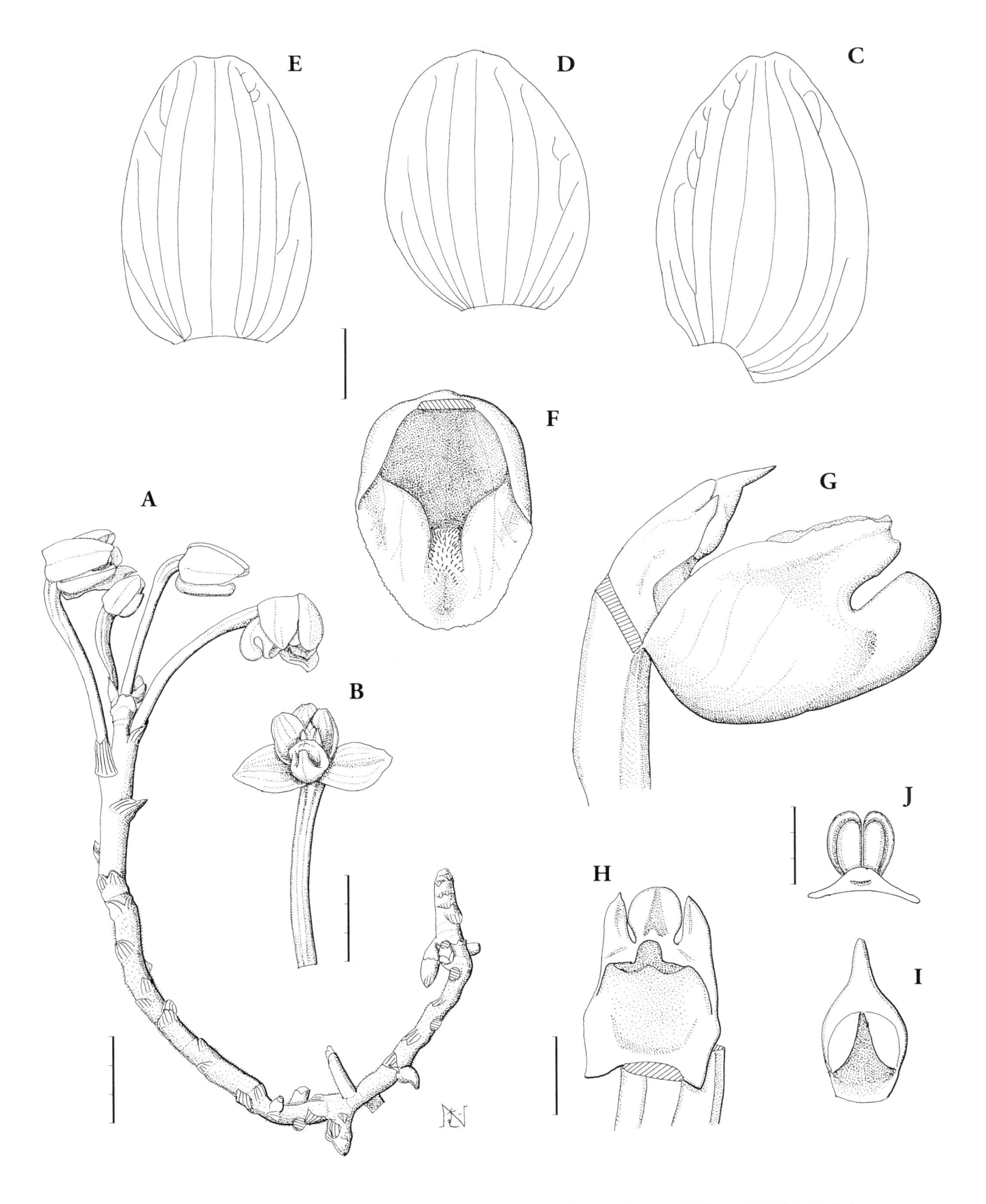

A- 植物体 ; B- 花 ; C- 側萼片 ; D- 花弁 ; E- 背萼片 ; F- 唇弁 ; G- 蕊柱, 唇弁 ; H- 蕊柱 ; I- 葯帽 ; J- 花粉塊と粘着体.
A- plant; B- flower; C- lateral sepal; D- petal; E- dorsal sepal; F- lip; G- lip, column & ovary; H- column; I- anther cap; J- pollinia.
Scales: **A, B**: 3 cm, **C, D, E, F, G, H**: 5 mm, **I, J**: 3 mm.

66-03. ショウキラン **Yoania japonica** Maxim.

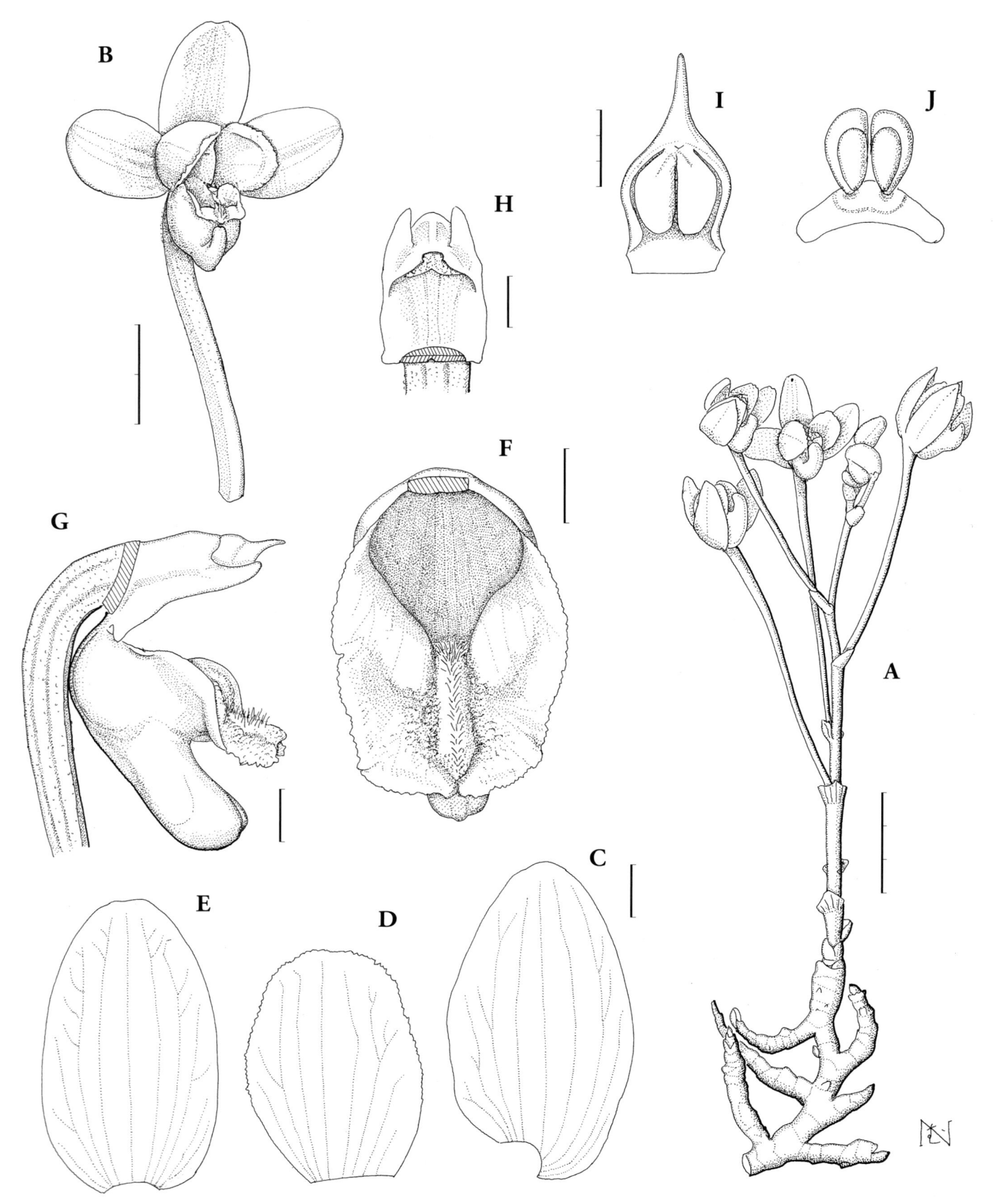

A- 植物体；B- 花；C- 側萼片；D- 花弁；E- 背萼片；F- 唇弁；G- 蕊柱，花柄子房，唇弁；H- 蕊柱；I- 葯帽；J- 花粉塊と粘着体.
A- plant; B- flower; C- lateral sepal; D- petal; E- dorsal sepal; F- lip; G- lip, column & pedicellate ovary; H- column; I- anther cap; J- pollinia.
Scales: A: 3 cm, B: 1 cm, C, D, E, F, G, H: 5 mm, I, J: 3 mm.

67-01. ヒトツボクロ **Tipularia japonica** Matsum.

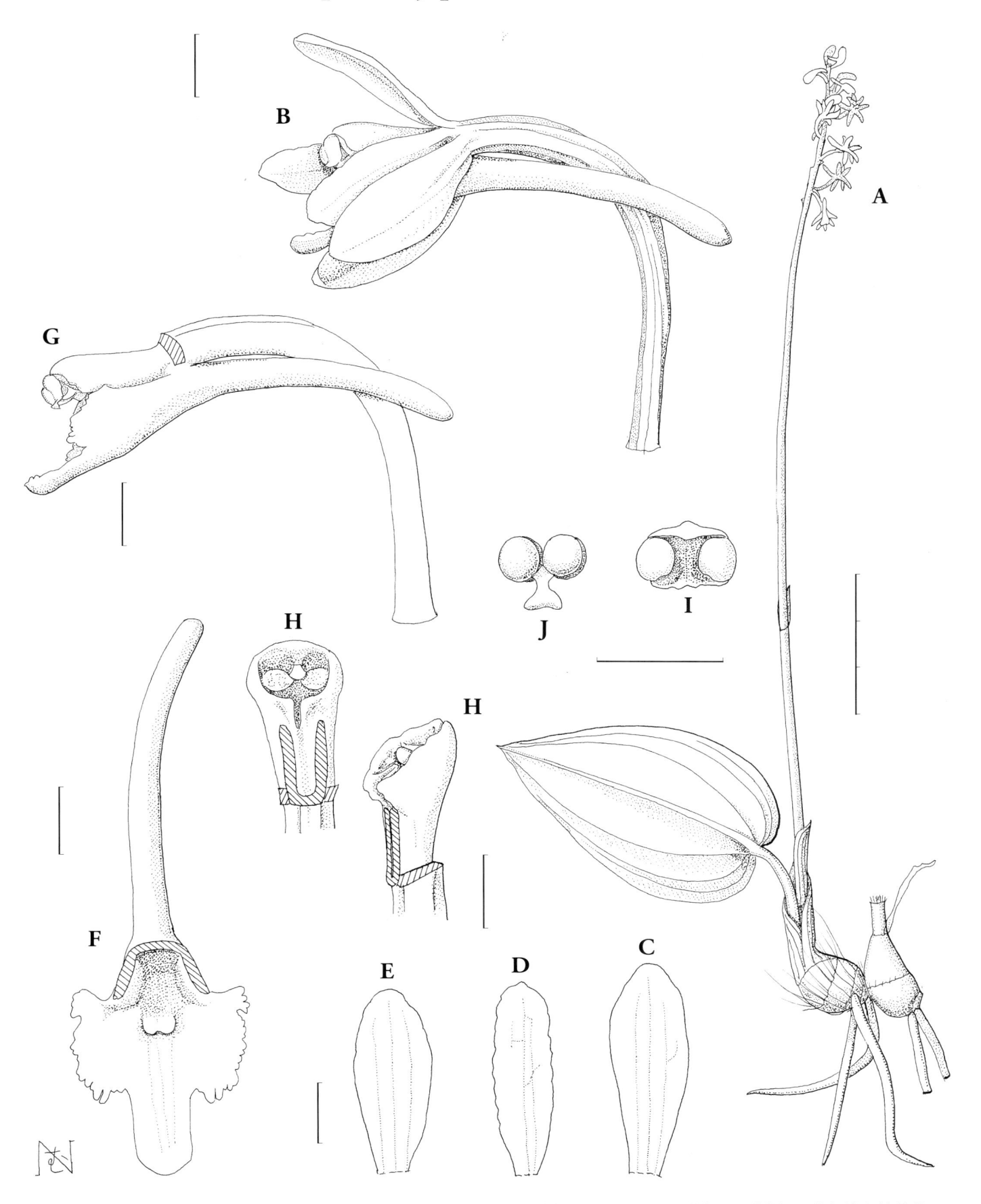

A- 植物体 ; B- 花 ; C- 側萼片 ; D- 花弁 ; E- 背萼片 ; F- 唇弁 ; G- 蕊柱，唇弁，花柄子房 ; H- 蕊柱 ; I- 葯帽 ; J- 花粉塊と粘着体.
A- plant; B- flower; C- lateral sepal; D- petal; E- dorsal sepal; F- lip; G- lip, column, pedicellate ovary; H- column; I- anther cap; J- pollinia.
Scales: A: 3 cm, B, C, D, E, F, G, H, I, J: 1 mm.

68-01. モイワラン **Cremastra aphylla** T. Yukawa

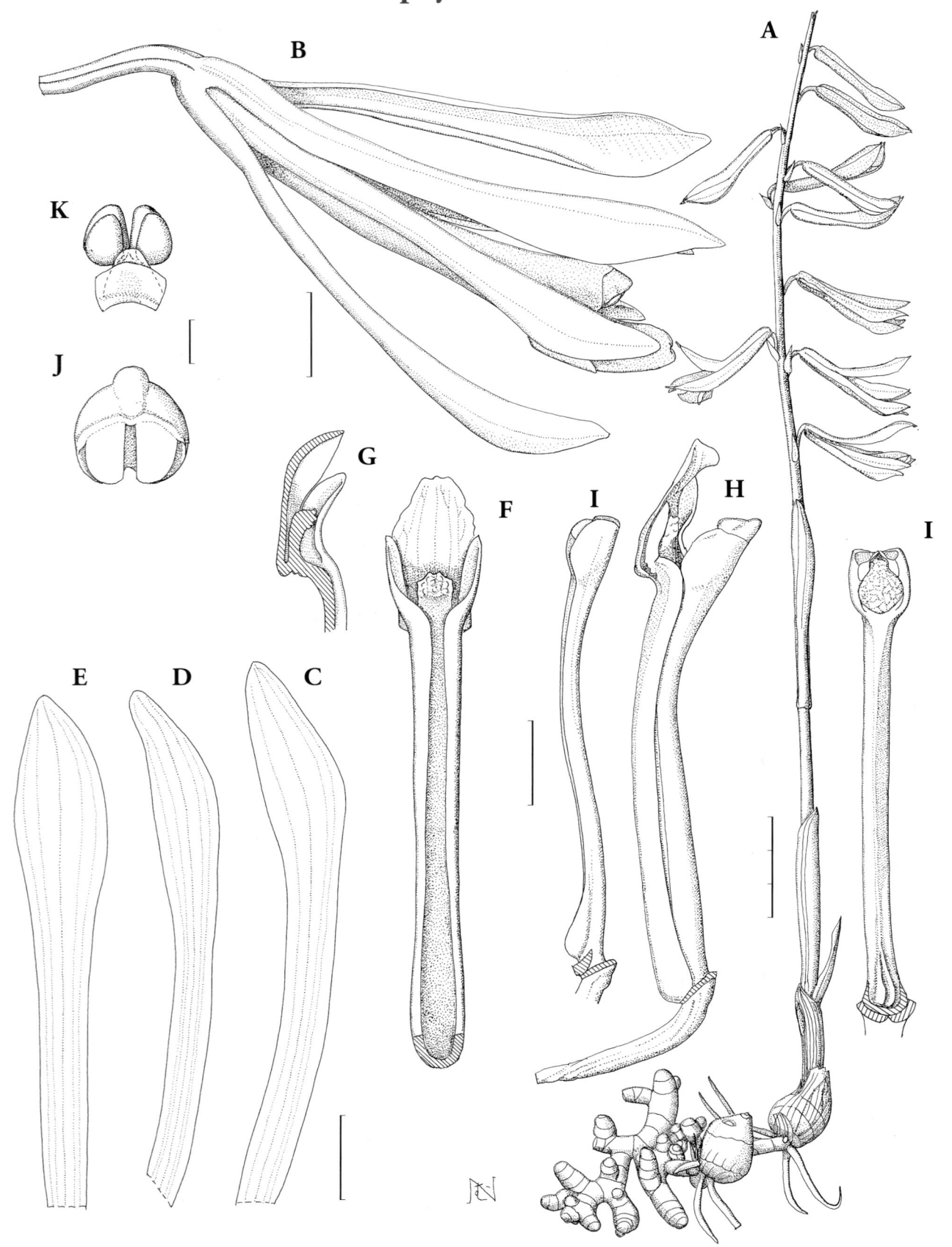

A- 植物体; B- 花; C- 側萼片; D- 花弁; E- 背萼片; F- 唇弁; G- 唇弁先端の縦断面; H- 蕊柱, 唇弁, 花柄子房; I- 蕊柱; J- 葯帽; K- 花粉塊と粘着体.

A- plant; B- flower; C- lateral sepal; D- petal; E- dorsal sepal; F- lip; G- vertical section of lip epichile; H- lip, column & pedicellate ovary; I- column; J- anther cap; K- pollinia.

Scales: A: 3 cm, B, C, D, E, F, G, H, I: 5 mm, J, K: 1 mm.

68-02. トケンラン **Cremastra unguiculata** (Finet) Finet

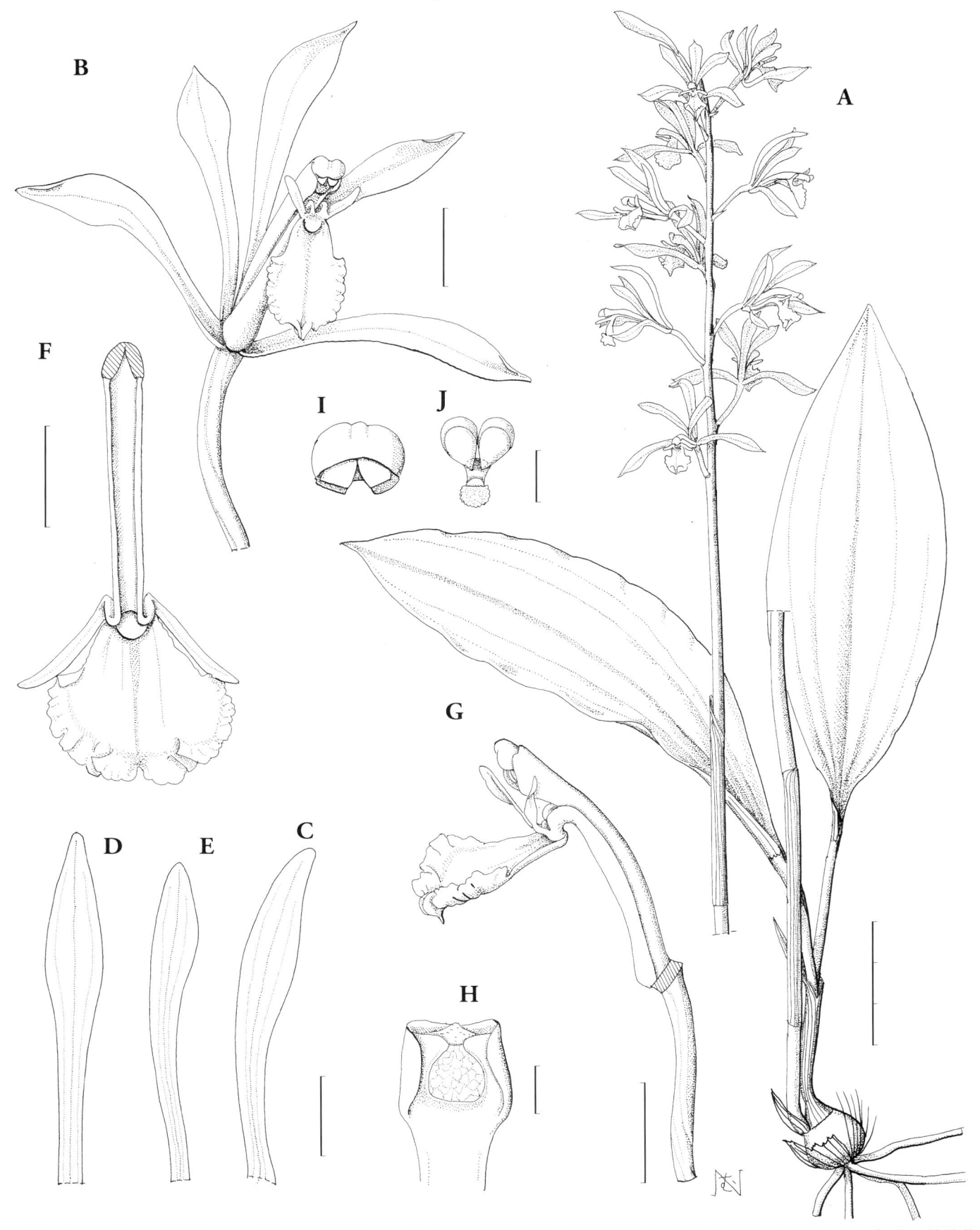

A- 植物体 ; B- 花 ; C- 側萼片 ; D- 花弁 ; E- 背萼片 ; F- 唇弁 ; G- 蕊柱, 唇弁, 花柄子房 ; H- 蕊柱の上部 ; I- 葯帽 ; J- 花粉塊と粘着体.
A- plant; B- flower; C- lateral sepal; D- petal; E- dorsal sepal; F- lip; G- lip, column, pedicellate ovary; H- stigma & rostellum; I- anther cap; J- pollinia.
Scales: A: 3 cm, B, C, D, E, F, G: 5 mm, H, I, J: 1 mm.

68-03. サイハイラン Cremastra variabilis (Blume) Nakai

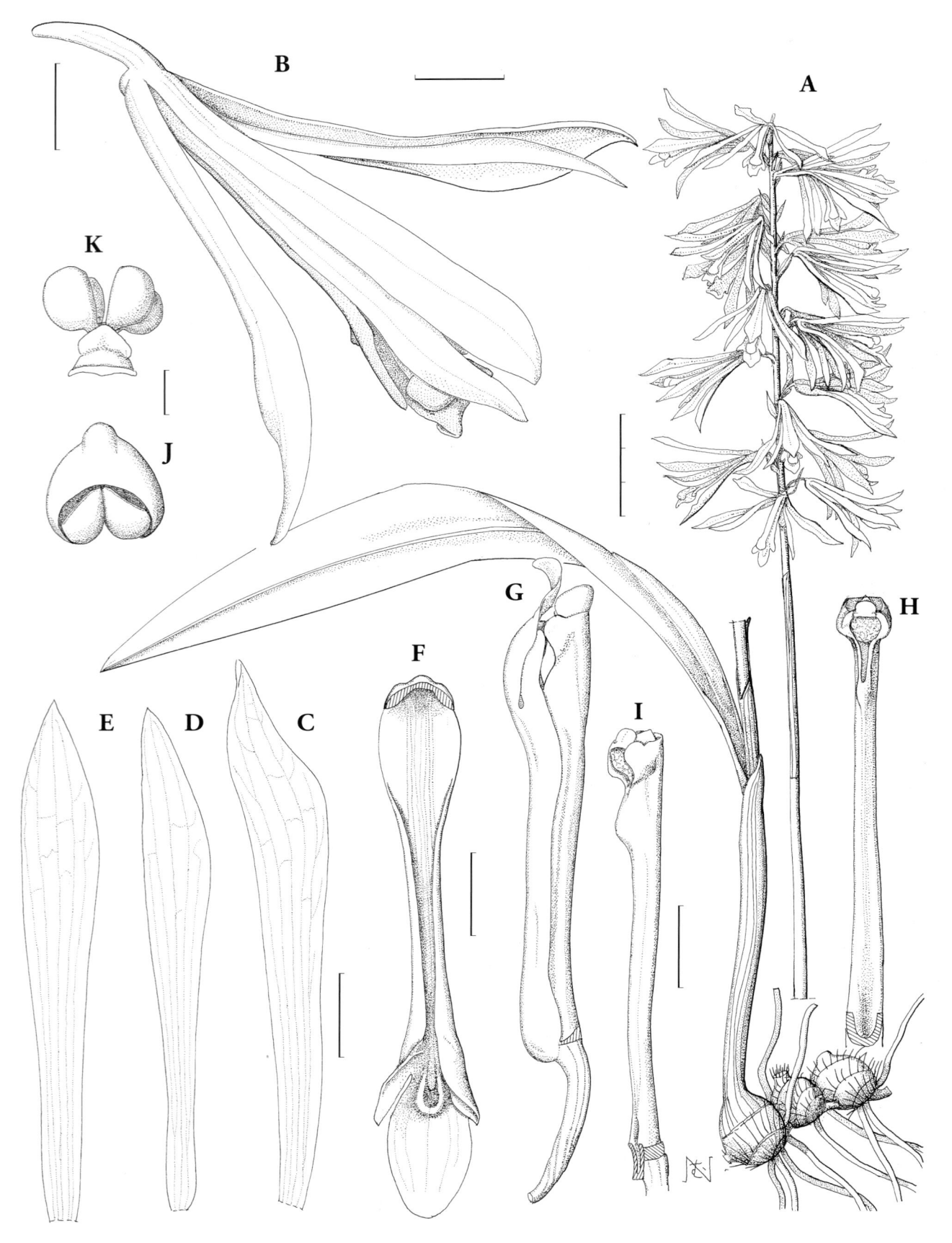

A- 植物体；B- 花；C- 側萼片；D- 花弁；E- 背萼片；F- 唇弁；G- 蕊柱，唇弁，花柄子房；H・I- 蕊柱；J- 葯帽；K- 花粉塊と粘着体.
A- plant; B- flower; C- lateral sepal; D- petal; E- dorsal sepal; F- lip; G- lip, column & pedicellate ovary; H & I- column; J- anther cap; K- pollinia.
Scales: A: 3 cm, B, C, D, E, F, G, H, I: 5 mm, J, K: 1 mm.

69-01. コハクラン **Oreorchis indica** (Lindl.) Hook

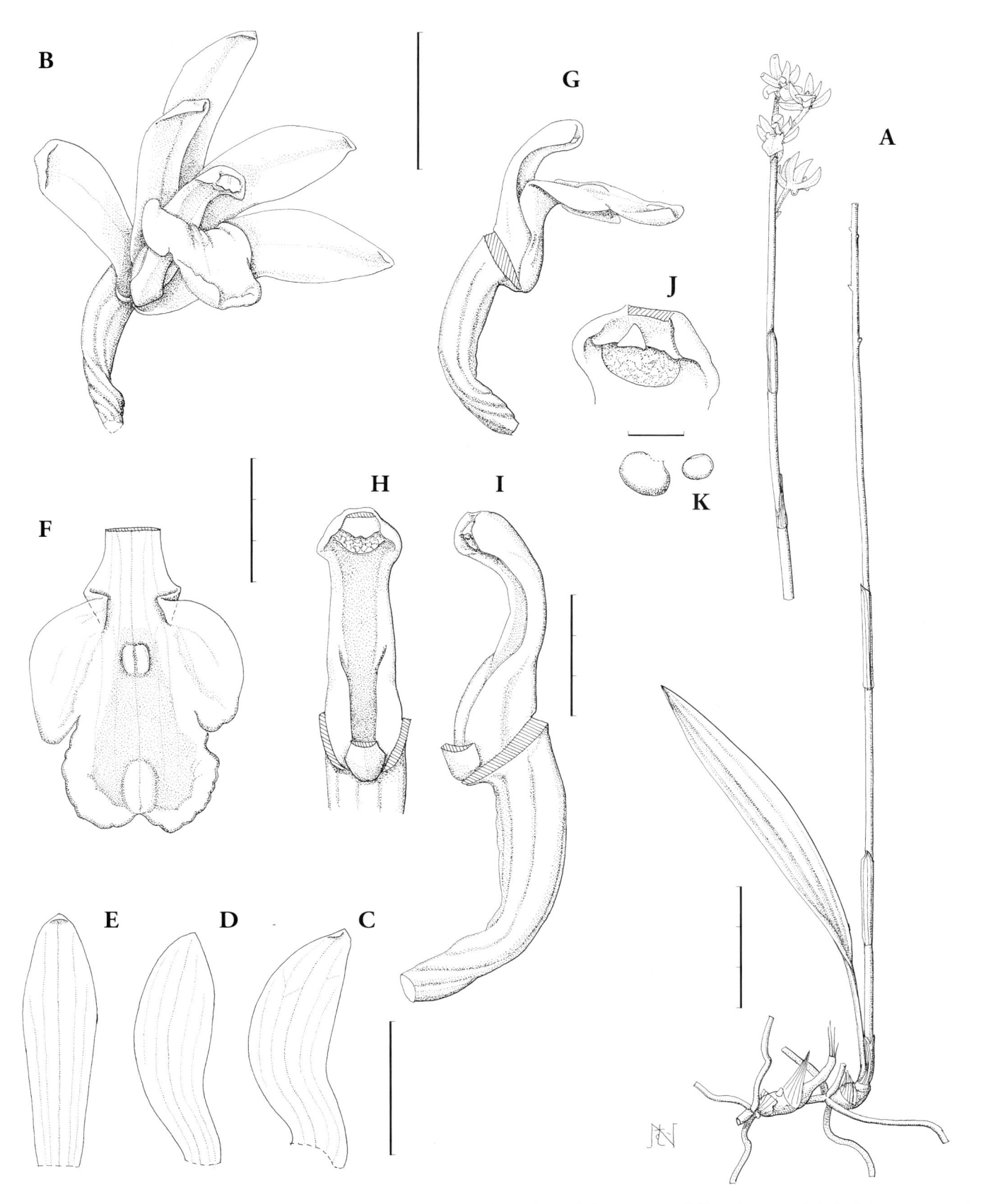

A- 植物体 ; **B**- 花 ; **C**- 側萼片 ; **D**- 花弁 ; **E**- 背萼片 ; **F**- 唇弁 ; **G**- 蕊柱, 唇弁, 花柄子房 ; **H**- 蕊柱の腹面 ; **I**- 蕊柱と花柄子房の側面 ; **J**- 蕊柱上部 ; **K**- 花粉塊.

A- plant; **B**- flower; **C**- lateral sepal; **D**- petal; **E**- dorsal sepal; **F**- lip; **G**-lip, column & pedicellate ovary; **H**- column; **I**- lateral view of column & pedicellate ovary; **J**- stigma & rostellum; **K**- pollinia.

Scales: A: 3 cm, B, C, D, E, G: 5 mm, F, H, I: 3 mm, J, K: 1 mm.

69-02. コケイラン **Oreorchis patens** (Lindl.) Lindl.

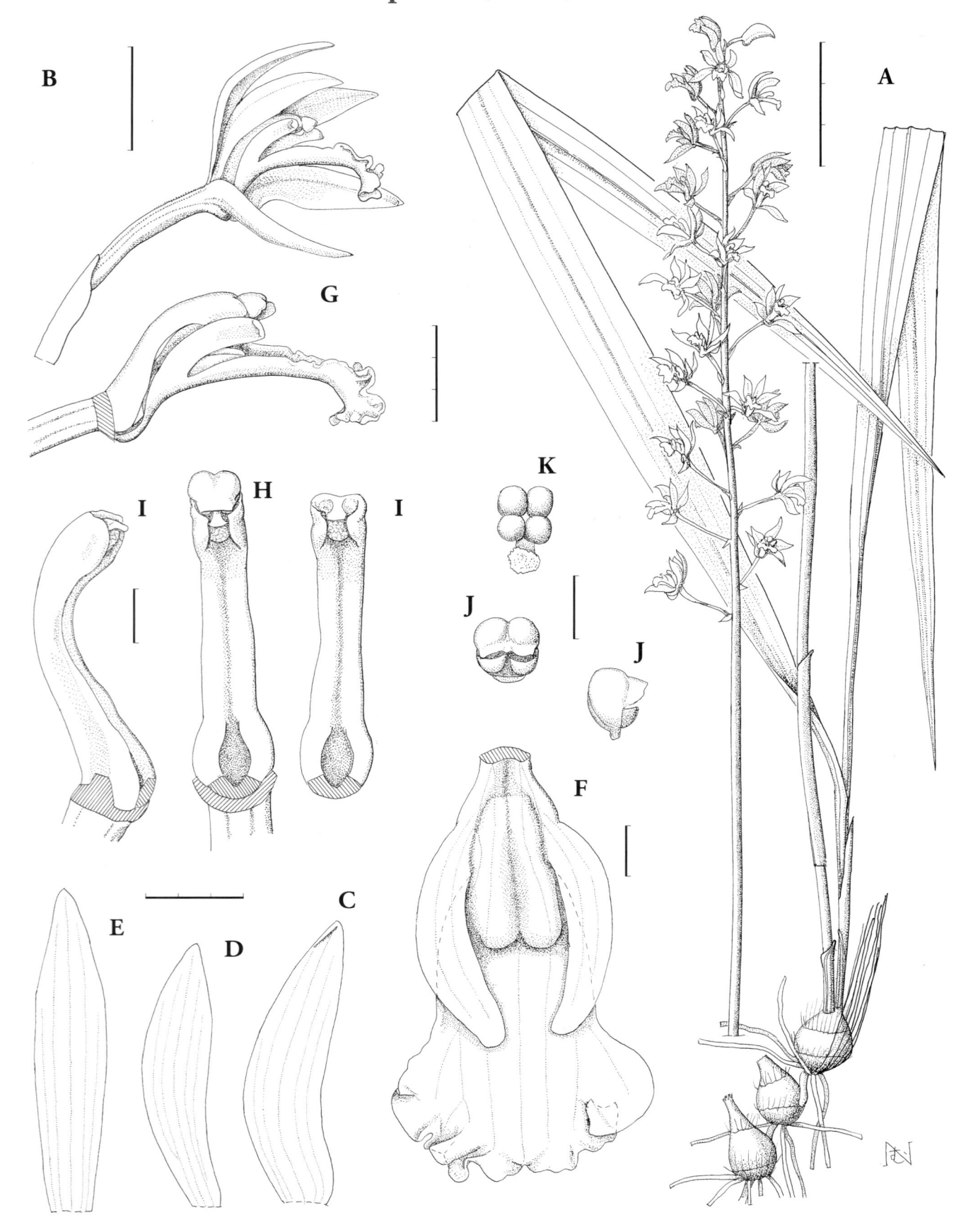

A- 植物体 ; B- 花と苞 ; C- 側萼片 ; D- 花弁 ; E- 背萼片 ; F- 唇弁 ; G- 蕊柱, 唇弁 ; H- 蕊柱と葯 ; I- 蕊柱 ; J- 葯帽 ; K- 花粉塊と粘着体.
A- plant; B- flower; C- lateral sepal; D- petal; E- dorsal sepal; F- lip; G- lip, column &, pedicellate ovary; H- column with anther; I- columm; J- anther cap; K- pollinia.
Scales: A: 3 cm, B, C, D, E, G: 3 mm, F, H, I, J, K: 1 mm.

70-01. イチヨウラン **Dactylostalix ringens** Rchb. f.

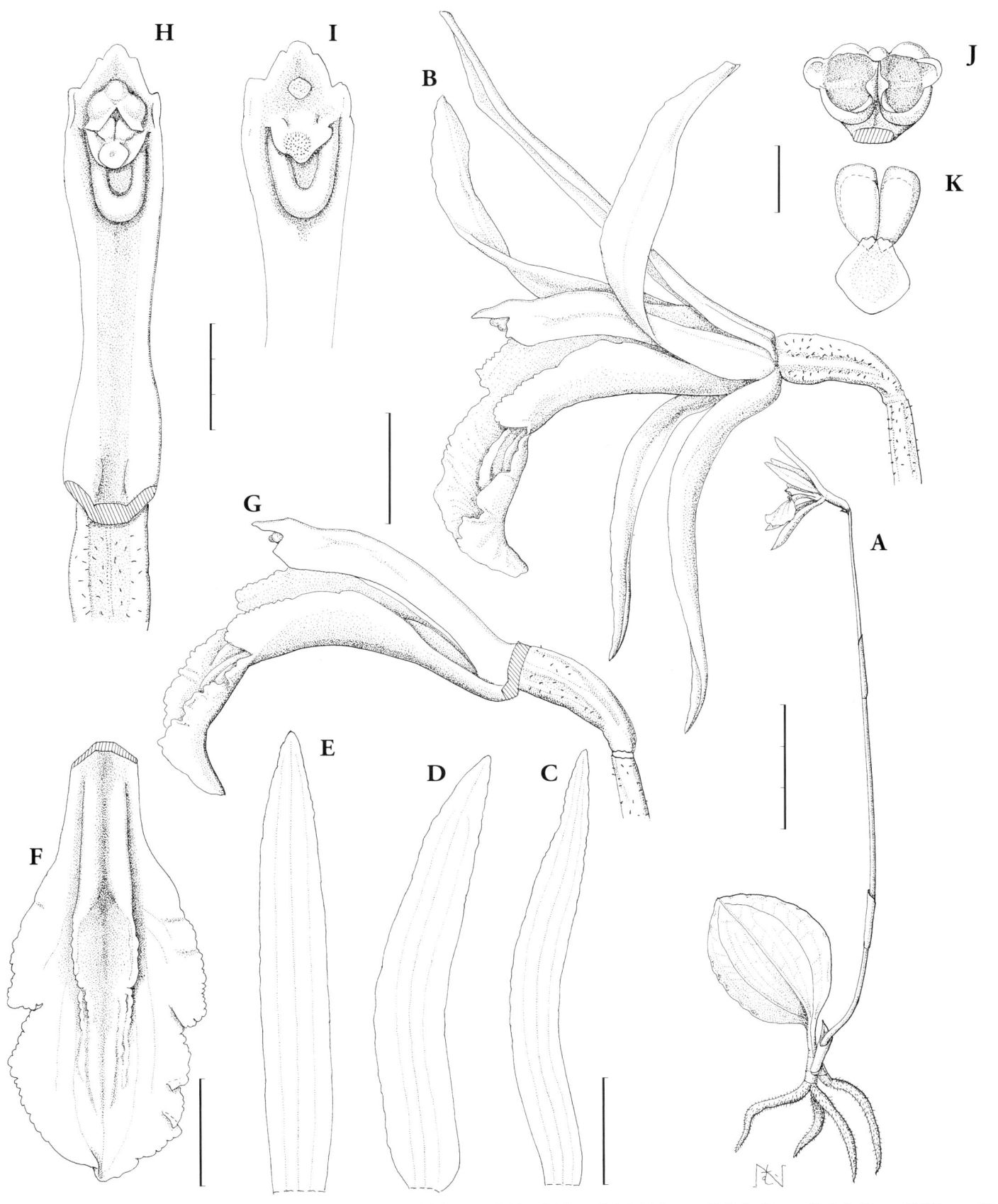

A- 植物体 ; B- 花 ; C- 側萼片 ; D- 花弁 ; E- 背萼片 ; F- 唇弁 ; G- 蕊柱，唇弁，花柄子房 ; H- 蕊柱と葯 ; I- 蕊柱上部 ; J- 葯帽 ; K- 花粉塊と粘着体.

A- plant; B- flower; C- lateral sepal; D- petal; E- dorsal sepal; F- lip; G- lip, column & pedicellate ovary; H- column with anther; I- apex of column; J- anther cap; K- pollinia.

Scales; A: 3 cm, B: 3 mm, C, D, E, F, G, H, I: 1 mm, F: 5 mm.

71-01. ハコネラン **Ephippianthus sawadanus** (F. Maek.) Ohwi

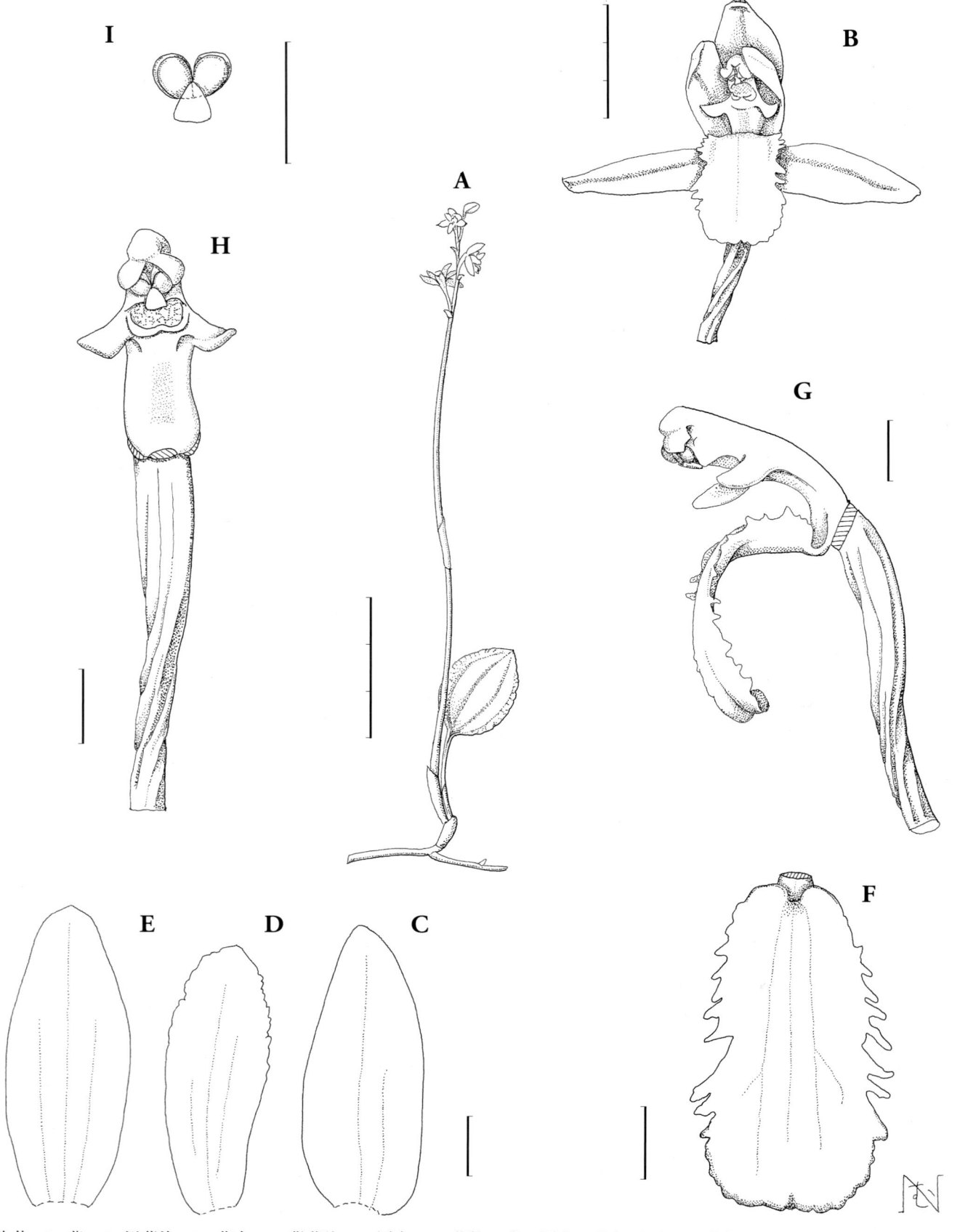

A- 植物体；B- 花；C- 側萼片；D- 花弁；E- 背萼片；F- 唇弁；G- 蕊柱，葯，唇弁，花柄子房；H- 蕊柱，葯，花柄子房の腹面；I- 花粉塊と粘着体.
A- plant; B- flower; C- lateral sepal; D- petal; E- dorsal sepal; F- lip; G- lip, column & pedicellate ovary; H- column with anther; I- pollinia.
Scales: A: 3 cm, B: 3 mm, C, D, E, F, G, H, I: 1 mm.

71-02. コイチヨウラン **Ephippianthus schmidtii** Richb. f.

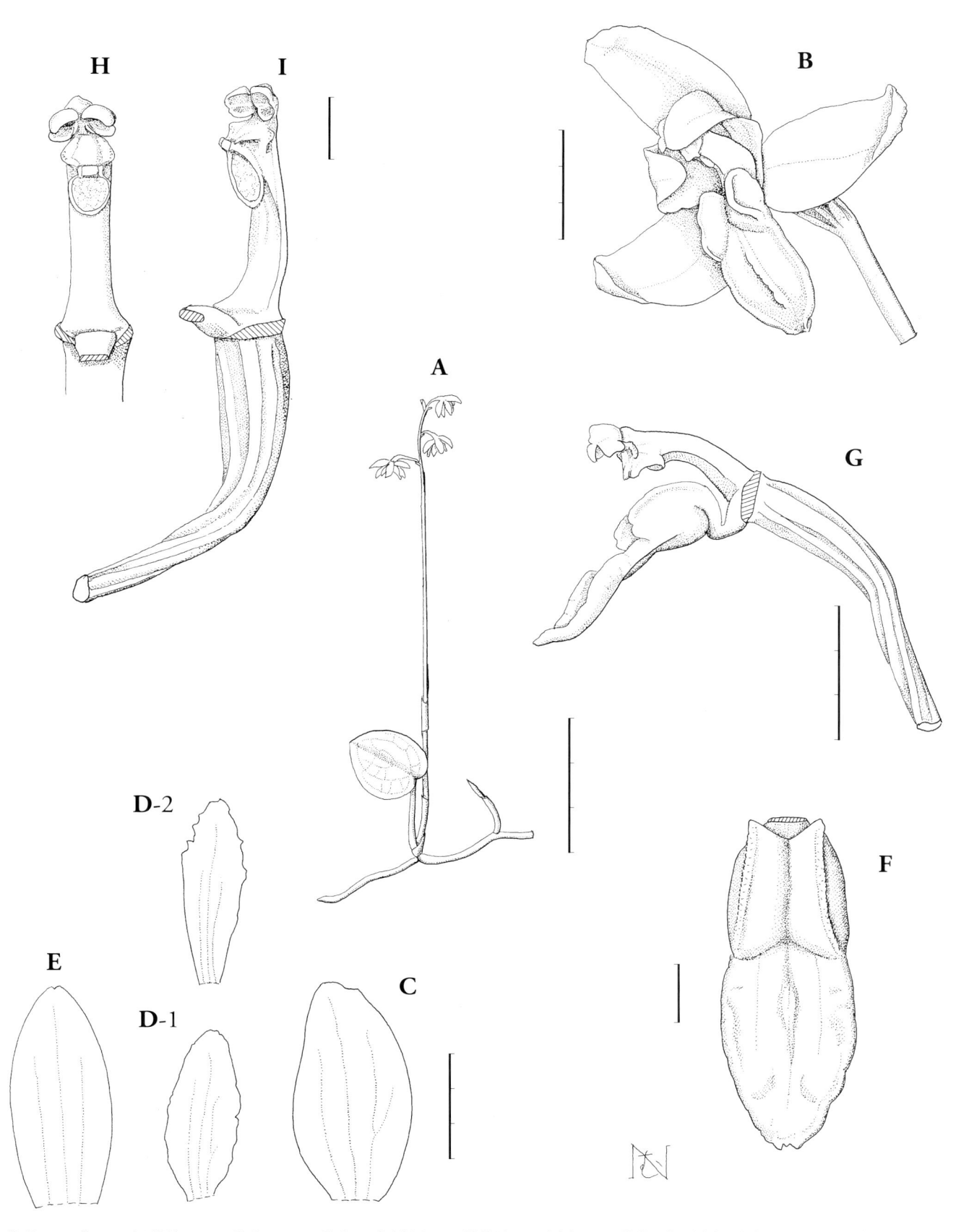

A- 植物体 ; B- 花 ; C- 側萼片 ; D-1 花弁 ; D-2- 花弁の変異例 ; E- 背萼片 ; F- 唇弁 ; G- 蕊柱, 葯, 唇弁, 花柄子房 ; H- 蕊柱と葯の腹面 ; I- 蕊柱, 葯, 花柄子房の側面.

A- plant; B- flower; C- lateral sepal; D-1- petal; D-2- petal of another flower; E- dorsal sepal; F- lip; G- column, anther, lip & pedicellate ovary; H- column with anther; I- column, anther & pedicellate ovary.

Scales: **A**: 3 cm, **B**, **C**, **D**, **E**, **G**: 3 mm, **F**, **H**, **I**: 1 mm.

71. Ephyppianthus

72-01. トサカメオトラン **Geodorum densiflorum** (Lam.) Schltr.

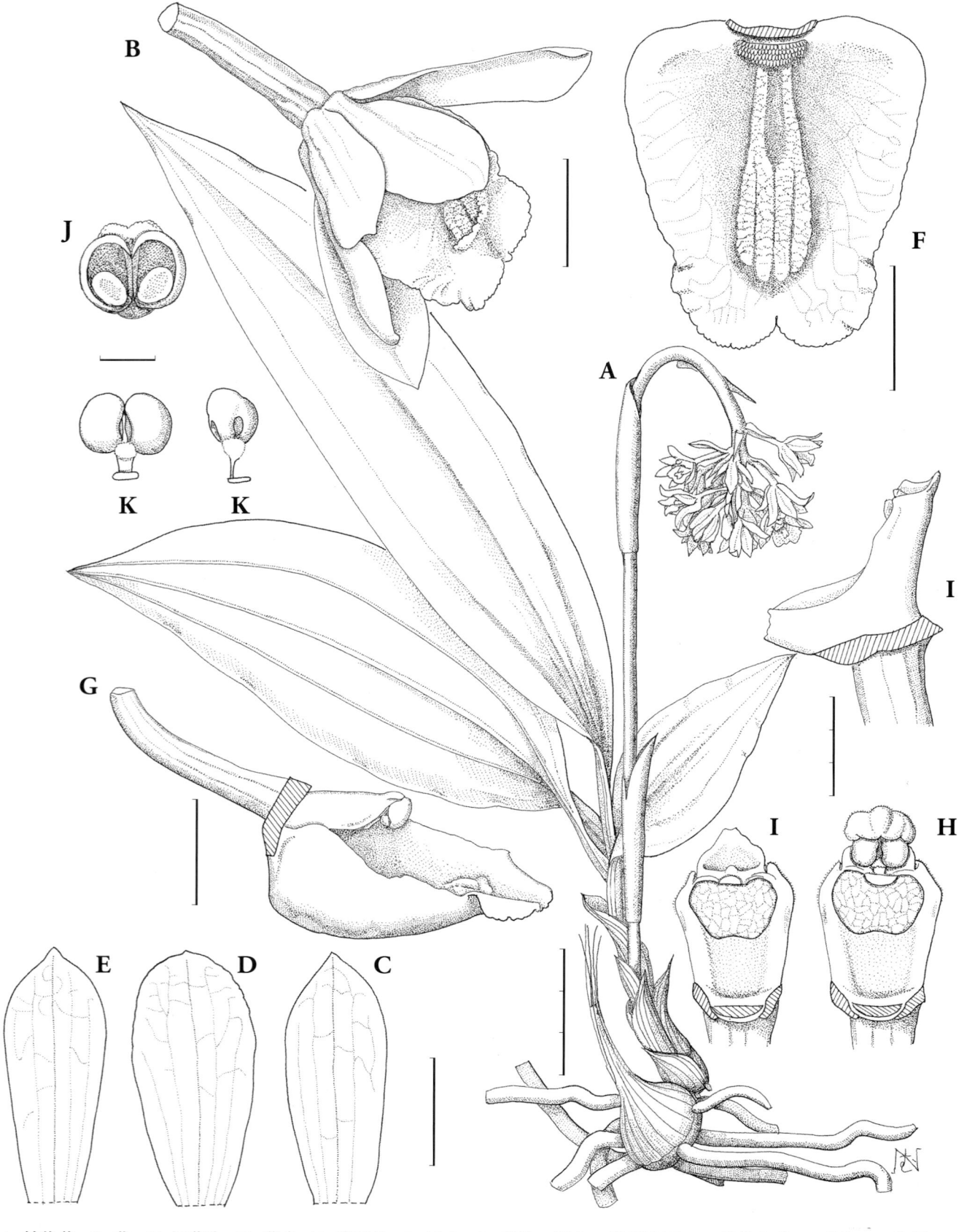

A- 植物体；**B**- 花；**C**- 側萼片；**D**- 花弁；**E**- 背萼片；**F**- 唇弁；**G**- 蕊柱，唇弁，花柄子房；**H**- 蕊柱と葯；**I**- 蕊柱；**J**- 葯帽；**K**- 花粉塊と粘着体．

A- plant; **B**- flower; **C**- lateral sepal; **D**- petal; **E**- dorsal sepal; **F**- lip; **G**- lip, column & pedicellate ovary; **H**- column with anther; **I**- column; **J**- anther cap; **K**- pollinia.

Scales: **A**: 3cm, **B, C, D, E, F, G**: 5 mm, **H, I**: 3 mm, **J, K**: 1 mm.

73-01. エダウチヤガラ **Eulophia graminea** Lindl.

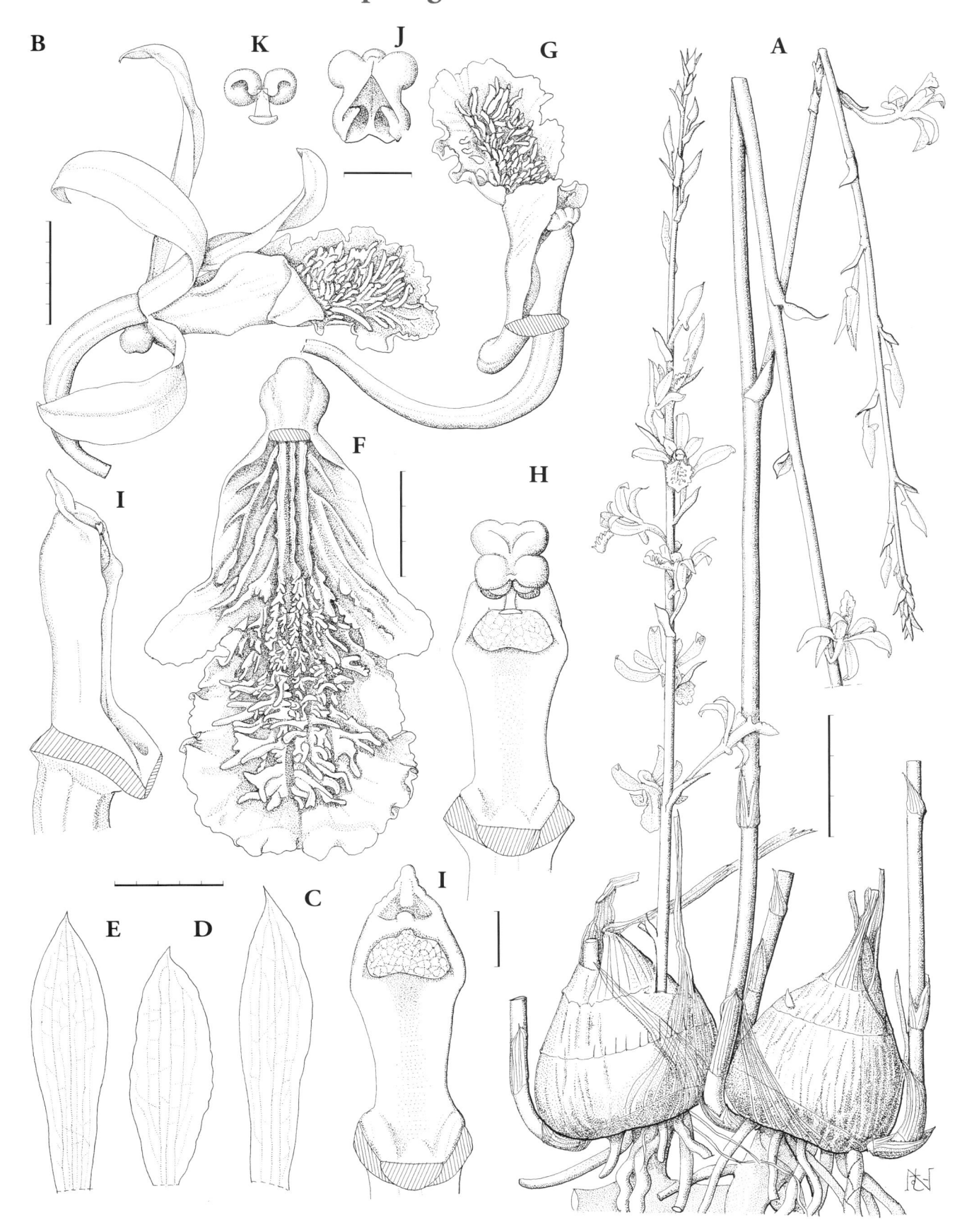

A- 植物体; B- 花; C- 側萼片; D- 花弁; E- 背萼片; F- 唇弁; G- 蕊柱, 唇弁, 花柄子房; H- 蕊柱と葯; I- 蕊柱; J- 葯帽; K- 花粉塊と粘着体.
A- plant; B- flower; C- lateral sepal; D- petal; E- dorsal sepal; F- lip; G- lip, column & pedicellate ovary; H- column with anther; I- column; J- anther cap; K- pollinia.
Scales: **A**: 3 cm, **B, C, D, E, G**: 5 mm, **F**: 3 mm, **H, I, J, K**: 1 mm.

73-02. タカサゴヤガラ Eulophia taiwanensis Hayata

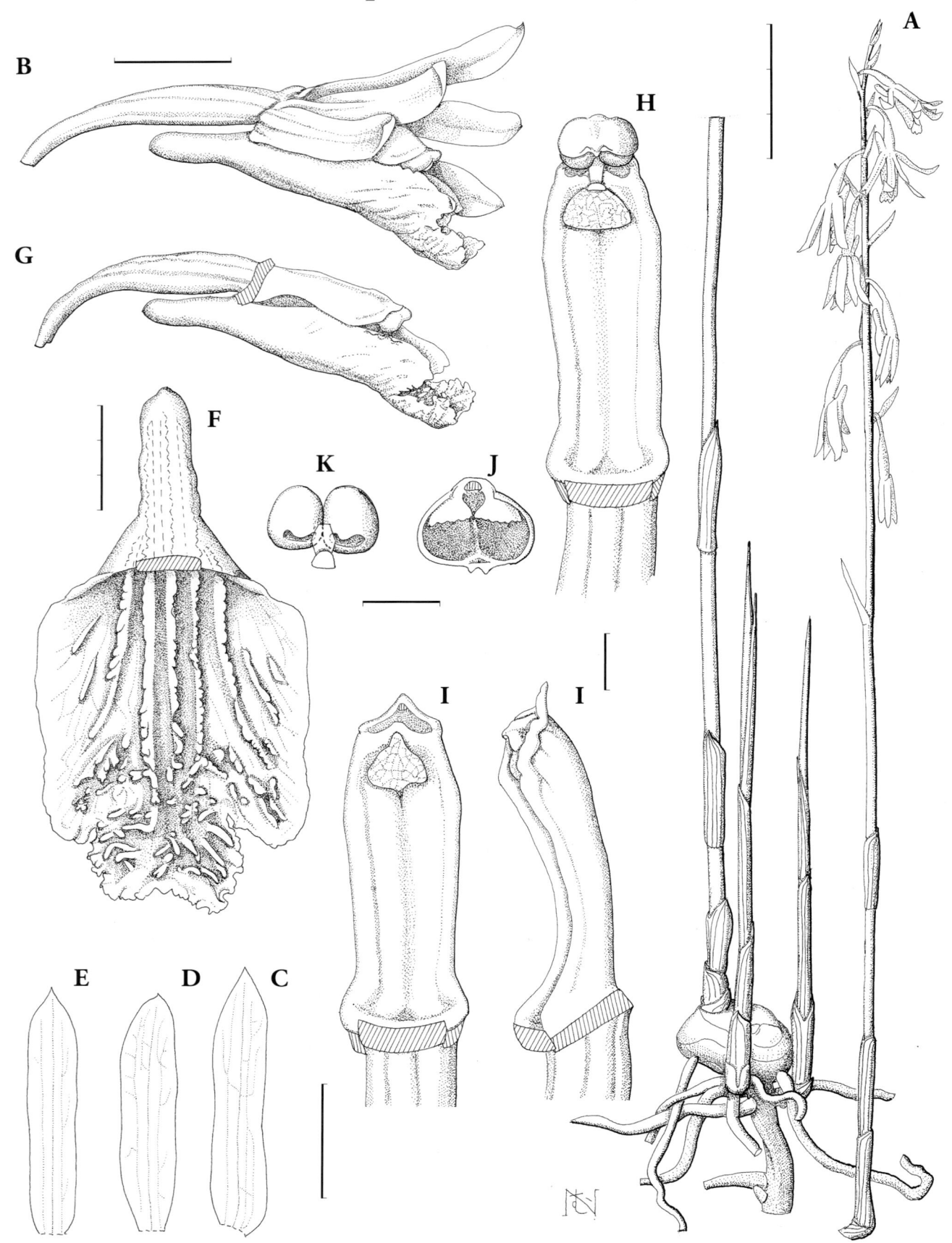

A- 植物体; B- 花; C- 側萼片; D- 花弁; E- 背萼片; F- 唇弁; G- 蕊柱, 唇弁, 花柄子房; H- 蕊柱と葯; I- 蕊柱; J- 葯帽; K- 花粉塊と粘着体.
A- plant; B- flower; C- lateral sepal; D- petal; E- dorsal sepal; F- lip; G- lip, column & pedicellate ovary; H- column with anther; I- column; J- anther cap; K- pollinia.
Scales: A: 3 cm, B, C, D, E, G: 5 mm, F: 3 mm, H, I, J, K: 1 mm.

73-03. イモネヤガラ Eulophia zollingeri (Rchb.f.) J. J. Smith

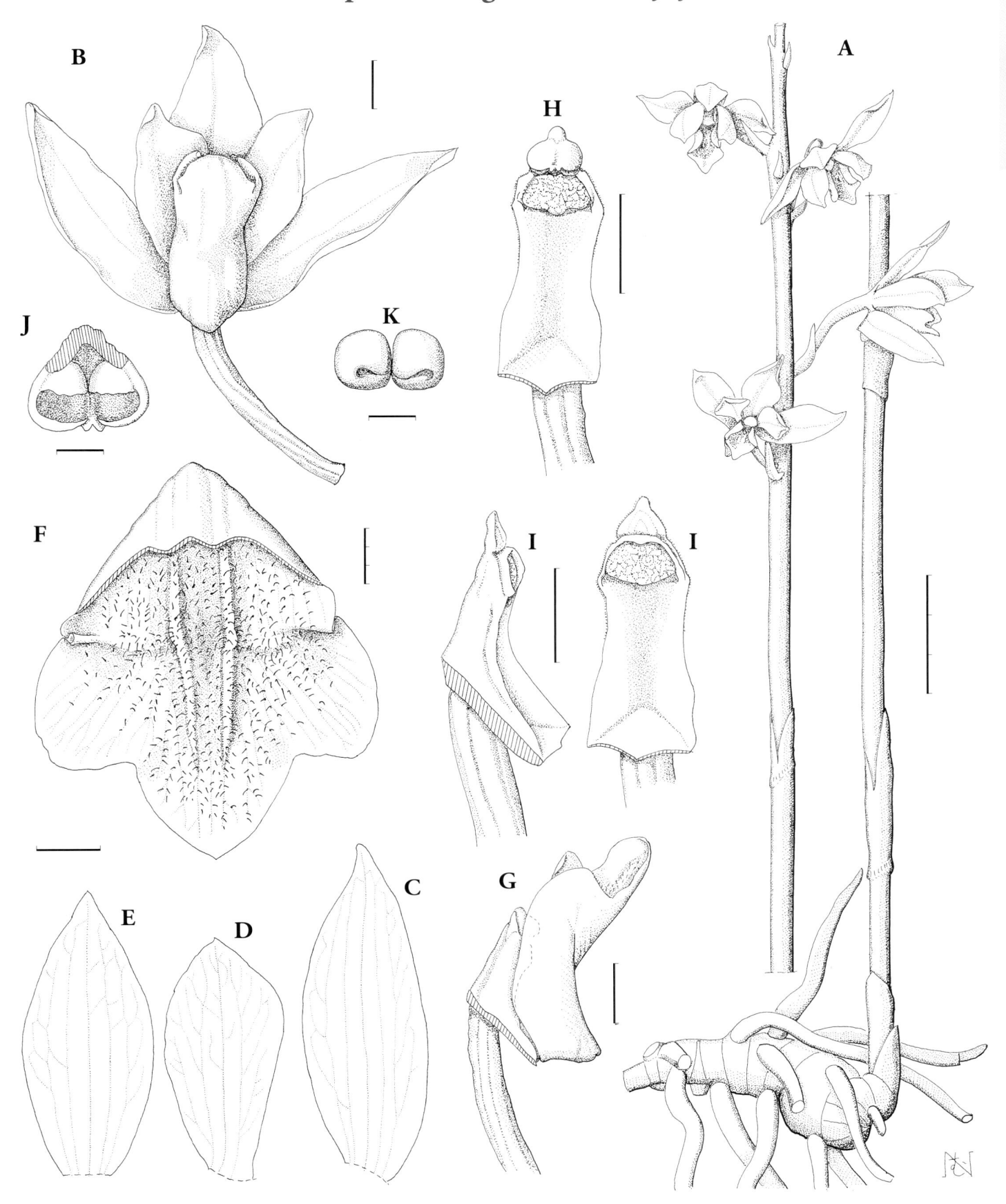

A- 植物体 ; B- 花 ; C- 側萼片 ; D- 花弁 ; E- 背萼片 ; F- 唇弁 ; G- 蕊柱，唇弁，子房 ; H- 蕊柱と葯 ; I- 蕊柱 ; J- 葯帽 ; K- 花粉塊.
A- plant; B- flower; C- lateral sepal; D- petal; E- dorsal sepal; F- lip; G- lip, column & pedicellate ovary; H- column with anther; I- column; J- anther cap; K- pollinia.
Scales: A: 3 cm, B, C, D, E, G, H, I: 5 mm, F: 3 mm, J, K: 1 mm.

74-01. クモラン **Taeniophyllum glandulosum** Blume

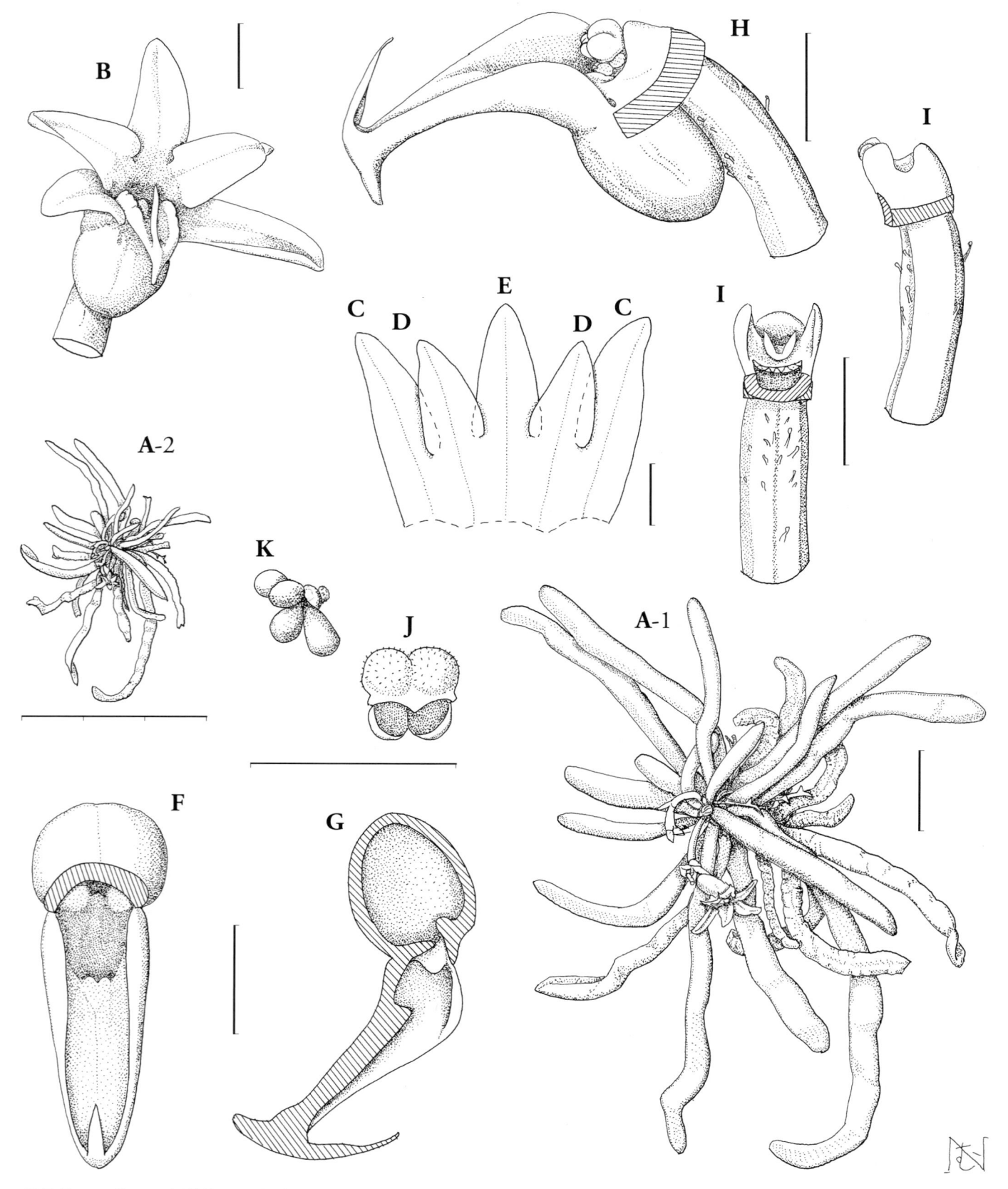

A- 植物体；**B**- 花；**C**- 側萼片；**D**- 花弁；**E**- 背萼片；**F**- 唇弁；**G**- 唇弁の縦断面；**H**- 蕊柱，唇弁，花柄子房；**I**- 蕊柱；**J**- 葯帽；**K**- 花粉塊と粘着体.

A- plant; **B**- flower; **C**- lateral sepal; **D**- petal; **E**- dorsal sepal; **F**- lip; **G**- vertical section of lip; **H**- lip, column & pedicellate ovary; **I**- column; **J**- anther cap; **K**- pollinia.

Scales: **A-1**: 5 mm, **A-2**: 3 cm, **B, C, D, E, F, G, H, I, J, K** :1 mm.

75-01. ムニンボウラン **Luisia occidentalis** Lindl.

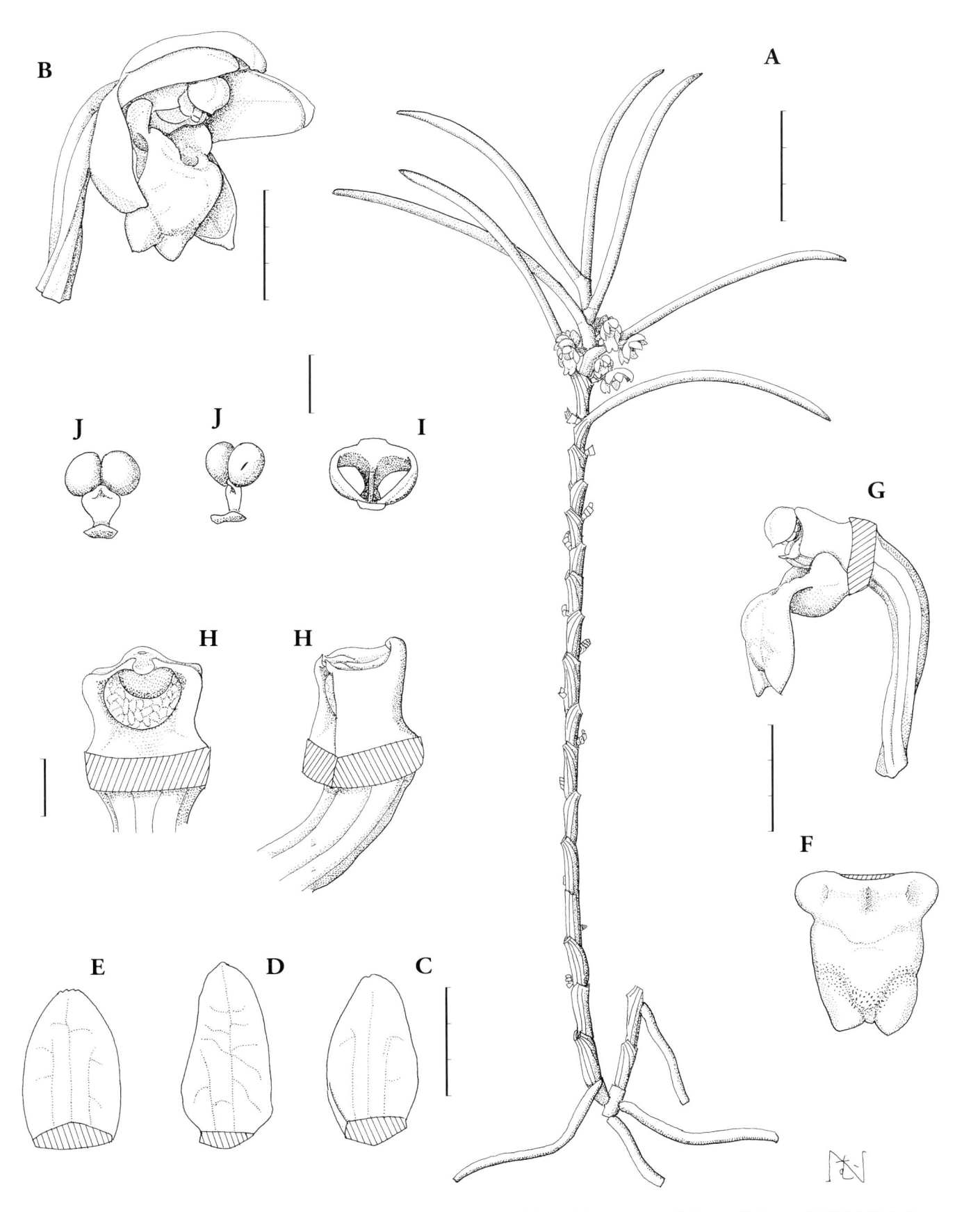

A- 植物体 ; B- 花 ; C- 側萼片 ; D- 花弁 ; E- 背萼片 ; F- 唇弁 ; G- 蕊柱，唇弁，花柄子房 ; H- 蕊柱 ; I- 葯帽 ; J- 花粉塊と粘着体.
A- plant; B- flower; C- lateral sepal; D- petal; E- dorsal sepal; F- lip; G- lip, column & pedicellate ovary; H- column; I- anther cap; J- pollinia.
Scales: **A**: 3 cm, **B**, **C**, **D**, **E**, **F**, **G**: 3 mm, **H**, **I**, **J**: 1 mm.

75-02. ボウラン **Luisia teres** (Thunb.) Blume

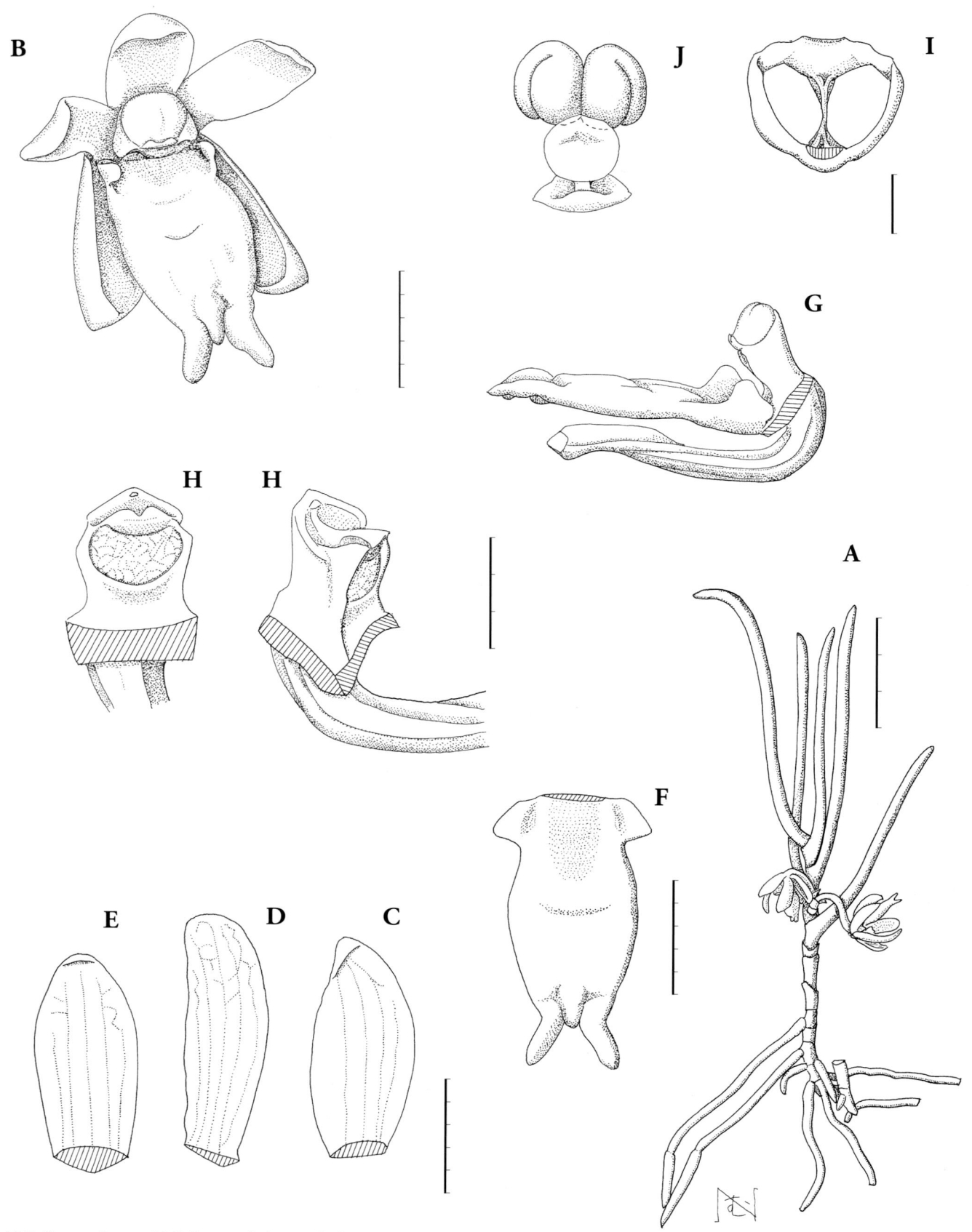

A- 植物体 ; B- 花 ; C- 側萼片 ; D- 花弁 ; E- 背萼片 ; F- 唇弁 ; G- 蕊柱，唇弁，花柄子房 ; H- 蕊柱 ; I- 葯帽 ; J- 花粉塊と粘着体.
A- plant; B- flower; C- lateral sepal; D- petal; E- dorsal sepal; F- lip; G- lip, column & pedicellate ovary; H- column; I- anther cap; J- pollinia.
Scales: **A**: 3 cm, **B, C, D, E, F, G**: 5 mm, **H**: 3 mm, **I, J**: 1 mm.

76-01. サガリラン **Diploprora championii** (Lindl.) Hook. f.

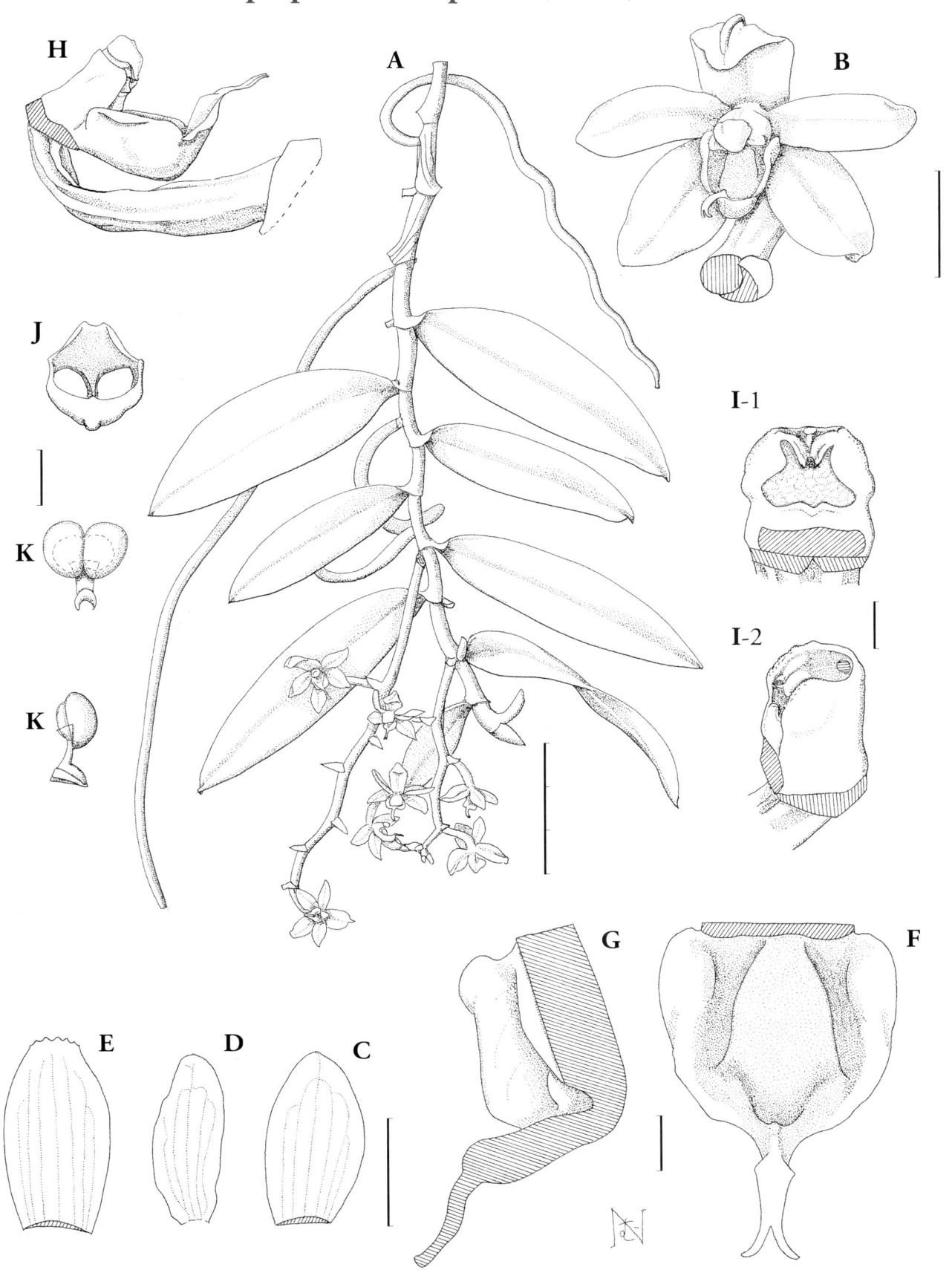

A- 植物体 ; B- 花 ; C- 側萼片 ; D- 花弁 ; E- 背萼片 ; F- 唇弁 ; G- 唇弁の縦断面 ; H- 蕊柱, 唇弁, 花柄子房 ; I-1- 蕊柱の腹面 ; I-2- 蕊柱の側面 ; J- 葯帽 ; K- 花粉塊.

A- plant; B- flower; C- lateral sepal; D- petal; E- dorsal sepal; F- lip; G- vertical section of lip; H- lip, column, pedicellate ovary & bract; I-1- vental view of columun; I-2- lateral view of columun; J- anther cap; K- pollinia.

Scales: A: 3 mm, B, C, D, E, H: 5 mm, F, G, I, J, K: 1 mm.

77-01. ハガクレナガミラン **Thrixpermum fantasticum** L. O. Williams

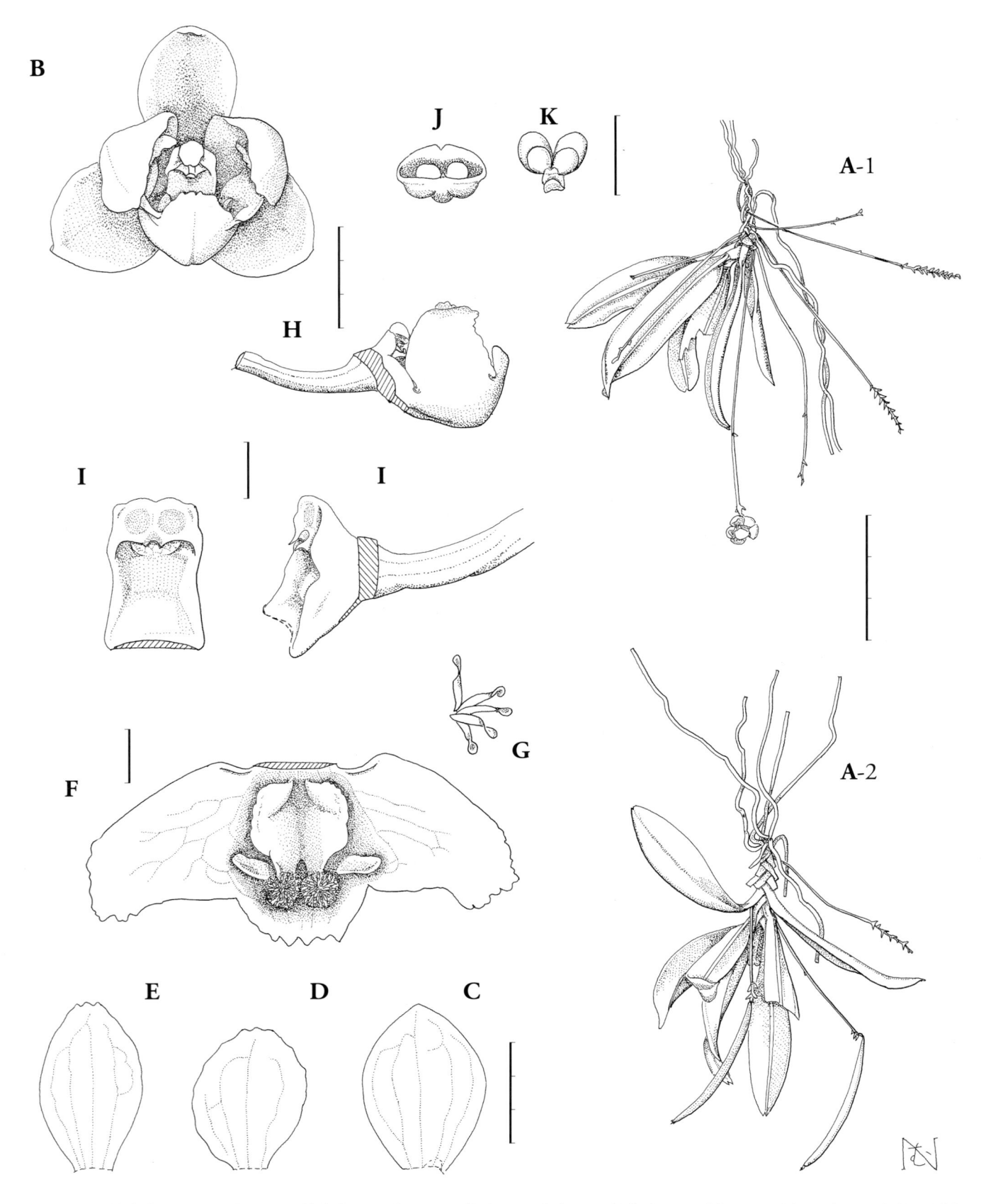

A-1- 花のある植物体 ; **A**-2- 果実のある植物体 ; **B**- 花 ; **C**- 側萼片 ; **D**- 花弁 ; **E**- 背萼片 ; **F**- 唇弁 ; **G**- 唇弁の毛 ; **H**- 蕊柱, 唇弁, 花柄子房 ; **I**- 蕊柱 ; **J**- 葯帽 ; **K**- 花粉塊と粘着体.

A-1- plant with flower; **A**-2- plant with fruits; **B**- flower; **C**- lateral sepal; **D**- petal; **E**- dorsal sepal; **F**- lip; **G**- hairs of lip; **H**- lip, column & pedicellate ovary; **I**- column; **J**- anther cap; **K**- pollinia.

Scales: **A**: 3 cm, **B, C, D, E, H**: 3 mm, **F, I, J, K**: 1 mm.

77-02. カヤラン **Thrixpermum japonicum** Rchb. f.

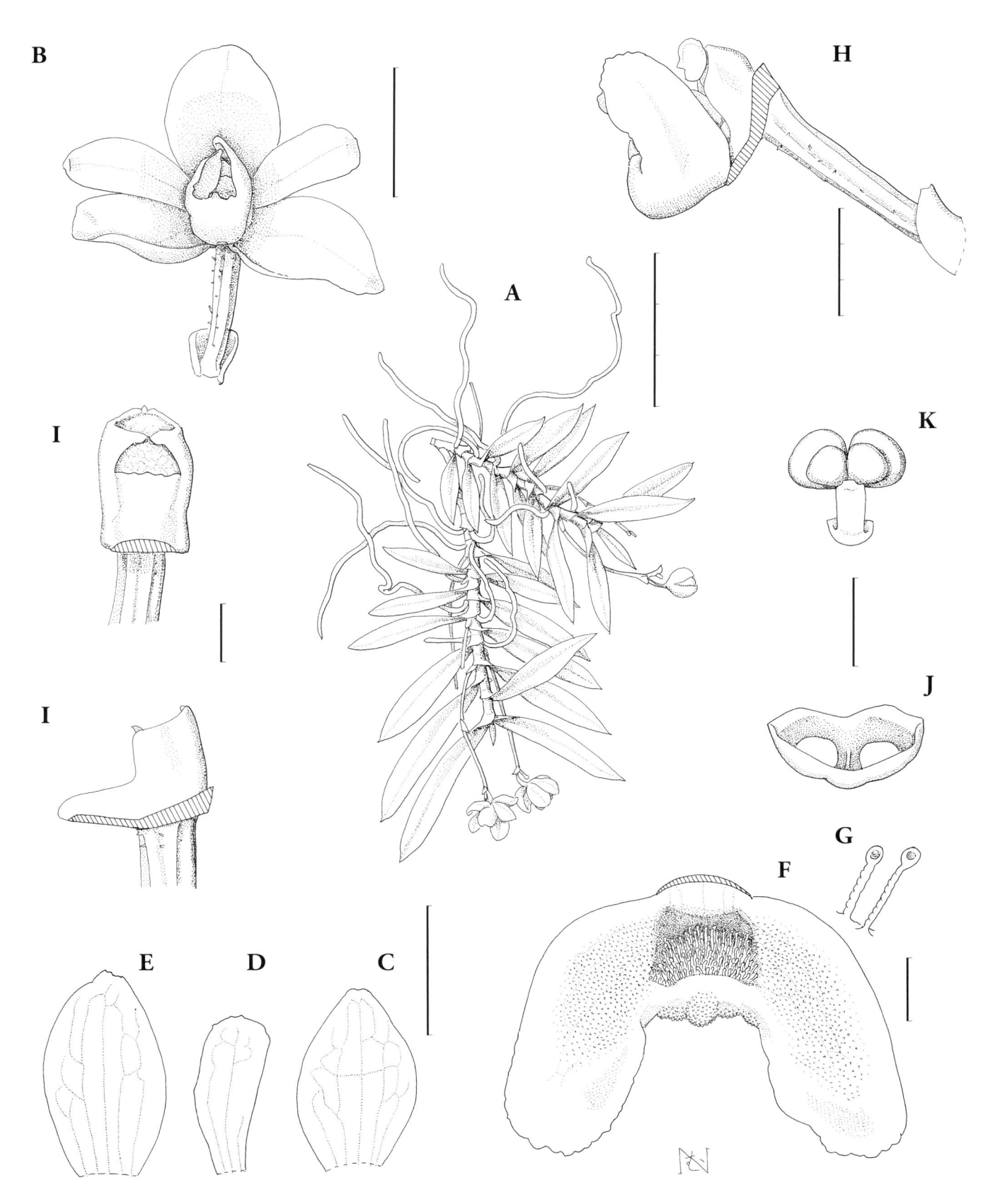

A- 植物体 ; B- 花と苞 ; C- 側萼片 ; D- 花弁 ; E- 背萼片 ; F- 唇弁 ; G- 唇弁の毛 ; H- 蕊柱，唇弁，花柄子房と苞 ; I- 蕊柱 ; J- 葯帽 ; K- 花粉塊と粘着体.

A- plant; B- flower with bract; C- lateral sepal; D- petal; E- dorsal sepal; F- lip; G- hairs of in the saccate of lip; H- lip, column & pedicellate ovary with bract; I- column; J-anther cap; K- pollinia.

Scales: A: 3 cm, B, C, D, E: 5 mm, F, I, J, K: 1 mm, H: 3 mm.

77-03. ケイトウフウラン Thrixpermum saruwatarii (Hayata) Schltr.

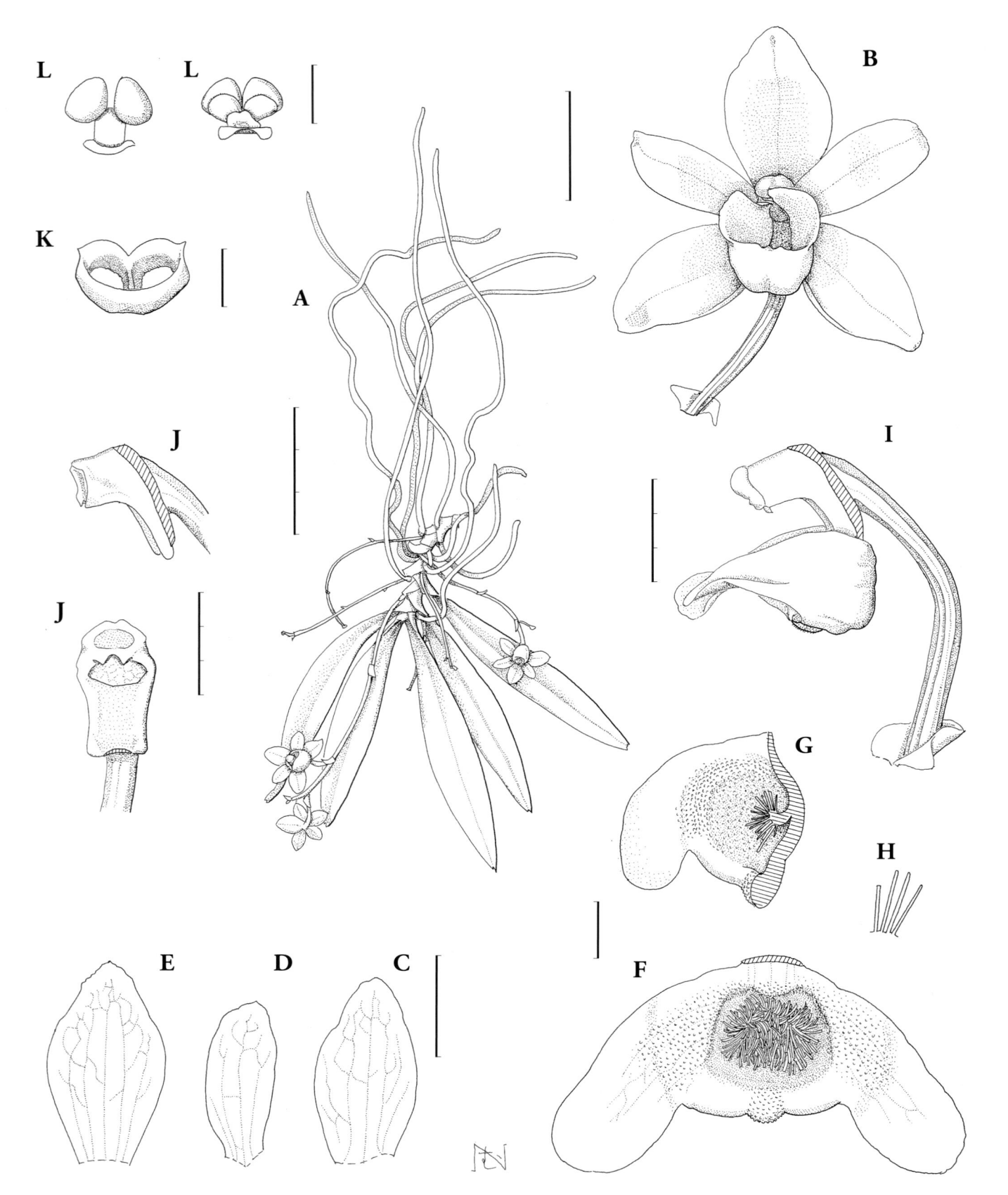

A- 植物体 ; B- 花 ; C- 側萼片 ; D- 花弁 ; E- 背萼片 ; F- 唇弁 ; G- 唇弁の縦断面 ; H- 唇弁肉塊の毛 ; I- 蕊柱，唇弁，花柄子房と苞 ; J- 蕊柱 ; K- 葯帽 ; L- 花粉塊.

A- plant; B- flower; C- lateral sepal; D- petal; E- dorsal sepal; F- lip; G- vertical section of lip; H- hairs of lip callus; I- lip, column, pedicellate ovary with bract; J- column; K- anther cap; L- pollinia.

Scales: A: 3 cm, B, C, D, E: 5 mm, F, G, K, L: 1 mm, I, J: 3 mm.

78-01. フウラン **Neofinetia falcate** (Thunb.) Hu

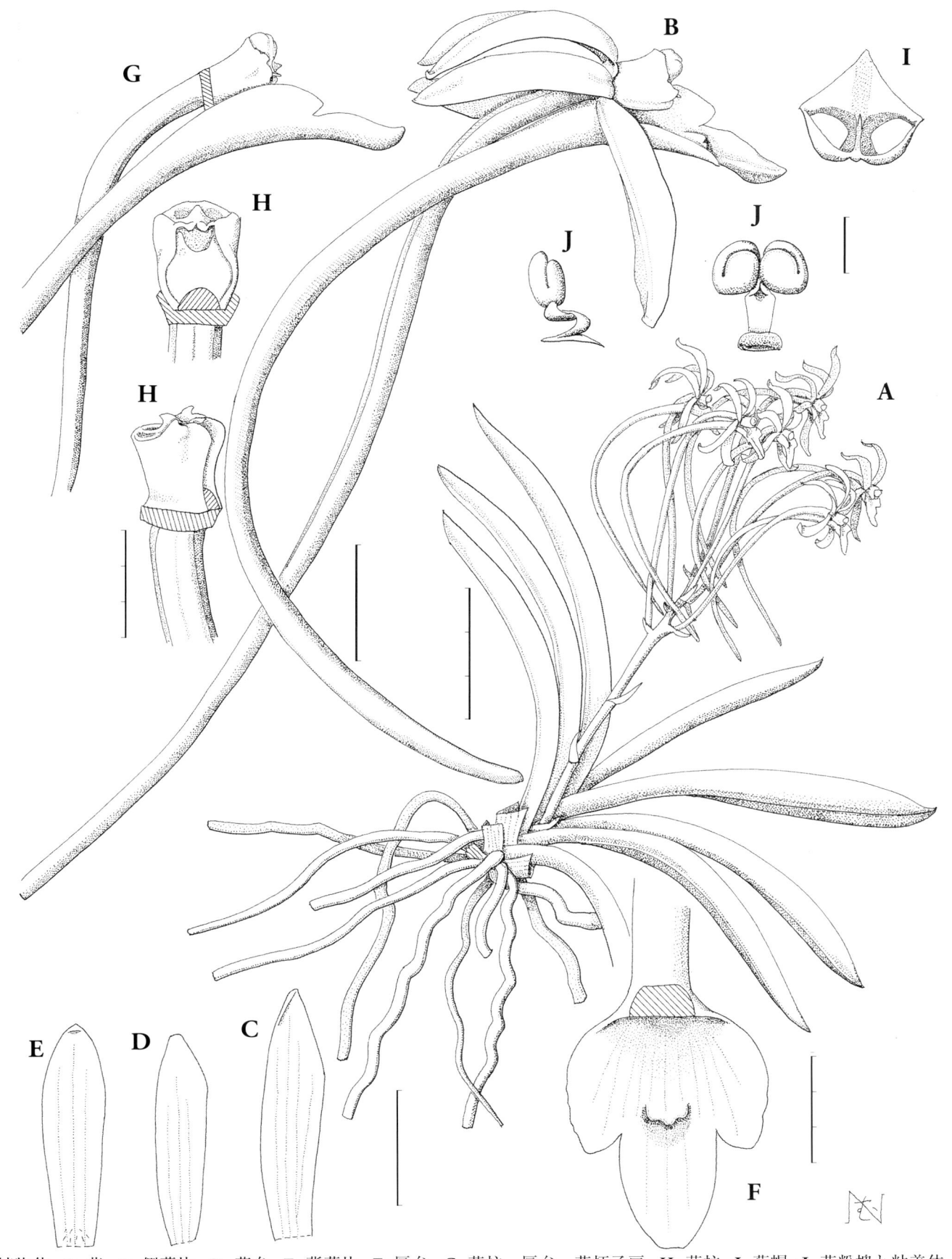

A- 植物体 ; **B**- 花 ; **C**- 側萼片 ; **D**- 花弁 ; **E**- 背萼片 ; **F**- 唇弁 ; **G**- 蕊柱, 唇弁, 花柄子房 ; **H**- 蕊柱 ; **I**- 葯帽 ; **J**- 花粉塊と粘着体.
A- plant; **B**- flower; **C**- lateral sepal; **D**- petal; **E**- dorsal sepal; **F**- lip; **G**- lip, column & pedicellate ovary; **H**- column; **I**- anther cap; **J**- pollinia.
Scales: **A**: 3 cm, **B, C, D, E, G** :5 mm, **F, H**: 3mm, **I, J**: 1 mm.

289

78. Neophinettia

79-01. マツゲカヤラン Gastrochilus ciliaris F. Maek.

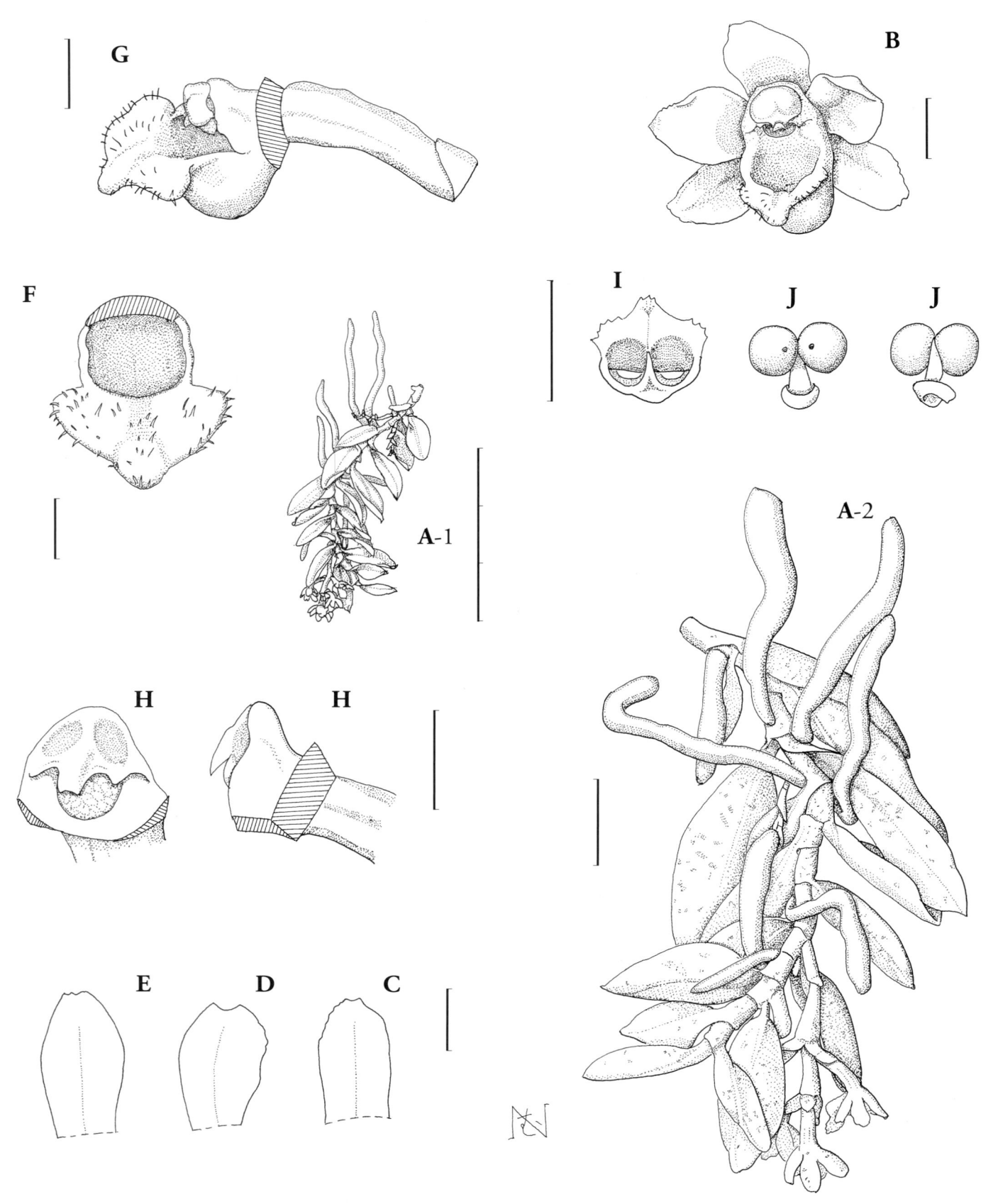

A- 植物体 ; B- 花 ; C- 側萼片 ; D- 花弁 ; E- 背萼片 ; F- 唇弁 ; G- 蕊柱, 唇弁, 花柄子房, 苞 ; H- 蕊柱 ; I- 葯帽 ; J- 花粉塊と粘着体.
A- plant; B- flower; C- lateral sepal; D- petal; E- dorsal sepal; F- lip; G- lip, column & pedicellate ovary; H- column; I- anther cap; J- pollinia.
Scales: A-1: 3 cm, A-2: 5 mm, B, C, D, E, F, G, H, I, J: 1 mm.

79-02. カシノキラン **Gastrochilus japonicus** (Makino) Schltr.

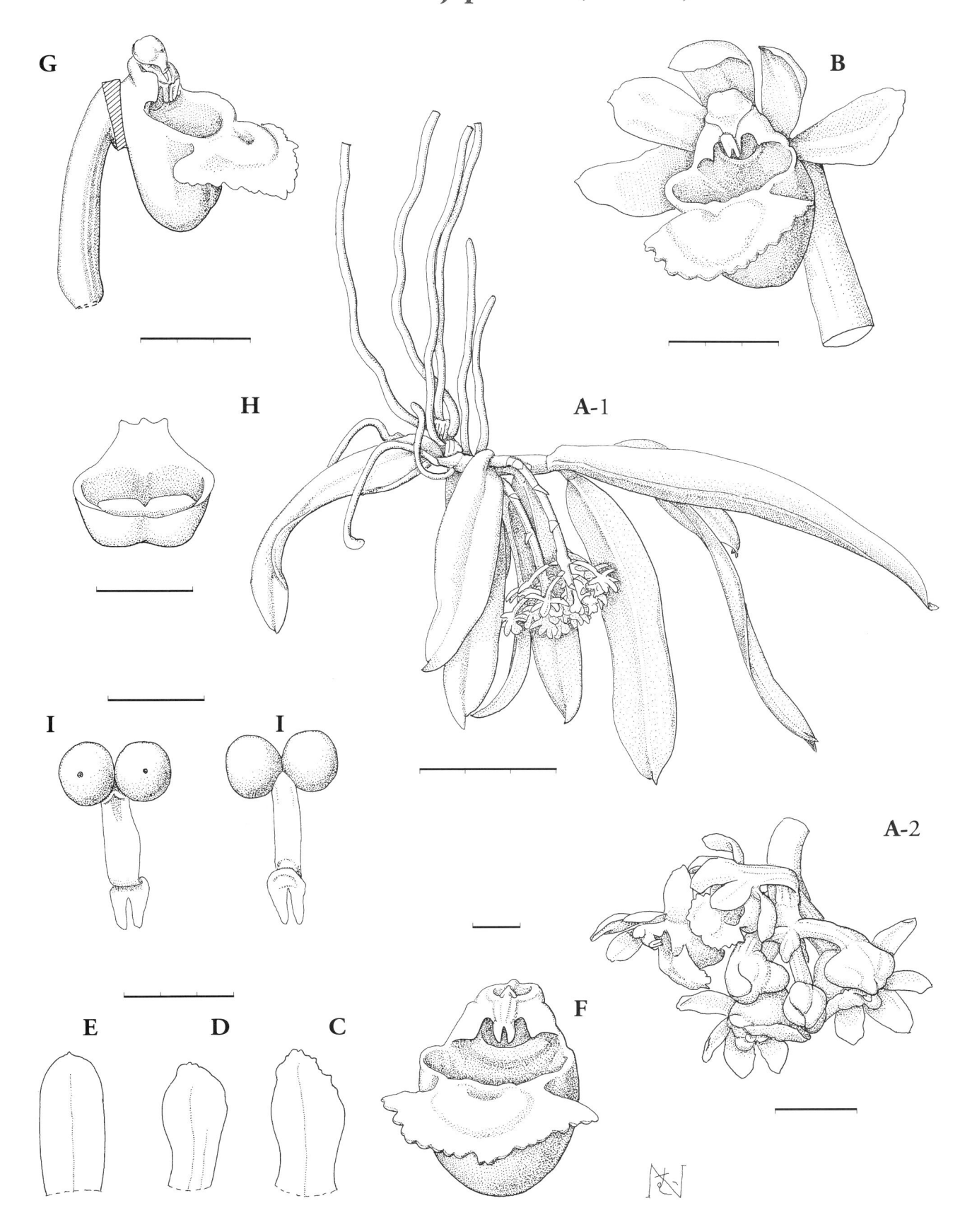

A-1- 植物体；**A**-2- 花梗；**B**- 花；**C**- 側萼片；**D**- 花弁；**E**- 背萼片；**F**- 唇弁；**G**- 蕊柱，唇弁，花柄子房；**H**- 葯帽；**I**- 花粉塊と粘着体.
A-1- plant; **A**-2- rachis; **B**- flower; **C**- lateral sepal; **D**- petal; **E**- dorsal sepal; **F**- lip & column; **G**- lip, column & pedicellate ovary; **H**- anther cap; **I**- pollinia.
Scales: **A**-1: 3 cm, **A**-2: 5 mm, **B**, **C**, **D**, **E**, **G**: 3 mm, **H**, **I**: 1 mm.

79-03. ベニカヤラン **Gastrochilus matsuran** (Makino) Schltr.

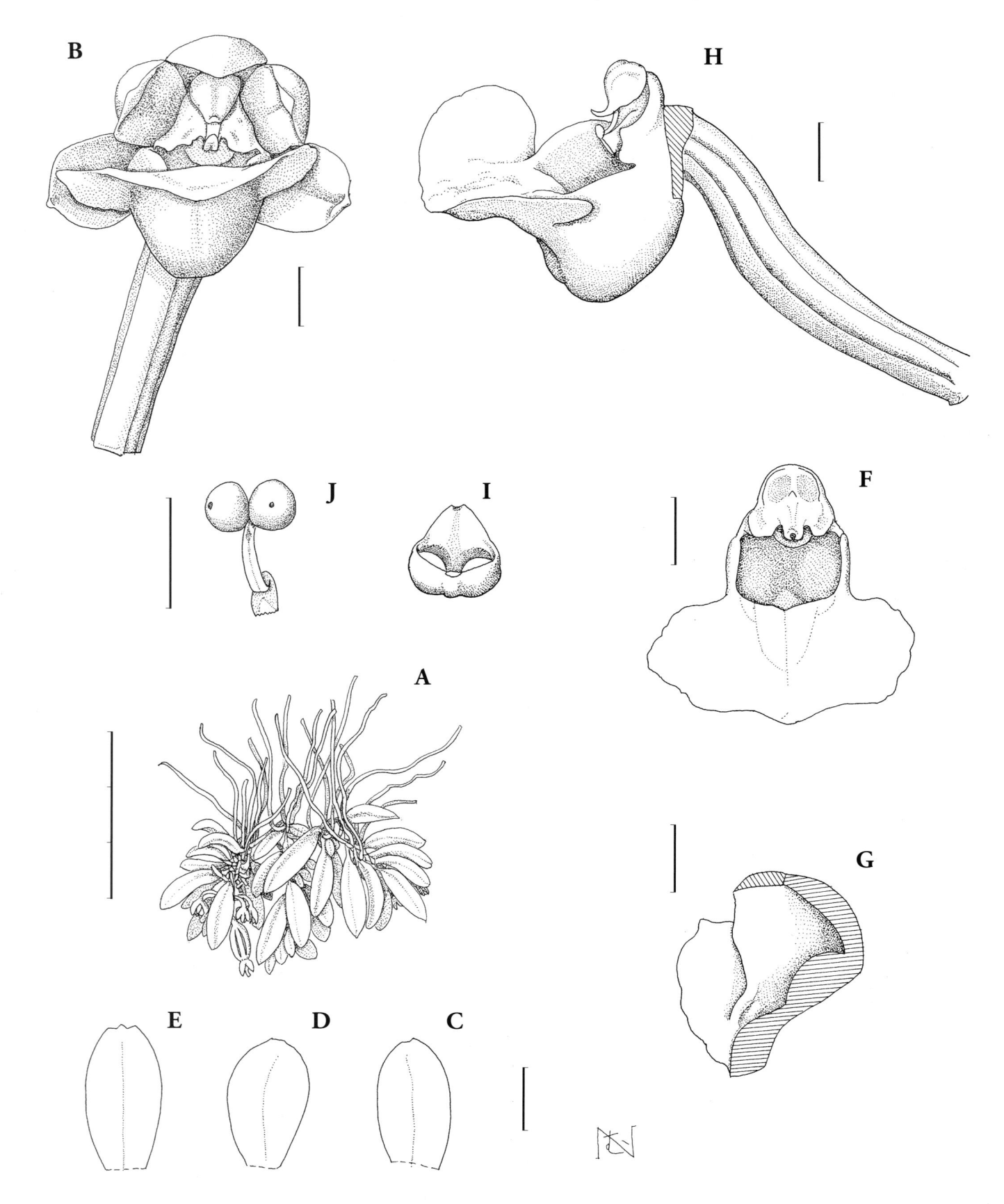

A- 植物体; B- 花; C- 側萼片; D- 花弁; E- 背萼片; F- 唇弁; G- 唇弁の縦断面; H- 蕊柱, 唇弁, 花柄子房; I- 葯帽; J- 花粉塊と粘着体.
A- plant; B- flower; C- lateral sepal; D- petal; E- dorsal sepal; F- lip; G- vertical section of lip; H- lip, column & pedicellate ovary; I- anther cap; J- pollinia.
Scales: A: 3 cm, B, C, D, E, F, G, H, I, J: 1 mm.

79-04. モミラン **Gastrochilus toramanus** (Makino) Schltr.

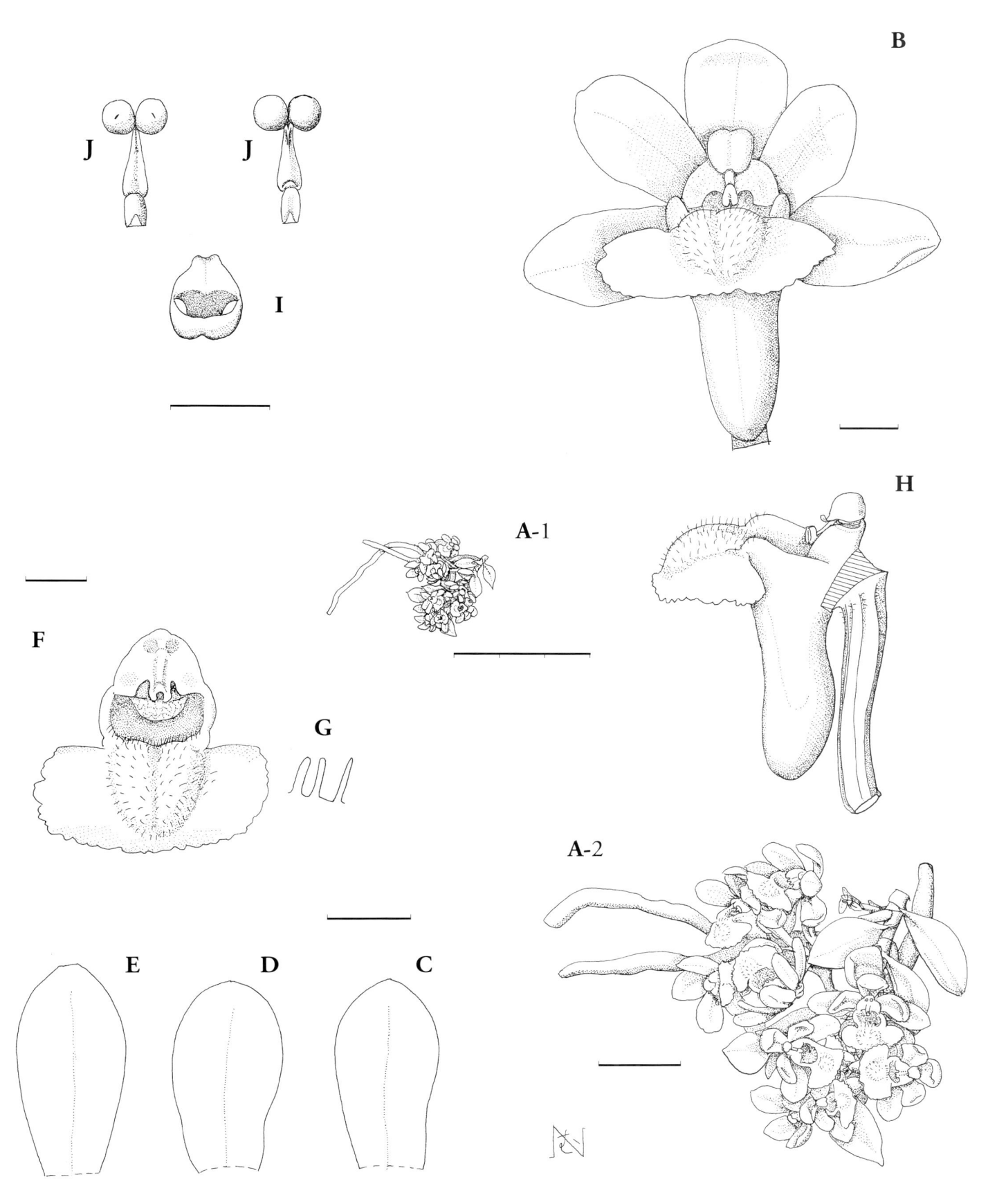

A- 植物体 ; B- 花 ; C- 側萼片 ; D- 花弁 ; E- 背萼片 ; F- 唇弁 ; G- 唇弁の毛 ; H- 蕊柱，唇弁，花柄子房 ; I- 葯帽 ; J- 花粉塊と粘着体.
A- plant; B- flower; C- lateral sepal; D- petal; E- dorsal sepal; F- lip; G- hair of lip; H- lip, column, pedicellate ovary; I- anther cap; J- pollinia.
Scales: A-1: 3 cm, A-2: 5 cm, B, C, D, E, F, H, I, J: 1 mm.

80-01. ナゴラン **Sediera japonica** (Linden & Rchb. f) Garay et H. R. Sweet

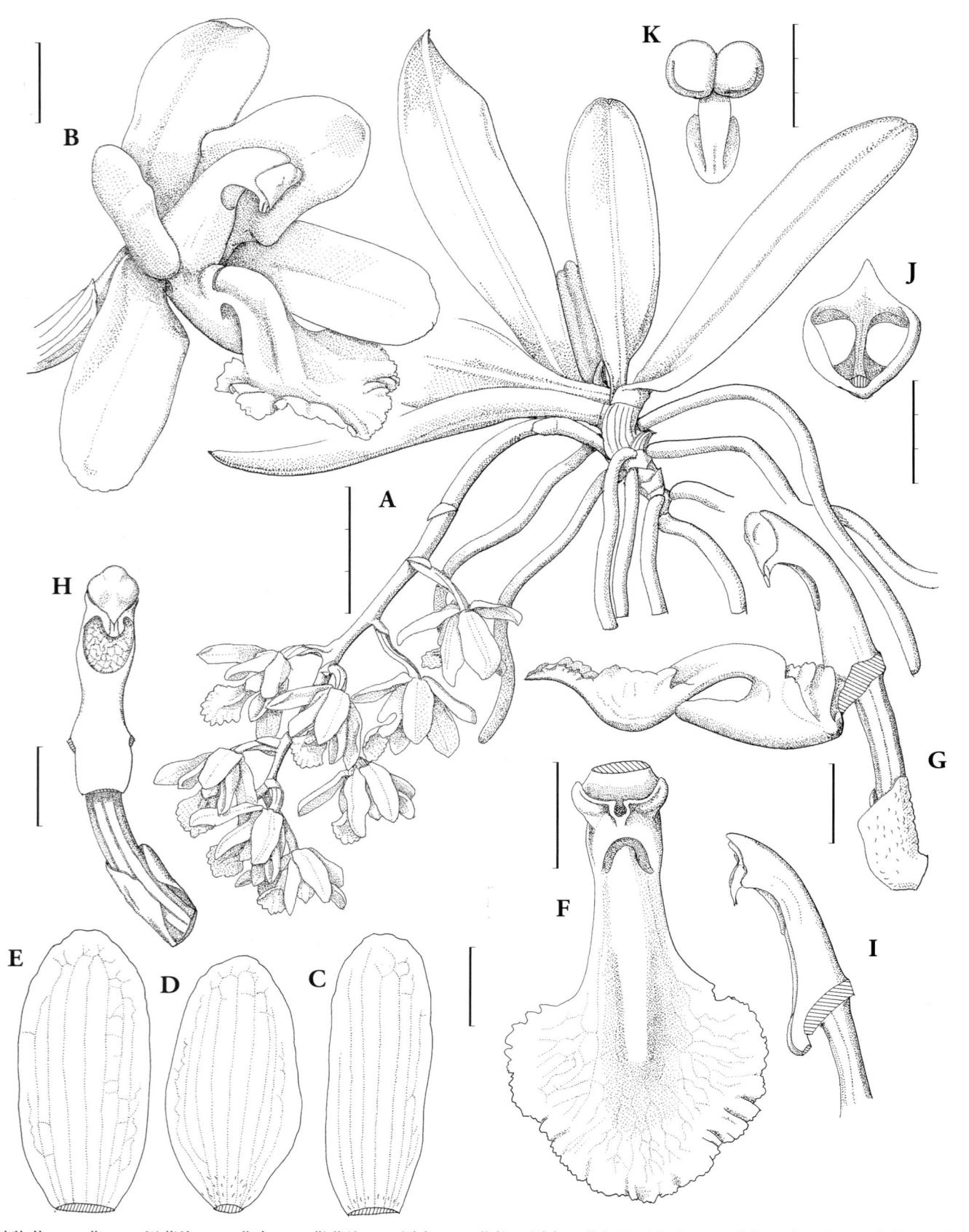

A- 植物体；B- 花；C- 側萼片；D- 花弁；E- 背萼片；F- 唇弁；G- 蕊柱, 唇弁, 花柄子房と苞；H- 蕊柱, 葯, 苞；I- 蕊柱；J- 葯帽； K- 花粉塊と粘着体.

A- plant; B- flower; C- lateral sepal; D- petal; E- dorsal sepal; F- lip; G- lip, column, pedicellate ovary with bract; H- column, anther with bract; I- column; J- anther cap; K- pollinia.

Scales: A: 3 cm, B, C, D, E, F, G, H, I: 5 mm, J, K: 3 mm.

81-01. ムカデラン Cleisostoma scolopendriflolius (Makino) Garay

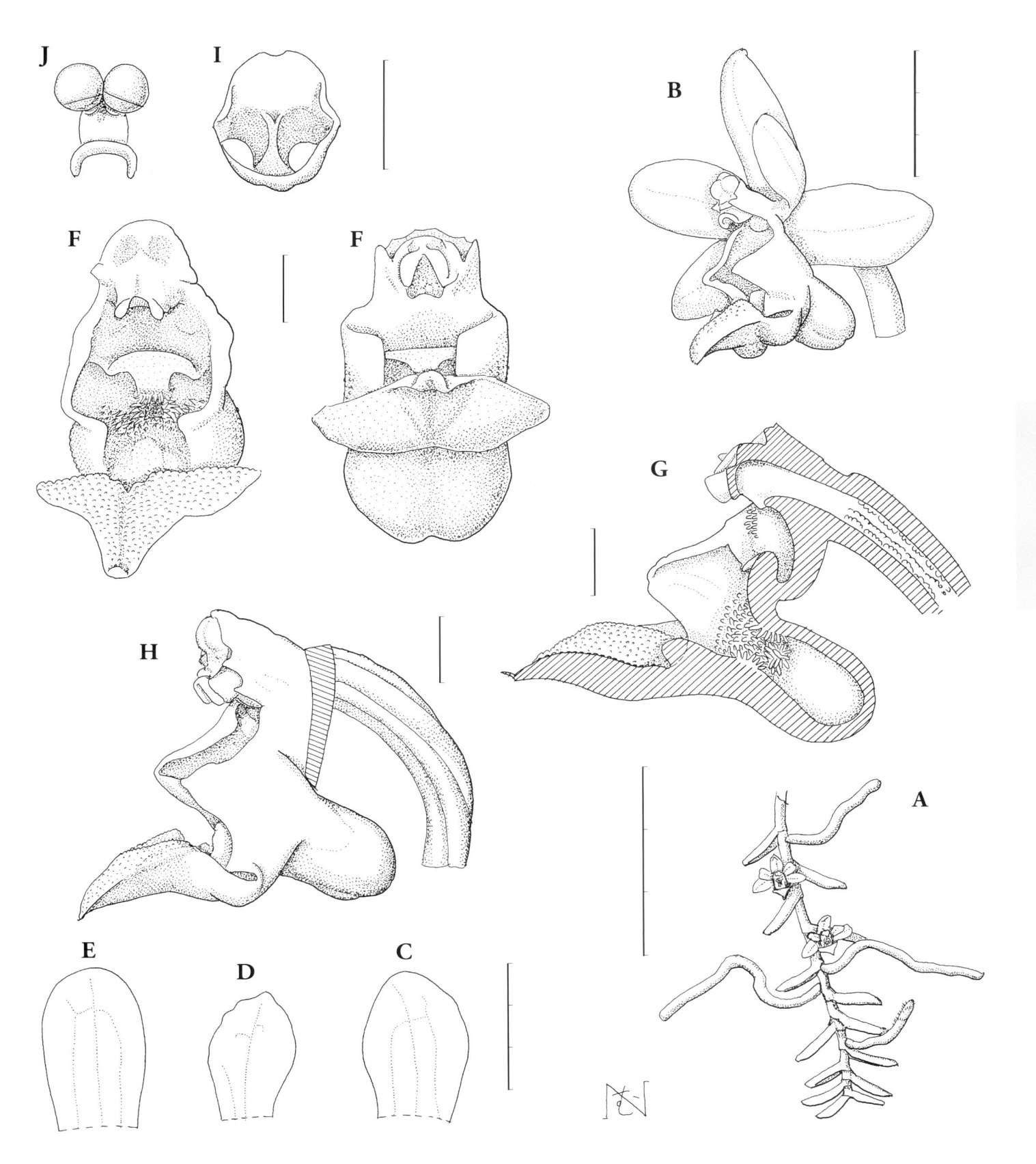

A- 植物体；B- 花；C- 側萼片；D- 花弁；E- 背萼片；F- 唇弁と蕊柱；G- 蕊柱，唇弁，花柄子房；H- 蕊柱と唇弁の縦断面；I- 葯帽；J- 花粉塊.

A- plant; B- flower; C- lateral sepal; D- petal; E- dorsal sepal; F- lip & column; G- lip, column & pedicellate ovary; H- vertical section of lip & column; I- anther cap; J- pollinia.

Scales: A: 3 cm, B, C, D, E: 3 cm, F, G, H, I, J: 1 mm.

82-01. イリオモテラン *Staurochilus luchuensis* (Rolfe) Fukuy.

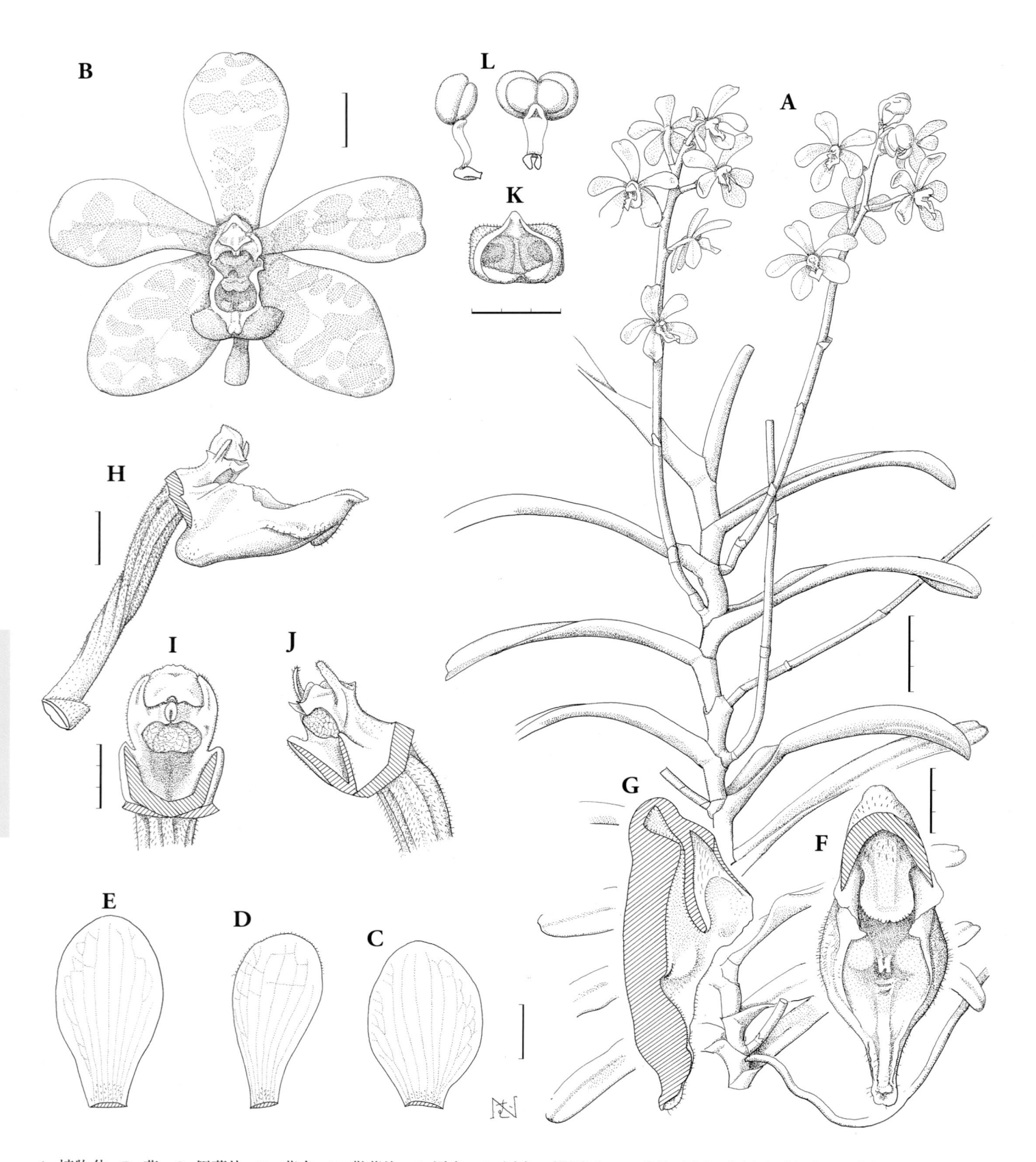

A- 植物体 ; B- 花 ; C- 側萼片 ; D- 花弁 ; E- 背萼片 ; F- 唇弁 ; G- 唇弁の縦断面 ; H- 蕊柱, 唇弁, 花柄子房と苞 ; I- 蕊柱と葯 ; J- 蕊柱 ; K- 葯帽 ; L- 花粉塊と粘着体.

A- plant; B- flower; C- lateral sepal; D- petal; E- dorsal sepal; F- lip; G- vertical section of lip; H- lip, column with bract; I- column with anther; J- column; K- anther cap; L- pollinia.

Scales: A: 3 cm, B, C, D, E, H: 5 mm, F, G, I, J, K, L: 3 mm.

83-01. ジンヤクラン **Arachnis labrosa** (Lindl. et Paxt.) Rchb. f.

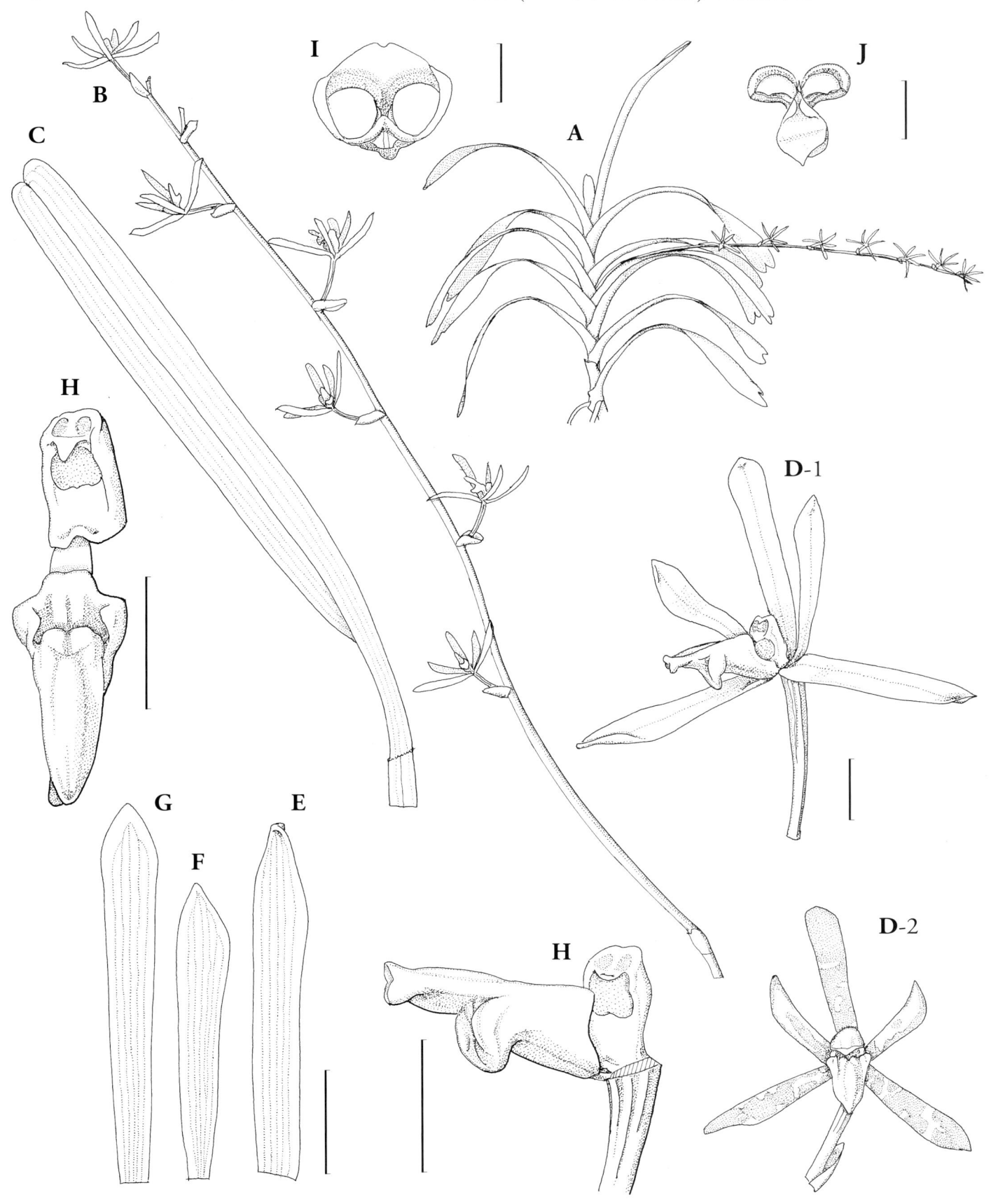

A- 植物体 ; B- 花序 ; C- 葉 ; D- 花 - 写真と標本から ; E- 側萼片 ; F- 花弁 ; G- 背萼片 ; H- 唇弁と蕊柱 ; I- 葯帽 ; J- 花粉塊.
A- plant (from photo); B- inflorescence; C- leaf; D- flower, from photo & dry material; E- lateral sepal; F- petal; G- dorsal sepal; H- lip & column; I- anther cap; J- pollinia.
Scales: **B**, **C**: 3 cm, **D**-1, **E**, **F**, **G**, **H**: 5 mm, **I**, **J** : 1 mm.

標本情報

01. Apostasia Blume

01-01. Apostasia nipponica Masam.

ヤクシマラン

地生．花は黄色．

植物体：**TI**．屋久島モッチョム岳．1982 年 7 月 23 日．採集者：矢原徹一他．No. 6219.

花：**TNS**（液浸）．屋久島モッチョム岳．1992 年 7 月 25 日．採集者：小林史郎.

分布：屋久島，種子島，中之島．常緑樹林の林床と草地に自生．

Note: *A. wallichii* に比べ，特に葉が広披針形で短い．

Japanese name: **Yakushima-ran**.

P: **TI**. Kagoshima Pref. Yaku Isl. Motchhom-dake. July 23. Yahara *et al.* No. 6219.

F: **TNS** (s). Yaku Isl., Motchom-dake. 25 July 1992. Coll.: S. Kobayashi.

Distribution: Yaku Isl., Tanegashima and Nakanoshima.

Habitat: In ever green forests and grasslands.

Terrestrial. Flower yellow.

Note: Comparing with *A. wallichii* plant is shorter, leaves smaller and narrower.

02. Cypripedium L.

02-01. Cypripedium calceolus L.

オオキバナノアツモリ，カラフトアツモリ

地生．萼片，花弁は栗褐色．唇弁は濃黄色に褐色のしみ状斑紋．仮雄蘂は淡紅紫に濃紅紫色の斑紋．

植物体：**SHIN**．北海道阿寒町．1997 年 6 月 17 日．採集者：井上健．

花：**SHIN**? **TNS**?．北見市常川．1993 年 6 月 19 日．採集者：畠山徹．

分布：北海道．

Japanese name: **Oh-kibanano-atsumori**, **Karafuto-atsumori**.

P: **SHIN**? Hokkaido Akan-cho. 17 June 1997. Coll.: K. Inoue.

F: **SHIN**? Hokkaido Tsunekawa. 19 June 1993. Coll.: T. Hatakeyama

Terrestrial. Sepals and petals reddish brown, lip yellow with brown blotches, staminode with rose dots.

Distribution: Northern Hokkaido.

Habitat: In grassland.

02-02. Cypripedium debile Rchb. f.

コアツモリソウ

地生．萼片は淡黄緑色，花弁の付け根，唇弁に赤紫の条斑紋．

植物体：（売品）産地不明．・花：**SHIN**（液浸）．長野県鳴沢村．1992 年 6 月 6 日．採集者：井上健．

分布：北海道西南部，本州中北部，四国，九州．山地の林床に自生．

Japanese name: **Koatsumori**.

P: cult. & F: **SHIN**(s). Nagano Pref. Narusawa-mura. 6 June 1992. Coll.: Ken Inoue.

Terrestrial. Flower greenish yellow, dark purple striations on lip and on the base of petals.

Distribution: South-East Hokkaido, Central and Northern Honshu, Shikoku, Kyushu.

Habitat: In the mountain forests.

02-03. Cypripedium guttatum Sw.

デワノアツモリソウ，チョウセンキバナアツモリ

植物体：**SHIN**．秋田県男鹿半島毛無山．1964 年 6 月 3 日．採集者：R. 望月．No. 1735. SHIN 0179986.

花：**SHIN**（液浸）．（栽培）秋田県産．1996 年 5 月 8 日固定．

分布：秋田県．草原に自生．

    Japanese name: **Dewano-atsumori-so, Chosen-kibanano-atsumori**.

P: **SHIN**. Akita Pref., Oga Penin., Mt. Kenashi. 3 June 1964. Coll.: R. Mochizuki. no. 1735. SHIN 0179986.

F: **SHIN**(s). Akita Pref. 8 May 1996. Coll.: Mitsuhashi.

Distribution: Honshu (Akita Pref.)

Habitat: In grassland.

02-04.　**Cypripedium japonicum** Thunb.

クマガイソウ

地生．萼片は薄黄緑，暗紫紅色の斑点あり，毛は暗紅色．唇弁は白，薄い赤の斑点と網状の脈．蕊柱は暗赤．

植物体：（栽培）・花：**TNS**（液浸）．（栽培）千葉県佐倉市産．採集者：羽根井良枝．

分布：北海道西南部，本州，四国，九州．低山の針葉樹林，竹林下に群生．

    Japanese name: **Kumagai-so**.

P: cult. F: **TNS**(s). Chiba Pref. Sakura city. Coll. & cult.: Yoshie Hanei.

    Terrestrial. Sepals greenish yellow with purple dots and dark red hairs; lip white with reddish dots and netting. Column dark red.

Distribution: South-West Hokkaido, Honshu, Shikoku, Kyushu.

Habitat: Under conifer or banboo forests.

02-05.　**Cypripedium macranthus** Sw. var. **macranthus**

ホテイアツモリソウ

地生．花は紅紫色でアツモリソウより濃く，濃紫の条斑紋あり，唇弁の形がより丸い．

植物体：**TI**．長野県諏訪郡．1978年6月25日．Leg.: Y. Wakahara *et al*.

花：**SHIN**（液浸）．櫛形山産．1993年5月18日．栽培：戸田貴大．

分布：本州中部．亜高山帯草原に自生．

    Japanese name: **Hotei-atsumori-so**.

P: **TI**. Nagano Pref., Suwa-gun. 25 June 1978. Leg.: Y. Wakahara *et al*.

F: **SHIN** (s). Mt. Kushigata. 18 May 1993. Coll. & cult. T. Toda.

    Terrestrial. Flower reddish purple, with dark purple striations. Lip rounder than *C.* var. *speciosum*.

Distribution: Subalpine grasslands of Central to Northern Honshu.

02-06.　**Cypripedium macranthus** Sw. var. **rebunense** (Kudo) Miyabe et Kudo.

レブンアツモリソウ

地生．花は黄白色，白花あり．

植物体：**TNS**．礼文島．1925年7月．採集者：N. 深井．No. F. 343. TNS 645852.

花：**SHIN**（液浸）．礼文島．2001年6月9日．採集者：井上健．

分布：北海道（礼文島）．

    Japanese name: **Rebun-atsumori-so**.

P: **TNS**. Rebun Isl. VII 1925. Coll.: N. Fukai. No. F. 343. TNS 645852.

F: **SHIN**(s). Rebun Isl. 9 June 2001. Coll.: K. Inoue.

    Terrestrial. Flower whitish yellow to white.

Distribution: Rebun Isl. (Hokkaido).

Habitat: In grassland and forest margins.

02-07.　**Cypripedium macranthus** Sw. var. **speciosum** (Rolfe) Koidz.

アツモリソウ

地生．花は淡紅色から紅紫色，唇弁は暗紫紅色の条斑紋あり．葯は淡黄色．白花あり．

植物体：**TI**．山梨県？？三つ峠．1938年6月19日．採集者：M. 富樫．

花：**SHIN**(液). 美ヶ原産. 1993 年 7 月 4 日固定. 栽培：種谷.

分布：北海道，中部以北の本州. 山の草原や疎林下に自生.

  Japanese name: **Atsumori-so**.
P: **TI**. Mt. Mitsutoge. 19 June 1938. Coll.: M. Togashi.
F: **SHIN**(s). Nagano Pref. Utsukusigahara. 4 July 1993. Coll. & cult: Taneya.
  Terrestrial. Flower pale pink to reddish purple. Lip with brownish purple striations. Anther pale yellow. Also white flowers.
Distribution: Hokkaido and Central to Northern Honshu. Subalpine plain and sunny forest beds.

02-08.   **Cypripedium shanxiense** S. C. Chen

  ドウトウアツモリソウ

  地生. 萼片，花弁は赤褐色. 唇弁は淡黄色で脈に沿って褐色の斑紋.

植物体：**SHIN**. 北海道阿寒町　1997 年 6 月 17 日. 採集者：井上健.

花：**TNS**(液浸). 北海道北見市常川. 1993 年 6 月 19 日. 採集者：井上健.

分布：北海道. 林床に自生.

  Japanese name: **Doutou-atsumori-so**.
P: **SHIN**. missing. Hokkaido Akan-cho. 17 June 1997. Coll.: K. Inoue.
F: **TNS**(s). Hokkaido Kitami-city. 19 June 1993. Coll.: K. Inoue.
  Terrestrial. Sepals and petals reddish brown, lip yellow with brown blotches.
Distribution: Hokkaido.
Habitat: In forests.

02-09.   **Cypripedium yatabeanum** Makino

Syn.: *C. guttatum* Sw. var. *yatabeanum* (Makino) Pfitzer.

  キバナノアツモリソウ

  地生. 花は淡黄色. 萼片，花弁に茶褐色の斑点，唇弁に淡褐色または淡紅色のしみ状の斑紋あり.

植物体：**TI**. 信州，仙丈岳馬の背. 1955 年 8 月 26 日. 採集者：山崎敬. s. n.

花：**SHIN**(液浸). 三つ峠. 1993 年 6 月 17 日. 採集者：中村璋.

分布：北海道，中部以北の本州（男鹿半島）. 亜高山の林床または草原に自生.

  Japanese name: **Kibanano-atsumori-so**.
P: **TI**. Prov. Shinshu (Nagano Pref.) Senjo-dake Umanose. 26 Aug. 1955. Coll: Yamazaki. s. n.
F: **SHIN**(s). Mt. Mitsutouge. 17 June 1993. Coll.: T. Nakamura.
  Terrestrial. Sepals and petals whitish with reddish brown blotches, lip yellow, covered by pale brown or reddish purple blotches.
Distribution: Hokkaido, Northern Honshu (Oga Penin.).
Habitat: Under subalpine forests and in grasslands.

03. **Dactylorhiza** Neck.

03-01.   **Dactylorhiza aristata** (Fisch. ex Lindl.) Soó

  ハクサンチドリ

  地生. 花は淡紅色または白. 唇弁に濃赤の斑点. 白花あり. 葉に紫の斑点のある個体もあり，ウズラバハクサンチドリとよばれる.

植物体：**TI**. 陸奥の国八甲田山. 1923 年 8 月 14 日. 同定：斎藤. Herb. Hayacava S-237.

花：**TNS**(液浸). 長野県浅茅野. 1979 年 6 月 30 日. 採集者：井上健.

分布：北海道，本州中〜北部. 亜高山の湿った草原に自生.

  Japanese name: **Hakusan-chidori**.
P: **TI**. Prov. Mutsu Mt. Hakkoda. 14 Aug. 1923. Herb. Hayacava S. 237. Det.: Saito.

F: **TNS**(s). Nagano Pref. Asajino. 30 June 1979. Coll.: K. Inoue.
  Terrestrial. Flower pink to white, lip with dark red dots. Occasionally complete white flower. Sometimes purple dots on leaves.
Distribution: Hokkaido, North East Honshu.
Habitat: Sub-alpinus moist grasslands.

04. **Ponerorchis** Rchb. f.

04-01.　**Ponerorchis chidori** (Makino) Ohwi

ヒナチドリ，チャボチドリ

着生．花は白で先端半分が薄紅色．側花弁の外側は紅紫色で内側白．唇弁は淡いピンク．蕊柱は濃紅紫．側萼片と唇弁に濃紅紫の斑紋．

植物体：**TI**．和歌山県日高郡龍神村六里ガ峠．昭和6年7月30日．採集者：中島濤三．s. n.

花：**TNS**（液浸）．青森県．1992年7月1日．採集者：沼田俊三．チャボチドリ：（栽培）北海道静内産．1992年7月固定．栽培者：東京山草会．

分布：本州西部および東北（青森県），四国．低温高湿度の山中，巨木や岩に着生．

　Japanese name: **Hina-chidori, Chabo-chidori**.

P: **TI**. Wakayama Pref., Hidaka-gun, Ryujin-mura, Rokuriga-touge. 30 June 1931. s. n.
F: **TNS**(s). Aomori Pref. 1 July 1992. Coll.: T. Numata. f. Chabo-chidori; cult. Hokkaido, Shizunai. July 1992. Cult.: AGST.
  Epiphytic and Lithophytic. Sepals white and tinged pink half to apex; outside of lateral sepal reddish purple. Lip pale pink; column reddish violet dots on lateral sepals and lip.
Distribution: Western and Northern Honshu (Aomori). Shikoku.
Habitat: In cool and moist forest on mossy tranks or rocks.

04-02.　**Ponerorchis graminifolia** Rchb. f. var. **graminifolia**

ウチョウラン

着生．花は紅紫色，淡紅色から白まで変異あり．側萼片と唇弁に濃紅紫縦長の斑紋．唇弁基部は白く距は赤褐色または白．白花あり．深山や高湿度の渓谷で高い岩壁に着生．

植物体：**TI**．土佐吾川郡名野河村．1889年6月5日．採集者：K. Watanabe. s. n.

花：**TNS**．青森県西津軽郡．採集・栽培者：沼田俊三．

分布：本州（西部，青森県），四国，九州．

　Japanese name: **Ucho-ran**.

P: **TI**. Tosa Prov. Kohchi Pref. Nanokawa-mura. 5 June 1889. Coll.: K. Watanabe. s. n.
F: **TNS**. Aomori Pref. Nishi-tsugaru-gun. Coll.: T. Numata.
  Lithophytic. Flower white, pale pink or purplish, with reddish violet striations on lateral sepals and lip.
Distribution: Honshu (Western and Aomori Pref.), Shikoku, Kyushu.
Habitat: On the moist rocks of deep valley.

04-03.　**Ponerorchis graminifolia** Rchb. f. var. **kurokamiana** (Ohwi et Hatus.) T. Hashim.

クロカミラン

着生．花は淡紅色，唇弁は濃色で，紅紫色の広い条斑紋あり．

P: **TI**．佐賀県杵島郡黒髪山．1949年．Leg.: 津田悠介．s. n.

F: **TNS**（液浸）．九州産．1992年7月11日固定．栽培者：沼田俊三．

FB: **TNS**（液浸）．1978年6月16日固定．栽培者：東京山草会．

分布：九州．暗い崖の上に着生．

　Japanese name: **Kurokami-ran**.

P: **TI**. Saga Pref. Mt. Kurokami. 1949. Leg: Y. Tsuda. s.n.

F: **TNS**(s). Kyushu. 11 July 1949. cult.: T. Numata & 16 June 1978.
FB: **TNS**(s). 16 June 1978. Cult.: AGST.
   Lithopytic. Flower whitish to pink, lip darker than sepals and petals, with wide reddish purple striasions on lip.
Distribution: Kyushu (Saga Pref. Mt. Kurokami).
Habitat: In the shady location, on the rocks.

04-04.   **Ponerorchis graminifolia** Rchb. f. var. **suzukiana** (Ohwi) Soó
アワチドリ

着生．花は淡紫から淡紅紫．唇弁はより濃色で濃い紅紫の条斑紋あり基部は白．

P: **TI**．千葉県三石山．1970 年 7 月 1 日．採集者：榎本一郎．s. n.

F: **TNS**（液浸）．静岡県梅ガ岳．1992 年 6 月 30 日．採集者：小田倉正閖．

分布：千葉県．水辺など高湿度の岩上に着生．

   Japanese name: **Awa-chidori**.
P: **TI**. Chiba Pref. Mt. Mitsuishi. 1 July 1970. Coll.: I. Enomoto. s. n.
F: **TNS**(s). Shizuoka Pref. Mt. Umagadake. 30 June 1992. Coll.: M. Odakura.
   Lithophytic. Flower pale rose to pale pink, rose pink striations on lip blade.
Distribution: Chiba Pref.
Habitat: Humid river side, on the rocks.

04-05.   **Ponerorchis graminifolia** Rchb. f. var. **nigro-punctata** F. Maek. ex K. Inoue
サツマチドリ

着生・地生．花は紅がかった白から淡紅紫色．唇弁に紅色の斑紋，条斑紋あり．

植物体：不明．鹿児島県甑島産．1995 年 9 月 2 日固定．栽培：植田健治．

花：**TNS**（液浸）．鹿児島県甑島産．1992 年 6 月 30 日固定．栽培：小田倉正閖．

分布：鹿児島県甑島．岩の間や崖に自生．

   Japanese name: **Satsuma-chidori**.
P: missing. Kagoshima Pref. Koshiki Isl. 2 Sept. 1995. Cult.: K. Ueda.
F: **TNS**(s). Kagoshima Pref. Koshiki Isl. 30 June 1992. Cult.: M. Odakura.
   Lithophytic. Flower whitish pink to pink. Pinkish rose striations-dots on lip.
Distribution: Kyushu (Kagoshima Pref.).

04-06.   **Ponerorchis joo-iokiana** (Makino) Soó
ニョホウチドリ

地生．花は紫紅色．唇弁紅色で濃い紫紅の斑点あり．

植物体：**TI**．日光如法．1924 年 7 月．Herb. S. Hayacava. T577.

花：**TNS**（液浸）．毛無山．1977 年 7 月 1 日．採集者：井上健．

分布：本州中部．高山から亜高山帯の草原に自生．

   Japanese name: **Nyoho-chidori**.
P: **TI**. Mt. Nyoho in Nikko. July 1924. Herb. S. Hayacava T 577.
F: **TNS**(s). Mt. Kenashi. 1 July 1977. Coll.: K. Inoue.
   Terrestrial. Flower purple, lip pink with rose dots.
Distribution: Central Honshu.
Habitat: In alpine to sub-alpine plains.

05. Amitostigma Schltr.

05-01. Amitostigma fujisanensis (Sugim.) K. Inoue
フジチドリ

着生．萼片は紅紫，花弁は白，唇弁は白で先端と基部に濃い紅紫の斑紋．

植物体：**TI**. 富士山愛鷹山．1992 年 8 月 12 日．採集者：Hichiro Muramatsu. s. n.

花：**TNS**（液浸）．青森県相馬村．1993 年 7 月 21 日固定．Cult.：福田春三．

分布：富士山，愛鷹山，丹沢山系．青森，秋田．涼しい山の沢筋で巨木の高い幹に着生．

Japanese name: **Fuji-chidori**.

P: **TI**. Mt. Fuji Atsitakayama. 12 Aug. 1926. Coll.: H. Muramatsu. s.n.

F: **TNS**(s). Aomori Pref. Souma-mura. 21 July 1993. Coll. & cult.: S. Fukuda.

Epiphytic. Sepals purple, petals and lip white tinged reddish violet at apex and base of lip.

Distribution: Mt. Fuji. Mt. Ashitaka, Mt. Tanzawa. Aomori. Akita.

Habitat: At cool river side of mountains, on mossy tree trunks.

05-02. Amitostigma gracile (Bl.)Schltr.
ヒナラン

着生．花茎緑色に淡紫の斑紋または下方紫褐色．花は淡紫色．

植物体：**TI**. 土佐国吾川郡名野川村．明治 21 年 6 月 7 日．採集者：渡辺協．s. n.

花：**TNS**（液浸）．産地不明．1979 年 7 月 20 日固定．Cult.：東京山草会．

分布：本州西部，四国，九州．谷間の岩の上などに着生．

Japanese name: **Hina-ran**.

P: **TI**. Tosa Prov. (Kochi Pref.) Nanokawa-mura. 7 June 1888. Coll.: Watanabe. s. n.

F: **TNS** (s). no location. 20 July 1979. Cult.: AGST.

Lithophitic . Purple dots or colored on inflorescence. Flower whitish, pale purple.

Distribution: Western Honshu. Shikoku, Kyushu.

Habitat: On the mossy rocks in the valley.

05-03. Amitostigma keisukei (Maxim.) Schltr.
イワチドリ

着生．花は淡藤色．花弁の縁に紅紫色の斑点あり．唇弁の中から基部に紅紫色の斑点．距は白，葯帽は濃い茶色．白花あり．

植物体：**TI**. 和歌山県東牟婁郡．大正 13 年 5 月 25 日．中島濤三郎蔵．

花：**TNS**（液浸）．和歌山県産．1993 年 5 月 23 日固定．栽培：三橋．

分布：本州中央部，四国．湿度の高い谷間の岩上に着生．

Japanese name: **Iwa-chidori**.

P: **TI**. Wakayama Pref. Higashi-muro-gun. 25 May 1914. Leg.: T. Nakajima.

F: **TNS**(s). Wakayama Pref. 23 May 1993. Cult.: Mitsuhashi.

Lithophytic. Flower pale purple, reddish violet dots at edges of petals and the base of lip. Spur white, anther cap reddish brown. Also white flowers exist.

Distribution: Central Honshu, Shikoku.

Habitat: On the rocks in the moist valley.

05-04. Amitostigma kinoshitae (Makino) Schltr.
コアニチドリ

地生・着生．花は淡紅色．唇弁基部に濃紅紫の二列の斑紋．白花あり．

P: **TI**. 八甲田山酸ケ湯城ヶ倉．1956 年 7 月 9 日．Leg.: 山崎敬．

F: **TNS**（液）．八甲田山城ヶ倉沢谷．1979 年 7 月 15 日．採集者：井上健．

分布：北海道，本州中部以北．海岸の湿地から亜高山の湿原，湿った岩壁などに自生．
- Japanese name: **Koani-chidori**.

P: **TI**. Aomori Pref. Mt. Hakkouda Jougakura. 7 Sept. 1956. Leg.: T. Yamazaki.
F: **TNS**(s). Aomori Pref. Mt. Hakkouda Jougakura. 15 July 1979. Coll.: K. Inoue.
Terrestrial & Lithophytic. Flower pale pink to whitish green. Two reddish purple striations at base of lip.
Distribution: Hokkaido, Central to Northern Honshu.
Habitat: From marsh of beach to damp grasslands and on the rocks in the valley.

05-05.　**Amitostigma lepidum** (Rchb.f) Schltr.

オキナワチドリ

地生．花序は紫色を帯びる．花は淡紅色で唇弁の中央は白く濃紫紅色の斑紋あり．

植物体と花：**KGH**．堀田．薩摩半島万之瀬産．1993 年 4 月 20 日．栽培：堀田満．

分布：九州南部，琉球列島．水辺の草原に自生．
- Japanese name: **Okinawa-chidori**.

P & F: **KGH**. Kagoshima Pref. Satsuma Penin. 20 April 1993. Cult.: M. Hotta.
Terrestrial. Inflorescence purplish green. Flower pale pink, rose dotson white disc of lip.
Distribution: Southern Kyushu, Ryukyu.
Habitat: In the grasslands of waterside.

06. Galearis Raf.

06-01.　**Galearis cyclochila** (Franch. et Sav.) Soó

カモメラン

地生．花は淡紅紫色．唇弁に濃紅紫の斑点．白花もあり．

植物体：**SHIN**．長野県富士見町入笠山．1976 年 6 月 20 日．採集者：今井建樹．

花：**SHIN**（液浸）．山梨県広河原．1995 年 6 月 30 日．採集者：井上健．

分布：北海道，本州北部，四国．山地の林床，湿った林縁や草地に自生．
- Japanese name: **Kamome-ran**.

P: **SHIN-RYU**(s).Nagano Pref. Fujimi-cho, Mt. Irikasa. 20 June 1976. Coll.: K. Imai.
F: **SHIN**(s). Yamanashi Pref. Hirogawara. 30 June 1995. Coll.: K. Inoue.
Terrestrial. Flower white to pale pink, reddish purple dots at lip mid-lobe.
Distribution: Hokkaido, Northern Honshu, Shikoku.
Habitat: Alpine forest and moist grasslands.

07. Coeloglossum Hartm.

07-01.　**Coeloglossum viride** (L.) var. **akaishimontanum** Satomi

Syn.: *Coeloglossum* Schltr.

タカネアオチドリ

地生．花は黄緑色．

植物体：**TI**．holo. 信濃国赤石山脈三伏峠．1953 年 7 月 30 日．Leg.: 山崎敬．s. n.

花：**TNS**（液浸）．南アルプス三伏峠産．1994 年 7 月 2 日．Coll.: 井上健．

分布：本州中部．南アルプス高原地帯の草原に自生．
- Japanese name: **Takane-ao-chidori**.

P: **TI**. holo. Honshu Mt. Sampuku-toge Prov. Shinano (Nagano Pref.). 30 July 1953. Leg.: F. Yamazaki.
F: **TNS**(s). Yamanashi Pref. Sampuku-toge. 2 July 1994. Coll.: K. Inoue.
Terrestrial. Flower greenish yellow.

Distribution: Central Honshu.

Habitat: Alpine to subalpine grasslands.

07-02. **Coeloglossum viride** (L.) Hartm. var. **bracteatum** (Willd.) K. Richter

アオチドリ，ネムロチドリ

花序は濃紫．萼片と花弁は淡緑色．唇弁は紅紫色．

植物体：**TI**．甲州清里村．1936 年 6 月 7 日．Leg.: K. 久内．Herb. Hisauchi No. 1435.

花：**SHIN**（液）．毛無山松原湖産．唇弁 A：1992 年 5 月 23 日．唇弁 B：高知県物部村．採集者：杉野．

分布：北海道，本州中北部，四国．

低山から亜高山の林床に自生．

Japanese name: **Ao-chidori**, **Nemuro-chidori**.

P: **TI**. Prov. Kohshu. (Yamanashi Pref.) Kiyosato-mura. 7 June 1936. Leg.: K. Hisauchi. No.1435.

F: **SHIN**(s). Mt. Kenashi lake Matsubara. Lip A: Kohchi Pref. Monobe-mura. Lip B: 23 May 1992. Coll.: Sugino. Inflorescence rose. Sepals and petals pale green, lip rose.

Distribution: Hokkaido, Northern-Central Honshu, Shikoku.

Habitat: Alpine to sub-alpine forests.

08. **Platanthera** Rich

08-01. **Platanthera amabilis** Koidz.

ヤクシマチドリ

地生．花は淡緑色から黄緑色．

植物体：**TI**．九州屋久島安房林道．1976 年 8 月 23 日．Leg.: C. 中島．9116.

花：**SHIN**（液浸）．屋久島投石岳．1983 年 8 月 25 日．採集者：横山．

分布：九州（大隅半島），屋久島，奄美大島．コケに覆われた湿った場所に自生．

Japanese name: **Yakushima-chidori**.

P: **TI**. Yaku Isl. Abo-rindo. 23 Aug. 1976. Leg.: C. Nackejima. 9116.

F: **SHIN**(s). Yaku Isl. Toseki-dake. 25 Aug. 1983. Coll.: Yokoyama. Terrestrial. Flower pale green to yellow green.

Distribution: Kyushu (Ohsumi Penin. Yaku Isl.), Amami-Oshima.

Habitat: In moist, mossy place.

08-02. **Platanthera boninensis** Koidz.

ムニンツレサギ，シマツレサギ

地生．萼片と唇弁は黄色．花弁と距は白．

植物体：**TI**. Lecto. 父島清瀬．1939 年 3 月．Leg.: B. Kawate. TI 6514.

花：**SHIN**（液浸）．父島東平．1993 年 3 月 8-9 日．栽培：東大付属小石川植物園．No.1891.

分布：小笠原父島，母島，兄島，弟島．常緑樹林床や林縁に自生．

Japanese name: **Munin-tsuresagi**, **Shima-tsuresagi**.

P: **TI**. lecto. Bonin Isles, Chichi-jima Kiyose March 1939. Coll. Leg.: B. Kawate. TI 6514.

F: **SHIN**(s). Bonin Isles. Chichi-jima Tohira. 8-9 March 1993. Cult. BG. Koishikawa. No. 1891. Terrestrial. Sepals and lip cream yellow, petals and spur white.

Distribution: Bonin Isles.

Habitat: At evergreen forest beds and edges.

08-03. **Platanthera brevicalcarata** Hayata subsp. **yakumontana** (Masam.) Masam.

ツクシチドリ，ニイタカチドリ

地生．花は白．

植物体：**TI**. 屋久島屋久町．1979 年 7 月 12-13 日．採集者：Amino 他．
花：**SHIN**（液浸）．屋久島尾の間歩道－安房林道．1978 年 6 月 22 日．採集者：井上健．No.1993．
分布：九州南部（屋久島，奄美大島）．落葉，針葉樹林林床に自生．

- Japanese name: **Tsukushi-chidori**, **Niitaka-chidori**.

P: **TI**. Yaku Isl. Yaku-cho Mt. Kuromodake. 12-13 July 1979. Coll.: Amino *et al*. No. 04.
F: **SHIN**(s). Yaku Isl., Onoma-hodou-Abo-rindo, 22 June 1978. Coll.: K. Inoue. No. 1993.
Terrestrial. Flower white.
Distribution: Southern Kyushu, Amami-Oshima, Yaku Isl.
Habitat: In deciduous, conifer forest beds in mountain.

08-04. **Platanthera chorisiana** (Cham.) Rchb. f.

タカネトンボ

地生．花は黄緑色．

植物体：**TI**. 岩代飯豊山 Aug. 26. 1926. Coll.: S. Saito. Herb. S. Hayacava No. 8398.
花：**SHIN**, **TNS**（液浸）．北海道ノサップ．1991 年 7 月 21 日．採集者：河内正夫．
分布：北海道，本州中部以北．高山の明るい湿地に自生．

- Japanese name: **Takane-tonbo**.

P: **TI**. Iwashiro Prov. Mt. Iide. 26 Aug. 1926. Coll.: S. Saito. Herb. S. Hayacava No. 8398
F: **SHIN**, **TNS**(s). Hokkaido Nosap. 21 July 1991. Coll.: M. Kawachi.
Terrestrial. Flower greenish yellow.
Distribution: Hokkaido, Central-Northern Honshu.
Habitat: In alpine sunny marsh or moist glasslands.

08-05. **Platanthera florentii** Franch. et Sav.

ジンバイソウ

地生．花は淡い黄色から黄緑色．

植物体：**TI**. 肥前，温泉岳普賢岳．1941 年 10 月 16 日．Leg.: 原寛．s. n.
花：**SHIN**（液浸）．富士山青木が原．1983 年 8 月 27 日．採集者：神田淳．羽根井良枝．
分布：北海道から九州まで．低山落葉樹林下に自生．

- Japanese name: **Jinbai-so**.

P: **TI**. Prov. Hizen (Saga Pref.) Onsendake Fugendake. 16 Oct. 1941. Leg.: H. Hara. s. n.
F: **SHIN**(s). Mt. Fuji, Aokigahara. 27 Aug. 1983. Coll.: K. Kanda & Y. Hanei.
Terrestrial. Flower pale green to greenish yellow.
Distribution: Hokkaido, Honshu, Shikoku, Kyushu.
Habitat: At subalpine defoliate forest beds.

08-06. **Platanthera fuscescens** (L.) Kraenzl.

ヒロハノトンボソウ

地生．花は淡緑色．

植物体：**TI**. 北海道北見斜里町．1970 年 7 月 7 日．Leg.: M. Togashi. s. n.
花：**TNS**. 八ヶ岳立場山．1993 年 7 月 16 日．採集者：今井健樹．
分布：北海道，本州（長野県）．亜高山帯の林床や林縁に自生．

- Japanese name: **Hirohano-tombo-so**.

P: **TI**. Hokkaido, Kitami-Syari-cho. 7 July 1970. Leg.: M. Togashi s. n.
F: **TNS**. Nagano Pref. Mt. Yatsugatake Tateba. 16 July 1993. Coll.: K. Imai.
Terrestrial. Flower greenish yellow.
Distribution: Hokkaido, Honshu (Nagano Pref.).
Habitat: Sub-alpine forest beds & margins.

08-07.　Platanthera hologlottis Maxim.

　　ミズチドリ，ジャコウチドリ

　　地生．花は白，芳香あり．

植物体：**TI**. 岩代吾妻山．1914 年 8 月 2 日．Herb. S. Hayacava. No. 04697.

花：**SHIN**，**TNS**（液浸）．桧原湖．1980 年 7 月 9 日．採集者：井上健．No. 1645.

分布：北海道から九州まで．低山帯の湿地に自生．

　　Japanese name: **Mizu-chdori, Jakou-chidori.**

TI: Iwashiro Prov. (Fukushima Pref.) Mt. Azuma. 2 Aug. 1914. Herb. Hayacava. No. 04697.

F: **SHIN**, **TNS**(s). Lake Hibara. 9 July 1980. Coll.: K. Inoue.

　　Terrestrial. Flower white, fragrant.

Distribution: Hokkaodo, Honshu, Shikoku, Kyushu.

Habitat: In subalpine marsh.

08-08.　Platanthera hondoensis (Ohwi) K. Inoue

　　オオバナオオヤマサギソウ

　　地生．花は淡緑色．

植物体：**TI**．駿河愛鷹山越前岳〜埋木．1955 年 7 月 17 日．採集者：金井弘夫．7380.

花：**SHIN**，**TNS**（液浸）．富士山北山林道．1990 年 8 月 9 日．採集者：神田淳・羽根井良江．

分布：本州（富士山，埼玉県三峯山），四国，九州．草原に自生．

　　Japanese name: **Ohbana-ohyama-sagi-so.**

P: **TI**. Prov. Suruga, Mt. Asitaka Echizen-dake 〜 Umoregi. 17 July 1955. Coll.: H. Kanai. No. 7380.

F: **SHIN**, **TNS**.(s). Mt. Fuji Kitayama pass. 9 Aug. 1990. Coll.: K. Kanda & Y. Hanei.

　　Terrestrial. Flower pale yellow.

Distribution: Honshu (Mt. Fuji & Mt. Mitsumine), Shikoku, Kyushu.

Habitat: In grasslands.

08-09.　Platanthera hyperborea (L.) var. **viridiflora** (Cham.) Kitam.

　　シロウマチドリ，ユウバリチドリ

　　地生．花は黄緑色．

植物体：**TI**．北海道大雪山高原温泉．1969 年 7 月 17 日．採集者：M. Togashi s. n.

花：**TNS**（液浸）．雪倉岳．1978 年 7 月．採集者：井上健．No. 1889.

分布：北海道，本州中部以北．高山のやや湿った草原に自生．

　　Japanese name: **Shirouma-chidori, Yubari-chidori.**

P: **TI**. Hokkaido Taisetsu-san Kougen-onsen. 17 July 1969. Coll.: T. Togashi s. n.

F: **TNS**(s). Mt. Yukikuradake. July 1978. Coll.: K. Inoue. No. 1889.

　　Terrestrial. Flower greenish yellow.

Distribution: Hokkaido, Central to Northern Honshu.

Habitat: Alpine moisty grasslands.

08-10.　Platanthera iinumae (Makino) Makino

　　イイヌマムカゴ

　　地生．萼片，花弁は黄緑色．唇弁は白．

植物体：**TI**．土佐吾川郡名野川村．1935 年 8 月 20 日．採集者：大倉幸也．No. 1.

花：**SHIN**，**TNS**（液浸）．高知県産．1978 年 8 月 19 日．Leg.: 井上健．No. 1944.

分布：北海道南部，本州，四国，九州．明るい針葉樹林下，草原に自生．

　　Japanese name: **IInuma-mukago.**

P: **TI**. Prov.Tosa (Kohchi Pref.) Agawa-gun Nanokawa-mura. 20 Aug.1935. Leg.: Y. Ohkura. No.1.

F: **SHIN**, **TNS**(s). Kohchi Pref. cult. 19 Aug. 1978. Leg.: K. Inoue. No. 1944.

Terrestrial. Sepals and petals greenish yellow, lip white.
Distribution: Southern Hokkaido, Honshu, Shikoku, Kyushu.
Habitat: Conifer forest beds or grasslands.

08-11. **Platanthera japonica** (Thunb.) Lindl.
ツレサギソウ

地生．花は白，芳香あり．

植物体：**TI**．陸奥福岡．1909 年 8 月 14 日．Herb. S. Hajacava. No. 04707.

花：**SHIN**，**TNS**．（液）伊豆大島産 1994 年 6 月 8 日固定．栽培：小沢（東京山草会）．

分布：北海道西南部から琉球列島まで．山地の草原や疎林に自生．

Japanese name: **Tsure-sagi-so**.

P: **TI**. Prov. Mutsu Fukuoka. 14 Aug. 1909. Herb. S. Hajacava No. 04707.
F: **SHIN**, **TNS**. Izu-ohshima Isl. Cult. 8 June 1994. Leg.: AGST.
Terrestrial. Flower white, fragrant.
Distribution: From South-West Hokkaido to Ryukyu.
Habitat: Forest beds and grasslands.

08-12. **Platanthera mandarinorum** Rchb.f. var. **cornu-bovis** (Nevski) K. Inoue
マンシュウヤマサギソウ

地生．花は黄緑．

植物体：**TI**．青森県八甲田山蔦沼．1962 年 7 月 11 日．Leg.: H. 大橋．No. 68787.

花：**SHIN**，**TNS**．八甲田山．1992 年 7 月 1 日．採集者：沼田俊三．

分布：本州中部以北．寒冷地の湿った草地に自生．

Note: タカネサギソウやオオキソチドリに似るが，大型で距が 2〜3 cm とより長い（『長野県植物誌』による）．

Japanese name: **Manshu-yama-sagi-so**.

P: **TI**. Aomori Ken Mt. Hakkouda Tsuta-numa. 11 June 1962. Leg.: H. Ohhashi. No. 68787.
F: **SHIN**, **TNS**(s). Aomori Pref. Mts. Hakkoda. 1 July 1992. Coll.: S. Numata.
Terrestrial. Flower greenish yellow.
Distribution: Hokkaido, Central to Northern Honshu.
Habitat: In the marsh and grasslands in cool temperate region.
Note: similar to *P. mand.* var. *maxm.* and *P. ophr.* var. *ophr.* but taller and has long, 2-3cm spur.

08-13. **Platanthera mandarinorum** Rchb. f. var. **mandarinorum**
ハシナガヤマサギソウ

地生．花は黄緑色．

植物体：**TI**．磐梯山．1925 年 7 月 30 日．Leg.: S. Hattori. s. n.

花：**SHIN**，**TNS**（液浸）．高知県窪川町仁井田．1992 年 5 月 6 日．採集者：寺峯孜．

分布：まれに北海道．本州西部，四国，九州．乾いた草原に自生．

Japanese name: **Hashinaga-yama-sagi-so**.

P: **TI**. Fukushima Pref. Mt. Bandai. 30 July 1925. Leg.: S. Hattori. s. n.
F: **SHIN**, **TNS**(s). Kohchi Pref. Kubokawa-cho Niida. 6 May 1992. Coll.: Teramine.
Terrestrial. Flower greenish yellow.
Distribution: Rarely Hokkaido, N. & W. Honshu, Shikoku, Kyushu.
Habitat: At the sunny grasslands.

08-14. **Platanthera mandarinorum** Rchb. f. var. **maximowicziana** (Schltr.) Ohwi
タカネサギソウ

地生．花は淡緑色〜黄緑色．

植物体：**TI**. 信濃八ヶ岳. 1930 年 7 月 27 日. 同定：成田. Herb. S. Hajacava s. n.

花：**SHIN**, **TNS**（液浸）. 鳥海山. 1997 年 8 月 4 日. 採集者：東京山草会.

分布：北海道, 本州中北部. 高山帯の湿地や草原に自生.

Japanese name: **Takane-sagi-so**.

P: **TI**. Prov. Shinano (Nagano Pref.) Mt. Yatsugatake. 27 July 1930. Det.: Narita. Herb. S. Hajacava. s. n.

F: **SHIN**, **TNS**. Mt. Choukai. 4 Aug. 1977. Leg.: AGST.
Terrestrial. Flower pale green to greenish yellow.

Distribution: Central to Northern Honshu, Hokkaido.

Habitat: Alpine marsh and grasslands.

08-15. *Platanthera mandarinorum* Rchb. f. var. **neglecta** (Schltr.) F. Maek.

マイサギソウ

地生. 花は黄緑.

植物体：**TI**. 岩手山. 1911 年 8 月 21 日. Herb. S. Hajacava. No. 04748.

花：**SHIN**, **TNS**（液浸）. 青森県木造町. H.4 年 6 月 25 日. 採集者：沼田俊三.

分布：本州中北部. 北海道南部. 草原や湿地に自生.

Japanese name: **Mai-sagi-so**.

P: **TI**. Mt. Iwate. 21 Aug. 1911. Herb. Hajacava No. 04748.

F: **SHIN**, **TNS**(s). Aomori Pref. Kizukuri-machi. 25 July 1992. Coll.: S. Numata.
Terrestrial. Flower greenish yellow.

Distribution: Southern Hokkaido, Central to Northern Honshu.

Habitat: In the grassland & marsh.

08-16. *Platanthera mandarinorum* Rchb. f. var. **oreades** (Franch. et Sav.) Koidz.

ヤマサギソウ, ノヤマサギソウ

地生. 萼片は淡緑色, 花弁は黄緑色.

植物体：**TI**. 高知市高見山. 1973 年 6 月 21 日. Leg.: H. 大橋. s. n.

花：**SHIN**, **TNS**（液浸）. 津軽半島. H4.6 月 2 日. 採集者：沼田俊三.

分布：北海道から九州まで. 日当たりのよい草地や湿地に自生.

Japanese name: **Yama-sagi-so**, **Noyama-sagi-so**.

P: **TI**. Shikoku Kochi-shi Takami-yama. 21 June 1973. Leg.: H. Ohashi. s. n.

F: **SHIN**, **TNS**(s). Aomori Pref.,Tsugaru Penin. 2 June H4. Coll.: S. Numata.
Terrestrial. Sepals pale green, petals greenish yellow.

Distribution: Hokkaido, Honshu, Shikoku, Kyushu.

Habitat: Sunny grasslands and marsh.

08-17. *Platanthera metabilifolia* F. Maek.

エゾチドリ, フタバツレサギ

地生. 萼片と花弁は白, 唇弁は黄色.

植物体：**TI**. 北海道北見市斜里町. 1970 年 7 月 7 日. 採集者：富樫誠. s. n.

花：**SHIN**（液浸）. 北海道サロマ湖. 1983 年 7 月 13 日. 採集者：神田淳・羽根井良江

分布：北海道. 海岸近くの草原に自生.

Japanese name: **Ezo-chdori**, **Futaba-tsuresagi**.

P: **TI**. Hokkaido, Kitami-shi, Syari-chou. Coll.: M. Togashi. s. n.

F: **SHIN**(s). Hokkaido, Saroma-ko. 13 July 1983. Coll.: K. Kanda & Y. Hanei.
Terrestrial. Sepals white and petals yellowish, lip yellow.

Distribution: Hokkaido.

Habitat: At seaside, in grasslands.

08-18.   **Platanthera minor** (Miq.) Rchb.f.

オオバノトンボソウ，ノヤマトンボ

地生．花は黄緑色，基部は白．

植物体：**TI**．神奈川県逗子市神武寺山．1932 年 7 月 8 日．採集者：原寛．No. 2838.

花：**SHIN**．**TNS**（液浸）．下田市寝姿山．1992 年 7 月 11 日．採集者：神田淳・羽根井良江．

分布：本州，四国，九州．丘陵地の疎林下に自生．

Japanese name: **Ohbano-tonbo-so, Noyama-tonbo**.

P: **TI**. Kanagawa Pref. Zushi-shi Jinmuji-yama. 8 July 1932. Coll.: H. Hara. No. 2838.

F: **SHIN,TNS**(s). Shizuoka Pref. Mt. Nesugata. 11 July 1992. Coll.: K. Kanda & Y. Hanei.
Terrestrial. Flower greenish yellow, base of perianth and lip white.

Distribution: Honshu, Shikoku, Kyushu.

Habitat: Glasslands and sunny forest beds on the hill.

08-19.   **Platanthera nipponica** Makino var. **linearifolia** (Ohwi) K. Inoue

ナガバノトンボソウ

地生．花は淡黄緑色．

植物体：**TI**．九州屋久島小杉谷．1963 年 8 月 25 日．採集者：山崎敬．No. 7716.

花：**SHIN**（液浸）．屋久島花の江河〜投石岳．1993 年 8 月 25 日．採集者：横山．

分布：九州大隅半島，屋久島．湿った草地に自生．

Japanese name: **Nagabano-tonbo-so**.

P: **TI**. Kyushu, Yaku Isl., Kosugi-dani. 25 Aug. 1963. Coll.: T. Yamazaki. No. 7716.

F: **SHIN**(s). Yaku Isl. Hananoe-gawa-Touseki-dake. 25 Aug. 1993. Coll.: Yokoyama.
Terrestrial. Flowers pale yellowish green.

Distribution: Kyushu Ohsumi Penin., Yaku Isl.

Habitat: In the moist grassy places.

08-20.   **Platanthera nipponica** Makino var. **nipponica** Makino

コバノトンボソウ

地生．花は淡緑色から黄緑色．

植物体：**TI**．syntype．越中立山．1892 年 8 月 3 日．採集者：S. 池野．s. n.

花：**SHIN**（液浸）．尾瀬．1983 年 8 月 1 日．採集者：神田淳・羽根井良江．

分布：北海道から九州まで．日当たりのよい湿った草原や海岸湿原に自生．

Japanese name: **Kobano-tonbo-so**.

P: **TI**. syntype. Prov. Etchu (Toyama Pref.) Mt. Tateyama. 3 Aug.1892. Coll.: S. Ikeno. s. n.

F: **SHIN**(s). Oze. 1 Aug. 1983. Coll.: K. Kanda & Y. Hanei.
Terrestrial. Flower pale yellow to greenish yellow.

Distribution: Hokkaido, Honshu, Shikoku, Kyushu.

Habitat: Sunny and moist grassland, seaside marsh.

08-21.   **Platanthera okuboi** Makino

ハチジョウツレサギ

地生．萼片と花弁は淡緑色．唇弁は黄色．

植物体：**TI**．typus．八丈島西山．1887 年 5 月 13 日．Leg.:1980 年 6 月 2 日．横山文人．s. n.

花：**SHIN**．**TNS**（液浸）．八丈島．1980 年 5 月 27 日．採集者：井上健．

分布：伊豆七島の草原や林縁に自生．

Japanese name: **Hachijou-tsuresagi**.

P: **TI**. typus. Hachijoujima, Nishiyama. 13 May 1887. Leg.: 2 June 1980. F. Yokoyama. s. n.

F: **SHIN, TNS**. (s). Hachijoujima. 27 May 1980. Coll.: K. Inoue.

Terrestrial. Sepals and petals pale green, lip yellow.
　Distribution: Honshu (Izu-archipelago).
　Habitat: Grasslands and forest margins.

08-22.　**Platanthera ophrydioides** F. Schmidt. var. **monophylla** Honda
　　キソチドリ，ヒトツバキソチドリ
　　　地生．萼片と唇弁は淡緑色，花弁は白．
　植物体：**TI**．typus．信州八ヶ岳．1930 年 8 月 6 日．採集者：藤田直一．s. n.
　花：**SHIN**，**TNS**(液浸)．富士山．1983 年 8 月 4 日．採集者：神田淳・羽根井良江．
　分布：北海道，太平洋側の本州，四国，九州．高山樹林帯に自生．
　　Japanese name: **Kiso-chidori**, **Hitotsuba-kiso-chidori**.
　P: **TI**. typus. Prov. Shinshu (Nagano Pref.) Mt. Yatsugatake. 6 Aug. 1930. Coll.: N. Fujita. s. n.
　F: **SHIN**, **TNS**(s). Mt. Fuji. 4 Aug. 1983. Coll.: K. Kanda & Y. Hanei.
　　Terrestrial. Sepals and lip greenish yellow, petals whitish.
　Distribution: Hokkaido, Aomori, Pacific Ocean side of Honshu, Shikoku, Kyushu.
　Habitat: Alpine & sub-alpine forests.

08-23.　**Platanthera ophrydioides** F. Schmidt var. **ophrydioides**
　　オオキソチドリ
　　　地生．花は淡黄緑色．
　植物体：**TI**．信濃，平尾村．1929 年 7 月 13 日．採集者：H. 百瀬．No. 489.
　花：**SHIN**，**TNS**(液浸)．浮島湿原．1980 年 7 月 19 日．採集者：井上健．No. 1925.
　分布：北海道，本州東北および東海の日本海側．亜高山帯の林床や湿地に自生．
　　Japanese name: **Oh-kiso-chidori**.
　P: **TI**. Prov. Shinano, Hirao-mura. 13 July 1929. Coll.: H. Momose. No. 489.
　F: **SHIN**, **TNS**(s). Ukishima Marsh. 19 July 1980. Coll.: K. Inoue. No. 1925.
　　Terrestrial. Flowers pale yellowish green.
　Distribution: Hokkaido, Northern and Japan Sea-side Honshu.
　Habitat: In sub-alpine forests and marshs.

08-24.　**Platanthera pachygllosa** Hayata var. **amamiana** (Ohwi) K. Inoue
　Syn.: *Platanthera angusta* auct. non (Bl.) Lindl.
　　アマミトンボ
　　　地生．花は黄緑．
　植物体：**KYO**．奄美大島．名瀬市金久．1923 年．採集者：小泉．KYO 00020223.
　花：**SHIN**(液浸)．奄美大島名瀬市．1991 年 4 月 13 日．採集者：神田淳・羽根井良江．
　分布：奄美大島，屋久島．草地，林縁に自生．
　　Japanese name: **Amami-tonbo**.
　P: **KYO**. Amami-Ohshima, Naze-shi Kanahisa. 1923. Coll. :Koidzumi. s. n. KYO 00020223.
　F: **SHIN**(s). Amami-Oshima, Naze-shi. 13 Apr. 1991. Coll.: K. Kanda & Y. Hanei.
　　Terrestrial. Flowers greenish yellow.
　Distribution: Amami-Oshima, Yakushima.
　Habitat: Grasslands and forest edges.

08-25.　**Platanthera pachygllosa** Hayata var. **hachijoensis** (Honda) K. Inoue
　　ハチジョウチドリ
　　　地生．花は淡黄緑色．
　植物体：**TI**．八丈島西山．1977 年．採集者：井上健．s. n.

花：**SHIN**, **TNS**（液浸）．八丈島西山．1980 年 5 月 6〜7 日．採集者：井上健．
分布：伊豆七島．草原，林縁に自生．

    Japanese name: **Hachijo-chidori**.

P: **TI**. Hachijojima Mt. Nishiyama. 1977. Coll.: K. Inoue. s. n.
F: **SHIN**, **TNS**. Hachjojima Mt. Nishiyama. 6-7 May 1980. Coll.: K. Inoue.
    Terrestrial. Flower pale greenish yellow.
Distribution: Izu-shichitou.
Habitat: In grassland and forest edges.

08-26.   **Platanthera sachaliensis** F. Schmidt

    オオヤマサギソウ

    地生．萼片と花弁は白，唇弁は黄緑色．

植物体：**TI**. 北海道ノサップ．1994 年 7 月 19 日．採集者：中島睦子．s. n.
花：**SHIN**, **TNS**（液浸）．北海道根室市．1994 年 7 月 20 日．採集者：北川淑子．
分布：北海道から九州まで．亜高山から低山帯の林下や林縁に自生．

    Japanese name: **Ohyama-sagi-so**.

P: **TI**. Hokkaido, Nosap. 19 July 1994. Coll.: M. Nakajima. s. n.
F: **SHIN**, **TNS**(s). Hokkaido Nemuro-shi. 20 July 1994. Coll.: Y. Kitagawa.
    Terrestrial. Sepals and petals white, lip greenish yellow.
Distribution: Hokkaido. Honshu, Shikoku, Kyushu.
Habitat: Sub-alpine to mountain grasslands and forest edges.

08-27.   **Platanthera sonoharae** Masam.

    クニガミトンボ，ソノハラトンボ

    地生．萼片は淡緑色，花弁は白．

植物体と花：**SHIN**（液浸）．沖縄本島北部．1992 年 12 月．採集・栽培者：東京山草会．
分布：沖縄本島．草原に自生．

    Japanese name: **Kunigami-tonbo**, **Sonohara-tonbo**.

P & F: **SHIN**(s). Northern part of Okinawa Isl. Dec. 1992. Coll. & cult. AGST.
    Terrestrial. Sepals pale green, petals white.
Distribution: Okinawa Isl.
Habitat: Grasslands.

08-28.   **Platanthera stenoglossa** Hayata var. **iriomotensis** (Masam.) K. Inoue

    Syn.: *Platanthera iriomotensis* Masam.

    イリオモテトンボソウ

    着生．花は淡緑色．

植物体：**TI**. 西表島白浜．1980 年 4 月 29 日．採集者：井上健．No. 1466.
花：**TNS**（液浸）．西表島白浜．1986 年 6 月 4-5 日．採集者：神田淳・羽根井良江．
分布：西表島，石垣島．湿った岩に自生．

    Japanese name: **Iriomote-tonbo-so**.

P: **TI**. Iriomote-jima Shirahama. 29 Apr. 1980. Coll.: K. Inoue. No. 1466.
F: **TNS**(s). Iriomote-jima Shirahama. 4-5 June 1986. Coll.: K. Kanda & Y. Hanei.
    Terrestrial. Flower pale green.
Distribution: Iriomote Isl, Ishigaki Isl.
Habitat: On moist rocks.

08-29. **Platanthera stenoglossa** Hayata var. **hottae** K. Inoue

ソハヤキトンボソウ

地生・着生．花は淡緑色．

植物体：**TI**. holo. 豊後祖母山．1939 年 7 月 24 日．採集者：中島一男．No. 18885.

花：**SHIN**（液浸）．宮崎県大崩山．1979 年 6 月 1 日．採集者：井上健．No. 1623.

分布：本州（紀伊半島）と九州．沢沿いの湿った崖に自生．

Japanese name: **Sohayaki-tonbo-so**.

P: **TI**. holo. Prov. Bungo (Ohita Pref.) Mt. Sobo. 24 July 1939. Coll.: K. Nakajima. No.18885.

F: **SHIN**, **TNS**(s). Miyazaki Pref. Mt. Ohkuzure. 1 June 1979. Coll.: K. Inoue. No. 1623.

Terrestrial and Lithophytic. Flower pale green.

Distribution: Honshu (Kii-Penin.), Kyushu.

Habitat: On the moist rocks of along river sides.

08-30. **Platanthera takedae** Makino

ミヤマチドリ，ニッコウチドリ

地生．花は淡緑〜黄緑色．

植物体：**TI**. 信濃 Kogochi 山．1927 年 8 月 7 日．採集者：S. 斎藤．s. n.

花：**SHIN**, **TNS**（液浸）．三伏峠．1994 年 8 月 1 日．採集者：北村．

分布：北海道，本州中北部．亜高山帯の草原や針葉樹林下に自生．

Japanese name: **Miyama-chidori**, **Nikko-chidori**.

P: **TI**. Prov. Shinano (Nagano Pref.) Mt. Kogochi. 7 Aug. 1927. Coll.: S. Saito. s. n.

F: **SHIN**, **TNS** (s). Sanpuku-toge. 1 Aug. 1994. Coll.: Kitamura.

Terrestrial. Flower pale green to greenish yellow.

Distribution: Hokkaido, Central to Northern Honshu.

Habitat: Sub-alpine grassland and conifer forests.

08-31. **Platanthera takedae** Makino subsp. **uzenensis** (Ohwi) F. Maekawa

ガッサンチドリ

地生．花は淡緑から黄緑色．

植物体：**TI**. 秋田県仙北郡駒ケ岳．1975 年 7 月 5 日．採集者：Y. 武石．No. 2165.

花：**SHIN**, **TNS**（液浸）．白馬岳．1980 年 8 月 3 日．採集者：北村．No. 1934.

分布：北海道から九州まで．亜高山帯の草原に自生．

Japanese name: **Gassan-chidori**.

P: **TI**. Akita Pref. Senpoku-gun Mt. Komagatake. 5 July 1975. Coll: Y. Takeishi. No. 2165.

F: **SHIN**, **TNS**(s). Shirouma-dake. 3 Aug. 1980. Coll.: Kitamura. No. 1934.

Terrestrial. Flower pale green to greenish yellow.

Distribution: Hokkaido, Honshu, Shikoku, Kyushu.

Habitat: Sub-alpine grasslands.

08-32. **Platanthera tipuloides** (L. f.) var. **sororia** (Schltr.) Soó

ホソバノキソチドリ

地生．花は淡緑色から黄緑色．

植物体：**TI**. 福島県やま郡大石岳から飯豊山．1979 年 8 月 2 日．採集者：山崎敬ほか．No. 108.

花：**SHIN**, **TNS**（液浸）．八甲田山ヒナ岳湿地．1992 年 8 月 16 日．採集者：沼田俊三．

分布：北海道，中部以北の本州．高原の草地や林縁に自生．

Japanese name: **Hosobano-kiso-chidori**.

P: **TI**. Prov. Fukushima Yama-gun Mt. Ouishi-dake to Mt. Iide. 2 Aug. 1979. Coll.: Yamazaki *et al*. No. 108.

F: **SHIN**, **TNS** (s). Aomori Pref. Mt. Hakkouda Hina-dake marsh. 16 Aug. 1992. Coll.: S. Numata.

Terrestrial. Flower pale green to greenish yellow.

Distribution: Hokkaido, Central to Northern Honshu.

Habitat: Sub-alpine grasslands and forest margins.

08-33. **Platanthera ussuriensis** (Regel et Maack) Maxim.

トンボソウ

地生．萼片と花弁は淡緑色．唇弁は白．葯帽は紫褐色．白花あり．

植物体：不明．北海道苫小牧市．1994年．採集者：M. 中島．

花：**SHIN**（液浸）．高知市高見山．1992年．採集者：寺崎．

分布：北海道から九州まで．林床や草地に自生．

　　Japanese name: **Tonbo-so**.

P: missing. Hokkaido, Tomakomai-shi. 1994. Coll.: M. Nakajima.

F: **SHIN**. Kohchi-shi Mt. Takami. 1992. Coll.: Terasaki.

　Terrestrial. Sepals and petals pale green, lip white, anther cap purplish brown. Also white flowers.

Distribution: Hokkaido, Honshu, Shikoku, Kyushu.

Habitat: Forest beds and grasslands.

09. Neottianthe Schltr.

09-01. **Neottianthe cuculata** (L.) Schltr.

Syn.: *Gymnadenia cucullata* (L.) Rich.

ミヤマモジズリ

地生・着生．花は淡紅紫色．唇弁は白で先端が淡紅紫色中央に紅紫色の斑紋あり．

P: **TI**. 雲取山妙法ガ岳．1926年8月25日．Herb. Hajacava. 同定：Y. 成田．s. n.

F: **TNS**（液浸）．毛無山．1977年9月16日．採集者：井上健．

分布：本州．四国．山地の疎林や林の縁．湿った岩場に自生．

　　Japanese name: **Miyama-mojizuri**.

P: **TI**. Mt. Kumotori Myouhougadake. 25 Aug. 1926. Herb. Hajacava. Det.: Y. Narita.

F: **TNS**(s). Mt. Kenashi. 16 Sept. 1977. Coll.: K. Inoue.

　Terrestrial and lithophytic. Flower pale pink, lip white with pink markings at base.

Distribution: Honshu, Shikoku.

Habitat: Sunny forest beds and on moist rocks in the mountain.

10. Gymnadenia R. Br.

10-01. **Gymnadenia camtschatica** (Cham.) Miyabe et Kudo

ノビネチドリ

地生．花は淡紅紫色．淡色の唇弁に紅紫色の斑紋．白花あり．

植物体：**TI**．北海道朝日林道，小樽―定山渓，1975年6月1日．Leg.: 黒沢＆立石．s. n.

花：**TNS**（液浸）．金精峠．S. 54年6月15日．固定．採集：東京山草会．唇弁B：北海道羅臼．1979年7月3日．採集者：井上健．

分布：北海道，本州，四国，九州．山地の林床や湿った林縁に自生．

　　Japanese name: **Nobine-chidori**.

P: **TI**. Hokkaido Asahi-pass Otaru-Jozankei. 1 June 1975. Leg.: S. Kurosawa & Y. Tateishi. s. n.

F: **TNS**(s). Konsei-toge. 15 June 1979. Coll. & cult.: AGST. Lip B: Hokkaido, Rausu. 3 July 1979. Coll.: K. Inoue.

　Terrestrial. Sepals and petals pink, lip whitish, pink tips with pink dots or striations. Also white flower.

Distribution: Hokkaido, Honshu, Shikoku, Kyushu.

Habitat: Sub-alpine forest beds and moist edges.

10-02. **Gymnadenia conopsea** (L.) R. Br.

テガタチドリ，チドリソウ

花軸は紫を帯びる．花は淡紅紫色．

植物体：不明．北海道根室市マヨマイ．1994年7月19日．採集者：北川淑子．

花：**TNS**（液浸）．北海道根室市マヨマイ．1994年7月19日．採集者：北川淑子．

分布：北海道，本州北部，四国，九州．高山から亜高山，寒冷地の草原に自生．

Japanese name: **Tegata-chidori**, **Chidori-so**.

P: missing. Hokkaido Nemuro-shi Mayomai. 19 July 1994. Coll.: Y. Kitagawa.

F: **TNS**(s). Hokkaido Nemuro-shi Mayomai. 19 July 1994. Coll.: Y. Kitagawa.
Rachis greenish purple. Flower pink.

Distribution: Hokkaido, Honshu, Shikoku, Kyushuu.

Habitat: Alpine to sub-alpine grasslands.

11. Chondradenia Maxim. ex Makino

11-01. **Chondradenia fauriei** (Finet) Sawada ex F. Maek.

オノエラン

地生．花は白．唇弁基部にW字型の黄色の斑紋あり．

植物体：**TI**．日光女峰岳．1924年7月．採集者：早川's collector T 618．

花：**TNS**（液浸）．飯豊山．1979年8月2日．採集者：杉山．

分布：本州東北地方から近畿まで．亜高山の草地に自生．

Japnese name: **Onoe-ran**.

P: **TI**. Mt. Nyoho in Nikko. July 1924. Coll.: Hayakawa's collector T618.

F: **TNS**(s). Mt. Iide. 2 Aug. 1979. Coll.: Sugiyama.
Terrestrial. Flower white, lip with yellow striations at base.

Distribution: West-Northern Honshu.

Habitat: Sub-alpine grasslands.

12. Habenaria Willd.

12-01. **Habenaria dentata** (Sw.) Schltr.

ダイサギソウ

地生．花は白．花粉塊の粘着体は褐色．

植物体：**TI**．薩摩大口．間根平．1936年9月20日．採集者：村松七郎．s. n.

花：**TNS**（液浸）．沖縄本島名護市．1993年11月3日．採集者：治井正一．

分布：本州千葉県以西，四国，九州，琉球列島．日当たりのよい草原や林縁に自生．

Japanese name: **Dai-sagi-so**.

P: **TI**. Prov. Satsuma (Kagoshima Pref.) Ohkuti Manetaira. 20 Sept. 1936. Coll.: S. Muramatsu s. n.

F: **TNS**(s). Okinawa Isl. Nago-shi. 3 Nov. 1993. Coll.: S. Harui.
Terrestrial. Flower white sometimes with greenish tips, viscidium brown.

Distribution: Central to South-West Honshu, Shikoku, Kyushu, Ryukyu Isls.

Habitat: Sunny grasslands and forest margins.

12-02.　**Habenaria longitentaculata** Hayata

Syn.: *Habenaria cirrhifera* Ohwi

リュウキュウサギソウ，ナメラサギソウ

地生．花は黄緑色，花被片の基部と蕊柱は黄色．

植物体：不明．

花：**TNS**（液浸）．奄美大島．1994年9月24日．採集者：山下弘・河内正夫．

分布：沖縄本島，久米島，奄美大島．まばらな常緑広葉樹林林床や日当たりのよい場所に自生．

Japanese name: **Ryukyu-sagi-so**, **Namera-sagi-so**.

P: missing. Amami-Oshima. 24 Sept. 1994. Coll.: H. Yamashita & M. Kawachi.

F: **TNS**(s). Amami-Oshima. 24 Sept. 1994. Coll.: H. Yamashita & M. Kawachi.
Terrestrial. Flower ye column yellowish green, base of perianth yellow.

Distribution: Okinawa Isl, Kumejima, Amami-Oshima.

Habitat: In the evergreen broad leaf forests or in open place.

12-03.　**Habenaria radiata** (Thunb.) Sprengel

サギソウ

地生．萼片は緑色，花弁と唇弁は純白．蕊柱は黄色．

植物体：**TI**．東大付属小石川植物園栽培．1889年8月6日．s. n.

花：**TNS**（液浸）．福島県産．1992年12月固定．栽培：三橋．

分布：本州，四国，九州．平地や日当たりのよい湿地に自生．

Japanese name: **Sagi-so**.

P: **TI**. Cult. in Koishikawa Botanical Garden of Tokyo Univ. 6 Aug. 1889. s. n.

F: **TNS**(s). Fukushima Pref. Dec. 1992. Cult.: Mitsuhashi.
Terrestrial. Sepal green, petals and lip white, spur green, column yellow.

Distribution: Honshu, Shikoku, Kyushu.

Habitat: In the moist open place or mountain marsh.

12-04.　**Habenaria sagittifera** Rchb. f. var. **linearifolia** (Maxim.) Takeda

サワトンボ，オオミズトンボ

地生．萼片は緑色，花弁は白，唇弁は淡黄緑色，葯は紅褐色．

植物体：**TI**．石狩対雁．1913年9月14日．採集者：N. 岩崎．Herb.S. Hajacava. 04683．

花：**TNS**（液浸）．宮城県産．栽培：三橋．

分布：北海道，本州関東以北．日当たりのよい湿地に自生．

Japanese name: **Sawa-tonbo**, **Ohmizu-tonbo**.

P: **TI**. Hokkaido Tsuishikari. 14 Sept. 1913. Coll.: N. Iwasaki. Herb. S. Hajacava 04683.

F: **TNS**(s). Miyagi Pref. Cult.: Mitsuhashi.
Terrestrial. Sepals green, petals white, lip greenish yellow, anther reddish.

Distribution: Hokkaido, Central to Northern Honshu.

Habitat: Sunny marsh.

12-05.　**Habenaria sagittifera** Rchb. f. var. **sagittifera**

ミズトンボ，オオサギソウ

地生．萼片は淡緑色，花弁は白，唇弁は淡黄緑色，蕊柱は淡褐色．

植物体：**TI**．青森県東通村小田野沢．1992年8月16日．採集者：細井幸兵衛．s. n.

花：**TNS**（液浸）．青森県東通村．1992年8月9日．採集者：沼田俊三．

分布：北海道西南部，本州，四国，九州．海岸から山地，平地の日当たりのよい湿地に自生．

Japanese name: **Mizu-tonbo**, **Oh-sagi-so**.

P: **TI**. Aomori Pref. Higashidori-mura Odanosawa. 16 Aug. 1992. Coll.: K. Hosoi. s. n.

F: **TNS**(s). Aomori Pref. Higashidori-mura Odanosawa. 9 Aug. 1992. Coll.: S. Numata.
Terrestrial. Sepals and spur green, petals and lip white, column yellow.
Distribution: Honshu, Shikoku, Kyushu.
Habitat: From sea side to mountain, in the sunny marsh.

12-06. **Habenaria stenopetala** Lindl.
テツオサギソウ，ナガバサギソウ
地生．花は淡緑色．
植物体：**TI**・花：**TNS**（液浸）．石垣島安良山．1993 年 11 月 15 日．採集者：神田淳・羽根井良江．
分布：石垣島，与那国島．暗い林床に自生．

Japanese name: **Tetsuo-sagi-so**, **Nagabano-sagi-so**.
P: missing. & F: **TNS**(s). Ishigaki Isl. Arasan. 26 Nov. 1993. Coll.: K. Kanda & Y. Hanei.
Terrestrial. Flower pale green.
Distribution: Ishigaki Isl., Yonaguni Isl.
Habitat: In the sub-tropical shady forest beds.

12-07. **Habenaria yezoensis** H. Hara var. **yezoensis**
ヒメミズトンボ
地生．背萼片と花弁は白，側萼片と唇弁は淡緑色．
植物体と花：**TI**．北海道札幌市付近．1976 年．採集者：井上健．s. n.
分布：北海道．寒冷地の沼地に自生．

Japanese name: **Hime-mizutonbo**.
P & F: **TI**. Hokkaido Sapporo. 1976. Coll.: K. Inoue. s. n.
Terrestrial. Dorsal sepal white, lateral sepals & lip greenish, petals white.
Distribution: Hokkaido.
Habitat: In the marsh.

12-08. **Habenaria yezoensis** H. Hara var. **longicalcarata** Miyabe et Tatew.
オゼノサワトンボ
地生．萼片と花弁は白，唇弁は淡黄緑色．
植物体：**KYO**．国後島セセキ．1931 年 8 月 21-22 日．Leg.: 大井次三郎．s. n. KYO 00020224.
花：**TNS**（液浸）．北海道根室市茨散沼．1994 年 7 月 21 日．採集者：中島睦子．
分布：北海道，本州．低湿地に自生．

Japanese name: **Ozeno-sawa-tonbo**.
P: **KYO**. Hokkaido Kril Archip. Kunashiri Isl. Seseki. 21-22 Aug. 1931. Leg.: J. Ohwi. KYO 00020224.
F: **TNS**(s). Hokkaido Nemuro-shi Barasanko. 21 July 1994. Coll.: M. Nakajima.
Terrestrial. Sepals and petals white, lip pale green.
Distribution: Hokkaido, Honshu.
Habitat: In the marsh.

13. **Peristylus** Blume

13-01. **Peristylus flagellifera** (Makino) Ohwi
ムカゴトンボ，サツマトンボ
地生．花は淡黄緑．
植物体：**TI**．肥前黒髪山．S36 年 9 月 13 日．採集者：馬場胤義．No. 2.
花：**TNS**（液浸）．種子島十六番．1987 年．採集者：神田淳・羽根井良江．

分布：本州西部，四国，九州．林縁や日当たりのよい湿地に自生．
- Japanese name: **Mukago-tonbo**, **Satsuma-tonbo**.

P: **TI**. Prov. Hizen Mt. Kurokami. 13 Sept.1961. Coll.: T. Baba. No. 2.
F: **TNS**(s). Tanegashima jurokuban. 1987. Coll.: K. Kanda & Y. Hanei.
- Terrestrial. Flowers pale greenish yellow.

Distribution: Western Honshu, Shikoku, Kyushu, Ryukyu.
Habitat: At forest edges and in the sunny marsh.

13-02. **Peristylus formosanus** (Schltr.) T. P. Lin

Syn.: *Habenaria lacertifera* auct. Non (Lindl.) Benth

タカサゴサギソウ

地生．花は淡黄緑色，距は緑色．

植物体：**TI**．西表島．1968 年 3 月 20 日．採集者：F. 山崎他．s. n.

花：**TNS**．石垣島真栄里．1991 年 2 月 4 日．採集者：神田淳・羽根井良江．

分布：屋久島〜琉球列島．日当たりのよい草原と湿地に自生．

- Japanese name: **Takasago-sagi-so**.

P: **TI**. Ryukyu Iriomote-jima 20 Mar. 1968. Coll.: F. Yamazaki *et al.* s. n.
F: **TNS**(s). Ryukyu Ishigaki-jima, Maesato. 4 Feb. 1991. Coll.: K. Kanda & Y. Hanei.
- Terrestrial. Sepals and petals greenish white, spur green.

Distribution: Yaku Isl., Ryukyu.
Habitat: Sunny grasslands and marsh.

13-03. **Peristylus hatsushimanus** T. Hashim.

ヒゲナガトンボ，ダケトンボ

地生．花は淡緑色．

植物体：**TI**．種子島西之表市十六番．1993 年固定．採集・栽培者：永井邦男．s. n.

花：**TNS**（液浸）．西之表市．1987 年．採集者：神田淳・羽根井良江．

分布：宮崎県．種子島．杉林の暗い林床に自生．

- Japanese name: **Higenaga-tonbo**, **Dake-tonbo**.

P: **TI**. cult. Tanegashima Nishino-omote-shi Jurokuban. 1993. Coll. & cult.: K. Nagai s. n.
F: **TNS**(s). Tanegashima Nishino-omote-shi 1987. Coll.: K. Kanda & Y. Hanei.
- Terrestrial. Flowers pale green.

Distribution: Miyazaki Pref. Tanegashima.
Habitat: Shady conifer forest beds.

13-04. **Peristylus iyoensis** Ohwi

Syn.: *Habenaria iyoensis* Ohwi

イヨトンボ

地生．花は黄緑色，距は緑色．葉はロゼット状．

植物体：**TI**．千葉県鶴舞．1961 年 8 月 20 日．採集者：榎本一郎．s. n.

花：**TNS**（液）．徳島県牟岐町．1978 年 9 月 3 日．採集者：井上健．

分布：本州南部，四国，九州．山地の湿った原野に自生．

- Japanese name: **Iyo-tonbo**.

P: **TI**. Chiba Pref. Tsurumai. 20 Aug. 1961. Coll.: I. Enomoto s. n.
F: **TNS**(s). Tokushima Pref. Muki-cho. 3 Sept. 1978. Coll.: K. Inoue.
- Terrestrial. Flowers greenish yellow, spur green.

Distribution: Pacific Ocean side of central Honshu to Shikoku, Kyushu.
Habitat: Alpine moist plane.

13-05. **Peristylus lacertiferus** (Lindl.) J. J. Smith

ヒメトンボ，ヒュウガトンボ，タコガタサギソウ

地生．花は白，距は緑色．

植物体と花：**TI**. 宮崎県串間市西方笠祇 1992 年 9 月 18 日．Leg.: 南谷忠志．s. n.

分布：九州（長崎，宮崎）．日当たりのよい湿った草原，明るい林床に自生．

Japanese name: **Hime-tonbo**, **Hyuga-tonbo**, **Takogata-sagi-so**.

P & F: **TI**. Miyazaki Pref. Kushima-shi Nishikata Kasagi. 18 Sept. 1992. Leg.: T. Minamitani. s. n.
Terrestrial. Flowers white, spur green.

Distribution: Kyushu (Miyazaki Pref. & Nagasaki Pref.).

Habitat: Sunny and moist grassland and forest beds.

14. Herminium L.

14-01. **Herminium angustifolium** (Lindl.) Benth. & Hook. f. var. **angustifolium**

Syn：*Herminium angustifolium* (Lindl.) Benth. et Hook. f. var. *longicrure* (C. Wright ex A. Gray) Makino

ムカゴソウ，ハルザキムカゴソウ

地生．花は淡緑色．

植物体：**TI**. 奄美大島名瀬市．1991 年 4 月 13 日．採集者：神田淳・羽根井良江．

花：**TNS**（液浸）．奄美大島名瀬市．1991 年 4 月 13 日．採集者：神田淳・羽根井良江．

分布：沖縄本島，北海道，本州（長野，青森），種子島，八丈島，屋久島．亜高山帯の針葉樹林内，林床に自生．

Japanese name: **Mukago-so**, **Haruzaki-mukago-so**.

P: **TI**. Amami-Ohshima, Naze-shi. 13 Apr. 1991. Coll.: K. Kanda & Y. Hanei.

F: **TNS**(s) Amami-Ohshima, Naze-shi. 13 Apr. 1991. Coll.: K. Kanda & Y. Hanei.
Terrestrial. Flowers pale green.

Distribution: Okinawa Isl. Hokkaido, Honshu (Nagano Pref., Aomori Pref.), Tanegashima, Yakushima.

Habitat: Sub-alpine conifer forest beds and moist grasslands.

14-02. **Herminium monorchis** (L.) R. Br.

Syn.: *Ophrys monorchis* L.

クシロチドリ

地生．花は淡緑色．

植物体：**TI**. 北海道釧路産．1936 年 8 月 8 日．Leg.: 原寛．s. n.

花：**TNS**（液浸）．北海道産．1993 年 9 月 6 日．採集・栽培者：清水哲郎・青森県東通村．1983 年 7 月 11 日．採集者：沼田俊三．

分布：北海道（釧路，十勝），本州（下北半島）．湿った林床に自生．

Japanese name: **Kushiro-chidori**.

P: **TI**. Hokkaido Kushiro. 8 Aug. 1936. Leg.: H. Hara s. n.

F: **TNS**(s). Hokkaido. 6 Sept. 1993. Coll. & cult : T. Shimizu. & Aomori Pref. Higashidori-mura. 11 July 1983. Coll.: S. Numata.
Terrestrial. Flowers pale green.

Distribution: Hokkaido (Kushiro & Tokachi), Honshu (Shimokita Penin.)

Habitat: Moist forest beds.

15. Androcorys Schltr.

15-01. **Androcorys japonensis** Maek.

ミスズラン

地生．花は淡緑色．距はない．

植物体と花：**TNS**（液浸）．長野県八ヶ岳夏沢鉱泉．1993 年 7 月 16 日．採集者：今井建樹．

分布：本州（長野，青森），富士山．亜高山帯の針葉樹林下に自生．

Japanese name: **Misuzu-ran**.

P & F: **TNS**(s). Nagano Pref. Yatsugatake Natsuzawa-kosen. 16 July 1993. Coll.: K. Imai.
Terrestrial. Flowers pale green, spurless.

Distribution: Honshu (Nagano Pref. Aomori Pref.), Mt. Fuji.

Habitat: Sub-alpine conifer forest beds.

16. Disperis Sw.

16-01. **Disperis siamensis** Rolfe ex Downie

ジョウロウラン

地生．花は淡紅紫色．

植物体：**RYU**．石垣島オモト岳．2001 年 8 月 21 日．採集者：横田昌嗣．

花：**TNS**（液浸）．石垣島米原．1993 年 7 月 20 日．採集者：神田淳・羽根井良江．

分布：石垣島，西表島．

Japanese name: **Jourou-ran**.

P: **RYU**. Ishigaki-jima Mt. Omoto. 21 Aug. 2001. Coll.: M. Yokota.

F: **TNS**(s). Ishigaki-jima Yonehara. 20 July 1993 . Coll.: K. Kanda & Y. Hanei.
Terrestrial. Flowers pale purple.

Distribution: Ishigaki-jima, Iriomote-jima.

17. Microtis R.Br.

17-01. **Microtis unifolia** (G. Forst.) Rchb. f.

ニラバラン

地生．花は黄緑色．

植物体：**TI**．鹿児島県三島村竹島．1994 年 6 月 19 日．採集者：神田淳・羽根井良江．

花：**TNS**（液浸）．鹿児島県口の島 1994 年 4 月．採集者：堀田満．

分布：沖縄本島，先島諸島，本州，四国，九州．海岸近くの湿った草地に自生．

Japanese name: **Niraba-ran**.

P: **TI**: Kagoshima Pref. Mishima-mura Takeshima. 19 June 1994. Coll.: K. Kanda & Y. Hanei.

F: **TNS**(s). Kagoshima Pref. Kuchinoshima. Apr. 1995. Coll.: M. Hotta.
Terrestrial. Flowers yellowish green.

Distribution: Southern Honshu, Shikoku, Kyushu, Okinawa Isl., Sakishima Isls.

Habitat: Moist grasslands near coast.

18. Cryptostylis R.Br.

18-01. **Cryptostylis arachnites** (Bl.) Hassk.

オオスズムシラン

地生．葉は明るい緑に暗い葉脈が入る．萼片は黄緑色，花弁は淡緑色，唇弁はオレンジ色に赤紫の斑点．

植物体と花：**RYU**．西表島仲良川流域．1994 年 3 月 28 日．採集者：横田昌嗣．

分布：西表島．暗い広葉樹林下に自生．

Japanese name: **Oh-suzumushi-ran**.

P & F: **RYU**. Iriomote-jima Naka-river. 28 Mar. 1994. Coll.: M. Yokota.

Terrestrial. Leaf blades shiny green with darker veining. Sepals greenish yellow, petals pale green, lip orange-red with reddish purple spots.

Distribution: Iriomote-jima.

Habitat: Broad leaved shady forest beds.

19. Stigmatodactylus Maxim.

19-01. **Stigmatodactylus sikokianus** Maxim.

コウロギラン

地生．萼片は淡緑色，花弁と唇弁は白で唇弁の中央に暗紅紫色の隆起あり．

植物体と花：**TNS**(液浸)．高知県越知町横倉山．1991 年 9 月 3 日．採集者：寺峯孜．

分布：和歌山県，四国，九州．常緑広葉樹林内の暗い林床に自生．

Japanese name: **Kohrogi-ran**.

P & F: **TNS**(s). Kohchi Pref. Mt. Yokokura. 3 Sept. 1991. Coll.: Teramine.

Terrestrial. Sepals pale green, petals and lip whitish. Callus of lip mid-lobe violet.

Distribution: Honshu (Wakayama Pref.), Shikoku (Kohchi), Kyushu.

Habitat: Shady evergreen forest beds.

20. Spiranthes L. C. Rich.

20-01. **Spiranthes sinensis** (Pers.) Ames var. **amoena** (M. v. Bieb.) Hara

モジズリ，ネジバナ

地生．花は白から紫まで変化あり，唇弁は白が多い．サイズも多様．

植物体と花：**TNS**(液浸)．熊本県天草郡松島町今津．1993 年 4 月 4 日．採集者：橋本昭彦．

分布：北海道，本州，四国，九州，琉球列島．日当たりのよい草地に自生．

Note：花序が有毛で葉がロゼット状になるものをナンゴクネジバナとする説があるが，無毛から有毛の中間の形質を有する個体もあり，連続性がある。九州，琉球産も両タイプが混合し区別はつかない．

Japanese name: **Mojizuri, Nejibana**.

P & F: **TNS**(s). Kumamoto Pref. Amakusa-gun Matsushima-cho Imazu. 4 Apr. 1993. Coll.: A. Hashimoto.

Terrestrial. Flowers white to pale rose, size and lip shape very variable.

Distribution: Hokkaido, Honshu, Shikoku, Kyushu, Ryukyu.

Habitat: Sunny grasslands.

21. Macodes (Blume) Lindl.

21-01. **Macodes petola** (Bl.) Lindl.

ナンバンカゴメラン

地生．葉に白い網目脈がある．唇弁上位，萼片と花弁は淡緑色，唇弁は白．

植物体と花：**RYU**．西表島尾大富産．1999年7月19日．採集者：横田昌嗣．

分布：琉球列島．湿った広葉樹林下に自生．

Japanese name: **Nanban-kagome-ran**.

P & F: **RYU**. Iriomote Isl. Ohtomi. 19 July 1999. Coll.: M. Yokota.

Terrestrial. Yellowish reticulation on dark green leaves. Floral bracts purplish green, sepals and petals green, lip white, column pale green.

Distribution: Ryukyu.

Habitat: Shady broad leaf forest beds.

22. Hetaeria Blume

22-01. **Hetaeria oblongifolia** Blume

テリハカゲロウラン，オオカゲロウラン

地生．花は白からクリーム色，唇弁は白．

植物体：**TI**．（栽培）石垣島オモト岳産．1992年9月25日固定．採集者：豊見山元．

花：**TNS**（液浸）．与那国島宇良部岳産．1996年5月10日固定．採集者：神田淳・羽根井良江．

分布：石垣島，与那国島．

Japanese name: **Teriha-kagerou-ran**, **Ohkagerou-ran**.

P: **TI**.: cult. Ishigaki-jima Mt. Omoto . 25 Sept. 1992. Coll.: H. Tomiyama.

F: **TNS**(s). Yonaguni Isl. Mt. Urabu. 10 May 1996. Coll.: K. Kanda & Y. Hanei.

Terrestrial. Flowers whitish cream. Lip white.

Distribution: Ryukyu (Ishigaki-jima, Yonaguni-jima).

22-02. **Hetaeria cristata** Blume

Syn.: *Hetaeria yakushimensis* (Masam.) Masamune

ヤクシマアカシュスラン，シロスジカゲロウラン

地生．苞，萼片の先端淡緑褐色で花弁と唇弁は白で基部は黄色．*H. cristata* のtype の花は白．

植物体：（栽培）石垣島オモト岳．1992年9月25日．採集者：神田淳・羽根井良江．

花：**TNS**（液浸）．八丈島東山．採集者：菊地健．

　　TNS（液浸）．奄美大島金作原．1991年9月29日．採集者：河内正夫．

分布：沖縄本島，西表島，奄美大島，徳之島，屋久島．暗い林床や倒木の上に自生．

Japanese name: **Yakushima-akashusu-ran**, **Shirosuji-kagerou-ran**.

P: cult. Ishigaki-jima Mt. Omoto. 25 Sept. 1992. Coll.: K. Kanda & Y. Hanei.

F: **TNS**(s). Hachijoujima Mt. Higashi. Coll.: K. Kikuchi.

　TNS(s). Amami-Oshima Kinsakubaru. 29 Sept. 1991. Coll.: M. Kawachi.

Terrestrial and Epiphytic. Floral bract and apex of sepal purple brown. Petals and lip white, base of lip yellow.

Distribution: Okinawa Isl. Iriomote, Amami-Oshima, Tokunoshima, Yakushima.

Habitat: Shady forest beds and on fallen tree trunk.

Note: Japanese name "Shirosuji" was named by plant with white flower & white mid-vein on leaf blade.

23. **Chamaegastrodia** Makino & Maek.

23-01. **Chamaegastrodia sikokiana** Makino et F. Maek. ex F. Maek.

Syn : *Evradenia sikokiana*

ヒメノヤガラ

地生．腐生植物．植物体，花とも赤みを帯びた褐色．花弁と唇弁は黄金色．

植物体：**TNS**．仙台市東北大学理学部付属植物園．1994 年 8 月 5 日．採集者：黒沢高秀．

花：**TNS**（液浸）．逗子市二子山．1998 年 7 月 11 日．採集者：T. 山田．

　　　TNS（液浸）．高知市横倉山．採集者：寺峯．

分布：本州，四国，九州．やや明るい林床に自生．

Note: 黄花の個体と赤橙の個体は別種の可能性あり．

　　Japanese name: **Himeno-yagara**.

P: **TNS**: Touhoku Univ. B. Garden. 5 Aug. 1995. Coll.: T. Kurosawa.

F: **TNS**(s). Zushi-shi, Futagoyama.11 July 1998. Coll.: T. Yamada.

　　TNS(s). Kohchi Pref. Yokokurayama. Coll: Teramine.

　　Saprophytic. Plant, including flowers coral red. Petals and lip golden yellow.

Distribution: Honshu, Shikoku, Kyushu.

Habitat: Forest beds.

Note: Possibly this plate contains two species, one yellowish & another reddish flower. Necessaly to re-observe, compare each ones.

24. **Myrmechis** (Lindl.) Blume

24-01. **Myrmechis japonica** (Rchb.f) Rolfe

アリドオシラン

地生．花茎，葉柄は紅色を帯びる．花は白，苞は淡紅色．

植物体：**TI**．陸奥荒川．1923 年 8 月 22 日．Herb. S. Hajacava. T427.

花：**TNS**（液浸）．水永沢．1977 年 7 月 28 日．採集者：井上健．

分布：北海道，中部以北の本州，四国．低山から亜高山の針葉樹林内に自生．

　　Japanese name: **Aridoshi-ran**.

P: **TI**. Prov. Mutsu Arakawa. 22 Aug. 1923. Herb. S. Hajacava. T427.

F: **TNS**(s). Nagano Pref. Mizunagasawa. 28 July.1977. Coll.: K. Inoue.

　　Terrestrial. Flowers white, floral bract pale pink.

Distribution: Hokkaido, central to Northern Honshu. Shikoku.

Habitat: Mountain and subalpine conifer forest beds.

24-02. **Myrmechis tsukusiana** Masamune

ツクシアリドオシラン

地生．花は白で少し珊色を帯びる．

植物体と花：**TI**．type．屋久島．1922 年 7 月 17 日．Leg.: 正宗厳敬．

分布：九州南部，四国．杉林の林床に自生．

　　Japanese name: **Tsukushi-aridoshi-ran**.

P & F: **TI**-type. Yakushima. 17 July 1922. Leg.: Masamune.

　　Terrestrial. Flowers pinkish white.

Distribution: Southern Kyushu, Shikoku.

Habitat: Conifer forest beds.

25. Anoectochilus Blume

25-01. **Anoectochilus formosanus** Hayata

キバナシュスラン

地生．葉の表はビロード状緑色で黄色の網目模様があり，裏面は紅色を帯びる．苞，萼片と花弁は黄褐色，唇弁は白で櫛状フリンジは黄色．葯帽は黄色．

植物体：**TI**．・花：**TNS**（液浸）．石垣島安良岳．1993 年 11 月 15 日．採集者：神田淳・羽根井良江．

分布：石垣島，西表島．常緑広葉樹の林床に自生．

Japanese name: **Kibana-shusu-ran**.

P: **TI**. & F: **TNS**(s). Ishigaki-jima. Aradake. 15 Nov. 1993. Coll.: K. Kanda & Y. Hanei.
Terrestrial. Leaves blade above velvety with golden reticulate pattern. Underneath reddish. Sepals & petals orange to reddish brown, anther yellow, lip mid-lob white, flange yellow.

Distribution: Ishigaki, Iriomote Isls.

Habitat: Ever green forest beds.

25-02. **Anoectochilus hatusimanus** Ohwi et T. Koyama

Syn.: *Odontochilus hatusimanus* Ohwi et T. Koyama

ハツシマラン

地生．花序は赤みを帯びる．萼片は淡紅色，花弁と唇弁は白．

植物体と花：**RYU**．鹿児島県高隅山．1999 年 7 月 19 日．採集者：神園英彦．

分布：鹿児島県大隅半島．

Japanese name: **Hatsushima-ran**.

P & F: **RYU**. Kagoshima Pref. Mt. Takakuma. 19 July 1999. Coll.: H. Kamizono.
Terrestrial. Inflorescence reddish. Sepals pinkish white, petals and lip white.

Distribution: Kagoshima Pref. (Ohsumi Penin).

25-03. **Anoectochilus koshunensis** Hayata

コウシュンシュスラン

地生．葉は白い網状の葉脈．苞は紅色を帯びる，花は紅色を帯びた白．

植物体：**KPM**．西表島．鳩間モリ，1938 年 10 月 5 日．

花：**TNS**（液浸）．屋久島．1990 年 11 月 4 日．採集者：神田淳・羽根井良江．

分布：西表島，屋久島．常緑広葉樹林の林床に自生．

Japanese name: **Koushun-shusu-ran**.

P: **KPM**. Iriomote Hatomamori 5 Oct. 1938.
F: **TNS**(s). Yakushima. 4 Nov. 1990. Coll.: K. Kanada & Y. Hanei.
Terrestrial. Leaves blade with white reticulate veneration. Blacts reddish. Flowers pinkish white. Petals pink.

Distribution: Ishigaki-jima, Iriomote-jima.

Habitat: In ever green forest beds.

25-04. **Anoectochilus tashiroi** (Maxm.) Makino

オキナワカモメラン，オオギミラン

地生．花は紫を帯びた緑色．

植物体と花：**TNS**（液浸）．西表島ユツン川．1995 年 6 月 11 日．採集者：豊見山元．

分布：沖縄本島，西表島．

Japanese name: **Okinawa-kamome-ran**, **Ohgimi-ran**.

P & F: **TNS**(s). Iriomote-jima Yutsun river. 11 June 1995. Coll.: H. Tomiyama.
Terrestrial. Flowers green with purplish suffusion, sparsely spotted.

Distribution: Okinawa Isl. Iriomote-jima.

26. **Vexillabium** Maek.

26-01. **Vexillabium fissum** F. Maekawa

オオハクウンラン

地生．萼片は緑色から紅紫がかる．花弁と唇弁は白．

植物体：**KYO**．九州豊後国黒岳．1926 年 8 月 6 日．Leg.: Z. 田代．s. n．Det.: G. 村田．1962．KYO-00020222．

花：**TNS**（液浸）．八丈島産．1993 年 9 月 6 日固定．栽培者：橋本季正．

分布：本州，九州，八丈島．低山帯の林内に自生．

Japanese name: **Oh-hakuun-ran**.

P: **KYO**. Kyushu Prov. Bungo Mt. Kunikuro. 6 Aug. 1926. Leg.: Z. Tashiro. s. n. Det.: G. Murata. KYO-00020222.

F: **TNS**(s). Hachjojima. 6 Sept. 1993. Cult.: N. Hashimoto.

Terrestrial. Sepals greenish purple, petals and lip white.

Distribution: Honshu, Kyushu, Hachijojima.

Habitat: Mountain forest beds.

26-02. **Vexillabium yakushimanae** (Yamamoto) Maekawa

ヤクシマヒメアリドオシラン

地生．萼片は白または褐色紫を帯びる．唇弁は白で蕊柱と葯は黄色を帯びる．

植物体と花：**TNS**（液浸）．屋久島樋之口．1993 年 5 月 22 日．採集者：神田淳・羽根井良江．

分布：本州，九州，琉球．低山帯の常緑樹林の林床に自生．

Japanese name: **Yakushima-hime-aridohshi-ran**.

P & F: **TNS**(s). Yakushima Hinokuchi. 22 May 1993. Coll.: K. Kanda & Y. Hanei.

Terrestrial. Sepals surface pale brownish, petals and lip white. Column and anther yellowish.

Distribution: Honshu, Kyushu, Ryukyu.

Habitat: In evergreen forests.

27. **Erythrorchis** Blume

27-01. **Erythrorchis ochobiensis** Hayata

タカツルラン

地生，腐生植物．つる状に伸び，樹幹に短い根でからみつく．花序は褐色で花は淡黄褐色．

植物体と花：**RYU**．沖縄本島大宜味村．1991 年 5 月 12 日．採集者：横田昌嗣．

シュート：奄美大島金作原．1991 年 1 月 15 日．採集者：山下弘．

分布：種子島．琉球列島．常緑広葉樹林内に自生．

Japanese name: **Takatsuru-ran**.

P & F: **RYU**. Okinawa Isl. Ohgimi-son. 12 May 1991. Coll.: M. Yokota.

Shoot: Amami-Oshima Kinsakubaru. 15 Jan. 1991. Coll.: H. Yamashita.

Plant scandent, up to 20 m or more long. Saprophytic. Inflorescence ivoly-brown. Flowers yellowish brown.

Distribution: Tanegashima, Ryukyu Isls.

Habitat: In ever green forest beds.

28. Cyrtosia Blume

28-01. Cyrtosia septentrionalis (Rchb. f.) Garay

Syn.: *Galeora septentrionalis* Rchb. f.

ツチアケビ

　地生．腐生植物．花茎は赤褐色．萼片と花弁は淡紅橙色，唇弁は黄色，蕊柱は白．

植物体：**SHIN**．長野県山口村．1983 年 6 月 24 日．採集者：奥原弘人．

花：**TNS**（液浸）．下田市田牛．1992 年 7 月 11 日．採集者：神田淳・羽根井良江．

果実：秋田県産．1999 年 10 月固定．

分布：北海道南部から九州（徳之島を含む）まで．落葉樹林内や笹藪の中に自生．

　Japanese name: **Tsuchi-akebi**.

P: **SHIN**. Nagano Pref. Yamaguchi-mura. 24 June 1983. Coll.: H. Okuhara.

F: **TNS**(s). Shizuoka Pref. Shimoda-shi. 11 July 1992. Coll.: K. Kanda & Y. Hanei.

Fruit.: Akita Pref. Oct. 1999.

　Terrestrial and achlophyllous. Rachis reddish brown. Sepals and petals orange, lip yellow, column white.

Distribution: From Southern Hokkaido to Kyushu (including Tokuno-shima).

Habitat: In deciduous forest beds and banboo forests.

29. Goodyera R. Br.

29-01. Goodyera angustinii Tuyama

ナンカイシュスラン

植物体：**TI**．holo-A-2．小笠原，南硫黄島．1936 年 3 月 31 日．採集者：T. 津山．TI 6430．

Note: 苞は花より長い．唇弁内部の付属物は線状で長く，唇弁の基部より約 3 分の 2 まで分布する．

　Japanese name: **Nankai-shusu-ran**.

P: **TI**. holo-A-2. Bonin Insl. August (Minami-Iojima). 31 March 1936. Coll.: T. Tsuyama. -G. foliosa (Lindl.) det.: T. Tsuyama. Feb. 31. TI 6430.

Note: By holotype floralbract is longer than flower. Long linear appendage of lip is dense and found from base to misochile, almost two third of lip.

29-02. Goodyera sonoharae Fukuyama

シロバナクニガミシュスラン

植物体：**RYU**．type．沖縄本島与那覇岳．1996 年 12 月 2 日．

花：**TNS**（液浸）．沖縄本島与那覇岳．1996 年 11 月 20 日．採集者：横田昌嗣．

　Japanese name: **Shirobana-kunigami-shusu-ran**.

P: **RYU**. type A-1. Okinawa Isl. Yonaha-dake. 2 Dec. 1996

F: **TNS**(s). Okinawa Isl., Mt. Yonaha. 20 Nov. 1996. Coll.: M. Yokota.

29-03. Goodyera boninensis Nakai

Syn: *Goodyera hachijoensis* Yatabe var. *boninensis* (Nakai) Hashimoto

ムニンシュスラン，オガサワラシュスラン

　地生．葉は緑色．萼片は濃黄色，花弁は白，唇弁基部は濃黄色で前葉は白．

植物体：**TI**．小笠原母島石門山．1935 年 11 月 27 日．採集者：津山尚．TI 6411．

花：**TNS**（液浸）．小笠原父島桑の木山．1993 年 3 月 1 日．採集者：井上健．

分布：小笠原に固有種．父島，母島の薄暗いやや湿った林内に群生する．

Note.：ハチジョウシュスランに類似するが，それより葉柄が長く，目立つ．

Japanese name: **Munin-shusu-ran**, **Ogasawara-shusu-ran**.

P: **TI**. Bonin Isls. Haha-jima, Sekimon-zan. 27 Nov. 1935. Coll.: T. Tsuyama. TI 6411.

F: **TNS**(s). Bonin Isls. Chichi-jima, Mt. Kuwanoki. 1 March 1993. Coll.: K. Inoue.
Terrestrial. Leaves green. Inflorescence yellowish green, bracts green. Sepals golden yellow with white tip, petals white, lip; hypochile golden yellow, epichile white.

Distribution: Bonin Isls. (Chichi-jima & Haha-jima). Endemic.

Habitat: Shady moist forest beds.

Note.: Similar to *G. hachijoensis* but differ by long leaf petioles.

29-04. **Goodyera foliosa** (Lindl.) Benth. var. **maximowitcziana** (Makino) F. Maek.

アケボノシュスラン

地生．葉は濃緑色に白い中脈が入る．萼片は花は淡緑は淡紅褐色．花弁は白．唇弁は淡橙紅色．

植物体：**TI**. 青森市．1974 年 9 月 15 日．Leg.: H. 原 & al. s. n.

花：**TNS**(液浸)．三宅島雄山．1994 年 9 月 7 日．採集者：井上健．

分布：北海道から九州の低山帯，伊豆諸島．常緑樹林の湿った林床に自生．

Japanese name: **Akebono-shusu-ran**.

P: **TI**. Aomori-shi. 15 Sept. 1974. Leg.: H. Hara *et al.* s. n.

F: **TNS**(s). Izu Isls, Miyakejima. Yuzan. 7 Sept. 1994. Coll.: K. Inoue.
Terrestrial. Leaves deep green with white middle nerve. Sepals brownish pink, petals white, lip pale coral orange.

Distribution: Hokkaido, Honshu, Izu Isls., Shikoku, Kyushu.

Habitat: Low mountain in evergreen forest beds, in moist location.

29-05. **Goodyera fumata** Thw.

Syn: *Orchiodes fumata* (Thwaites) Kurtze
Goodyera formosana Rolfe
Goodyera cyrtoglossa Hayata
Peramium cyrtoglossa Hayata

タカサゴキンギンソウ，ヤブミョウガラン

地生．葉は緑色．花柄子房は黄緑色．背萼片と側萼片は赤褐色．花弁は褐色を帯びた黄色．唇弁の基部は黄褐色で舷部は白．

植物体：**TI**. type. 沖縄本島大宜味間地．1887 年 3 月．採集者：Y. Tashiro.

花：**TNS**(液浸)．沖縄本島大保川．1991 年 4 月 11 日．採集者：神田淳・羽根井良江．

分布：沖縄本島，奄美大島．石灰質の山地の林床に自生．

Japanese name: **Takasago-kingin-so**, **Yabumyouga-ran**.

P: **TI**. type. Okinawa Isl., Ogimi. Mar. 1887. Coll.: Y. Tashiro.

F: **TNS**(s). Okinawa Isl. Taiho-gawa. 11 Apr. 1991. Coll.: K. Kanda & Y. Hanei.
Terrestrial. Leaves green. Petiolate ovary yellowish green. Dorsal sepal reddish brown, lateral sepals reddish brown, petals brownish yellow, lip hypochile brownish yellow, epichile whitish.

Distribution: Okinawa Isl., Amami-Ohshima.

Habitat: In mountain, limestone forest beds.

29-06. **Goodyera hachijoensis** Yatabe

Syn: *Goodyera hachijoensis* var. *hachijoensis* forma *yakushimensis* (Nakai) Hashimoto
Goodyera hachijoensis var. *matsumurana*

ハチジョウシュスラン，ヤクシマアカシュスラン

地生．葉は濃緑色または紫を帯びる．時に葉に白い中脈が入り，また網目状になることもある．花序は黄緑色で，苞は緑色．萼片は黄白色から橙紅色．花弁は白．唇弁は淡黄色．

植物体：**TI**. 伊豆三宅島，S. 10 年 9 月 27 日．採集者：林憲．s. n.

花：**TNS**(液浸)．伊豆神津島．1993年9月18日．採集者：河内正夫．

分布：伊豆七島．九州南西諸島，琉球列島の常緑樹林内に自生．

　　Japanese name: **Hachijo-shusu-ran**, **Yakushima-akashusu-ran**.

P: **TI**. Izu Isls. Miyakejima. 27 Sept. 1952. Coll.: Hayashi. s. n.

F: **TNS**(s). Izu Isls. Kozushima. 18 Sept. 1993. Coll.: M. Kawachi.

　　Terrestrial. Leaves deep green or purplish with white mid-vein, Sometimes netting. Inflorescence yellowish green, bracts green. Sepals creamy yellow, petals whitish. Lip yellowish white with yellow appendage in hypochile.

Distribution: Okinawa Isl. Ishigaki, Iriomote, Amami-Oshima, Tokunoshima, Yakushima, Tanegashima, Izu Isls.

Habitat: In mountain, evergreen forests.

29-07.　　**Goodyera hachijoensis** Yatabe var. **matsumurana** (Schltr.) Ohwi

　　カゴメラン

　　地生．濃緑色または赤銅色の葉に白い網目模様が入る．萼片は乳白色で，表面は淡紅色，花弁と唇弁は白．葯帽は赤褐色，花粉塊は黄色．

植物体：**TI**．東大付属植物園埴栽．石垣島オモト岳産．1968年採集．Leg.: F. 山崎．

花：**TNS**(液浸)．石垣島オモト岳．1992年12月4日．採集者：井上健．No. 1210-4．

分布：鹿児島県南部甑島，長崎県壱岐，琉球列島．常緑広葉樹林の林床に自生．

　　Japanese name: **Kagome-ran**.

P: **TI**. cult. in B. Garden of Tokyo Univ. Ryukyu Ishigaki-jima Mt. Omoto. Mar. 1968. Leg.: F. Yamazaki.

F: **TNS**(s). Ishigaki-jima, Mt. Omoto. 4 Dec. 1992. Coll.: K. Inoue. No. 1210-4.

　　Terrestrial. Leaves dark green or purplish green with white oblique webbing. Sepals white, tinged orange red, petals whitish pink. Lip white. Anther cap reddish brown, pollinia yellow.

Distribution: Southern Kagoshima Pref. (Koshikijima), Nagasaki Pref. (Iki) and Ryukyu.

Habitat: In evergreen forest beds.

29-08.　　**Goodyera longibracteata** Hayata

　　ヒゲナガキンギンソウ，ナンバンキンギンソウ

　　地生．葉はほぼ一様な緑色．花序と子房は緑褐色，花柄子房は赤橙，苞は橙を帯びた白，背萼片は赤橙，側萼片内側はほとんど白，背面は黄色に紅色の帯が入る．花弁背面は黄味がかった白で腹面は黄色に紅橙の帯が入る，唇弁は黄色で先端は白，先弁の外部に橙のにじんだ斑紋あり．蕊柱は黄味がかった白，葯帽は紅褐色．

植物体：**TI**．石垣島バンナ岳．1993年3月．採集者：神田淳・羽根井良江．

花：**TNS**（液）．石垣島．1990年2月18日．採集者：神田淳・羽根井良江．

分布：石垣島，西表島．亜熱帯の林床に自生．

Note: 本種は G. rubicunda ヤエヤマキンギンソウに酷似し，生育地も隣接しているが，開花期が後者が夏であるのに対し本種は春であること，唇弁の先端が後者に比して極端に巻きかえること，また蕊柱の腹面は後者が基部に菱形の構造を持つのに対し2本の縦のリブだけであることが異なる．

　　Japanese name: **Higenaga-kingin-so**, **Nanban-kingin-so**.

P: **TI**. Ishigaki-jima, Mt. Banna. 24 March 1993. Coll.: K. Kanada & Y. Hanei.

F: **TNS**(s). Ishigaki-jima, Yarabu-dake. 18 Feb. 1990.

　　Terrestrial. Leaves green. Inflorescence, floral bract whitish orange, petiolate ovary greenish coral red, dorsal sepal whitish with coral orange inside, lateral sepals bright yellow with coral red striation, whitish inside, petals bright yellow with coral red striation; lip hypchile-saccate base is yellow, tinged orange, long apex white with orange marking; column yellowish white; anther cap coral red; pillinia yellow, greenish.

Distribution: Ishigaki-jima, Iriomote-jima.

Habitat: In mountain forests.

Note: Similar to *G. rubicunda* in habit and habitat. Flowering season of this species is early spring against *G. rubicund*'s is summer.

29-09.　**Goodyera macrantha** Maxim.

ベニシュスラン

地生．葉は緑または紫緑に白い網目模様が入る．萼片は淡橙紅色，花弁と唇弁は桃色を帯びた白．

植物体：**TI**．和歌山県東牟婁郡ナチヤ谷．大正 15 年 7 月．採集者：玉置海三．s. n.

花：**TNS**（液浸）．青森県十二湖産．1992 年 7 月 15 日．採集者：沼田俊三．

分布：本州，四国，九州．暗い林床や岩上に自生．

Japanese name: **Beni-shusu-ran**.

P: **TI**. Wakayama Pref., Higashi-muro-gun, Nachiya-tani. July 1926. Coll.: K. Tamaki. s. n.

F: **TNS**(s). Aomori Pref. Juniko. 15 July 1992. Coll.: S. Numata.

Terrestrial & lithophitic. Leaves reddish green with white netting. Inflorescence and bracts reddish. Sepals coral pink, whitish toward margins. Petals and lip whitish.

Distribution: Honshu (Central West coast), Shikoku, Kyushu.

Habitat: In shady forest beds and on rocks.

29-10.　**Goodyera pendula** Maxim.

ツリシュスラン，ヒロハツリシュスラン

着生．葉と花序は緑色．花は白で，基部は黄緑色．

植物体：**TI**．holo．羽前飯豊山．1933 年 8 月 7 日．Leg.：結城嘉美．No. 2973．ヒロハツリシュスランとして．

花：**TNS**（液浸）．青森産．1997 年 7 月 26 日．採集者：沼田俊三．

分布：北海道から九州まで．森林中，樹幹や岩上に着生．

Note: 葉の広い個体はヒロハツリシュスランとして扱われるが，花の構造は同じである．

Japanese name: **Tsuri-shusu-ran**, **Hiroha-tsuri-shusu-ran**.

P: **TI**. holo. Prov. Uzen, Mt. Iide. 7 Aug. 1933. Leg.: Y. Yuki. No. 2973.

F: **TNS**(s). Aomori Pref. 26 July 1997. Coll.: S. Numata.

Epiphytic & lithophytic. Leaves green. Inflorescence green. Flowers yellowish white, greenish basally.

Distribution: Hokkaido, Honshu, Shikoku, Kyushu.

Habitat: On moist tree trunks and rocks.

Note: Width of leave is different in region but construction of flower is same.

29-11.　**Goodyera procera** (Ker.-Gawl.) Hook

キンギンソウ

地生．葉は緑色，苞と花は淡緑色で基部は緑色．

植物体：**TI**．西表島横断道路．1993 年 3 月 26 日．採集者：神田淳・羽根井良江．

花：**TNS**（液浸）．西表島横断道路．1991 年 4 月 12 日．採集者：神田淳・羽根井良江．

分布：屋久島，琉球列島．山地の湿った場所に自生．

Japanese name: **Kingin-so**.

P: **TI**. Iriomote-jima. 26 Mar. 1993. Coll.: K. Kanada & Y. hanei.

F: **TNS**(s). Iriomote-jima. 12 Apr. 1991. Coll.: K. Kanda & Y. Hanei.

Terrestrial. Leaves green. Flowering bracts whitish. Flowers pale green.

Distribution: Yakushima, Ryukyu Isls.

Habitat: In sub tropical mountain moist forest beds.

29-12.　**Goodyera repens** (L.) R. Br.

ヒメミヤマウズラ

地生．葉は緑色に網状の斑紋．花柄子房は黄緑色．萼片は白で淡橙紅色を帯びる．葉弁と唇弁は白．

植物体と花：**TNS**（液浸）．長野県茅野市麦草峠．2002 年 8 月 19 日．採集者：井上健．

分布：北海道，本州中部．亜高山の針葉樹林帯の林床に自生．

Japanese name: **Hime-miyama-uzura**.

P & F: **TNS**(s). Nagano Pref. Chino-shi Mugikusa-toge. 19 Aug. 2002. Coll.: K. Inoue.

Terrestrial. Leaves green with white netting. Inflorescence and pedicelate-ovary yellowish green. Sepals white, tinged coral pink, petals and lip white.

Distribution: Hokkaido. Central & Northern Honshu.

Habitat: In sub-alpine conifer forest beds.

29-13. **Goodyera rubicunda** (Bl.) Lindl.

ヤエヤマキンギンソウ

地生．葉は緑色に濃緑色の筋が入る．萼片は淡褐色で花弁は橙紅色で縁は濃黄色，唇弁基部は橙黄色で先端は白，蕊柱は白．葯帽は橙赤，花粉塊は黄色．

植物体：**KYO**．holo. 与那国島．1923年7月11〜13日．Leg.: G. 小泉．s. n.

花：**TNS**（液浸）．石垣島大田．1989年7月23日．採集者：神田淳・羽根井良江．

分布：沖縄本島，西表島，石垣島．暗い林床に自生．

Note：ヒゲナガキンギンソウ *G. longibracteata* に酷似しており，同じ生育地で開花期が異なるだけのように思われている．本種は夏咲き，*G. longibracteata* は春咲きとよばれるが，花の細部については本種の唇弁先端が単に下垂し，蕊柱の腹面基部から柱頭の下にかけて，伏せた釣鐘型の基部を形成するのに対し，後者では唇弁の端は強く下に巻き込むように反転し，蕊柱の腹面では基部が同じように凹むが，柱頭下までは直線の板状を形成する．

Japanese name: **Yaeyama-kingin-so**, **Nankai-kingin-so**

P: **KYO**. holo. Liukiu Ins. Yonakuni. 11-13 July 1923. Leg.: G. Koidzumi. s. n.

F: **TNS**(s). Ishigaki Isl. Ishigaki-jima, Ohda. 23 July 1989. Coll.: K. Kanda & Y. Hanei.

Terrestrial. Leaf blade green with dark green striation. Sepals pale reddish brown, petalspale yellowish brown. Lip yellow.

Distribution:Okinawa Isl., Ishigaki-jima, Iriomote-jima.

Habitat: Mountain shady forest beds.

Note：Similar to *G. longibracteata* in habit and habitat, but different in their flowering season, character of leaf and shape of lip apex and column base.

29-14. **Goodyera schlechtendaliana** Rchb.f.

ミヤマウズラ

地生．葉は暗緑色で，白または淡緑色の網目状斑紋．花序は緑褐色．苞は淡緑色．萼片は白に淡橙紅色を帯びる．花弁は白で基部は黄色．唇弁は白で背面は淡橙紅色．

植物体と花：**TNS**（液浸）．屋久島黒味川．1995年9月6日．採集者：神田淳・羽根井良江．

分布：北海道南部から九州まで．暗い林床に自生．

Japanese name: **Miyama-uzura**.

P & F: **TNS**(s). Yakushima, Kuromigawa. 6 Sept. 1995. Coll.: K. Kanada & Y. Hanei.

Terrestrial. Leaves dark green with white or light green netting. Flowers white to pale pink.

Distribution: Southern Hokkaido, Honshu, Shikoku, Kyushu.

Habitat: In dark, shady forest beds.

29-15. **Goodyera velutina** Maxim.

シュスラン

地生．葉は濃緑，中脈は白．また葉の裏面が紫色の個体あり．花茎と苞は赤を帯びた緑色．花柄子房は淡橙色．萼片は淡紅橙色，花弁は白．唇弁は白で基部に橙紅色の斑紋．

P: **TI**. 伊豆大島．1950年9月20日．採集者：水島正美．s. n.

F: **TNS**（液浸）．御蔵島．1994年9月8日．採集者：井上健．

分布：本州，四国，九州．沖縄本島．山の林床に自生．

Japanese name: **Shusu-ran**.

P: **TI**. Isl. Ohshima, Prov. Idzu. 20 Sept. 1950. Leg.: M. Mizushima. s. n.
F: **TNS**(s). Izu Isls. Mikurajima. 8 Sept. 1994. Coll.: K. Inoue.
  Terrestrial. Leaves purplish green with white mid-vein. Inflorescence and floral bracts reddish green. Pedicelate-ovary pale green. Sepals white to tinged orange. Petals and lip white, coral orange blotch in hypochile.
Distribution: Central-West coast of Honshu, Shikoku, Kyushu, rarely Okinawa Isl.
Habitat: In the mountain forest beds.

29-16. **Goodyera viridiflora** (Bl.) Blume

シマシュスラン

植物体：**RYU**・花：**TNS**（液浸）．石垣島於茂登－フカオモトダム．1992 年 9 月 20 日．採集者：横山．

地生．葉は緑色．花序，苞，花柄子房は緑褐色．花弁は淡橙色，唇弁基部は赤褐色で先弁は白．蕊柱は橙色．

分布：沖縄本島，石垣島，西表島．亜熱帯の林床に自生．

Japanese name: **Shima-shusu-ran**.

P: **RYU** & F: **TNS**(s). Ishigaki-jima Omoto. 20 Sept. 1992. Coll.: Yokoyama.
  Terrestrial. Leaves green. Rachis, bracts, pedicelate-ovary brownish green. Sepals pale reddish brown, petals pale orange, brownish darker toward apex. Lip hypochile brownish red, epichile white. Column orange.
Distribution: Kagoshima Pref. Okinawa Isl. Ishigaki, Iriomote Isls.
Habitat: In sub-tropical forest beds.

30. **Vrydagzynea** Blume

30-01. **Vrydagzynea albida** (Blume) Blume var. **formosana** Hayata

ミソボシラン

地生．花は白．基部は淡緑褐色を帯びる．

植物体：**TI**．石垣島於茂登岳．1995 年 2 月 23 日．採集者：神田淳・羽根井良江．

花：**TNS**（液浸）．石垣島おもと岳．1987 年 4 月 7 日．採集者：神田淳・羽根井良江．

分布：九州（屋久島），琉球列島．

Japanese name: **Misoboshi-ran**.

P: **TI**. Ishigaki-jima Omoto-dake. 23 Feb. 1995. Coll.: K. Kanda & Y. Hanei.
F: **TNS**(s). Ishigaki-jima Omoto-dake. 7 April 1987. Coll.: K. Kanda & Y. Hanei.
  Terrestrial. Flowers white tinged greenish brown at base.
Distribution: Kyushu (Yakushima), Ryukyu Isls.

31. **Zeuxine** Lindl.

31-01. **Zeuxine affinis** (Lindl.) Benth ex Hook f.

アオジクキヌラン

地生．花は白．

植物体：**RYU**．沖縄本島東村．1992 年 4 月 1 日．

花：**TNS**（液浸）．此地川．1987 年 4 月 19 日．採集者：神田淳・羽根井良江．

分布：沖縄本島．亜熱帯の林床に自生．

Japanese name: **Aojiku-kinu-ran**.

P: **RYU**. Okinawa Isl., Higashi-son. 1 Apr. 1992.
F: **TNS**(s). Konochigawa. 19 Apr. 1987. Coll.: K. Kanada & Y. Hanei.
  Terrestrial. Flowers white.
Distribution: Okinawa Isl.
Habitat: In sub-tropical forest beds.

31-02. **Zeuxine agyokuana** Fukuyama

カゲロウラン，オオスミキヌラン

地生．茎は褐色を帯びた緑色，苞は紅紫，萼片は赤褐色を帯びた緑色，花弁は白，唇弁は黄色で先端は白．

P：**RYU**．石垣島於茂登岳産．1985 年 5 月 18 日．栽培者：横田昌嗣．

F：**TNS**（液浸）．奄美大島名瀬市金作原．1992 年 10 月 18 日．採集者：山下弘．

分布：四国，九州，琉球列島．亜熱帯の林床に自生．

Japanese name: **Kagerou-ran**, **Ohsumi-kinu-ran**.

P: **RYU**. Isigakijima, Omoto-dake. 18 May 1985. Cult.: M. Yokota.

F: **TNS**(s). Amami-Ohshima, Kinsakubaru. 18 Oct. 1992. Coll.: H. Yamashita.

Terrestrial. Stem brownish green. Floral bracts brownish. Sepals reddish or brownish green, petals white, lip pale yellow, apex white.

Distribution: Shikoku, Kyushu, Ryukyu Isls.

Habitat: In sub-tropical forest beds.

31-03. **Zeuxine boninensis** Tuyama

ムニンキヌラン

地生．花は淡赤緑褐色．

植物体と花：**TI**．小笠原母島．1936 年 4 月 9 日．Leg.: Y. 佐竹．TI 6556-1

分布：小笠原諸島．

Japanese name: **Munin-kinu-ran**.

P & F: **TI**. Bonin, Haha-jima. 9 April 1936. Leg.: Y. Satake. TI 6556-1.

Terrestrial. Flowers pale greenish brown-red.

Distribution: Endemic in Bonin Isls.

31-04. **Zeuxine flava** (Lindl.) Benth.

Syn.: *Zeuxine sakagutii* Tuyama

イシガキキヌラン

地生．花序は紫を帯びた緑色，葉は暗緑色で開花後しおれて褐色になる．苞は赤緑色で花柄は緑色．萼片は緑色で一部紫を帯びる．花弁は緑でへりが黄色，唇弁は橙黄．

植物体：**TNS**（液浸）．西表島横断道路．1993 年 3 月 26 日．採集者：神田淳・羽根井良江．

花：**TNS**（液浸）．西表島白浜．1994 年 3 月 28 日．

分布：沖縄本島，西表島．

Japanese name: **Ishigaki-kinu-ran**.

P: **TNS**(s). Iriomote-jima. 26 March1993. Coll.: K. Kanada & Y. Hanei.

F: **TNS**(s). Iriomote-jima Shirahama. 28 March 1994. Coll.: K. Kanada & Y. Hanei.

Terrestrial. Inflorescence purplish green, leaves dark green, withered at anthesis, turned reddish. Floral bracts reddish green, pedicellate ovary green. Sepals green, tinged purple, petals yellowish, lip orange yellow.

Distribution: Okinawa Isl., Iriomote-jima.

31-05. **Zeuxine leucochila** Schltr.

Syn.: *Zeuxine graclilis* var. *tenuifolia* Tuyama

ヤンバルキヌラン

地生．萼片は緑色，花弁と唇弁は白で基部は黄色．

植物体：**TI**．type. 沖縄本島名護岳．1935 年 5 月．Leg.: S. 村田．

花：**TNS**（液浸）．西表島 1992 年 1 月 20 日．採集者：神田淳・羽根井良江．

分布：沖縄本島，西表島．

Japanese name: **Yanbaru-kinu-ran**.

P: **TI**. type. Liukiu Kunigami-gun Nago-dake. May 1935. Leg.: Seiichi Murata.
F: **TNS**(s). Iriomote-jima. 20 Jan. 1992. Coll.: K. Kanada & Y. Hanei.
　　Terrestrial. Sepals green, petals and lip white, dull yellow at base.
Distribution: Okinawa Isl. Iriomote-jima.

31-06.　Zeuxine nervosa (Lindl.) Benth ex Hook f.

　オオキヌラン，タイトウキヌラン

　　地生．花は白．

植物体：**RYU**．石垣島．1986年4月5日．採集者：豊見山元．

花：**TNS**（液）．魚釣島．1992年5月2日．採集者：横田昌嗣．

分布：琉球列島．

　　Japanese name: **Oh-kinu-ran, Taito-kinu-ran**.
P: **RYU**. Ishigaki-jima. 5 April. 1986. Coll.: H. Tomiyama.
F: **TNS**(s). Senkaku Isls. Uotsuri-jima. 2 May 1992. Coll.: M. Yokota.
　　Terrestrial. Flowers white.
Distribution: Ryukyu Isls.

31-07.　Zeuxine odorata Fukuyama

　ジャコウキヌラン

　　地生．葉は暗緑色．花は淡緑色．唇弁は白で基部は黄色．蕊柱は黄色．芳香あり．

植物体：**TI**・花：**TNS**（液浸）．石垣島米原．1993年3月23日．採集者：神田淳・羽根井良江．

分布：奄美大島，沖縄本島，西表島，石垣島，与那国島．暗い林床に自生．

　　Japanese name: **Jako-kinu-ran**.
P: **TI** & F: **TNS**(s). Isigaki-jima Yonehara. 23 Mar. 1993. Coll.: K. Kanda & Y. Hanei.
　　Terrestrial. Leaves dark green. Flowers greenish white, lip white, yellow base, fragrant.
Distribution: Ryukyu Isls.

31-08.　Zeuxine rupicola Fukuy.

　チクシキヌラン

植物体：**SHIN**．沖縄本島．1998年3月3日．採集者：横田昌嗣．

花：**TNS**（液浸）．沖縄本島．1993年3月11日．採集者：治井正一．

分布：九州．琉球列島．

Note：植物体と花の外観はキヌランに酷似するが，唇弁が扁平で，唇弁と花粉塊が扁平な葯帽と一体化してしまった奇形．

　　Japanese name: **Chikushi-kinu-ran**.
P: **SHIN**. Okinawa Isl. 3 Mar. 1998. Coll.: M. Yokota.
F: **TNS**(s). Okinawa Isl. 11 Mar. 1993. Coll.: S. Harui.
　　Terrestrial.
Distribution: Southern Kyushu, Ryukyu Isls.
Note: Plant and flowers almost same with *Zeuxine strateumatica*, but lip and anther are perloric.

31-09.　Zeuxine strateumatica (L.) Schltr.

　キヌラン，ホソバラン

　　地生．花茎は紫を帯びた緑色から赤褐色まで変化あり．苞は白に赤褐色を帯びる．萼片と花弁は淡紅を帯びた白．唇弁は黄色．

植物体 **TI**・花：**TNS**（液浸）．石垣島ばんな岳．1996年3月13日．採集者：神田淳・羽根井良江．

分布：九州南部（種子島，屋久島を含む），琉球列島．

Japanese name: **Kinu-ran**, **Hosoba-ran**.
P: **TI** & F: **TNS**(s). Ishigaki-jima Banna-dake. 13 Mar. 1996. Coll.: K. Kanada & Y. Hanei.
　Terrestrial. Stem purplish green to reddish brown, sheaths reddish green. Flowers pinkish white, floral bracts white, tinged reddish brown, lip yellow.
Distribution: Ryukyu Isls., Southern Kyushu.

32. Cheirostylis Blume

32-01.　Cheirostylis liukiuensis Masam.

カイロラン，アカバシュスラン

地生．花序と葉は褐色を帯びる．萼片は白から淡橙色まで変化あり，花弁と唇弁は白．

植物体と花：**TNS**（液浸）．屋久島．1995 年 5 月．採集者：堀田満．

分布：屋久島，種子島，沖縄本島．常緑樹林の林床に自生．

Japanese name: **Kairo-ran**, **Akaba-shusu-ran**.
P & F: **TNS**(s). Yakushima. May 1995. Coll.: M. Hotta.
　Terrestrial. Rachis brownish. Leaf blade brownish green. Sepals white to pale coral orange, petals and lip white.
Distribution: Okinawa Isl., Tanegashima, Yakushima.
Habitat: In evergreen forest beds.

32-02.　Cheirostylis takeoi (Hayata) Schltr.

Syn.: *Cheirostylis tairae* (Fuk.) Masamune
　　　Arisanorchis tairae Fukuyama

アリサンムヨウラン，ヨシヒサラン，アノマラン

地生．萼片は淡緑色，花弁と唇弁は白で先端は紅色を帯びる．

植物体：**RYU**．奄美大島湯湾岳．1998 年 3 月 8 日．採集者：横田昌嗣．

花：**TNS**（液浸）．奄美大島名瀬市．1993 年 4 月 11 日．採集者：山下弘．沖縄本島産．1982 年 4 月 5 日固定．採集者：いずみ．

分布：沖縄本島，久米島．暗い林床に自生．

Japanese name: **Arisan-muyo-ran**, **Yoshihisa-ran**, **Anoma-ran**.
P: **RYU**. Amami-ohshima, Uwan-dake. 8 Mar. 1998. Coll.: M. Yokota.
F: **TNS**(s). Amami-ohshima, Naze-shi. 11 Apr. 1993. Coll.: H. Yamashita. Okinawa Isl. 5 April 1982. Coll.: Izumi.
　Terrestrial, green. Sepals pale green, petals and lip white, apex tinged pale pink.
Distribution: Okinawa Isl. Kumejima.
Habitat: In shady forest beds.

33. Lecanorchis Blume

33-01.　Lecanorchis flavicans Fukuyama

シラヒゲムヨウラン，サキシマスケロクラン

腐生植物．花茎は淡褐色，萼片と花弁は淡黄色，唇弁は白で裏面に紫色を帯びる．葯帽は白．

植物体：**TI**．沖縄本島西銘岳．1994 年 7 月 3 日．採集者：治井正一．

花：**SHIN** & **TNS**（液浸）．沖縄本島与那覇岳．1992 年 6 月 23 日．採集者：豊見山元．

分布：琉球列島と鹿児島県，屋久島，奄美大島．常緑広葉樹林に自生．

Japanese name: **Shirahige-muyo-ran**, **Sakishima-sukeroku-ran**.
P: **TI**. Okinawa Isl. Yonaha-dake. 3 July 1994. Coll.: S. Harui.
F: **SHIN** & **TNS**(s). Okinawa Isl. Yonaha-dake. 23 June 1992. Coll.: H. Tomiyama.

Saprophytic. Stem yellowish brown. Sepals and petals pale yellow, Lip whitish, pale purple suffused. Anther white.

Distribution: Kagoshima Pref., Ryukyu Isls.

Habitat: In evergreen broad leaf forest beds.

33-02. **Lecanorchis japonica** Blume

ムヨウラン

腐生植物．花茎は白から淡褐色，暗褐色となる．花に芳香あり．萼片と花弁は褐色を帯びた黄色，唇弁は淡橙で毛は橙色．蕊柱はほぼ白い．

植物体：**KYO**．大阪，寺田．東能勢村．1964年6月7日．採集者：村田源．No. 19283.

花：**SHIN** & **TBG**（液浸）．瀬戸市．採集者：井上健．

分布：宮城県から九州地方まで．常緑広葉樹林に自生．

Japanese name: **Muyo-ran**.

P: **KYO**: Osaka Terada Higashinose-mura Toyono-gun. 7 June 1964. Coll.: G. Murata. No. 19283.

F: **SHIN** & **TBG**(s): Seto-shi. 16 June 1901. Coll.: Ken Inoue.

Saprophytic. Stem whitish, turned brownish yellow to blackish. Flowers fragrant. Sepals and petals brownish yellow-orange. Lip pale orange. Column whitish.

Distribution: From Miyagi Pref. of Honshu to Kyushu.

Habitat: In evergreen broad leaf forest beds.

33-03. **Lecanorchis japonica** (Bl.) var. **hokurikuensis** (Masamune) Hashimoto

ホクリクムヨウラン

腐生植物．花茎は濃紫色．萼片と花弁は濃紫から淡黄緑色で唇弁は淡紫色に黄褐色の毛．蕊柱は白．

P: 不明．

F: **TNS**（液浸）．仙台市青葉山．東北大学植物園．1999年7月13日．採集者：黒沢・早坂．

分布：本州．常緑樹林に自生．

Japanese name: **Hokuriku-muyo-ran**.

P: missing.

F: **TNS**(s). Sendai-shi, Aobayama, Botanical Garden of Tohoku Univ. 13 July 1999. Coll.: Kurosawa & Hayasaka.

Saprophytic. Stem dark purple. Sepals and petals dark brownish purple. Lip pale purple to yellowish, hairs brownish yellow. Column white.

Distribution: Honshu.

Habitat: In evergreen forest beds.

33-04. **Lecanorchis kiusiana** Tuyama var. **kiusiana**

Syn.: *Lecanorchis kiiens* Murata

ウスキムヨウラン

腐生植物．花茎は黄褐色，花は黄味の強い褐色．

植物体：不明．黒島．1994年．採集者：堀田満．

花：**TNS**（液浸）．奄美大島金作原．1993年5月8日．採集者：山下弘．

分布：本州南部，四国，九州．常緑樹林に自生．

Japanese name: **Usuki-muyo-ran**.

P: missing. Kyushu, Kuroshima. 1994. Coll.: M. Hotta

F: **TNS**(s). Amami-Oshima, Kinsakubaru. 8 May 1993. Coll.: H. Yamashita.

Saprophytic. Stem brownish yellow. Sepals and petals yellowish brown. Lip white.

Distribution: Southern Honshu, Shikoku, Kyushu.

Habitat: In evergreen forest beds.

33-05. **Lecanorchis kiusiana** Tuyama var. **suginoana** Hashimoto

エンシュウムヨウラン

腐生植物．萼片と花弁は褐色を帯びた淡黄色．唇弁は白で外縁は紫を帯びる．

植物体：**SHIN**．不明．瀬戸市海上の森．6月16日．採集者：井上健．

花：**TBG**（液浸）．静岡県周知郡春野町杉．1986年6月15日．採集者：神田淳・羽根井良江．

分布：静岡県．落葉樹林下に自生．

Japanese name: **Enshu-muyo-ran**.

P: **SHIN**. Seto-shi, Kaisho-no-mori. 16 July. Coll.: K. Inoue.

F: **TBG**(s): Shizuoka Pref. Shuchi-gun, Haruno-machi, Sugi. 15 June 1986. Coll.: K. Kanda & Y. Hanei. Saprophytic. Sepals and petals dull yellow, lip whitish, tinged purple at margin.

Distribution: Endemic in Shizuoka Pref.

Habitat: In deciduous broad leaf forest beds.

33-06. **Lecanorchis nigricans** Honda var. **nigricans**

Syn：*Lecanorchis nigricans* var. *yakusimens* Hashimoto

Lecanorchis nigricans Honda var. *patipetala* Sawa.

クロムヨウラン，ヤクムヨウラン，ムロトムヨウラン

腐生植物．花茎は紫を帯びた暗褐色．萼片と花弁は淡黄褐色．唇弁は白で先端と毛は紫色．蕊柱は白に紫色を帯びる．葯帽は白．

植物体：**KYO**．遠江小笠郡倉真村．1928年8月12日．採集者：黒沢義房．KYO-00020221．

花：**TBG**（液浸）．下田市寝姿山．1989年8月12日．採集者：神田淳・羽根井良江．

分布：本州，四国，九州，琉球．温帯から亜熱帯の林床に自生．

Japanese name: **Kuro-muyo-ran**, **Yaku-muyo-ran**, **Muroto-muyo-ran**.

P: **KYO**: Prov. Toutoumi Ogsa-gun, Kurama-mura. 12 Aug. 1928. Leg.: Y. Kurosawa. sn. KYO-00020221.

F: **TBG** (s) Shimoda-shi, Nesugata-yama. 12 Aug. 1989. Coll.: K. Kanada & Y. Hanei. Saprophytic. Stem dark brownish purple. Sepals and petals white to Pale brownish yellow. Lip white with purple apex. Column white, tinged pale purple. anther white.

Distribution: Honshu, Shikoku, Kyushu, Ryukyu.

Habitat: In temperate to subtropical region forest beds.

33-07. **Lecanorchis trachycaula** Ohwi

アワムヨウラン

腐生植物．花序は紫色．萼片と花弁は淡桃色．唇弁は桃色を帯びた白．毛は白．蕊柱は白．

植物体：**KYO**．四国 徳島塩深，大山神社．1976年6月6日．Leg.: S. 高藤．KYO-00020220．

花：**TNS**（液浸）．屋久島．1993年5月23日．採集者：神田淳・羽根井良江．

分布：四国，九州，琉球列島．常緑広葉樹林に自生．

Japanese name: **Awa-muyo-ran**.

P: **KYO**: Shikoku Tokushima Pref. Shiofuka Ohyama-jinja. 6 June 1976. Leg.: Shigeru Takahuji. KYO-00020220.

F: **SHIN**(s) & **TNS**(s): Yakushima,. 23 May 1993. Coll.: K. Kanada & Y. Hanei. Saprophytic. Inflorescence purple. Sepals and petals pale brownish pink to pale coral red. Lip pinkish white, hairs white. Column white.

Distribution: Shikoku, Kyushu, Yaku-shima, Amami-Oshima.

Habitat: In evergreen broad-leaf forest beds.

33-08. **Lecanorchis triloba** J. J. Smith

Syn：*Lecanorchis brachycarpa* (Ohwi)

オキナワムヨウラン

腐生植物．茎は黒味を帯びる，根は黄土色．花は淡褐色系紫で唇弁は白または淡いピンク，蕊柱は白．

植物体：**SHIN**．石垣島於茂登．1992 年 9 月 20 日．採集者：横山．

花：**SHIN** & **TNS**（液浸）．沖縄本島東村．1992 年 8 月 27 日．採集者：豊見山元．

分布：琉球列島．常緑広葉樹林下に自生．

Japanese name: **Okinawa-muyo-ran**.

P: **SHIN**. Ishigaki-jima Omoto. 20 Sept. 1992. Coll.: Yokoyama.

F: **SHIN**(s): Okinawa Isl., Higashi-son, 27 Aug. 1992. Coll.: H. Tomiyama.

Saprophytic. Stem blackish, roots brownish cream. Flowers pale brownish purple, lip white to pale purple, column white.

Distribution: Ryukyu Isls.

Habitat: in evergreen broad leaf forest beds.

33-09．Lecanorchis virella Hashimoto

ミドリムヨウラン

植物体：**TNS**．typus．鹿児島屋久島花揚川．1986 年 5 月 6 日．採集者：神田淳・羽根井良江．No. 9504075．

花：**TNS**．延岡市熊野江．1992 年 5 月 4 日．採集者：井上健．

腐生植物．花茎は緑褐色．萼片と花弁は淡緑．唇弁は紫から緑を帯びた紫色．蕊柱は白か紫を帯びた白．葯帽は紫を帯びる．

分布：屋久島．広葉樹林に自生．

Japanese name: **Midori-muyo-ran**.

P: **TNS**. Type. Kagoshima Pref. Yakushima Hanaage River. 6 May 1986. Coll.: K. Kanda & Y. Hanei. No. 9504075.

F: **TNS**(s). Nobeoka-shi, Kumanoe. 4 May 1992. Coll.: K. Inoue.

Saprophytic. Stem greenish brown. Sepals and petals greenish, reddish towards apex. Lip, purple to greenish purple. Column white to purplish white. Anther cap purplish.

Distribution: Yaku-shima. In broad leaf forest beds.

34. Pogonia Juss.

34-01．Pogonia japonica Rchb. f.

トキソウ

地生．花は全体に淡紅紫色．花弁背面中脈と先端縞模様は暗紅色．唇弁中裂片中央に肉質トサカ状，黄色の突起があり，その周囲は暗紅色．

植物体：**TI**．北海道茨散沼．1992 年 7 月 21 日．採集者：M. 中島

花：**TNS**（液浸）．岩手県滝沢村．1993 年 6 月 28 日．採集者：大森雄治．

分布：北海道，本州，四国，九州．日当たりのよい湿地に自生．

Japanese name: **Toki-so**.

P: **TI**. Hokkaido, Barasan-ko. 21 July 1992. Coll.: M. Nakajima.

F: **TNS**(s). Iwate Pref. Takizawa-mura. 28 June 1993. Coll.: Y. Ohmori.

Terrestrial. Flowers pale pink. Petals outer surface with dark pink venation and striation at apex, on lip mid-lobe keels yellow, surrounded with dark pink .

Distribution: Hokkaido, Honshu, Shikoku, Kyushu.

Habitat: In sunny marsh.

34-02．Pogonia minor (Makino) Makino

ヤマトキソウ

地生．萼片と花弁は黄味を帯びた淡紅色で基部は濃紅色．唇弁は紅色を帯びた白で中央裂片に暗紅紫色の斑紋あり．葯帽は白．

植物体 A-1：**TI**．syntype．豆州（静岡県）大室．1883 年 6 月 4 日．s. n.

植物体 A-2：**TI**．高知県也安田町．1948 年 7 月 4 日．

花：**TNS**（液）．静岡県御殿場市．1993年6月30日．採集・栽培：東京山草会．

分布：北海道，本州，四国，九州．やや湿った草地に自生．

    Japanese name: **Yama-toki-so**.

P-1: **TI**. type. Prov. Zushu (Sizuoka Pref.) Ohmuro. 4 June 1883.

P-2: **TI**. Kohchi Pref. Yasuda-cho. 4 July 1948.

F: **TNS**(s). Shizuoka Pref. Gotenba-shi. 30 June 1993. Coll. & cult: AGST.

    Terrestrial. Sepals and petals creamy pink, tinged darker pink basally. Lip whitish, dark pink blotch on mid-lobe disc, anther cap white.

Distribution: Hokkaido, Honshu, Shikoku, Kyushu.

Habitat: In sunny, moist grassland.

35. **Listera** R.Br.

35-01.   **Listera cordata** (L.) R. Br. var. **japonica** H. Hara

    フタバラン，コフタバラン

    地生．茎は緑褐色．萼片と花弁は緑色で先端は紫を帯びる．唇弁は淡緑色で先端は紫を帯びる．

植物体：**TI**．赤石山脈塩見岳．1938年8月2日．採集者：久保田秀夫．s. n.

花：**TNS**（液浸）．八ヶ岳．1991年7月19日．採集者：井上健．

分布：北海道，本州北部，四国．亜高山の針葉樹林林床に自生．

    Japanese name: **Futaba-ran**, **Ko-futaba-ran**.

P: **TI**. Akaishi-sanmyaku Shiomi-dake. 2 Aug. 1938. Coll.: H. Kubota.

F: **TNS**(s) Yatsugatake. 19 July 1991. Coll.: K. Inoue

    Terrestrial. Stem brownish green. Sepals and petals green, tinged purple at apex. Lip pale green, apex purplish.

Distribution: Hokkaido, N. Honshu, Shikoku.

Habitat: In sub-alpine conifer forest beds.

35-02.   **Listera japonica** Blume

    ヒメフタバラン

    地生．花序は紫を帯びる．葉は緑色で中脈は淡緑色．萼片と花弁は緑色で中脈は暗紫色．唇弁は淡緑に褐色の縦縞あり．

植物体：**TNS**（液浸）．石垣島名蔵川．1994年2月19日．採集・栽培：神田淳・羽根井良江．s. n.

花：**TNS**（液浸）．沖縄本島．1992年．採集者：治井正一．奄美大島．1993年1月10日．採集者：山下弘．

分布：本州，四国，九州，琉球列島．常緑広葉樹林の林床に自生．

    Japanese name: **Hime-futaba-ran**, **Murasaki-futaba-ran**.

P: **TNS**(s). Ishigaki-jima Naguragawa. 19 Feb. 1994. Coll.: K. Kanda & Y. Hanei.

F: **TNS**(s). Okinawa Isl., Ohgimi-son. 1992. Coll.: S. Harui.

    Terrestrial. Rachis purplish. Leaves green, mid-vein pale green. Sepals and petals green with dark purplish mid-vein, lip pale green with brownish striation, column green.

Distribution: Honshu, Shikoku, Kyushu, Ryukyu.

Habitat: In evergreen broad leaf forest beds.

35-03.   **Listera makinoana** Ohwi

    アオフタバラン

    地生．茎は緑．葉は明るい緑色．花は緑色，葯帽は黄色．

植物体：**TI**．上野 妙義山．1952年8月3日．採集・栽培者：水島正美．

花：**TNS**（液浸）．御殿場．1992年12月固定．採集・栽培者：東京山草会．

分布：本州，四国，九州．山林の林床に自生．

Japanese name: **Ao-futaba-ran**.

P: **TI**. Prov. Kozu (Gunma Pref.), Myogi-san. 3 Aug. 1952. Coll. & cult.: M. Mizushima.
F: **TNS**(s). Shizuoka Pref. Gotenba. 12 1992. Coll. & cult.: AGST.

    Terrestrial. Stem green. Leaves shiny green. Flowers green. Anther cap yellowish.

Distribution: Honshu, Shikoku, Kyushu.
Habitat: In mountain forest beds.

35-04. **Listera nipponica** Makino

ミヤマフタバラン

地生．花序は紫褐色．葉は明るい緑色．萼片は緑色に紫の中脈，花弁は紫，唇弁は褐色を帯びた緑色に紫の脈があり，中央裂片に暗緑色の肉質隆起がある．蕊柱は紫緑色で，葯帽は黄色．

植物体：**TI**．雲取山妙法岳．1926年8月25日．同定：Y. 成田．Herb. Hayacava. s. n.
花：**TNS**(s)．富士山．1982年8月25日．採集者：神田淳・羽根井良江．
分布：北海道，本州，四国，九州．亜高山の針葉樹林下に自生．

Japanese name: **Miyama-futaba-ran**.

P: **TI**. Prov. Musashi Mt. Kumotori Myohodake. . 25 Aug. 1926. Det.:Y. Narita Herb. Hayacava. s.n.
F: Mt. Fuji. 21 Aug. 1982. Coll.: K. Kanada & Y. Hanei.

    Terrestrial. Inflorescence purplish brown. Leaves shiny green. Sepals green with purple mid-vein, petals purplish, lip brownish green with purple striation, deep green callus on mid-lobe. Column purplish. Anther cap yellow.

Distribution: Hokkaido, Honshu, Shikoku, Kyushu.
Habitat: In sub-alpine conifer forest beds.

35-05. **Listera yatabei** Makino

Syn.: *Listera pinetorum*
      Listera occidentalis

タカネフタバラン

植物体：**TI**．本州，富士山．1957年8月．採集者：M. 富樫．TNS No. 1550
花：**TNS**（液浸）．大樺沢．1978年8月27日．採集者：神田淳・羽根井良江．

地生ラン．茎は緑色．葉は暗緑色．花は淡緑色で先端は紫を帯びる．

分布：北海道，本州中部．亜高山帯の針葉樹林の暗い林床に自生．

Japanese name: **Takane-futaba-ran**.

P: **TI**. Honshu. Mt. Fuji in Kai. Aug.1957. Coll.: Makoto Togashi. TNS No. 1550.
F: **TNS**(s). Mt. Fuji, Oh-kabasawa. 27 Aug. 1978. Coll.: K. Kanada & Y. Hanei.

    Terrestrial, stem green. Leaves dark green. Flowers pale green, tinged purple at apex of segments.

Distribution: Hokkaido, Central Honshu.
Habitat: In sub-alpine shady conifer forest beds.

36. Neottia L.

36-01. **Neottia asiatica** Ohwi

Syn.: *Achlorophyllous asiatica*

ヒメムヨウラン

腐生植物．花は淡紫褐色．白い個体あり．

植物体：**TI**．甲州櫛形山 1978年6月25日．Leg.: J. Sato
花：**TNS**（液浸）．富士山 1977年7月7日．
分布：北海道，本州中部以北．亜高山帯の針葉樹林下に自生．

Japanese name: **Hime-muyou-ran**.

P: **TI**. Prov. Koshu (Yamanashi Pref.) Mt. Kushigata. 25 June 1978. Leg.: J. Sato.

F: **TNS**(s). Mt. Fuji. 7 July 1977.
   Terrestrial, mycotrophic. Flowers pale purplish brown or white.
Distribution: Hokkaido, Central & Northern Honshu.
Habitat: In sub-alpine conifer forest beds.

36-02.   Neottia furusei T. Yukawa et T. Yagame

Syn.: *Neottia japonica* (M. Furuse) K. Inoue,
   Archineottia japonica M. Furuse

カイサカネラン

腐生植物．淡褐色または緑色，花は紫を帯びた褐色．

植物体と花：**TNS**（液浸）．長野県釜無落葉樹林，諏訪郡富士見町 1998 年 9 月 1 日．採集者：今井建樹．SHIN 0185393．

分布：北海道，本州中部（長野県，山梨県）．暗い林床に自生．

Japanese name: **Kai-sakane-ran**.

P & F: **TNS**(s). Nagano Pref. Suwa-gun Kamanashi. 1 Sept. 1998. Coll.: K. Imai. SHIN 0185393.
   Terrestrial, mychotrophic, pale brown or greenish. Flowers purplish brown or greenish.
Distribution: Hokkaido, Honshu (Nagano & Yamanashi Pref.).
Habitat: In the shady forest beds.

36-03.   Neottia inagakii Yagame, Katsuy. & T. Yukawa

タンザワサカネラン

腐生植物．茎と花は乳白色，花柄子房は乳褐色．

植物体と花：**TNS**. para. 神奈川県愛甲郡．2006 年 6 月 20 日．採集者：S. 稲垣・T. 谷亀．TNS 8500437．

分布：神奈川県丹沢．モミ林の林床に自生．

Japanese name: **Tanzawa-sakane-ran**.

P & F: **TNS**. para. Kanagawa Pref. Aiko-gun. 20 June 2006. Coll.: S. Inagaki & T. Yagame. TNS 8500437
   Terrestrial and mychotrophic. Flowers creamy white, pedicel and ovary brownish cream.
Distribution: Endemic to Mt. Tanzawa, Kanagawa Pref.
Habitat: In Abies firma forest bed.

36-04.   Neottia kiusiana T. Hashimoto & Hastu.

ツクシサカネラン

腐生植物．花は乳褐色で唇弁外部に紫色の斑点あり．

植物体と花：**TNS**. iso. 鹿児島県鶴田ダム．1991 年 5 月 13 日．採集者：Y. 大平．No. 9507135

分布：千葉県，愛知県，鹿児島県．暖地の常緑広葉樹林下に自生．

Japanese name: **Tsukushi-sakaneran**.

P & F: **TNS**. iso. Kagoshima Pref. Tsuruda-dam. 13 May 1991. Coll.: Y. Ohira. No. 9507135.
   Terrestrial, mycotrophic, achlorophyllous leaf-less. Flowers brownish ivory. Lip externally with purple dots.
Distribution: Honshu (Chiba & Aichi Pref.), Kyushu (Kagoshima Pref.).
Habitat: In warm temparate evergreen broad leaf forest beds.

36-05.   Neottia nidus-avis (L.) L. C. Richard var. **mandshurica** Komarov

サカネラン

腐生植物．植物体，花とも乳白色．

植物体：**TI**. 甲斐，三つ峠山．1935 年 6 月 9 日．Leg.: F. Maekawa．

花：**TNS**（液浸）．富士山青木が原．1978 年 6 月 1 日．採集者：神田淳・羽根井良江

分布：北海道，本州，九州．落葉広葉樹林下に自生．

Japanese name: **Sakane-ran**.

P: **TI**. Prov. Kai (Yamanashi Pref.) Mt. Mitsu-touge. 9 June 1935. Coll.: F. Maekawa.
F: **TNS**(s). Mt. Fuji, Aokigahara. 1 June 1978. Coll.: K. Kanada & Y. Hanei
   Terrestrial, achlorophyllous, leaf-less. Plant and flowers ivory white.
Distribution: Hokkaido, Honshu, Kyushu.
Habitat: In deciduous broad leaf forest beds.

37. Cephalanthera L. C. Richard

37-01.　**Cephalanthera erecta** (Thunb.) Blume var. **erecta**

ギンラン

地生．花は白．

植物体：**TI**．陸前蔵王山．1935 年 6 月 8 日．Leg.: 木村有香．

花：**TNS**（液浸）．神奈川県逗子市神武寺．1992 年 5 月 12 日．採集者：大森雄治．

分布：北海道から九州まで．明るい林床に自生．

Japanese name: **Gin-ran**.
P: **TI**. Prov. Rikuzen (Yamagata Pref.) Mt. Zao. 8 June 1935. Leg: Kimura.
F: **TNS**(s). Kanagawa Pref. Zushi-shi, Jinmuji. 12 May 1992. Coll.: Y. Ohmori.
   Terrestrial. Flowers white.
Distribution: From Hokkaido to Kyushu.
Habitat: In sunny forest beds.

37-02.　**Cephalanthera erecta** (Thunb.) Bl. var. **shizuoi** (F. Maek.) Ohwi

Syn.: *Cephalanthera shizuoi* Maekawa

　　　Cephalanthera alpicola Fukuyama var. *shizuoi* (F. Maekawa) Hashimoto

クゲヌマラン

地生．花は白．

植物体：**TI**. typus. 相模鵠沼．1936 年 5 月 12 日．Leg.: 服部静夫．

花：**TNS**（液浸）．青森市東岳産．1992 年 6 月 8 日固定．採集・栽培：沼田俊三．

分布：本州中部，北部，四国，九州．まばらな林，特に松林下に自生．

Japanese name: **Kugenuma-ran**.
P: **TI**. type. Prov. Sagami (Kanagawa Pref.) Kugenuma. 12 May 1936. Leg.: Shizuo Hattori.
F: **TNS**(s). Aomori Pref. Mt. Azuma. 8 June 1992. Coll. & cult: T. Numata.
   Terrestrial. Flowers white.
Distribution: Central & Northern Honshu, Shikoku, Kyushu.
Habitat: In disperesed, especially pine forest beds.

37-03.　**Cephalanthera erecta** (Thunb.) Bl. var. **subaphylla** Miyabe et Kudo

Syn.: *Cephalanthera subaphylla* Miyabe et Kudo

ユウシュンラン

地生．花は白．唇弁の先端は黄褐色．

植物体と花：**TNS**（液浸）．青森県浅虫高森山．1991 年 5 月 17 日．採集者：沼田俊三．

分布：北海から九州まで．山地の暗い林床に自生．

Japanese name: **Yushun-ran**.
P & F: **TNS**(s). Aomori Pref. Mt. Takamori. 17 May 1991. Coll.: T. Numata
   Terrestrial. Leaves pale green. Flowers white, lip keels brownish yellow.
Distribution: From Hokkaido to Kyushu.
Habitat: In moist forest beds.

37-04. **Cephalanthera falcata** (Thunb.) Blume

キンラン

地生．花は濃黄色，唇弁の基部に赤褐色の隆起線．

植物体：**TI**．島根県三辺山．1981 年 5 月 16 日．採集者：K. 緑川．No. 2258.

花：**TNS**（液浸）．千葉県市原市．1993 年 5 月 18 日．採集者：M. 河内．

分布：本州から九州まで．明るい林床に自生．

Japanese name: **Kin-ran**.

P: **TI**. Shimane Pref. Sanbe-yama. 16 May 1981. Coll.: K. Midorikawa. No. 2258.

F: **TNS**(s). Chiba Pref. Ichihara-shi. 18 May 1993. Coll.: M. Kawachi

Terrestrial. Flowers golden yellow. Pedicellate ovary whitish green. Lip with reddish keels.

Distribution: From Honshu to Kyushu.

Habitat: In sunny forest beds.

37-05. **Cephalanthera longibracteata** Blume

Syn.: *Cephalanthera elegans* Schltr.

ササバギンラン

地生．花は白．唇弁に黄褐色の隆起あり．

植物体：**TI**．秩父雲取山－三つ峯山．1930 年 6 月 12 日．採集者：Y. 成田．Herb. Hayacava.

花：**TNS**（液浸）．鳴沢村．1992 年 6 月 6 日．採集者：井上健．

分布：本州から九州まで．山地の暗い林床に自生．

Japanese name: **Sasaba-gin-ran**.

P: **TI**. Prov. Chichibu, Mt. Kumotori ~ Mt. Mitsumine. 12 June 1930. Coll.: Y. Narita. Herb. S. Hayacava.

F: **TNS**(s). Narusawa-mura. 6 June 1992. Coll.: K. Inoue.

Terrestrial. Flowers white, lip with yellowish brown calli.

Distribution: From Honshu to Kyushu.

Habitat: In mountain shady forest beds.

38. **Epipactis** Sw.

38-01. **Epipactis papillosa** Franch. et Savat.

Syn.: *Epipactis latifolia* var. *papillosa* Maxim.

アオスズムシラン，エゾスズムシラン，アオスズラン

地生．萼片は黄緑色，花弁は白で先端は紅紫．唇弁基部は褐色．

植物体：**TI**．磐城おまいだけ．1931 年 8 月 14 日．採集者：S. 斎藤．

花：**TNS**（液浸）．長野県美ヶ原．1991 年 8 月 13 日．採集者：井上健．

分布：北海道から九州まで．草原と亜高山の林縁に自生．

Japanese name: **Ao-suzumushi-ran, Ezo-suzumusi-ran, Ao-suzu-ran**.

P: **TI**. Prov. Iwaki Mt. Omaidake. 14 Aug. 1931. Coll.: S. Saito.

F: **TNS**(s). Nagano Pref. Utsukushigahara. 13 Aug. 1991. Coll.: K. Inoue.

Terrestrial. Sepals greenish yellow, petals white with pink margin, Lip hypochile brownish at base.

Distribution: Hokkaido to Kyushu.

Habitat: Grasslands and forest edges of sub-alpine region.

38-02. **Epipactis thunbergii** A. Gray var. **thunbergii**

カキラン

地生．萼片外側は緑褐色，内側は黄緑色．花弁は黄褐色に紫の脈，唇弁上弁は白，下弁は淡藤色で黄色の斑紋，紅紫の隆起あり．

植物体：**TI**. 上総八積. 1936 年 7 月 4 日. Leg.: 久内清孝.

花：**TNS**（液浸）. 対馬内山. 1992 年 7 月 5 日. 採集者：国分.

分布：北海道から九州まで. 低山地帯の日当たりのよい湿地に自生.

イソマカキラン

花：**TNS**（液浸）. 奄美大島名瀬市根瀬部. 1998 年 6 月 6 日. 採集者：山下弘.

Note: カキランの奇形で，1 花序に正常花と奇形花が混じり観察されることもある.

Japanese name: **Kaki-ran**.

P: **TI**. Prov. Kazusa (Chiba Pref.). Yatsumi. 4 July 1936. Coll.: K. Hisauchi.

F: **TNS**(s). Nagasaki Pref. Tsushima, Uchiyama. 5 July 1992. Coll.: Kokubu.

Terrestrial. Sepals & petals surface pale orange brown, lip whitish pink with purple venations, epichile with purple keels, two blotches between keels.

Distribution: From Hokkaido to Kyushu.

Habitat: Sunny marsh and moist river side.

Note: *E. thunbergii* forma *subconformis* Sakata: Japanese name, Isoma-kaki-ran. In one inflorescence there found some normal type flower with "Isoma" type. Flowers together.

38-03. **Epipactis thunbergii** A. Gray var. **saekiana** T. Koyama et Asai

Syn: *Epipactis helleborine* var. *saekiana*

Epipactis sayekiana Makino

ハマカキラン

地生. 花は黄緑色で紫の縁. 唇弁は淡緑色. 上弁の内側は濃赤褐色，下弁は橙色で赤い脈.

植物体：**TI**. 神奈川県鵠沼. 1935 年 6 月. Leg.: 服部静夫. 同定：F. 前川.

花：**TNS**（液浸）. 茨城県東海村. 1992 年 6 月 30 日. 採集者：小田倉.

分布：北海道から九州まで. 海浜に自生.

Japanese name: **Hama-kaki-ran**.

P: **TI**. Kanagawa Pref. Kugenuma. June 1935. Leg. S. Hattori.

F: **TNS**(s). Ibaraki Pref. Tohkai-mura. 30 June 1992. Coll.: Odakura.

Terrestrial. Sepale & petals yellow green pale purple towards egds. Lip pale green, inside of hypochile dark red, epichile pale orange with red vains.

Distribution: From Hokkaido to Kyushu.

Habitat: See side grass lands.

39. **Aphyllorchis** Blume

39-01. **Aphyllorchis tanegashimemsis** Hayata

タネガシマムヨウラン

地生. 腐生植物. 萼片と花弁は淡褐色で萼片に紅紫の斑点. 唇弁と蕊柱は淡橙色に橙色の斑点あり.

植物体：**TI**. 沖縄本島辺土名－辺野喜 1940 年 9 月 18 日. Leg.: 木村陽二郎・古沢潔夫.

花：**TNS**（液浸）. 種子島西之表市. 1986 年 9 月 12 日. 採集者：神田淳・羽根井良江.

分布：南九州と琉球列島. 常緑広葉樹林床に自生.

Japanese name: **Tanegashima-muyou-ran**.

P: **TI**. Okinawa Isl. Hentona-Yona-Benoki. 18 Sept. 1940. Leg.: Y. Kimura & Furusawa.

F: **TNS**(s). Tanegashima, Nishinoomote-shi. 12 Sept. 1986. Coll.: K. Kanda & Y. Hanei.

Terrestrial. Saprophyte. Sepals & petals ivoly, sepals with rose spots, lip & column creamy orange with orange spots.

Distribution: Okinawa Isl., Ishigaki, Tanegashima, Yakushima.

Habitat: In ever green forest beds.

40. Tropidia Lindl.

40-01. **Tropidia angulosa** (Lindl.) Blume

アコウネッタイラン，ネッタイラン

地生．花は白．唇弁は上位．唇弁に黄色の斑紋．

植物体：不明・花：**TNS**(液浸)．石垣島吉原．1994 年 9 月 8 日．採集者：神田淳・羽根井良江．

分布：沖縄本島，石垣島．西表島．海に近い森林の林床に自生．

Japanese name: **Nettai-ran, Akou-nettai-ran**.

P: missing & F:**TNS**(s). Ishigaki-jima Yosihara. 8 Sept. 1994. Coll.: K. Kanada & Y. Hanei.
 Terrestrial. Flowers white. Non resupinate. Yellow blotch on lip.

Distribution: Okinawa Isl. Ishigaki-jima, Iriomote-jima.

Habitat: Forest beds by the coast.

40-02. **Tropidia nipponica** Masam. var. **nipponica**

ヤクシマネッタイラン

地生．花は白．唇弁上位．先端はオレンジ色．

植物体：**TI**．石垣島平久保あらだけ．1986 年 5 月 24 日．採集者：豊見山元．

花：**TNS**(液浸)．鹿児島県産．1993 年 9 月 6 日．採集者：松井武志．

分布：四国，九州．琉球．暗い林床．

Japanese name: **Yakushima-nettai-ran**.

P: **TI**: Ishigaki-jima Hirakubo Aradake. 24 May 1986. Coll.: H. Tomiyama.

F: **TNS**(s). Kagoshima Pref. 6 Sept. 1993. Coll.: T. Matsui.
 Terrestrial. Flowers non resupinate, white, apex of lip orange.

Distribution: Shikoku, Kyushu, Okinawa Isl. Sakishima Isls.

Habitat: Shady mountain forest beds.

40-03. **Tropidia nipponica** Masam. var. **hachijoensis** F. Maek.

ハチジョウネッタイラン

地生．萼片と花弁は白，唇弁は上位，黄色，葯帽に紅色の縁．

植物体と花：不明（**SHIN**）．八丈島東山．1997 年 8 月 4 日．採集者：石井正徳．

分布：伊豆七島．八丈島．林床に自生．

Japanense name: **Hachijo-nettai-ran**.

P & F: missing (**SHIN**). Hachijojima, Higashi-yama. 4 Aug. 1997. Coll.: M. Ishii.
 Terrestrial. Flower non resupinate. Sepals and petals white, lip yellow. Anther cap margin red.

Distribution: Izu Isls.

Habitat: In the dense mountain forests.

41. Corymborchis Thouars

41-01. **Corymborchis veratrifolia** (Reinw.) Blume

バイケイラン，チクセツラン

地生．花は白，葯帽は淡紅色からオレンジ色．

植物体：**TI**．石垣島カフタオザト．1956 年 7 月 8 日．採集者：F. R. Fosberg. No. 37899.

花：**TNS**(液浸)．石垣島．1993 年 10 月 4 日．採集者：治井正一．

分布：石垣島，西表島，与那国島，小笠原諸島．暗い林床に自生．

Note：花は琉球産と小笠原産の違いはない．

Japanese name: **Baikei-ran**, **Chikusetsu-ran**.
P: **TI**. Ishigaki-jima, Kafuta, Ozato. 8 July 1956. Coll.: F. R. Fosberg. No. 37899
F: **TNS**(s). Ishigaki-jima. 4 Oct. 1993. Coll.: S. Harui.
  Terrestrial. Up to 1m or more. Flowers white, anther pale rose to orange.
Distribution: Ishigaki-jima, Iriomote, Yonaguni Isls. Bonin Isls.
Habitat: In dense forests on coral limestone.

42. Epipogium J. F. Gmel. ex Borkh.

42-01. **Epipogium aphyllum** (F. W. Schmidt) Sw.
  トラキチラン
  腐生植物．花序と花は淡紅色から淡黄緑に赤褐色の斑点．唇弁は白で，中裂片に紅紫色の斑点あり．唇弁は上位．
  植物体：**TNS**（液浸）．長野県八ヶ岳美濃戸．1979 年 9 月 2 日．採集者：清水建美．
  花：**TNS**（液浸）．長野県八ヶ岳．1992 年 9 月 5 日．採集者：河内正夫．
  分布：北海道，本州中部以北．暗い針葉樹林帯に自生．
  Japanese name: **Torakichi-ran**.
P: **TNS**(s). Nagano Pref. Yatsugatake, Minoto. 2 Sept. 1979. Coll.: T. Shimizu.
F: **TNS**(s). Nagano Pref. Yatsugatake. 5 Sept. 1992. Coll.: M. Kawachi.
  Saprophytic. Flowers not resupinate. Inflorescence pale rose to green. Sepals and petals pale greenish brown with reddish brown dots, lip white, mid-lobe with purple dots.
Distribution: Hokkaido, Northern Honshu.
Habitat: In shady forests.

42-02. **Epipogium japonicum** Makino
  アオキラン
  腐生植物．花序と花は黄褐色を帯び，赤紫の斑点あり．
  植物体：**TI**．山梨県北岳大樺沢．1981 年 9 月．Leg.：深沢今朝光．
  花：**TNS**（液浸）．山梨県芦安村大樺沢．1979 年 9 月 16 日．採集者：M. 若原．
  分布：北海道，本州中部以北の暗い落葉樹林内に群生．
  Japanese name: **Aoki-ran**.
P: **TI**. Yamanashi Pref. Kitadake, Ohkabasawa. Sept.1981. Leg.: K. Fukazawa.
F: **TNS**(s). Yamanashi Pref., Ohkabasawa. 16 Sept. 1979. Coll.: M. Wakahara.
  Saprophytic. Inflorescence and flowers yellow to brownish white with reddish brown dots.
Distribution: Hokkaido, central to Northern Honshu.
Habitat: In shady deciduous forest beds.

42-03. **Epipogium roseum** (D. Don) Lindl.
  タシロラン
  腐生植物．花序と花は象牙色から白まで．紅色の斑点がまばらにある．
  植物体：**TI**．伊勢外宮．1979 年 7 月 15 日．Leg：中馬千鶴．s. n.
  植物体：**TNS**（液浸）．神奈川県観音崎．1983 年 7 月 7 日．採集者：大森雄治．
  分布：本州，九州，沖縄本島，西表島．暗い常緑樹林内に自生．
  Japanese name: **Tashiro-ran**.
P: **TI**. Ise, Geku. 15 July 1979. Leg.: T. Tyuma. s. n.
F: **TNS**(s). Kanagawa Pref. Kannonzaki. 7 July 1983. Coll.: Y. Ohmori.
  Sprophytic. Flowers pendant. Inflorescence and flowers ivory to pale rose, with few reddish markings and spots.
Distribution: Honshu, Kyushu, Okinawa Isl, Iriomote-jima.
Habitat: In shady evergreen forest beds.

43. Stereosandra Blume

43-01. **Stereosandra javanica** Blume

イリオモテムヨウラン

腐生植物．花は黄色がかった白で先端に向かって紅紫色を呈する．

植物体：**TI**・花：**TNS**（液浸）．西表島浦内川．1992 年 6 月 3 日．採集者：神田淳・羽根井良江．

分布：石垣島，西表島．暗い林床に自生．

Japanese name: **Iriomote-muyou-ran**.

P: **TI** & F: **TNS**(s). Iriomote-jima Urauchi River. 3 June 1992. Coll.: K. Kanda & Y. Hanei.
Saprophytic. Flowers yellowish white, mauve suffusion or toward tip purplish.

Distribution: Iriomote-jima, Ishigaki-jima.

Habitat: In the dense forest beds.

44. Didymoplexiella Garay

44-01. **Didymoplexiella siamensis** (Rolfe ex Downie) Seidenf.

コカゲラン

腐生植物．花は白〜淡紅色．

植物体：**TI**・花：**TNS**（液浸）．屋久島樋之口平野．1993 年 5 月 22 日．採集者：神田淳・羽根井良江．

分布：屋久島，種子島．暗い林床に自生．

Japanese name: **Kokage-ran**.

P: **TI** & F: **TNS**(s). Yakushima Hinokuchi Hirano. 22 May 1993. Coll.: K. Kanda & Y. Hanei.
Saprophytic. Flowers pinkish white.

Distribution: Yakushima, Tanegashima.

Habitat: In shady forest beds.

45. Didymoplexis Griff.

45-01. **Didymoplexis pallens** Griff.

ユウレイラン，ヒメヤツシロラン

腐生植物．花は白．

植物体と花：**TNS**（液浸）．奄美大島．1996 年 6 月 30 日．採集者：河内正夫・山下弘．

分布：奄美大島，沖縄本島，西表島．暗い樹林床または倒木の幹に着生．

Japanese name: **Yurei-ran**, **Hime-yatsushiro-ran**.

P & F: **TNS**(s). Amami-Ohshima. 30 June 1996. Coll.: M. Kawachi & H. Yamashita.
Saprophytic, terrestrial and epiphytic. Flowers white.

Distribution: Amami-ohshima, Okinawa Isl. Iriomote-jima.

Habitat: In the dark forests, some time on fallen tree trunk.

46. Gastrodia R. Br.

46-01. **Gastrodia boninensis** Tuyama var. **botrylis** Tuyama

ムニンヤツシロラン

腐生植物．花は褐色がかった緑色．

植物体：**TI**. holo. 小笠原父島，荻村．1936 年 12 月 27 日．Leg.: 岡部正義．TI 6381．

花：**TNS**（液浸）．小笠原．小林純子．No. 246749．

分布：小笠原父島．常緑樹林下に自生．

    Japanese name: **Munin-yatsushiro-ran**.
P: **TI**-holo. Isls Bonin Titizima Ogi-mura. 27 Dec. 1936. Leg.: M. Okabe. YI 6381.
F: **TNS**(s). Isls Bonin. Coll.: S. Kobayashi. No. 246749.
    Saprophytic. Epiphytic and lithophytic. Flowers greenish brown.
Distribution: Bonin Isls.
Habitat: In ever green forest beds.

46-02. *Gastrodia confusa* Honda et Tuyama

Syn.: *Gastrodia verrucosa* Blume

アキザキヤツシロラン

腐生植物．花は紫がかった褐色．外側は淡色となる．唇弁と蕊柱は黄色．

植物体と花：**TNS**（液浸）．神奈川県横須賀市佐原竹林．1991年9月22日．採集者：大森雄治．

分布：本州，四国，九州，琉球．常緑樹林下に自生．

    Japanese name: **Akizaki-yatsushiro-ran**.
P: **YCM** & F: **TNS**(s). Kanagawa Pref. Yokosuka-shi. 22 Sept. 1991. Coll.: Y. Ohmori.
    Saprophytic. Flowers purplish to brownish red with a grayish suffusion. Lip and column yellow.
Distribution: Honshu, Shikoku, Kyushu, Ryukyu.
Habitat: In evergreen forest beds.

46-03. *Gastrodia elata* Blume

オニノヤガラ

腐生植物．花は淡褐色．唇弁は淡色．花が淡緑色で唇弁が白い個体はアオテンマと呼ばれる．

植物体：**YCM**．秋田県田代平．1992年7月19日．採集者：大森勇治．

花：**TNS**（液浸）．秋田県田代平．1992年7月19日．採集者：大森勇治．

分布：北海道から九州までの落葉樹林下に自生．

    Japanese name: **Onino-yagara**.
P: **YCM**. Akita Pref. Tashiro-daira. 19 June 1992. Coll.: Y. Ohmori.
F: **TNS**(s). Akita Pref. Tashiro-daira. 19 June 1992. Coll.: Y. Ohmori.
    Saprophytic. Flowers brownish to pale green, lip whitish.
Distribution: Hokkaido, Honshu, Shikoku, Kyushu.
Habitat: Deciduous forest beds.

46-04. *Gastrodia gracilis* Blume

ナヨテンマ

腐生植物．花は淡黄褐色．唇弁の中央にオレンジ色の帯．白花あり．

植物体：**TI**．静岡県掛川市坂下天桜神社．1981年6月28日．Leg.：T. 津山．

花：**TNS**（液浸）．静岡県掛川市．1986年6月28日．採集者：神田淳・羽根井良江．

分布：関東以西の本州，四国，九州．暗い林床．

    Japanese name: **Nayo-tenma**.
P: **TI**. Shizuoka Pref. Kakegawa-shi Amaou-jinja. 28 June 1981. Leg. : T. Tsuyama.
F: **TNS**(s). Shizuoka Pref. Kakegawa-shi. 28 June 1986. Coll.: K. Kanda & Y. Hanei.
    Saprophytic. Flowers white to cream white, calli of lip orange.
Distribution: Central to Western Honshu, Shikoku, Kyushu.
Habitat: In shady forest beds.

46-05.　Gastrodia javanica (Bl.) Lindl.

コンジキヤガラ

腐生植物．花は黄褐色．唇弁は白で中央に緑色の帯．

植物体：**TI**・花：**TNS**(液浸)．石垣島バンナ公園．1992年6月1日．採集者：橋爪．

分布：石垣島．山の樹林下．

Japanese name: **Konjiki-yagara**.

P: **TI** & F: **TNS**(s). Ishigaki-jima. Banna-park. 1 June 1992. Coll.: Hashizume.

Saprophytic. Flowers golden yellow, lip whitish with green callus.

Distribution: Ishigaki-jima.

Habitat: Mountain forest beds.

46-06.　Gastrodia nipponica (Honda) Tuyama

ハルザキヤツシロラン

腐生植物．花は黄褐色で表面は紫色を帯びる．

植物体：**TI**．holo．紀伊岩田八上神社．S.6年5月1日．採集者：樫山喜一．

花：**TNS**(液浸)．八丈島．1997年5月．採集者：菊地．

分布：沖縄本島，西表島，本州，四国，九州．山地の樹林下に自生．

Japanese name: **Haruzaki-yatsushiro-ran**.

P: **TI**. holo. Prov. Kii. (Wakayama Pref.) Iwata Yagami-jinja. 1 May 1931. Coll.: K. Kashiyama.

F: **TNS**(s). Hachijo-jima. May 1997. Coll.: Kikuchi.

Saprophytic. Flowers yellowish brown with purplish suffusion.

Distribution: Okinawa Isl. Iriomote-jima. Honshu, Shikoku, Kyushu.

Habitat: In mountain forests.

46-07.　Gastrodia pubilabiata Y. Sawa

クロヤツシロラン

腐生植物．花は暗い紫がかった褐色．

植物体と花：**YCM**．神奈川県横須賀市佐原竹林．1991年9月22日．採集者：大森雄治．

分布：千葉県以西の本州，四国，九州，琉球列島．竹林や常緑樹林の林床．

Japanese name: **Kuro-yatsushiro-ran**.

P & F: **YCM**: Kanagawa Pref. Yokosuka-shi, Sahara. banboo forest.

Saprophytic. Flowers dark purple-brown.

Distribution: Central to western Honshu, Shikoku, Kyushu, Ryukyu.

Habitat: In bamboo or evergreen forest beds.

46-08.　Gastrodia shimizuana Tuyama

ナンゴクヤツシロラン

腐生植物．花は黄褐色．唇弁基部はオレンジ色，先端に向かいクリーム色になる．

植物体と花：**TNS**．西表島北部．2000年2月23日．採集者：小林史郎．

分布：西表島．常緑樹林下に自生．

Japanese name: **Nangoku-yatsushiro-ran**.

P & F: **TNS**. Northern Iriomote Isl. 23 Feb. 2000. Coll.: S. Kobayashi.

Saprophytic. Flowers yellowish brown. Lip basal orange, cream toward apex, calli green, column greenish, ovary blackish brown.

Distribution: Iriomote-jima.

Habitat: Evergreen forest beds.

47. Nervilia Comm. ex Gaudich.

47-01. Nervilia aragoana Gaudich.

アオイボクロ，ヤエヤマヒトツボクロ，ヤエヤマムカゴサイシン

地生．萼片と花弁は黄緑または白，唇弁は白．

開花時の植物体：**TI**. 石垣島ウソ岳．1956 年 6 月 25 日．同定：L. A. Garay No. 37732.

閉花後の植物体：石垣島真栄里ダム．1993 年 3 月 23 日．採集者：神田淳・羽根井良江．

花：**TNS**（液浸）．石垣島ウタキ（吉原）．1989 年 7 月 23 日．採集者：神田淳・羽根井良江．

分布：沖縄南部の島の林床に自生．

Japanese name: **Aoi-bokuro, Yaeyama-hitotsu-bokuro, Yaeyama-mukago-saishin**.
P with inflorescence: **TI**. Ishigaki Shima, Uso-dake. 25 June 1956. Det: L. A. Garay. No. 37732:
P with Leaf: **SHIN**. Ishigaki-jima Maesato-dam. 23 March 1993. Coll.: K. Kanda & Y. Hanei.
F: **TNS**(s). Ishigaki-jima Utaki. 23 July 1989. Coll.: K. Kanda & Y. Hanei.
Terrestrial. Leaves and inflorescence alternating in season. Rachis green. Sepals and petals greenish yellow to white, lip white.
Distribution: Okinawa Isl. Kita-daitoujima.
Habitat: In the forests.

47-02. Nervilia nipponica Makino

ムカゴサイシン

地生．葉は花の後に現れる．花茎と萼片は紅褐色で花弁と唇弁は白，唇弁に紅紫の斑点．

開花時の植物体：**SHIN**. 高知県高岡郡佐川町尾川．1990 年 6 月 2 日．採集者：寺峰孜．

閉花後の植物体：**TNS**. 今市市板橋．1997 年 8 月 14 日．採集者：谷亀高広．

花：**TNS**（液浸）．高知県高岡郡佐川町尾川．1990 年 6 月 2 日．採集者：寺峰孜．

分布：関東南部〜九州，沖縄本島．常緑林の林床に自生．

Japanese name: **Mukago-saishin**.
P. with Inflorescence: **SHIN**. Kohchi pref. Takaoka-gun Sagawa-cho, Ogawa. 2 June 1990. Coll.: Teramine.
P. with leaf: **TNS**(s). Imaichi-shi Itabashi. 14 Aug. 1997. Coll.: H. Yagame.
F: **TNS**(s). Kohchi Pref. Takaoka-gun Sagawa-cho Ogawa. 2 June 1990. Coll.: Teramine.
Leaves appears after flowering. Rachis and sepales brownish pink, Petals and lip white, rose dots on lip.
Distribution: Southern Honshu, Kyushu, Okinawa Isl.
Habitat: In the evergreen forests.

48. Eleorchis F. Maek.

48-01. Eleorchis japonica (A. Gray) F. Maek. var. japonica

サワラン，アサヒラン

地生．花序は褐色を帯びる．花は淡紅紫色，唇弁中央は白．

植物体：**KPM**. 福島県北塩原村．1957 年 7 月 11 日．採集者：古瀬義．No. 53234.

花：**TNS**（液浸）．小谷あやめ池．1993 年 7 月 29 日．採集者：Y. 松田．

分布：北海道，本州中部以北．湿原に自生．

Japanese name: **Sawa-ran, Asahi-ran**.
P: **KPM**. Fukushima Pref. Kita-shiobara-mura, Okuni-numa. 11 July 1957. Coll.: M. Furuse. no. 53234.
F: **TNS**(s). Otani Ayame-ike. 29 July 1993. Coll.: Y. Matsuda.
Terrestrial. Inflorescence brounish green. Flowers purplish pink. White blotch on lip mid-lobe.
Distribution: Hokkaido, Honshu-Central to North.
Habitat: In the marsh.

48-02.　**Eleorchis japonica** (A. Gray) F. Maek. var. **conformis** (F. Maek.) F. Maek.

キリガミネアサヒラン

地生．花は上を向く．花序は緑褐色．花色はアサヒランと同じ．

花・唇弁：**TNS**（液浸）．霧ケ峰産．1995 年 7 月 18 日．採集者：東京山草会．

分布：霧ケ峰と八丈島に固有．亜高山の湿原に自生．

　　Japanese name: **Kirigamine-asahi-ran**.

F & lip: **TNS**(s). Kirigamine. 18 July 1995. Coll.: AGST.

　　Terrestrial. Inflorescence brownish. Flower purplish pink. Lip perolic, same shape of petals.

Distribution: Endemic in Mt. Kirigamine and Hachijou-jima.

Habitat: In sub-alpine marsh.

49. Arundina Blume

49-01.　**Arundina graminifolia** (D. Don) Horchr.

ナリヤラン

地生．花は紅紫から白まで．唇弁の先端は濃紫，基部は橙黄色．

植物体：**TI**・花：**TNS**（液浸）．西表島船浦．1992 年 6 月 3 日．採集者：神田淳・羽根井良江．

分布：西表島，石垣島．開けた場所，草原に自生．

　　Japanese name: **Nariya-ran**.

P: **TI** & F: **TNS**(s). Iriomote-jima, Funaura. 3 June 1992. Coll.: K. Kanada & Y. Hanei.

　　Terrestrial. Flowers rose to pink or white, base of lip orange yellow, deep purple towards tip of lip mid-lobe.

Distribution: Iriomote-jima and Ishigaki-jima.

Habitat: In open fields.

50. Bletilla Rchb. f.

50-01.　**Bletilla striata** (Thunb.) Rchb . f.

シラン

地生．花は通常紅紫，濃ピンク．白花あり．唇弁の隆起は濃赤．

植物体と花：**TNS**（液浸）．栽培．栃木県岩船山産．1994 年 4 月 25 日．採集・栽培者：神田淳・羽根井良江．

分布：本州中西南部，四国，九州，沖縄本島．日当たりのよい，やや湿った土地に自生．

　　Japanese name: **Shi-ran**.

P: cult. & F: **TNS**(s). Tochigi Pref. Mt. Iwafune. 25 Apr. 1994. Coll. & cult.: K. Kanda & Y. Hanei.

　　Terrestrial. Flowers magenda to pink, lip base orange, keels dark red.

Distribution: Central to western Honshu, Shikoku, Kyushu, Okinawa Isl.

Habitat: In open and moisty location.

51. Hancockia Rolfe

51-01.　**Hancockia uniflora** Rolfe

ヒメクリソラン

地生．花は薄紫色．

植物体と花：**YCM**．鹿児島県大隅郡屋久島モッチョム岳．1965 年 8 月 11 日．採集者：川原哲郎．No.YCM 41191.

分布：屋久島．暗い常緑広葉樹林内に自生．

　　Japanese name: **Hime-kuriso-ran**.

P & F: **YCM**. Prov. Ohsumi (Kagoshima Pref.) Yakushima Motchom-dake. 11 Aug. 1965. Coll.: T. Kawahara. No. YCM-V

41191.
Terrestrial. Flowers pale purple.
Distribution: Yaku-shima (Motchom-dake).
Habitat: Shady evergreen forests.

52. Tainia Blume

52-01. **Tainia laxiflora** (Ito ex Makino) Makino

ヒメトケンラン

地生．葉は濃い緑色に淡緑色の斑が葉脈に沿って入り，花序は紫褐色．萼片と花弁は淡紫色で基部は黄色．唇弁は濃い黄色．

植物体：**TNS**（液浸）．奄美大島産．1994年4月．採集者：堀田満．

花：**TNS**（液浸）．沖縄本島湯湾岳．1993年2月10日．採集者：治井正一．

分布：本州（伊豆七島），四国，九州，琉球列島．暗い林床に自生．

Japanese name: **Hime-token-ran**.

P: **TNS**(s).; Amami-Ohshima. Apr. 1994. Coll.: M. Hotta

F: **TNS**(s). Okinawa Isl., Yuwan-dake, 10 Feb. 1993. Coll.: S. Harui.
Terrestrial. Leaves dark green with pale green bloches. Inflorescence purplish. Sepals and petals purplish brown, base yellowish, lip golden yellow.
Distribution: Honshu (Izu-Isls.), Shikoku, Kyushu, Ryukyu.
Habitat: In shady forest beds.

53. Calanthe R. Br.

53-01. **Calanthe alismifolia** Lindl.

Syn.: *Calanthe austro-kiushiuensis*.

ダルマエビネ，ヒロハノカラン，オオダルマエビネ

地生．萼片は緑色を帯びた白，花弁と唇弁は白，唇弁の基部は菫色を帯び，肉塊は橙黄色．

植物体：不明・花：**TNS**（液浸）．屋久島樋之口．1993年5月22日．採集者：神田淳・羽根井良江．

分布：九州南部，沖縄本島．常緑広葉樹林の林床に自生．

Japanese name: **Daruma-ebine, Hiroha-no-karan, Oh-daruma-ebine**.

P: missing. & F: **TNS**(s). Yaku-shima Toinokuchi. 22 May 1993. Coll.: K. Kanada & Y. Hanei.
Terrestrial. Sepals and lip greenish, petals white. Calli of lip golden yellow.
Distribution: Northern Kyushu, Okinawa Isl.
Habitat: Evergreen forest beds.

53-02. **Calanthe alpina** Hook. f. ex Lindl.

Syn.: *Calanthe schlechteri* Hara

キソエビネ

地生．萼片，花弁は白から淡紅紫色，唇弁は黄褐色で先端半分にかけて橙紅色．

植物体：**TI**．箱根神山．1965年6月18日．採集者：榎本一郎．s. n.

花：**TNS**（液浸）．栽培．山梨県産．1992年6月28日固定．栽培：東京山草会．

分布：本州中部以北と四国の亜高山帯の林床に自生．

Japanese name: **Kiso-ebine**.

P: **TI**. Kanagawa-Shizuoka Pref. Hakone Kamiyama. 18 June 1965. Coll.: I. Enomoto. s. n.

F: **TNS**(s). Yamanashi Pref. 28 June 1992. Coll. & cult.: AGST.
Terrestrial. Sepals and petals white or purplish white, lip dull yellow with reddidh brown half tip of mid-lobe.

Distribution: Sub-alpine region of Central to Northern Honshu and Shikoku.
Habitat: In forest beds.

53-03. **Calanthe aristulifera** Rchb. f.

Syn.: *Calanthe kirishimensis* Yatabe

キリシマエビネ，コキリシマエビネ

地生．花は白〜淡紅色，下向きに咲く．唇弁の keel の間は橙色または緑色を帯びる．

植物体：**TI**．鹿児島県熊が岳．1976 年 4 月 29 日．採集者：古瀬義．No. 10907．

花：**TNS**（液浸）．鹿児島県産．1993 年 5 月 3 日．採集・栽培者：村田敏勝．

分布：伊豆七島，紀伊半島，山口県，四国，九州．常緑広葉樹林内に自生．

Japanese name: **Kirishima-ebine**, **Ko-kirishima-ebine**.

P: **TI**. Kagoshima Pref. Kumagadake. 29 Apr.1976. Coll.: M. Furuse.

F: **TNS**(s). Kagosima Pref. 3 May 1993. Coll. & cult.: T. Murata.
　Terrestrial. Flowers pendant, white to pale purple, lip mid-lobe tinged golden-yellow between keels.

Distribution: Izu Isls, Kii Penin. Yamaguchi Pref. Shikoku, Kyushu.

Habitat: Evergreen forest beds.

53-04. **Calanthe davidii** Franch. var. **bungoana** (Ohwi) T. Hashim.

タガネラン

地生．花は黄色．

植物体：**TI**・花：**TNS**（液浸）．大分県津久見市．1994 年 6 月 12 日．採集者：河内正夫．

分布：大分県．暗い石灰岩地の林床に自生．

Japanese name: **Tagane-ran**.

P: **TI** & F: **TNS**(s). Ohita Pref. Tsukumi-shi. 1994. Coll.: M. Kawachi.
　Terestrial. Flowers golden yellow.

Distribution: Ohita Pref.

Habitat: In shady forest beds of limestone area.

53-05. **Calanthe discolor** Lindl. var. **amamiana** (Fukuy.) Masam.

アマミエビネ

地生．萼片と花弁は淡紅色から淡紫を帯びる．唇弁は白で稜の間は紅紫色を帯び，白花あり．

P: **RYU**．奄美大島．1965 年 3 月 27 日．採集者：S. 佐藤．

F: **TNS**（液浸）．奄美大島住用川．1993 年 2 月 28 日．採集者：治井正一．

分布：奄美大島，徳之島の林床に自生．

Japanese name: **Amami-ebine**, **Hiraben-ebine**.

P: **RYU**. Amami-Oshima. 27 Mar. 1965. Coll.: S. Sato.

F: **TNS**(s). Amami-Oshima Sumiyou River. 28. Feb. 1993. Coll.: S. Harui.
　Terrestrial. Sepals and petals pale pink, lip white, mid-lobe tinged reddish purple between keels.

Distribution: Amami-Oshima, Tokuno-shima.

Habitat: In the forest beds.

53-06. **Calanthe discolor** Lindl. var. **discolor**

エビネ，アカクラエビネ，トクノシマエビネ，カツウダケエビネ，オキナワエビネ，ハノジエビネ

地生．萼片と花弁は赤褐色で基部と縁は緑色．唇弁は白から淡紅色．黄花もあり．

植物体と花：**TNS**（液浸）．（栽培）神奈川県三浦郡産．1991 年 4 月 30 日固定．栽培：中島睦子．

分布：北海道から琉球までの低山林床に自生．

Japanese name: **Ebine**, **Akakura**, **Tokuno-shima**, **Katsuudake**, **Okinawa**, **Hanoji**.

P & F: **TNS**(s). Cult. Kanagawa Pref. Miura-gun. 30 Apr. 1991. Cult. M. Nakajima.
　Terrestrial. Sepals and petals greenish to brownish purple, lip white to pale pink. Also yellow flowers.

Distribution: Southern Hokkaido, Honshu, Shikoku, Kyushu, Okinawa Isl. In forests of hills to mountains.

53-07.   Calanthe formosana Rolfe

タイワンエビネ

地生．花は黄色．

植物体：**KPM**．西表島大富．1972年9月18日．採集者：古瀬義．No. 1183．KPM 69123．

花：**TNS**（液浸）．西表島古見岳．1997年11月1日．採集者：豊見山元．

分布：沖縄県．（西表島を含む）．常緑樹林の林床に自生．

Japanese name: **Taiwan-ebine**.

P: **KPM**. Ryukyu Iriomote-jima, about central-area from hills of Ohtomi. 18 Sept. 1972. Coll.: M. Furuse. No.1183. KPM 69123.

F: **TNS**(s). Ryukyu Iriomote-jima Komi-dake. 1 Nov. 1997. Coll.: H. Tomiyama.
Terrestrial. Flowers dull to golden yellow.

Distribution: Ryukyuu Isls. (including Iriomote-jima).

53-08.   Calanthe hattorii Schltr.

アサヒエビネ

地生．淡緑色～淡黄色，唇弁は白で基部の肉塊は濃黄色．

植物体：**TI**．小笠原父島武田牧場．1933年8月13日．TI 6295．

花：**TNS**（液浸）．（栽培）父島産．東大付属植物園栽培．1992年7月17日固定．

分布：小笠原父島，母島，兄島．疎林の適度に湿った緩傾斜．

Japanese name: **Asahi-ebine**.

P: **TI**. Bonin Isls. Chichi-jima, Takeda farm. 13 Aug. 1933. TI 6295.

F: cult(s). Bonin Isls. Chichi-jima. Cult. in B. Garden of Tokyo Univ. 17 July 1992.
Terrestrial. Flowers greenish yellow, lip whitish, calli of mid-lobe Orange yellow.

Distribution: Chichi-jima, Haha-jima, Ani-jima of Bonin Isls.

Habitat: Sunny and moist forest beds.

53-09.   Calanthe izu-insularis (Satomi) Ohwi et Satomi

ニオイエビネ

地生．花は芳香あり．萼片と花弁は紫～紅紫，白色と変化あり．唇弁は白．唇弁の肉塊は濃黄色．

植物体：**TNS**．伊豆御蔵島．1972年5月．採集者：高橋秀男．F239, No. 309555．

花：**TNS**（液浸）．御蔵島産．1993年5月6日固定．栽培者：三橋．

分布：伊豆七島 新島，神津島，御蔵島，八丈島．常緑樹林下．

Japanese name: **Nioi-ebine**, **Kirishima-ebine**.

P: **TNS**. Izu-Mikurajima. May 1972. Coll.: H. Takahashi. F239, No. 309555.

F: **TNS**(s). Izu Mikurajima. 6 May 1993. Cult. Mitsuhashi.
Terrestrial. Flowers fragrant. Sepals and petals purple to pink or white, lip white: calli of mid-lobe golden yellow.

Distribution: Izu Archip. Ni-jima, Kozu-shima, Mikura-jima, Hachijo-jima.

Habitat: In evergreen forest beds.

53-10.   Calanthe lyroglossa Rchb. f.

レンギョウエビネ，スズフリエビネ，リュウキュウエビネ

地生．花はあまり開かず自家受粉が多い．花は黄色．

植物体：**RYU**．沖縄本島与那覇岳．1978年4月7日．採集者：嘉数．No. 74

花：**TNS**（液浸）．沖縄本島．1993年2月18日．採集者：治井正一．

分布：南西諸島．林床に自生．

Japanese name: **Rengyo-ebine**, **Suzufuri-ebine**, **Ryukyu-ebine**.

P: **RYU**. Okinawa Isl. Mt. Yonaha, Kunigami. 7 Apr. 1978. Coll.: Kakazu. No. 74.
F: **TNS**(s). Okinawa Isl. 18 Feb. 1993. Coll.: S. Harui.
   Terrestrial. Flowers dull yellow.
Distribution: Okinawa Isl. Amami-Oshima, Iriomote-jima, Yaku-shima.
Habitat: In forests beds.

53-11. **Calanthe mannii** Hook. f.

サクラジマエビネ

   地生．花は大きく開かず自家受粉の可能性あり．萼片と花弁は緑または褐色を帯びる．唇弁は黄色．蕊柱は淡緑色．

植物体：**KGH**・花：**TNS**（液浸）．鹿児島県．1995年5月6日．採集者：堀田満．

分布：桜島，甑島．林床に自生．

   Japanese name: **Sakurajima-ebine**.

P: **KGH** & F: **TNS**(s). Kagoshima Pref. 6 May 1995. Coll.: M. Hotta.
   Terrestrial. Flowers not open widely, self-fertile, possibly. Sepals and petals green to greenish brown, lip yellow, column pale green.
Distribution: Kagoshima Pref. (Sakura-jima, Koshiki-jima).
Habitat: In forest beds.

53-12. **Calanthe masuca** (D. Don) Lindl.

オナガエビネ，カラン

   地生．花は紅紫からピンク．唇弁の肉塊は黄色．

P: **TI**. 九州，下甑島瀬尾．1938年8月2日．採集者：Y. 土井．s. n.

F: **TNS**（液浸）．沖縄本島．1993年10月28日．採集者：横田昌嗣．

分布：南西諸島．林床に自生．

   Japanese name: **Onaga-ebine**, **Ka-ran**.

P: **TI**. Kyushu Kosiki-jima Seo. 2 Aug. 1938. Coll.: Y. Doi s. n.
F: **TNS**(s). Okinawa Isl. 28 Oct. 1993. Coll.: M. Yokota.
   Terrestrial. Flowers reddish purple to pink, calli of lip base yellow.
Distribution: Ryukyu.
Habitat: In mountain forests.

53-13. **Calanthe okinawensis** Hayata

Syn.: *Calanthe textori* Miq.

リュウキュウエビネ

唇弁：**TNS**（液浸）．屋久島船行．1991年7月27日．採集者：神田淳・羽根井良江．

   Japanese name: **Ryukyu-ebine**.

Lip: **TNS**(s). Yakushima Funayuki. 27 July 1991. Coll.: K. Kanda & Y. Hanei.

53-14. **Calanthe nipponica** Makino

キンセイラン

   地生．萼片と花弁は黄緑色．唇弁は淡黄色で基部に赤褐色の斑あり．

植物体：**TI**．北海道北見市能取林中．1937年7月24日．採集者：原寛．s. n.

花：**TNS**（液浸）．秋田県田沢湖．1992年6月30日．採集者：小田倉．

分布：北海道から九州までの亜高山帯の林床．

   Japanese name: **Kinsei-ran**.

P: **TI**. Hokkaido Kitami-shi Nottori. 24 July 1937. Coll.: H. Hara s. n.
F: **TNS**(s). Akita Pref. Lake Tazawa. 30 June 1992. Coll.: Odakura.
   Terrestrial. Sepals and petals greenish yellow, lip pale yellow with brownish orange at base.

Distribution: Hokkaido, Honshu, Shikoku, Kyushu.
Habitat: In the sub-alpine forest beds.

53-15. **Calanthe puberula** Lindl.

Syn.: *Calanthe reflexa* Maxim. var. *okushirensis*

ナツエビネ，オクシリエビネ

地生．着生もする．花は淡紫色〜白色．唇弁はより濃色になる．

植物体：**TI**．能登三峰三伏山．1931 年 9 月 3 日．採集者：原寛．s. n.

花：**TNS**（液浸）．鹿児島県鹿児島大学高隅演習林．1998 年 7 月 29 日．採集者：馬田英隆．

分布：北海道南部から九州まで．低山帯の湿度の高い雑木林の林縁に自生．

Note：オクシリエビネは北海道奥尻島と青森県西部に自生し，葉裏に短毛を自生る．

Japanese name: **Natsu-ebine**, **Okushiri-ebine**

P: **TI**. Prov. Noto (Ishikawa Pref.) Mt. Mitsummine-sanpuku. 3 Sept. 1931. Coll.: H. Hara. s. n.

F: **TNS**(s). Kagoshima Pref. Mt. Takakuma. 29 July 1998. Coll.: H. Umata.

Terrestrial and epiphytic. Flowers pale purple-white to pink, lip darker.

Distribution: Southern Hokkaido, Honshu, Shikoku, Kyushu.

Habitat: In forest beds at 1000 m to 2000 m, in shady and moist locations.

Note：Okushiri-ebine. *C.reflexa* var. *okushiriensis* Tatew. Leaves with short hairs underneath.

Distribution: Okushiri Isl. and Aomori Pref.

53-16. **Calanthe sieboldii** Decne. ex Regel － **Calanthe citrine** Schidw.

キエビネ

地生．花は黄味色．時に唇弁の隆起と蕊柱の翼に赤色を帯びる．

植物体：**TI**．宮崎県東霧島．1970 年 4 月 27 日．Leg.: 富樫．s. n.

花：**TNS**（液浸）．対馬竜良山．1992 年 5 月 2 日．採集者：河内正夫．

分布：東海道以西の本州，四国，九州（対馬，甑島，屋久島を含む）．低地，山麓の林床，竹林に自生．

Japanese name: **Ki-ebine**.

P: **TI**. Kyushu, Miyazaki Pref., Higashi-Kirishima. 27 April 1970. Leg.: Togashi. s.n.

F: **TNS**(s). Nagasaki Pref. Mt. Tatsura. 2 May 1992. Coll.: M. Kawachi.

Terrestrial. Flowers golden yellow, sometimes red marking on keels and column side lobes.

Distribution: Western Honshu, Shikoku, Kyushu (including Tsushima, Koshiki-jima, Yaku-shima).

Habitat: Mountain forest, bamboo forest beds.

53-17. **Calanthe tricarinata** Lindl.

サルメンエビネ

地生．萼片と花弁は黄緑色．唇弁は紅褐色で，縁は黄色．蕊柱は黄色．

植物体：**KPM**．秋田県河辺町三内．1955 年 6 月 3 日．採集者：K. Toida．No. 33．KPM 31106．

花：**TNS**（液浸）．北海道旭川産．1993 年 6 月 1 日固定．栽培：東京山草会．

分布：北海道から九州まで．低山帯の落葉樹林内に自生．

Note：イシヅチエビネ：サルメンエビネとエビネの自然交配種．青森県．1993 年 5 月 22 日．採集者：沼田俊三．

Japanese name: **Sarumen-ebine**.

P: **KPM**. Akita Pref. Kawabe-cho, Sannai. 3 June 1955. Coll.: K. Toida. No. 33. KPM 31106.

F: **TNS**(s). cult. Hokkaido. 1 June 1993. Cult.: AGST.

Terrestrial. Sepals and petals greenish yellow, lip mainly crimson (brownish red) and yellow towards the margin. Column golden yellow.

Distribution: Hokkaido, Honshu, Shikoku, Kyushu.

Habitat: Mountain deciduous forets.

Note: Natural hybrid with *C. discolor* var. *discolor* exists.

53-18. **Calanthe triplicata** (Will.)Ames
ツルラン，ホシツルラン

地生．花は白．唇弁のトサカ状隆起は橙から黄色．白もあり．

植物体：**TI**．石垣島．バンナ岳．1993 年 7 月 20 日．採集者：神田淳・羽根井良江．

花：**TNS**（液浸）．屋久島船行．1991 年 7 月 27 日．採集者：神田淳・羽根井良江．ホシツルラン：**TNS**（液浸）．小笠原母島産．東大小石川植物園栽培．1992 年 8 月 17 日固定．

分布：沖縄本島，西表島，与那国島，奄美大島，種子島．林床や草地に自生．

Japanese name: **Tsuru-ran**, **Hoshitsuru-ran**.
P: **TI**. Ishigaki-jima, Banna-dake. 20 July 1993. Coll. & cult.: K. Kanda & Y. Hanei.
F: **TNS**(s).Yaku-shima, Funayuki. 27 July 1991. Coll.: K. Kanda & Y. Hanei. *Calanthe hoshii* S. Kobayashi: **TNS**(s). Lip: Bonin, Haha-jima. Cult. In Botanical Garden of Tokyo Univ. 17 Aug. 1992.
Terrestrial. Flowers white. Lip with yellow to white calli.
Distribution: Okinawa Isl. Iriomote, Yonaguni, Amami-Oshima, Tanegashima.
Habitat: In shady place in mountain forests and grasslands.

54. **Phaius** Lour.

54-01. **Phaius flavus** (Blume) Lindl.
ガンゼキラン，ホシケイラン

地生．花は黄色で唇弁に橙色の斑紋．

植物体：栽培．八丈島産．1993 年 3 月 3 日．

花：**TNS**（液浸）．屋久島樋之口．1993 年 5 月 22 日．採集者：神田淳・羽根井良江．

分布：本州南部，四国，九州，琉球列島の一部，八丈島．常緑広葉樹林の林床．

Note: ホシケイランは葉に黄白色の斑紋のある個体を示す．

Japanese name: **Ganzeki-ran**, **Hoshikei-ran**.
P: cult. Hachjojima. 3 March 1993.
F: **TNS**(s). Yakushima, Hinokuchi. 22 May 1993. Coll.: K. Kanada & Y. Hanei.
Terrestrial. Flowers yellow, lip blade with red marking.
Distribution: Southern Honshu, Shikoku, Kyushu, Ryukyu, Hachijo-jima. Forest beds of evergreen forests.
Note: Hoshikei-ran: whitish yellow dots on leaves.

54-02. **Phaius mishmensis** (Lindl. et Paxt.) Rchb. f.
ヒメカクラン

地生．花は淡紅紫色．唇弁に濃紅色の斑点．

植物体：（栽培）・花：**TNS**（液浸）．石垣島於茂登産．1992 年 10 月 11 日．採集者：神田淳・羽根井良江．

分布：沖縄本島．石垣島．雑木林の斜面に群生．

Japanese name: **Hime-kaku-ran**.
P: cult & F: **TNS**(s). Ishigaki-jima, Omoto. 21 Oct. 1992. Coll.: K. Kanda & Y. Hanei.
Terrestrial. Flowers pale rose, dark rose dots on lip blade.
Distribution: Okinawa Isl., Ishigaki-jima.
Habitat: Forest's slope.

54-03. **Phaius tankervilleae** (Banks ex L'Her.) Blume
カクラン，カクチョウラン

地生．萼片と花弁は橙から黄土色で内側は赤褐色．唇弁は黄色で基部寄り半分は紅色．

植物体：（栽培）・花：**TNS**（液浸）．西表島産．2000 年 5 月 9 日．採集・栽培者：神田淳・羽根井良江．
分布：琉球列島の八重山諸島．

    Japanese name: **Kaku-ran**, **Kakucho-ran**.
P: cult. & F: **TNS**(s). Iriomote. 9 March 2000. Coll. & cult.: K. Kanda & Y. Hanei.
    Terrestrial. Sepals and petals rose to dark reddish brown with dull yellow edges, lip yellowish and half to base of lip rose.
Distribution: Ryukyu Archip.
Habitat: In sunny mountain forests and plains.

55. Acanthephippium Blume

55-01.   **Acanthephippium pictum** Fukuy.
Syn.: *Acanthephippium sylhetense* Lindl. var. *pictum* (Fukuy.) T. Hashim.
    エンレイショウキラン
    地生．花は黄色で縁にかけて濃紅色を呈す．
植物体：不明・花：**TNS**（液浸）．西表島白浜．1993 年 7 月 21 日．採集者：神田淳・羽根井良江．
分布：沖縄本島，石垣島，西表島，与那国島．山地に自生．

    Japanese name: **Enrei-syoki-ran**.
P: missing & F: **TNS**(s). Iriomote-jima, Shirahama. 21 July 1993. Coll.: K. Kanda & Y. Hanei.
    Terrestrial, caespitose. Scape violet. Flowers yellow with dark purple tips.
Distribution: Okinawa Isl., Ishigaki, Iriomote, Yonaguni Isl.
Habitat: In the mountain, shady locations.

55-02.   **Acanthephippium striatum** Lindl.
Syn.: *Acanthephippium unguiculatum* (Hayata) Fukuy.
    タイワンアオイラン
    地生．花は白で萼片と花弁に紫色の脈あり．唇弁，蕊柱に紅褐色の斑紋あり．
植物体：**TI**・花：**TNS**（液浸）．屋久島屋久町高平．1993 年 5 月 23 日．採集者：神田淳・羽根井良江．
分布：屋久島低山の常緑広葉樹林，林床に自生．

    Japanese name: **Taiwan-aoi-ran**.
P: **TI** & F: **TNS**(s). Yakushima, Yaku-cho. 23 May 1993. Coll.: K. Kanada & Y. Hanei.
    Terrestrial, caespitose. Flowers yellow with purplish venations on sepals and petals, lip with brownish red marking on mid-lobe lateral edges.
Distribution: Yakushima.
Habitat: Shady, moist locations.

55-03.   **Acanthephippium sylhetense** Lindl.
Syn.: *Acanthephippium yamamotoi* Hayata
    タイワンショウキラン
    地生．花茎は暗紫色．花は黄がかった白から黄色，唇中裂片黄色で基部は紫または紅紫色の斑紋あり．
植物体：**RYU**．沖縄本島諸志．1999 年 2 月 5 日．採集者：横田昌嗣．
花：不明（液浸）．沖縄本島今帰仁．1992 年 5 月 31 日．採集者：神田淳・羽根井良江．
分布：屋久島，沖縄本島．常緑広葉樹，針葉樹林，竹林内の半日陰の場所に自生．

    Japanese name: **Taiwan-syoki-ran**.
P: **RYU**. Okinawa Isl. Shosi. 5 Feb. 1999. Coll.: M. Yokota.
F: missing(s). Okinawa Isl., Nakijin. 31 May 1992. Coll.: K. Kanda & Y. Hanei.
    Terrestrial. Inflorescence dark purple. Flowers yellowish white to yellow, lip yellow with purple to reddish-purple blotches on base.
Distribution: Yaku-shima, Okinawa Isl.

Habitat: Shady and moist forest beds.

56. Cephalantheropsis Guillaumin

56-01. **Cephalantheropsis gracilis** (Lindl.) S. Y. Hu
Syn.: *Calanthe venusta* Schltr.
Calanthe gracilis Lindl.
トクサラン
地生．萼片と花弁は黄色．唇弁は白で中央裂片に黄色の斑紋．
植物体：**TI**．1932 年 12 月．同定：前川．s. n.
花：**TNS**（液浸）．石垣島オモト岳．1987 年 12 月 25 日．採集者：神田淳・羽根井良江．
分布：九州南部，琉球列島．明るい林床に自生．
Japanese name: **Tokusa-ran**.
P: **TI**. Dec. 1932. Det.: Maekawa. s. n.
F: **TNS**(s). Ishigaki-jima, Mt. Omoto. 25 Dec. 1987. Coll.: K. Kanda & Y. Hanei.
Terrestrial. Sepales and petals greenish yellow, lip whie with yellow marking on claw.
Distribution: Southern Kyushu and Ryukyu.
Habitat: In mountain forests beds.

57. Spathoglottis Blume

57-01. **Spathoglottis plicata** Blume
コウトウシラン
地生．2 m もの草丈あり．花は淡紅紫〜濃紅紫色．白花あり．唇弁の基部の隆起は黄色．
植物体：**TI**・花：**TNS**(s)．西表島横断道路．1992 年 6 月 3 日．採集者：神田淳・羽根井良江．
分布：石垣島，西表島など琉球列島の八重山諸島の草原に自生．
Japanese name: **Koto-shi-ran**.
P: **TI** & F: **TNS**(s). Iriomote-jima. 3 June 1992. Coll.: K. Kanada & Y. Hanei.
Terrestrial. Up to 2 m tall. Flowers pale pink to reddish purple. Keels of lip base yellow.
Distribution: Yaeyama Isls. of Ryukyu.
Habitat: In open fields.

58. Eria Lindl.

58-01. **Eria corneri** Rchb.f.
オオオサラン
着生．花は淡黄緑色で唇弁の隆起は紫色．
植物体：（栽培）・花：**TNS**（液浸）．石垣島おもと産．1996 年 7 月 17 日花固定．採集・栽培：神田淳・羽根井良江．
分布：屋久島，種子島，奄美大島，沖縄本島，石垣島．湿地の岩上または樹幹の基部に着生．
Japanese name: **Oh-osa-ran**.
P: cult. & F: **TNS**(s). Ishigaki-jima Omoto. 17 July 1996. Coll. & cult.: K. Kanada & Y. Hanei.
Epiphytic and lithophytic. Flowers pale yellowish green.
Distribution: Yaku-shima, Tanegashima, Amami-ohshima, Okinawa Isl. Ishigaki-jima.
Habitat: On tree trunks and rocks in shady location.

58-02. Eria ovata Lindl.

リュウキュウセッコク

着生．花は淡黄色．唇弁は白で基部は紫褐色を帯びる．

植物体：（栽培）・花：**TNS**（液浸）．西表島産．1995 年 10 月 16 日花固定．採集・栽培：神田淳・羽根井良江．

分布：久米島，西表島，石垣島，奄美大島．常緑広葉樹林の樹幹に着生．

Japanese name: **Ryukyu-sekkoku**.

P: cult. & F: **TNS**(s). Iriomote-jima. 16 Oct. 1995. Coll. & cult.: K. Kanda & Y. Hanei.

Epiphytic. Flowers cream white, lip white, with purplish brown base.

Distribution: Kume-jima, Iriomote-jima, Ishigaki-jima, Amami-ohshima.

Habitat: On the tree trunks of evergreen broad leaf forest.

58-03. Eria reptans (Franch. et Savat.) Makino

オサラン

着生．花は白，唇弁は黄色，中央裂片に赤褐色の隆起あり．

植物体：**TNS**．（栽培）九州産．1994 年 6 月 20 日固定．

花：**TNS**（液浸）．屋久島産．1993 年 9 月 6 日固定．栽培：東京山草会．

分布：本州，四国，屋久島，奄美大島．山地の岩上や樹上に着生．

Japanese name: **Osa-ran**.

P: **TNS**(s). cult. Kyushu. 20 June 1994.

F: **TNS**(s). Yakushima. 6 Sept. 1993. Coll. & cult.: AGST.

Epiphytic, or lithophytic. Flowers white, lip mid-lobe golden yellow with reddish purple keels.

Distribution: Honshu, Shikoku, Yaku-shima, Amami-ohshima.

Habitat: On trees and rocks in mountain forest.

59. Oberonia Lindl.

59-01. Oberonia japonica (Maxim.) Makino

ヨウラクラン，オオバノヨウラクラン

着生．花序は下垂する．花は緑褐色から赤褐色まで変異あり．

植物体と花：**TNS**（液浸）．屋久島花揚川．1995 年 7 月 29 日．採集者：井上健．

分布：関東以西本州，四国，九州，屋久島，沖縄本島，久米島，小笠原．山中の岩上や樹上に着生．

Note：オオバノヨウラクランと呼ばれる個体とヨウラクランの間に，葉先端が尖る，葉先が丸い，また葉のサイズ，花の形態など，それぞれの特徴が混在．

Japanese name: **Youraku-ran**, **Ohbano-youraku-ran**.

P & F: **TNS**(s). Yakushima. 29 July 1995. Coll.: K. Inoue.

Epiphytic. Inflorescence verticulate. Flowers greenish brown to reddish brown.

Distribution: Honshu (From Kanto to South and East erea), Shikoku, Kyushu, (including Yaku-shima), Ryukyu Isls.

Habitat: On trees and rocks in mountain forest.

60. Malaxis Soland.

60-01. Malaxis bancanoides Ames

イリオモテヒメラン

地生．花色は黄色，黄褐色から淡緑色まで変化あり．

植物体：栽培．西表島おもと岳 1997 年 4 月 5 日．採集者：河内正夫．

花：**TNS**（液浸）．西表島白浜．1993 年 10 月 20 日．採集者：横山．

分布：西表島，石垣島，与那国島．
  Japanese name: **Iriomote-hime-ran**.
P: cult. Iriomote-jima Omoto-dake. 5 April 1997. Coll.: M. Kawachi.
F: **TNS**(s). Iriomote-jima Shirahama. 20 Oct. 1993. Coll.: Yokoyama.
  Terresrial. Flower variable in color, yellow, orange, to pale green.
Distribution: Iriomote-jima, Ishigaki-jima, Yonaguni-jima.
Habitat: In evergreen broad leaf forest beds.

60-02.　**Malaxis boninensis** (Koidz.) Satomi

シマホザキラン

地生．花は淡緑色，唇弁は緑色．

植物体：**TI**．小笠原父島．1913 年．採集者：S. 西村．TI 6503．

花：**TNS**（液浸）．小笠原父島産．1979 年 10 月 7 日．採集者：小林純子．TI 6503．

分布：小笠原父島．亜熱帯の林床に自生．
  Japanese name: **Shima-hozaki-ran**.
P: **TI**. Bonin Isls. Chichi-jima. 1913.　Coll.: S. Nishimura. TI 6503.
F: **TNS**(s). Bonin Isls. Chichi-jima. 7 Oct. 1979. Coll.: S. Kobayashi.
  Sepals and petals pale green, lip green.
Distribution: Bonin Isls. Chichi-jima.
Habitat: In sub-tropical forest beds.

60-03.　**Malaxis hahajimensis**

Syn.: *Malaxis acuminata* D. Don var. *hahajimensis* (S. Kobayashi) Hashimoto

ハハジマホザキラン

地生．萼片と花弁は淡緑色，唇弁は紫色．

植物体：**TI**．小笠原母島乳房山．1969 年．Leg.: T. 山崎．

花：**TNS**（液浸）．小笠原母島．1977 年 7 月 30 日．Leg.: 井上健．

分布：小笠原 母島．亜熱帯の林床に自生．
  Japanese name: **Haha-jima-hozaki-ran**.
P: **TI**. Bonin Isls. Haha-jima Chibusa-yama. 1969. Leg.: T. Yamazaki.
F: **TNS**(s). Bonin Isls. Haha-jima. 30 July 1977. Leg.: K. Inoue.
  Terrestrial. Sepals and petals pale green, lip purple.
Distribution: Bonin Isls., Haha-jima.
Habitat: In sub-tropical forest beds.

60-04.　**Malaxis kandae**

カンダヒメラン

地生．花は黄褐色から紫を帯びた緑色まで変化あり．

植物体と花：**RYU**．沖縄市池原．1998 年 8 月 7 日．採集者：平岩篤．

分布：沖縄本島，石垣島．亜熱帯の湿地に自生．
  Japanese name: **Kanda-hime-ran**.
P & F: **RYU**. Okinawa-shi. Ikehara. 7 Aug. 1998. Coll.: A. Hiraiwa.
  Terrestrial. Flowers orange to purplish green.
Distribution: Okinawa Isl. Ishigaki-jima.
Habitat: In sub-tropical marsh.

60-05. **Malaxis latifolia** J. E. Smith

ホザキヒメラン，ヤエヤマヒメラン

地生．花は緑色から紅紫色まで変化あり．

植物体：（栽培）西表島浦内川産．1992 年 8 月 7 日．採集・栽培：神田淳・羽根井良江．

花：**TNS**（液浸）．西表島浦内川．唇弁 b・c；沖縄本島．1997 年 9 月 15 日．採集者：神田淳・羽根井良江．

分布：石垣島，西表島．亜熱帯の常緑広葉樹林林床に自生．

Japanese name: **Hozaki-hime-ran, Yaeyama-hime-ran**.

P: cult. Iriomote-jima Urauchi-gawa. 7 Aug. 1992. Coll. & cult.: K. Kanda & Y. Hanei.

F: **TNS**(s). Iriomote-jima Urauchigawa. 15 Sept. 1997. Lip b & c; Okinawa Isl., Coll.: K. Kanda & Y. Hanei.
Terrestrial. Flowers greenish to reddish purple.

Distribution: Ishigaki-jima, Iriomote-jima.

Habitat: In sub-tropical evergreen broad leaf forest beds.

60-06. **Malaxis monophyllos** (L.) Sw.

ホザキイチヨウラン

地生．花は緑色．

植物体：**SHIN**．三伏峠．1994 年 7 月 18 日．採集者：井上健．

花：**SHIN**（液浸）& **TNS**（液浸）．長野県大鹿村．唇弁 a：三伏峠．1994 年 8 月 1 日．採集者：井上健．

分布：北海道，本州北部と中部，四国．暗い林床や湿原に自生．

Japanese name: **Hozaki-ichiyou-ran**.

P: **SHIN**. Sanpuku-toge. 18 July 1994. Coll.: K. Inoue.

F: **SHIN**(s) & **TNS**(s). Nagano Pref. Ohshika-mura. 1 Aug. 1994. Coll.: K. Inoue. Lip-a; Sanpuku-toge.
Terrestrial. Flowers green.

Distribution: Hokkaido, Northern & Central Honshu, Shikoku.

Habitat: In shady forest beds and in damp grasslands.

60-07. **Malaxis paludosa** (L.) Sw.

ヤチラン

地生．花は淡緑色．

植物体：**TI**．上野，尾瀬沼．1946 年 7 月 22 日．Leg.：古瀬義．

花：**TNS**（液浸）．青森県．1992 年 8 月 16 日．採集者：沼田俊三．

分布：北海道，本州北部から中部．

Japanese name: **Yachi-ran**.

P: **TI**. Gunma Pref. Oze-numa. 22 July 1946. Coll.: M. Furuse.

F: **TNS**(s). Aomori Pref. 16 Aug. 1992. Coll.: T. Numata.
Terrestrial. Flowers pale green.

Distribution: Hokkaido, N. & C. Honshu.

60-08. **Malaxis purprea** (Lindl.) Kuntze

Syn.: *Malaxis matsudai* (yamamoto) Hatsusima ex Nakajima var. *pratensis* Hashimoto

オキナワヒメラン

地生．花序は緑色から緑を帯びた紅色，花軸は紅色を帯びた緑色，花は緑色から赤紫まで変化あり．蕊柱は黄色．

植物体：栽培．沖縄本島産．1993 年 7 月 18 日．採集者：神田淳・羽根井良江．

花：**TNS**（液浸）．沖縄本島産．1993 年 7 月 18 日．採集者：神田淳・羽根井良江．

分布：沖縄本島．草地に自生．

Japanese name: **Okinawa-hime-ran**.

P: cult. Okinawa Isl. 18 July 1993. Coll.: K. Kanda & Y. Hanei.

F: **TNS**(s). Okinawa Isl. 18 July 1993. Coll.: K. Kanda & Y. Hanei.
  Terrestrila. Inflorescence reddish green. Flowers green to reddish purple, column yellow.
Distribution: Okinawa Isl.
Habitat: In grasslands.

61. **Liparis** L. C. Richard

61-01. **Liparis auriculata** Blume ex Miq. var. **auriculata**

Syn.: *Liparis yakushimensis* Masamune

ギボウシラン

地生．花序は暗緑褐色．萼片は淡緑色，花弁は緑に紫を帯びる，唇弁は淡緑色で蕊柱は紫を帯びた緑色，葯帽は淡緑色．

植物体：**TI**. holo. 屋久島．1927年7月24日．採集者：G. 正宗．花序：**TI**. 筑前早良郡産．1939年7月16日．採集・栽培者：中島一男．No.1886.

花：（液浸）．高知県本川村．採集・栽培者：河内正夫．

分布：本州，四国，九州．常緑広葉樹林内湿度のある林床．

Japanese name: **Giboushi-ran**.

P: **TI**. holo. Yakushima. 24 July 1927. Coll.: K. Nakajima. Inflorescence: **TI**. Patri. Chikuzen, Soura-gun. 16 July 1939. Coll. & cult.: K. Nakajima. No. 1886.

F: **TNS**(s). Kohchi Pref. Honkawa-mura. Coll.: M. Kawachi.
  Terrestrial. Inflorescence dark greenish brown. Sepals pale green, petals greenish purple, lip pale green, column purplish green, anther cap pale green.
Distribution: Honshu, Shikoku, Kyushu.
Habitat: In evergreen broad leaved, moist forest beds.

61-02. **Liparis auriculata** Bl. var. **hostaefolia** Koidz.

Syn.: *Liparis hostaefolia* (Koidz.) Tuyama

シマクモキリソウ

地生．花は暗紫色．

植物体と花：**TI**. 小笠原父島，武田牧場．1938年3月1日．Leg.: 津山尚．No. 6457.

分布：小笠原 父島．亜熱帯の林床に自生．

Japanese name: **Sima-kumokiri-so**.

P & F: **TI**. Bonin Isls, Chichi-jima, Takeda farm. 1 Mar. 1938. Leg.: H. Tsuyama. No. 6457.
  Terrestrial. Flowers dark purple.
Distribution: Bonin Isls. Endemic.
Habitat: In the sub-tropical forest beds.

61-03. **Liparis bituberculata** (Hook) Lindl. var. **formosana** Rchb. f.

Syn.: *Liparis hachijoensis* Nakai

  Liparis formosana Reichb. f. var. *hachijoensis* (Nakai) Ohwi

ユウコクラン，シマササバラン

地生または着生．葉は緑色で，紫色の脈が入る個体あり．苞は紫を帯び，背萼片は緑色から紫褐色，側萼片は紫または緑色を帯びた白，花弁は紫を帯びた緑色，唇弁は暗赤紫色で縁は緑色．蕊柱は淡緑色に紫色の長い翼がある．葯帽は赤紫色．

植物体：（栽培）・花：**TNS**（液浸）．屋久島樋之口産．1978年5月23日固定．採集者：神田淳・羽根井良江．

分布：九州，琉球列島，伊豆七島．

Japanese name: **Yukoku-ran**, **Shima-sasaba-ran**.

P: cult. & F: **TNS**(s). Yaku-shima, Toinokuchi. 23 May. 1978. Coll. & cult.: K. Kanda & Y. Hanei.
  Terrestrial or lithophitic. Leaves green sometimes with purplish veins. Floral bracts purplish. Dorsal sepal brownish purple, lateral sepals purplish to whitish green, petals pale green to purplish green, lip dark reddish purple and greenish margin, column pale green with purplish long deltoid wings, anther cap reddish purple.
Distribution: Kyushu, Ryukyu Isls. Izu Isls.

61-04. **Liparis bootanensis** Griff.

Syn.: *Liparis plicata* Franch. et Sav.

チケイラン

着生．花は淡黄緑色，蕊柱は白．

植物体：不明・花：**TNS**（液浸）．石垣島オモト岳産．1992年9月25日花固定．採集・栽培者：神田淳・羽根井良江．

分布：四国，九州，琉球列島．樹幹や岩に着生．

Japanese name: **Chikei-ran**.

P: missing & F: **TNS**(s). Ishigaki-jima, Omoto-dake. 25 Sept. 1992. Coll. & cult.: K. Kanda & Y. Hanei.
  Plant epiphytic. Flowers pale greenish yellow, column white.
Distribution: Shikoku, Kyushu, Ryukyu Isls.
Habitat: On the tree trunks and rocks.

61-05. **Liparis elliptica** Wight

コゴメキノエラン

着生．花序は下垂する．花は淡緑色．

植物体：**SHIN**．奄美大島湯湾岳．1997年1月16日．採集者：山下弘・井上健．No. 97008．SHIN 0184358．

花：**TNS**（液浸）．奄美大島湯湾岳．1997年1月16日．採集者：山下弘・井上健．

分布：鹿児島県島嶼．暖温帯の常緑樹林樹上に着生．

Japanese name: **Kogome-kinoe-ran**.

P: **SHIN**. Amami-ohshima Yuwan-dake. 16 Jan. 1997. Coll.: H. Yamashita, K. Inoue. No. 97008. SHIN 0184356.

F: **TNS**(s). Amami-ohshima Yuwan-dake. 16 Jan. 1997. Coll.: H. Yamashita, K. Inoue.
  Epiphytic. Flowers pale yellow.
Distribution: Yaku-shima, Amami-Ohshima.
Habitat: On the tree trunks in sub-tropical region.

61-06. **Liparis japonica** (Miq.) Maxim.

Syn.: *Liparis lilifolia* var. *japonica*

セイタカスズムシ

地生．花柄子房は紅紫色，萼片は紫を帯びた緑色，花弁は紅紫色，唇弁は淡緑紫で暗紫の脈あり，基部は緑色，蕊柱は淡緑色で基部は紅紫色，葯帽は緑色．

植物体：**TI**．駿河．1954年7月8日．採集者：松田．

花序：**TI**．甲州忍野．1980年7月5日．採集者：J. 佐藤．

花：**TNS**（液浸）．秋田県田沢湖産．1992年固定．栽培者：東京山草会．

分布：北海道から九州まで．冷温帯の林床に自生．

Japanese name: **Seitaka-suzumushi**.

P: **TI**. Prov. Suruga. 8 July 1954. Coll.: Matsuda.

Inflorescence: **TI**. Prov. Koshu (Yamanashi Pref.) Oshino. 5 July 1980. Coll.: J. Sato

F: **TNS**(s). Akita Pref. 1992. Coll. & cult.: AGST.
  Terrestrial. Pedicellate-ovary, sepals & petals greenish purple, lip blade pale greenish purple with dark purple venation, base greenish, column pale green, base reddish purple, anther cap green.
Distribution: Hokkaido to Kyushu.
Habitat: In cool-temperate region forests beds.

61-07.　**Liparis koreana** var. **honshuensis** K. Inoue
クロクモキリ

地生または着生．花は濃紫褐色から淡緑色．

植物体と花：**SHIN**．長野県南信濃村．1999 年 7 月 10 日．

分布：本州中部．冷温帯の林床や岩上に生育．

Japanese name: **Kuro-kumokiri**.
P & F: **SHIN**. Nagano Pref. Minami-shinano-mura. 10 July 1999.
Terrestrial & epiphytic. Flower dark brownish purple to pale green.
Distribution: Central Honshu.
Habitat: In cool region, forest beds and on the rocks.

61-08.　**Liparis koreojaponica** Tsutsumi, T. Yukawa. N. S. Lee & M. Kato
オオフガクスズムシ

地生または着生．萼片は紫緑色，花弁は紫を帯び，唇弁は緑を帯びた紫色，蕊柱は淡緑色．

植物体：**TNS**．holo．北海道旭川．2007 年 7 月 9 日．採集者：C. 堤・K. 渡辺・H. 本郷．No. CT111．

花：**TNS**．北海道紋別郡網走．2003 年 7 月 9 日．採集者：堤，渡辺，本郷．No. L 4．

分布：北海道．コケむした岩上や倒木に着生．

Japanese name: **Ohfugaku-suzumushi**.
P: **TNS**. holo. Hokkaido Asahikawa Kamui-cho. 9 July 2007. Coll.: C. Tsutsumi, K. Watanabe & H. Hongo. No. CT 111.
F: **TNS**. Hokkaido, Abashiri. 8 July 2003. Coll.: C. Tsustumi, K. Watanabe & H. Hongo. No. L 4.
Terrestrial, epiphytic, or lithopyitic. Sepals purplish green, petals purplish, lip greenish purple, column pale green.
Distribution: Hokkaido.
Habitat: On the mossy rocks or fallen tree trunks in forests.

61-09.　**Liparis krameri** Franch. et Savat. var. **kurameri**
Syn.: *Liparis krameri* var. *Shicitoana* Ohwi

ジガバチソウ

地生または着生．葉に網目状の溝がある．萼片と花弁は緑に紫を帯びる．唇弁は黄緑色に紫の脈あり，蕊柱は淡緑色，葯帽は黄色．

植物体：**TI**．土佐，吾川郡名野川村．1888 年 5 月 24 日．採集者：K. Watanabe

花：**TNS**（液浸）．栽培．青森県産．1992 年 7 月 1 日固定．採集者：沼田俊三．

分布：北海道中部，本州，四国，九州．岩上に着生または林床に自生．

Japanese name: **Jigabachi-so**.
P: **TI**. Prov. Tosa, Agawa-gun, Nano-mura. 24 May 1888. Coll.: K. Watanabe
F: **TNS**(s). cult. Aomori Pref. 1 July 1992. Coll. & cult.: T. Numata.
Terrestrial or lithophytic. Leaf blade with obliquely grooved webbing. Sepals and petals purplish green, lip yellowish green with purple striation, column pale green, anther cap yellow.
Distribution: Central Hokkaido, Honshu, Shikoku, Kyushu.
Habitat: On the rocks or in the forest beds.

61-10.　**Liparis krameri** Franch. et Savat. var. **nipponica** (Nakai) K. Inoue
Syn.: *Liparis nikoensis*

ヒメスズムシソウ

地生．萼片は黄緑色，花弁は黄色，唇弁は暗紫色．

植物体：**SHIN**．東館山植物園植栽．岩管山産．1987 年 7 月 8 日．採集者：春原弘．SHIN 0151234．

花：**TNS**（液浸）．東館山植栽．1994 年 7 月 4 日固定．

分布：本州（栃木県と長野県）．冷地の湿地に自生．

Japanese name: **Hime-suzumushi-so**.
P: **SHIN**. Mt. Iwasuga. 8 July 1987. Coll.: H. Haruhara. Cult. In Higashi-tateyama B. Garden. SHIN 0151234.
F: **TNS**(s). Higashi-tateyama B. Garden. 4 July 1994.
   Terrestrial, very small. Sepals yellowish green, petals yellow, lip dark purple.
Distribution: Honshu (Tochigi & Nagano Pref.). Endemic as a variety.
Habitat: In damp ground of cool temperate region.

61-11. **Liparis kumokiri** F. Maek.

クモキリソウ

地生．萼片は淡紫緑，花弁は淡緑色，唇弁は淡黄緑色，蕊柱と葯帽は緑色．

植物体：**TI**. holo. 筑波山．1895 年 6 月 13 日．Leg.: C. Owatari.

花：**TNS**（液浸）．山梨県梨が原．1984 年 7 月 14 日．採集者：神田淳・羽根井良江．

分布：本州，四国，九州，琉球列島北部．低山，落葉樹林の林床に自生．

Japanese name: **Kumokiri-so**.
P: **TI**. holo. Hondo, Prov. Hitachi, Mt. Tsukuba. 13 June 1895. Leg.: C. Owatari. Det.: Maekawa 1935.
F: **TNS**(s). Yamanashi Pref., Nashigahara. 14 July 1984. Coll.: K. Kanda & Y. Hanei.
   Plant terrestrial. Sepals pale purplish green, petals pale green, lip pale yellowish green, column and anther cap green.
Distribution: Honshu, Shikoku, Kyushu, Northern Ryukyu Isls.
Habitat: In deciduous forest beds of low mountain.

61-12. **Liparis makinoana** Schltr. var. **makinoana**

Syn.: *Liparis lilifolia* (L.)L. C. Rich. ex Lindl. var. *lilifolia*

スズムシソウ

地生．苞は淡緑色，花柄子房は紅紫色，萼片は緑紫で花弁は淡紫色，唇弁は淡紫色に紅紫色の中脈あり．蕊柱と葯は緑色．

植物体：**TI**. 静岡県駿東郡須走村．1931 年 5 月 30 日．Herb. Kokiti Segawa. s. n.

花：**TNS**（液浸）．静岡県御殿場市産．1992 年固定．栽培者：東京山草会．

分布：北海道から九州まで．冷涼な地域の林床に自生．

Japanese name: **Suzumushi-so**.
P: **TI**. Shizuoka Pref. Suntou-gun, Subashiri-mura. 30 May 1931. Herb. Kokiti Segawa.
F: **TNS**(s). Shizuoka Pref. Gotenba-shi. 1992. Cult.: AGST.
   Terrestrial. Floral bracts pale green, pedicellate ovary reddish purple, sepals purplish green, petals pale purple, lip pale purple with reddish purple striation, column and anther cap green.
Distribution: Hokkaido, Honshu, Shikoku, Kyushu.
Habitat: In forest beds of cool-temperate regions.

61-13. **Liparis makinoana** Schltr. var. **koreana** Nakai

Syn.: *Liparis fujisanensis* (F. Maek. ex F. Konta et S. Matsumoto) K. Inoue

フガクスズムシ，コウライスズムシ

着生．萼片は紫褐色から緑色まで，花弁はより淡色，唇弁はより濃い紫褐色，蕊柱と葯帽は緑色．

植物体：**TI**. 駿河愛鷹山塊越前岳－呼子岳．1995 年 7 月 17 日．採集者：金井弘夫．No. 7450

花：**TNS**（液浸）．岐阜県白川村．1992 年 6 月 30 日．採集者：小田倉．

分布：北海道，本州，四国，九州．冷温帯のコケむした樹上に着生．

Japanese name: **Fugaku-suzumushi**, **Kourai-suzumushi**.
P: **TI**. Prov. Suruga, Mt. Atago, in the pass Echizenn-dake to Yobuko-dake. 17 July 1955. Coll.: H. Kanai. No. 7450.
F: **TNS**(s). Gifu Pref. Shirakawa-mura. 30 June 1992. Coll.: Odakura.
   Epiphytic. Sepals brownish purple to green, petals paler, lip darker brownish purple, column and anther cap yellowish green.
Distribution: Honshu, Shikoku, Kyushu.

Habitat: On mossy tree trunks in forest of cool-temperate region.

61-14.　**Liparis nervosa** (Thunb.) Lindl.

コクラン

地生または着生．花柄は黄緑色，萼片と花弁は緑色，または紫を帯びる．唇弁は黄緑色で先端にかけて暗紫色を帯びる．蕊柱と葯帽は黄緑色．

植物体：（栽培）・花：**TNS**（液浸）．西表島浦内川産．1990年4月29日花固定．採集・栽培：神田淳・羽根井良江．

分布：本州，四国，九州（屋久島，種子島を含む），琉球列島．温帯〜亜熱帯の常緑樹林の林床や岩上に自生．

　　Japanese name: **Koku-ran**.

P: cult. Iriomote-jima, Urauchi river. 29 Apr. 1990. Coll. & cult: K. Kanda & Y. Hanei.

F: **TNS**(s). Iriomote-jima, Urauchi river. 29 Apr. 1990. Coll. & cult: K. Kanda & Y. Hanei.

　　Terrestrial or lithophytic. Pedicellate ovary yellowish green, sepals and petals greenish purple to green, lip blade yellowish green, deep purple towards apex, column and anther cap greenish yellow.

Distribution: Honshu, Shikoku, Kyushu (including Yaku-shima, Tanegashima), Ryukyu Isls.

Habitat: In evergreen forest beds or on the rocks of temperate to sub-tropical regions.

61-15.　**Liparis odorata** (Willd.) Lindl.

ササバラン

地生．花序は赤みがかった黄色から紫を帯びた緑色まで変化あり．苞は紫緑で花柄は黄緑色．萼片は緑褐色で花弁は淡紫色．唇弁は赤緑，蕊柱と葯帽は黄緑色．

植物体：**TI**．屋久島．1924年8月8日．Leg.: 正宗嚴敬．Det.: 井上健．

花：**TNS**（液浸）．高知県筆山．1992年7月5日．採集者：寺峰孜．

分布：四国，九州，琉球列島．暖地，亜熱帯の草地に自生．

　　Japanese name: **Sasaba-ran**.

P: **TI**. Yaku-shima. 8 Aug. 1924. Leg.: Masamune. Det.: K. Inoue.

F: **TNS**(s). Kohchi Pref. Mt. Fudeyama. 5 July 1992. Coll.: Teramine

　　Terrestrial. Inflorescence reddish yellow to greenish purple. Floral bracts greenish purple. Pedicellate ovary yellowish green. Sepals brownish green, petals pale purple, lip reddish green, column and anther cap greenish yellow.

Distribution: Shikoku, Kyushu, Ryukyu Isls.

Habitat: In the grasslands of temperate to sub-tropical regions.

61-16.　**Liparis purpureovittata** C. Tsutsumi, T. Yukawa & M. Kato

シテンクモキリ，チクマクモキリ，ナンブクモキリ

地生．萼片は緑褐色，花弁は茶緑色，唇弁は淡茶緑に紫色の脈と基部に暗紫色の斑紋あり．蕊柱は淡緑色，葯帽は緑色．

植物体と花：**TNS**. holo. 新潟県南魚沼郡．2006年7月17日．採集者：C. 堤・T. 久原・M. 佐藤．No. CT1089.

分布：北海道と本州中部．

　　Japanese name: **Shiten-kumokiri, Chikuma-kumokiri, Nanbu-kumokiri**

P & F: **TNS**. holo. Niigata Pref., Minami-Uonuma-gun. 17 July 2006. Coll.: C. Tsutsumi, T. Kuhara, M. Sato. No. CT1089.

　　Terrestrial. Sepals greenish purple, petals brownish purple, lip pale brownish green with purple veins, dark purple blotch on base, column pale green, anther cap green.

Distribution: Hokkaido, Central Honshu.

61-17.　**Liparis truncata** F. Maekawa ex T. Hashimoto

クモイジガバチ

着生．花は淡緑色に紅紫色の脈が入る．蕊柱は淡緑色，葯帽は黄緑．

植物体：**TNS**. type. 和歌山県果無山産．1986年6月4日固定．栽培者：M. Hashizume. 採集者：T. 橋本．No. 9504155.

花：**TNS**（液浸）．岐阜県白川村．1992 年 6 月 30 日．採集者：小田倉．

分布：本州（岐阜県と長野県）．亜高山帯や冷地の古い樹幹に着生．

    Japanese name: **Kumoi-jigabachi**.

P: **TNS**. type. Wakayama Pref. Hatenashi Mts. 4 June 1986. Coll.: T. Hashimoto. No. 9504155. Cult.: M. Hasizume.

F: **TNS**(s). Gifu Pref., Shirakawa-mura. 30 June 1992. Coll.: Odakura.

    Plant epiphytic. Flowers pale green with reddish striation, column pale green, anther cap yellowish.

Distribution: Honshu (Gifu and Nagano Pref.).

Habitat: On the old tree trunks in sub-alpine and cool temperate region.

61-18.   **Liparis** sp.

    アキタスズムシ

    地生．花は濃い紫褐色から淡緑色．唇弁は淡紅紫に濃紅の脈．

P: **SHIN**??. 秋田県男鹿半島．1997 年 6 月 22 日．採集者：Y. 工藤．

F: **TNS**（液浸）．秋田県田沢湖町．栽培：三橋．

分布：秋田県．

    Japanese name: **Akita-suzumushi**.

P: **SHIN**??. Akita Pref., Oga Pen. Kenashi-yama. 22 June 1997. Coll.: Y. Kudo.

F: **TNS**(s). Akita Pref. Tazawako-machi. Cult.: Mitsuhashi.

    Terrestrial. Flowers dark to pale brown to pale green. Lip pale purple with reddish venation.

Distribution: Honshu (Akita Pref.).

62. **Cymbidium** Sw.

62-01.   **Cymbidium dayanum** Rchb. f. var. **austro-japonicum** Tuyama

    ヘツカラン，カンポウラン

    着生．花は白で萼片と花弁に紅紫の中脈．唇弁は白に紅紫色の縁，または全体が紅紫色に明るい色の脈．

P: **TI**. 鹿児島県種子島，古田．1953 年 10 月 25 日．採集者：佐々木舜一 他．

F: **TNS**（液浸）．鹿児島県佐多町産．1992 年 9 月 2 日固定．東大付属小石川植物園栽培．

分布：九州（種子島）．沖縄本島の常緑樹林内．

    Japanese name: **Hetsuka-ran**, **Kampou-ran**.

P: **TI**. Kagoshima Pref. Tanegashima. 25 Oct. 1953. Coll.: S. Sasaki.

F: **TNS**(s). Kagoshima Pref., Sata-cho. cult. in BG. of Tokyo Univ. 2 Sept. 1992.

    Epiphytic. Sepals & petals white with brownish purple mid-vein, lip white to brownish purple. Column brownish purple.

Distribution: Kyushu (Tanegashima), Okinawa Isl.

Habitat: On tall trees, in evergreen forests.

62-02.   **Cymbidium ensifolium** (L.) Sw.

    コラン，スルガラン

    地生．萼片と花弁は黄緑色で赤い脈線あり．唇弁は乳白色で赤い斑紋あり．

植物体と花：栽培．長崎県河津町矢筈山産．1998 年 10 月 9 日描．栽培者：戸田貴大．

分布：九州，奄美大島，沖縄本島．疎林内や草原に自生．

    Japanese name: **Ko-ran**, **Suruga-ran**.

P & F: cult. Nagasaki Pref. Kawazu-cho, Mt. Yahazu. 9 Oct. 1998. Cult. :T. Toda.

    Terrestrial. Sepals & petals greenish yellow with red striation, lip creamy white with red blotches.

Distribution: Kyushu, Amami-Oshima, Okinawa Isl.

Habitat: Sparse forests and grasslands.

62-03. **Cymbidium goeringii** (Rchb. f.) Rchb. f.

シュンラン

地生．花序は通常 1 花をつける．萼片と花弁は濃緑色から淡黄戻りまで変化あり，紅色の脈線，唇弁はより淡色で基部と側裂片の先端に濃紅色を呈す．

植物体：不明・花：**TNS**(液浸)．(栽培) 群馬県高崎市産．1992 年 3 月 29 日固定．栽培者：M. 中島．

Japanese name: **Shun-ran**.

P: missing & F: **TNS**(s). Gunma Pref. Takasaki-shi. 29 March 1992. Cult.: M. Nakajima.

Terrestrial. Inflorescence usually one-flowered. Sepals & petals dark green to pale greenish yellow with rose venation at base, lip whitish and with deep red blotches at base and margins of side lobes.

Distribution: Southern Hokkaido, Honshu, Shikoku, Kyushu, Okinawa Isl.

Habitat: In deciduous forest beds.

分布：北海道南部，本州，四国，九州，小笠原，沖縄本島．乾いた落葉樹林内に自生．

62-04. **Cymbidium javanicum** Blume

アキザキナギラン，オトメナギラン

地生．花は黄緑色から白まで変異あり．唇弁は白で紅紫色の斑紋あり．

植物体：**TNS**．(植栽) 沖縄本島名護市．1992 年 1 月 12 日．採集者：勝山・橋本．TBG 56040．

花：**TNS**(液浸)．沖縄本島名護市．1987 年 12 月 26 日．採集者：神田淳・羽根井良江．

分布：本州南部，九州，奄美諸島，沖縄本島．林内に自生．

Japanese name: **Akizaki-nagi-ran**, **Otome-nagi-ran**.

P: **TNS**. cult. Okinawa Isl., Nago-shi. 12 Jan.1992. Coll.: Katsuyama, Hashimoto. TBG 56040.

F: **TNS**(s). Okinawa Isl., Nago-shi. 26 Dec. 1987. Coll.: K. Kanda & Y. Hanei.

Terrestrial. Flowers greenish yellow to white, lip white with reddish purple spots.

Distribution: Southern Honshu, Kyushu, Amami-Oshima, Tokuno-shima, Okinawa Isl.

Habitat: In forests.

62-05. **Cymbidium kanran** Makino

カンラン

地生．花に芳香あり．萼片と花弁は緑色，黄緑，紅紫色など変異あり．紫色の脈筋あり，唇弁はより淡色で，側裂片と中央裂片に濃紅紫の斑紋あり．

植物体：**TI**．沖縄本島与那覇岳産栽培．1967 年 11 月．栽培者：鈴木吉五郎．

花：**TNS**(液浸)．(栽培) 沖縄本島名護市．1992 年 12 月 18 日固定．栽培者：三橋．

分布：本州，九州，琉球．明るい林床に自生．

Japanese name: **Kan-ran**.

P: **TI**. Ins. Okinawa, Yonaha-dake. Nov. 1967. Cult. by K. Suzuki.

F: **TNS**(s). cult. Kochi Pref. 18 Dec. 1992. Cult.: Mitsuhashi.

Terrestrial. Flowers fragrant. Sepals green, greenish yellow, pale purple, to white, petal commonly pale yellow with purple veins, lip pale yellow to white with deep reddish purple blotches on side lobes and dots on mid-lobe.

Distribution: Honshu, Kyushu, Ryukyu

Habitat: In spares forest beds.

62-06. **Cymbidium lancifolium** Hook.

ナギラン

地生．萼片と花弁は緑白色，花弁に紅紫の脈筋が入る．唇弁は淡色で，側裂片と中央裂片に濃紅紫の斑紋．

植物体：**TI**．相模逗子桜山．1944 年 7 月 25 日．Leg.: H. 寺本

花：**TNS**(液浸)．奄美大島三太郎峠産．1992 年 5 月 31 日固定．採集・栽培：治井正一．

分布：本州南部，四国，九州，琉球．常緑広葉樹林内に自生．

Japanese name: **Nagi-ran**.
P: **TI**. Prov. Sagami (Kanagawa Pref.) Zushi Sakurayama. 25 July 1944. Leg.: K. Teramoto.
F: **TNS**(s). Amami-Ohshima, Santaro-toge. 31 May 1992. Coll. & cult.: S. Harui.
Terrestrial. Sepals greenish white, petals pale green with purple mid-vein. Lip whitish with reddish purple blotches.
Distribution: Southern Honshu, Shikoku, Kyushu, Ryukyu.
Habitat: In ever green broad leaf forests.

62-07.　**Cymbidium macrorhizon** Lindl. var. **macrorhizon**
マヤラン
腐生植物．花は白で萼片表面に紅褐色の脈に沿った筋あり．
植物体と花：**YCM**．神奈川県逗子市二子山．1998年7月9日．採集者：山田友久．
分布：本州，四国，九州，沖縄本島．常緑広葉樹林内の湿った土壌に自生．
Japanese name: **Maya-ran**.
P & F: **YCM**. Kanagawa Pref. Zushi-shi, Futakoyama. 9 July 1998. Coll.: T. Yamada.
Saprophytic. Bracts brownish purple. Flowers white with brownish purple suffusion or mid-vein.
Distribution: Honshu, Shikoku, Kyushu, Okinawa Isl.
Habitat: Evergreen broad leaf forest beds, in rich soil.

62-08.　**Cymbidium macrorhizon** Lindl. var. **aberrans** (Finet) P. J. Cribb et Du Puy
Syn.: *Cymbidium sagamiense* (Nakai) Makino et Nemoto
サガミラン
腐生植物．植物体は白，花も白．
植物体と花：**TI**．神奈川県横浜市本牧．1930年7月．採集者：久内清壽．
分布：本州（関東）．まばらな林床や草地に自生．
Japanese name: **Sagami-ran**.
P & F: **TI**. Kanagawa Pref. Yokohama-shi, Honmoku. July 1930. Coll.: K. Hisauchi.
Saprophitic. Plant whitish, flowers white.
Distribution: Honshu (Kanto region).
Habitat: In sparse forests and grasslands.

62-09.　**Cymbidium sinense** (Jacks. ex Andrews) Willd.
ホウサイラン
地生．萼片と花弁は黄緑色〜赤褐色でより濃い色の脈筋が入る．唇弁と蕊柱は黄緑で紫褐色の斑点あり．
植物体：（栽培）・花：**TNS**（液浸）．奄美大島名音産．1994年2月4日．採集・栽培者：張敏直．
分布：屋久島，西表島の常緑樹林内に自生．
Japanese name: **Housai-ran**.
P: cult. & F: **TNS**(s) Amami-Ohshima, Naon. 4 Feb. 1994. Coll.: T. Cho.
Terrestrial. Rachis sometimes tinged reddish purple. Sepals & petals green to reddish brown, with darker stripes, lip & column greenish yellow with brownish purple spots.
Distribution: Iriomote-jima, Yaku-shima.
Habitat: In evergreen forest beds.

63. Bulbophyllum Thouars

63-01.　**Bulbophyllum affine** Lindl.
クスクスラン，クスクスセッコク
着生．萼片と花弁は淡黄色か淡緑色で，赤い線状の脈あり．唇弁は黄色で先端は目立つ赤紫を呈する．
植物体：（栽培）奄美大島住用村産．1999年2月15日．採集者：山下弘．

花：**TNS**（液浸）．石垣島産．1992 年 6 月 30 日．採集・栽培者：播磨．

分布：奄美大島．常緑樹林内に自生．

    Japanese name: **Kusukusu-ran**, **Kusukusu-sekkoku**.

P: cult. Amami-Oshima, Sumiyou-mura.15 Feb. 1999. Coll.: H. Yamashita.

F: **TNS**(s). Ishigaki-jima. 30 June 1992. Coll. & cult.: Harima.

    Epiphytic. Sepales & petals pale cream colour with reddish purple vains. Lip yellow, reddish purple towards tip.

Distribution: Amami-Oshima.

Habitat: In evergreen forests.

63-02. **Bulbophyllum boninense** (Schltr.) Makino

    オガサワラシコウラン

    着生．花はくすんだ黄色．萼片に紅紫色の斑点，花弁内側は暗赤色の毛に覆われる．唇弁は黄味が強く，基部は暗赤色．

植物体：**TNS**．（栽培）小笠原産．2005 年 5 月 10 日．

花：**TNS**（液浸）．東大付属小石川植物園植栽．1992 年 7 月 19 日固定．

分布：小笠原諸島の父島と母島．樹林の樹幹や岩上に自生．

    Japanese name: **Ogasawara-shiko-ran**.

P: **TNS**. cult. Bonin Isls. 10 May 2005.

F: **TNS**(s). cult. in Botanical Garden of Tokyo Univ. 19 July 1992.

    Epiphytic and Lithophic. Flowers dull yellow, sepals with reddish dots, petals covered by dense dark red hairs, lip yellow and basally dark red.

Distribution: Bonin Isls. (Haha-jima & Chichi-jima).

Habitat: On the tree trunks and rocks in mountain forests.

63-03. **Bulbophyllum drymoglossum** Maxim.

    マメヅタラン

    着生．花は淡黄緑色で，唇弁に赤い斑紋あり．白花あり．

植物体と花：**TNS**（液浸）．千葉県清澄山．1993 年 6 月 5 日．採集者：河内正夫．

花（素心）：沖縄本島．1993 年 3 月 4 日．採集者：治井正一．

分布：本州，四国，九州，琉球列島．常緑広葉樹林の樹幹や岩に着生．

    Japanese name: **Mamezuta-ran**.

P & F: **TNS**(s). Chiba Pref. Mt. Kiyosumi. 5 June 1993. Coll.: M. Kawachi.

White flower: Okinawa Isl., 4 Mar. 1993. Coll.: S. Harui.

    Epiphytic & lithophytic. Flowers greenish yellow, rarely white. Red blotchs on lip.

Distribution: Honshu, Shikoku, Kyushu, Ryukyu.

Habitat: In evergreen mountain forests on tree trunks and rocks.

63-04. **Bulbophyllum inconspicuum** Maxim.

    ムギラン

    着生．萼片と花弁は淡緑色，唇弁は黄色．

植物体と花：**TNS**（液浸）．長野県木曽郡山口村．1993 年 6 月 22 日．採集者：今井建樹．

分布：関東以西の本州，四国，九州．常緑樹林内の樹木や岩に着生．

    Japanese name: **Mugi-ran**.

P & F: **TNS**(s). Nagano Pref. Kiso-gun Yamaguchi-mura. 22 June 1993. Coll.: K. Imai.

    Epiphytic & lithophytic. Sepals and petals greenish, lip yellow.

Distribution: Western Honshu, Shikoku, Kyushu, Okinawa Isl.

Habitat: In evergreen forests.

63-05. **Bulbophyllum japonicum** (Makino) Makino

ミヤマムギラン

着生．花は黄色に紅色を重ねて，紫色の脈．

植物体と花：**TNS**（液浸）．屋久島黒味川．1995年9月6日．採集者：神田淳・羽根井良江．

分布：本州，四国，九州，種子島，屋久島．常緑樹林中で樹木や岩の上を這うように自生．

Japanese name: **Miyama-mugi-ran**.

P & F: **TNS**(s). Yakushima Kuromigawa. 6 Sept. 1995. Coll.: K. Kanada & Y. Hanei.

Epiphytic & lithophytic. Flowers purplish striation, lip pale green but with dense reddish dots.

Distribution: Honshu, Shikoku, Kyushu, Tanegashima, Yakushima.

Habitat: In evergreen forests, creeping on the tree trunks and rocks.

63-06. **Bulbophyllum macraei** (Lindl.) Rchb. f.

シコウラン

着生．萼片は淡黄色で花弁は白に紅色の中央脈と縁があり．蕊柱と唇弁は黄色．

植物体：不明・花：**TNS**（液浸）．奄美大島住用川．1992年9月22日．採集者：山下弘．

分布：奄美大島以南琉球列島．山中の湿った場所の樹木や岩上に着生する．

Japanese name: **Shikou-ran**.

P: missing & F: **TNS**(s). Amami-Oshima, Sumiyou-river. 20 Sept. 1992. Coll.: H. Yamashita.

Epiphytic. Sepals whitish yellow, petals white with rose central vains and edges, lip & column yellow.

Distribution: Okinawa Isl., Ishigaki-jima, Iriomote-jima, Amami-Ohshima, Tanegashima, Yaku-shima.

Habitat: On tree trunk and rocks in moist forests.

64. Dendrobium Sw.

64-01. **Dendrobium moniliforme** (L.) Sw.

セッコク

着生．花は白または淡紅色．

植物体：（栽培）三宅島産．1993年5月27日．採集・栽培者：神田淳・羽根井良江．

花：**TNS**（液浸）．千葉県天津小湊町清澄．1993年5月24日．採集者：石原．

分布：北海道奥尻島，本州，四国，九州，屋久島，伊豆七島の樹林内の樹木に着生．

Japanese name: **Sekkoku**.

P: cult. Miyake-jima. 27 May 1993. Coll. & cult.: K. Kanda & Y. Hanei.

F: **TNS**(s). Chiba Pref. Kiyosumi. 24 May 1993. Coll.: Ishihara.

Epiphytic & lithophytic. Flowers white to greenish white, or pale pink.

Distribution: Southern Hokkaido (Okushiri Isl.), Honshu. Shikoku, Kyushu, Yaku-shima, Izu Isls.

Habitat: In forests.

64-02. **Dendrobium okinawense** Hatus. et Ida

オキナワセッコク

植物体：**TI**．沖縄本島国東村照首山．1970年12月21日．採集者：古瀬義．No. 1972．

花：**TNS**（液浸）．沖縄本島伊湯岳．1993年2月10日．採集・栽培者：治井正一．

着生．花は白から淡紅色．

分布：沖縄本島．常緑樹林内の樹幹に着生．

Japanese name: **Okinawa-sekkoku**.

P: **TI**. Okinawa Isl. Kunisaki-mura Terukubi-san. 21 Dec.1970. Coll.: M. Furuse. No. 1972.

F: **TNS**(s) Okinawa Isl., Iyudake. 10 Feb. 1993. Coll.: S. Harui.

Epiphytic. Flowers white or pale rose.

Distribution: Okinawa Isl.
Habitat: On the tree trunks in evergreen forests.

64-03.　Dendrobium tosaense Makino

キバナノセッコク

着生．花は黄緑色．唇弁基部に暗赤色の線状斑紋，蕊柱に暗赤色の斑紋．

植物体：**TI**．高知市近郊産．1931年7月22日．栽培：多田素．Herb. Kokiti Segawa.

花：**TNS**（液浸）．屋久島永田川産．1993年4月9日．栽培：東京山草会．

分布：四国，九州，沖縄本島，石垣島，奄美大島，八丈島．常緑樹林の樹幹や岩に着生．

Japanese name: **Kibanano-sekkoku**

P: **TI**. Shikoku Kochi-shi. 22 July 1931. Cult.: M. Tada. Herb. Kokiti Segawa.

F: **TNS**(s). Yakushima, Nagata river. 9 Apr. 1993. Cult.: AGST.

Epiphytic & lithophic. Sepals and petals greenish yellow, lip with a few dark purple striation at base. Column with dark purple spots.

Distribution: Hachijo-jima, Shikoku, Kyushu, Yaku-shima, Amami-Oshima, Okinawa Isl.

Habitat: On the trees and rocks in evergreen forests.

65. Calypso Salisb.

65-01.　Calypso bulbosa (L.) Oakes

ホテイラン

地生．萼片と花弁は淡紅紫色．唇弁と距は淡黄色で，上弁の内側に濃紫の斑紋あり，下弁のふさ毛は橙色．時に葉の表面が紫色の斑紋あり．

植物体と花：**TNS**（液浸）．青森県．2000年5月6日．採集者：沼田俊三．

分布：北海道．本州中部山岳地帯，青森県．明るい林床中．

Note：距の長さにより別種にすることもあるが，日本では長，短両タイプと中間が観察される．花のサイズにも変異あり．

Japanese name: **Hotei-ran**.

P & F: **TNS**(s). Aomori Pref. 6 May 2000. Coll.: S. Numata.

Terrestrial. Sepals & petals pale rose, lip and spur yellowish, inside of hypochile with dark brown blotchs, epichile has orange brown hairs. Also white flowers. Sometimes leaves purplish.

Distribution: Hokkaido, Honshu (Central & Aomori Pref.).

Habitat: Sub-alpine forest beds.

Note: Length of spur is considered as a key of identification but there are both pattern of short and long and observed continuation between the both. Size of flowers is also variable.

66. Yoania Maxim.

66-01.　Yoania amagiensis Nakai et F. Maek.

キバナノショウキラン

腐生植物．萼片は黄褐色，花弁は黄味を帯びた白．唇弁は白で，上弁内部に褐色の斑紋あり，距の先端は黄褐色．

植物体：**TI**・花：**TNS**（液浸）．埼玉県小鹿野町二子山．2001年7月11日．採集者：今井建樹．

分布：関東以西の本州，四国，九州．落葉樹林や笹の中．

Japanese name: **Kibanano-syouki-ran**.

P: **TI**. & F: **TNS**(s) Saitama Pref. Ogano-cho Futagoyama. 11 July 2001. Coll.: K. Imai.

Achlorophyllous geophytes. Sepals brownish yellow, petals yellowish white, lip white with dark brown blotchs in concaved hypochile, spur brown towards tips.

Distribution: Central to Western Honshu, Shikoku, Kyushu.
Habitat: Deciduous forest beds and in bamboo bush.

66-02. **Yoania flava** K. Inoue et T. Yukawa

シナノショウキラン

腐生植物．花は乳黄色．

植物体と花：**SHIN**．holo．長野県上伊那郡長谷村．2001 年 6 月 12 日．採集者：井上健．SHIN 205588．

分布：長野県．石灰岩地帯．

Japanese name: **Shinano-syouki-ran**.

P & F: **SHIN**. holo. Nagano Pref. Kamiina-gun Hase-mura. 12 June 2001. Coll.: K. Inoue. SHIN 205588.
Achlophyllous geophytes. Flowers cream yellow.

Distribution: Central Honshu (Nagano Pref.).
Habitat: Rocky places in broad leaf deciduous forests on limestone.

66-03. **Yoania japonica** Maxim.

ショウキラン

腐生植物．花に芳香あり．萼片と花弁は淡紫色で花弁に紫の脈．唇弁は白で先端にかけて黄色を呈す．上弁と距の内側は褐色．蕊柱は白．

植物体：**TI**．栃木県日光切込刈込 1944 年．7 月 19 日．s. n.

花：**TNS**（液浸）．長野県鷹山．1991 年 6 月 28 日．採集者：神田淳・羽根井良江．

分布：北海道から九州まで．暗い林床や笹藪の中に自生．

Japanese name: **Syouki-ran**.

P: **TI**. Tochgi Pref., Nikkoh, Kirikomi, Karikomi. 19 July 1944. s. n.
F: **TNS**(s). Nagano Pref., Mt. Takayama. 28 June 1991. Coll.: K. Kanda & Y. Hanei.
Achlophyllous geophytes. Flowers fragrant. Sepals and petals pale purple, with rose veins on petals, lip white and yellowish towards tip. Inside of hypochyle and spur brownish. Column white.

Distribution: From Hokkaido to Kyushu.
Habitat: In dark forests and bamboo bushes.

67. Tipularia Nutt.

67-01. **Tipularia japonica** Matsum.

ヒトツボクロ

植物体：**TI**．武蔵西多摩郡高水山．1933 年 6 月 1 日．Leg.: K. 久内．s. n.

花：**TNS**（液浸）．松本市．1992 年 6 月 16 日．採集者：井上健．

葉は濃緑色で葉裏は濃紫色．花序は紫褐色．花は白に褐色紫色の斑紋．

分布：本州，四国，九州．低山帯の林床に自生．

Japanese name: **Hitotsu-bokuro**.

P: **TI**. Patri. Musashi, Nishitama-gun Takamizu-yama. 1 June 1933. Leg.: K. Hisauchi. s. n.
F: **TNS**(s). Nagano Pref. Matsumoto-shi. 6 June 1992. Coll.: K. Inoue.
Plant terrestrial. Leaf deep green with purplish reverse. Rachis purplish green. Flowers whitish with rose dots.

Distribution: Honshu, Shikoku, Kyushu.
Habitat: In the sub-alpine spars forest beds.

68. Cremastra Lindl.

68-01. **Cremastra aphylla** T. Yukawa

モイワラン

地生，無葉．花茎と花は暗い紅紫色で花弁は淡紅色．

植物体：**TI**. 青森県下北郡佐井村桂平．2000 年 6 月 18 日．採集者：宮木和夫．

花：**TNS**（液）．青森県下北郡佐井村桂平．1999 年 6 月 20 日．採集者：沼田俊三．

分布：北海道，東北，四国．林床に自生．

Japanese name: **Moiwa-ran**.

P: **TI**. Aomori Pref., Shimokita Penin. Sai-mura. 18 June 2000. Coll.: K. Miyaki.

F: **TNS**(s). Aomori Pref. Shimokita Penin. Sai-mura. 20 June 1999. Coll.: S. Numata.

Terrestrial but with no leaves. Rachis dark reddish purple. Sepals dark reddish purple, petals and lip pale pink.

Distribution: Hokkaido, Tohoku (Aomori & Akita Pref.), Shikoku.

Habitat: Deep forests beds.

68-02. **Cremastra unguiculata** (Finet) Finet

トケンラン

地生．花は黄色で紫色の斑点あり．ない個体もあり．唇弁は白で側裂片に紫色の斑点．

植物体：**TI**. 丹後多紀郡大芋村．S.12 年 5 月 21 日．採集者：N. 宇井．

花：**TNS**（液浸）．栽培品．産地不明．1992 年 5 月 6 日．

分布：北海道．本州，四国．夏緑林の林床に自生．

Japanese name: **Token-ran**.

P: **TI**. Prov. Tango (Hyogo Pref.) Taki-gun Oimo-mura. 21 May 1937. Coll.: N. Ui.

F: **TNS**(s). cult. 6 May 1992.

Terrestrial. Sepals & petals yellow with purple spots. Lip white with purple spots on side lobes.

Distribution: Hokkaido, Honshu, Shikoku.

Habitat: In deciduous forest beds.

68-03. **Cremastra variabilis** (Blume) Nakai

Syn.: *Cremastra appendiculata* (D. Don) Makino

サイハイラン

地生．花は淡橙紅色に紅色の斑点あり．唇弁はより淡色で基部は紅紫色．

植物体：**KPM**. 神奈川県座間市．1980 年 6 月 2 日．採集者：藤野知弘．KPM No. 72708．

花：**TNS**（液浸）．静岡県御殿場市産．栽培者：三橋．

分布：北海道から九州までの林床に自生．

Japanese name: **Saihai-ran**.

P: **KPM**. Kanagawa Pref. Zama-shi Yatoyama. 2 June 1980. Coll.: T. Fujino. KPM No. 72708.

F: **TNS**(s). Sizuoka Pref. Gotemba-shi. Cult.: Mitsuhashi.

Terrestrial. Rachis greenish purple. Sepals & petals ivory pink with rose dots, lip whitish, basally rose.

Distribution: From Hokkaido to Kyushu.

Habitat: In mountain forests.

69. Oreorchis Lindl.

69-01. **Oreorchis indica** (Lindl.) Hook.

コハクラン

地生．花被片は暗褐色，唇弁に紅紫の斑紋あり．

植物体：**SHIN**. 八ヶ岳ソマ添い尾根．1991 年 7 月 19 日．採集者：井上健．

花：**TNS**（液浸）．南アルプス島倉林道．1994 年 7 月 2 日．採集者：井上健．

分布：北海道，本州中部，四国，九州．亜高山帯の針葉樹林床に自生．

Japanese name: **Kohaku-ran**.

Syn.:*Kitigorchis itoana* F. Maek.

P: **SHIN**. Mt. Yatsugatake, along soma. 19 July 1991. Coll.: K. Inoue.

F: **TNS**(s) Minami-alps, Simakura pass. 2 July 1994. Coll.: K. Inoue.
Terrestrial. Sepals and petals brownish, lip with reddish purple dots.

Distribution: Hokkaido, Central Honshu, Shikoku, Kyushu.

Habitat: In the sub-alpine conifer forest beds.

69-02. **Oreorchis patens** (Lindl.) Lindl.

コケイラン

地生．花被片は淡黄褐色，唇弁は白に紅色の斑点あり．

植物体：**YCM**. 島根県関金町福原．1994 年 5 月 29 日．採集者：大森勇治．YCM-V45701.

花：**TNS**（液浸）．北海道訓子府町．1989 年 6 月 19 日．採集者：神田淳・羽根井良江．

分布：北海道から九州まで．やや湿った暗い林床に自生．

Japanese name: **Kokei-ran**.

P: **YCM**. Shimane Pref. Sekikane-cho, Fukuhara. 29 May 1994. Coll.: Y. Ohmori. YCM-V45701.

F: **TNS**(s). Hokkaido, Kunnep-cho. 19 July 1989. Coll.: K. Kanda & Y. Hanei.
Terrestrial. Sepals and petals yellowish brown, lip white, with red dots. Column white.

Distribution: Hokkaido, Honshu, Shikoku, Kyushu.

Habitat: In the shady moist forest beds.

70. Dactylostalix Rchb. f.

70-01. **Dactylostalix ringens** Rchb. f.

イチヨウラン

地生．花被片は黄緑色，唇弁は白で側裂片は褐色．

植物体：**TI**. 北岳池山，赤石山脈．1953 年 7 月 26 日．採集者：松田弘明．

花：**TNS**（液浸）．仙又岳．1992 年 7 月 4 日．採集者：井上健．

分布：北海道から九州まで．亜高山帯や冷涼で明るい林床に自生．

Japanese name: **Ichiyou-ran**.

P: **TI**. Mt. Kitadake, Ikeyama, Akaishi-sanmyaku. 26 July 1953. Coll.: H. Matsuda.

F: **TNS**(s). Sensoudake. 4 July 1992. Coll.: K. Inoue.
Terrestrial. Sepals and petals yellowish green, lip white, side lobes brownish.

Distribution: From Hokkaido to Kyushu.

Habitat: In sub-alpine, spars forest beds.

71. Ephippianthus Rchb. f.

71-01. **Ephippianthus sawadanus** (F. Maek.) Ohwi

ハコネラン

地生．花被片は淡緑色，唇弁はより淡色，蕊柱上部に淡紫点あり．

植物体：**KPM**. 神奈川県足柄上郡山北町，檜ボラ丸山．1994 年 6 月 17 日．採集者：勝山輝男．NA 0101702.

花：**TNS**（液浸）．静岡県越前岳．1991 年 7 月 6 日．採集者：神田淳・羽根井良江．

分布：本州太平洋側の山地．夏緑林の林床に自生．

Japanese name: **Hakone-ran**.
P: **KPM**. Kanagawa Pref. Ashigara-kamigun Yamakita-machi. Hinokiboramaru-yama. 17 June 1994. Coll.: T. Katsuyama. KPM-NA0101702.
F: **TNS**(s). Shizuoka Pref. Echizen-dake. 6 June 1991. Coll.: K. Kanda & Y. Hanei.
   Terrestrial. Sepals and petals pale green, lip whitish, pale purple blotch on the column apex.
Distribution: Honshu (Pacific Ocean side).
Habitat: Sub-alpine deciduous forest beds.

71-02.　**Ephippianthus schmidtii** Rchb. f.
コイチヨウラン
地生．花は淡緑色で唇弁側裂片に赤い斑紋あり．
植物体：**KPM**．駿河仁田池－光岳．1962年8月12日．採集者：大場達之．No. 21544．KPM 12355．
花：**TNS**（液浸）．八甲田山ひな岳湿原．1992年8月16日．採集者：沼田俊三．
分布：北海道，本州，四国．亜高山帯の針葉樹林内．

Japanese name: **Ko-ichiyou-ran**.
P: **KPM**. Patri. Suruga (Shizuoka Pref.) Nitaike-Hikari-dake. 12 Aug. 1962. Coll.: T. Ohba. No. 21545. KPM 12355.
F: **TNS**(s). Aomori Pref. Mt. Hakkoda, Hina-dake marsh. 16 Aug. 1992. Coll.: T. Numata.
   Terrestrial. Flowers pale green, lip side lobes with reddish blotchs.
Distribution: Hokkaido, Honshu, Shikoku.
Habitat: In sub-alpine conifer forest beds.

72. **Geodorum** Jacks.

72-01.　**Geodorum densiflorum** (Lam.) Schltr.
トサカメオトラン
地生．花は白，唇弁に紅紫色の斑紋あり．
植物体：**RYU**．儀志布島トカシキ．1984年7月14日．採集者：M. 石田．
花：**TNS**（液浸）．西表島大富．1987年8月2日．採集者：神田淳・羽根井良江．
分布：沖縄本島，西表島，石垣島，宮古島．草原または林縁に自生．

Japanese name: **Tosaka-meoto-ran**.
P: **RYU**. Gishibu-jima, Tokashiki. 14 July 1984. Coll.: M. Ishida.
F: **TNS**(s). Iriomote-jima, Ohtomi. 2 Aug. 1987. Coll.: K. Kanda & Y. Hanei.
   Terrestrial. Sepals and petals white, lip with rose blotches.
Distribution: Okinawa Isl., Iriomote-jima, Miyako-jima, Ishigaki-jima.
Habitat: In grassland or forest margin of sub-tropical region.

73. **Eulophia** R. Br.

73-01.　**Eulophia graminea** Lindl.
エダウチヤガラ
地生．開花時までは葉がない．花被片は淡緑色に紫の脈が入る．唇弁は白で紅紫色の斑紋あり．
植物体：**TI**・花：**TNS**（液浸）．沖縄本島今帰仁村．1992年5月31日．採集者：治井正一．
分布：沖縄本島，久米島．開けた草地や林縁に自生．

Japanese name: **Edauchi-yagara**.
P: **TI**. & F: **TNS**(s). Okinawa Isl. Nakijin-mura. 31 May 1992. Coll.: S. Harui.
   Terrestrial, leafless at time of flowering. Sepals and petals greenish with purple venation, lip white with rose-purple blotches.
Distribution & habitats: Okinawa Isl. Kume-jima.
Habitat: In open lowlands.

73-02. **Eulophia taiwanensis** Hayata

タカサゴヤガラ

地生，無葉．花は淡紫色で唇弁は緑色に紫の脈が入る．

植物体：**TI**・花：**TNS**（液浸）．沖縄本島今帰仁村．1992 年 5 月 31 日．採集者：治井正一．

分布：沖縄本島．開けた草地や林縁に自生．

Japanese name: **Takasago-yagara**.

P: **TI** & F: **TNS**(s). Okinawa Isl. Nakijin. 31 May 1992. Coll.: S. Harui.

Terrestrial, aphyllose. Sepals and petals purplish, lip blade greenish with purple venation.

Distribution: Ryukyu Isls.

Habitat: In open grassland and forest margins.

73-03. **Eulophia zollingeri** (Rchb. f.) J. J. Smith

Syn.: *Eulophia toyoshimae*

イモネヤガラ，イモラン

無葉．花は紫褐色，唇弁は紫から黄色，白に紫の基部を持つまで変異あり．

植物体：不明・花：**TNS**（液浸）．沖縄本島今帰仁村エーガイ．1996 年 7 月 2 日．採集者：治井正一．

分布：九州（宮崎県と鹿児島県），沖縄本島．小笠原諸島．暗い常緑樹林下に自生．

Japanese name: **Imone-yagara, Imo-ran**.

P: missing & F: **TNS**(s). Okinawa Isl. Ohgimi-son, Ehgai. 2 July 1996. Coll.: S. Harui.

Aphyllous. Flowers purplish to yellowish purple, lip purple or pale yellow to white with purple base.

Distribution: Kyushu (Miyazaki & Kagoshima Pref.), Okinawa Isl., Bonin Isls.

Habitat: In shady evergreen forest beds.

74. **Taeniophyllum** Blume

74-01. **Taeniophyllum glandulosum** Blume

Syn.: *Taeniophyllum aphyllum* (Max.) Makino

クモラン

着生，無葉．平らな根がよく発達し，樹皮上に広がり花序は短い．根は深緑色，花は黄緑色．

植物体：不明．1991 年 4 月 6 日．

花：**TNS**（液浸）．沖縄本島湯湾岳．1993 年 2 月 10 日．採集者：治井正一．

分布：本州西南部，四国，九州，沖縄本島，奄美大島．暖地，亜熱帯の樹上に着生．

Japanese name: **Kumo-ran**.

P: missing. Drawn by living plant - 6 April 1991.

F: **TNS**(s). Okinawa Isl. Yuwan-dake. 10 Feb. 1993. Coll.: S. Harui.

Epiphytic, aphyllose, evergreen. Roots well developed, greenish. Flowers pale yellowish green.

Distribution: Okinawa Isl., Amami-Ohshima, Honshu (Central-Western), Shikoku, Kyushu.

Habitat: On trees in the warm and sub-tropical region.

75. **Luisia** Gaudich.

75-01. **Luisia occidentalis** Lindl.

Syn.: *Luisia boninensis* Schltr.

ムニンボウラン

着生．花は淡緑色で唇基部に紫色の斑紋あり．

植物体：**TI**．小笠原父島，武田牧場．1932 年 6 月 25 日．採集者：原寛．TI 6498．

花：**TNS**（液浸）．小笠原兄島産．1993年4月固定．採集者：不明．

分布：小笠原諸島．亜熱帯樹林の木に着生．

 Japanese name: **Munin-bou-ran**.

P: **TI**. Bonin Isls. Chichi-jima Takeda farm. 25 June 1932. Coll.: H. Hara. TI 6498.

F: **TNS**(s). Bonin Isls. Ani-jima. April 1993. Coll.: s. n.
 Epiphytic. Sepals and petals pale green, lip pale green with purple blotch.

Distribution: Bonin Isls., endemic.

Habitat: On trees in subtropical region.

75-02. **Luisia teres** (Thunb.) Blume

ボウラン

着生．花被片は黄緑色で先端に赤褐色の斑あり．唇弁は乳白色に赤紫色の斑紋，または全体が赤褐色．

植物体：**KGS**・花：**TNS**（液浸）．鹿児島市．1993年9月19日．採集者：堀田満．

分布：本州，四国，九州（屋久島，種子島を含む），琉球列島．暖かい地方や亜熱帯の樹や岩の上に着生．

 Japanese name: **Bou-ran**.

P: **KGS** & F:**TNS**(s). Kagoshima-shi. 19 Sept. 1993. Coll.: M. Hotta.
 Epiphytic or lithophitic. Sepals, petal and anther pale greenish yellow with brownish purple apex, lip dark red brown or dark reddish purple blotches on ivory white.

Distribution: Honshu, Shikoku, Kyushu (including Yaku-shima, Tanegashima), Ryukyu Isls.

Habitat: On the trees and rocks in the warm, sub-tropical region.

76. **Diploprora** Hook. f.

76-01. **Diploprora championii** (Lindl.) Hook. f.

サガリラン

着生．花被片は橙黄色で萼片先端は赤紫色．唇弁は白に赤紫の線状紋があり，先端は黄色，蕊柱は淡紅を帯びた白，葯帽は白．

植物体：不明・花：**TNS**（液浸）．奄美大島住用川上流域．1994年7月7日．採集者：山下弘．

分布：琉球列島（奄美大島）．暗い湿った林内の枝に着生．

 Japanese name: **Sagari-ran**.

P: missing & F: **TNS**(s). Amami-Ohshima, Sumiyou-river up stream area. 7 July 1994. Coll.: H. Yamashita.
 Epiphytic. Sepals and petals orange yellow, sepals tip tinged reddish purple, lip hypochle white with reddish purple striation, epichile orange, column pinkish white, anther white.

Distribution: Ryukyu Isls. (Amami-Ohshima).

Habitat: On the branches in shady and moist forests.

77. **Thrixpermum** Lour.

77-01. **Thrixpermum fantasticum** L. O. Williams

ハガクレナガミラン

着生．花は白，唇弁基部は黄色を帯びる．

植物体：栽培・花：**TNS**（液浸）．西表島横断道路．1992年6月14日．採集者：神田淳・羽根井良江．

分布：西表島．暗い樹林の枝に着生．

 Japanese name: **Hagakure-nagami-ran**.

P: cult. & F: **TNS**(s). Ryukyu Isls. Iriomote-jima. 24 June 1992. Coll.: K. Kanda & Y. Hanei.
 Epiphytic. Flowers white, lip yellowish at base.

Distribution: Iriomote-jima.

Habitat: On the tree branches in shady forest.

77-02. **Thrixspermum japonicum** Rchb. f.

カヤラン

着生．花序は垂れ下がる．花は黄味がかった象牙色で唇弁側裂片に紅色の線状紋あり．

植物体：**KPM**．神奈川県山北町水の木．1994 年 5 月 1 日．採集者：勝山．KPM No. 106040

花：**TNS**（液浸）．千葉県天津小湊町清澄．1993 年 5 月 19 日．採集者：石原猛．

分布：本州西南部，四国，九州．山の常緑樹林内，樹上，枝や岩上に着生．

Japanese name: **Kaya-ran**.

P: **KPM**. Kanagawa Pref., Yamakita-cho, Mizunoki. 1 May 1994. Coll.: Katsuyama. KPM No. 106040.

F: **TNS**(s). Chiba Pref., Amatsu-kominato-cho, Kiyosumi. 19 May 1993. Coll.: T. Ishihara.

Epiphytic, inflorescence hanging. Flowers cream yellow, red striation on lip side lobes.

Distribution: Southern & Western Honshu, Shikoku, Kyushu.

Habitat: On the tree trunks & branches or rocks in evergreen mountain forests.

77-03. **Thrixspermum saruwatarii** (Hayata) Schltr.

ケイトウフウラン

着生．花は白，唇弁側裂片に赤紫の縦縞が入る．

植物体：**RYU**．奄美大島住用川．1989 年 1 月 23 日．採集者：豊見山元．

花：**TNS**（液浸）．奄美大島金作原．1992 年 4 月 1 日．採集者：山下弘．

分布：琉球列島（奄美大島）．低山の林内，細い枝に着生．

Japanese name: **Keitou-fu-ran**.

P: **RYU**. Amami-Ohshima, Sumiyo-river. 23 Jan. 1989. Coll.: H. Tomiyama.

F: **TNS**(s). Amami-Ohshima, Kinsakubaru. 1 Apr. 1992. Coll.: H. Yamashita.

Epiphytic. Flowers white, lip side lobes with reddish purple striation.

Distribution: Ryukyu (Amami-Ohshima).

Habitat: On the tree branches in evergreen forests.

78. **Neofinetia** Hu

78-01. **Neofinetia falcata** (Thunb.) Hu

フウラン

着生．花は白，まれに淡紅色．

植物体：**RYU**．徳之島伊仙町，犬田布．1992 年 8 月 5 日．採集者：豊見山元．

花：**TNS**（液浸）．高知県．1991 年 7 月 14 日．採集者：河内正夫．

分布：本州，四国，九州（種子島，屋久島），琉球列島．常緑広葉樹林内の樹木や岩上に着生．

Japanese name: **Fuu-ran**.

P: **RYU**. Tokunoshima Isen-cho Intabu. 5 Aug. 1992. Coll.: H. Tomiyama.

F: **TNS**(s). Kouch Pref. 14 July 1991. Coll.: M. Kawachi.

Epiphytic. Flowers white, rarely pale pink.

Distribution & habitats : Honshu, Shikoku, Kyushu (including Tanegashima, Yaku-shima), Ryukyu Isls.

Habitat: In warm and sub-tropical region, evergreen broad leaf forest, on the trees and rocks.

79. Gastrochilus D. Don

79-01. **Gastrochilus ciliaris** F. Maek.

マツゲカヤラン

着生．葉に斑紋はない．花は淡黄緑色．

植物体：（栽培）・花：**TNS**（液浸）．屋久島．1994 年 12 月 30 日．採集者：田中正美．

分布：九州（屋久島）．杉林の枝に着生．

Japanese name: **Matsuge-kaya-ran**.

P: cult. & F: **TNS**(s). Yakushima. 30 Dec. 1994. Cult.: M. Tanaka.
   Epiphytic. No marking on leaves. Flowers pale yellowish green.

Distribution: Kyushu (Yakushima).

Habitat: On the trees in conifer forest.

79-02. **Gastrochilus japonicus** (Makino) Schltr.

カシノキラン

着生．花序は下垂．花被片は薄黄〜緑黄色．唇弁は白色，基部途中脈に金色の裂片がある．

植物体：（栽培）西表島．1996 年 8 月 7 日．採集・栽培者：神田淳・羽根井良江．

花：**TNS**（液浸）．西表島．1992 年 7 月 16 日固定．採集・栽培者：神田淳・羽根井良江．

分布：本州，四国，九州（屋久島），琉球列島．常緑樹林の樹上に着生．

Japanese name: **Kashinoki-ran**.

P: missing. Iriomote-jima. 7 Aug. 1996. Coll.: K. Kanda & Y. Hanei.

F: **TNS**(s). Iriomote-jima. 16 June 1992. Coll. & cult.: K. Kanda & Y. Hanei.
   Epiphytic, inflorescence hanging. Sepals and petals pale yellow to greenish yellow, lip white with golden yellow mid-lobe base and mid-vein.

Distribution: Honshu, Shikoku, Kyushu (including Yakushima), Ryukyu Isls.

Habitat: On the trees in mountain evergreen forests.

79-03. **Gastrochilus matsuran** (Makino) Schltr.

ベニカヤラン，マツラン

着生．葉に暗紫色の斑点あり．花被片は黄緑色，唇弁は白で暗紫色の斑点あり．葯は黄色．

植物体：**SHIN**．長野県大桑村．1949 年 6 月 18 日．採集者：奥原弘人．

花：**TNS**（液浸）．松本市．1995 年 5 月 4 日．採集者：井上健．

分布：本州太平洋側，四国，九州．暖地，亜熱帯の常緑樹林内，樹上に着生．

Japanese name: **Beni-kaya-ran**, **Matsu-ran**.

P: **SHIN**. Nagano Pref. Ohkuwa-mura. 18 June 1949. Coll.: H. Okuhara. SHIN 116707.

F: **TNS**(s). Nagano Pref. Matsumoto-shi. 4 May 1995. Coll.: K. Inoue.
   Epiphytic. Dark purple dots on leaf blade. Sepals and petals greenish yellow, lip whitish with dark purple dots, anther golden yellow.

Distribution: Honshu (Pacific Ocean side), Shikoku, Kyushu.

Habitat: On the trees in warm and sub-tropical evergreen forests.

79-04. **Gastrochilus toramanus** （Makino） Schltr.

モミラン

着生．葉に紫色の斑点あり．花は黄色で花弁に紅紫の線状紋あり．

植物体と花：**TNS**（液浸）．安芸郡馬路村．1986 年 4 月 20 日．採集者：寺峰．

分布：本州南部，四国．低山の常緑樹林内樹上に着生．

Japanese name: **Momi-ran**.

P & F: **TNS**(s). Kochi Pref. Aki-gun Umaji-mura. 20 Apr. 1986. Coll.: Teramine.
   Epiphytic, purple dots on leaf blades, flowers yellow with rose striation on petals, column rose.
Distribution: Southern Honshu, Shikoku.
Habitat: On the tree trunks in mountain evergreen forests.

80. Sedirea Garay et H. R. Sweet

80-01.　**Sedirea japonica** (Linden & Rchb. f) Garay et H. R. Sweet

ナゴラン

着生．花被片は淡黄緑色，側萼片には淡紫色の横線，唇弁は白，暗赤色の斑紋がある．葯帽は白．

植物体：（栽培）奄美大島産．1997年8月28日．栽培：治井正一．

花：TNS（液浸）．奄美大島産．1992年6月30日固定．採集・栽培者：小田倉．

分布：本州南部，九州，琉球列島．暖地，亜熱帯の常緑広葉樹林内樹上に着生．

   Japanese name: **Nago-ran**.
P: cult. Amami-Ohshima. 28 Aug. 1997. Cult.: S. Harui.
F: **TNS**(s) Amami-Ohshima. 30 June 1992. Coll. & cult.: Odakura.
   Epiphytic. Sepals and petals pale yellowish green, lateral sepals with few purple bars, lip white with dark red blotches, anther cap white.
Distribution: S. Honshu, Kyushu (Tanega-shima, Yakushima, Take-shima), Ryukyu Isls.
Habitat: On the trees of evergreen broad leaf forest in warm and sub-tropical regions.

81. Cleisostoma Blume

81-01.　**Cleisostoma scolopendriflolius** (Makino) Garay

Syn.: *Sarcanthus scolopendriflolius* Makino

ムカデラン

着生．花被片は淡紫褐色，唇弁は黄色，蕊柱と葯帽は濃赤紫．

植物体と花：TNS（液浸）．山鹿（不動岩）．1993年8月20日．採集・栽培者：東京山草会．

分布：本州（関東以西，南部），四国，九州．日当たりのよい樹幹や岩上に着生．

   Japanese name: **Mukade-ran**.
P & F: **TNS**(s). Yamaka Fudo-iwa. 20 Aug. 1993. Coll.: Group Inoue.
   Epiphytic and lithophitic. Sepals and petals pale brownish purple, lip yellowish, column and anther reddish purple.
Distribution: Honshu (Central to Southern), Shikoku, W. Kyushu.
Habitat: On the tree trunks and rocks.

82. Staurochilus Ridl. ex Pfitzer

82-01.　**Staurochilus luchuensis** (Rolfe) Fukuy.

Syn.: *Trichoglottis luchuensis* (Rolfe) Garay et H. R. Sweet

イリオモテラン，ニュウメンラン

着生．花被片は褐色を帯びた黄色，横に並んだ不定形の赤褐色の斑紋が埋め尽くす．唇弁は白で紅紫の斑紋多数あり，蕊柱は花被片に同じ．

植物体：RYU．（栽培）西表島産 1999年4月19日作画．栽培：横田昌嗣．

花：TNS（液浸）．沖縄本島おもと岳産．栽培：治井正一．1993年4月17日固定．

分布：尖閣列島（魚釣島），西表島，石垣島．亜熱帯常緑樹林樹上に着生．

   Japanese name: **Iriomote-ran**, **Nyumen-ran**.

P: **RYU**. cult. Iriomote Isl. 19 April 1999. Cult.: M. Yokota

F: **TNS**(s). Okinawa Isl. 17 April 1993 cult.: S. Harui

    Epiphytic. Sepal and petals creamy white, densely with reddish brown blotches, lip white with purplish dots, column creamy white with reddish brown dots.

Distribution: Senkaku Isls. (Uotsuri-jima). Sakishima Isls. (Iriomote-jima, Ishigaki-jima).

Habitat: On the trees in evergreen forests.

83. Arachnis Blume

83-01. **Arachnis labrosa** (Lindl. et Paxt.) Rchb.f.

ジンヤクラン

着生．花は淡黄緑色で暗紅紫色の斑紋あり，唇弁の基部は紅紫色．

植物体と花：**KGH**．石垣島平久保産．1979年7月20日．採集者：G. 新垣．栽培：T. 天野．

分布：石垣島．常緑樹林内の樹木に着生．

Note：確認可能な個体はこの標本のみ．

    Japanese name: **Jinyaku-ran**.

T & F: **KGH**. Hirakubo Isl. Ishigaki. 20 July 1970. Coll.: Genki Aragaki. Cult.: T. Amano.

    Epiphytic. Flowers pale greenish white with brownish purple blotches, Lip pale rose at base.

Distribution: Ishigaki-jima.

Habitat: On trees in evergreen forests.

Note: Only this material is possible to study.

おわりに

1987〜89年，当時のRijksherbarium（2012年現在NBC Naturalis：オランダ国立自然史博物館植物部門）での研修を終えて契約で仕事をすることになった区切りの時期，お礼の意味で，持参していたかなりの数の日本の植物，特にラン科の写真集や植物図譜を寄贈した．そこで感謝の言葉とともに「これらはきれいだけれど分類には役にたたないんだよね」と同情的に言われたことはショックだった．Rijksherbariumでは乾燥標本から40種のランの図を指導を受けながら描いていたので，「それなら日本のラン科植物全種の解剖図を描いてみよう」と漠然と考えたのが始まりで，無知からとは言え，実に無謀な決心だった．日本のラン科研究の歴史と現状を知っていたら，到底始めるべきではなかった．

ともあれ途中帰国して，小林純子先生の小笠原の植物など描かせていただき，また前川先生の『原色日本のラン』第2巻を企画しておられた当時の羽根井良江さんとも出会い，いきさつ上，前川先生の研究のために収集してあった液浸標本の多数をゆずりうけた．

同時に，百科事典で図の監修をしていただいた堀田満先生にお話した際，企画中の『Flora of Japan』の，ラン科の巻に合わせた図譜もいいのでは，と著者の井上健先生にご紹介いただいた．その後，井上先生に日本の野生ラン全種のリストを作っていただき，それに沿って，植物体の図は乾燥標本を主に使い，その選定は井上先生，花は各地の愛好家に液浸標本の形で収集，送っていただくことになった．羽根井さんと写真家の神田淳さんはそれまでのコレクションに加え，生育地をよくご存じなので，新しい標本も多数採集していただいた．井上先生のつてで，東京山草会 ラン・ユリ部会のメンバーや，羽根井さんたちのコネクションで全国の愛好家に情報と標本の収集をお願いしたけれども，そもそも「液浸標本」とはなにか，どのように作るのか知識のないかたがたがほとんどで，こちらから標本の容器を送り，お願いすることが多かった．固定用のアルコールを買うのも面倒だし，なにより「生きた花が一番」と思っておられる方が多く，突然私の自宅に生の植物が速達で届くこともしばしば．したがって，花の時期は家を留守に出来ない10年間だった．

観察しては，スケッチのコピーをとるためにバスと電車を乗り継いで鎌倉の書店に行き，コピーしてもらい，井上先生と羽根井さんに送った．自宅はもちろん，近所にコピー機のある店舗は皆無の時代だった．

この図譜では，それぞれの種について，図の構成はLeiden（NBC Naturalis），Kew（イギリス，キュー王立植物園）などの植物分類の記載に使われるものに従った．乾燥標本では，不自然な形で固定されたものはなるべく自然に近い「姿勢」に直したが，葉や花の向きで立体的には無理に直さなかった．研究者には理解出来る範囲と考える．花の採集については，地元の愛好者の知識が高く，種の同定は和名に正しく該当することで信頼できた．

以来10年以上経過して，和文と英文の記載つきですでに出版されていたはずの本書であるが，2003年，井上先生の急逝でとん挫した．以後，紆余曲折があり，図だけでも，実際に日本国内に自生する，または自生していたラン科植物の実態を示すことで，国内外の研究者の役に立つと信じ，簡略なデータとともに出版のはこびとなった．現在のところ英文だけではあるが，『Flora of Japan』の記載とリンクさせることで，詳細な記載とデータを参照いただきたい．

集まった液浸標本はおよそ700個体，すべて国立科学博物館に寄贈した．図には乾燥標本と液浸標本のデータが添えてある．

これだけの数の標本であり，生育地と確実な開花時期を熟知し，標本作製のために現場に何度も足をはこんでくださった愛好家の方々の多数が，この書の出版を熱望しながらこの20年で老い，亡くなられる方もおられ，責任を感じないわけにはいかなかった．

手にとられて学名に異論のある研究者や愛好家のかたがたもおられるだろうが，ともかくこれは実際日本国内に生育している，または生育していた，絶滅した種を現実に描いた図譜であり，必ず今後の研究の資料として使用に耐えるものと信じる．

手弁当で，ただ出版を心待ちにし，収集をしてくださった愛好家，地方の研究者のかたがたへの，これはご報告と感謝のことばです．また乾燥標本の閲覧を許可いただき，観察のための機材を訪問した私にお貸しくださった東京大学，京都大学，琉球大学，鹿児島大学，神奈川県立生命の星地球博物館，に心より感謝いたします．

　最後に，冒頭にカラーで掲載した図はほとんどが国立科学博物館付属筑波植物園で栽培された個体がモデルで，温室での作業を許可してくださった遊川知久博士と鈴木和浩氏に心より感謝いたします．

2012 年 5 月

中島 睦子

謝　辞

本書執筆にあたっては，標本の収集等で以下の方々のご協力をいただいた．記してお礼申し上げる．

石井　正徳	村田　勝敏	小林　史郎	寺峰　　孜	治井　正一	谷亀　高広
石原　　猛	大森　雄治	斎藤新一郎	戸田　高宏	福田　春三	安田　恵子
イズミエイコ	嘉数　清信	清水　哲郎	豊見山　元	堀田　　満	山内　好孝
伊藤　幸太郎	神園　英彦	千田　昌宏	中村　　璋	村井　武志	山下　　弘
井上　　健	河内　正夫	高嶋八千代	沼田　俊三	松井　武春	山本　伸一
今井　建樹	神田　　淳	武田　俊夫	橋本　昭彦	松岡　裕史	遊川　知久
植田　健治	菊地　　健	田中　正美	橋本　季正	宮木　和夫	横田　昌嗣
馬田　英隆	工藤　盛三	張　　敏直	羽根井良江	三橋　俊治	横山　　潤
大田　智明	黒沢　高彦	塚谷　裕一	原野谷朋司	村田　勝敏	吉田三喜雄
小田倉　正圀	国分　英俊	辻　　幸治	播磨　安治	村田　健治	東京山草会

その他お名前の確認ができなかったみなさま

出 典

本書に掲載した次の図は，下記の論文より引用したものである．引用の許諾をいただいた論文執筆者の皆様，日本植物分類学会にお礼申し上げる．

p. 154　タンザワサカネラン

 T. Yagame, T. Katsuyama and T. Yukawa. 2008. A New Species of *Neottia* (Orchidaceae) from the Tanzawa Mountains, Japan. *Acta phytotaxonomica et geobotanica* **59**(3), 219-222.

p. 236　オオフガクスズムシ

 C. Tsutumi, T. Yukawa, N. Lee, C. Lee and M. Kato. 2008. A New Species of *Liparis* from Japan and Korea. *Acta phytotaxonomica et geobotanica* **59**(3), 211-218.

p. 244　シテンクモキリ

 C. Tsutumi, T. Yukawa and M. Kato. 2008. *Liparis purpureovittata* (Orchidaceae): a New Species from Japan. *Acta phytotaxonomica et geobotanica* **59**(1), 73-77.

p. 267　シナノショウキラン

 K. Inoue and T. Yukawa. 2002. A New Species of *Yoania* (Orchidaceae) from Southern Nagano, Central Japan. *Acta phytotaxonomica et geobotanica* **53**(2), 107-114.

また，ナンゴクヤツシロラン（p. 183）の図は，下記の論文のために作図し，論文発表後修正を行ったものである．

 K. Kobayashi and T. Yukawa. 2001. Rediscovery of *Gastrodia shimizuana* Tuyama (Orchidaceae) on Iriomote Island, Japan. *Acta phytotaxonomica et geobotanica* **52**(1), 49-55.

索 引

太字の数字は図の掲載ページを，斜字は解説文中にあらわれるページを示す．

学名索引

A

Acanthephippium 359
　pictum **212**, 359
　striatum **213**, 359
　sylhetense **214**, 359
　　var. *pictum* → *pictum*
　　unguiculatum → *striatum*
　　yamamotoi → *sylhetense*
Achlorophyllous
　asiatica → *Neottia asiatica*
Amitostigma 305
　fujisanensis **30**, 305
　gracile **31**, 305
　keisukei **32**, 305
　kinoshitae **33**, 305
　lepidum **34**, 306
Androcorys 322
　japonensis **89**, 322
Anoectochilus 326
　formosanus **101**, 326
　hatsusimanus **102**, 326
　koshunensis **103**, 326
　tashiroi **104**, 326
Aphyllorchis 345
　tanegashimemsis **165**, 345
Apostasia 300
　nipponica **13**, 300
　wallichii 300
Arachnis 384
　labrosa **297**, 384
Archineottia
　japonica → *Neottia furusei*
Arisanorchis
　tairae → *Cheirostylis takeoi*
Arundina 352
　graminifolia **187**, 352

B

Bletilla 352
　striata **188**, 352
Bulbophyllum 371
　affine **256**, 371
　boninense **257**, 372
　drymoglossum **258**, 372
　inconspicuum **259**, 372
　japonicum **260**, 373
　macraei **261**, 373

C

Calanthe 353
　alismifolia **191**, 353
　alpina 353
　alpine **192**
　aristulifera 354
　aristurifera **193**
　citrine **206**, 357
　davidii
　　var. *bungoana* **194**, 354
　discolor
　　var. *amamiana* **195**, 354
　　var. *discolor* **196**, 196
　formosana **198**, 355
　gracilis → *Cephalantheropsis gracilis*
　hattorii **199**, 355
　ieboldii 357
　izu-insularis **200**, 355
　kirishimensis → *aristulifera*
　lyroglossa **201**, 355
　mannii **202**, 356
　masuca **203**, 356
　nipponica **204**, 356
　okinawensis **203**, 356
　puberula **205**, 357
　reflexa
　　var. *okushirensis* → *puberula*
　schlechteri → *alpina*
　sieboldii **206**
　textori → *okinawaensis*
　tricarinata **207**, 357
　triplicata **208**, 358
　venusta → *Cephalantheropsis gracilis*
Calypso 374
　bulbosa **265**, 374
Cephalanthera 343
　alpicola
　　var. *shizuoi* → *erecta* var. *shizuoi*
　elegans → *falcata*
　erecta
　　var. *erecta* **157**, 343
　　var. *shizuoi* **158**, 343
　　var. *subaphylla* **159**, 343
　farcata **160**, 344
　longibracteata **161**, 344
　shizuoi → *erecta* var. *shizuoi*
　subaphylla → *erecta* var. *subaphylla*
Cephalantheropsis 360
　gracilis **215**, 360
Chamaegastrodia 325
　sikokiana **98**, 325 *Cheirostylis* 336
　liukiuensis 336
　tairae → *takeoi*
　takeoi **135**, 336
Cheirostylis
　liukiuensis 134
Chondradenia 317
　fauriei **73**, 317
Cleisostoma 383
　scolopendriflolius **295**, 383
Coeloglossum 306
　viride
　　var. *akaishimontanum* **36**, 306
　　var. *bracteatum* **37**, 307
Corymborchis 346
　veratrifolia **169**, 346
Cremastra 376
　aphylla **270**, 376
　unguiculata **271**, 376
　variabilis **272**, 376
Cryptostylis 323
　arachnites **92**, 323
Cymbidium 369
　dayanum
　　var. *austro-japonicum* **247**, 369
　ensifolium **248**, 369
　goeringii **249**, 370
　javanicum **250**, 370
　kanran **251**, 370
　lancifolium **252**, 370
　macrorhiza **253**, **254**, 371
　sagamiense **254**
　sinense **255**, 371
Cypripedium 300
　calceolus **14**, 300
　debile **15**, 300
　guttatum **16**, 300
　　var. *yatabeanum* → *yatabeanum*
　japonicum **17**, 301
　macranthus
　　var. *macranthus* **18**, 301
　　var. *rebunense* **19**, 301
　　var. *speciosum* **20**, 301
　shanxiense **21**, 302
　yatabeanum **22**, 302
Cypripedium guttatum Sw. var. *yatabeanum* (Makino) Pfitzer. → *Cypripedium yatabeanum*
Cyrtosia 328
　septentrionalis **108**, 328

D

Dactylorhiza 302
　aristata **23**, 302
Dactylostalix 377
　ringens **275**, 377
Dendrobium 373

moniliforme **262**, 373
okinawense **263**, 373
tosaense **264**, 374
Didymoplexiella 348
　siamensis **174**, 348
Didymoplexis 348
　pallens **175**, 348
Diploprora 380
　championii **285**, 380
Disperis 322
　siamensis **90**, 322

E

Eleorchis 351
　japonica
　　var. *conformis* **186**, 352
　　var. *japonica* **186**, 351
Ephippianthus 377
　sawadanus **276**, 377
　schmidtii **277**, 378
Epipactis 344
　helleborine
　　var. *saekiana* → *thunbergii* var. *saekiana*
　latifolia
　　var. *papillosa* → *papillosa*
　papillosa **162**, 344
　sayekiana → *thunbergii* var. *saekiana*
　thunbergii
　　forma *subconformis* → *thunbergii*
　　var. *saekiana* **164**, 345
　　var. *thunbergii* **163**, 344
Epipogium 347
　aphyllum **170**, 347
　japonicum **171**, 347
　roseum **172**, 347
Eria 360
　corneri **217**, 360
　ovata **218**, 361
　reptans **219**, 361
Erythrorchis 327
　ochobiensis **107**, 327
Eulophia 378
　graminea **279**, 378
　taiwanensis **280**, 379
　toyoshimae → *zollingeri*
　zollingeri **281**, 379
Evradenia
　sikokiana → *Chamaegastrodia sikokiana*

G

Galearis 306
　cyclochila **35**, 306
Galeora
　septentrionalis → *Cyrtosia septentrionalis*
Gastrochilus 382
　ciliaris **290**, 382
　japonicus **291**, 382

matsuran **292**, 382
toramanus **293**, 382
Gastrodia 348
　boninensis
　　var. *botrylis* **176**, 348
　confusa **177**, 349
　elata **178**, 349
　gracilis **179**, 349
　javanica **180**, 350
　nipponica **181**, 350
　pubilabiata **182**, 350
　shimizuana **183**, 350
　verrucoa → *confusa*
Geodorum 378
　densiflorum **278**, 378
Goodyera 328
　angustinii **109**, 328
　boninensis **110**, 328
　cyrtoglossa → *fumata*
　foliosa
　　var. *maximowitcziana* **111**, 329
　formosana → *fumata*
　fumata **112**, 329
　hachijoensis **113**, 329
　　var. *boniensis* → *boniensis*
　　var. *hachijoensis*
　　　forma *yakushimensis* → *hachijoensis*
　　var. *matsumurana* **114**,
　　　330 → *hachijoensis*
　longibracteata **115**, 330, 332
　macrantha **116**, 331
　pendula **117**, 331
　procera **118**, 331
　repens **119**, 331
　rubicunda **120**, 330, 332
　schlechtendaliana **121**, 332
　sonoharae **109**, 328
　velutina **122**, 332
　viridiflora **123**, 333
Gymnadenia 316
　camtchatica **71**, 316
　conopsea **72**, 317
　cucullata → *Neottianthe cuculata*

H

Habenaria 317
　cirrhifera → *longitentaculata*
　dentate **74**, 317
　iyoensis → *Peristylus iyoensis*
　lacertifera → *Peristylus formosanus*
　longitentaculata **75**, 318
　radiata **76**, 318
　sagittifera **78**, 318
　　var. *linearifolia* **77**, 318
　stenopetala **79**, 319
　yezoensis **80**, 319
　　var. *longicalcarata* **81**, 319

Hancockia 352
　uniflora **189**, 352
Herminium 321
　angustifolium
　　var. *angustifolium* **87**, 321
　　var. *longicrure* → *angustifolium*
　monorchis **88**, 321
Hetaeria 324
　cristata **97**, 324
　oblongifolia **96**, 324
　yakushimensis → *cristata*

L

Lecanorchis 336
　brachycarpa → *triloba*
　flavicans **136**, 336
　japonica **137**, 337
　　var. *hokurikuensis* **138**, 337
　kiiens → *kiusiana*
　kiusiana
　　var. *kiusiana* **139**, 337
　　var. *suginoana* **140**, 338
　nigricans **141**
　　var. *nigricans* 338
　trachycaula **142**, 338
　triloba **143**, 338
　virella **144**, 339
Liparis 364
　auriculata
　　var. *auriculata* **229**, 364
　　var. *hostaefolia* **230**, 364
　bituberculata
　　var. *formosana* **231**, 364
　bootanensis **232**, 365
　elliptica **233**, 365
　formosana
　　var. *hachijoensis* → *bituberculata* var. *formosana*
　fujisanensis **241** → *makinoana* var. *koreana*
　hachijoensis → *bituberculata* var. *formosana*
　hostaefolia → *auriculata* var. *hostaefolia*
　japonica **234**, 365
　koreana
　　var. *honshuensis* **235**, 366
　koreojaponica **236**, 366
　kumokiri **239**, 367
　kurameri **237**, 366
　　var. *nipponica* **238**, 366
　　var. *shicitoana* → *kurameri*
　lilifolia
　　var. *japonica* → *japonica*
　　var. *lilifolia* → *makinoana* var. *makinoana*
　makinoana
　　var. *koreana* **241**, 367

var. *makinoana* **240**, 367
nervosa **242**, 368
nikoensis → *kurameri* var. *nipponica*
odorata **243**, 368
plicata → *bootanensis*
purpreovittata **244**, 368
sp. **246**, 369
truncata **245**, 368
yakushimensis → *auriculata* var. *auriculata*
Listera 340
  cordata
    var. *japonica* **147**, 340
  japonica **148**, 340
  makinoana **149**, 340
  nipponica **150**, 341
  occidentalis → *yatabei*
  pinetorum → *yatabei*
  yatabei **151**, 341
Luisia 379
  boninensis → *occidentalis*
  occidentalis **283**, 379
  teres **284**, 380

M

Macodes 324
  petora **95**, 324
Malaxis 361
  acuminata
    var. *hahajimensis* → *hahajimensis*
  bancanoides **221**, 361
  boninensis **222**, 362
  hahajimensis **223**, 362
  kandae **224**, 362
  latifolia **225**, 363
  matsudai
    var. *pratensispurprea*
  matusdai
    var. *pratensis* → *purprea*
  monophyllos **226**, 363
  paludosa **227**, 363
  purprea **228**, 363
Microtis 322
  unifolia **91**, 322
Myrmechis 325
  japonica **99**, 325
  tsukusiana **100**, 325

N

Neofinetia 381
  falcate **289**, 381
Neottia 341
  asiatica **152**, 341
  furusei **153**, 342
  inagakii **154**, 342
  japonica → *furusei*
  kiusiana **155**, 342
  nidus-avis

var. *mandshurica* **156**, 342
Neottianthe 316
  cuculata **70**, 316
Nervilia 351
  aragoana **184**, 351
  nipponica **185**, 351

O

Oberonia 361
  japonica **220**, 361
Odontochilus
  hatsusimanus → *Anoectochilus*
    hatsusimanus
Ophrys
  monorchis → *Herminium monorchis*
Orchiodes
  fumata → *Goodyera fumata*
Oreorchis 376
  indica **273**, 376
  patens **274**, 377

P

Peramium
  cyrtoglossa → *Goodyera fumata*
Peristylus 319
  flagelliferus **82**, 319
  formosanus **83**, 320
  hatsushimanus **84**, 320
  iyoensis **85**, 320
  lacertiferus **86**, 321
Phaius 358
  flavus **209**, 358
  mishimensis **210**, 358
  tankervilleae **211**, 358
Platanthera 307
  amabilis **38**, 307
  angusta → *pachygllosa* var. *amamiana*
  boninensis **39**, 307
  brevicalcarata
    subsp. *yakumontana* **40**, 307
  chorisiana **41**, 308
  florentii **42**, 308
  fuscescens **43**, 308
  hologlottis **44**, 309
  hondoensis **45**, 309
  hyperborea
    var. *viridiflora* **46**, 309
  iinumae **47**, 309
  iriomotensis → *stenoglossa* var. *iriomotensis*
  japonica **48**, 310
  mandarinorum
    var. *cornu-bovis* **49**, 310
    var. *mandarinorum* **50**, 310
    var. *maximowicziana* **51**, *310*
    var. *neglecta* **52**, 311
    var. *oreades* **53**, 311
  metabilifolia **54**, 311

  minor **55**, 312
  nipponica
    var. *linearifolia* **56**, 312
    var. *nipponica* **56**, 312
  okuboi **57**, 312
  ophrydioides
    ophrydioides **58**
    var. *monophylla* 313
    var. *ophrydioides* **59**, *310*, 313
  pachygllosa
    var. *amamiana* **60**, 313
    var. *hachijoensis* **61**, 313
  sachaliensis **62**, 314
  sonoharae **63**, 314
  stenoglossa
    var. *hottae* **65**, 315
    var. *iriomotensis* **64**, 314
  takedae **66**, 315
    subsp. *uzenensis* **67**, 315
  tipuloides
    var. *sororia* **68**, 315
  ussuriensis **69**, 316
Pogonia 339
  japonica **145**, 339
  minor **146**, 339
Ponerorchis 303
  chidori **24**, 303
  graminifolia
    var. *graminifolia* **25**, 303
    var. *kurokamiana* **26**, 303
    var. *nigro-punctata* **28**, 304
    var. *suzukiana* **27**, 304
  joo-iokiana **29**, 304

S

Sarcanthus
  scolopendriflolius → *Cleisostoma*
    scolopendriflolius
Sediera 383
  japonica **294**, 383
Spathoglottis 360
  plicata **216**, 360
Spiranthes 323
  sinensis
    var. *amoena* **94**, 323
Staurochilus 383
  luchuensis **296**, 383
Stereosandra 348
  javanica **173**, 348
Stigmatodactylus 323
  sikokianus **93**, 323

T

Taeniophyllum 379
  aphyllum → *glandulosum*
  glandulosum **282**, 379
Tainia 353

391

laxiflora **190**, 353
Thrixpermum 380
   fantasticum **286**, 380
   japonicum **287**, 381
   saruwatarii **288**, 381
Tipularia 375
   japonica **269**, 375
Trichoglottis
   luchensis → *Staurochilus luchuensis*
Tropidia 346
   angulosa **166**, 346
   nipponica
     var. *hachijoensis* **168**, 346
     var. *nipponica* **167**, 346

V

Vexillabium 327
   fissum **105**, 327
   yakushimanae **106**, 327
Vrydagzynea 333
   albida
     var. *formosana* **124**, 333

Y

Yoania 374
   amagiensis **266**, 374
   flava **267**, 375
   japonica **268**, 375

Z

Zeuxine 333
   affinis **125**, 333
   agykuana **126**, 334
   boninensis **127**, 334
   flava **128**, 334
   graclilis
     var. *tenuifolia* → *leuxochila*
   leucochila **129**, 334
   nervosa **130**, 335
   odorata **131**, 335
   rupicola **132**, 335
   sakagutii → *flava*
   strateumatica **133**, 335, *336*

和名索引

あ

アオイボクロ **184**, 351
アオキラン **171**, 347
アオジクキヌラン **125**, 333
アオスズムシラン **162**, 344
アオスズラン 344
アオチドリ **37**, 307
アオテンマ 349
アオフタバラン **149**, 340
アカクラエビネ 354
アカバシュスラン 336
アキザキナギラン **250**, 370
アキザキヤツシロラン **177**, 349
アキタスズムシ **246**, 369
アケボノシュスラン **111**, 329
アコウネッタイラン **166**, 346
アサヒエビネ **199**, 355
アサヒラン 351, *352*
アツモリソウ **20**, 301
アノマラン 336
アマミエビネ **195**, 354
アマミトンボ **60**, 313
アリサンムヨウラン **135**, 336
アリドオシラン **99**, 325
アワチドリ **27**, 304
アワムヨウラン **142**, 338

い

イイヌマムカゴ **47**, 309
イシガキキヌラン **128**, 334
イシヅチエビネ 357
イソマカキラン 345
イチョウラン **275**, 377
イモネヤガラ **281**, 379
イモラン 379
イヨトンボ **85**, 320
イリオモテトンボソウ **64**, 314
イリオモテヒメラン **221**, 361
イリオモテムヨウラン **173**, 348
イリオモテラン **296**, 383
イワチドリ **32**, 305

う

ウスキムヨウラン **139**, 337
ウズラバハクサンチドリ 302
ウチョウラン **25**, 303

え

エゾスズムシラン 344
エゾチドリ **54**, 311
エダウチヤガラ **279**, 378
エビネ **354**, 357
エンシュウムヨウラン **140**, 338
エンレイショウキラン **212**, 359

お

オオオサラン **217**, 360
オオカゲロウラン 324
オオキソチドリ **59**, *310*, 313
オオキヌラン **130**, 335
オオキバナノアツモリ **14**, 300
オオギミラン 326
オオサギソウ 318
オオスズムシラン **92**, 323
オオスミキヌラン 334
オオダルマエビネ 353
オオハクウンラン **105**, 327
オオバナオオヤマサギソウ **45**, 309
オオバノトンボソウ **55**, 312
オオバノヨウラクラン 361
オオフガクスズムシ **236**, 366
オオミズトンボ 318
オオヤマサギソウ **62**, 314
オガサワラシコウラン **257**, 372
オガサワラシュスラン 328
オキナワエビネ 354
オキナワカモメラン **104**, 326
オキナワセッコク **263**, 373
オキナワチドリ **34**, 306
オキナワヒメラン **228**, 363
オキナワムヨウラン **143**, 338
オクシリエビネ 357
オサラン **219**, 361
オゼノサワトンボ **81**, 319
オトメナギラン 370
オナガエビネ **203**, 356
オニノヤガラ **178**, 349
オノエラン **73**, 317

か

カイサカネラン **153**, 342
カイロラン **134**, 336
カキラン **163**, 344
カクチョウラン 358
カクラン **211**, 358
カゲロウラン **126**, 334
カゴメラン **114**, 330
カシノキラン **291**, 382
カツウダケエビネ 354
ガッサンチドリ **67**, 315
カモメラン **35**, 306
カヤラン **287**, 381
カラフトアツモリ 300
カラン 356
ガンゼキラン **209**, 358
カンダヒメラン **224**, 362
カンポウラン 369
カンラン **251**, 370

き

キエビネ **206**, 357

キソエビネ **192**, 353
キソチドリ **58**, 313
キヌラン **132**, 335
キバナシュスラン **101**, 326
キバナノアツモリソウ **22**, 302
キバナノショウキラン **266**, 374
キバナノセッコク **264**, 374
ギボウシラン **229**, 364
キリガミネアサヒラン **186**, 352
キリシマエビネ **193**, 354
キンギンソウ **118**, 331
キンセイラン **204**, 356
キンラン **160**, 344
ギンラン **157**, 343

く

クゲヌマラン **158**, 343
クシロチドリ **88**, 321
クスクスラン **256**, 371
クニガミトンボ **63**, 314
クマガイソウ **17**, 301
クモイジガバチ **245**, 368
クモキリソウ **239**, 367
クモラン **282**, 379
クロカミラン **26**, 303
クロクモキリ **235**, 366
クロムヨウラン **141**, 338
クロヤツシロラン **182**, 350

け

ケイトウフウラン **288**, 381

こ

コアツモリソウ **15**, 300
コアニチドリ **33**, 305
コイチョウラン **277**, 378
コウシュンシュスラン **103**, 326
コウトウシラン **216**, 360
コウライスズムシ 367
コウロギラン **93**, 323
コカゲラン **174**, 348
コキリシマエビネ 354
コクラン **242**, 368
コケイラン **274**, 377
コゴメキノエラン **233**, 365
コハクラン **273**, 376
コバノトンボソウ **56**, 312
コフタバラン 340
コラン **248**, 369
コンジキヤガラ **180**, 350

さ

サイハイラン **272**, 376
サカネラン **156**, 342
サガミラン **254**, 371
サガリラン **285**, 380
サキシマスケロクラン 336

サギソウ **76**, 318
サクラジマエビネ **202**, 356
ササバギンラン **161**, 344
ササバラン **243**, 368
サツマチドリ **28**, 304
サツマトンボ 319
サルメンエビネ **207**, 357
サワトンボ **77**, 318
サワラン **186**, 351

し

ジガバチソウ **237**, 366
シコウラン **261**, 373
シテンクモキリ **244**, 368
シナノショウキラン **267**, 375
シマクモキリソウ **230**, 364
シマササバラン 364
シマシュスラン **123**, 333
シマツレサギ 307
シマホザキラン **222**, 362
ジャコウキヌラン **131**, 335
ジャコウチドリ 309
シュスラン **122**, 332
シュンラン **249**, 370
ショウキラン **268**, 375
ジョウロウラン **90**, 322
シラヒゲムヨウラン **136**, 336
シラン **188**, 352
シロウマチドリ **46**, 309
シロスジカゲロウラン 324
シロバナクニガミシュスラン **109**, 328
ジンバイソウ **42**, 308
ジンヤクラン **297**, 384

す

スズフリエビネ 355
スズムシソウ **240**, 367
スルガラン **248**, 369

せ

セイタカスズムシ **234**, 365
セッコク **262**, 373

そ

ソノハラトンボ 314
ソハヤキトンボソウ **65**, 315

た

ダイサギソウ **74**, 317
タイトウキヌラン 335
タイワンアオイラン **213**, 359
タイワンエビネ **198**, 355
タイワンショウキラン **214**, 359
タカサゴキンギンソウ **112**, 329
タカサゴサギソウ **83**, 320
タカサゴヤガラ **280**, 379
タカツルラン **107**, 327

タカネアオチドリ **36**, 306
タカネサギソウ **51**, *310*
タカネトンボ **41**, 308
タカネフタバラン **151**, 341
タガネラン **194**, 354
ダケトンボ 320
タコガタサギソウ 321
タシロラン **172**, 347
タネガシマムヨウラン **165**, 345
ダルマエビネ **191**, 353
タンザワサカネラン **154**, 342

ち

チクシキヌラン **133**, 335
チクセツラン 346
チクマクモキリ 368
チケイラン **232**, 365
チドリソウ 317
チャボチドリ 303
チョウセンキバナアツモリ 300

つ

ツクシアリドオシラン **100**, 325
ツクシサカネラン **155**, 342
ツクシチドリ **40**, 307
ツチアケビ **108**, 328
ツリシュスラン **117**, 331
ツルラン **208**, 358
ツレサギソウ **48**, 310

て

テガタチドリ **72**, 317
テツオサギソウ **79**, 319
テリハカゲロウラン **96**, 324
デワノアツモリソウ **16**, 300

と

ドウトウアツモリソウ **21**, 302
トキソウ **145**, 339
トクサラン **215**, 360
トクノシマエビネ 354
トケンラン **271**, 376
トサカメオトラン **278**, 378
トラキチラン **170**, 347
トンボソウ **69**, 316

な

ナガバサギソウ 319
ナガバノトンボソウ **56**, 312
ナギラン **252**, 370
ナゴラン **294**, 383
ナツエビネ **205**, 357
ナメラサギソウ 318
ナヨテンマ **179**, 349
ナリヤラン **187**, 352
ナンカイシュスラン **109**, 328
ナンゴクネジバナ *323*

ナンゴクヤツシロラン **183**, 350
ナンバンカゴメラン **95**, 324
ナンバンキンギンソウ 330
ナンブクモキリ 368

に

ニイタカチドリ 307
ニオイエビネ **200**, 355
ニッコウチドリ 315
ニュウメンラン 383
ニョホウチドリ **29**, 304
ニラバラン **91**, 322

ね

ネジバナ 323
ネッタイラン 346
ネムロチドリ 307

の

ノビネチドリ **71**, 316
ノヤマサギソウ 311
ノヤマトンボ 312

は

バイケイラン **169**, 346
ハガクレナガミラン **286**, 380
ハクサンチドリ **23**, 302
ハコネラン **276**, 377
ハシナガヤマサギソウ **50**, 310
ハチジョウシュスラン **113**, *328*, 329
ハチジョウチドリ **61**, 313
ハチジョウツレサギ **57**, 312
ハチジョウネッタイラン **168**, 346
ハツシマラン **102**, 326
ハノジエビネ 354
ハハジマホザキラン **223**, 362
ハマカキラン **164**, 345
ハルザキムカゴソウ 321
ハルザキヤツシロラン **181**, 350

ひ

ヒゲナガキンギンソウ **115**, 330, *332*
ヒゲナガトンボ **84**, 320
ヒトツバキソチドリ 313
ヒトツボクロ **269**, 375
ヒナチドリ **24**, 303
ヒナラン **31**, 305
ヒメカクラン **210**, 358
ヒメクリソラン **189**, 352
ヒメスズムシソウ **238**, 366
ヒメトケンラン **190**, 353
ヒメトンボ **86**, 321
ヒメノヤガラ **98**, 325
ヒメフタバラン **148**, 340
ヒメミズトンボ **80**, 319
ヒメミヤマウズラ **119**, 331
ヒメムヨウラン **152**, 341

ヒメヤツシロラン 348
ヒュウガトンボ 321
ヒロハツリシュスラン 331
ヒロハノカラン 353
ヒロハノトンボソウ 43, 308

ふ

フウラン **289**, 381
フガクスズムシ **241**, 367
フジチドリ **30**, 305
フタバツレサギ 311
フタバラン **147**, 340

へ

ヘツカラン **247**, 369
ベニカヤラン **292**, 382
ベニシュスラン **116**, 331

ほ

ホウサイラン **255**, 371
ボウラン **284**, 380
ホクリクムヨウラン **138**, 337
ホザキイチヨウラン **226**, 363
ホザキヒメラン **225**, 363
ホシケイラン 358
ホシツルラン 358
ホソバノキソチドリ **68**, 315
ホソバラン 335
ホテイアツモリ **18**, 301
ホテイラン **265**, 374

ま

マイサギソウ **52**, 311
マツゲカヤラン **290**, 382
マツラン→ベニカヤラン
マメヅタラン **258**, 372
マヤラン **253**, 371

マンシュウヤマサギソウ 49, 310

み

ミスズラン **89**, 322
ミズチドリ **44**, 309
ミズトンボ **78**, 318
ミソボシラン **124**, 333
ミドリムヨウラン **144**, 339
ミヤマウズラ **121**, 332
ミヤマチドリ **66**, 315
ミヤマフタバラン **150**, 341
ミヤマムギラン **260**, 373
ミヤマモジズリ **70**, 316

む

ムカゴサイシン **185**, 351
ムカゴソウ **87**, 321
ムカゴトンボ **82**, 319
ムカデラン **295**, 383
ムギラン **259**, 372
ムニンキヌラン **127**, 334
ムニンシュスラン **110**, 328
ムニンツレサギ **39**, 307
ムニンボウラン **283**, 379
ムニンヤツシロラン **176**, 348
ムヨウラン **137**, 337
ムロトムヨウラン 338

も

モイワラン **270**, 376
モジズリ **94**, 323
モミラン **293**, 382

や

ヤエヤマキンギンソウ **120**, *330*, 332
ヤエヤマヒトツボクロ 351
ヤエヤマヒメラン 363

ヤエヤマムカゴサイシン 351
ヤクシマアカシュスラン **97**, 324, 329
ヤクシマチドリ **38**, 307
ヤクシマネッタイラン **167**, 346
ヤクシマヒメアリドオシラン **106**, 327
ヤクシマラン **13**, 300
ヤクムヨウラン 338
ヤチラン **227**, 363
ヤブミョウガラン 329
ヤマサギソウ **53**, 311
ヤマトキソウ **146**, 339
ヤンバルキヌラン **129**, 334

ゆ

ユウコクラン **231**, 364
ユウシュンラン **159**, 343
ユウバリチドリ 309
ユウレイラン **175**, 348

よ

ヨウラクラン **220**, 361
ヨシヒサラン 336

り

リュウキュウエビネ **203**, 355, 356
リュウキュウサギソウ **75**, 318
リュウキュウセッコク **218**, 361

れ

レブンアツモリ **19**, 301
レンギョウエビネ **201**, 355

著者略歴

中島 睦子（なかじま むつこ）

1939年生まれ

多摩美術大学油絵科卒業

第18回松下幸之助花の万博記念奨励賞受賞（2010年）

オランダ Rijksherbarium（現 Nationaal Herbarium Nederland）にて標本画の訓練（1987〜1989）．その後20年間ほぼ定期的に同研究所にて働く．

JICAよりブラジル（マナウス）IMPAに3か月間派遣される．学生の指導と出版のための図を作成．

植物画個展：東京（画廊），ベルギー（アーロン市 Maison de Culture），パリ（ユネスコ本部），植物園（神代植物公園，国立科学博物館筑波実験植物園，ライデン Hortus Botanicus）。

主な標本画：国内──新種記載及び農学関係論文のための標本画．
　　　　　　オランダ── Leiden-Blumea, Orchid monograph.
　　　　　　マレーシア── Malesian Orchid Journal.
　　　　　　韓国── Illustrated Encyclopedia of Fauna & Flora of Korea Vol. 41, Orchidaceae.
　　　　　　その他転載多数。

論文：Nakajima, M. & Ohba, T. 2011. A Synopsis of *Calanthe* Section *Styloglossum*. Malesian Orchid Journal 7.

絵本：「かがくのとも特装版　みかん」（福音館書店），「年少版こどものとも　さあたべよう」（福音館書店）など．

監修者

大場 秀章（おおば ひであき）

1943年生まれ

東京大学名誉教授．理学博士．

日本ラン科植物図譜
Illustrations of Japanese Orchids

2012 年 8 月 31 日　初版第 1 刷発行

著●中島睦子
監修●大場秀章

©Mutsuko Nakajima　2012
All rights reserved.
This book may not be reproduced in whole or in part
without permission form the author & publisher.
For information;
Bun-ichi Sogo Shuppan Co.
2-5 Nishi-goken-cho, Shinjuku, Tokyo, 162-0812, Japan.
Fax +3-3269-1402
email: bunichi@bun-ichi.co.jp

発行者●斉藤　博
発行所●株式会社　文一総合出版
〒 162-0812　東京都新宿区西五軒町 2-5
電話●03-3235-7341
ファクシミリ●03-3269-1402
郵便振替●00120-5-42149
印刷・製本●奥村印刷株式会社

定価はカバーに表示してあります。
乱丁，落丁はお取り替えいたします。
ISBN978-4-8299-8820-6　Printed in Japan

JCOPY ＜(社) 出版者著作権管理機構　委託出版物＞

本書 (誌) の無断複写は著作権法上での例外を除き禁じられています。複写される場合は、そのつど事前に、社団法人出版者著作権管理機構 (電話：03-3513-6969、FAX：03-3513-6979、e-mail: info@jcopy.or.jp) の許諾を得てください。また本書を代行業者等の第三者に依頼してスキャンやデジタル化することは、たとえ個人や家庭内の利用であっても一切認められておりません。